U0332073

国家出版基金项目
NATIONAL PUBLICATION FOUNDATION

有色金属理论与技术前沿丛书

先进高强导电铜合金

ADVANCED COPPER ALLOY WITH HIGH STRENGTH AND CONDUCTIVITY

汪明朴　贾延琳　李　周　郭明星　著
Wang Mingpu　Jia Yanlin　Li Zhou　Guo Mingxing

内容简介

Introduction

本书介绍了国内外先进高强导电铜合金最新研究动态，并对 Cu－Fe－P 系、Cu－Ni－Si 系和 Cu－Cr－Zr 系框架材料，Cu－Al_2O_3、Cu－TiB_2 和 Cu－Nb 弥散强化铜合金，以及 Cu－Ni－X 系弹性导电铜合金三类材料做了较深入的研究。内容包括：三类材料成分－制备－组织结构－性能间的关系，相变热力学与动力学，相变晶体学，强化与导电机制，析出相纳米科学等，并据此讨论了生产工艺原理及工艺参数选择依据。

本书可供本科高年级学生、硕士生、博士生及研究院所、企业从事铜合金研究开发和生产的技术人员参考。

作者简介

About the Author

汪明朴　教授，博士生导师，中南大学材料物理与化学国家重点学科带头人，中国工程教育材料类专业认证委员会委员。曾任中南大学材料学院副院长，教授委员会主任，教育部材料类专业教指委秘书长。主要研究方向：材料中的相变、电真空材料。曾获国家教学成果二等奖 2 项，省部级科技进步二等奖 4 项，出版专著 4 部，获国家发明专利 10 余项，发表论文 200 余篇，培养博士生 30 人。

贾延琳　中南大学博士后，中国工程教育材料类专业认证委员会秘书处成员，金属材料工程专业组副组长。主要研究方向：高强导电铜合金、相变晶体学。获国家教学成果二等奖 1 项，省部级科技进步二等奖 2 项，获国家发明专利 7 项，发表论文 25 篇。

李　周　博士后，中南大学教授，博士生导师，材料学院副院长，中国工程教育材料类专业认证委员会副秘书长。先后留学英国利物浦大学、新加坡南洋理工大学和德国亚琛理工大学。主要研究方向：先进铜合金、电真空材料。获国家教学成果二等奖 1 项，省部级科技进步二等奖 2 项，出版专著、教材 3 部，获国家发明专利 10 项，发表论文 100 余篇。

郭明星　博士后，北京科技大学副教授。先后留学瑞士联邦理工大学和加拿大麦克马斯特大学。主要研究方向：新型金属材料、材料制备科学。获北京市青年英才荣誉称号，申请或获国家发明专利 16 项，其中国际专利 2 项，发表论文 90 余篇。

学术委员会

Academic Committee

国家出版基金项目
有色金属理论与技术前沿丛书

主　任

王淀佐　中国科学院院士　中国工程院院士

委　员　（按姓氏笔画排序）

于润沧	中国工程院院士	古德生	中国工程院院士
左铁镛	中国工程院院士	刘业翔	中国工程院院士
刘宝琛	中国工程院院士	孙传尧	中国工程院院士
李东英	中国工程院院士	邱定蕃	中国工程院院士
何季麟	中国工程院院士	何继善	中国工程院院士
余永富	中国工程院院士	汪旭光	中国工程院院士
张文海	中国工程院院士	张国成	中国工程院院士
张　懿	中国工程院院士	陈　景	中国工程院院士
金展鹏	中国科学院院士	周克崧	中国工程院院士
周　廉	中国工程院院士	钟　掘	中国工程院院士
黄伯云	中国工程院院士	黄培云	中国工程院院士
屠海令	中国工程院院士	曾苏民	中国工程院院士
戴永年	中国工程院院士		

编辑出版委员会

Editorial and Publishing Committee

国家出版基金项目
有色金属理论与技术前沿丛书

主　任

罗　涛(教授级高工　中国有色矿业集团有限公司原总经理)

副主任

邱冠周(教授　中国工程院院士)
陈春阳(教授　中南大学党委常委、副校长)
田红旗(教授　中南大学副校长)
尹飞舟(编审　湖南省新闻出版广电局副局长)
张　麟(教授级高工　大冶有色金属集团控股有限公司董事长)

执行副主任

王海东　王飞跃

委　员

苏仁进　文援朝　李昌佳　彭超群　谭晓萍
陈灿华　胡业民　史海燕　刘　辉　谭　平
张　曦　周　颖　汪宜晔　易建国　唐立红
李海亮

总序

Preface

当今有色金属已成为决定一个国家经济、科学技术、国防建设等发展的重要物质基础，是提升国家综合实力和保障国家安全的关键性战略资源。作为有色金属生产第一大国，我国在有色金属研究领域，特别是在复杂低品位有色金属资源的开发与利用上取得了长足进展。

我国有色金属工业近30年来发展迅速，产量连年来居世界首位，有色金属科技在国民经济建设和现代化国防建设中发挥着越来越重要的作用。与此同时，有色金属资源短缺与国民经济发展需求之间的矛盾也日益突出，对国外资源的依赖程度逐年增加，严重影响我国国民经济的健康发展。

随着经济的发展，已探明的优质矿产资源接近枯竭，不仅使我国面临有色金属材料总量供应严重短缺的危机，而且因为“难探、难采、难选、难冶”的复杂低品位矿石资源或二次资源逐步成为主体原料后，对传统的地质、采矿、选矿、冶金、材料、加工、环境等科学技术提出了巨大挑战。资源的低质化将会使我国有色金属工业及相关产业面临生存竞争的危机。我国有色金属工业的发展迫切需要适应我国资源特点的新理论、新技术。系统完整、水平领先和相互融合的有色金属科技图书的出版，对于提高我国有色金属工业的自主创新能力，促进高效、低耗、无污染、综合利用有色金属资源的新理论与新技术的应用，确保我国有色金属产业的可持续发展，具有重大的推动作用。

作为国家出版基金资助的国家重大出版项目，“有色金属理论与技术前沿丛书”计划出版100种图书，涵盖材料、冶金、矿业、地学和机电等学科。丛书的作者荟萃了有色金属研究领域的院士、国家重大科研计划项目的首席科学家、长江学者特聘教授、国家杰出青年科学基金获得者、全国优秀博士论文奖获得者、国家重大人才计划入选者、有色金属大型研究院所及骨干企业的顶尖专家。

国家出版基金由国家设立，用于鼓励和支持优秀公益性出版项目，代表我国学术出版的最高水平。“有色金属理论与技术前沿丛书”瞄准有色金属研究发展前沿，把握国内外有色金属学科的最新动态，全面、及时、准确地反映有色金属科学与工程技术方面的新理论、新技术和新应用，发掘与采集极富价值的研究成果，具有很高的学术价值。

中南大学出版社长期倾力服务有色金属的图书出版，在“有色金属理论与技术前沿丛书”的策划与出版过程中做了大量极富成效的工作，大力推动了我国有色金属行业优秀科技著作的出版，对高等院校、研究院所及大中型企业的有色金属学科人才培养具有直接而重大的促进作用。

王淀佐

2010 年 12 月

前言

Foreword

铜是我国国民经济发展的基础材料和国家安全的关键材料之一。铜的最大特点是高导电性（58 MS/m）和高导热性［420 W/(m·K)］，但铜的强度很低，退火铜屈服强度为 30～50 MPa，抗拉强度约 200 MPa。如何在尽可能小地牺牲铜的导电性和导热性的前提下，大幅度提高铜的强度，即实现铜的高强高导(高强导电)，是铜产业发展的一个重要课题。高强高导铜合金就是在这一思路的指导下发展起来的一类先进铜合金。

一般认为,高强高导铜合金指的是抗拉强度≥600 MPa、导电率≥80% IACS 的铜合金，但这一定义涉及面太窄。笔者建议，可定义：高强导电铜合金，指的是抗拉强度为 300～2000 MPa，导电率 15%～95% IACS，抗软化温度≥400℃的一类铜合金。按此建议，高强导电铜合金按强化机制和制备方法可分为以下 5 类：①固溶强化 + 形变强化型铜合金，如 Cu－Sn、Cu－Mg、Cu－Ni－Zn、低浓度 Cu－Ni－Sn 合金等；②沉淀强化 + 形变强化型铜合金，如 Cu－Fe－P、Cu－Ni－Si、Cu－Cr－Zr、Cu－Zn－X 等；③弹性导电铜合金，如 Cu－Be、Cu－Ti、高浓度 Cu－Ni－X(X = Sn、Si、Al)合金等，这类合金强化机制也是沉淀强化 + 形变强化，但由于合金元素浓度高，往往在沉淀相变之前发生调幅分解，另外，该类铜合金追求的是超高强度和抗应力松弛性能；④弥散强化 + 形变强化型铜合金，如 Cu－Al_2O_3、Cu－TiB_2、Cu－Nb等；⑤纤维增强型铜基复合材料，如 Cu－C(碳纤维、碳纳米管、石墨烯)、Cu－Cr、Cu－Fe、Cu－Nb 等。

高强导电铜合金是全球发达国家争先发展的先进材料之一，广泛用于高速轨道交通、IT 产业大规模集成电路框架、光电子器件、微波技术、航空航天、大功率固体器件热沉、海洋工程、国防军工、电子行业及家电行业接插件等，产量仅在我国就已达到约100万t/a，已成为铜加工业新的经济增长点。

本书是笔者在国家“863”计划项目、国家自然科学基金、国家其他计划项目和安徽省重点攻关项目等的支持下，带领13位博士生和课题组成员共同努力15年的科研结晶。全书共分为9章，第1章概述了国内外高强导电铜合金研究动态，第5章介绍了固态相变晶体学研究进展和相关应用，第2章~第4章及第9章论述了沉淀强化型高强导电铜合金[如Cu-Fe-P系、Cu-Ni-Si系、Cu-Cr-Zr系框架材料及高浓度Cu-Ni-X(X=Sn、Si、Al)系弹性导电铜合金]的成分-制备工艺-组织结构-性能间的关系、相变晶体学和强化与导电机制，据此讨论了这些材料的生产工艺原理及工艺参数选择依据，并提出了进一步提高合金性能的途径。第6章~第8章重点论述的是Cu-Al_2O_3、Cu-TiB_2和Cu-Nb三类弥散强化铜合金的特种制备方法，包括内氧化法、双熔体紊流原位反应法和机械合金化法，对制备过程的热力学与动力学、相变晶体学、合成相纳米科学等问题作了较深入的探讨。

本书可供本科高年级学生、硕士生、博士生及研究院所、企业从事铜合金研究开发与生产的技术人员参考，并期望读者对本书的不足和谬误之处提出批评与指正。

本书的研究工作得到了上述国家计划项目和安徽省计划项目的支持，写作时引用了许多知名学者的成果，出版时得到了中南大学出版社的大力支持，笔者在此一并表示衷心的感谢！

著　者

2015年12月

目录

Contents

第 1 章　高强导电铜合金概述

1.1　引言

铜是人类应用最早的一种金属材料，是世界上第二大有色金属，具有高导电性、高导热性、高抗腐蚀性、可镀性、易加工性及良好的力学性能，因此，铜及铜合金被广泛用于机械制造、运输、建筑、电气、电子等工业部门中，制作成各种电子材料及结构部件，是电力工业、电子信息产业、航空航天、海洋工程、汽车工业和军事工业的关键材料，也是国民经济和科技发展的重要基础材料。近年来，随着电子信息产业的不断发展，铜及铜合金的应用变得更加广泛，需求量也逐年增加，而且对铜合金的性能要求也愈来愈苛刻[1]。如随着集成电路集成度的提高，其所需端子数不断增加，对铜合金导电性、导热性要求也愈来愈高；此外，随着端子数的增加，集成电路的引线宽度和引线间距必须缩小，进而引线厚度也必然要减薄，这对集成电路引线框架用铜合金的强度提出了更高的要求。

铜最大的特点是具有高导电性和高导热性，但是纯铜强度偏低（$\sigma_{0.2} \approx$ 50 MPa，$\sigma_b \approx 190$ MPa）。要提高铜合金强度并不容易，往往会以损失电导率为代价。如何在大幅度提高铜的强度的同时，尽量保持铜的高导电性是现代铜加工业发展的重要课题。

高强导电铜合金可分为两类：一类是高强高导铜合金，一类是弹性导电铜合金。所谓高强高导铜合金，一般是指抗拉强度（σ_b）为纯铜的 1.5 ~4 倍（300 ~800 MPa），导电率为纯铜的 50% ~95% 的铜合金，国际上公认的理想指标为$\sigma_b \geqslant$ 600 MPa，导电性≥80% IACS[2]。这类合金的典型代表有 Cu – Ag 合金、Cu – Sn 合金、Cu – Fe – P 系合金、Cu – Ni – Si 系合金、Cu – Cr – Zr 系合金、Cu – Al_2O_3 弥散强化铜合金等。

在一些特殊要求的场合下，人们希望能得到更高的强度，如弹性导电铜合金，其强度要求往往大于 1000 MPa，此时的电导率往往只有 8% ~25% IACS，人们追求的指标是 40% IACS。这类合金的典型代表有 Cu – Be 系合金、锡磷青铜、Cu – Ni – Sn 系合金、Cu – Ni – Al 系合金、高浓度 Cu – Ni – Si 系合金、Cu – Ti 系合金，以及 Cu – Nb、Cu – TiB_2 等弥散强化铜合金等。

1.2 高强导电铜合金的强化方式

铜合金的导电率和强度往往互成矛盾，一般来说，导电率高则强度低，强度高则导电率很难提高。图 1－1 为不同合金元素固溶对铜电阻率及导电率的影响。从图中可以看出合金元素的加入都会不同程度地降低铜的导电率，在合金元素浓度较低时，铜合金的电阻率与溶质浓度成正比关系，可见，若采用固溶的方法强化铜合金，必然会导致电导率的极大损失，而且固溶强化的效果非常有限。因此，还必须寻求其他的强化方式才能保证既不严重损失其导电率又能使其强度得到显著提高。通常采用的强化方式有以下几种，如：形变强化、纤维强化、颗粒强化、弥散强化、细晶强化、固溶强化、沉淀强化等。下面对这几种方法在铜合金制备过程中的应用加以概述。

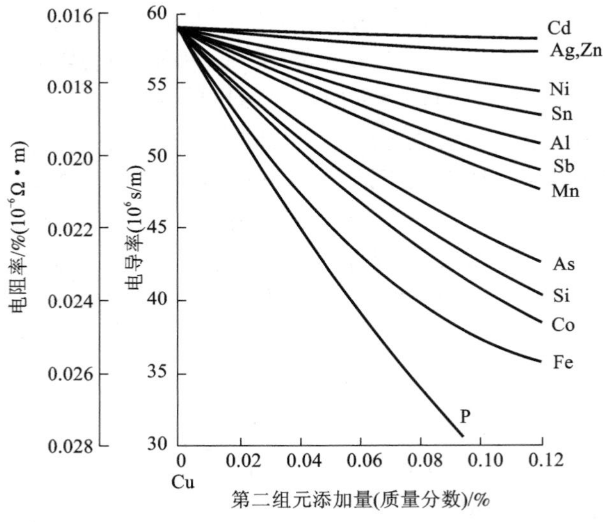

图 1－1　合金元素对铜的电导率和电阻率的影响

1.2.1 形变强化

形变强化是通过塑性变形使铜合金的强度和硬度得以提高的强化方法。由于形变产生的晶体缺陷对材料的导电性影响不大，而且可在回复或再结晶过程中部分或全部恢复，因而这种强化方式仍可使合金具有很高的导电性。但单一的形变强化方式使合金强度提高的幅度有限，因此其常与其他强化方式共同使用。形变强化最大的不足之处是热稳定性差，200℃退火（甚至室温下长期存放）就会使强化作用因再结晶而大幅度衰减。

1.2.2　纤维强化

纤维强化是人为地在铜基体内加入增强相——纤维的强化方法。使纤维定向规则地排列在铜基体内，或通过一定的工艺使基体中原位生成均匀相间、定向整齐排列的第二相纤维，均可使位错运动的阻力增大，从而使复合体得到强化。金属基体是各向同性材料，而纤维增强金属基复合材料是各向异性材料，材料各向异性的程度取决于纤维的分布和方向。纤维增强金属基复合材料中高强度、高弹性模量增强纤维是载荷的主要承受组元，而金属基体起固定高性能纤维和传递载荷的作用。复合材料的性能取决于复合材料所选用的纤维和基体金属的类型和性能，纤维的含量及分布，纤维与基体金属间的界面结构、性能以及制造工艺过程。合理地选择和控制这些因素，可以得到综合性能优异的纤维增强金属基复合材料[3]。

纤维强化可与形变强化方式结合，称形变原位复合法，是指往铜中加入一定的过量的过渡族合金元素(如 Nb、Cr、Fe、Ta、V、Mo、W 等)，制得两相复合体，过量元素以单相形式呈枝晶状(熔炼法)或颗粒状(粉末冶金法)存在于固态合金中[4]。经大变形量的形变后，过渡族金属相形成了平行于线拉方向的纳米纤维，从而使合金成为纤维增强复合材料。适用于此法的合金元素要求在铜中的溶解度很小，不至于对铜基体导电率产生太大的影响；且具有良好的塑性，通常其体积分数应保持在 20% 以下。目前研究得较多且性能比较优异的复合材料主要是 Cu – Nb 复合材料，其强度随着 Nb 含量的增加显著增加[5, 6]，如表 1 – 1 所示。Bevk 等用此法制备的含 15% ~20% Nb(体积分数)的 Cu – Nb 复合材料，其强度已接近 2000 MPa[7]。

表 1 – 1　Nb 含量对 Cu – Nb 复合材料性能的影响

特性		屈服强度/MPa	抗拉强度/MPa	杨氏模量/GPa
Cu – 5.5% Nb(体积分数)	295 K	584	822	103
	75 K	666	990	112
Cu – 7.4% Nb(体积分数)	295 K	706	938	108
	75 K	725	1129	118
Cu – 9.2% Nb(体积分数)	295 K	799	1067	110
	75 K	803	1282	125
Cu – 12.5% Nb(体积分数)	295 K	867	1211	124
	75 K	911	1480	134
Cu – 18% Nb(体积分数)	295 K	—	1530	—

碳纤维增强铜基复合材料(Cu - C)也是比较重要的一种复合材料。碳纤维具有高模量、高强度、低膨胀系数、低密度和良好的导电和导热性能。由沥青制备的碳纤维沿纤维方向的室温热导率甚至比铜还高。碳纤维加入铜基体中会降低材料的密度、提高刚性和使用温度,并且可以调节热膨胀系数,使铜具有自润滑、抗电弧和防熔焊等特性,因此该材料在电子元件材料、滑动材料、触点材料等领域得到了广泛的应用,成为引人注目的新型功能材料[8]。此外,近年来Cu - 碳纳米管、Cu - 石墨烯复合材料也开始有了研究。

1.2.3 颗粒强化

颗粒增强金属基复合材料是由基体金属和增强相颗粒复合而成,增强相颗粒一般都要超过20%(体积分数),但是由于颗粒直径为微米级,颗粒间距仍然较大,一般大于1 μm。复合材料中的增强相是主要的承载相,而基体的作用则是传递载荷和便于加工。硬质增强相对基体造成束缚作用能阻止基体屈服。颗粒复合材料的强度通常取决于颗粒的直径、间距和体积比,但是基体性能也很重要。除了机械性能外,复合材料的物理性能也同样取决于基体和增强相的性能,因此关于颗粒增强铜基复合材料的性能的理论预测对于其研究和应用有着极大的现实意义。预测不同颗粒增强金属基复合材料性能的最简单模型是混合法则(ROM)近似,即复合材料的性能 α_c 可表达为:$\alpha_c = \alpha_m V_m + \alpha_r V_r$,其中 α 为性能,V 为体积比,下标m、r和c分别指金属基体、增强相和复合材料。该法则可以预测包括热膨胀系数、密度、弹性模量、导电性能和导热性能在内的几乎所有性能。

在最近几十年中,颗粒增强金属基复合材料的制备技术得到了很大的发展,颗粒增强铜基复合材料的制备技术可以分成液相合成法、固相合成法以及两相区合成法三种[9]。液相合成法是指将增强相粒子应用各种方法加入到铜熔体中,通过铸造得到所要的铜基复合材料。该法铸造成本低,而且能够生产较大和较复杂的构件。目前主要有三种液相制备工艺用于生产颗粒增强铜基复合材料:浸渗法,例如挤压铸造和压渗法[10];弥散方法,例如混合铸造[11];固液直接反应法[12]。在这些方法中强化相主要选择TiC、TiB_2、WC等。固相合成法可分为粉末冶金法和高能高速烧结法[13]。商业化的粉末冶金方法有很多,其中应用较多的有Alcoa和Ceracon工艺。粉末冶金方法不仅可以制备出性能高于液相工艺制备的同种材料的金属基复合材料,而且为发展超出平衡热力学限制的新材料提供了可能。高能高速烧结法是指坯料在短时间内通过大能量烧结而致密化,目前这种方法主要用于铜 - 石墨和铜 - 钨等电极和电刷材料的制备上[14]。两相区合成法包括Osprey沉积工艺[15]、流变铸造和多相材料共沉积。在Osprey沉积工艺中,增强相粒子和金属液流混合,整体材料通过惰性气体雾化沉积而成。最近,在此基础上还发展了一种用于制备Cu - Al_2O_3 复合材料的反应喷射成型(RSD)法,它是利用压缩含氧、氮气体来氧化 Cu – Al 合金雾滴并沉积成型[16]。

1.2.4　弥散强化

弥散强化其实是颗粒强化的延伸，不同之处在于基体内分布的强化相尺寸为纳米级。纳米弥散强化铜合金是依靠原位反应生成高耐热稳定的纳米强化相(如 Al_2O_3、TiB_2、HfB_2、VB_2、NbC、TaC、TiC、WC 及 Nb 等)来大幅度强化铜基体和提高铜的耐高温性能，并保持铜的高导电性。与一般金属基复合材料(颗粒增强型)相比，其具有如下结构特点：

(1)强化相尺寸必须是纳米级的，一般为 50 nm 以下，最好小于 10 nm，纳米级的强化粒子有着强烈阻碍位错运动和阻碍晶界和亚晶界运动的作用，从而产生 Orowan 强化和细晶强化，若强化相尺寸大于 100 nm，其强化效果则明显减弱。

(2)由自由电子理论导出的电导率公式 $\sigma = ne^2 l/mv$(σ 为合金导电率，n 为单位体积内能参与传导过程的电子数，e 为电子电量，l 为电子平均自由程，m 为电子质量，v 为电子运动平均速度)可知，纳米强化相必须是高度弥散的，若其平均间距大于铜的电子自由程(约 40 nm)，则这种高度弥散分布的纳米粒子对铜的导电率影响甚微，若纳米强化相数量增多，以致其平均间距小于铜的电子自由程，则会对传导电子产生散射，降低其导电率。由于弥散相的含量、粒子尺寸和粒子间距互相有联系，当含量一定时，粒子愈细，则粒子数愈多，因而粒子间距也就愈小，这些弥散相的几何因素强烈影响材料强度。克雷门斯等研究了三者之间的关系，得出：$l = \pi d[(1/f) - 1)]/3$，其中 l 为粒子间距，f 为弥散相体积分数，d 为粒子直径。由上式不难发现，在设计高强高导铜合金时，必须注意强度和导电率的平衡。

(3)纳米强化相必须具有高耐热稳定特性。常用的弥散强化相多为氧化物、硼化物、氮化物、碳化物等，表 1 – 2 为常见几种强化相的性能。由于纳米弥散强化相具有高耐热稳定性，因此在接近铜熔点的高温下，仍有强烈阻碍位错运动和晶界运动的作用，从而使纳米弥散强化铜合金经高温退火后仍可保持高强度。此外从表 1 – 2 可以看出大部分陶瓷增强相的传导性较差，氧化物是绝缘体，硼化物和碳化物虽然热导率较高，但电导率仍不能满足实际应用，这样就限制了弥散强化铜合金传导性能的提高，而且增强相的低热导率也降低了弥散强化铜合金的高温性能(主要是热疲劳性能)，因此寻找一种既具有高热导率又具有高电导率的增强相(如碳纳米管、石墨烯等)已成为纳米弥散强化铜合金研究的一个主要方向[7]。

表 1-2　弥散强化铜合金常用陶瓷增强相性能

粒子	晶形	熔点/K	弹性模量/GPa	密度/(g·cm^{-3})	热导率/(W·cm^{-1}·K^{-1})	比电阻/(10^{-6}Ω·m)	硬度/(kgf·mm^{-2})	热膨胀系数/(10^{-6}K^{-1})
Al_2O_3	六方晶系	2323	380	3.97	0.159	>1020	2300~2700	8.1
Cr_2O_3	斜方晶系	2708	103	5.21	—	—	2915	9.6
Nb_2O_5	六方晶系	1743	—	4.95	—	—	726	—
TiO_2	正方晶系	2113	283	4.25	—	—	1000	8.85
ZrO_2	正方晶系	2900	250	6.27	0.0047	—	1300~1500	10.8
HfO_2	立方晶系	2785	—	9.68	0.0011	—	940~1100	6.45
TiB_2	六方晶系	3498	514	4.5	0.66	0.9	3310~3430	4.6
ZrB_2	六方晶系	3333	503	6.1	0.138	0.97	2230~2274	5.9
CrB_2	六方晶系	2373	215	5.2	0.076	3	2020~2180	10.5
Si_3N_4	六方晶系	2173	304	3.2	0.126	$>10^{18}$	2670~3260	2.75
TiN	立方晶系	3173	265	5.44	0.07	2.2~13	1800~2100	9.31~9.39
BN	六方晶系	3003	11.6	2.1	—	1.7×10^{18}	—	0.5~1.7
VC	立方晶系	3089	434	5.77	0.25	0.15~0.16	2800	7.95
WC	六方晶系	2993	669	15.63	0.32	0.19	2400	3.84
TaC	立方晶系	4150	366	14.3	0.21	0.30~0.41	1800	7.09
TiC	立方晶系	3420	269	4.93	0.171	0.60	2900~3200	7.95
SiC	六/立方晶系	2700	207	3.18	0.557	$10^8\sim10^9$	3000~3500	4.7

1.2.5　细晶强化

细晶强化的本质是利用晶界阻碍位错运动来获得强化效应。晶界上的原子排列错乱，杂质缺陷较多，而且由于晶界两侧晶粒位向不同，位错从一个晶粒运动到另一个晶粒就会受到阻碍。晶粒越细，单位体积内的晶界就越多，位错所受阻力就越大，因此合金强度就越高。细晶强化满足 Hall - Petch 关系：

$$\sigma_y = \sigma_0 + k_y d^{-1/2}$$

式中，σ_y 为屈服强度，σ_0 为运动位错的摩擦阻力，k_y 为与材料相关的参数，d 为晶粒的平均直径。

由于细晶强化的突出优点是在提高合金强度的同时还可以提高合金的塑性，所以该强化方法常被用于强化铜合金。晶粒细化一般是通过快速凝固、改变热处理工艺或添加某种微量合金元素来实现。最近，贾延琳等采用回归技术获得了细晶 Cu－Ni－Si 系合金，不但提高了合金强度，而且大大改善了带材的加工性能，提高了带材表面质量。

1.2.6　固溶强化

固溶强化是一种在铜基体中加入少量可溶解于铜中的元素，而使铜基体产生强化的方法。由于固溶的溶质原子尺寸或结构与铜基体存在差异，故使铜基体晶格产生畸变而产生强化，或形成气团钉扎位错而使合金得以强化。固溶强化效果主要取决于溶质原子与基体原子的尺寸差别和溶质原子在基体中的浓度，但合金中溶质原子含量增加会剧烈地损害材料的导电性。常见的以固溶形式强化铜合金的元素有 Sn、Zn、Ni、Al、Si、Mn、Ag 等[17]。日本日立公司开发的 Cu－Sn 合金是单独以固溶作为强化方式的铜合金[18]。此外，Cu－Mg 合金也是固溶强化型合金，这两种合金已用于高速列车接触线。

1.2.7　析出强化

析出强化也称为沉淀强化，其基本原理是：对于溶质原子溶解度随温度降低而显著降低的合金，在高温下保温可使其溶质原子充分溶解到基体中，随后的淬火冷却处理则可使其形成过饱和固溶体，此时若将其在低温时效，则可使其在基体中生成大量弥散分布的纳米析出相而强化基体，弥散相的析出大大降低了基体中固溶溶质原子的浓度，因而可显著提高合金的电导率。在铜合金中，可产生时效析出强化效果的常用添加元素有 Ti、Co、P、Ni、Si、Mg、Cr、Zr、Be、Fe 等。其中以 Cu－Be 合金最为著名，该合金时效强化的研究也起步很早[19]。固溶时效热处理法在开发高强高导铜合金时经常被用到，如集成电路引线框架常用的 Cu－Cr、Cu－Zr、Cu－Fe、Cu－Sn、Cu－Ni－Si 等系列高强高导铜合金。图 1－2 总结了几种常见的沉淀强化型铜合金的性能[20]。

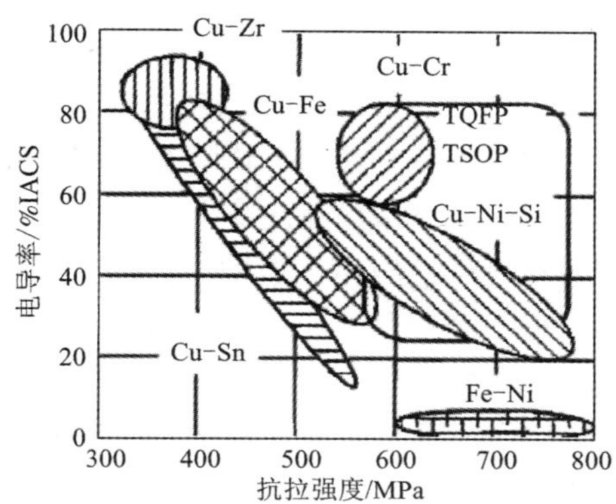

图 1－2　几种高强高导铜合金抗拉强度与导电率分布图

析出强化型合金的屈服强度与析出相结构、晶格常数、刚度、泊松比、尺寸、分布密度以及析出相和基体的界面等因素密切相关。在铜合金中，该强化方式常常与固溶强化、形变强化、纤维强化等强化方式同时使用，可以获得满意的强度和电导率。对于时效析出强化型铜合金而言，在保持铜高导电性的基础上，优化设计和选择合适的强化相，并采用合适的加工工艺控制析出相的结构、尺寸、体积分数以及析出相和基体的位向、界面等，即可获得良好的综合性能。由于析出强化型铜合金的加工生产可与常规的熔炼、铸造方式及后续的热轧、冷轧或锻造、拉拔等工艺方法相结合，因而可大幅度提高合金的生产效率，实现大规模生产，从而降低生产成本。因此，析出强化型铜合金是目前最有应用前景、最有潜力实现大规模工业化生产的高强导电铜合金。

1.3 高强导电铜合金的制备方法

传统的高强导电铜合金，如 Cu－Fe－P、Cu－Ni－Si、Cu－Cr－Zr 等合金，一般采用熔铸法制备，工艺流程为：中频炉熔炼→连续或半连续铸造成锭坯或板坯→均匀化退火→热轧在线淬火→铣面→冷中轧→退火（时效）→冷精轧→去应力退火→在线清洗烘干→包装→成品。这种方法非常适合于大规模生产，单条生产线年产可达 10 万 t。这一方法是目前国内外铜加工业主流方法，技术相对成熟，在此不再赘述。本章将重点介绍目前还在研究的高强导电铜合金制备新方法。

高强导电铜合金制备新方法主要是用于制备纳米弥散强化铜合金等铜基复合材料。

根据铜基复合材料强化粒子合成的先后顺序，常把弥散强化铜合金的制备方法分为原位复合法（in situ）和非原位复合法（ex situ）。某些方法，如快速凝固法除用于铜基复合材料外，也用于沉淀强化型铜合金。

生产颗粒强化金属基复合材料（MMCs）的传统方法主要有粉末冶金法、喷射沉积法、机械合金化法（MA）以及各种铸造技术（如模压铸造、流变铸造和复合铸造等）[21]。所有这些技术都是基于直接添加陶瓷强化粒子到熔体或粉末基体中，强化相与 MMCs 的合成不是同步完成，因此常把这种方法称为非原位复合法。

所谓原位复合法是指在复合材料生产过程中，在金属基体内部利用元素间或元素与复合相间的化学反应在金属基体中直接合成强化相的方法。与传统的非原位复合法制取复合材料相比，其具有以下三大优点[22]：①原位复合强化相在基体内热力学稳定性好；②强化相与基体间界面清洁；③强化相粒子更加细小且在基体内分布更加均匀。最近十多年已经发展了很多原位复合制取金属基复合材料的方法，下面仅针对制备高强导电铜合金的几种重要方法加以概述。

1.3.1 粉末冶金法

粉末冶金法制备金属基复合材料(MMCs)时，前期制粉工艺一般包括直接混合法(the admixture method)和包覆混合法(the coated filler method)两种方法。文献[23]系统地研究了利用上述两种粉末冶金方法制备的 Cu-(15~60)% TiB_2(体积分数)金属基复合材料的组织和性能。所谓直接混合法是指直接将铜粉和 TiB_2 颗粒混合的方法。而包覆混合法则先在 TiB_2 颗粒表面化学镀铜，然后再按一定比例混合铜粉与铜包覆 TiB_2 颗粒。两种方法的粉末制好后，后续工艺相同，分别经 H_2 还原、冷压和热压，最后制成相应浓度的合金锭坯。利用这两种方法制备的低浓度 Cu-15% TiB_2(体积分数)复合材料，其组织和性能没有太大差别，抗压强度 $\sigma_{0.2}$可达 145 MPa，硬度 HB 达 77，电阻率为 $2.1\times10^{-6}\Omega\cdot cm$。但是在制备高浓度 Cu-$TiB_2$复合材料时，采用直接混合法制得的复合材料孔隙率较高，特别是当 TiB_2超过 40%(体积分数)时，孔隙率会急剧增加。但利用包覆混合法制备的 Cu-50% TiB_2(体积分数)复合材料孔隙率则很低。由于孔隙率不同，使得两种方法制备的高浓度 Cu-TiB_2 复合材料的力学性能也有很大区别。研究结果表明，利用包覆混合法制备的 Cu-TiB_2 复合材料较直接混合法制备的具有更高的硬度、抗磨损性能以及抗划伤能力。此外当 TiB_2 颗粒浓度超过 35%(体积分数)时，利用包覆法制备的材料热导率和电导率明显高于直接混合法所制备的材料的热导率和电导率。其原因可能是由于两种方法的孔隙率以及强化相界面清洁度的不同所致。由于包覆混合法具有上述优点，此方法与直接混合法相比，应用前景更加广阔。

1.3.2 快速凝固法

快速凝固是指结晶前沿迅速移动的一种凝固方式，深过冷和急冷是实现熔体快速凝固的两种有效途径。快速凝固法由于凝固过程的冷却速度快，起始形核过冷度大，生长速率高，因而合金的凝固可极大地偏离平衡，使得合金固溶度大幅度提高，从而增加了时效处理后基体中细小弥散分布的第二相的含量，且合金化学成分偏析明显降低。另外，快速凝固过程中，合金晶粒可大大细化，细晶强化作用明显。如果在快速凝固合金时效前或时效后进行一定的冷变形，合金的强度可得到进一步提高[24]。

自 20 世纪 70 年代末以来，发达国家相继开展了快速凝固法制备高强高导铜基复合材料的开发与研究，三十多年来取得了极大的进展，并逐步从实验室研究走向了工业化生产。常用的方法有单辊旋转淬冷法、溶液提拉法、平面流动铸造法、双辊淬冷法和溶液提取法等(图 1-3)。众多研究表明，采用快速凝固工艺所制备的铜合金在导电率稍有降低的情况下，合金强度可获得显著提高，同时合金的耐磨性、耐腐蚀性能也得到改善。

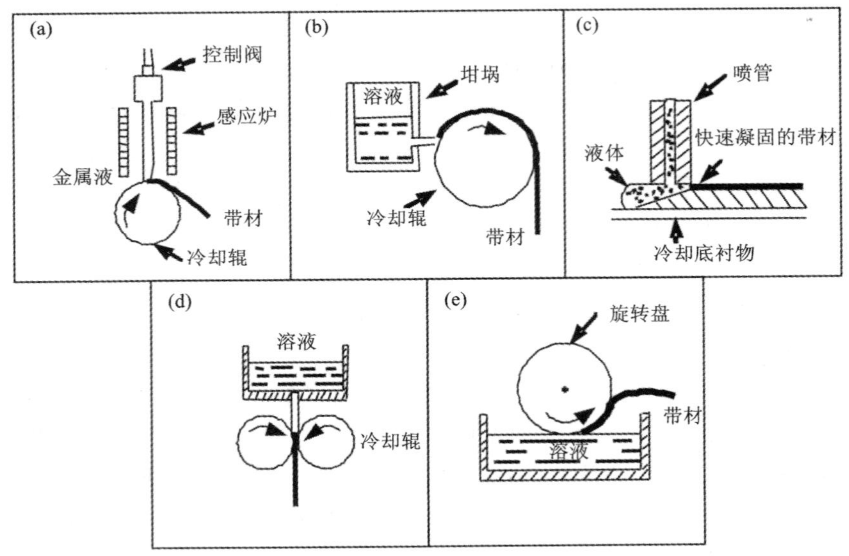

图 1－3　制取薄带的快速凝固法

(a)单辊旋转冷却法；(b)溶液提拉法；(c)平面流动铸造法；(d)双辊旋转冷却法；(e)溶液提取法

1.3.3　内氧化法

由于 Al_2O_3 陶瓷粒子与铜熔体润湿性较差，且两者比重相差较大，细小的 Al_2O_3 粒子极易产生偏聚，因此采用传统的熔铸法或其他机械混合法合成 Cu－Al_2O_3合金十分困难，而采用内氧化法可大大促进 Al_2O_3 和 Cu 基体间的润湿性，且 Al_2O_3 粒子尺寸细小(仅为 10～20 nm)，分布均匀，制备的 Cu－Al_2O_3 金属基复合材料综合性能优异[25]。其一般的制备工艺为：气体雾化制取 Cu－Al 合金粉，与适量氧化剂混合，在密封容器中加热进行内氧化，溶质元素 Al 被表面扩散渗入的氧优先氧化生成 Al_2O_3，随后将复合粉末在氢气中还原，除去残余的 Cu_2O，然后将粉末包套、抽真空、挤压或热锻成型，大型坯材的致密化可通过热等静压完成。

虽然从 20 世纪 60 年代起已出现了各种不同的内氧化工艺，并成功地制备了不同浓度的 Cu－Al_2O_3 弥散强化铜合金[26, 27]，但仍然存在较多问题，如：①由于 Al_2O_3 对 Cu 粉的烧结有很强的抑制作用，提高了基体 Cu 的扩散起始位能，使体积扩散难以启动，阻碍了粉末颗粒间烧结颈处的空位流动，延缓了烧结颈的长大，因此采用简单的烧结工艺不能真正达到全致密冶金化结合。②外部氧化物粒子平均尺寸小于内部的粒子尺寸，因此材料的机械性能会随位置的不同发生变化。③由于内氧化法制备的复合粉末，在制备过程中易产生溶质的逆扩散，氧化物倾向于在粉末表面集中析出，使烧结性能进一步恶化。④可发生内氧化的元素量有限。

文献[28]采用 Cu_2O 粉末和高纯氮气(含微量 O_2)一起作为内氧化介质的方法，研究了内氧化工艺制备的 $Cu-Al_2O_3$ 合金的组织和性能的变化规律。TEM 观察表明在 1223 K 内氧化 0.5 h 所得 $Cu-Al_2O_3$ 合金，基体上均匀弥散分布有许多小颗粒，形状为球形或椭球形，平均尺寸为 7 nm，颗粒间距为 20 ~ 40 nm，平均间距为 30 nm。其性能如表 1 – 3 所示。

表 1 – 3　$Cu-2.65\%Al_2O_3$(体积分数)不同状态的力学性能和电学性能[28]

状态	HRB	σ_b/MPa	电导率/% IACS
冷变形 50%	86	628	87
1173 K 热变形 50%	76	552	90.4

20 世纪 80 年代美国 SCM 公司开发出了 Glidcop 合金[29]，此合金适宜于要求高强度、高导电及耐高温的场合，从表 1 – 4 可以看出，Glidcop 合金具有良好的综合性能。

表 1 – 4　Glidcop($Cu-Al_2O_3$)合金的物理性能和机械性能[29]

状态	合金	$w(Al_2O_3)=0.2\%$	$w(Al_2O_3)=0.7\%$	$w(Al_2O_3)=1.2\%$
加工态	熔点/℃	1082	1082	1082
	导电率/% IACS	90	85	80
	弹性模量/($MPa\times10^4$)	10.8	12	14
	σ_b/MPa	500	585	620
	δ/%	10	11	3
420℃退火	σ_b/MPa	440	545	600
	δ/%	24	12	4
925℃退火	σ_b/MPa	395	510	550
	δ/%	27	13	5

1.3.4 机械合金化法

机械合金化法(MA)是继快速凝固法之后兴起的一种新的制备技术，它是通过机械化学的作用使纯元素的混合物经高能球磨合金化而制备出新材料。机械合金化法可使合金元素分布均匀、可灵活控制第二相添加以及产物的晶粒尺寸，此外该方法能克服快速凝固法的一些不足之处[30]，如减少微孔偏析缺陷等。文献[31]研究了利用机械合金化法制备的 Cu - 0.9 CrB_2、Cu - 0.8 TiB_2 以及 Cu - 1 ZrB_2等合金的组织和性能。球磨过程在惰性气体保护下进行，然后经冷压以及热挤压等工序成型。金相组织观察表明，三种粉末经长时间球磨后仍有一定数量粗大粒子(0.5 ~ 1 μm)存在。因为机械球磨过程，包括元素粉末间的互扩散，硼化物的两种元素同时扩散进入 Cu 基体十分困难，量一定很少，所以合金基体内必然会残留有粗大的硼化物粒子。几种合金不同状态下的力学性能如表1 - 5所示。不难发现，粉末的硬度一般都高于挤压态，这是由于在球磨过程中产生的变形结构在热挤压过程中被部分消除的缘故。由于硼化物的粗化过程是其两种元素的扩散过程，其粗化率一般很小，这可以从 Cu - TiB_2 挤压态与 900℃ 退火 1 h 的硬度值几乎相同可以看出。此外，文献[22]研究了利用机械球磨 Ti 与 B 粉制取 TiB_2的研究，球磨采用了较大的球料比(10∶1)。研究表明，在球磨 18 h 后，X 射线衍射分析才发现有 TiB_2产生，280 h 后 Ti 相才完全消失。所以，直接混合 Cu 粉与 TiB_2粉球磨扩散进入 Cu 基体的 TiB_2也一定很少，而要想采用机械合金化法制取性能优异的 Cu - TiB_2复合材料，必须采用机械合金化原位复合法。

表 1 - 5 几种 Cu - MB_2 合金状态及力学性能

合金	状态	HV	$\sigma_{0.2}$/MPa	σ_b/MPa
Cu - CrB_2	粉末	270	—	—
	挤压态	182	476	507
Cu - ZrB_2	粉末	250	—	—
	挤压态	178	470	526
Cu - TiB_2	粉末	272	—	—
	挤压态	192	422	502
	900℃ 1 h	185	394	456

内氧化法制备 Cu - Al_2O_3 合金时，内氧化元素量常常受到限制，但是如果金属粉的氧化过程与机械合金化过程同时进行，则氧化量一定可以提高。文献[32]

根据这一思想，先把 Cu 粉部分氧化，然后再把部分氧化的 Cu 粉与 Al 粉混合进行机械合金化，此时 CuO(或 Cu_2O)就会与 Al 粉发生反应，原位合成 Al_2O_3 强化粒子。研究发现，由于 CuO 与 Al 之间发生反应时会放出大量热，进一步会引起 CuO 与 Al 粉之间的自蔓延，结果生成的 Al_2O_3 粒子尺寸较大，直径可达 5 ~ 50 μm。文献[33]针对上述问题，首先用高能球磨 Cu 粉与 Al 粉制备成 Cu(Al)固溶体或 Cu - Al 金属间化合物，然后再把机械球磨所得的 Cu - Al 合金粉与一定量的 CuO 粉混合球磨，由于 Cu - Al 合金粉与 CuO 粉间反应速率低于 CuO 粉与 Al 粉间的反应速率，因此在 Cu 基体内合成了纳米 Al_2O_3 粒子。

对于用机械合金化法制备 Cu - TiB_2 合金，大量研究[34]表明直接球磨 Cu、Ti 和 B 粉很难形成 TiB_2 强化相。文献[34]研究发现在球磨过程中仅形成 $TiCu_4$，而 TiB_2 是在随后的热压过程中发生的 $TiCu_4 + 2B = TiB_2 + 4Cu$ 反应中生成的。此外，为了降低机械合金化法制备 Cu - TiB_2 合金的生产成本，文献[35]用廉价的 B_2O_3 和 TiO_2 代替价格高的 B 和 Ti，与 Cu 和 Al 粉进行机械球磨，球磨过程中形成的是 Al_2O_3 粒子和 Cu(B, Ti)过饱和固溶体，在随后的热压烧结过程中，Cu(B, Ti)基体内又生成了 TiB_2 强化粒子，不过由于 Cu - Al - B_2O_3 - TiO_2 粉间发生了自蔓延，生成的强化粒子尺寸较大。利用机械合金化原位法制备的纳米弥散强化铜合金性能较好，其性能见表 1 - 6。

表 1 - 6　几种 Cu - TiB_2 合金的力学和电学性能

合金	状态	硬度 /(kgf·mm^{-2})	σ_b /MPa	$\sigma_{0.2}$ /MPa	导电率 /%IACS	文献
Cu - 1% TiB_2(体积分数)	挤压态	105	468	—	83.2	[36]
Cu - 2% TiB_2(体积分数)	挤压态	116	545	—	78.4	[36]
Cu - 5% TiB_2(体积分数)	挤压态	—	≈1000	≈800	—	[33]
Cu - 5% Al_2O_3(体积分数)	挤压态	—	≈900	≈700	—	[33]

此外由于 TiN 具有高导电率、高硬度以及低的生成自由焓，因此 Cu - TiN 弥散强化铜合金的研究也开始受到人们的关注。文献[37]制备了 Cu - TiN 合金。其具体过程为：首先球磨纯 Cu 粉与纯 Ti 粉，使其形成 Cu - 3% Ti 固溶体，然后在 1073 K 氮化处理 24 h，此时在 Cu 粉的表面形成 TiN 层，随后继续球磨 10 h，可使 TiN 层得到破碎，形成纳米尺寸的 TiN，且非常均匀地弥散分布于 Cu 基体中。

国内外众多研究表明，通过机械合金化法制备的 Cu - Cr、Cu - Nb、Cu - Ta、

Cu - Fe 以及 Cu - Al_2O_3、Cu - TiB_2、Cu - ZrO_2等铜基复合材料既具有优良的导电性能，又具有高强度和优越的高温性能，是很有应用前景的一类材料。Takahashi 等[38]利用机械合金化法制备了抗拉强度为 650 ~ 725 MPa、电导率达 80% IACS 的纳米弥散强化 Cu - 2.5% TiC(体积分数)合金。Morris 等[31]采用机械合金化法制备了屈服强度分别为 476 MPa 和 470 MPa 的 Cu - CrB_2和 Cu - ZrB_2合金，其中强化相尺寸为 10 ~ 15 nm，强化相间距为 72 ~ 94 nm。Zhang 等[39]用机械合金化法 + 热静液挤压成型技术制备了抗拉强度为 750 MPa、电导率为 65% IACS 的 Cu - 5 Cr合金。

一般而言，可以通过观察球磨过程中粉末颗粒的形貌与组织结构变化来跟踪机械合金化过程[40]。如，在利用机械合金化法制备典型的 Cu - 10 Nb 合金粉末时，在球磨初期，粉末间通常以冷焊为主，并逐渐形成片层结构；随着球磨时间的增加，粉末断裂趋势开始占主导，片层结构不断细化；最终，粉末形成了均一的组织结构。此外，实验中常用 X 射线衍射分析粉末颗粒在机械合金化过程中第二相的固溶程度、基体晶粒尺寸以及晶格畸变等。研究发现[40]，Cu - 10 Nb 混合粉末经 40 h 球磨后，其 X 射线衍射图谱中仅能看到属于 Cu 相的衍射峰，表明此时 Nb 已完全固溶于 Cu 基体中。X 射线衍射数据分析表明，经长时间球磨后，Cu 相平均晶粒尺寸可细化至 10 nm 的量级，即 Cu - 10% Nb 粉末通过高能球磨能形成尺度在 10 nm 左右的过饱和纳米晶合金。

1.3.5 碳热还原法

碳热还原法制取金属基复合材料也是利用元素间或元素与复合相间的放热反应来形成纳米弥散强化相的。文献[41]采用此方法制备了 Cu - TiB_2合金，反应装置如图 1 - 4 所示。其制备工艺为：感应加热 Cu - Ti 合金到 1400 ~ 1500℃，再利用 Ar 气将摩尔比为1∶3的 B_2O_3粉和 C 粉引入到熔体内部，用螺旋桨搅拌 Cu - Ti 熔体，碳热还原B_2O_3会在熔体内形成 TiB_2粒子。

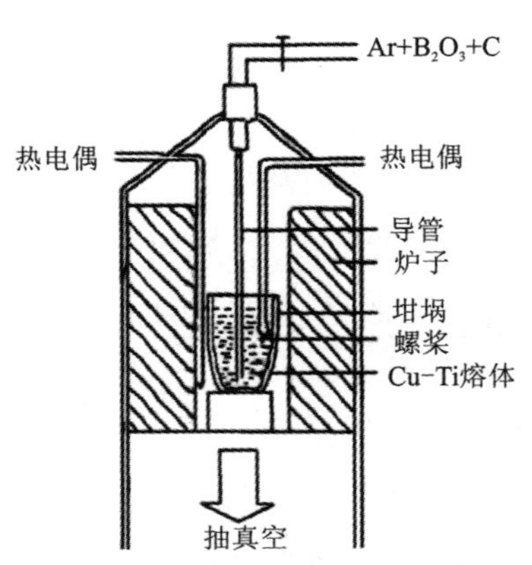

图 1 - 4 碳热还原法反应装置示意图

碳热还原法能在 Cu 基体中制备出纳米 TiB_2粒子，且纳米粒子与 Cu 基体间的界面清洁，没有过渡层。虽然此方法具有上述优点，但仍然存在不足之处。此方法在反应过程中一般都采用低压力环境，目的是为了使碳热还原得到的 CO 能排出熔体，降低孔隙率，使压力降低，还

原 B_2O_3所需温度也降低。但是即使采用低压力环境仍然不可能完全把 CO 排出熔体，因此导致合金内部孔隙率较高，以及 Cu 基体和强化粒子间的润湿性不好等问题出现。此外，此方法还有如下缺点：①粒子极易团聚长大；②粒子会上浮，导致其在基体中分布不均匀，影响合金性能。

1.3.6　喷射沉积法

喷射沉积法原位合成 Cu 基复合材料，主要分为传统喷射沉积法和反应喷射沉积法。传统喷射沉积法是在熔炼好含反应元素的合金以后再进行喷射沉积的[42]，由于这种方法元素间的反应是在喷射沉积之前进行，必然会导致强化相的粗化，影响合金最终性能。如文献[42]采用此方法制备 Cu - TiB_2复合材料时，由于 TiB_2粒子密度小于熔体 Cu 的密度，喷射之前 TiB_2粒子发生了上浮，导致喷射沉积制备的合金基体内 TiB_2粒子分布不均匀，且大量 TiB_2粒子发生团聚，尺寸可达 1.6 μm，此时 TiB_2粒子不能起到纳米弥散强化效果，因此所制备的合金综合性能较差。而反应喷射沉积法是利用合金液滴与反应气体、注入的粒子或不同合金液滴间发生原位化学反应来合成纳米陶瓷粒子的，利用此方法制备纳米粒子弥散强化铜合金已有多篇文献报道[43, 44]。

文献[44]研究了反应喷射沉积法制备硼化物弥散强化铜合金，反应装置如图 1 - 5 所示。反应过程为：1500℃感应炉熔炼 Cu - 2 Ti 合金，在喷射沉积 Cu - 2 Ti 合金时，用压力为 0.35 MPa 的 N_2把平均尺寸为 60 μm 的Cu - 1.15% B合金粉注入到 Cu - 2% Ti 熔体中并使其雾化，最后对喷射沉积毛坯进行热挤压等后续加工。而文献[45]则采用熔体与熔体间反应然后再利用喷射沉积法来制备硼化物弥散强化铜合金。此外，利用反应喷射沉积法制备 Cu - Al_2O_3 或其他 Cu 基复合材料时也可采用文献[44]所述方法，即在喷射二元 Cu - Al 合金时，用含有少量 O_2的 N_2气进行雾化。此种方法与文献[44]的方法相类似，只不过后者雾化气体中含有的反应元素是气体，而前者是合金粉。

喷射沉积法除了可以生产细小且均匀弥散分布的第二相强化铜合金以及消除宏观偏析等外，与内氧化法或机械合金化法等相比，其生产过程简单，更适宜于商业化大批量生产。但是反应喷射沉积法仍有许多不足之处，如过程参数很难控制，控制不当就会导致强化相粗化，不能起到纳米弥散强化效果。文献[44]虽然对过程进行了严格的控制，但最终只有 0.2%（体积分数）的 TiB_2尺寸达到纳米级（约为 10 nm），而 3.8%（体积分数）的 TiB_2粒子为 200 nm。此外，如果反应不完全将会导致合金中固溶有未参与反应的元素，从而显著降低合金电导率。不过文献[45]制备的 Cu - TiB_2弥散强化铜合金，大量 TiB_2粒子尺寸均在 50 nm 左右，粒子表面清洁，且粒子与基体间结合强度较高，其电学和力学性能如表 1 - 7 所示。

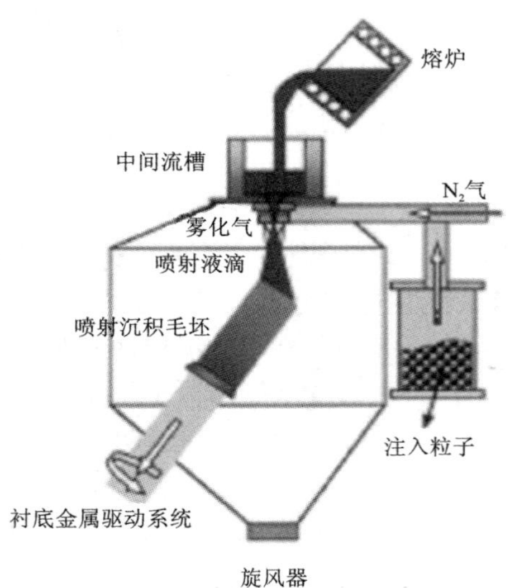

图 1-5　反应喷射沉积制备弥散强化铜合金装置示意图

表 1-7　几种 Cu-M(Ti, Zr)B_2合金的力学与电学性能[45]

合金	Cu-3% TiB_2(体积分数)	Cu-5% TiB_2(体积分数)	Cu-2% ZrB_2(体积分数)
冷加工	50%	95%	95%
硬度	80/HB	188/HV	160/HV
$\sigma_{0.2}$/MPa	434	620	—
σ_b/MPa	455	675	—
δ/%	16	7.0	—
导电率/%IACS	83	76	85

1.3.7　大塑性变形法

大塑性变形法(Severe Plastic Deformation)是近年来国际上发展极为迅速的一种新型块体金属材料制备方法。常用的大塑性变形法有等通道直角挤压法(equal-channel angular pressing, 见图 1-6)[46]、压力扭转法、多轴变形法(multi-axis deformation)和重复弯折矫正法(repetitive corrugation and straightening)等。大塑性变形法可有效解决粉末冶金法中材料容易被污染、块体材料致密度不高、易脆开裂等问题,能制备出大尺寸、低污染的无孔隙块体材料。并且,当该方法与其他晶粒细化方法相结合时，可大大减小获得纳米晶粒所需要的变形量，提高合金的综合性能。大塑性变形法的缺点是所制备的块体材料通常有较强的织构和较大的内应力，而且应用范围受到材料塑性优劣的限制。

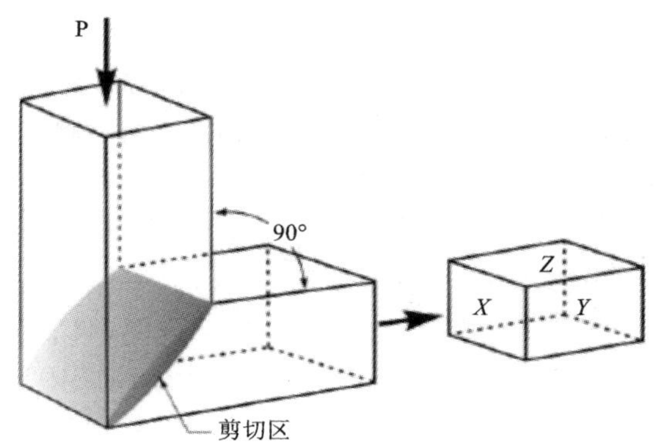

图 1 - 6　等通道直角挤压法示意图

1.4　纳米弥散强化铜合金的研究概述

1.4.1　国内外弥散强化铜合金的研究现状

国外最早对弥散强化铜合金研究并实现产业化的是利用内氧化法制备 $Cu-Al_2O_3$铜合金，20 世纪 70 年代美国的 SCM 公司已形成月产 18 t、三种牌号(Glidcop 系列)$Cu-Al_2O_3$ 合金的生产规模，之后各国纷纷开展研究。我国对此类材料的研究起步较晚，20 世纪 70 年代才开始正式立项并开始研究。生产的弥散强化铜合金材料在烧氢膨胀性、气密性、钎焊性等方面还不能尽如人意，产品成品率低，各项性能指标均有待进一步改善。

随着微波技术、核技术、航空航天、汽车焊接电极等高新技术领域对弥散强化铜合金需求量的不断增加，为了降低生产成本，使性能优异的该新型材料能得到更加广泛的应用，最近各国均在大力开展简化内氧化工艺、新型弥散强化铜合金体系以及新的制备技术的研究；此外，随着应用领域的不断扩展以及内氧化工艺的日趋成熟，相关研究人员由原来单一的内氧化工艺研究逐渐转向其他方面的研究，如加工方式、变形温度、变形速率、变形量以及应用环境等对合金组织和性能影响的研究等。

1.4.2 弥散强化相含量对合金性能的影响

金属基体中含有高度均匀弥散分布的纳米第二相粒子对位错和晶界运动具有强烈的钉扎作用，这可使合金基体强度得到很大提高，但是弥散粒子尺寸、形状、间距、硬度、分布以及与基体的共格程度不同，对合金的性能会有很大影响[47]。

图 1－7 给出了内氧化法制备的 Cu－Al_2O_3 弥散强化铜合金强化相 Al_2O_3 含量对合金性能的影响。可以看出，合金的硬度和拉伸强度随 Al_2O_3 含量的增加而升高，但是在 Al_2O_3 含量增加到 0.7%（体积分数）时，合金强度增速开始减缓。延伸率和电导率则随 Al_2O_3 含量的增加而下降。Nadkarni 等人[48]认为，当 Al 的含量为 0.7% 时[相当于 3.11% Al_2O_3（体积分数）]，950℃温度下内氧化可以彻底完成；当 Al 的含量大于 1.0% 时[相当于 4.4% Al_2O_3（体积分数）]，要在 950℃温度下彻底完成内氧化是很困难的，因为当溶质含量高的固溶体合金内氧化时，溶质原子会产生大量的逆扩散，此效应使粉末内形成连续的氧化物壳层，从而阻止了内氧化的进一步进行，导致粉末中氧化物壳层内部的硬度降低。

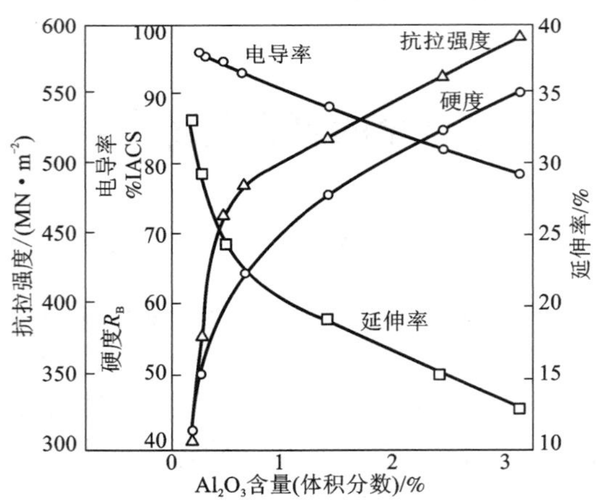

图 1－7 Al_2O_3 含量对挤压态弥散强化铜合金性能的影响[48]

1.4.3 退火对弥散强化铜合金性能的影响

由于弥散强化铜合金中的强化相 Al_2O_3 粒子是不溶于铜基体的，因此它们在接近于基体熔点的高温下退火后仍能保持原始的尺寸和分布，这使得弥散强化铜合金具有优越的热稳定性，即使暴露于高温后仍能保持其高硬度和高导电性。不同 Al_2O_3 含量的 Cu－Al_2O_3 弥散强化铜合金在不同温度退火 1 h 后的拉伸性能的变化示于图 1－8[48, 49]。其中，Cu－0.23% Al_2O_3（体积分数）合金状态为挤压后再经 80% 的冷轧，Cu－0.45% Al_2O_3（体积分数）合金状态为挤压后再经 90% 的冷拉拔，Cu－0.9% Al_2O_3（体积分数）、Cu－1.57% Al_2O_3（体积分数）、Cu－2.68% Al_2O_3（体积分数）合金状态为挤压后再经 55% 变形量的冷拉拔。从图 1－8(a) 可以看出，随着弥散粒子浓度增加，合金抗高温软化性能得到显著提高。低浓度 Cu－0.23% Al_2O_3（体积分数）合金随着退火温度升高，强度不断降低，但是当升高到 600℃ 以上时，强度出现异常上升，关于此方面的原因文献[49]作了详细说明。合金延伸率与强度相关，随着弥散粒子浓度增加，退火温度对延伸率的影响逐渐减弱。只有在 Al_2O_3 含量为 0.23%（体积分数）和 0.45%（体积分数）两种低浓度合金中才出现随退火温度升高延伸率急速上升的现象[图 1－8(b)]。

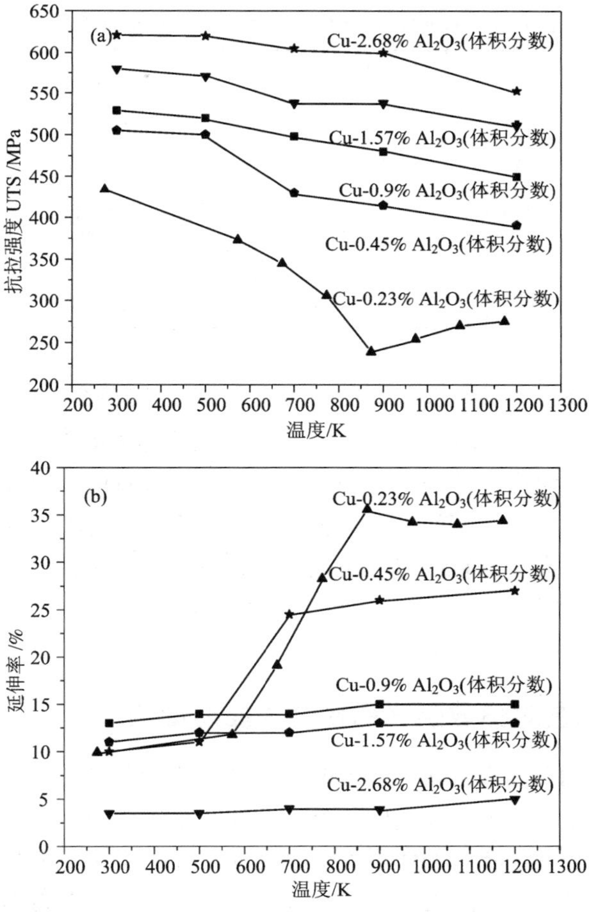

图 1－8　退火温度对不同浓度 Al_2O_3 的 Cu－Al_2O_3 合金性能的影响

(a) 抗拉强度；(b) 延伸率

1.4.4 弥散强化铜合金的高温性能

太空探索以及能源技术等高新技术的发展，对弥散强化铜合金高温性能提出了新的要求，但人们对 Cu - Al_2O_3 弥散强化铜合金的高温变形性能研究较少，目前仅有部分关于弥散强化型合金高温蠕变和拉伸方面的研究报道[50]，研究表明，GlidCopAl - 15 弥散强化铜合金具有较高的应力敏感指数(10 ~ 21)和较高的激活能(253.3 kJ/mol)，高温低应力蠕变时合金亚晶尺寸比相同温度高应力蠕变时的要大，如表 1 - 8 所示。不过也有研究显示弥散强化型合金高温蠕变应力敏感指数甚至可超过 100[51]。

表 1 - 8 GlidCop Al - 15 合金蠕变参数及相关结果

合金	温度/K	应力/MPa	n_{app}	激活能 Q_{app} /(kJ · mol^{-1})	亚晶平均直径/μm
GlidCop Al - 15	773	80	19.4	257.6	0.6
	773	120	19.4	257.6	0.45
	973	20	10.2	248.9	0.8
	973	55	10.2	248.9	0.65

关于弥散强化铜合金高温拉伸性能也有部分人员研究，图 1 - 9 示出了 Cu - Al_2O_3、Cu - Zr、Cu - Cr 以及 Cu - Nb 合金的高温拉伸强度[49, 52]，由图可以看出，几种合金强度均随温度升高而不断降低，而且降低速率相对较快，特别是高浓度 Cu - Nb 合金，当温度升高到 300℃以上时，其降低速率更快。研究表明强度快速降低并非是由于高温下晶粒或组织粗化所引起的，而是由于热激活作用使位错容易越过强化粒子所引起的。关于弥散强化铜合金高温强化机制方面仍存在争议[53]。

1.4.5 制备工艺对弥散强化铜合金性能的影响

制备工艺不同对弥散强化铜合金的性能具有重要的影响。表 1 - 9 列出了最为成熟的内氧化工艺和最有前景的几种工艺制备的弥散强化铜合金的性能数据。虽然制备的弥散强化铜合金的体系、原理及所经历后续加工工艺都不同，但从表 1 - 9 中列出的数据仍可以看出以下几点：①当 Al_2O_3 含量较低时[<4.4%(体积分数)]，内氧化法制备的 Cu - Al_2O_3 弥散强化铜合金的综合性能最好。常规的机械合金化法和反应球磨机械合金化法制备的弥散强化铜合金的力学性能最高，

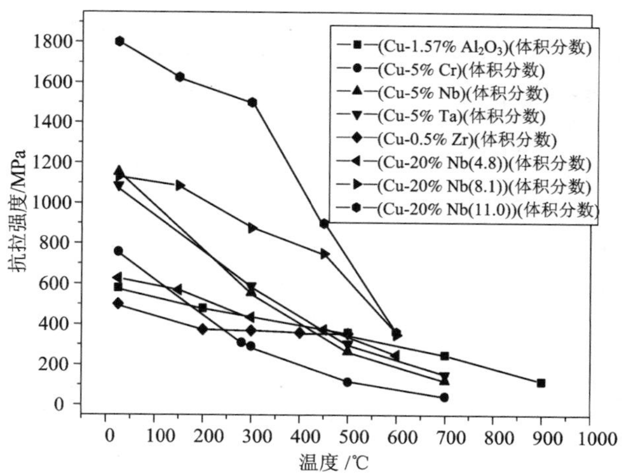

图 1-9　几种弥散强化铜合金的高温拉伸性能

Biselli 等[33]利用该法制备的 Cu-5% Al_2O_3(体积分数)合金和 Cu-5% TiB_2(体积分数)合金的拉伸强度分别高达约 900 MPa 和 1000 MPa，屈服强度分别高达 700 MPa 和 800 MPa。Mixalloy 法制备的 Cu-TiB_2 弥散强化铜合金的综合性能较好，但力学性能偏低，而(反应)喷射沉积法制备的合金性能则有待进一步改善。②TiB_2作为弥散强化相，其强化效果可能稍好于 Al_2O_3，且 Cu-5% TiB_2(体积分数)合金的高温热稳定性要好于 Cu-5% Al_2O_3(体积分数)合金(见图1-10[58])，同时 TiB_2本身还具有较高的导电性。

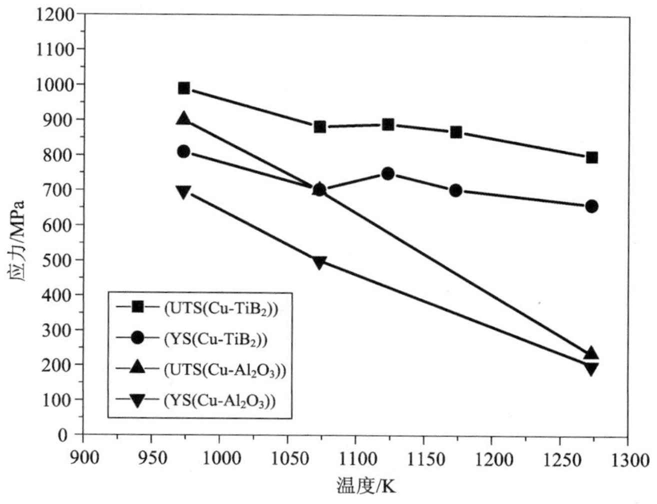

图 1-10　退火温度对 Cu-5% TiB_2(体积分数)和 Cu-5% Al_2O_3(体积分数)强度的影响

表 1-9 各种工艺制备的弥散强化铜合金的性能

制备方法	合金成分（体积分数）/%	冷加工量/%	状态	性能				参考文献
				σ_b /MPa	$\sigma_{0.2}$ /MPa	延伸率/%	电导率/% IACS	
内氧化法	Cu-0.7% Al_2O_3	0	挤压态	393	324	27	93	[54]
		0	650℃ 1 h	393	324	28		
		0	980℃ 1 h	386	317	29		
	Cu-2.7% Al_2O_3	14	冷拉态	572	545	16	83	
		14	650℃ 1 h	524	486	22		
		14	980℃ 1 h	496	455	22		
	Cu-2.65% Al_2O_3	50	冷加工态	628	—	—	87	[28]
		50	1000℃ 1 h	560	—	—	87	
机械合金化法	Cu-1% CrB_2	0	挤压态	507	476	—	—	[31]
	Cu-1% TiB_2	0	挤压态	502	422	—	—	
		0	900℃ 1 h	456	394	—	—	
	Cu-1% ZrB_2	0	挤压态	526	470	—	—	
	Cu-1% Al_2O_3	0	挤压态	225	165	—	—	[33]
	Cu-3% Al_2O_3	0	挤压态	210	125	—	—	
反应球磨法	Cu-5% Al_2O_3	0	挤压态	≈900	≈700	—	—	[33]
	Cu-5% TiB_2	0	挤压态	≈1000	≈800	—	—	
喷射沉积法	Cu-2.67% TiB_2	0	挤压态	—	150	—	—	[44]
反应喷射沉积法	Cu-2.67% TiB_2	0	挤压态	—	262	—	—	
Mixalloy 法	Cu-3% TiB_2	50	冷加工态	455	434	16	83	[45]
	Cu-5% TiB_2	95	冷加工态	675	620	7.0	76	

1.5　引线框架铜合金的研究概述

信息化水平和产业规模已成为衡量国家经济发达程度和综合国力的重要标志，它的发展受到世界各国的高度重视。集成电路(IC）是电子信息领域重要的元件，也是信息技术安全的基础。集成电路中使用的引线框架是集成电路封装的一种主要的结构功能材料。它在电路中起的作用有三种：承载 IC 芯片、连接芯片与外部线路板电信号以及机械固定。考虑到电气、散热与塑封匹配以及成本等方面的因素，目前国内外集成电路引线框架材料几乎全部采用铜合金。

1.5.1　引线框架材料的分类及其现状

引线框架铜合金材料最早由美国奥林公司开发，而日本后来居上，在引线框架铜合金方面的研发成就最为突出，共开发了 90 余种牌号的铜合金框架材料，主要的代表有神户制钢的 KFC 及 KLF 系列、三菱伸铜的 TAMAC 系列、住友金属的 SLF 系列、古河电工的 EFTEC 系列以及同和金属的 DK、NB 系列等。

按照材料的抗拉强度和电导率的匹配，可将引线框架铜合金分为高导电型、中导电中强度型、低导电中强度型和高强度型四类。表 1－10 列出了这四类铜合金框架材料的典型性能及相关牌号。Cu 基引线框架材料按合金体系又可分为 Cu－Fe系、Cu－Cr 系、Cu－Ni－Si 系、Cu－Ni－P 系、Cu－Sn 系、Cu－Zr 系等。这些合金的共同特点是添加的合金元素在铜基体中的固溶度随温度的变化较大，利用加工强化及析出强化可使其获得高强高导电特性。

表 1－10　主要引线框架铜合金牌号及性能[17]

材料类型	电导率 /% IACS	拉伸强度 /MPa	典型合金牌号
高导电型	>80	300~500	KFC，KLF2，TAMAC1，TAMAC2，TAMAC4，SLF1，SLF10，EFTEC3，EFTEC7，DK1，DK6
		500~600	OMCL－1，C197，NK240，DK10，SLF3，KEC－SH
中导电中强度型	60~79	300~550	C194，EFTEC4，DK2，DK3，DK4
		550~600	C194EX，EFTEC164T，ML21，DEF21，K21，PMC102
低导电中强度型	40~59	500~600	C195，KLF－1，KLF－4，TAMAC5，NB105，K72
	30~39		KLF5，HF202，EFTEC8，DK7，KLF52
高强度型	25~59	>600	KLF，C7025，SLF7，MF224，DK5，NK1624，TAMAC750，EFTEC232

表1－11详细示出了常见的引线框架类铜合金性能[55]，它基本上代表了当今引线框架铜合金的国际先进水平。除日本外，韩国丰山、美国奥林、法国格里赛、德国维兰德等大型企业也在继续研制和生产性能更好的铜合金框架材料。引线框架合金最理想的目标[56]是：导电率≥80% IACS，抗拉强度σ_b≥600 MPa，延伸率≥5%，反复弯曲次数≥3，软化温度≥400℃，厚度(0.1±0.003)mm并且残余应力小，毛刺较少，导热性好，焊接性良好，易于镀锡、金、银，钎焊时不易氧化，有一定的耐蚀性，潮湿气候下不发生腐蚀断腿，线膨胀系数与硅片、封装树脂相匹配，以及低成本。

表1－11　常见引线框架铜基合金及性能

合金系列	合金牌号	化学成分/%	抗拉强度/MPa	维氏硬度/HV	延伸率/%	电导率/%IACS	热导率/(W·m⁻¹·K⁻¹)
Cu－Fe系	C19210(KFC)	Cu－0.1Fe－0.03P	345～490	85～145	>2	90	364
	C19400	Cu－2.2Fe－0.03P－0.15Zn	400～575	110～170	>2	65	260
	C19200	Cu－1.0Fe－0.03P	310～530	90～160	>2	60	251
	C19520(TAMAC5)	Cu－0.85Fe－0.75Sn－0.03P	415～570	125～170	>2	48	173
Cu－Cr系	EFTEC－6	Cu－0.1Cr－0.1Sn	320～440	90～140	>6	90	355
	OMCL1	Cu－0.3Cr－0.1Zr－0.02Si	470～590	135～170	>3	82	316
	C18100	Cu－0.8Cr－0.16Zr－0.04Mg	480～585	145～175	>4	80	324
Cu－Ni系	C64740(TAMAC15)	Cu－1.5Ni－0.1Si－0.3Zn－2Sn	490～685	150～210	>5	30	136
	CAC60	Cu－1.8Ni－0.4Si－1.1Zn－0.1Sn	600～740	180～230	>3	44	197

续表

合金系列	合金牌号	化学成分/%	抗拉强度/MPa	维氏硬度/HV	延伸率/%	电导率/%IACS	热导率/(W·m^{-1}·K^{-1})
Cu-Ni 系	C64725 (MAX251C)	Cu-2Ni-0.5Si-1Zn-0.5Sn	540~740	150~240	>3	37	160
	CAC75	Cu-2.5Ni-0.55Si-1Zn-0.2Sn	700~850	210~260	>5	40	166
	MAX375	Cu-2.85Ni-0.7Si-0.5Zn-0.5Sn	700~900	200~280	>3	40	180
	HCL307	Cu-3Ni-0.7Si-1.7Zn-0.3Sn	750~820	240~250	>3	35	165
	C19170 (KLF170)	Cu-0.7Ni-0.13P-0.1Zn	440~570	130~170	>5	65	267
	C19040 (CAC5)	Cu-0.8Ni-0.07P-1.2Sn	500~630	155~195	>5	34	145
	C72500 (CAC92)	Cu-9Ni-2.3Sn	465~700	140~210	>5	12	46

我国对引线框架材料的研究比美国、日本晚很多，无论研究水平上还是产业化生产能力上均相当落后。为了解决我国引线框架材料合金品种少、精度稍低、表面质量稍差、性能不稳定、缺乏市场竞争力等一系列问题，国内不少单位开展了有关高强高导铜合金及引线框架材料的研究，取得了一定的成绩和经验。

“十一五”期间，我国引进世界最先进的板带压延生产装备，分别在安徽铜陵、河南洛阳和湖北黄石建立了三条“十万吨”级的铜及铜合金板带生产线。这三条现代化生产线的建成标志着我国铜及铜合金板带加工装备达到了世界先进水平。然而另一个非常窘迫的问题又摆在我们面前——仅有高端的生产装备而没有高端产品，基本上还是在生产无氧铜带、黄铜带和少量的第一代引线框架材料 Cu-Fe-P 系中的低端产品。

1.5.2 引线框架铜合金带材的生产

引线框架铜合金多为析出强化型或固溶强化型铜合金，不论是采用半连续铸造—热轧还是水平连续铸造—冷轧生产工艺，其板带的生产均比一般的铜合金要复杂得多，包括熔铸过程中合金元素的添加，除气、脱氧的净化方法，特殊炉衬材料选择和结晶器的设计，以及后续加工过程中的固溶热轧淬火、冷轧和时效等，这些都对生产设备和工艺流程的设计提出了更高的要求。

对于析出强化型铜合金带材，其加工的核心问题之一是如何在铜合金带材加工生产线上实现合金的固溶和时效。固溶和时效对于高强高导电铜合金零部件来说实施并不困难，但在其带材加工中实现就非常困难，需要有加工设备来保证合金的固溶处理和时效处理等工序间的协调，从而得到满足性能要求的合金带材。传统铜合金带材加工工艺对于紫铜、黄铜、锡磷青铜和锌白铜等不发生相变的铜合金而言是合理的，但对于析出强化型铜合金，如 Cu－Fe－P 系、Cu－Ni－Si 系、Cu－Cr－Zr 系等合金来说就不能满足要求了。

析出强化型铜合金在加工生产线上比较理想的热处理设计方案为：固溶处理在热轧过程中进行，而时效处理在不同冷轧的中间环节实现。热轧是往复式的多道次轧制过程，热轧后的板坯通常需要打卷。如果固溶处理在热轧后进行，则有两种方案，一种是热轧在线淬火，一种是热轧打卷后固溶淬火。前者需在生产线上增加淬火设备，后者则需要有较大的淬火槽。打卷后重新加热然后淬火易造成卷内卷外淬火不均匀，而且多了一道高温加热和保温工序，因而需要增加相应的设备来实现。因此，热轧后在线淬火是析出强化型铜合金加工的重要发展方向。

时效处理在析出强化型铜合金中既可以通过析出大大提高合金强度，又可以净化基体中溶质原子而使电学性能大大改善。由于引线框架铜合金带材成品厚度一般为 0.10～0.25 mm，必须进行两到三次甚至更多次的冷轧和退火，如何设计、协调退火处理与时效处理成为保证合金最终性能的关键。通常长时间的时效是在钟罩式退火炉中实现的。短时间的时效或退火一般在气垫式连续退火炉中进行。与钟罩式退火炉相比，气垫炉炉温高，退火时间短，可实现高温快速退火，如 0.05～1.5 mm的带材，加热最长时间也仅为 1～5 min[17]。

1.5.3 Cu－Fe(－P)系合金

1970 年美国 Olin 公司首先研制生产出 C19400(Cu－2.3Fe－0.03P－0.1Zn)铜合金，并很快在市场上替代了铁镍合金而成为引线框架的主流材料，这一成就在全球掀起了一股铜合金引线框架材料研发高潮[57]。在引线框架市场，目前应用最为广泛的仍是奥林公司最早开发的中强中导型 Cu－Fe－P 系合金，其占据了框架带材铜合金市场的90%。该合金中，Fe 的添加量为 0.1%～2.3%，P 的添加量为 0.03%～0.2%，过多溶质元素的加入会使合金的导电性能下降，此外，合金中通过添加微量的 Zn 来提高可焊性。相对于其他系列合金，Cu－Fe－P 系合金的主要优点是成本低廉、加工及焊接性能良好、性能稳定，缺点是硬度和强度偏低。

关于 Cu－Fe－P 系合金中的主要强化相，迄今为止并没有一致的结论。戴姣燕等[58]在实验观察中发现合金成品薄带中存在3种形态的析出粒子：豆瓣状 γ－Fe粒子、短棒状 α－Fe 粒子及球状 Fe_3P 粒子，认为合金的析出强化效果主要源于这三种粒子。李红英等[59]认为合金的主要强化相为 γ－Fe 和 Fe_3P；曹兴民等[60]认为合金主要析出强化相为 γ－Fe，并无 Fe_3P 的存在；涂思京等[61]对比研究了国内外 C194 合金，得出了 C194 的强化相为 α－Fe 的结论；而陈小红[62]等认为具有分布均匀的纳米 Fe_3P 相的 C194 铜带性能更好。曹育文等[63]研究发现，在国产 QFe2.5 合金中，强化相若以粗大 Fe_3P、Fe_2P、α－Fe 颗粒的形式析出，最终材料力学性能偏低，若时效态合金中强化相以细小且均匀分布的共格 γ－Fe 颗粒出现，则合金的性能有了提高。陆德平使用 Thermo－Calc 软件对 Cu－Fe－P 系合金进行相平衡计算[64]，结果表明成分在富铜区的合金中最可能析出 α－Fe 和 Fe_3P 相。可见，为揭示 Cu－Fe－P 系合金的强化机制，统一 Cu－Fe－P 系合金析出相的认识，进一步提高合金的性能，尚需开展更加深入的研究。

1.5.4　Cu－Ni－Si 系合金

当添加的 Ni 元素与 Si 元素重量比接近 4∶1 时[65]，Cu－Ni－Si 合金中会形成 Ni_2Si 金属间化合物，它是该系合金的主要强化相。Ni_2Si 相从过饱和固溶体中析出后能显著提高合金的强度，该相的析出强化作用比 Cr、Ag、Cu_3Zr、Fe 或 Fe_2P 等相都强，只比 Cu－Ti 合金中的 β 相与 Cu－Be 合金中的 γ 相稍弱。

Cu－Ni－Si 系合金为高强中导型合金，具有高强度、优良的抗弯曲性、抗软化性、电镀钎焊性等优点。该系合金的主要缺点是金属价格比 Cu－Fe 系合金高，导电导热率稍低。

进入21世纪，Cu－Ni－Si 系合金是一大研究热点，国内外研究者对其工艺[66]、组织[67]、性能[68]、添加元素的影响[69]等进行了大量研究。研究重点主要集中在：①合金成分：研究的合金包括 Cu－1.0Ni－0.25Si 合金[70]，Cu－1.5Ni－0.3Si 合金[71]，Cu－2.0Ni－0.5Si－Ag 合金[72]，Cu－2.37Ni－0.58Si－Cr 合金[73]，Cu－3.2Ni－0.75Si 合金[74]，Cu－5.2Ni－1.2Si 合金[75]，Cu－6.0Ni－1.4Si－Mg 合金[76]，Cu－8.0Ni－1.8Si 合金[77]，Cu－10Ni－0.8Si－3Al 合金[78]等，重点分析了 Zn、Mg、Cr、Ag、Al 等添加元素对合金性能的影响。②组织结构：Jia 等[79]对 $[001]_{Cu}$ 和 $[111]_{Cu}$ 带轴的复杂衍射花样进行了准确标定，斑点模拟花样与实验结果完全匹配。其研究结果表明纳米 δ－Ni_2Si 析出相是低浓度（Ni <3.5%）合金的主要强化相，具有正交结构，惯习面为基体{110}面，存在六个不同取向的变体，与基体的取向关系为：$(001)_{Ni_2Si}//\{001\}_{Cu}$，$(100)_{Ni_2Si}//\langle 110\rangle_{Cu}$，$(010)_{Ni_2Si}//\langle 110\rangle_{Cu}$。③合金性能：国内外企业已开发出众多牌号的 Cu－Ni－Si 系合金，具体性能可参见表1－11。高 Ni 含量的 Cu－Ni－Si 系合

金强度可以达到1000 MPa以上，接近铍青铜的强度，是一种理想的高强度弹性导电铜合金。

1.5.5 Cu–Cr–(Zr)系合金

Cu–Cr–(Zr)系合金具有良好的导电性、导热性、耐磨性、较高的强度、较高的软化温度。缺点是电镀性差，生产成本高，Zr元素易烧损，尚需真空熔炼，或气体保护熔炼，因而限制了该合金的大规模工业生产。

Cu–Cr合金具有优良的性能，很早就得到了人们的重视。然而该合金经固溶时效后生成的Cr相热稳定性较差，容易发生聚集长大产生过时效，同时该合金还存在中温脆性问题，这就限制了该合金的大规模应用。科研工作者尝试通过添加Zr和其他合金元素来改善组织和提高性能，并为此做了大量研究工作。添加Zr的Cu–Cr合金是一类典型的析出强化型铜合金，该合金系经固溶时效后可生成细小弥散分布的纳米级Cr相和Cu/Zr化合物，从而大大提高合金的强度。研究表明，Zr的添加不仅细化了合金中的Cr相，同时使Cr相形状更倾向于球形[80]；Zr在晶界处形成富Zr析出相，提高了晶界强度，还改善了Cu–Cr合金的蠕变和疲劳性能[81]；由于Zr与Cu–Cr合金中晶界处的S形成了高熔点的化合物，因而大大提高了晶界的强度，极大地改善了合金的中温脆性。

对于Cu–Cr合金中的析出相，Stobrawa等[82]在快速凝固Cu–Cr合金中观察到两种形态的沉淀相，一种为fcc的Cr沉淀相，由于尺寸太小并且其晶格参数与基体相似，导致其衍射被基体衍射所掩盖；另一种在位错上形核的粗大Cr相具有bcc结构。Rdzawski[83]利用萃取法结合X射线衍射研究了时效态Cu–0.94Cr合金中的析出相，得到的结构与Stobrawa的结果相似。Komem[84]在500℃时效4 h后的Cu–0.35Cr合金中观察到既有应变场衬度的共格粒子，又有非共格的棒状颗粒，析出相与基体存在至少两种以上的位向关系。Fujii等[85]利用高分辨电镜对Cu–0.2Cr合金进行了系统研究，结果显示500℃时效4 h后，Cr粒子小于10 nm，为体心立方结构，与基体呈NW关系和KS关系两种位向，当时效时间增加至192 h时，取向关系均转变为KS关系，惯习面为基体的{533}面。

Cu–Cr时效合金的高强度可归因于细小的富Cr沉淀相，但合金中加入元素Zr使合金中的析出情况变得复杂。目前Cu–Cr–Zr合金的析出序列并不十分清楚，缺乏一种普遍接受的结论。Tang等[81]在研究Cu–0.65Cr–0.1Zr–0.03Mg合金时判定析出相为Cu_4Zr与$CrCu_2$(Zr, Mg)(Heusler相)。Zhou等[86]研究表明Cu–1.0Cr–0.2Zr–0.03Fe合金中的Zr主要以$CrCu_2Zr$共格Heusler相存在。Huang等[87]发现Cu–0.31Cr–0.21Zr合金中的析出相为Cr相和$Cu_{51}Zr_{14}$相。Zeng等[88]计算了Cu–Cr–Zr合金富铜角三元相图，并在实验观察中发现合金中主要存在Cu_5Zr相。Zhao等[89]认为合金中粗大相为未溶Cr粒子及Cu_5Zr粒子，细小相为 Cr 相及 Heusler 相。Batra 等[90]认为 Zr 能够降低合金的层错能，促进具有 fcc 结构的有序 Cr 相形核，且最终会转变为 bcc 结构，合金主要的析出相仍为 Cr 相。

尽管 Cu－Cr－Zr 系合金研究中的一些基础问题，如析出相种类、相结构和晶体学位向关系的研究尚未达成一致共识，但这并未妨碍世界各大铜加工企业和科研院所对该系列合金的开发和应用研究。对于企业而言，产品的最终性能是最重要的，为此国内外专家对其性能做了大量研究。Xia 等[91]的研究表明，Cu－Cr－Zr(－Mg－Si)合金经过冷变形和 450℃ 时效处理后硬度和电导率可以达到 174 HV，84.1% IACS 或 187 HV，76.3% IACS。表 1－12 列出了国内外研究的 Cu－Cr－Zr系铜合金的物理性能和机械性能。由表 1－12 可以看出，添加 Mg、Si、RE、Ti 和 Zn 等元素的 Cu－Cr－Zr 合金经过适当的形变和热处理后，可以获得优异的综合性能，其拉伸强度和电导率接近或达到大规模和极大规模集成电路引线框架性能的要求。

表 1－12　Cu－Cr－Zr 系合金的物理性能及机械性能

合金成分	加工工艺	电导率 /% IACS	显微硬度 /HV	拉伸强度 /MPa	伸长率 /%	软化温度	参考文献
Cu－0.3Cr－0.1Zr－0.05Mg－0.02Si	热轧到 800→冷轧→时效－酸洗→精轧→退火	82.7	—	604	—	500	92
Cu－0.4Cr－0.15Zr＋Mg＋RE	热轧→固溶→96%冷拔→500×2 h	80.57	—	563	6.6	—	93
Cu－0.3～1.0Cr－0.05～0.2Zr－0.03Mg	固溶→80%冷轧→时效→50%冷轧	80.5	—	550	3.0	—	94
Cu－0.3Cr－0.15Zr－0.05Mg	固溶→60%冷轧→500℃×2h→60%冷轧→460℃×1.5→60%精轧	82～84	183～191	583～604	9.2	560	95
Cu－0.40Cr－0.11Zr－0.076Ce	固溶→60%变形→480℃×2 h	81	168	—	—	—	96
Cu－1.0Cr－0.2Zr	固溶→60%冷轧→450℃×4 h→60%冷轧→450×5 h	80.1	—	565	9.8	560	86

1.6 弹性导电铜合金的研究概述

弹性导电合金主要用于生产仪器、仪表中的各种弹性元件，如各种载流弹性元件、接插件、接触弹簧、开关、转换器、端子类的元件等。这些元件除要求合金有高的导电性和耐蚀性外，还要有优良的弹性，这就要求使用各种铜合金弹性材料。近年来，随着电器设备和仪表日趋小型化、轻量化和高性能化，人们对在该领域中被广泛应用的弹性材料提出了更高的要求。一方面要求提高弹性元件如接插件、簧片、膜片等的强度以及减小元件尺寸，另一方面则要求长时间使用时，保持可靠的电接触，亦即保持良好的弹性稳定性，同时还要求具有耐高温、耐腐蚀、抗震动、抗辐照等性能，以适应各种不同的工作环境。

1.6.1 弹性导电铜合金的分类

科学技术的不断发展对弹性导电合金提出了越来越高的要求，使得它的发展十分迅速。至今为止世界上一些发达国家开发的各类弹性导电合金约 100 余种，应用范围十分广泛。当前使用的弹性高导电合金，若以其强化机制为主要依据，则可分为以下五类[97]（见表 1－13）：①低温退火强化型合金；②析出强化型合金；③调幅分解型合金；④微粒弥散型合金；⑤包覆型复合材料。

表 1－13 弹性高导电合金的分类

强化方式	典型合金
低温退火强化型	黄铜、锡磷青铜、特殊铝青铜、锌白铜（Cu－Ni－Zn 系）
时效强化型	铍青铜、钛青铜、Cu－Ni－Si（Al）系、镍铍合金、钴镍系（Co－Ni－Nb－Ti）
调幅分解强化型	Cu－Ni－Sn 系
微粒弥散强化型	Cu－Fe 系、Cu－Al_2O_3
包覆型复合材料（层状复合材料）	轧制包覆型、电镀型等

低温退火强化型合金的共同特点是靠冷变形强化和低温退火效应改善其性能。众多学者研究证实，这类铜合金经冷变形可形成大量的孪晶、层错和板织构[98]，这为进一步退火强化提供了能量和组织准备。低温退火强化的机制是：溶质原子在层错、孪晶处的聚集和局部有序化，其综合作用使合金得到强化。

时效强化型弹性合金的共同特点是通过过饱和固溶体的脱溶分解来强化。在脱溶分解过程中，合金中往往出现沿晶界的层片状不连续析出产物。为防止这种不连续析出产物的出现，可采用分级时效、硬态时效等新工艺。在这类合金中典型的是铍青铜。铍青铜以其强度、导电性、耐磨性、耐腐蚀等综合性能优异而著称。目前，它仍是仪表小型化首选材料，特别是改良型的铍青铜综合性能仍然最佳。但是铍青铜作为一种常用的弹性合金也有其固有的缺点，如合金成本高、生产工艺相对复杂、铍的氧化物或粉尘等有毒物质会对人体及环境造成公害、高温抗应力松弛能力差、不宜长时间在较高温度下工作、使用温度不能超过120℃等，因此近年来人们不断寻找铍青铜的代用合金。

利用Spinodal分解和沉淀强化来设计弹性导电铜合金虽然只有几十年的历史，但已显示出其独特的优越性，在弹性导电合金领域中已获得很大成功，其强度指标接近铍青铜，且价格便宜，无公害，颇有逐渐取代铍青铜的趋势。这类合金的典型代表有Cu－Ni－Sn系合金、Cu－Ti系合金、Cu－Ni－Si系合金、Cu－Ni－Al系合金等。

1.6.2　Cu－Ni－Sn系合金

目前被纳入美国生产技术标准的Cu－Ni－Sn系合金有很多种，按照Ni、Sn含量的不同，主要有C72600(Cu－4Ni－4Sn)、C72650(Cu－7.5Ni－5Sn)、C72500(Cu－9Ni－2Sn)、CDA725(Cu－9Ni－2.5Sn)、C72700(Cu－9Ni－6Sn)、C72800(Cu－10Ni－8Sn)和C72900(Cu－15Ni－8Sn)等。Cu－Ni－Sn合金制备过程中Sn易偏析，造成合金性能下降，为此人们在该合金制备技术上采取了各种相应措施以抑制Sn的偏析。目前用来制备Cu－Ni－Sn合金的方法主要有以下几种：熔铸法、快速凝固法、机械合金化法及粉末冶金法。

Cu－Ni－Sn合金中Sn组元的含量对时效过程有很大影响。Cu－Ni－Sn合金的强化机制随着合金中Sn的含量不同而不同。当Sn的含量小于4%(质量百分数)时，合金的强化机制为固溶强化。当Sn的含量大于4%(质量百分数)时，合金的强化机制为调幅分解强化和沉淀强化，即时效过程中形成了均匀致密的调幅组织，它是单相过饱和固溶体均匀偏聚成的周期性交替分布的亚稳态组织。此外，Cu－Ni－Sn合金经调幅分解后，过饱和固溶体会在时效过程中进一步沉淀为γ相(γ相为有序面心立方结构的$(Cu、Ni)_3Sn$化合物)，并产生进一步硬化。γ相的微观结构与形态随时效温度、合金组分浓度及时效前冷变形程度不同而不同，并最终影响合金的性能。

表1－14列出了几种不同Ni、Sn含量的合金，经过850℃固溶处理，97%的冷加工变形，400℃时效2 h后的性能。可见，随Ni、Sn含量的增加，合金的抗拉强度、硬度均有提高，但合金导电性下降。当Ni、Sn含量超过一定值以后，不仅合金的导电率下降，而且强度、硬度都下降。文献指出[99]：在Sn含量一定时，随

Ni 含量的增加，合金的脆性程度减弱，但其具体机理目前尚不清楚，一般说来，Ni 单独存在于 Cu 中时是通过固溶方式强化 Cu 基体，对相的转变不发生影响，而 Ni 与 Sn 共存于 Cu 中时，其 Sn 含量会直接影响调幅分解的进行。相对于高 Sn 调幅分解型的 Cu－Ni－Sn 合金，低 Sn 的固溶强化型 Cu－Ni－Sn 合金的强度、硬度都有所下降，但塑性、电导率均有所提高。可通过对该型合金进行高强化处理，即添加微量元素使合金的强化机制由固溶强化转变为沉淀强化，来提高合金的强度。如 CDA725 合金是美国开发的一种弹簧材料，它是含有 9% Ni、2.5% Sn 和少量其他元素的 Cu－Ni－Sn 系合金。

表 1－14　几种 Cu－Ni－Sn 系合金性能

合金	σ_b/MPa	HV	导电率/%IACS
Cu9Ni6Sn	1110	387	12.01
Cu12Ni8Sn	1150	386	11.05
Cu15Ni8Sn	1220	434	7.88
Cu21Ni5Sn	1040	328	5.36

Cu－15Ni－8Sn 合金具有最高的抗拉强度、硬度以及较高的导电性。除此之外，它还具有高弹性、可焊性、可镀性等优点。特别是具有优良的抗热应力松弛性能、良好的导电稳定性，使其成为近年来研究的热点，并作为耐高温的弹性材料而得到广泛应用[100]。

在 Cu－Ni－Sn 三元系的基础上，Bell 实验室[101]在下列诸元素：Fe、Zn、Mn、Zr、Nb、Zr、Al 和 Mg 中选择一种作为第四元素加入构成四元 Cu－Ni－Sn－X 系合金，经均匀化处理，冷加工和时效，亦获得 Spinodal 组织。加入量达 15% 的 Fe，或 10% 的 Zn，或 15% 的 Mn 能取代相应数量的 Cu，可以降低合金成本，而不明显改变合金经冷加工和时效后的机械性能，且能提高可加工性。在 Cu－15Ni－8Sn 合金中加入少量 Mn 时，可增加时效硬化效果，减缓 $\alpha+\gamma$ 不连续析出物的形成与发展，抑制晶界反应和晶粒粗化，改善合金的耐蚀性能。加入少量的 Zr（0.05%～0.2%）能防止铸锭热加工时产生表面裂纹和纵向劈裂。加入少量 Nb（0.1%～0.3%）可提高合金冷加工的延性。少量 Mg（0.5%～1.0%）或 Al（0.5%～1.5%）的存在可减少 Sn 的含量而仍保持高 Sn 含量时的性能，以节约 Sn 来降低成本。因此，四元 Cu－Ni－Sn 合金具有高强度、高延性和低成本等特点。

上述高强度的 Spinodal 强化型 Cu－Ni－Sn 合金都要经过一定的冷加工，才能获得强度和延性均良好的综合性能。Bell 实验室进一步研究表明，在 Cu－Ni－Sn 三元系中加入 Mo、Nb、Ta 或 V 等第四元难熔金属，合金则只需固溶淬火和时效处理就能得到高强度、高延性和各向同性的成型性，元件可以通过铸造后锻造、热轧或者热挤来成型，制造工艺简便。图 1－11 为几种四元 Cu－Ni－Sn 合金的机械性能。可见，加入 V、Nb、Ta 和 Mo 等的改良型 Cu－Ni－Sn 合金，其强度和延性等综合性能大大优于三元 Cu－15Ni－8Sn 系，并超过 Cu－Be 合金。

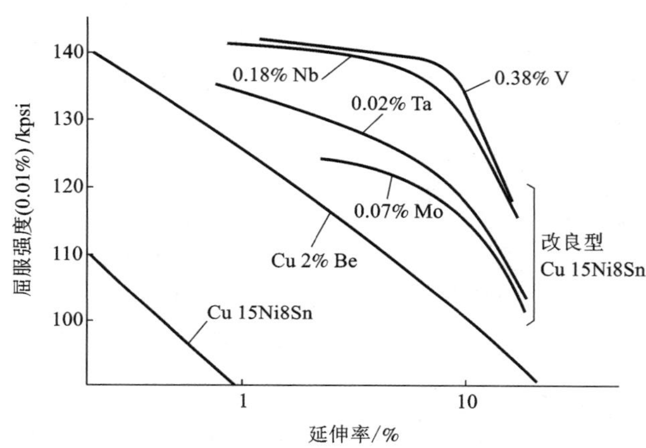

图 1－11　改良型 Cu－15Ni－8Sn 合金的性能

（kpsi 为千磅/平方英尺，1 kpsi≈6.895 MPa）

1.6.3　Cu－Ni－Al(Si)系合金

Cu－Ni－Al（Si）合金是一种时效强化型合金。时效时间延长，合金析出 Ni_3Al、Ni_3Si 或 Ni_2Si 粒子，这些粒子硬度很大，不容易发生变形，位错在运动过程中受到这些第二相粒子的阻碍，使合金的硬度和强度急剧增加，产生强烈的沉淀强化效应[102]。此外位错扫过有序结构时还能形成反相畴界，产生反相畴界能。

Cu－Ni－Al 系合金的析出相及相变贯序仍存在很大争议。Alexander 等人[103]的早期研究表明，Cu－Ni－Al 合金的主要析出相为 NiAl 和 Ni_3Al，其中 NiAl 和 β 固溶体(Cu_3Al)具有相同的晶体结构，并且 Al 含量的变化对析出相的种类和形貌有很大影响。Al 含量较高时，β 过饱和固溶体中析出的 NiAl 相呈椭球状，α 过饱和固溶体中析出的 NiAl 相为板层状，并且一些合金可从 β 相中析出 α＋NiAl 的双重结构。降低 Al 含量，合金主要析出针状的 NiAl 相；Al 含量继续降低，合金中析出 Ni_3Al 和 NiAl 相。Cho 等[104]研究了 Cu－(4～7)Ni－3Al 合金的时效析出特性。Cu－4Ni－3Al 时效 10^3 s 后发生再结晶，析出相为 NiAl，这些 NiAl 析出相与母相没有位相关系。Cu－7Ni－3Al 合金再结晶的孕育期较长，时效初期形成连续析出相 Ni_3Al，时效时间延长，合金发生再结晶，并且析出相逐渐转变为 NiAl。文献[105]研究了不同时效工艺对 Cu－10Ni－3Al 合金相变的影响，研究表明冷变形能有效抑制 Cu－10Ni－3Al 合金析出相的不连续析出。合金经 900℃固溶后直接进行 500℃时效，NiAl 相通过异质形核从基体中析出，同时晶界处发生不连续析出，形成厚度约为 0.1 mm 的胞状组织，并且胞状组织中析出了棒状和球形 Ni_3Al 相。该合金固溶后冷轧 50%，随后在 500℃时效时，时效初期合金基体中仍保留了大量的变形组织，并且在形变带附近优先析出球状的 NiAl 相，但合金未发生不连续析出；随着时效时间延长，NiAl 相粗化，形变带附近发生再结晶，并析出细小的球状 Ni_3Al 相。Masamichi 等人[106]的研究表明，Cu－30Ni－3Al 合金在 600℃时效时除了析出 Ni_3Al 相外，时效早期还发生了调幅分解，同时晶界处发生不连续析出，形成典型的胞状组织；随着时效时间延长，调幅结构的调幅波长增加，胞状组织增多并由晶界向晶内生长。时效后期，在基体发生软化的同时，晶界处胞状组织消失并转变成 Ni_3Al 相。

通常而言，合金化程度越高，合金经固溶处理后过饱和度越大，时效过程中析出的第二相粒子越多，强度和硬度越高。陈继亮等[107]研究了 Ni 含量对 Cu－10～25Ni－0.3Al合金性能的影响，研究表明合金的硬度和强度随含 Ni 量的增加而增大。含 Ni 量为 10% 时，合金的平均硬度为 250 HV；Ni 含量增加到 25%，合金的硬度增加至 313 HV，分别提高了 25.2% 和 82%。天野嘉次等人[108]的研究表明，Cu－30Ni－1～3Al 合金中 Al 元素的添加量越高，合金的硬度越高，Cu－30Ni－3Al 合金在 500℃时效 10^6s 后硬度可达 280 HV。

Cu－Ni－Al 合金中加入 Si 元素除了进一步产生固溶强化作用外，时效时 Si 以 Ni_3Si、Ni_2Si 形式析出，产生第二相强化。Si 还能够显著提高合金的高温性能和抗应力松弛性能，但对导电性能和加工性能有不利影响。Cu－6Ni－3Al－0.8Si合金经 960℃固溶 1.5 h，480℃时效处理 3 h 后，合金的硬度可达 272 HV，电导率为 18.9% IACS，抗拉强度为 860.3 MPa，延伸率可达 17.6%[109]。Shen 等人[78]研究的 Cu－10Ni－3Al－0.8Si 合金经过适当形变热处理，抗拉强度可达 1180 MPa，电导率为 18.1% IACS，延伸率为 3.6%。

Cu－Ni－Si 合金通过适当的处理可获得高强度、高导电性，并可用作超大规模集成电路引线框架材料而备受关注。对于该系列合金，前面已有表述，研究非常活跃，世界各国现已开发出了二十余种 Cu－Ni－Si 系铜合金框架材料，最高性能已达到抗拉强度 800 MPa、电导率 45% IACS。本课题组把 Cu－Ni－Si 合金的 Ni、Si 含量分别提高到 5.2%～8.0% 和 1.2%～1.8%，其合金的抗拉强度和显微硬度得到较大提高，电导率下降不大。经过适当处理后的 Cu－8.0Ni－1.8Si－0.6Sn－0.15Mg 合金抗拉强度可达 1180 MPa，电导率达 26.5% IACS[110]，有望代替铍青铜而成为新一代环保型弹性铜合金。

参考文献

[1] Takahashi T, Hashimoto Y. Preparation of dispersion – strengthened coppers with NbC and TaC by mechanical alloying[J]. Materials Transactions JIM, 1991,32: 389 – 397.

[2] 曾汉民. 高技术新材料要览[M]. 北京: 中国科学技术出版社, 1993.

[3] 杨朝聪. 高强高导电铜合金的研究及进展[J]. 昆明冶金, 2000, 29(6): 26 – 29.

[4] 葛继平. 形变 Cu 基原位复合材料热稳定性研究[J]. 金属热处理学报, 1998, 19(4): 25 – 31.

[5] Chung J H, Song J S, Hong S I. Bundling and drawing processing of Cu – Nb microcomposites with various Nb contents[J]. Journal of Materials Processing Technology, 2001, 113: 604 – 609.

[6] Popova E N, Popov V V, Rodionova L A, Romanov E P, et al. Effect of annealing and doping with Zr on the structure and properties of in situ Cu – Nb composites wire[J]. Scripta Materialia, 2002, 46:193 – 198.

[7] Bevk J, Harbison J P, Bell J L. Anomalous increase in strength of in situ formed Cu – Nb multifilamentary composites[J]. J. Appl Phys, 1978,49(12):6031 – 6035.

[8] 甘永学, 汴琨, 吴云书, 等. 碳纤维增强铜基复合材料摩擦与磨损行为[J]. 金属科学与工艺, 1989, 8(2): 13 – 19.

[9] 张二林, 曾松岩, 李庆春. 雾化喷射沉积制备颗粒增强型金属基复合材料[J]. 材料工程, 1995(11): 11 – 13.

[10] 张叔英, 孟繁琴, 陈玉勇, 等. 颗粒增强金属基复合材料的研究进展[J]. 材料导报, 1996, 10(2): 66 – 71.

[11] Mehrabian R, Riek R G, Flemings M C. Preparation and casting of metal – particulate non – metal composites[J]. Metallurgical Transactions, 1974, 5(8): 1899 – 1905.

[12] Premkumar M K, Chu M G. Synthesis of TiC particulates and their segregation during solidification in situ processed Al – TiC composites[J]. Metallurgical Transactions, 1993,24A(10):2358 – 2362.

[13] Merzhanov M A G, Shuivo V M. Self – propagating high – temperature synthesis process[P]. U. S. patent, 3726643, 1973.

[14] Owen K C, Wang M J, Persad C, et al. Preparation and tribological evaluation of copper – graphite composites by high energy high rate powder consolidation[J]. Wear, 1987, 120: 117 – 121.

[15] Leatham A G, Lawley A. The spray process: principles and applications[J]. the International Journal of Powder Metallurgy, 1989, 29(4): 321 – 329.

[16] Perez J E, Morris D G. Copper – Al2O3 composites prepared by reactive spray deposition[J]. Scripta Metal et Mater, 1994, 31(3): 231 – 235.

[17] 刘平, 赵冬梅, 田保红. 高性能铜合金及其加工技术[M]. 北京: 冶金工业出版社, 2004.

[18] 斉藤徹. Cu – Sn 合金の均質化過程の解析[J]. 伸銅技術研究会誌, 1995, 34: 168 – 172.

[19] Guy A G, Barrett C S, Mehl RF. Mechanism of precipitation in alloys of beryllium in copper [J]. Trans AIME, 1948, 175: 216 -234.

[20] 刘平，田保红，赵冬梅. 铜合金功能材料[M]. 北京：科学出版社，2004.

[21] Ma Z Y, Bi J, Lu Y X, et al. Quench strengthening mechanism of Al - SiC composites[J]. Scripta Metall. Mater, 1993, 29: 225 -229.

[22] Wang Y H, Jong K L. Preparation of TiB2 powders by mechanical alloying[J]. Materials Letters, 2002, 54:1 -7.

[23] Yih P, Chung D D L. Titantum diboride copper - matrix composites[J]. J Mater Sci, 1997, 32: 1703 -1709.

[24] 曹玲飞. Fe84(NbV)7B9 纳米晶软磁材料的制备及其相关基础问题的研究[D]. 长沙：中南大学，2006.

[25] 郭明星，汪明朴，李周，等. 纳米 Al_2O_3 粒子浓度对弥散强化铜合金退火行为的影响[J]. 功能材料，2006, 37(3): 428 -430.

[26] Brondsted P, Toft Sorensen O. Prepatration of dispersion - hardened copper by internal oxidation [J]. J Mater Sci, 1978, 13(6): 1224 -1228.

[27] Takahashi T, Hashimoto Y, Omori S, Korama K. Phase and morphology of ZrO2 in internally oxidized dilute Cu - Zr alloys[J]. Trans Japan Inst Metals, 1986, 27: 552 -558.

[28] 申玉田，崔春翔，孟凡斌，等. 高强度高电导率 Cu - Al_2O_3 复合材料的制备[J]. 金属学报. 1999,35(8): 888 -892.

[29] SCM Corporation Clidcop, Alloy Digest. Sep,1973.

[30] Morris M A, Morris D G. Segregation structures of melt - spun Cu - Si - B alloys and their high temperature deformation behavior[J]. Acta Metall, 1989,37(1):61 -69.

[31] Morris M A, Morris D G. Microstructural refinement and associated strength of copper alloys obtained by mechanical alloying [J]. Materials Science and Engineering: A, 1989, 111: 115 -127.

[32] Schaffer G B, McCormick P G. Anomalous combustion effects during mechanical alloying[J]. Metallurgical Transactions A, 1991, 22(12): 3019 -3024.

[33] Biselli C, Morris D G, Randall N. Mechanical alloying of high strength copper alloys containing TiB2 and Al_2O_3 dispersion particles [J]. Scriptal Metallurgical Materialia, 1994, 30 (10): 1327 -1332.

[34] Dong S J, Zhou Y, Shi Y W, et al. Formation of a TiB2 - reinforced copper - based composite by mechanical alloying and hot pressing[J]. Metallurgical and Materials Transactions A, 2002, 33(4): 1275 -1280.

[35] 董仕节，史耀武，雷永平，等. Cu - Al - B_2O_3 - TiO_2 粉末机械合金化[J]. 中国有色金属学报,2002, 12(4): 693 -699.

[36] 董仕节，史耀武，雷永平，等. TiB_2 含量对 TiB_2/Cu 复合材料性能的影响[J]. 热加工工艺,2002(3): 47 -49.

[37] Chi F, Schmerling M, Eliezer Z, et al. Prepration of Cu - TiN alloy by external nitridation in

combination with mechanical alloying[J]. Materials Science and Engineering A, 1995, 190: 181 - 186.

[38] Takahashi T, Hashimoto Y Korama K. Effects of A1 concentration and internaloxidation temperature on the microstructure of dilute Cu - AI alloys after internal oxidation[J]. J Japan Inst Metals, 1989, 53: 814 - 820.

[39] 张国锋，李志民，王尔德. 机械合金化 Cu - 5Cr 合金的组织性能研究[J]. 粉末冶金技术，1996, 14 (3): 175 ~ 180.

[40] Lei R S, Wang M P, Li Z, et al. Structure evolution and solid solubility extension of copper - niobium powders during mechanical alloying[J]. Materials Science & Engineering A, 2011, 528: 4475 - 4481.

[41] Tu J P, Wand N Y, Yang Y Z, et al. Preparation and properties of TiB2 nanoparticle reinforced copper matrix composites by in situ processing[J]. Materials Letters, 2002, 52: 448 - 452.

[42] Lee J, Kim N J, Jung J Y, et al. The Influence of reinforced particle fracture on strengthening of spray formed Cu - TiB_2 composites[J]. Scripta Metall Mater, 1998, 39(8): 1063 - 1069.

[43] Lawley A, Aperlian D. Spray forming of metal matrix composites[J]. Powder Metallurgy, 1994, 37(2): 123 - 128.

[44] Lee J, Jung J Y, Lee E S, et al. Microstructure and properties of titanium boride dispersed Cu alloys fabricated by spray forming[J]. Materials Sciecce and Engineerig A, 2000, 277: 274 - 283.

[45] Lee A K, Sanchez - Caldera L E, Oktay S T, et al. Liquid - metal mixing process tailors MMC microstructures[J]. Adv Mater Proc, 1992, 8: 31 - 34.

[46] Dalla T F, Lapovok R, Sandlin J, et al. Microstructure and properties of copper processed by equal channel angular extrusion for one to sixteen passes[J]. Acta Mater. 2004, 52: 4819 - 4832.

[47] Michal B, Jozef I, Ladislav K. Influence of particles in Cu - Al_2O_3 system on fracture mechanism[J]. Materials Science and Engineering, 2001, A319 - 321: 667 - 670.

[48] Nadkarni A V, Klar E, Shafer W M. A new dispersion - strengthened copper[J]. Metals Engineering Quarterly, 1976, 8: 10 - 15.

[49] 郭明星，李周，汪明朴. 不同浓度 Cu - Al_2O_3 弥散强化铜合金退火行为的研究[J]. 金属热处理, 2005, 30(z): 215 - 217.

[50] Broyles S E, Anderson K R, Groza J R, et al. Creep deformation of dispersion - strengthened copper[J]. Metallurgical and Materials Transactions A, 1996, 27: 1217 - 1227.

[51] Lund R W, Nix W D, High temperature creep of Ni - 20Cr - $2ThO_2$ single crystals[J]. Acta Metall, 1976, 24(5): 469 - 481.

[52] Krotz P D, Spitzig W A, Laabs F C. High temperature properties of heavily deformed Cu - 20% Nb and Cu - 20% Ta composites[J]. Materials Science Engineering A, 1989, 110: 37 - 47.

[53] Dadras M M, Morris D G. Examination of some high - strength, high - conductivity copper alloys for high - temperature applications[J]. Scripta Materialia, 1997, 38(2): 199 - 205.

[54] Nadkarni A V. Dispersion strengthened copper properties and application. In: Ling E and Taubenblat. P W, eds. High conductivity copper and aluminum alloys. Warrendale PA: The Metallurgica of AIME, 1984. 77 – 100.

[55] 董琦祎. 引线框架用 Cu – Fe – P 系合金的制备及相关基础问题研究[D]. 长沙: 中南大学, 2015.

[56] 阳大云. 引线框架用 Cu – Ni – Si 合金组织与性能研究[D]. 河南: 洛阳工学院, 2002.

[57] 粟田昌良, 二塚練成. 新しい Cu – Fe 合金・CDA アロイ 194 について[J]. 伸銅技術研究会誌, 1973, 12(1): 67 – 73.

[58] 戴姣燕, 尹志民, 宋练鹏, 等. 不同处理状态下 Cu – 2.5Fe – 0.03P 合金的组织与性能演变[J]. 中国有色金属学报, 2009, 19(11): 1969 – 1975.

[59] 李红英, 张孝军, 李周兵. 引线框架用铜合金 C194 热处理工艺研究[J]. 金属热处理, 2008, 33(4): 65 – 68.

[60] 曹兴民, 向朝建, 杨春秀, 等. 一种新型 Cu – Fe – P 系合金材料的组织性能分析[J]. 稀有金属材料与工程, 2007, 36(增刊 3): 527 – 529.

[61] 涂思京, 闫晓东, 谢水生. 引线框架用铜合金 C194 的组织性能研究[J]. 稀有金属, 2004, 28(1): 199 – 201.

[62] 陈小红, 李炎, 田宝红, 等. 引线框架材料 Cu – Fe – P 合金的析出相研究[J]. 金属热处理, 2005, 30(增刊): 246 – 249.

[63] 曹育文, 马莒生, 唐祥云. QFe2.5 型引线框架用铜合金热处理工艺研究[J]. 金属热处理学报, 1998,19(4): 32 – 37.

[64] 陆德平. 高强高导电铜合金研究[D]. 上海: 上海交通大学, 2007.

[65] 谢水生, 李彦利, 朱琳. 电子工业用引线框架铜合金及组织的研究[J]. 稀有金属, 2004, 27(6): 769 – 776.

[66] Ryu H J, Baik H K, Hong S H. Effect of thermomechanical treatments on microstructure and properties of Cu – base leadframe alloy[J]. Journal of Materials Science, 2000, 35(14): 3641 – 3646.

[67] Lockyer S A, Noble F W. Precipitate structure in a Cu – Ni – Si alloy[J]. Journal of Materials Science, 1994, 29(1): 218 – 226.

[68] Blaz L, Evangelista E, Niewczas M. Precipitation effects during hot deformation of a copper alloy [J]. Metallurgical and Materials Transactions A, 1994, 25(2): 257 – 266.

[69] Monzen R, Watanabe C. Microstructure and mechanical properties of Cu – Ni – Si alloys[J]. Materials Science and Engineering: A, 2008, 483: 117 – 119.

[70] Zhao D M, Dong Q M, Liu P, et al. Aging behavior of Cu – Ni – Si alloy[J]. Materials Science and Engineering: A, 2003, 361(1): 93 – 99.

[71] 程建奕, 汪明朴, 李周, 等. Cu – 1.5Ni – 0.27Si 合金形变热处理[J]. 中国有色金属学报, 2003, 13(5): 1061 – 1066.

[72] 刘平, 张毅, 田保红, 等. Cu – Ni – Si – Ag 合金冷变形及动态再结晶研究[J]. 功能材料, 2008, 39(2): 257 – 260.

[73] Lei J G, Huang J L, Liu P, et al. The effects of aging precipitation on the recry – stallization of

CuNiSiCr alloy[J]. Journal of Wuhan University of Technology: Mater. Sci. Ed., 2005, 20(1): 21 -24.

[74] Zhao D M, Dong Q M, Liu P, et al. Structure and strength of the age hardened Cu - Ni - Si alloy[J]. Materials Chemistry and Physics, 2003, 79(1): 81 -86.

[75] 潘志勇, 汪明朴, 李周, 等. 超高强度 Cu -5.2 Ni -1.2 Si 合金的形变热处理[J]. 中国有色金属学报, 2008, 17(11): 1821 -1826.

[76] Lei Q, Li Z, Dai C, et al. Effect of aluminum on microstructure and property of Cu - Ni - Si alloys[J]. Materials Science and Engineering: A, 2013, 572: 65 -74.

[77] Lei Q, Li Z, Zhu A Y, et al. The transformation behavior of Cu -8.0Ni -1.8Si -0.6Sn -0.15Mg alloy during isothermal heat treatment[J]. Materials Characterization, 2011, 62(9): 904 -911.

[78] Shen L N, Li Z, Zhang Z, et al. Effects of silicon and thermo - mechanical process on microstructure and properties of Cu -10Ni -3Al -0.8Si alloy[J]. Materials & Design, 2014, 62: 265 -270.

[79] Jia Y L, Wang M P, Chen C, et al. Orientation and diffraction patterns of δ - Ni_2Si precipitates in Cu - Ni - Si alloy[J]. Journal of Alloys and Compounds, 2013, 557: 147 -151.

[80] Batawi E, Morris D G, Morris MA. Effect of small alloying additions on behaviour of rapidly solidified Cu - Cr alloys[J]. Mater Sci Technol, 1990, 6(9): 892 -899.

[81] Tang N Y, Taplin D M R, Dunlop G L. Precipitation and aging in high conductivity Cu - Cr alloys with additions of zirconium and magnesium[J]. Mater Sci Technol, 1985(1): 270 -275.

[82] Stobrawa J, Ciura L, Rdzawski Z. Rapidly solidified strips of Cu - Cr alloys[J]. Acta Mater, 1996, 34(96): 1759 -1763.

[83] Rdzawski Z, Stobrawa J. Structure of coherent chromium precipitates aged copper alloys[J]. Scr Metall, 1986, 20(3): 341 -344.

[84] Komem Y, Zek J R E, Technion T. Precipitation at coherency loss in Cu -0.35 wt pct Cr[J]. Metall Trans, 1974, 6: 1974 -1976.

[85] Fujii T, Nakazawa H, Kato M, et al. Crystallography and morphology of nanosized Cr particles in a Cu -0.2% Cr alloy[J]. Acta materialia, 2000, 48(5): 1033 -1045.

[86] Zhou H T, Zhong J W, Zhou X, et al. Microstructure and properties of Cu -1.0 Cr -0.2 Zr -0.03 Fe alloy[J]. Materials Science and Engineering: A, 2008, 498(1): 225 -230.

[87] Huang F X, Ma J S, Ning H L, et al. Analysis of phases in a Cu - Cr - Zr alloy[J]. Scripta Materialia, 2003, 48(1): 97 -102.

[88] Zeng K J, Hämäläinen M, Lilius K. Phase relationships in Cu - rich corner of the Cu - Cr - Zr phase diagram[J]. Scripta Metallurgica et Materialia, 1995, 32(12): 2009 -2014.

[89] Zhao M, Lin G B, Wang Z D, et al. Analysis of precipitation in a Cu - Cr - Zr alloy[J]. China foundry, 2008, 5(4): 268 -271.

[90] Batra I S, Dey G K, Kulkarni U D, et al. Microstructure and properties of a Cu - Cr - Zr alloy [J]. Journal of Nuclear Materials, 2001, 299(2): 91 -100.

[91] Xia C D, Zhang W, Kang Z, et al. High strength and high electrical conductivity Cu – Cr system alloys manufactured by hot rolling – quenching process and thermomechanical treatments [J]. Materials Science and Engineering: A, 2012, 538: 295 – 301.

[92] 小林正男, 岩村卓郎, 泉田益弘. 高強度・高伝母性リードフレーム用銅合金 OMCL – 1 [J]. 伸銅技術研究会誌, 1988, 27: 45 – 51.

[93] 齐卫笑. 低溶质 Cu – Cr – Zr 合金的微结构和性能[D]. 杭州: 浙江大学, 2002.

[94] 李华清. 高强高导 Cu – Cr – Zr 的制备与加工研究[D]. 北京: 北京有色金属研究院, 2006.

[95] 苏娟华. 大规模集成电路用高强度高导电引线框架研究[D]. 西安: 西北工业大学, 2006.

[96] 刘勇. 接触线用稀土微合金化高强高导 Cu – Cr – Zr 合金时效析出特性研究[D]. 西安: 西安理工大学, 2007.

[97] 李国俊. 高弹性合金的现状与研究趋势[D]. 材料导报,1993,7(4):15 – 19.

[98] 李国俊. 仪器仪表用有色金属的现状与展望[D]. 材料导报,1991,5(9):21 – 29.

[99] Plewes J T. High – strength Cu – Ni – Sn alloys by Thermomechanical Processing[J]. Metall. Trans,1975, 6A(3): 537 – 544.

[100] Zhao J C, Notis M R. Spinodal Decomposition, Ordering Transformation, And Discontinuous Precipitation in a Cu – 15Ni – 8Sn Alloy[J]. Acta Mater, 1998, 46(12): 4203 – 4218.

[101] Plewes J T. Quaternary Spinodal Copper Alloys, U. S. A Patent, No. 4052, 204, 1977 – 10 – 04.

[102] Bohm H, Leo W. Harterei – Techn[J]. Mitteilungen, 1964, 19: 79.

[103] Alexander W O. Copper – rich Nickel – Aluminium – Copper Alloys. Part Ⅱ – The Constitution of the Copper – Nickel – Rich Alloys[J]. Manuscript, 1938, 30: 425 – 445.

[104] Cho Y R, Kim Y H, Lee T D. Precipitation hardening and recrystal – lization in Cu – 4% to 7% Ni – 3% Al alloys[J]. Journal of Materials Science, 1991, 26: 2879 – 2886.

[105] Zdzislaw S, Janusz G. Phase transformations and strengthending during ageing of $CuNi_{10}Al_3$ alloy[J]. Materials Science and Engineering: A, 1999, 264: 279 – 258.

[106] Masamichi M, Yoshitsugu A. Aging Characteristics of Cu – 30% Ni – Al Alloys[J]. Trans JIM, 1979, 20: 1 – 10.

[107] 陈继亮, 罗宗强, 张卫文, 等. Ni 对耐热铸造 Cu – Ni – Al 合金组织和性能的影响[J]. 特种铸造及有色合金, 2009, 29(5): 483 – 485.

[108] 天野嘉次, 三木雅道, 和田滋. Cu – Ni – Be – AI 合金の機械的性質[J]. 伸銅技術研究会誌, 1975, 14: 42 – 59.

[109] 朱治愿, 周虎, 王翼恒. Cu – Ni – Al – Si 合金固溶 – 时效处理[J]. 金属热处理, 2007, 32(4): 83 – 85.

[110] Li Z, Pan Z Y, Zhao Y Y, et al. Microstructure and properties of high conductivity, super high strength Cu – 8.0Ni – 1.8Si – 0.6Sn – 0.15Mg alloy[J]. J. Mater. Res. 2009, 24: 2123 – 2127.

汪明朴　贾延琳　李　周　郭明星　董琦祎

第 2 章　Cu－Fe－P 系合金框架带材

2.1　引言

1970 年美国 Olin 公司首先研制生产出 C19400(Cu－2.3Fe－0.03P－0.1Zn)铜合金，以替代铁镍合金作为引线框架材料，至今 Cu－Fe－P 系合金仍是目前产量最高、用量最大的集成电路引线框架材料，约占整个引线框架材料的 90%。作为研究最早的引线框架铜合金，虽然抗拉强度偏低，但 Cu－Fe－P 系合金有其一系列优点：良好的机加工性，90°弯曲性、耐蚀性、钎焊性、耐疲劳性、可镀性等优良。另外，其添加元素(Fe、P)的成本低廉，且可以在大气中熔炼。因此，Cu－Fe－P 系合金在引线框架材料市场仍占统治地位。表 2－1 给出了常见 Cu－Fe－P 系合金的化学成分及其主要性能，它基本上代表了引线框架 Cu－Fe－P 系合金的国际先进水平。

表 2－1　常见引线框架类 Cu－Fe－P 系合金成分及主要性能

合金牌号	合金成分/%	抗拉强度/MPa	延伸率/%	导电率/%IACS	热膨胀系数 20～300℃/(μm·m^{-1}·K^{-1})	热导率/(W·m^{-1}·K^{-1})	密度/(g·cm^{-3})
KLF－2	Cu－0.1Fe－0.03P－0.1Sn	330～500	13～2	80	17.5	318	8.9
KLF－5	Cu－0.1Fe－0.03P－2.0Sn	440～640	10～5	35	17.6	150	8.9
C19200	Cu－1.0Fe－0.03P	310～530	25～2	60	16.2	251	8.87
C19210 (TFe0.1)	Cu－0.1Fe－0.03P	345～490	13～2	80～90	16.9	347	8.94
C19400 (QFe2.5)	Cu－2.35Fe－0.03P－0.12Zn	400～550	15～2	50～75	16.3	260	8.78

续表

合金牌号	合金成分/%	抗拉强度/MPa	延伸率/%	导电率/%IACS	热膨胀系数 20～300℃/($\mu m \cdot m^{-1} \cdot K^{-1}$)	热导率/($W \cdot m^{-1} \cdot K^{-1}$)	密度/($g \cdot cm^{-3}$)
C19419	Cu－1.9Fe－0.05Si－0.15Zn－0.1Sn	420～570	15～5	63	17.9	254	8.9
C19500	Cu－1.5Fe－0.1P－0.8Co－0.6Sn	520～670	17～2	50	16.9	199	8.92
C19520	Cu－0.75Fe－0.03P－1.25Sn	415～660	20～1	40	16.7	173	8.8
C19700	Cu－0.6Fe－0.2P－0.05Mg	380～500	10～2	80	17.3	320	8.83
C19800	Cu－0.1Fe－0.03P 0.4Zn－0.2Sn－0.2Mg	335～550	10～2	60	17.6	247	8.9
C19810	Cu－2.1Fe－0.03P 2.0Zn	270～590	35～2	60	17.6	245	8.9

Cu－Fe－P 系合金是典型的中强中导电型合金，围绕该系引线框架合金产品开发，就其成分、制备方法和对某一特殊性能的改进，世界各大公司纷纷在我国大量申请专利并获得了知识产权保护，如美国奥林公司的专利 CN1005700，日本三菱伸铜株式会社的专利 CN1256715，日本株式会社神户制钢所的（CN1644726、CN1793394、CN101001965、CN101180412、CN101113499、CN101522926）等。国内单位获得的引线框架 Cu－Fe－P 系材料专利数量较少，与日本在我国申请的专利相比，无论是内容的精细度上还是信息的丰富度上都存在一定差距。

我国引线框架铜合金在研究水平上和产业化能力上均相当落后，从 20 世纪 90 年代初我国开发 QFe2.5 型引线框架用铜合金起，至今仍仅有 QFe2.5、TFe0.1 等少数几个合金牌号。上世纪仅中铝洛铜集团可生产小批量 KFC 及 C194 合金，大部分引线框架铜带依赖进口。为了解决这些问题，国内各大型企业、高校及科研院所对引线框架铜合金材料开展了大量研究，取得了一定的成绩和经验。目前中铝华中铜业、宁波金田、宁波兴业、铜陵金威、宁波博威等厂家已能规模化生产引线框架类 Cu－Fe－P 系列合金产品。但是，与国外进口高精度 Cu－Fe－P 系列材料相比，国内该系合金框架带材的生产常出现各种产品质量问题。这也反映了尽管 Cu－Fe－P 系合金是目前市场上引线框架材料的主流，但关于该系合金的基础研究明显不足。

2.2　Cu－Fe－P 合金的设计思想及主要代表[3]

2.2.1　合金设计思想

引线框架 Cu－Fe－P 系合金的设计也应遵循析出强化型合金的普遍规律，主要靠形变强化及析出强化的结合来提高强度。在高温下，Fe、P 等元素溶入 Cu 基体后，在铜基体中形成过饱和固溶体，这会大幅度降低 Cu 的导电导热率。固溶淬火后在适宜温度下进行时效处理，过饱和固溶体会发生分解，析出大量第二相，使基体的导电导热性能基本恢复。若固溶淬火后再冷加工并时效，可使合金达到强度、硬度和导电导热性能的最佳组合。

在 Cu－Fe－P 系合金中，其主要析出相为 Fe（γ－Fe，α－Fe）相及 Fe_xP（Fe_2P，Fe_3P）相，各相的晶格常数[1]见表 2－2。其中，Fe 是 Cu－Fe－P 系合金中的最主要强化元素，合金经过时效处理后，Fe 元素以弥散分布的质点形式分布于铜基体中而起到时效强化作用。图 2－1 给出了 Swartzendruber 编辑的 Cu－Fe二元系实验相图[2]，Cu－Fe 系合金具有包晶转变反应，包晶点位于 Fe 含量约 4% 处，温度 1096℃，微高于纯铜的熔点。Fe 在 Cu 中的溶解度变化较大，1050℃时其溶解度为 3.5%，但 600℃时降为 0.15%，在 300℃以下仅为 0.0004%，几乎不溶于铜。随着温度的下降，余量的 Fe 将以 γ－Fe 的形式析出。合金通过时效析出而产生一定的强化作用，并实现较高的电导率。此外，与纯铜相比，通过添加 Fe 可以提高合金再结晶温度，提高合金抗软化性。

表 2－2　Cu－Fe－P 系合金中析出相的晶格常数（单位：Å）

	a	*b*	*c*	结构
Cu	3.615	3.615	3.615	面心立方
γ－Fe	3.647*	3.647	3.647	面心立方
α－Fe	2.867	2.867	2.867	体心立方
Fe_2P	5.867	5.867	3.456	六角
Fe_3P	9.1	9.1	4.459	四方

注：* 此处 3.647 为含 C 的 γ－Fe 晶格常数，不含 C 的 γ－Fe 晶格常数为 3.59Å。

P 能提高铜合金熔体的流动性，是优良的脱氧剂，能清除铜熔体中多余的氧，

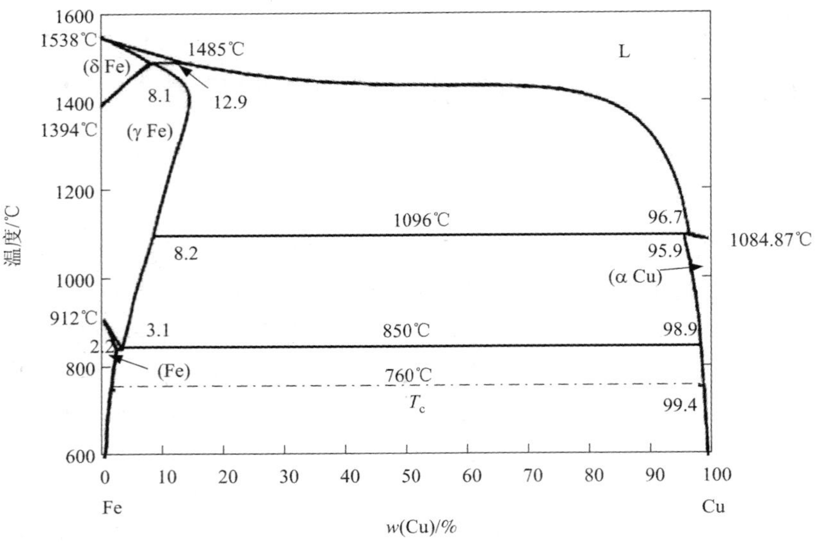

图 2 -1　Cu - Fe 合金相图

从而防止铁元素氧化而形成夹杂，此外，清除铜基体中的氧还能防止氢脆，提高铜的力学性能及焊接性能，但 P 会显著降低铜合金的电导率。在 Cu - Fe - P 三元合金中，P 会与 Fe 结合，形成 Fe_xP 化合物而析出。图 2 -2 为 Cu -2.3Fe -0.03P 合金中的大粒子及其特征衍射花样[3]，由衍射花样可确定此大粒子为四方结构的 Fe_3P。增加 P 含量，合金中会大量形成 Fe_3P 相，Cao 等[4]发现含 P 量为 0.085% 的 C194 合金有耐高温软化性，认为较大的 Fe_3P 粒子在维持 C194 合金高温热稳定性方面作用较大。但下述研究却得出了相反的结论。

对于 C194 合金，当 P 元素添加至 0.15% 以上时，如图 2 -3 所示，合金的软化温度从 550℃降至 450℃。原因在于 Fe_3P 相数量过多，这些几百纳米尺寸的大颗粒在形变热处理过程中会充当再结晶形核的核心，降低合金再结晶温度，以致合金抗软化性降低。C194 合金中 P 元素的添加量应控制在 0.1% 以下。

对于 Fe 含量低于 1% 的其他 Cu - Fe - P 系合金，当 P 含量高于 0.1% 时，合金中开始形成 Fe_2P 相。图 2 -4 为 Cu -0.70Fe -0.15P 合金中的大粒子及其特征衍射花样[3]，可确定此粒子为六角结构的 Fe_2P。P 添加量越高，Fe - P 化合物的含量越多，将使得基体中的 Fe 溶质原子越少，强化相由较小的 Fe 相逐渐变为较大的 Fe_xP 相。虽然 Fe_xP 对铜合金的电导率影响不大，但是其容易引发再结晶，使得 Cu - Fe - P 系合金的再结晶温度下降。当 P 添加量超过 0.3% 时，合金中将形成 Cu_3P 脆性相，Cu_3P 与 Cu 形成共晶，对于铜合金的加工性能和导电性能会产

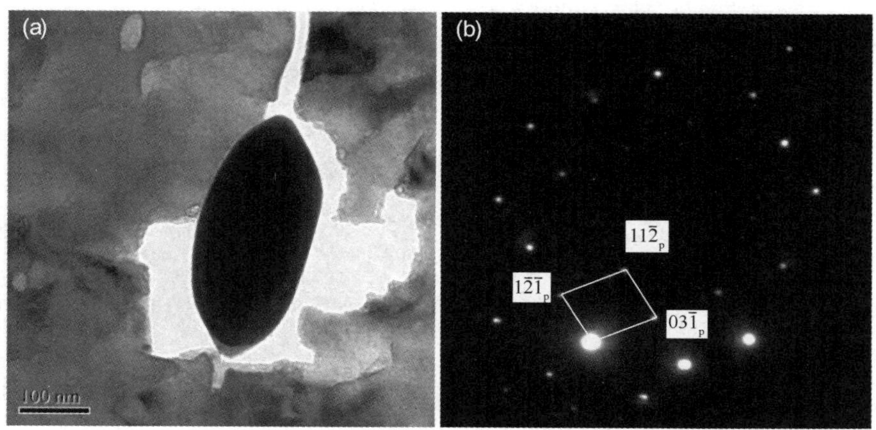

图 2－2　Cu－2.3Fe－0.03P 合金中的 Fe_3P 大粒子(a)及其[513]带轴衍射花样(b)

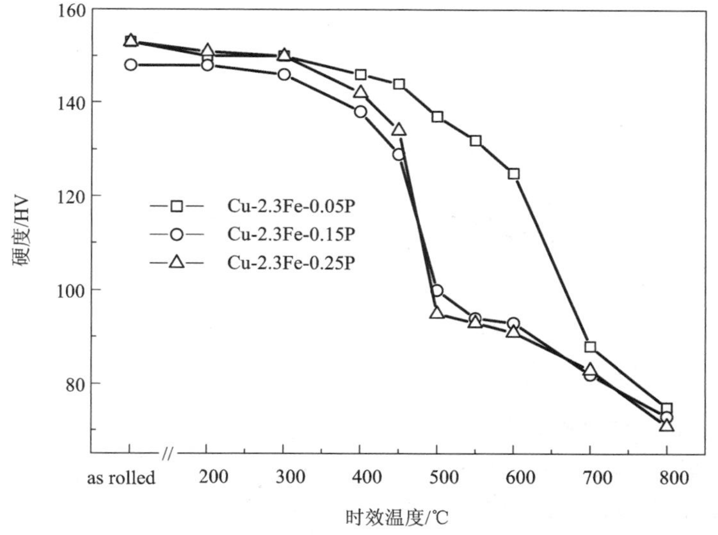

图 2－3　不同 P 含量的三种合金等时时效曲线

(热轧＋80%冷轧态，时效时间为 1 h)

生很大危害。

图 2－5 给出了 Cu－Fe－P 系合金三元相图的富 Cu 角[5]，为便于理解其与 Cu－Fe－P 系合金的关系，图中加入了 Cu－Fe－P 系合金的常见牌号。

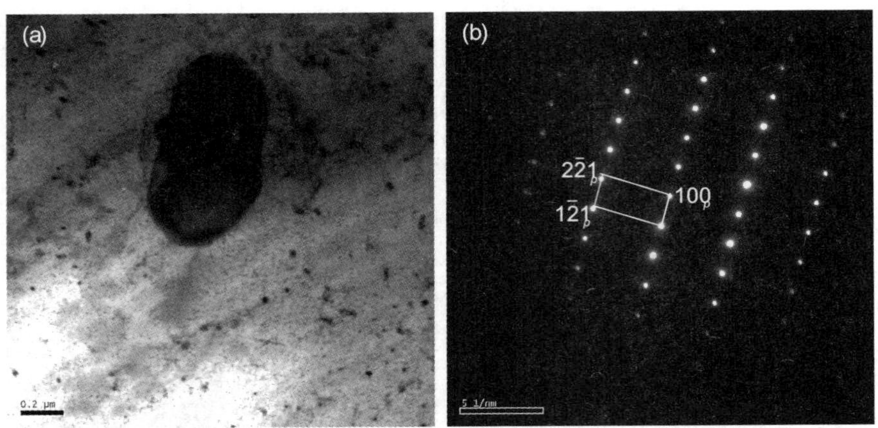

图 2-4　Cu-0.7Fe-0.15P 合金中的 Fe_2P 大粒子(a)及其[012]带轴衍射花样(b)

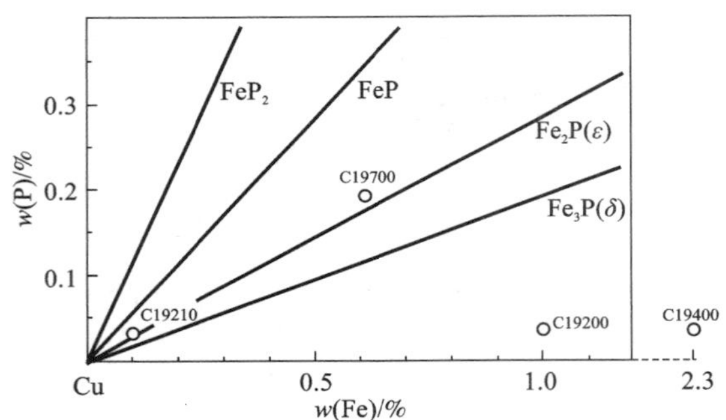

图 2-5　Cu-Fe-P 三元合金富 Cu 角相图

微量的 Zn 元素可提升 P 的脱氧效果，熔体中的 Zn 与 P 生成的 $2ZnO \cdot P_2O_5$ 比较容易与熔体分离，有利于提高熔体的流动性。添加 Zn 的另一个作用是提高合金的钎焊性能，Zn 元素能在材料的界面处富集，阻挡焊接时界面处 Cu、Sn 元素的扩散，从而减小钎焊界面处脆性 Cu-Sn 金属间化合物层的危害[6]，提高集成电路焊点乃至器件的可靠性。

2.2.2　主要 Cu-Fe-P 系合金概述

Cu-Fe-P 系引线框架材料按性能特点可归为两类：①高导电型，该类材料的导电率一般为 80% ~90% IACS，抗拉强度约 400 MPa，代表材料为 C19210 (KFC、TFe0.1)；②中强中导电型，该类材料的导电率一般为 50% ~70% IACS，抗拉强度为 400～600 MPa，代表材料为 C19400（QFe2.5）。KFC 和 C194 两种合金的主要性能见表 2－3。

表 2－3 两种主要 Cu－Fe－P 合金的物理特性和机械性能

质别	KFC(Cu－0.1Fe－0.03P)		C19400(Cu－2.35Fe－0.03P－0.12Zn)			
	H/2	H	H/2	H	SH	ESH
抗拉强度/($N \cdot mm^{-2}$)	350～430	390～470	365～430	410～480	480～525	540～575
伸长率/%	≥4	≥4	≥6	≥5	≥5	≥5
维氏硬度/HV	100～125	120～145	115～135	130～145	140～155	150～170
导电率/% IACS	≥85	≥85	≥60	≥60	≥60	≥60

（1）KFC 合金

KFC 引线框架铜带具有高导电性、高导热性、良好的耐蚀性、耐氧化性、耐疲劳性和较高的延展性等许多优良特性。该产品主要用于制造分离式半导体引线框架、空调热交换管、新型连接器等，导电率在 Cu－Fe－P 系合金中最高。退火温度 400～550℃，热加工温度 700～900℃。

KFC 合金主要强化相为 Fe_2P 相，由于各研究者实验方法及合金成分上存在差异，微观组织中也会发现其他相。强化机制为加工硬化以及冷加工后进行热处理导致 Fe_2P 析出强化。日本伸铜早在 20 世纪 70 年代便着手研究此合金，低变形态 KFC 在不同温度时效后的力学性能与抗软化性能如图 2－6 所示[7]。其采用的加工方式为：850℃热轧在线淬火（HR&WQ）＋冷轧（CR）＋500℃ ×2h＋CR。最终成品主要性能为：抗拉强度 423 MPa；硬度 136 HV；电导率 92% IACS；延伸率 8.1%。若仅考虑导电性能，合金的最佳时效温度为 500℃，但大冷变形合金在 500℃时效后完全软化。宫藤元久等[8]在此基础上改进设计的 KFC－SH 合金加工工艺为 HR&WQ＋CR＋450℃ ×2 h＋CR＋450℃ ×2 h＋CR，以牺牲电导率为代价换取合金的高强度。最终成品主要性能为：抗拉强度 512 MPa，硬度 153 HV，电导率 87% IACS，延伸率 7.5%，达到 KFC 合金国际先进水平。

国内某厂 KFC 生产工艺为：870℃ HR&WQ＋90% CR＋480℃钟罩炉退火＋CR＋500℃气垫炉退火，得到的合金性能为：抗拉强度 390～440 MPa，电导率 82%～90% IACS。刘喜波等[9]提出的 KFC 合金加工工艺为：半连续铸造＋950℃ HR&WQ＋90% CR＋500℃ ×4 h＋CR＋650℃气垫炉退火＋CR，去应力退火后成品性能为：抗拉强度 421 MPa，硬度 123 HV，电导率 91% IACS，延伸率 5%，软化温度 425℃。可见 KFC 合金的生产工艺基本上大同小异，且相对简单，KFC 是一种典型的高导电型引线框架材料。

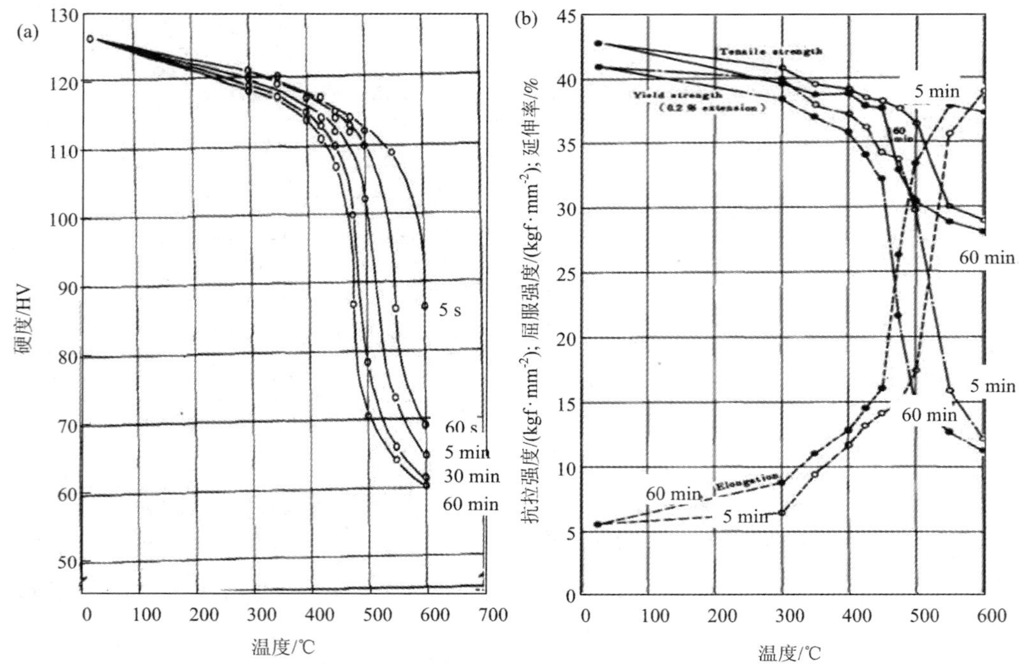

图 2-6　变形量为 33.5%的冷轧态 KFC 合金热稳定性(a)与时效后的力学性能(b)

(2)C194 合金

C194 引线框架铜带具有较高强度、高导电性、高导热性、良好的焊接性、浸润性、塑封性、抗氧化性、冷热加工性等许多优良特性。该产品主要用于制造 IC 的引线框架、接触弹簧、断路器元件、插头、焊接冷凝管、发光二极管及三极管的新型接线端子和连接器等。耐高温的 DIP、SOP 封装导线架也常用这种合金。C194 合金退火温度为 400～650℃，在工业生产中，应尽可能地保证较高的热轧终轧温度(750℃以上)，并且热轧之后要进行在线水淬，以保证溶质原子尽可能多地固溶到铜基体中。此外，热轧过程中尽可能加大应变速率，保证析出物细小弥散。

C194 合金是用量最大的引线框架类合金，作为 Cu-Fe-P 系合金的主要代表，其他 Cu-Fe-P 系合金与 C194 在合金设计、析出行为、加工方式、强化机制及微量元素影响等方面大同小异。因此本章研究重点以 C194 合金为主、其他 Cu-Fe-P系合金为辅，详细探讨该系合金的工艺、组织与性能之间的内在联系。

2.3　Cu - Fe - P 合金的铸态及均匀化组织[3]

2.3.1　合金铸态组织

Cu - Fe - P 系合金中的 Fe、P、Zn 等元素高温下都极容易氧化，化学成分不好控制，铸造性能较差。采用直接水冷的方式铸造生产时容易产生裂纹，采用非直接冷却的方式铸造有助于保证铸锭质量和加工制品质量。铸锭裂纹产生的原因是热应力随着温度的降低而增大，温度在 700℃以下时延伸率又急剧下降，铸造工艺稍有不当就会造成铸锭裂纹(见表 2 - 4[10])。通过对铸锭的缓慢冷却，可以防止其在 500 ~ 700℃范围内热应力的急剧增加，从而达到避免裂纹产生的目的。

表 2 - 4　KFC 与 C194 合金铸锭高温力学性能

	KFC									C194				
温度/℃	20	500	550	600	650	700	750	800	850	700	750	800	850	900
UTS/MPa	147	72.6	66.6	57.2	41.2	29.3	23.2	16.2	11.4	410	280	215	200	145
延伸率/%	34	16	10	5	32	37	68.2	66.4	105	5.5	14	14.5	34	20

图 2 - 7 为 C194 合金铸态组织的金相照片。从图中可以看出，合金铸态组织晶粒粗大，等轴晶晶粒尺寸接近毫米级别，晶粒内部存在枝晶偏析。枝晶组织主要分为两个区：先凝固的枝晶轴为白亮的骨状区，其内部主要为 α - Cu 固溶体；后凝固的枝晶间隙是一圈深色的显微区域，是凝固过程中从基体内排出的溶质元素区，其内部含 Fe 元素较高。当合金含有多种元素时，第二相或杂质等也集中在枝晶间隙区。背散射电子像中[图 2 - 7(c)]，偶然可见约 5 μm 尺寸的球形粒子，能谱分析结果[图 2 - 7(d)]显示其 Fe/P 原子比约为 3:1，可判断其为 Fe_3P 相。

C194 合金中 P 元素的含量一般不高于 0.1%，维持 Fe 含量 2.3% 不变，当 P 含量增加至 0.6% 时，合金的铸态组织见图 2 - 8。可见，枝晶更加粗化，粗长的一次枝晶主轴消失。先凝固的白色衬度枝晶轴上分布有大量弥散点状相；后凝固的枝晶间隙中心块状相尺寸可达 15 μm。高 P 含量合金的未溶相数量急剧增多，形貌分布不规则。对各形状未溶粒子的能谱分析表明，Fe/P 原子比全部接近 2:1，可判断其为 Fe_2P 相。

2.3.2　合金均匀化组织

由于 Cu - Fe - P 合金铸锭存在枝晶偏析，成分均匀性差，对加工性能和使用

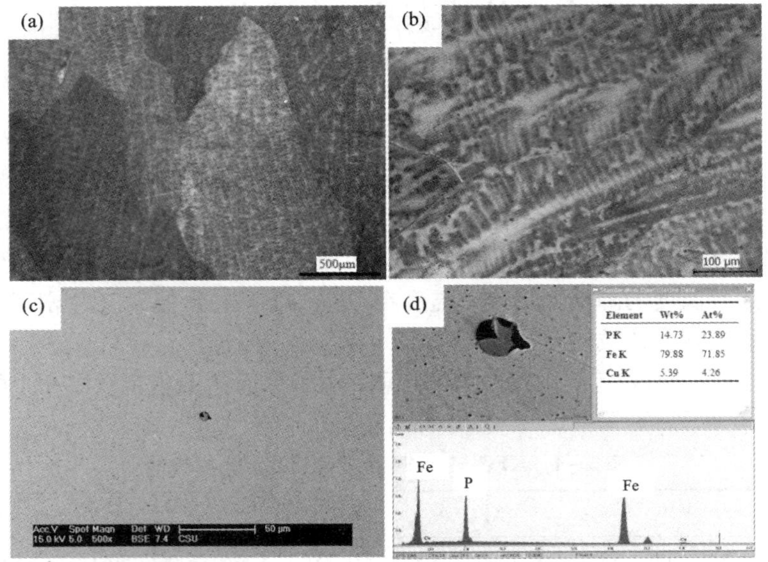

图 2-7　Cu-2.3Fe-0.03P 合金显微组织

(a)(b)铸态组织；(c)扫描电镜背散射电子像；(d)能谱分析

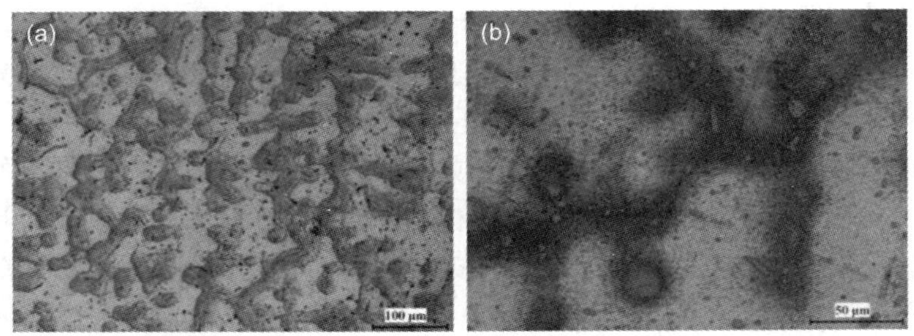

图 2-8　Cu-2.3Fe-0.6P-0.1Zn 合金铸态组织低倍像(a)及高倍像(b)

性能必然有不利影响，故合金需进行均匀化退火，在消除枝晶的同时期望使尽可能多的溶质元素固溶到铜基体中。图 2-9 示出了 C194 合金在不同温度、时间下均匀化退火并水淬后的金相组织[11]。由图 2-9(a)可见，C194 合金在 910℃退火 2 h后，合金的枝晶数量、大小和间距与铸态组织相近。均匀化时间延长至 6 h[图 2-9(b)]，枝晶的数量减少了，但枝晶偏析也难以彻底消除。随着温度的升高，合金枝晶偏析逐渐减弱。当均匀化温度升至 960℃，退火 6 h 后，合金的枝晶已经基本消除[图 2-9(d)]。当均匀化温度升高至 980℃时，长时间退火后会使晶粒变得粗大[图 2 - 9(f)]。考虑到工厂大铸锭加热一般均需 4 ~ 6 h，故可选用 960℃ ×6 h 作为 C194 合金的均匀化处理制度。为便于对比，将高 P 含量的 Cu - 2.3Fe - 0.6P - 0.1Zn 合金同样于 960℃均匀化处理 6 h，金相组织见图2 - 10(a)。由图可见粗大枝晶已经完全消失，但未溶相仍然大量存在于晶内和晶界上。能谱分析表明，这些未溶相的 Fe/P 原子比仍约为 2:1，可见均匀化退火很难消除难溶的 Fe_2P 相。

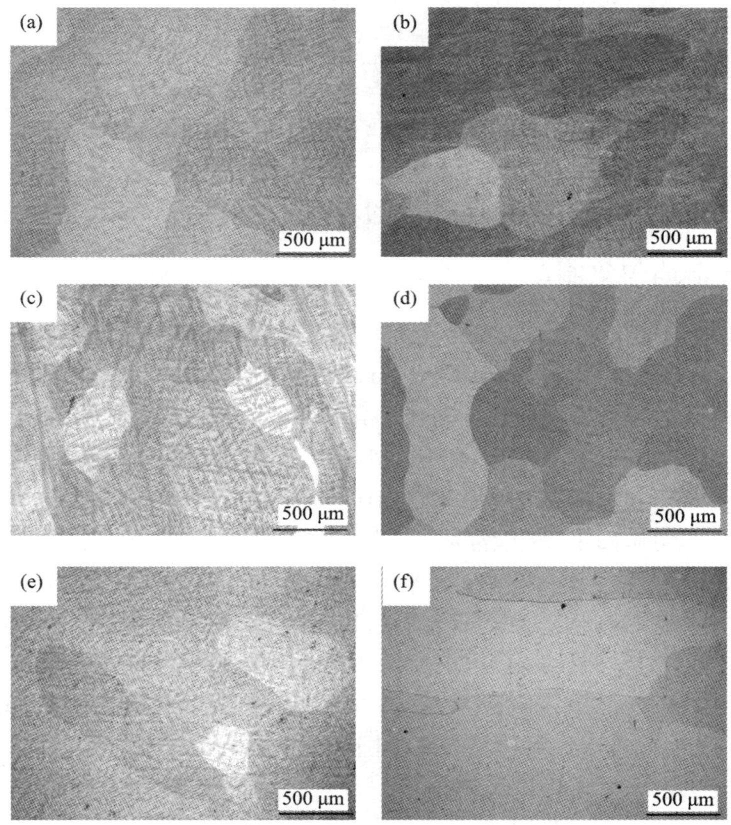

图 2 - 9　Cu - 2.3Fe - 0.03P - 0.12Zn 合金在不同温度时间下均匀化退火后的金相组织

(a)910℃, 2 h; (b) 910℃, 6 h; (c) 960℃, 2 h; (d) 960℃, 6 h; (e) 980℃, 1 h; (f) 980℃, 4 h

均匀化退火温度升高或时间延长必然使工业化生产时成本加大，选取合理的退火工艺需要通过实验确定。结合 EDX 能谱分析可见，P 元素的添加，首先形成的是球状 Fe_3P 相；随着 P 含量的增加，开始形成无规则形状的 Fe_2P 相。Fe_2P 相与 Fe_3P 相非常稳定，即使是经 1000℃均匀化退火也难以使其消除，它们残留在

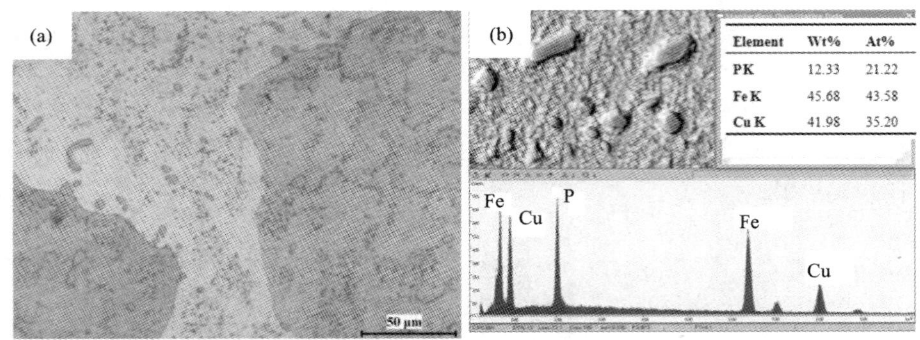

图 2-10 Cu-2.3Fe-0.6P-0.1Zn 合金均匀化后显微组织(a)及相应的能谱分析(b)

基体中相当于杂质粒子。因此，在生产过程中应严格控制 P 元素的添加量。

2.3.3 合金均匀化制度

合金铸锭均匀化主要是一个合金元素的扩散过程，对这一过程最经典的描述是 Shewmon 的理论[12]。可以利用 Shewmon 的余弦函数傅里叶级数分量逼近理论以及 Arrhenius 方程推导整理出均匀化动力学方程：

$$1/T=(R/Q)\ln\{(4\pi^2 D_0 t)/(4.6L^2)\} \quad (2-1)$$

式中，T 为绝对温度；R 为气体常数 8.314 J/(mol · K)；Q 为扩散激活能；D_0 为 Arrhenius 方程的频率因子经验常数；L 为基本波长，实验中为枝晶间距。

合金枝晶形貌主要是由于 Fe 元素的偏析造成的，因此在退火时主要考虑 Fe 元素在 Cu 中的扩散作用。由式(2-1)可以看出，如果想绘制不同枝晶间距下 Fe 元素的均匀化动力学曲线，必须知道 Fe 在 Cu 中的扩散经验常数与扩散激活能。Mackliet 在 1958 年[13]得到了 Fe 在 Cu 中的扩散经验常数，D_0 为 1.4 cm^2/s，扩散激活能为 51800 cal/mol。将数值换算为国际单位并代入式(2-1)，计算得到的均匀化动力学公式为：

$$1/T=3.835\times10^{-5}\ln(1.2\times10^{-3}t/L^2) \quad (2-2)$$

利用式(2-2)作图可得图 2-11，可见当铸锭的枝晶间距为 50 μm、均匀化退火时间为 6 h 时，由图 2-11 可查得铸锭均匀化所需最低温度为 858℃，与实验值有一定的误差。这一差异的原因可能来自多种元素的加入作用，尤其是 P 元素与 Fe 元素的共同加入，它们间的结合力很大，使得 Fe 在铸锭中的扩散速度减慢。

由图 2-11 可以看出，温度升高可使扩散过程大大加速，均匀化时间可大大缩短。企业从生产成本和生产设备考虑，均匀化保温时间一般为 4 ~ 6 h。在保证时间的情况下，铸锭枝晶间距的增大必然要提高均匀化温度，这将大大提高生产

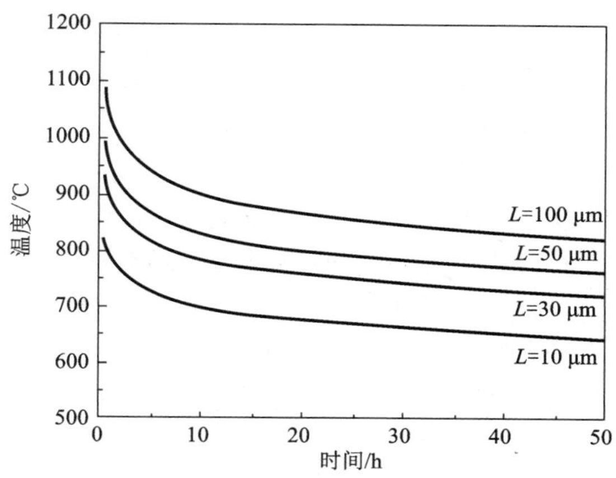

图 2－11　Cu－Fe 合金的均匀化动力学曲线[11]

成本。因此，对于 Cu－Fe－P 合金，在不影响使用性能的情况下，可以在合金中添加能降低枝晶间距或细化晶粒的元素(如稀土等)，或者采取提高铸锭冷却速度等降低枝晶间距的措施。

2.4　Cu－Fe－P 合金的热轧及固溶态组织性能[3]

2.4.1　合金热轧态组织

热轧是金属在再结晶温度之上进行并完成的轧制加工。热轧是为了充分地利用金属及其合金在高温下具有良好的塑性和较低的变形抗力，可使道次变形量增大，轧制道次减少，生产效率提高。

热轧具有以下特点[14]：①由于热轧变形温度高，原子的运动及热振动能力增大，加速了原子的扩散过程和第二相质点的溶解过程，使它们的“拖曳”或“钉扎”作用减弱、临界切应力降低，加工硬化现象也因动态再结晶而被消除。②一般热轧变形是通过多道次反复轧制来完成，塑性变形而遭到破碎的粗大柱状晶粒，经过反复的加工变形而成为较为均匀、细小的等轴晶粒。③金属热轧时，再结晶也使塑性升高，产生断裂的倾向性减少。随变形温度的升高，原子动能加大，使铸造组织中内在的微气泡焊合、疏松压密，从而使金属密度增加。④与冷轧相比，热轧变形时高温下启动的滑移系统较多，滑移面和滑移方向不断发生变化，因而热轧变形中金属的择优取向较小。⑤借助原子的扩散，热轧有利于改善铸造所形成的化学成分不均匀性。热轧可以改变金属的组织结构，满足产品对某些性能的要求。

热轧的不足之处是：①许多金属的热轧温度要远高于室温，加工时有较大的温降，因而较难精确控制金属的性能。②热轧产品精度不高，表面不如冷加工产品光洁，尺寸也不如冷加工产品精确。

C194 合金加工过程中的关键技术之一是热轧在线固溶淬火。若在开坯后再加热固溶淬火，不仅需要增加装备，而且需要更多的时间，必然增加生产成本。C194 合金在热轧时，终轧温度过高会使晶粒粗大，冷轧时会产生橘皮和麻点。终轧温度低会使合金进入“中温脆性区”，从而产生边裂。合金的终轧温度过低或随后不进行淬火处理，则会造成大量的强化相析出。这些强化相会造成以下问题：①合金的过饱和度降低，时效过程中产生的强化相减少；②热轧后慢冷产生的强化相在时效时长大，且分布不均匀，大大降低了合金的强度、塑性及电导率；③粗大强化相的析出不但降低了合金的强度，而且粗大相本身会成为裂纹源，使合金在冷轧过程中容易造成开裂。因此，实际生产中终轧温度不能太低，避免合金中温脆裂，终轧完成后应立即喷水冷却，抑制析出相的粗化。一般来说，热轧的终轧温度应维持在 750℃以上。

图 2－12 为 C194 合金 960℃均匀化后大变形热轧在线淬火态组织，合金铸态组织的毫米级大晶粒消失。在热变形过程中，金属内动态再结晶晶粒将沿着最大主变形方向被拉伸，形成纤维组织。

图 2－12　Cu－2.3Fe－0.03P 合金热轧在线淬火态组织

图 2－13 为 C194 合金热轧在线淬火后的透射电镜（TEM）显微组织[15]。可见合金热轧态组织位错密度较高。热轧时形变储能的消耗速度低于位错增殖速度。当形变储能积累到足够高后，位错组态不稳定，会在无畸变或低畸变的位置形成再结晶的核心，吞噬高畸变能的基体而发生动态再结晶，因此合金动态再结晶能力强。但是，研究动态再结晶时还要考虑到晶核的形成能力和晶界迁移的难易程度[16]。动态回复过程的减慢会对再结晶晶核的形成不利，且固溶于合金中的溶质原子或弥散的第二相会妨碍晶界的迁移，减慢动态再结晶的速度。

由图 2－13(b)可见，热轧态合金中还有大量共格的 Fe 粒子（γ－Fe），它们呈球形或椭球形，粒径约 22 nm。Cu 和 γ－Fe 均为 fcc 结构，晶格常数分别为 0.3615 nm 和 0.3590 nm，两相的错配度 δ 为 0.7%。因此，γ－Fe 与周围的基体完全共格，晶面与基体晶面一一对应，γ – Fe 衍射花样与 Cu 基体斑点重合。粒子正中无衬度线方向垂直于操作矢量，且随着操作矢量的变化而变化。这种共格应变衬度说明粒子与基体完全共格。

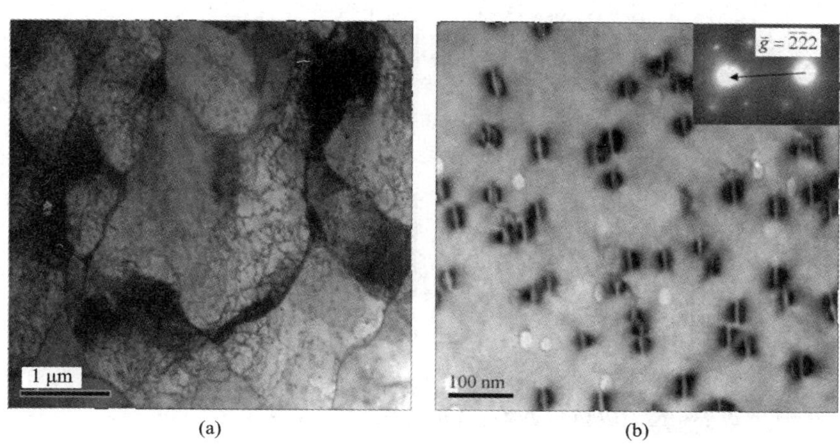

图 2 – 13　合金热轧在线淬火态 TEM 组织

(a)亚晶粒；(b)Fe 粒子

热轧时的温降造成了过饱和固溶体的分解和第二相 Fe 粒子的析出，这些 Fe 粒子对晶界迁移有强烈的钉轧作用，阻碍这些区域进一步再结晶。当大角度晶界被弥散粒子固定、而再结晶晶核不可能向相邻的晶粒内长大时，再结晶核心只能向原晶粒内生长。由于再结晶晶粒与原始晶粒的位向差很小，晶界迁移速率较低，故再结晶进展缓慢，这导致了宏观热轧态晶粒尺寸的不均匀。

2.4.2　合金固溶态组织

由于 Cu – 2.3Fe – 0.03P 合金中溶质元素较高，为预防终轧淬火后可能有大量溶质元素析出，可以选择对热轧态合金采取重新固溶处理。图 2 – 14 给出了不同温度固溶 1 h 后的金相组织。与热轧态组织相比，固溶态组织均为等轴晶，合金经过了再结晶过程，晶粒尺寸较为均匀，并有大量退火孪晶出现。固溶温度较低时，再结晶晶粒较细小，平均尺寸约 15 μm；升高固溶温度，晶粒渐渐粗大，温度升到 920℃后晶粒尺寸不均匀性增强，大晶粒可达 50 μm 以上。

图 2 – 15 示出了 C194 合金经过 800 ~ 920℃四种温度固溶 1 h 后，在 450℃等温时效时的硬度与电导率变化曲线。可以看出，合金经 1 h 固溶处理后，硬度为 70 ~ 74 HV，导电率为 21% ~ 24% IACS。合金在 450℃时效时，前 10 h 硬度上升稍快，提高约 15 HV，这表明 Cu – Fe – P 系合金有一定的时效硬化效应。不同温

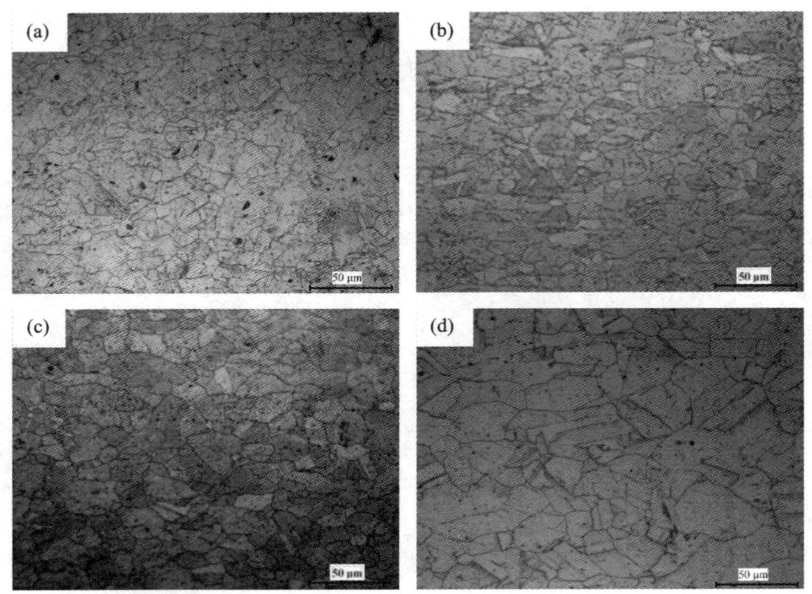

图 2-14　C194 合金不同温度固溶 1 h 淬火后的金相组织

(a)800℃；(b)840℃；(c)880℃；(d)920℃

度固溶并时效相同时间后的硬度差别在 6 HV 以内，电导率相差在 5% IACS 以内。总的来说，固溶温度对时效后合金的硬度和电导率影响不大。提高固溶温度虽然可以增加 Fe 在 Cu 基体中的含量和体积分数，但过高的固溶温度或长时间的保温将造成合金的晶粒粗大及提高生产成本，一般固溶温度可取 900℃。

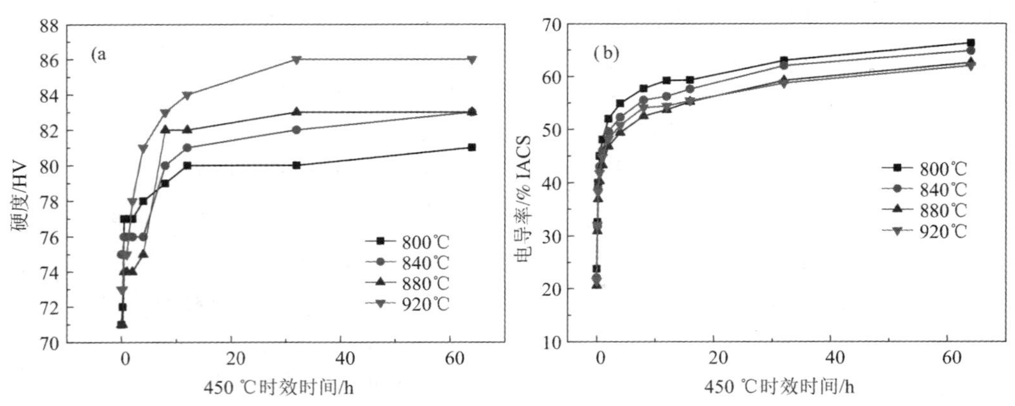

图 2-15　固溶温度对 C194 合金时效硬度及电导率的影响

(a)硬度；(b)电导率

2.4.3 后续时效对合金性能的影响

时效温度的选择应根据合金的性质、加工硬化程度、晶粒度大小以及要求达到的性能(抗拉强度、硬度、伸长率、电导率等)来决定。图 2－16 为 C194 合金经过 900℃固溶淬火后在不同温度时效 1 h 的等温时效曲线。C194 合金固溶后的硬度为 73 HV，电导率为 24% IACS。合金在 400℃低温时效处理时，样品电导率和硬度值增加很少；500℃时效 1 h 后电导率可达 54% IACS，增长约 30% IACS，此时溶质原子的析出动力最强；在 600～700℃时效 1 h 后硬度达到 86 HV，也仅有 13 HV 的增幅，而电导率开始下降；更高温度时效时，析出相回溶量增加，硬度和电导率值继续降低，800℃时效 1 h 后电导率重新降为 24% IACS。

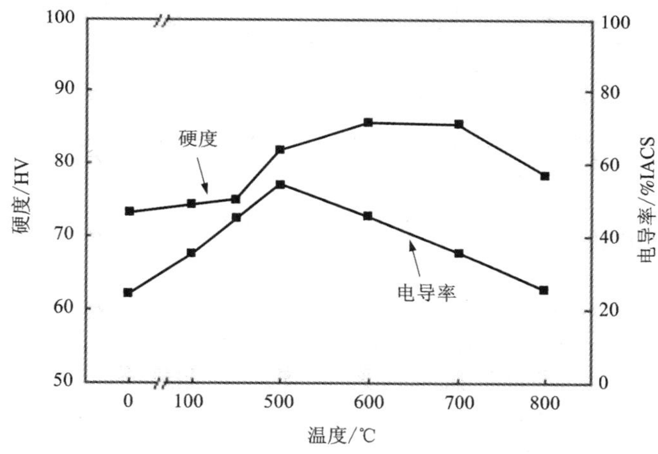

图 2－16 固溶态 C194 合金在不同温度时效 1 h 后硬度与电导率变化

时效温度和时效时间决定了实验合金中析出相的析出程度、大小和分布。为了获得较高的硬度和电导率，选取 400℃、500℃、600℃和 700℃进行等温时效，时效时间为 16 h，图 2－17 为等温时效温度和时间与合金硬度及电导率变化曲线。在 400℃时效时，由于 Fe 析出动力不足，析出速度较慢，随时效时间延长，电导率增长缓慢，显微硬度基本不变。合金在 500℃以上温度时效时，时效初期硬度迅速上升，出现时效硬化峰，且时效温度越高，合金时效过程中出现硬度峰值所用的时间就越短。合金最大硬度值出现在 600℃时效 2～4 h，约为 88 HV。随后合金进入过时效状态，但硬度下降不明显，基本保持在 85 HV 左右。后续的试验固溶态合金在 500℃时效 4 天后，合金硬度仍为 85 HV；而当合金在 700℃时效 16 h 后，硬度显著下降(80 HV 以下)。图 2－17(b)为时效温度对电导率的影响，合金在500℃时效2 h，电导率从24% IACS上升到54% IACS；而700℃时效2 h时，电导率仅为35% IACS。随时效时间的延长，合金过饱和度降低，Fe析出速度变慢，电导率增加变缓。总之，C194合金在500℃时效时可获得较高的显微硬度和高电导率。

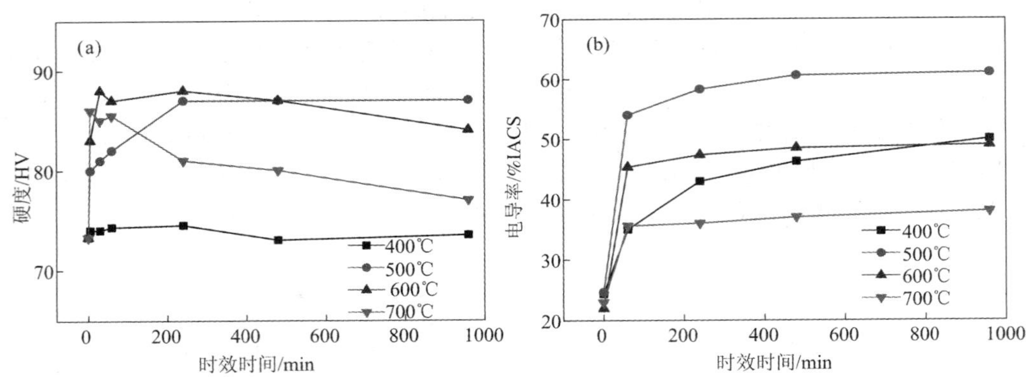

图2－17　固溶态C194合金在400℃、500℃、600℃和700℃等温时效硬度(a)及电导率(b)的变化

2.4.4　合金的析出相及其长大[17]

图2－18为C194合金不同时效制度后的Fe粒子形貌。图2－19所示为Fe粒子的平均有效直径随时效温度和时间变化的规律。可以看出，时效温度越高，时效初期Fe粒子的尺寸增长越快。合金在500℃时效1 h时，粒子尺寸约2 nm。而在700℃时效1 h时，粒子直径可达46 nm。在相同温度下延长时效时间，粒子同样增大，合金在700℃时效5天后，粒子平均尺寸可达120 nm。γ－Fe粒子典型形貌为弥散的豆瓣状[图2－18(b)～(d)]，粒子中间存在一条无衬度线，且无衬度线方向与Bragg反射矢量垂直。粒子的实际大小应比显示出来的应变衬度小。由图2－17(a)及图2－18(b)、(c)可见，峰时效态γ－Fe粒子的尺寸在7～15 nm范围内。

析出相粒子很小时，共格界面的界面能较小，但界面处有畸变，所以弹性能较大。共格界面必须依靠弹性能来维持，新相不断长大使弹性应变能增大，当应变能大到一定程度时，共格关系被破坏，产生错配。当晶格的错配积聚到一个Burgers矢量时，应力会释放，并在粒子与基体界面处形成一个位错，以补偿原子间距的差别，使弹性能下降。铜合金中的Burgers矢量模b为$0.3615/\sqrt{2}=0.255$ nm，理论上当析出相直径达到$b/\delta=20$ nm时，位错可以形成，应力随之释放，并且析出相转变为半共格。实际观察中，当粒子直径增长至70 nm后[图2－18(e)]，粒子大部分转为半共格，周围开始有位错出现。长时间时效至粒子直径大于100 nm时［图2－18(f)］，大量粒子周围开始出现位错，粒子转变为半共格或非共格[18]。粒子周围的位错可能是粒子与基体的界面位错，更可能是为协调粒子马氏体转变而产生的[19]。

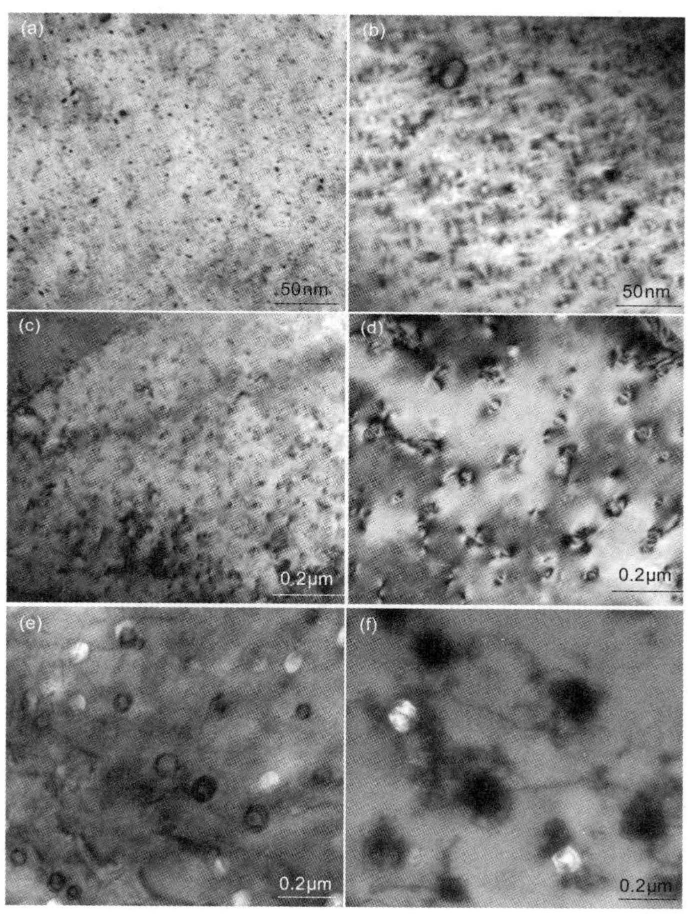

图2－18 C194合金时效后的Fe粒子形貌

(a)500℃×1 h；(b)500℃×64 h；(c)600℃×8 h；(d)700℃×1 h；(e)700℃×24 h；(f)700℃×120 h

在合金长时间时效过程中，根据LSW理论[20, 21]，Fe粒子的粗化动力学有如下规律：$r^3 - r_0^3 = Kt$。式中，r为时效后Fe粒子的平均半径，r_0为原始Fe粒子平均半径，t为时效时间，K为粗化速率。K值随温度的不同而不同，在某一温度下，假设合金析出相的体积分数与固溶度变化不大时，K值正比于$(C/T)\exp(-Q/RT)$，式中C为常数。由此可以推导出计算Fe粒子粗化激活能Q

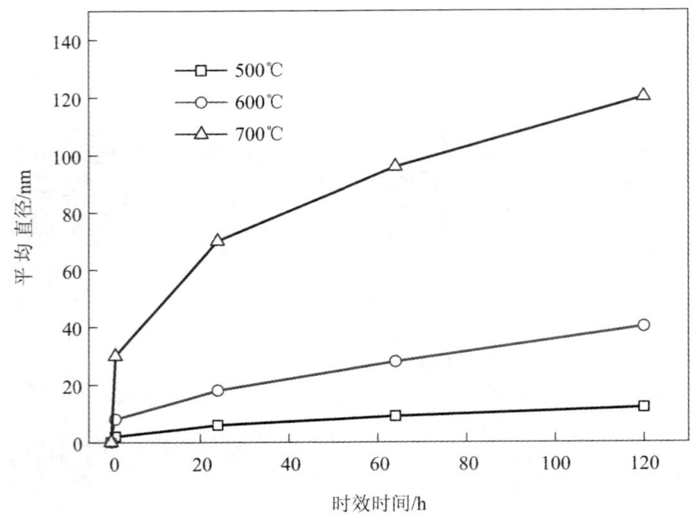

图 2-19 时效对 C194 合金中 Fe 粒子尺寸的影响

的公式:

$$\ln(KT) = C - Q/RT \tag{2-3}$$

图 2-20(a)为 C194 合金中 Fe 粒子的平均有效半径与时效时间的关系图,该关系符合 LSW 理论。根据式(2-3)计算,合金中 Fe 粒子的粗化激活能为 222 kJ/mol[图 2-20(b)],此数值与 Fe 元素在 Cu 中的扩散激活能(217 kJ/mol[13])相当。由此可见 Cu-Fe 合金中 Fe 粒子的粗化主要是 Fe 在 Cu 中的扩散所致。

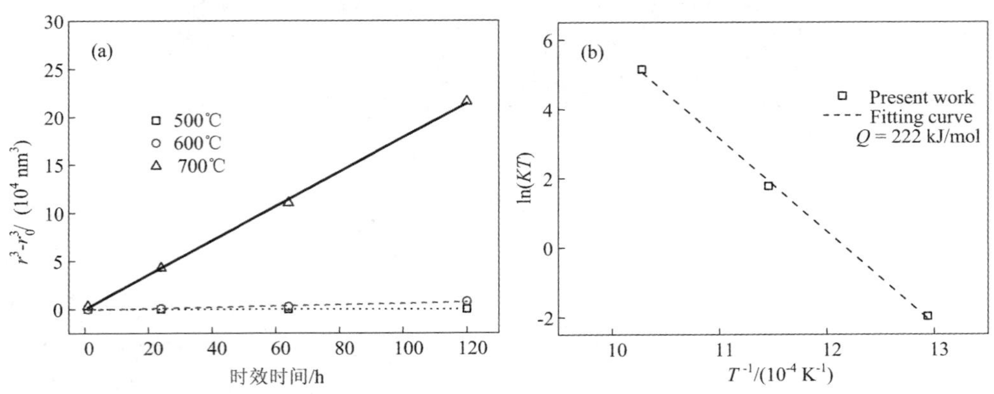

图 2-20 C194 合金在不同条件下时效后 Fe 粒子的粗化规律(a)和激活能(b)计算值

2.5　Cu - Fe - P 合金的形变热处理[3]

2.5.1　合金冷轧态组织性能

冷轧是金属在再结晶温度以下进行的轧制加工，一般是在室温条件下完成。冷轧时加工硬化效果显著，随冷变形程度的加大，金属变形抗力不断提高，塑性不断下降。所以很多金属在冷变形时需要进行中间退火，以消除加工硬化，减少轧机的能耗[14]。冷轧具有以下特点：①随变形量的增加，位错大量增殖，密度增加，并且相互缠结，导致位错移动阻力增加，滑移变得困难。后续时效后，第二相沿位错析出，细小弥散的析出相对位错有钉扎作用，减缓合金再结晶过程，合金的硬度、强度与耐热性得到一定提高。②金属经过冷轧变形后，由于残余应力提高而使其塑性下降，化学性能也不稳定，使金属抗腐蚀(特别是应力腐蚀)能力降低，降低了材料的寿命。③冷轧后晶粒的形状沿着最大主变形方向被拉长、拉细。当金属变形程度很大时，大多数晶粒的某个滑移系最终都转到最大主变形方向，使原来位向紊乱的晶粒出现取向有序化，从而导致各向异性。侧面观察金属变形金相组织时，晶粒呈现出一条条的纤维状(图 2 - 21)。④冷轧变形中，对电阻值影响最大的因素是晶界的破坏和晶内的位错等缺陷，它们引起电子散射而使

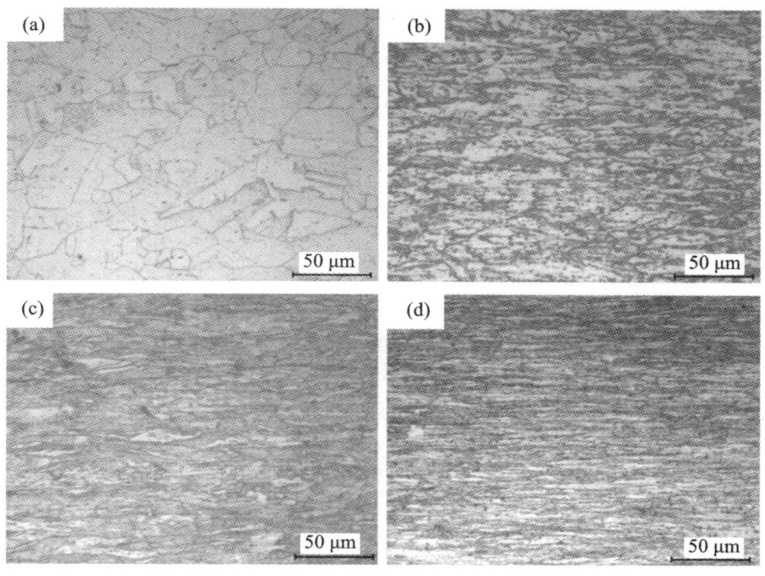

图 2 - 21　不同冷轧变形量下 C194 合金侧面金相组织

(a)固溶态(ST)；(b)ST + 40% CR；(c)ST + 60% CR；(d)ST + 80% CR

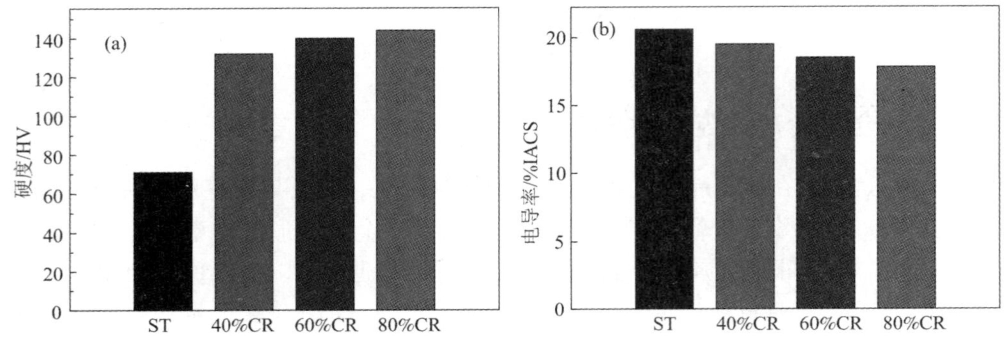

图 2-22　冷轧变形量对 C194 合金性能的影响

(a)硬度；(b)电导率

电阻增加。随变形程度的增加，合金的电导率逐渐降低，一般下降 1% ~3% IACS。如 C194 合金经 80% 冷轧变形后，合金的电导率由固溶后的 20.6% IACS 降低到 17.8% IACS(图 2-22)。同时可见，冷变形量越大，合金的硬度越高。固溶态 C194 合金硬度为 71 HV，40% 冷变形后为 132 HV，冷变形量高于 40% 后，合金的硬度提高并不是很大(8 HV)。

与 Cu-Ni-Si 系或 Cu-Cr 系合金不同，冷轧态 Cu-Fe-P 系合金在时效过程中无强烈的时效强化效应(图 2-23 和图 2-24)，合金的硬度时效曲线呈下降趋势。C194 合金经冷变形后，由于加工硬化效应，硬度增加 60 ~80 HV，其中 80% CR 态硬度可达 150 HV。400℃ 时效 8 h 后，40% CR、60% CR 及 80% CR 样品的硬度分别降至 133 HV、137 HV 和 138 HV，下降趋势不明显。当时效温度升至 450℃，时效初期合金的硬度迅速降低，其中 80% CR 样品在时效 15 min 后，硬度已急剧降至 100 HV 以下，而 60% CR 样品与 40% CR 样品硬度降至 100 HV 以下分别需要 2 h 和 6 h。可见冷变形量越大，时效时硬度下降越快，相反电导率却升高越快。

不同冷变形的样品电导率随时效时间的延长一直升高，表明时效过程中 Fe 溶质原子不断析出。固溶态样品在 400℃ 时效 120 h，电导率才可升到 57% IACS；而 80% CR 样品 400℃ 时效 16 h 后，其电导率即由 19% IACS 升高到 57% IACS，可见冷变形能明显地促进析出。不同冷变形量的合金在时效过程中电导率的变化趋势基本相同。总体来讲，冷变形量大于 40% 后，变形程度对固溶冷轧态合金时效过程中硬度及电导率的影响不大。C194 合金时效的主要目的不是获得时效的析出的强化作用，而是通过时效析出来净化基体，提升合金的导电性能，其强化也不是依靠析出粒子的应变强化，而是依靠冷变形位错缠结强化，析出粒子的作

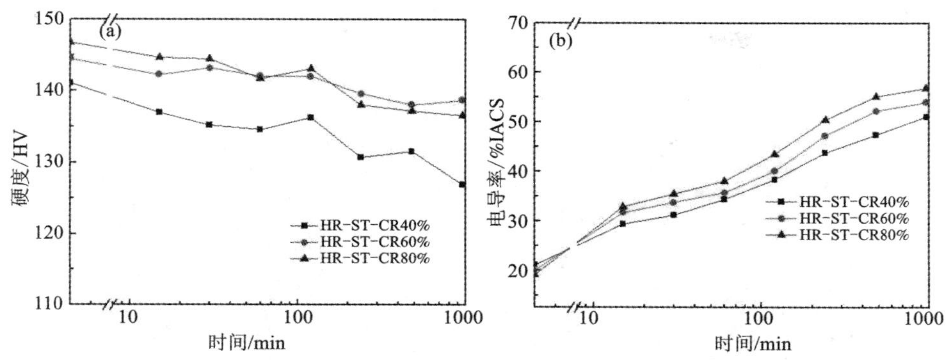

图2－23　不同冷轧变形量对C194合金400℃时效性能的影响

(a)硬度；(b)电导率

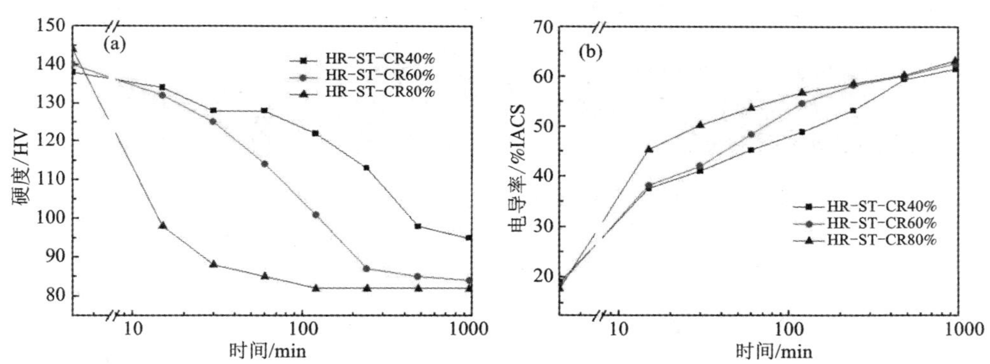

图2－24　不同冷轧变形量对C194合金450℃时效性能的影响

(a)硬度；(b)电导率

用在于拦截位错运动，阻碍再结晶。

变形态C194合金在400℃时效时未发生明显的过时效现象，但在450℃时效时硬度急剧下降，且合金软化的幅度大大超过合金本应有的15 HV时效强化效应，加工硬化效果随着时效时间的延长而减弱并最终完全消失。以图2－24(a)中下降趋势较为平滑的ST＋60%CR态C194合金为例，选取450℃时效1 h、4 h、8 h和16 h的样品做金相组织观察，结果如图2－25所示。时效1 h后的金相组织[图2－25(a)]与未时效的组织基本相同，长时间时效后组织内再结晶晶粒所占体积分数迅速增加。时效16 h后[图2－25(d)]扁长状晶粒基本消失，样品完全再结晶，硬度同时降到最低(不到90 HV)。可见硬度下降的主要原因是合金的再结晶软化，再结晶发生的时间早于第二相析出的时间，析出相来不及阻碍位错及再结晶晶界的移动，致使合金迅速软化。固溶变形态合金的再结晶温度在400~450℃之间，而增加冷变形量可使合金再结晶温度进一步降低。

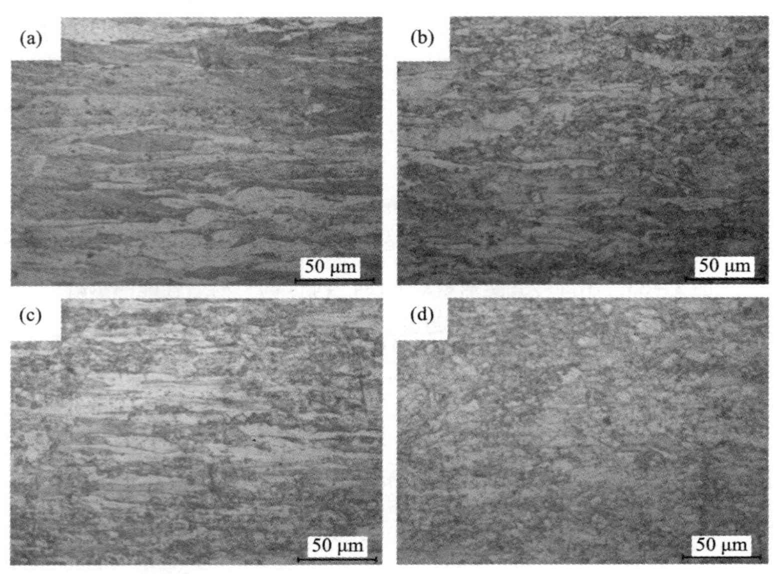

图2-25　450℃时效对ST+60%CR态C194合金光学显微组织的影响

(a) 1 h; (b) 4 h; (c) 8 h; (d) 16 h

2.5.2　淬火制度的影响

热轧(HR)在线淬火态合金的硬度为98 HV，电导率为28% IACS。固溶(ST)淬火后，硬度降低至68 HV，电导率降至20.6% IACS。HR态的电导率高于ST态，这是由于HR态合金中已有部分溶质原子在轧制过程中随温度的下降而迅速析出，固溶后又重新回溶到基体的缘故。HR态的显微硬度比ST态高30 HV，说明HR态样品中保留了部分变形时产生的加工硬化。对两种样品进行450℃时效处理，其硬度与电导率随时效时间的变化情况，见图2-26。

对于HR态样品，合金的硬度随时效时间的延长发生小范围波动，经450℃时效32 h后，硬度仍然为100 HV。HR态样品和ST态样品的电导率曲线变化趋势基本一致。450℃时效32 h后，HR态电导率可达64% IACS。延长时效时间，此值始终比ST态样品的电导率约高5% IACS。这表明在同一时效制度下，虽然ST态的过饱和度比HR态要高一些，但是时效析出的溶质原子总量与HR态基本相同。

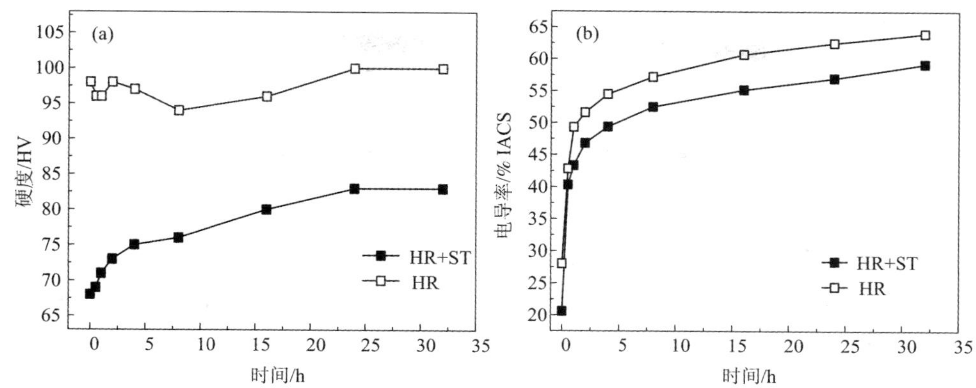

图 2 –26　两种淬火方式下 C194 合金在 450℃时效后的硬度电导率变化曲线

(a)硬度；(b)电导率

热轧时形变引入大量位错，当形变储能积累到足够高后，位错组态不稳定，会在无畸变或低畸变的位置形成再结晶的核心，吞噬高畸变能的基体而发生动态再结晶。铜合金的层错能较低，其动态再结晶能力强，但是合金动态再结晶的能力不仅取决于层错能的高低，还要考虑晶核的形成能力和晶界迁移的难易程度。固溶于合金中的溶质原子或弥散的第二相会妨碍晶界的迁移，减慢动态再结晶的速度。本实验中由于热轧时的温降，过饱和固溶体发生分解，Fe 粒子在位错提供的形核位置处大量析出，且高温下 Fe 粒子生长更为迅速。Fe 粒子对晶界迁移有强烈的钉轧作用，阻碍这些区域进一步再结晶。当大角度晶界被弥散粒子固定、而再结晶晶核不可能向相邻的晶粒内长大时，再结晶核心只能向原晶粒内生长。由于与原始晶粒的位向差很小，晶界迁移速率较低，再结晶进展缓慢，导致宏观热轧态晶粒尺寸不及固溶态均匀。HR 态样品经后续时效时，硬度值发生波动，说明一方面过饱和固溶体分解，析出的 Fe 粒子产生析出强化作用；另一方面位错数量减少，加工硬化效果降低，产生回复软化。

对 HR 态 C194 合金进行 60% 变形量冷轧，并与固溶冷轧态合金的时效性能变化进行对比(图 2 –27)。可见，虽然 HR +60% CR 态合金的电导率初始值比 ST +60% CR 态合金高 11% IACS，但是由于固溶冷轧态合金的过饱和程度较高，合金时效初期 Fe 粒子析出速度较快，时效 15 min 后两者相差不到 2% IACS，时效后期电导率变化基本相同。对于硬度变化而言，两种工艺曲线差别很大。450℃时效 8 h 后，HR +60% CR 态合金硬度为 137 HV，而 ST +60% CR 态合金硬度仅有 85 HV，相差约 60 HV。经热轧在线淬火的合金具有较好的抗过时效能力。

图 2 –28 为热轧在线淬火并经冷轧时效后合金的金相组织。可见，HR + CR

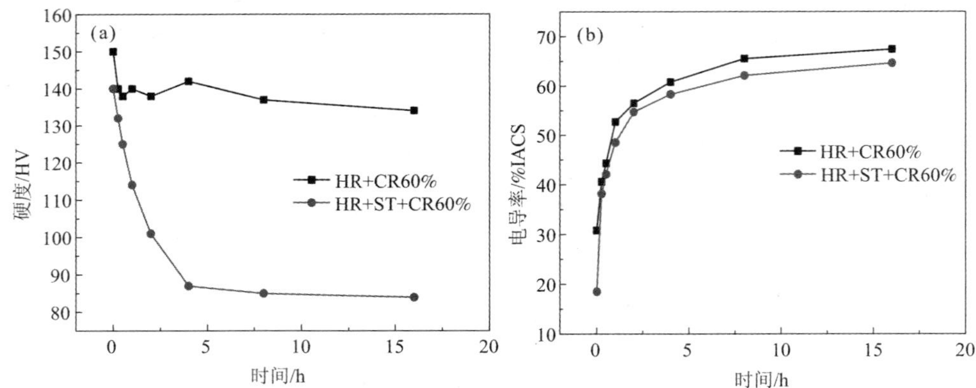

图 2－27　两种淬火方式下 60%冷轧态 C194 合金在 450℃时效后的硬度电导率变化曲线

(a)硬度；(b)电导率

态合金经 450℃时效 16 h 后仍为原始的加工组织(硬度 138 HV)，在 500℃时效 16 h 后合金仍有大部分晶粒保留原始的纤维组织(硬度 126 HV)。HR + CR 态合金时效后的力学性能和电学性能均有一定提升，且其再结晶温度提升至少 50℃，抗软化性得到提高。

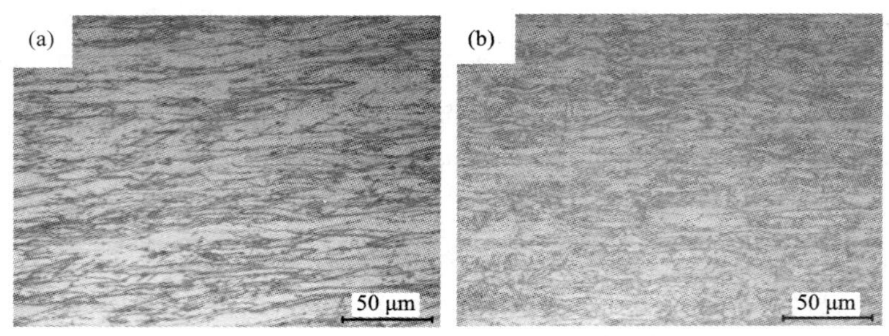

图 2－28　HR + CR 态 C194 合金光学显微组织

(a)HR + 60% CR + 450℃ 16 h；(b)HR + 60% CR + 500℃ 16 h

图 2－29 示出了固溶淬火样品冷轧时效后的 TEM 明场像，样品易发生再结晶，且再结晶区位错极少，第二相为黑色点状衬度，时效初期粒子非常细小，粒子来不及长大到能有效拦截位错或晶界运动的尺寸。

图 2－30 示出了热轧在线淬火样品冷轧后，于不同温度时效 8 h 后的 TEM 明场像。由于热轧淬火态组织分布不均匀，冷轧时效后样品的组织分布同样不均匀。再结晶区样品[图 2－30(a)]基体较纯净，大部分区域与固溶冷轧时效态样

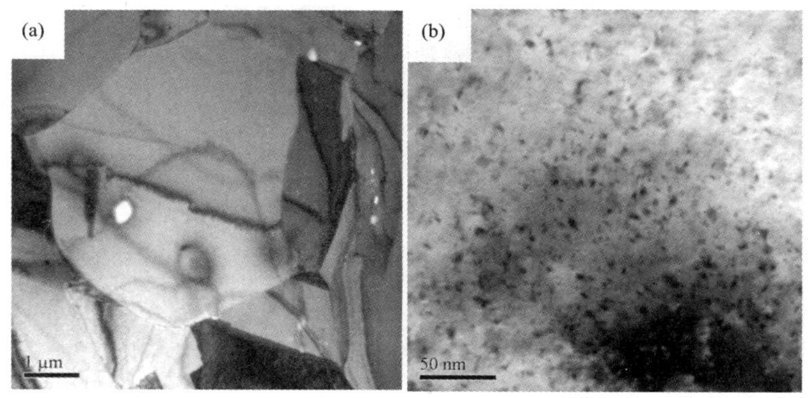

图 2 - 29　C194 合金固溶淬火并冷轧后 450℃时效 8 h TEM 明场像

品类似，粒子呈黑色点状衬度，尺寸小于 5 nm；此外，再结晶晶粒内还发现另外一种黑色圆形粒子[图 2 - 30(b)]，尺寸为 25 ~ 40 nm。由于 γ - Fe 粒子在 450℃短时间时效后无法长大至该尺寸，这些大粒子应该是热轧时形成的。在 HR + CR + AG 态样品[图 2 - 30(c)、(d)]中，常观测到弥散分布于基体中的黑色圆形粒子，粒子尺寸为 30 ~ 40 nm，且粒子间距小于 100 nm，晶粒内位错密度较高，未发生再结晶。这些粒子是热轧淬火时的 γ - Fe 在冷变形过程中发生应力诱导的马氏体转变而来，为共格性差的 α - Fe 粒子。该粒子可起到拦截位错或晶界运动的作用[22]，并能抑制合金的再结晶。因此，HR + CR 态 C194 合金经 450 ~ 500℃时效后，仍在大部分区域内保持纤维组织，再结晶温度高，抗软化性较好。

2.5.3　合金的组合时效

工业生产时，由于热轧在线淬火板坯较厚(12 ~ 16 mm)，一般还需要采用多道次冷轧加时效的工艺来提高合金力学性能和电学性能。常用的引线框架类带材生产流程见图 2 - 31[23]。法国格里塞(Griset)公司生产 C194 合金的工艺为：半连续铸锭 + 850℃ HR&WQ + CR + 钟罩炉 500℃ × 6 h + CR + 钟罩炉 480 ~ 500℃ × 6 h + CR + 气垫炉退火。但上述工艺的原理并不清楚，为此，我们进行了下述研究。

2.5.3.1　**两道次冷轧时效对合金性能的影响**

将 C194 合金热轧在线固溶淬火后，进行 80% 变形量冷轧，然后在不同温度进行主时效 5 ~ 8 h (我们称第一次钟罩炉退火为主时效)。为确定最佳主时效温度，时效温度选取 400℃、450℃、500℃、550℃及 600℃五个温度。主时效后进行 65% 变形量的二次冷轧，随后进行二次时效。

图 2 - 32 为不同温度主时效时合金硬度和电导率变化曲线。可见，硬度随时

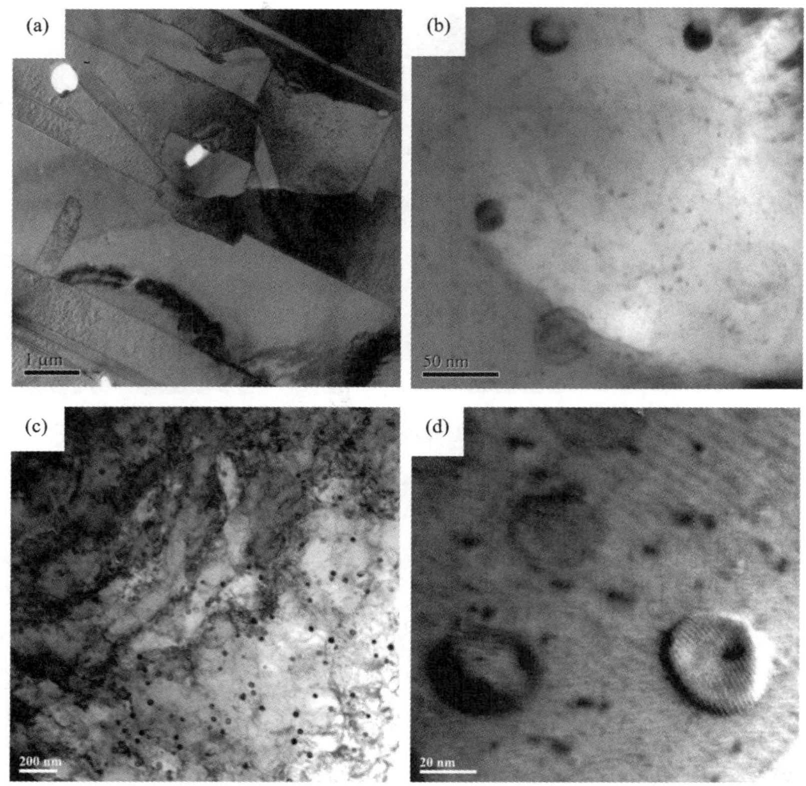

图 2 -30　C194 合金热轧在线淬火并冷轧时效后 TEM 明场像

(a, b)450℃ ×8 h; (c, d)500℃ ×8 h

效时间的延长均呈下降趋势。合金在 400℃ 和 450℃ 时效 32 h 后，硬度仍然有 140 HV左右。随着时效温度的升高，合金的抗过时效能力减弱。600℃ 时效 8 h 后，合金的硬度降至 100 HV 以下，此时合金已发生了完全再结晶。考虑合金的抗软化性，合金主时效最佳温度范围为 400 ~ 500℃。不同温度时效的电导率具有相同变化趋势。时效温度为 450 ~ 500℃ 时，到达电导率平台所需的时间最短。时效温度较低时，溶质原子扩散速度低，析出动力小；时效温度过高时，时效初期电导率升高很快，但过饱和度迅速降低，时效析出驱动力降低，时效后期合金电导率低于 500℃ 时效的电导率。考虑合金电导率，最佳主时效温度范围应为 450 ~ 500℃。由上述分析可知，HR + 80% CR 态合金较合适的时效温度为 450℃，此时合金在非常宽的时间范围内(10 ~ 60 h)都有较高的硬度(135 ~ 145 HV)和较高的电导率(60% ~ 70% IACS)。

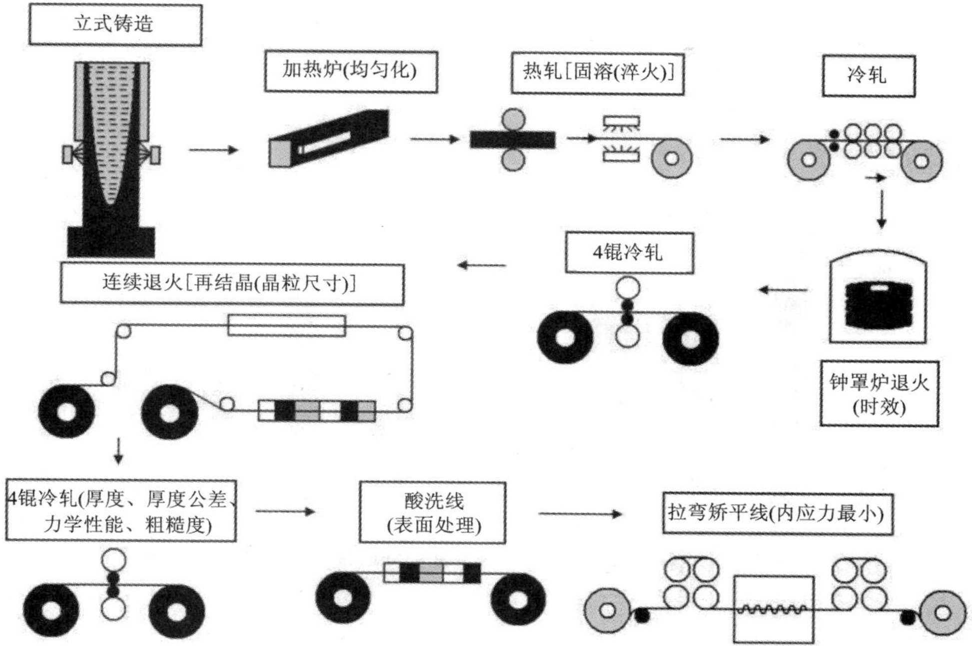

图2－31　电子用铜带材典型生产工艺流程

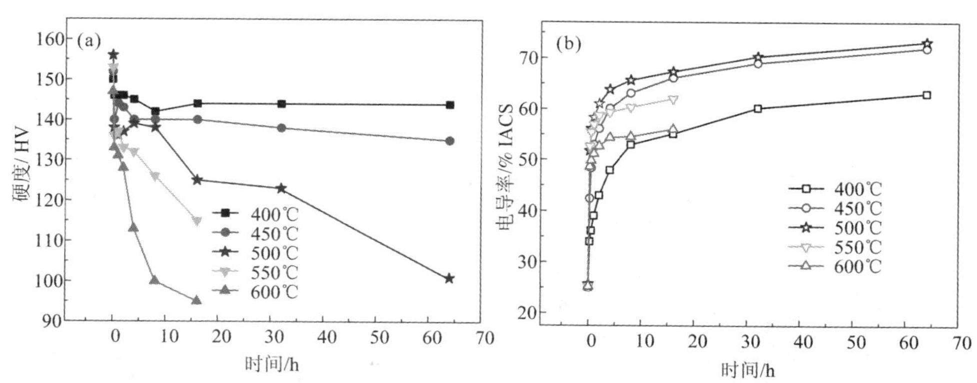

图2－32　C194合金经HR＋80%CR后各温度时效的性能

(a)硬度；(b)电导率

二次冷轧后C194合金的硬度及电导率初始值见图2－33。主时效选取450℃时，二次冷轧态合金的硬度和电导率分别为162 HV，58.5% IACS。主时效选取

500℃时，二次冷轧态合金的硬度和电导率分别为157 HV，60.3% IACS。主时效温度高于500℃或低于500℃均会造成电导率下降。对于硬度，合金在400～450℃主时效并冷轧后效果最佳，可达160 HV以上；600℃主时效并冷轧后硬度较低。

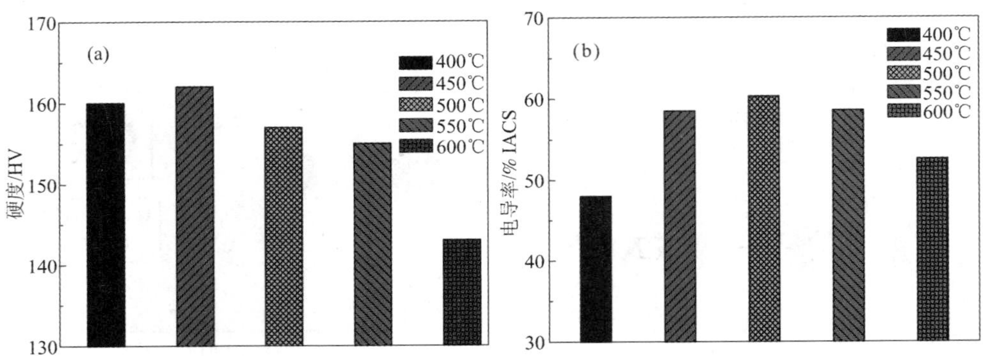

图2-33　五种温度主时效后二次冷轧态的初始硬度(a)与电导率(b)

对五种温度主时效样品二次冷轧后统一进行450℃二次时效，时效时间为1 h，硬度与电导率结果如图2-34所示。低于550℃主时效时，二次时效态样品的硬度差别不大；高于550℃主时效后，二次时效态样品抗软化性能急剧下降，600℃×8 h+CR+450℃×1 h样品硬度降低至107 HV。500℃主时效时，电导率仍为最大，500℃×8 h+CR+450℃×1 h样品电导率已接近70% IACS。主时效温度为550℃的样品冷轧时效后导电性能(66.4% IACS)优于主时效温度为450℃的样品(61.8% IACS)。

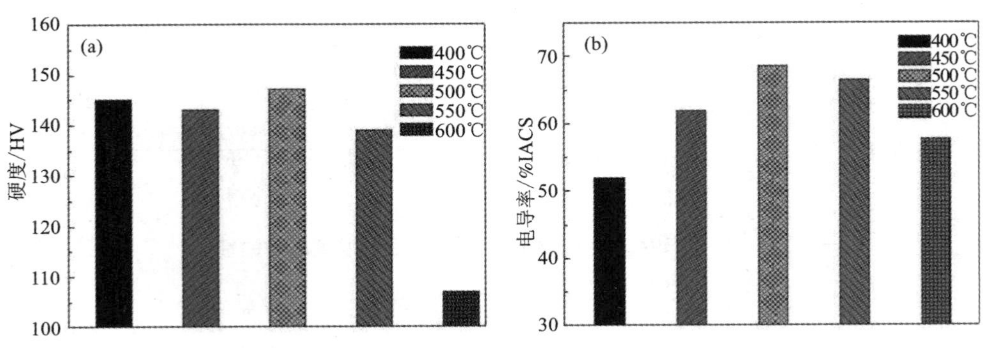

图2-34　五种温度主时效+冷轧+450℃时效1 h后的硬度(a)与电导率(b)

图 2－35 为 550℃及 600℃主时效时，二次冷轧时效态样品的金相组织。可见，550℃主时效的样品再次冷轧时效后仍不易发生再结晶，而 600℃主时效的样品发生了完全再结晶。主时效温度越高，终态合金的再结晶温度越低。再结晶松弛掉了第一次冷轧变形的强化效果，再结晶软化仍是硬度下降的主要原因。若考虑材料晶粒大小均匀并减少轧机能耗，使合金带材发生再结晶，主时效温度要接近 600℃；若考虑合金板带材的综合性能，则主时效温度以 500℃为宜。

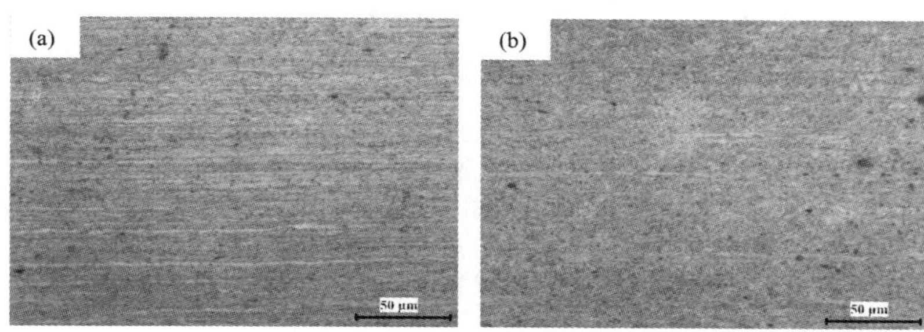

图 2－35　二次冷轧时效态样品的金相组织

(a)80% CR＋550℃8 h＋65% CR＋450℃ 1 h；(b)80% CR＋600℃ 8 h＋65% CR＋450℃ 1 h

图 2－36 为 C194 合金采用主时效温度为 500℃的二次冷轧时效工艺后的性能变化曲线。由图可以看出，合金经 80% 冷轧再于 500℃主时效后的性能硬度为 140 HV、电导率为 65% IACS。二次 70% 冷轧后由于加工硬化作用，硬度上升为 159 HV、电导率则下降至 60% IACS。合金电导率的提高主要由主时效来控制，二次冷轧时效对电导率影响不是很大，二次时效 8 h 虽然电导率上升至 70% IACS 以上，但合金出现过时效，硬度急剧下降。在 450℃终时效 5 min 和 4 h 后，C194 合金均有较好的综合性能：硬度与电导率分别为 149 HV、62% IACS 和 142 HV、69% IACS。合金的硬度与电导率均比一次冷轧时效的样品有一定提高，可见双冷轧双时效工艺能有效地提高 C19400 合金综合性能。

2.5.3.2　双级时效对合金性能的影响

C194 合金在时效过程中，研究者们也经常采用先高温后低温的双级时效制度，使合金的性能有很大提升。宫藤元久[8]设计的 KLF194－SHT 合金加工工艺为 HR&WQ＋CR＋575℃×2 h＋500℃×2 h＋CR＋400℃×2 h＋CR，如图 2－37 所示。最终成品的主要性能为：抗拉强度为 582 MPa；硬度为 165 HV；导电率为 71% IACS；延伸率为 6.8%。比传统工艺 C194 合金性能有进一步的提高。曹育文等[24]发现国产 QFe2.5 合金与国外 C194 合金性能相差较大，国内合金大量强化元素以粗大 Fe_3P、Fe_2P、$\alpha-Fe$ 颗粒的形式析出，导致最终材料力学性能偏低。仿照日本工艺进行双级时效后，发现成品中存在大量细小且均匀分布的共格

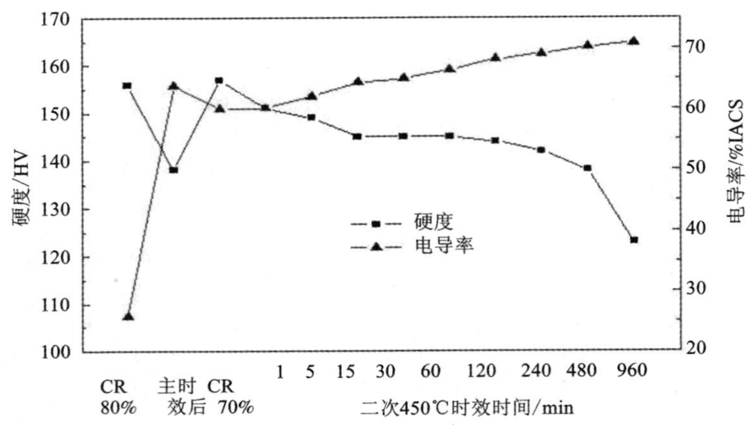

图 2－36　C194 合金在二次冷轧时效条件下的性能变化曲线

γ－Fe颗粒，平均直径约 10 nm。Fe_3P 和 Fe_2P 颗粒数量少且分布均匀，平均尺寸分别为 3 μm 和 0.5 μm。合金的性能有了提高：硬度为 155 HV；抗拉强度为 530 MPa；延伸率为 6%；导电率约 67.5% IACS；软化温度为 470℃，与进口 C194 合金的性能相当。

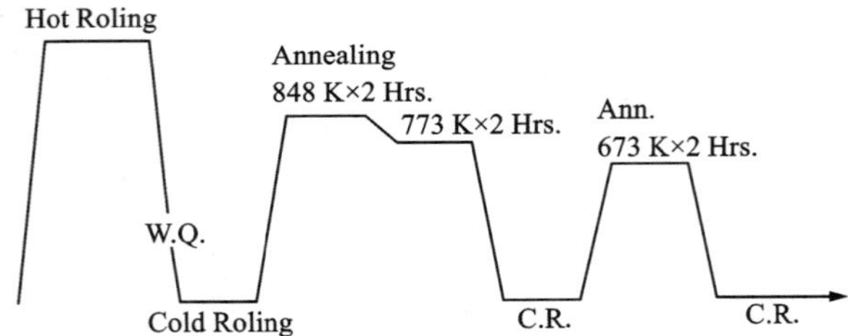

图 2－37　宫藤元久实验采用的双级时效制度

向朝建等[25]按照 550℃ ×2 h＋450℃ ×2 h 的双级时效工艺对 C194 合金进行热处理，发现第二相析出较完全，尺寸较小，均匀弥散分布，合金处于峰值时效状态。双级时效后合金强化效果显著，抗拉强度为 510 MPa，导电率约为 70% IACS，软化温度可以提高至 495℃。加入微量添加元素 0.05Mg－0.05Cr－0.1Re 后，合金软化温度可由原始 C194 合金的 480℃提高至 540℃左右。高温双级时效时，溶质原子在基体中的扩散和析出速度快，使得合金电导率快速提高，此时若时效时间短，可以使第二相粒子不至于粗化，能够得到比单级时效更充分、更细小、更弥散的沉淀相组织，所以合金会得到更高的电导率。

2.6 Cu－Fe－P 合金的强化机制与相变机制[3]

2.6.1 合金的强化机制[17]

由 C194 合金在不同温度时效的硬度曲线[图 2－17(a)]可以看出，$\gamma-Fe$ 粒子对铜合金的强化效果不高。我们对固溶淬火态和时效态样品进行了拉伸测试，结果发现固溶态合金的抗拉强度 $\sigma_b=264$ MPa，屈服强度 $\sigma_{0.2}=85.6$ MPa，延伸率为 46.2%。500℃ 1 h 时效后 $\sigma_b=297.7$ MPa，$\sigma_{0.2}=138.3$ MPa，延伸率为 37.8%。700℃ 1 h 时效后 $\sigma_b=322.8$ MPa，$\sigma_{0.2}=142.4$ MPa，延伸率为 44.6%。强度仅提高了约 60 MPa。析出强化效果的高低主要取决于析出相与母相的结构差异、界面错配以及析出相的尺寸、分布和体积分数等因素。在 C194 合金中，$\gamma-Fe$与 Cu 结构相同，界面共格，错配较小，强化效应的区别主要在于粒子的尺寸与分布。

时效初期由于可以观察到 Cu 和 $\gamma-Fe$ 的共格应变，关于 Cu－Fe 合金的强化机制自然优先考虑共格强化。共格强化的主要机理是共格粒子周围的应变场对位错运动的钉轧作用，位错切过粒子需要很强的剪切应力。共格强化的强度增量 $\Delta\sigma_{cs}$关系式[26]为：

$$\Delta\sigma_{CS}=M\chi G\varepsilon\ (2rf\varepsilon/b)^{1/2} \qquad (2-4)$$

式中，M 为泰勒因子；χ 为一常数；G 为剪切模量；f 为相体积分数；ε 为错配应变常数；b 为柏氏矢量。

当进入到过时效期，粒子长大，可认为此时粒子与 $Cu-Al_2O_3$ 等合金中的弥散强化相类似，位错很难剪切，强化依赖奥罗万(Orowan)机制。奥罗万机制模型已有大量研究，并成功地应用于时效强化 Cu 合金中。如陆德平[27]研究的 Cu－0.22Fe－0.06P合金在400℃时效后析出相颗粒(主要为 Fe_2P 及 Fe_3P)平均尺寸为 45 nm，颗粒间平均间距为 350 nm，利用奥罗万公式计算的强度增量(84 MPa)与实验测得的屈服强度差(76 MPa)较接近。奥罗万强化的强度增量公式[28]为：

$$\Delta\sigma_{OS}=\frac{0.81MGb}{\pi^2\ (1-\nu)^{1/2}}\frac{\ln[\pi r/(2r_0)]}{r\{[8/(3\pi f)]^{1/2}-1\}} \qquad (2-5)$$

式中，r_0为位错截取半径，铜合金中取值为 b 到 $4b$ 之间。奥罗万模型中 $\Delta\sigma_{os}$主要与粒子大小有关，而与共格性无关。利用式(2－4)和式(2－5)，代入所需数值，可得到未变形 C194 合金的 Fe 粒子大小与两种强化机制的关系曲线(图 2－38)。可见共格强化机制适用于欠时效态合金，而奥罗万机制适用于过时效态合金。当

Fe 粒子长大到位错难以切过时，合金可以得到理论上的最大强化，正好为两强化机制的交线处。对于 C194 合金来说，理论计算得 $\Delta\sigma_{max}$ =224 MPa 或 278 MPa(考虑两种 r_0)，此时粒子平均半径 $r=(18.7\times b, 28.8\times b)=(4.76, 7.34)$nm。结果与前面实验所得合金峰值硬度时 Fe 粒子直径为 7～15 nm 时基本相符。图 2－38 中加入了堀茂德[29]研究的 C194 合金固溶＋650℃时效态所测得的拉伸强度增量。计算时 σ 采用堀茂德 1050℃固溶实验数据 σ_m =220 MPa，由图可见，理论值与实验值符合良好。缺憾是当合金在 600℃时效 2～4 h 后，粒子尺寸约为 12 nm，此时合金达到未变形态的最高强度，但是却没有得到理论可以达到的最高强度，原因需要更深入的研究。在实际工业生产时，析出相 Fe 粒子的大小会根据后续各道次形变热处理工艺的不同而不断变化，并且 Fe 在冷轧过程中会发生马氏体相变，由γ－Fe粒子转化为 α－Fe 粒子。若想使合金达到最优时效强化效果，应将成品中 Fe 析出相的直径控制在 10～15 nm 为宜。

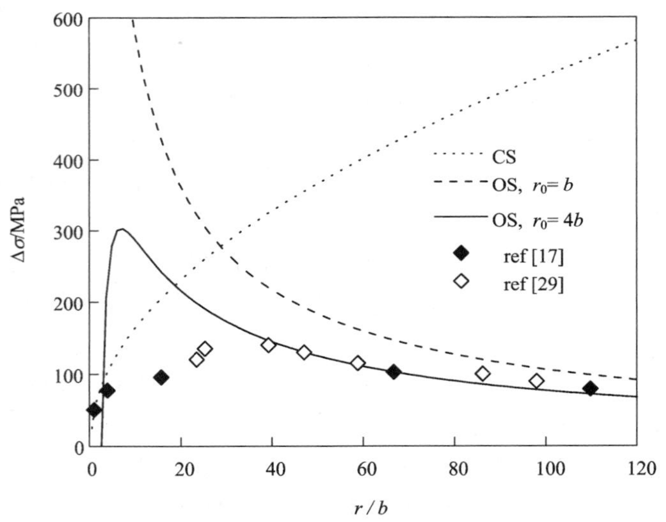

图 2－38　C194 合金中 Fe 粒子大小与强化机制的关系

仅靠时效强化，Cu－Fe 系合金的硬度最高也只能到 100 HV 左右。实际应用中，Cu－Fe－P 系合金成品的硬度可达 120～180 HV。以 C194 合金为例，实验测得的应力－应变曲线见图 2－39 所示。固溶态抗拉强度为 264 MPa，将固溶态样品进行 80% 变形量的冷轧后(ST＋CR)，测得冷轧态抗拉强度为 449 MPa，比固溶态样品提高了 185 MPa。ST＋CR 样品在 450℃时效 8 h 后，测得时效态强度为 342 MPa，比冷轧态合金降低了 107 MPa。显而易见，Cu－Fe 系合金强化的主要方式并不是时效强化，而是各道次冷变形后的加工硬化(应变强化)。实验可知

C194 合金变形能产生明显的加工硬化效应，但是时效后由于再结晶使得强度下降。时效制度的选择不仅要考虑时效强化性能，更多的是要考虑合金保持加工硬化的能力，即合金的抗软化性，而抗软化性能的提升则依赖于析出粒子对位错和晶界运动的拦截作用。

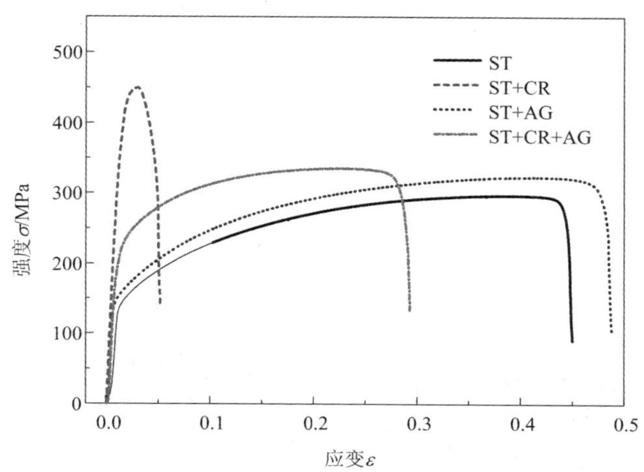

图 2－39　各状态 C194 合金的拉伸曲线

2.6.2　合金的相变机制[30]

在未变形的 Cu－Fe 合金中，由于 γ－Fe 第二相与 Cu 基体高度共格，γ－Fe 原子可任意置换原 Cu 晶格位置的 Cu 原子，通过扩散形成富 Fe 原子的团聚。随着团聚区域内 Fe 原子数的增加，不断替代周围 Cu 原子，最终形成 γ－Fe 相。随着时效时间的增长，γ－Fe 相进一步长大。但是当合金受到应力变形后，Fe 相发生马氏体相变，转变为体心立方结构的 α－Fe，新相与面心立方结构的母相之间具有特定的取向关系。图 2－40 显示了 Cu－2.1Fe 合金经 4% 的小变形后的明场像、对应的暗场像及衍射花样。Fe 粒子中形成了明暗相间的带，并在暗带中观察到了莫尔(Moiré)条纹。

图 2－40(a)中的 α－Fe 粒子可以分为两大类：一类粒子中的条带方向垂直于$[220]_{Cu}$(A 型)，另一种粒子中的条带方向垂直于$[2\bar{2}0]_{Cu}$(B 型)。图 2－40(b)中粒子为 A 型粒子，暗带中的莫尔条纹间距约 0.98 nm。图 2－40(a)中相应的$[001]_{Cu}$带轴下的选区电子衍射花样(SADP)见图 2－40(c)，可见除了母相的斑点外，观察到了两条相互垂直的衍射条带，落于$[220]_{Cu}$和$[2\bar{2}0]_{Cu}$两个方向，应为应力诱发 α－Fe 相所产生的衍射斑点，这一猜想得到了下述实验的证实。将

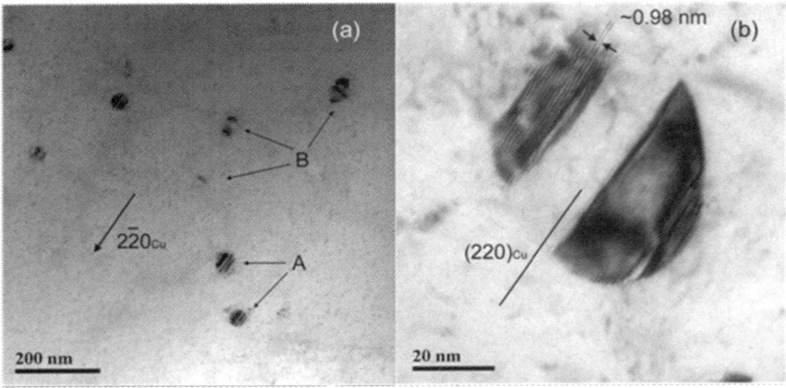
(a)
B
$2\bar{2}0_{Cu}$
A
200 nm
~0.98 nm
(b)
$(220)_{Cu}$
20 nm

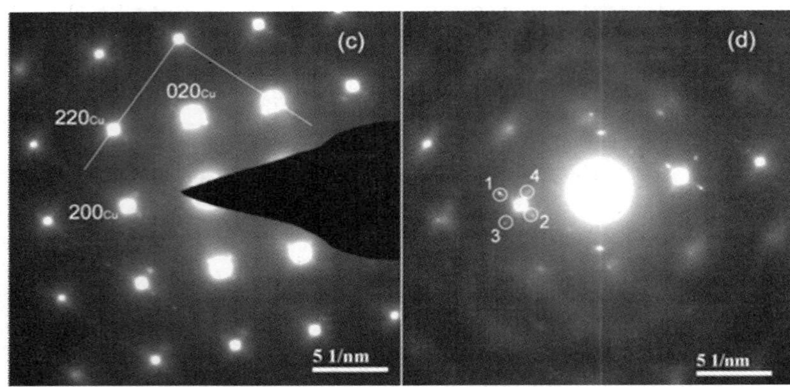
(c)
020_{Cu}
220_{Cu}
200_{Cu}
5 1/nm
(d)
1
4
2
3
5 1/nm

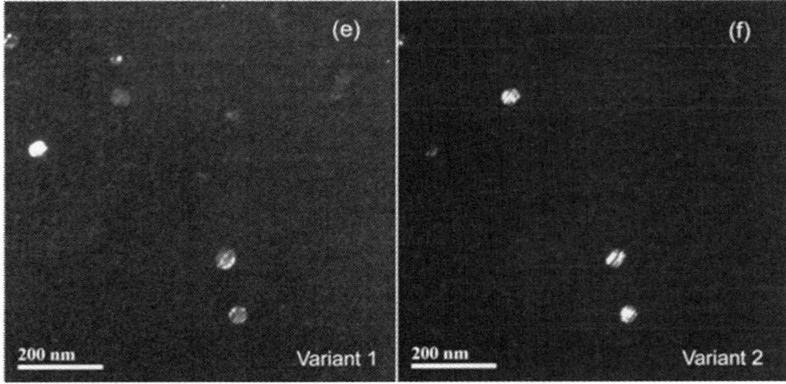
(e)
200 nm
Variant 1
(f)
200 nm
Variant 2

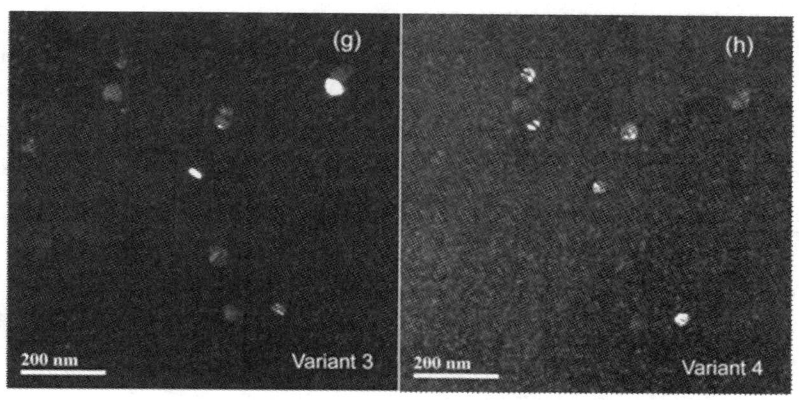

图 2－40 (a)[001]Cu 带轴下 α－Fe 粒子的 TEM 明场像；(b)一个单独 Fe 粒子；(c)图为(a)图相应衍射斑点；(d)接近[001]Cu 带轴的衍射花样；(e)、(f)、(g)和(h)分别为对(d)图中区域 1、2、3 和 4 所做的相应暗场像，在文中也相应代表变体 1～4

衍射束绕$[200]_{Cu}$轴倾转一个小角度，使母相 200 斑点周围的析出相衍射斑发亮[图 2－40(d)]，并分别选取衍射斑 1、2、3 和 4 做相应的暗场像[图 2－40(e)、(f)、(g)、(h)]，观察到的变体相应地定义为变体 1、变体 2、变体 3 和变体 4。其中，变体 1 和变体 2 为一对 A 型孪晶马氏体，变体 3 和变体 4 为另一对 B 型孪晶马氏体。

图 2－40(a)中所有的马氏体条带均平行于$\{110\}_{Cu}$面。根据 α－Fe 的 bcc 结构及晶格常数，将 4 种变体在各自$[110]_{Fe}$带轴的衍射花样以及与基体$[001]_{Cu}$带轴的衍射斑进行叠加，所得花样示于图 2－41(a)、(b)，可见变体 1 和变体 2(或变体 3 和变体 4)产生的斑点沿$\{112\}_{Fe}$面呈镜面对称，这表明 Fe 粒子已转变为体心{112}孪晶。

对比图 2－41(b)模拟衍射花样与图 2－40(d)的实测衍射花样，可见两者一致。若考虑双衍射效应，模拟的衍射花样与实验得到的衍射斑点完全匹配[30]，这表明图 2－40(c)中相互垂直的白色迹线的产生原因是 4 种 bcc 结构 Fe 粒子孪晶变体的衍射斑叠加的结果。

由图 2－41(b)可以确认变体 1 与 Cu 基体的取向关系，其为$[110]_{Fe}//[001]_{Cu}$，$(\bar{2}22)_{Fe}//(\bar{2}20)_{Cu}$，$(1\bar{1}2)_{Fe}//(220)_{Cu}$。在$[001]_{Cu}$带轴下，4 种变体的取向关系列于表 2－5 中。可见，bcc 结构的马氏体 Fe 相与 fcc 结构的 Cu 基体之间的取向关系为 Pitsch 关系，即$\langle 110\rangle_{bcc}//\langle 001\rangle_{fcc}$，$\{222\}_{bcc}//\{220\}_{fcc}$，$\{112\}_{bcc}//\{220\}_{fcc}$。多晶合金中，晶粒之间有相互作用，某些晶粒受到拉应力，某些晶粒受到压应力，导致各晶粒中的 Fe 粒子与基体的取向关系可能不完全相

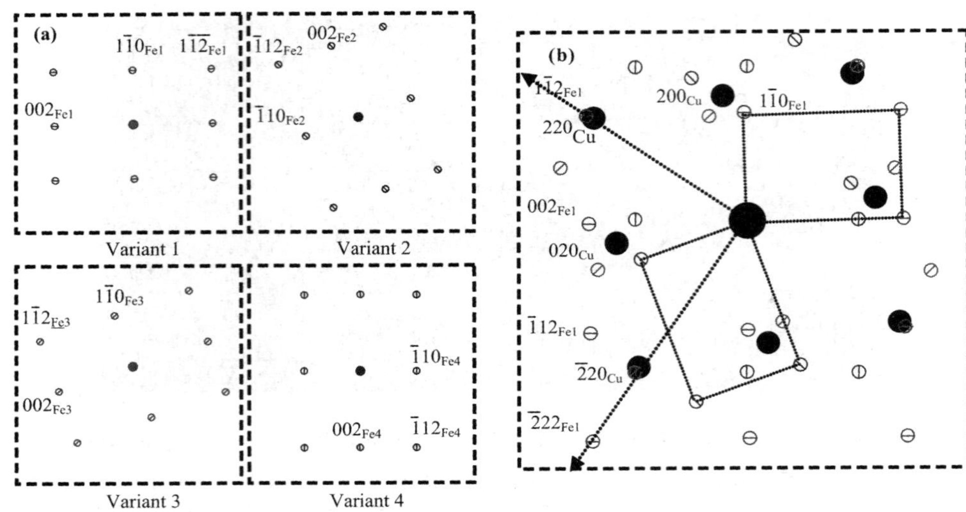

图 2-41 (a)模拟的 4 种 α-Fe 变体在各自的$[110]_{Fe}$轴的衍射花样；(b)4 种变体花样在$[001]_{Cu}$轴的叠加

同。本实验晶粒内两相之间呈 Pitsch 关系，但不能排除其他晶粒内有其他取向关系的存在。

表 2-5 Cu 和 α-Fe 之间形成的 4 种等效 Pitsch 关系

变体(Variants)	$[UVW]_{Fe}//[uvw]_{Cu}$；$(HKL)_{Fe}//(hkl)_{Cu}$
1	$[110]_{Fe}//[001]_{Cu}$；$(\bar{2}22)_{Fe}//(\bar{2}20)_{Cu}$；$(1\bar{1}2)_{Fe}//(220)_{Cu}$
2	$[110]_{Fe}//[001]_{Cu}$；$(2\bar{2}2)_{Fe}//(2\bar{2}0)_{Cu}$；$(1\overline{12})_{Fe}//(\overline{22}0)_{Cu}$
3	$[110]_{Fe}//[001]_{Cu}$；$(2\bar{2}2)_{Fe}//(220)_{Cu}$；$(1\overline{12})_{Fe}//(2\bar{2}0)_{Cu}$
4	$[110]_{Fe}//[001]_{Cu}$；$(\bar{2}22)_{Fe}//(\overline{22}0)_{Cu}$；$(1\bar{1}2)_{Fe}//(\overline{22}0)_{Cu}$

Pitsch 关系不稳定，根据能量最低原理，其会向错配度更低的、体系更稳定的 Kurdjumov-Sachs(KS)关系转变。当对变形后的 Cu-2.1Fe 合金进行时效时，得到的实验结果与 Monzen[31] 和 Kato 等[32] 的一致。Fe 原子发生扩散，同时体系的弹性能与孪晶界面能降低，Fe 粒子中孪晶带渐渐减少，合并直至消失。变形初产生的马氏体孪晶中某个取向的变体优先生长，吞并另一变体，最终每个 Fe 粒子均为单晶 bcc Fe 相。图 2-42(a)为大变形后 Cu-2.1Fe 合金于 450℃时效 8 h 后的明场像。选取一个粒子做$[110]_{Cu}$轴的高分辨像并进行 FFT 转换，结果表明，粒

子为具有 bcc 结构的 α－Fe，粒子带轴为$[111]_{Fe}$，粒子与基体间的取向关系为 KS 关系，即$[111]_{Fe}//[110]_{Cu}$，$\{011\}_{Fe}//\{111\}_{Cu}$。

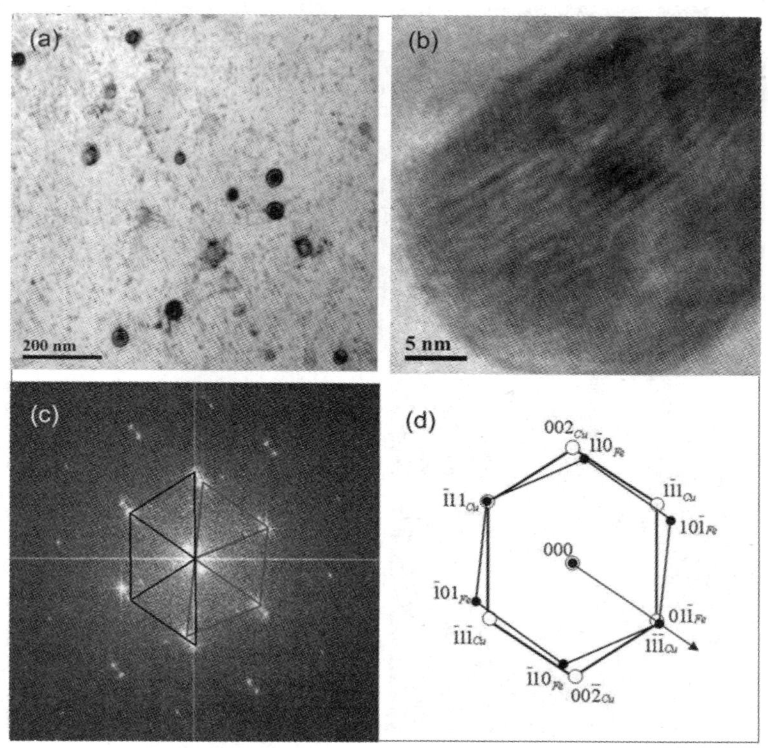

图 2－42　(a)大变形后于 450℃时效 8 h Cu－2.1Fe 合金的明场像；(b)Fe 粒子的高分辨像；(c)FFT 转换花样；(d)为(c)图的标定，取向关系符合 KS 关系：$[111]_{Fe}//[110]_{Cu}$，$(01\bar{1})_{Fe}//(1\bar{1}\bar{1})_{Cu}$

若对变形态样品进行高温长时间时效(温度不能到达 800℃ 固溶温度)，α－Fe粒子会沿某方向加速生长，粒子形状变为板条状。大部分粒子的生长方向为$\langle 110\rangle_{Cu}//\langle 111\rangle_{Fe}$，即两相的共同密排方向。此方向原子错配较低，当 Fe 粒子与 Cu 基体呈 KS 关系或 Pitsch 关系时，重合方向均为此方向。图 2－43(a)、(b) 为 Cu－2.1Fe 合金大变形后于 700℃时效 5 天所得样品的 TEM 照片(标准$[110]_{Cu}$带轴下的 Fe 粒子明场像)。由于 α－Fe 粒子的充分生长，某些粒子的长度可增长至 1 μm 以上。样品是从粒子的生长方向下观看，形貌为粒子的纵截面，此晶粒内 Fe 粒子统一沿基体的 <111> 方向生长。在图 2－43(c)中，晶粒带轴为$[111]_{Cu}$，Fe 粒子则沿自身 <110> 方向生长。生长方向均符合 KS 关系。图

2－43(d)为 α－Fe 粒子的三维示意图，不同角度下截取时，其长度与宽度不同，当在其侧面([111]$_{Cu}$带轴)观察时可获得其最大长度。

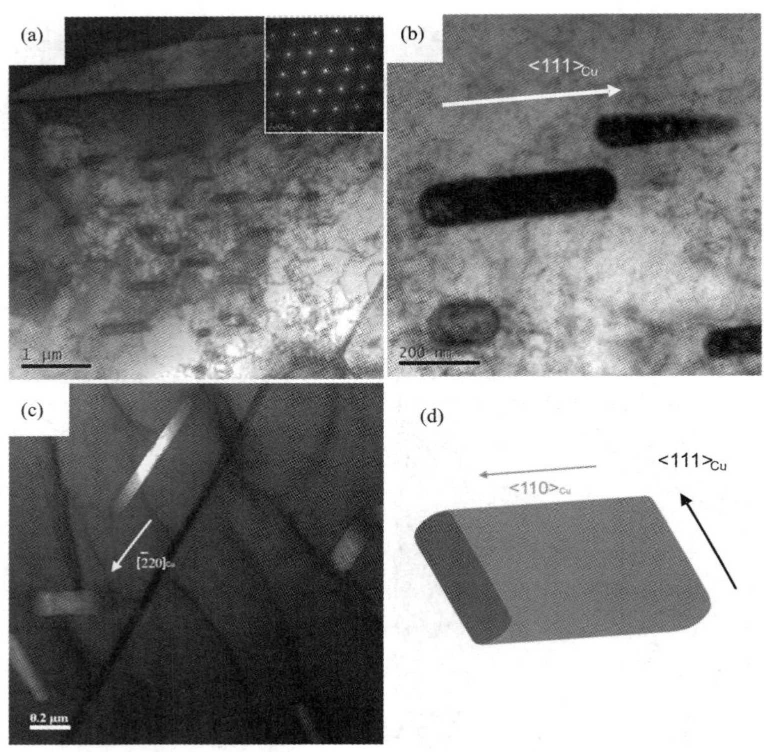

图 2－43　大变形后于 700℃时效 5 天后的 Fe 粒子

(a)[110]$_{Cu}$带轴低倍像；(b) [110]$_{Cu}$带轴高倍像；(c) [111]$_{Cu}$带轴；(d) Fe 粒子形貌

2.7　微量元素对 Cu－Fe－P 合金性能的影响

Cu－Fe－P 系合金中主要析出相为 Fe，但 Fe 的强化作用有限，为了提高合金的强度与硬度，在合金中经常加入一种或多种对导电性能影响较小、且又有较大固溶度的合金元素，如 Cr、Sn、Si、Mg、Ti、Zr、Ce 或稀土等，通过析出强化等作用，使合金的强度得到进一步改善。

2.7.1　Cr 对合金性能的影响

Cr 元素的熔点较高，Cr 微量加入能提高合金的抗高温氧化能力。当 Cr 含量过高时，不溶解的 Cr 以粗大须晶的形式留在基体中，会损害引线框架材料所要求的化学刻蚀性和弯曲成型性，一般 Cr 的含量限制在 0.01% ～0.1% 范围内。Cr 或 Mg 的添加也可以改善合金 500～700℃热轧时容易脆裂的问题。Cu－Fe－P 合金中加入微量的 Cr 可以增强时效强化的效果，且对合金电导率影响很小[33]。

图 2－44 为 Cu－2.3Fe－0.03P－0.1Cr 合金铸态金相组织与晶界处粒子的能谱分析。可见微量 Cr 对 C194 合金可以起到非常良好的细晶效果，铸锭晶粒大小仅 50～100 μm。组织放大后可见晶界处有约 3 μm 的小粒子存在，能谱分析发现该粒子富含 Fe、Cr、P 元素，猜测为(Fe_2P＋CrP)复合相。由于这种复合相对晶界的钉轧作用，使得铸态晶粒不易长大。合金 960℃均匀化 6 h 后，晶界处粒子仍然稳定存在，晶粒尺寸不变。

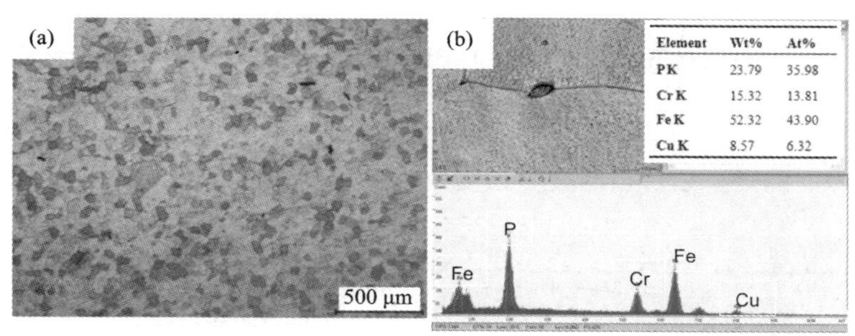

图 2－44 Cu－2.3Fe－0.03P－0.1Cr 合金铸态组织低倍像(a)及晶界处粒子能谱分析(b)

图 2－45 为 Cu－2.3Fe－0.03P－0.1Cr 合金热轧在线淬火后冷变形 80%，并在不同时效温度下的硬度与电导率变化曲线。可见加 Cr 后合金与 C194 合金在性能方面的差别较小。性能变化趋势基本相同，某些条件下性能稍稍下降，如加 Cr 后合金 80% CR 并 450℃时效 16 h 后硬度与电导率分别为 110 HV 及 62% IACS。

2.7.2 Mg 对合金性能的影响

铜合金加入微量的 Mg 会使电导率下降，但 Mg 对铜有脱氧作用，也能提高合金的抗高温氧化能力。森哲人等研究表明[34]，Mg 作为一种主要的添加剂，对 C194 合金可起到一系列影响：①添加 0.025% Mg 后，柱状晶明显减少，铸态晶粒细化效果显著。② Mg 可减轻 C194 合金在 500～700℃ 的中温脆性，添加 0.025% Mg后，500℃ 拉伸时延伸率由 2% 可提升至 10%，热加工性得到提高。③如图 2－46(a)所示，添加 Mg 元素会稍微降低合金电导率，Mg 元素添加量越多，电导率下降越大。但是，添加 0.05% Mg 后，合金抗拉强度可提升 70 MPa。④Mg 的添加会提高合金抗软化性。在相同实验工艺下，C194 合金的软化温度由 300℃ 提高至 450℃［图 2－46(b)］。⑤Mg 的添加降低了合金的弯曲加工性及耐

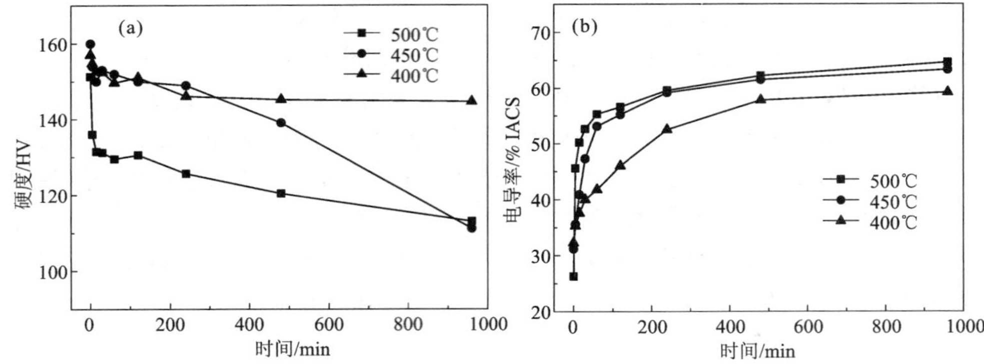

图 2－45　不同温度下 Cu－2.3Fe－0.03P－0.1Cr 合金 80%冷轧态时效性能曲线

(a)硬度；(b)电导率

应力腐蚀性，但提高了合金的疲劳强度及抗应力松弛性。

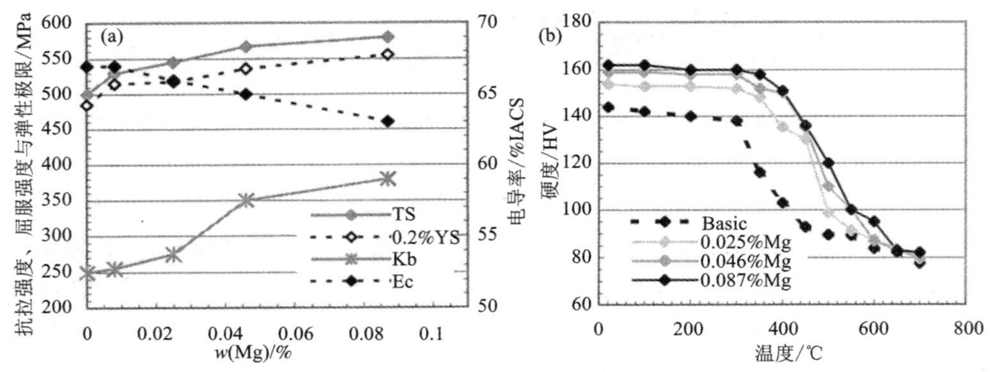

图 2－46　Mg 添加量对 C194 合金性能的影响

(a)拉伸强度与电导率；(b) 抗软化性能[34]

2.7.3　Re 对合金性能的影响

添加稀土元素不但可以细化晶粒、净化熔质，还有利于获得高强度和高导电率的综合性能。混合稀土元素 Re(Rear earth)的主要作用有：脱氢脱氧、熔体净化、细化晶粒、促进析出。在 Cu－Fe－P 合金中添加稀土后，合金中析出的第二相粒子细小弥散，Fe 粒子尺寸在 5～20 nm，提高了合金再结晶温度，改善了合金的抗高温软化性能[35]。但当 Re 含量超过一定限量时，Re 的作用与杂质变得相同，严重影响铜及铜合金的性能。各种稀土元素的最佳加入量为 0.1%。

陆德平等[27]在 Cu－0.22Fe－0.06P－0.02B 合金中加入 0.05% 的价格较低的稀土元素 Ce，经过变形时效后，合金的抗拉强度为 525 MPa，延伸率为 16%，导电率达到 82% IACS，具有优异的高强度与高导电综合性能。他认为微量的 Ce 和 B 有显著的细化晶粒和净化材质作用，同时可显著提高合金的再结晶开始温度。Ce 和 B 影响试验合金回复与再结晶过程的机制是 B 和 Ce 原子在晶体缺陷及晶界处的偏聚，阻止了 Cu 基体中点缺陷的迁移、位错的滑移与重排和再结晶界面的迁移，从而推迟合金的回复、抑制再结晶核心的形成和晶体的长大。

郭富安等[33]在研究 Cu－2.35Fe－0.03P－0.1Cr 合金时，分别加入 0.1%、0.5% 和 0.8% 的稀土 Re，发现无 Re 时铸锭晶粒尺寸约为 150 μm，晶界处有杂质；添加 Re 后晶粒减小至约 40 μm，且晶界清晰可辨。如图 2－47 所示，加 Re 后可提高近 10% 的电导率，也在一定程度上提高了抗拉强度。材料在 575℃时效 1 h 时，加 0.5% Re 的综合效果最好。

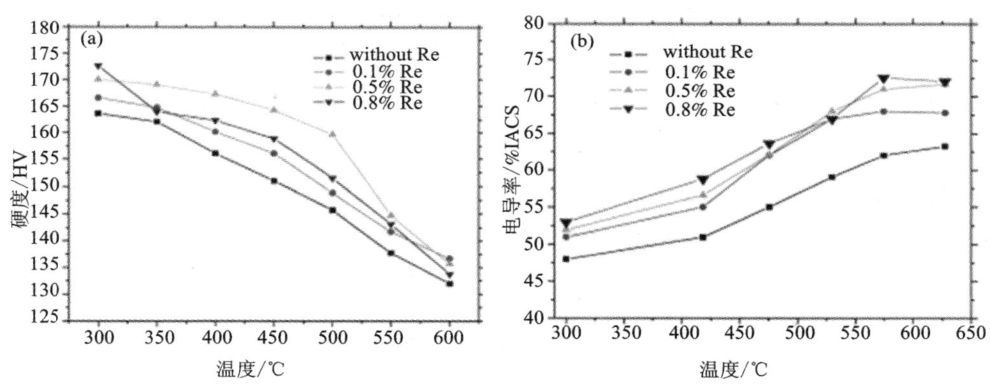

图 2－47 不同时效温度下 Cu－Fe－P－Cr 合金的硬度(a)及电导率(b)变化曲线[33]

2.7.4 P 对合金性能的影响[3]

将添加了 0.6% P 的 Cu－2.3Fe－0.6P－0.1Zn 合金与 C194 合金进行对比[36]，两种合金经热轧在线淬火后进行 80% 冷变形，然后在不同温度进行时效。力学性能对比[图 2－48(a)]可见，C194 合金的冷轧态硬度为 152 HV，而含 0.6% P合金的冷轧态硬度可达 165 HV。两合金均无明显的时效强化现象，硬度随时效时间的延长都开始下降。但含 0.6% P 合金硬度下降速度明显加快。由图 2－48(b)可见，含 0.6% P 合金的初始电导率高达 36% IACS，比 C194 合金高出 10% IACS。这是因为基体中大量的 Fe 元素与 P 结合形成了化合物，使得固溶在铜基体中的 Fe 元素变少，基体更为纯净。但是随着时效时间的延长，含 0.6% P 合金基体中溶质原子的浓度低于 C194 合金基体中溶质原子浓度，析出动力和析出速度均降低，故最终的合金电导率低于 C194 合金。C194 合金的最佳综合性能出现在 450℃时效 4 ~ 32 h，硬度约 140 HV，电导率 >60% IACS。含 0.6% P 合金的最佳性能出现在 450℃ 时效 0.5 ~ 2 h，硬度 >140 HV，电导率为 50% ~ 55% IACS。虽然高 P 含量合金的初始性能好，但最终综合性能差于 C194 合金，并且其时效硬度平台时间太短，在工业生产时不易控制。

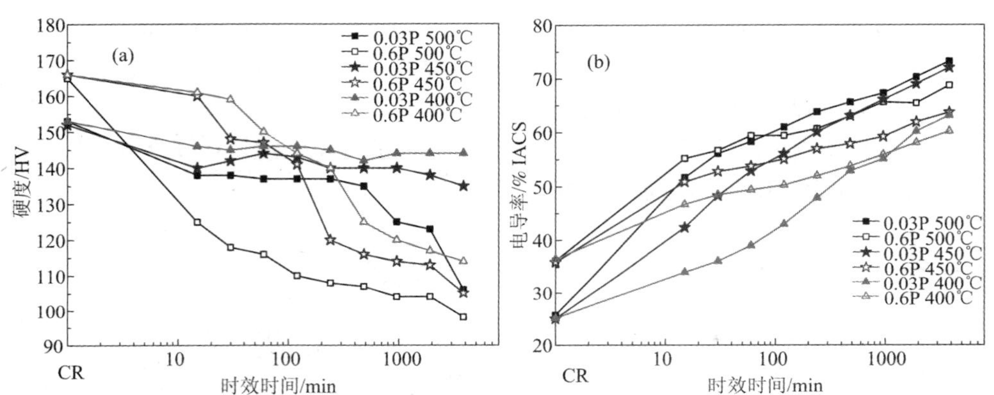

图 2-48 Cu-2.3Fe-0.03P-0.1Zn 和 Cu-2.3Fe-0.6P-0.1Zn 冷轧态合金不同温度时效时的硬度和相对电导率变化曲线[36]

(a)硬度；(b)电导率

图 2-49(a)为 Cu-2.3Fe-0.6P-0.1Zn 合金 80% 冷轧态侧面金相组织，晶粒拉长为纤维状。结合图 2-10 可见，Fe_2P 相非常稳定，即使经过均匀化及热轧处理仍不能消除(如箭头所示)，弥散分布在铜基体中。冷轧态合金在 500℃ 时效 1 h 后[图 2-49(b)]，合金发生了完全再结晶，再结晶晶粒尺寸约为 2 μm。弥散在合金中的 Fe_2P 大粒子直径大于 1 μm，再结晶理论[37]普遍认为合金中尺寸大于 1 μm 的粒子会促进再结晶形核。因此，一方面微米级 Fe_2P 粒子激发再结晶，另一方面 P 消耗掉大部分 Fe，使得有效析出相数目降低，阻碍再结晶能力变弱，引起合金抗再结晶软化能力降低，直接导致 Cu-2.3Fe-0.6P-0.1Zn 合金在时效过程中硬度值迅速下降，合金耐热性大大低于 C194 合金。因此，C194 合金中应严格控制 P 含量。

图 2-50 给出了 Cu-Fe_2P 伪二元相图[5]，可见，900℃ 时 Cu 基中可溶解约 1% 的 Fe_2P。根据 KFC 合金中 Fe_2P 的强化原理，我们在保证 Fe/P 原子比为 2∶1 的前提下，提高了 Fe、P 元素的含量(Fe 稍过量)，试制了 Cu-0.70Fe-0.15P 合

图 2－49　Cu－2.3Fe－0.6P－0.1Zn 合金时效前后的金相组织

(a)冷轧态；(b) 冷轧后 500℃时效 1 h

金，以期获得更高性能。

图 2－51 示出了 Cu－0.70Fe－0.15P 合金经过不同形变热处理后的金相照片[38]。可见，经 960℃均匀化处理后铸态合金中枝晶组织基本消失，与 Cu－2.3Fe－0.6P－0.1Zn 合金相比，残余粒子(白色箭头所示)数量大大降低。900℃固溶后淬火，晶粒变为等轴晶，尺寸均匀。冷变形后晶粒变为纤维状。

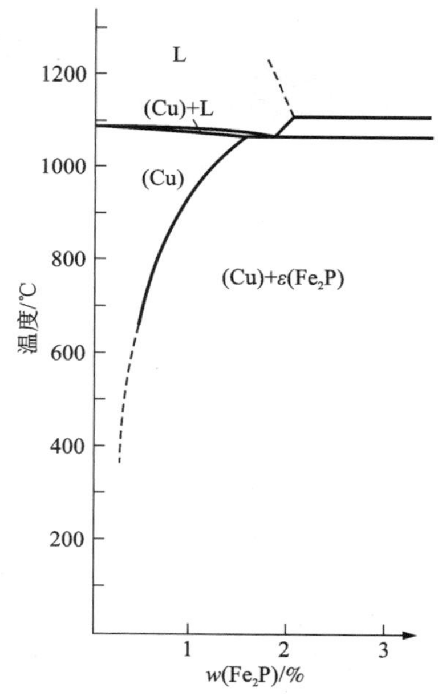

图 2－50　富 Cu 角的 Cu－Fe_2P 伪二元相图[5]

将 80% CR 态 Cu－0.70Fe－0.15P合金进行 400～500℃时效，硬度与电导率曲线如图 2－52(a)、(b)所示。冷轧态合金初始硬度为 170 HV。在 400℃时效 4 h 内硬度下降缓慢，继续延长时效时间或增加时效温度，合金硬度下降速率增大。在 450℃和 500℃时分别时效 2 h 和 1 h，硬度降至 120 HV 以下。在 500℃时效时合金电导率升高最快，在 450℃和 500℃时效 16 h 后电导率可达 90% IACS 以上。

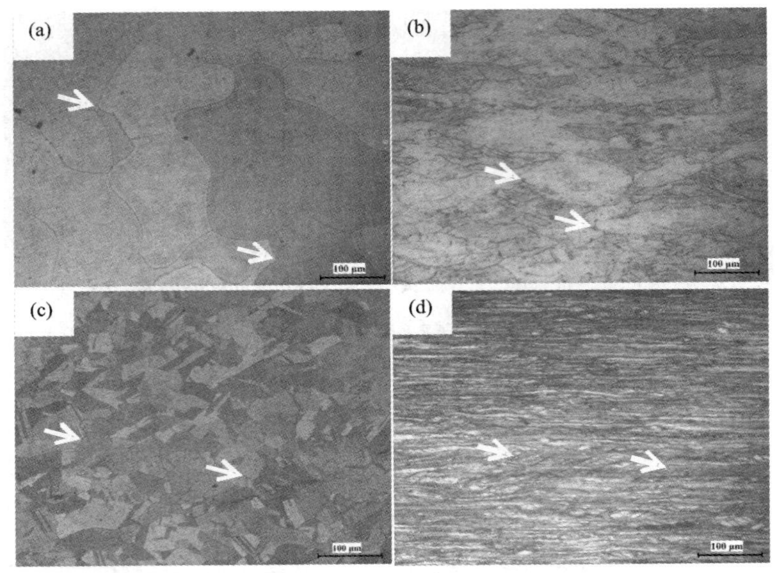

图 2-51　Cu-0.70Fe-0.15P 合金典型金相组织(箭头所示为残余 Fe_2P 粒子)

(a)均匀化态；(b)热轧在线淬火态；(c)固溶态；(d)冷轧态

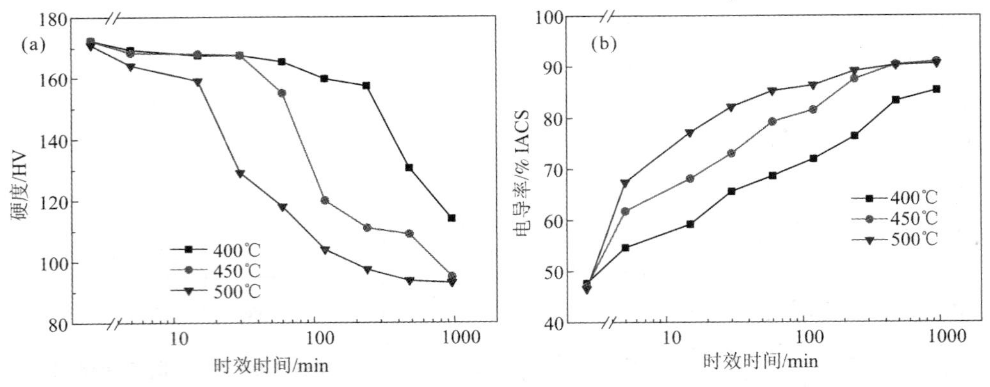

图 2-52　80%冷轧态 Cu-0.70Fe-0.15P 合金不同温度时效后硬度(a)与电导率(b)变化曲线[38]

对于 Cu-0.70Fe-0.15P 合金，ST+40% CR+450℃ ×6 h+40% CR+450℃ ×6 h+40% CR 三次冷轧时效工艺可以有效提高其综合性能：硬度为 171 HV，电导率为 77% IACS，抗软化温度约为 480℃。图 2-53 示出了不同状态 Cu-0.70Fe-0.15P 合金样品的抗拉强度与延伸率值。固溶态(ST)合金经过 80% 冷变形(ST＋1CR)，然后在 450℃ 下分别时效 5 min(1CR＋AG1)及 1 h(1CR＋AG2)。从图中可以看出，80% 冷变形使固溶态合金抗拉强度提升了 204 MPa，而峰时效对冷变形后合金的抗拉强度提升仅为 30 MPa。随时效时间的延长，抗拉强度下降。三次冷轧时效（ST＋3CR)后，抗拉强度可升至最高(510 MPa)，但延伸率降至最低。若再经一次 450℃ ×1 h 时效（3CR＋AG)，抗拉强度稍有下降，但延伸率大大提升。

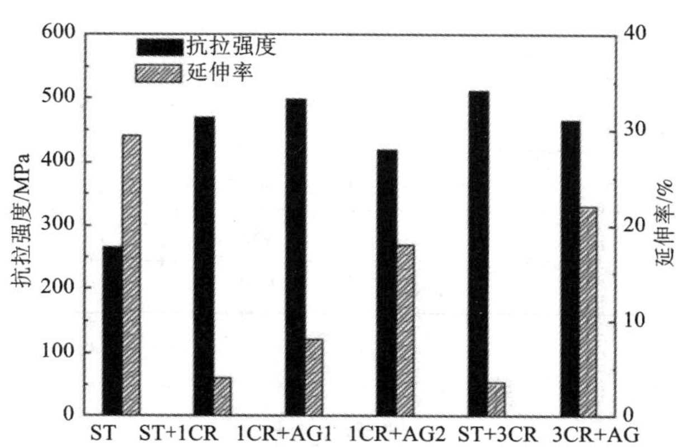

图 2－53　Cu－0.70Fe－0.15P 合金不同状态样品的抗拉强度与延伸率

表 2－6 列出了 Cu－0.70Fe－0.15P 合金与市售 Cu－Fe－P 系引线框架合金[39]的主要性能对比。Cu－0.1Fe－0.03P 合金主要强化相为 Fe_2P 及 Fe_3P 相，由于合金中溶质元素总重仅 0.13%，析出相体积分数较小，合金抗拉强度较低，电导率较高。保持 P 元素含量不变，增加 Fe 元素含量，可形成 Cu－1.0Fe－0.03P及 Cu－2.3Fe－0.03P(C194)合金，它们的析出相为 Fe 粒子，其强化效果不高，合金中 P 以 Fe_3P 形式存在，粗大 Fe_3P 粒子分布稀疏，在后续时效热处理过程中，其形貌和分布不会有很大改变，对合金性能无太大影响。在实际生产中，由于轧制变形，上述两合金中的 Fe 粒子均转化为 α－Fe 相。由于 C194 合金析出相体积分数最高，因而抗拉强度最高，但延伸率及电导率最低。Cu－0.70Fe－0.15P 及 Cu－0.6Fe－0.2P 合金的析出相均为 Fe_xP 粒子(x 为 2 时最稳定)，合金综合性能变化不大。Cu－Fe－P 系合金的强度和硬度普遍偏低，无论是 Fe 相还是 Fe_xP 相，起到的强化作用均不高，利用传统形变热处理方法来制备的 Cu－Fe－P系合金，性能很难有很大突破。

表 2-6 本研究及其他商业 Cu-Fe-P 系合金力学性能与电学性能的比较

合金成分/%	牌号	状态	抗拉强度/MPa	延伸率/%	电导率/%IACS
Cu-0.70Fe-0.15P	—	3CR + AG	467	22	78
		3CR	510	3.5	77
Cu-0.1Fe-0.03P	C19210	H04	440	4	80
		SH	490	2	80
Cu-1.0Fe-0.03P	C19200	H04	450	7	60
		SH	530	2	60
Cu-0.6Fe-0.2P-0.05Mg	C19700	H04	450	6	80
		SH	500	2	80
Cu-2.35Fe-0.03P-0.12Zn	C19400	H04	455	10	65
		SH	550	2	50

参考文献

[1] Okamoto H, The Fe-P (Iron-Phosphorus) System[J]. Bulletin of Alloy Phase Diagrams, 1990, 11(4): 404-412.

[2] ASM International. ASM Handbook Volume 3-Alloy Phase Diagrams[M]. Detroit: the Material Information Company, 1992.

[3] 董琦祎. 引线框架用 Cu-Fe-P 系合金的制备及相关基础问题研究[D]. 长沙: 中南大学, 2015.

[4] Cao H, Min J Y, Wu S D, et al. Pinning of grain boundaries by second phase particles in equal-channel angularly pressed Cu-Fe-P alloy[J]. Materials Science and Engineering A, 2006, 431: 86-91.

[5] 高橋恒夫, 神尾彰彦, 村上雄, 都筑隆之. Cu-Fe-P 合金の時効析出過程の電顕観察[J]. 伸銅技術研究会誌, 1981, 20: 128-135.

[6] 王谦, Shi-Wei Ricky Lee, 曹育文, 等. 引线框架用铜合金与 Sn-Pb 共晶焊料界面组织研究[J]. 功能材料, 2000, 31(5): 494-495.

[7] 宮藤元久, 津野理一. 電子部品用銅合金 KFCの特性について[J]. 伸銅技術研究会誌, 1979, 18: 129-144.

[8] 宮藤元久, 細川功, 津野理一. リードフレーム用強化銅合金 KFC-SHおよびKLF194-SHTの特性[J]. 伸銅技術研究会誌, 1990, 29: 224-232.

[9] 刘喜波, 董企铭, 刘平, 等. Cu-Fe-P 合金引线框架产品的分析[J]. 理化检验: 物理分册, 2005, 41(2): 65-68.

[10] 肖恩奎，李耀群．铜及铜合金熔炼与铸造技术[M]．北京:冶金工业出版社，2007.

[11] 董琦祎，汪明朴，贾延琳，等．Cu－Fe－P－Zn 合金铸态及均匀化组织[J]．中南大学学报(自然科学版)，2012，43(12)：4658－4665.

[12] Shewmon P G. Diffusion in solids[M]. New York: McGraw－hill, 1963: 61.

[13] Mackliet C A. Diffusion of iron, cobalt, and nickel in single crystals of pure copper[J]. Physical Review, 1958, 109(6): 1964－1970.

[14] 娄花芬．中国有色金属丛书－铜及铜合金板带生产[M]．长沙:中南大学出版社，2010.

[15] Dong Q Y, Shen L N, Wang M P, et al. Microstructure and properties of Cu－2.3Fe－0.03P alloy during thermomechanical treatments [J]. Tansactions of Nonferrous Metals Society of China. 2015, 25(5): 1551－1558.

[16] 毛卫民，赵新兵．金属的再结晶与晶粒长大[M]．北京:冶金工业出版社，1994.

[17] 董琦祎，申镭诺，曹峰，等．Cu－2.1Fe 合金中共格 γ－Fe 粒子的粗化规律与强化效果[J]．金属学报，2014，50(10)：1224－1230.

[18] Matsuura K, Tsukamoto M, Watanabe K. The work－hardening of Cu－Fe alloy single crystals containing iron precipitates[J]. Acta Metallurgica, 1973, 21(8): 1033－1044.

[19] Kinsman K R, Sprys J W, Asaro R J. Structure of martensite in very small iron－rich precipitates[J]. Acta Metallurgica, 1975, 23(12): 1431－1442.

[20] Lifshitz I M, Slyozov V V. The kinetics of precipitation from supersaturated solid solutions[J]. Journal of Physics and Chemistry of Solids, 1961, 19(1): 35－50.

[21] Wagner C. Theory of precipitate change by redissolution [J]. Z. Elektrochem, 1961, 65: 581－591.

[22] Miura H, Tsukawaki H, Sakai T, et al. Effect of particle/matrix interfacial character on the high－temperature deformation and recrystallization behavior of Cu with dispersed Fe particles [J]. Acta Materialia, 2008, 56(17): 4944－4952.

[23] 刘平，任凤章，贾淑果．铜合金及其应用[M]．北京:化学工业出版社，2007.

[24] 曹育文，马莒生，唐祥云．QFe2.5 型引线框架用铜合金热处理工艺研究[J]．金属热处理学报，1998,19(4)：32－37.

[25] 向朝建，杨春秀，汤玉琼，等．IC 引线框架用 Cu－Fe－P 合金耐热性能的研究[J]．金属热处理．2008，33(5)：12－15.

[26] Ardell AJ. Precipitation hardening [J]. Metallurgical Transactions A, 1985, 16 (12): 2131－2165.

[27] 陆德平．高强高导电铜合金研究[D]．上海：上海交通大学，2007.

[28] Guo M, Shen K, Wang M. Relationship between microstructure, properties and reaction conditions for Cu－TiB_2 alloys prepared by in situ reaction[J]. Acta Materialia, 2009, 57 (15): 4568－4579.

[29] 堀茂德，佐治重興．銅－鉄固溶体合金の時効硬化と再結晶特性．伸銅技術研究會誌，1970；9(1)：201－210.

[30] Dong Q Y, Wang M P, Shen L N, et al. Diffraction analysis of α－Fe precipitates in a poly-

crystalline Cu – Fe alloy[J]. Materials Characterization, 2015, 105: 129 – 135.

[31] Monzen R, Sato A, Mori T. Structural changes of iron particles in a deformed and annealed Cu – Fe alloy single crystal[J]. Transactions of the Japan Institute of Metals, 1981, 22(1): 65 – 73.

[32] Kato M, Monzen R, Mori T. A stress – induced martensitic transformation of spherical iron particles in a Cu – Fe alloy[J]. Acta Metallurgica, 1978, 26(4): 605 – 613.

[33] Guo F A, Xiang C J, Yang C X, et al. Study of rare earth elements on the physical and mechanical properties of a Cu – Fe – P – Cr alloy[J]. Materials Science and Engineering B, 2008, 147: 1 – 6.

[34] 森哲人, 鈴木竹四. C19400 特性に及ぼす添加元素の影響について ~ Mg 添加の影響[J]. 銅と銅合金, 2002, 41(1): 204 – 209.

[35] 苏州有色金属加工研究院. 引线框架用铜合金及其制造方法. 中国: 1940104A[P]. 2007 – 4 – 4.

[36] 董琦祎, 汪明朴, 贾延琳, 等. 磷含量对 Cu – Fe – P 合金组织与性能的影响[J]. 材料热处理学报, 2013, 34(6): 75 – 79.

[37] Doherty R D, Hughes D A, Humphreys F J, et al. Current issues in recrystallization: a review [J]. Materials Science and Engineering: A, 1997, 238(2): 219 – 274.

[38] Dong Q Y, Shen L N, Cao F, et al. Effect of thermomechanical processing on the microstructure and properties of a Cu – Fe – P alloy[J]. Journal of Materials Engineering and Performance. 2015, 24(4): 1531 – 1539.

[39] ASM International. ASM Handbook Volume 2 – Properties and Selection: Nonferrous Alloys and Special – Purpose Materials[M]. Detroit: the Materials Information Company, 1992.

董琦祎　汪明朴

第 3 章　Cu – Ni – Si 系合金框架带材

3.1　引言

Cu – Ni – Si 系合金为高强中导型铜合金，其导电率为 30% ~60% IACS，强度为 600 ~860 MPa，同时耐热稳定性好且易于生产加工[1~4]。目前在常见的三元合金系中，Cu – Fe – P 系合金是目前最易生产且应用量最大的合金，其特点是导电率高(60% ~90% IACS)，但强度偏低(400 ~500 MPa)，抗软化性能不高(400℃ ~450℃)，并且具有磁性，这为实际工业应用带来诸多不便。Cu – Cr – Zr 系合金是人们追求的高强高导电合金，其强度可达 600 MPa，导电率可达 80% IACS，抗软化温度高，可达 500℃ ~550℃，但其生产条件要求高，需要真空熔炼或气体保护熔炼，生产成本高，目前尚未见有批量产品投放市场[5, 6]。相比之下，Cu – Ni – Si 系合金虽然电导率偏低，但其强度高，且抗软化性能好，并且对生产条件要求不高，可以在大气环境下进行熔炼，因此是一种非常有市场前景的廉价高性能铜合金。表 3 –1 示出了近年来世界主要铜加工企业开发的 Cu – Ni – Si 引线框架材料牌号及其性能[7]。

表 3 –1　近年来世界各公司所开发的 Cu – Ni – Si 系合金及性能

生产公司	合金牌号	电导率/% IACS	抗拉强度/MPa
三菱伸铜	TAMAC15	30	655
	MAX251	42	750
	RX300	35	—
	TAMA	53	600
	C750	51	730
古河电器	EFTEC –23Z	50	—

续表

生产公司	合金牌号	电导率/%IACS	抗拉强度/MPa
神户制钢	KCF125	47	780
	KLFA85	45	800
	CAC65	38	—
	CAC70	42	810
	CAS85	40	830
	KLFI	55	682
	KLFI18	51	750
三菱电器	M7O2C	43	810
	M792S	45	780
雅马哈 - 奥林	C7025	45	750
其他	HCL - 305	30	600
	STOL92	36	810
	SILCANICSC7026	38	860
	K55	51	—
	STOL76	55	620
	PMC102	60	600

3.2 Cu - Ni - Si 系合金设计原理及工艺原理[11]

3.2.1 Cu - Ni - Si 系合金的成分设计

Cu - Ni - Si 系合金是典型的沉淀强化型合金[7]，将其固溶淬火 + 时效处理，可使 Ni 与 Si 原子从铜基体中析出形成纳米级的 $\delta - Ni_2Si$ 金属间化合物，这种纳米级的沉淀粒子会与位错发生交互作用，对位错移动起阻碍作用，从而提高材料的强度[8~10]。由于溶质元素从 Cu 基体中析出，导致铜基体对电子的散射作用减弱，从而提高电导率。因此，该合金可以在保持优良的导电性能和导热性能的同时获得较高的强度。

Cu - Ni - Si 系合金在时效过程中，Ni 原子和 Si 原子可形成 $\delta - Ni_2Si$ 和 $\beta - Ni_3Si$两种化合物。大量研究结果表明 $\delta - Ni_2Si$ 的强化效果要优于 $\beta - Ni_3Si$，因此为了得到强化相 $\delta - Ni_2Si$ 以获得最大的强化效果，在合金成分设计时须将 Ni 与 Si 原子比定为 2∶1。图 3 - 1 为 Cu 与 Ni_2Si 的伪二元相图，可见 Ni_2Si 在 Cu 中的最大固溶度可达8%（1020℃），在800℃时，其固溶度仍可达3.7%。Ni_2Si的固溶度随着温度的降低而下降，当温度低于400℃时固溶度变化趋于平缓，室温下小于0.7%。因此，Cu－Ni－Si系合金经固溶处理后，在时效过程中，大部分Ni原子和Si原子以Ni_2Si第二相析出，从而产生极强的沉淀强化效果，大幅度提高合金的力学性能。由于固溶体在室温下的平衡溶解度较低，可以得到较高的导电率。

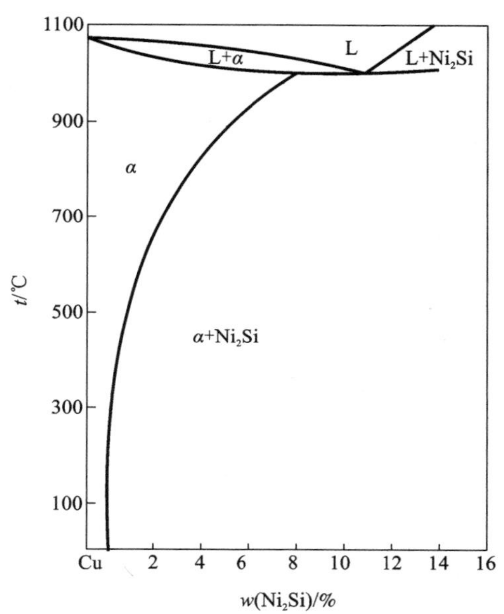

图3－1　Cu与Ni_2Si的伪二元相图

（1）Ni/Si原子比设计

表3－2和图3－2(a)示出了不同Ni、Si原子比的Cu－1.5Ni－xSi系列合金经800℃固溶淬火后于450℃时效的峰值硬度和对应的电导率。可见，Ni和Si元素重量比对合金性能有显著的影响，当Ni∶Si比例接近4.18且Ni稍稍过量时(4号合金)，样品的显微硬度和电导率均为最大值；进一步增加Ni元素的比例(5号和6号合金)，样品的电导率和显微硬度缓慢下降，但幅度并不大；当Si元素过量时(1号合金到3号合金)，随着Si元素含量的逐步增加，样品的电导率和显微硬度急剧降低。由于过量的Ni和Si元素与Cu基体形成置换固溶体，而Cu、Ni和Si三种元素的原子半径分别为0.157 nm、0.162 nm和0.146 nm，其中Si元素所引起的点阵畸变相比Ni元素要更大，对电子的散射作用也更强，因此引起的电导率下降幅度也最大。此外一部分过量的Ni元素能够以$\beta-Ni_3Si$的形式析出，

这样尽管会小幅降低合金的力学性能，但是对电导率影响不大。总之，Si 过量对合金性能的负面影响要远大于 Ni 过量，因此在合金熔炼过程中一定要避免出现 Si 过量现象。故在 Cu - Ni - Si 系合金设计时，应使 Ni 与 Si 的重量比略大于4.18（控制在4.2 ~4.4），以保证合金获得尽可能高的力学性能和电导率。

表 3 - 2　Cu - 1.5Ni - xSi 合金 Ni∶Si 比对力性及电性的影响

编号	合金成分/%	Ni/Si(重量比)	元素过量/%	硬度/HV	电导率/%IACS
1	Cu - 1.5Ni - 0.44Si	3.41	Si 过量 0.08%	150	42.5%
2	Cu - 1.5Ni - 0.41Si	3.65	Si 过量 0.05%	160	46.1%
3	Cu - 1.5Ni - 0.38Si	3.95	Si 过量 0.02%	170	52.4%
4	Cu - 1.5Ni - 0.35Si	4.28	Ni 过量 0.04%	175	56.8%
5	Cu - 1.5Ni - 0.32Si	4.69	Ni 过量 0.16%	173	54.4%
6	Cu - 1.5Ni - 0.29Si	5.17	Ni 过量 0.29%	170	52.7%

注：* Ni∶Si >4.18，则 Ni 过量；Ni∶Si <4.18，则硅过量。

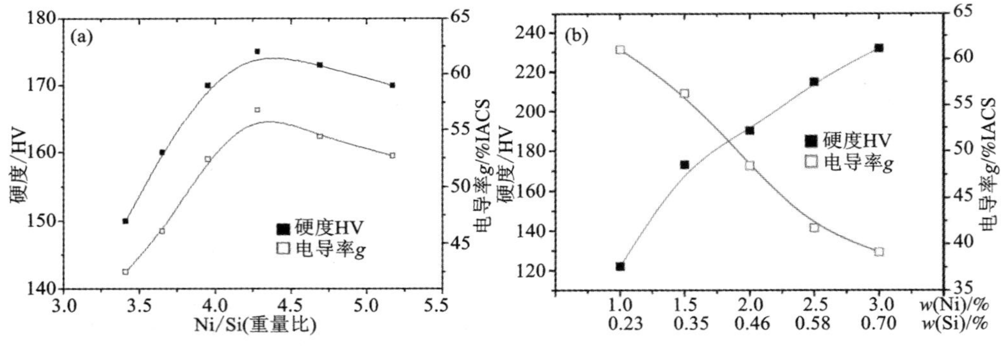

图 3 - 2　Ni∶Si 重量比(a)和 Ni_2Si 总含量(b)与 Cu - Ni - Si 合金的力性及电性的关系

(2) Ni/Si 总含量的设计

表3 - 3 和图 3 - 2(b)分别示出了五种不同 Ni、Si 浓度的 Cu - Ni - Si 合金分别经 800℃ 固溶和 450℃ 时效处理后测得的时效峰值硬度和相应的电导率结果。可见，Ni_2Si 含量越高，合金的硬度逐步升高，但电导率逐步下降。对于框架带材用 Cu - Ni - Si 系合金来说，一般 Ni_2Si 总量不超过 3.5%，我们把其具体设计为：Cu - 1.5Ni - 0.35Si、Cu - 2.0Ni - 0.46Si、Cu - 2.5Ni - 0.58Si 和 Cu - 3.0Ni - 0.72Si合金。本章主要以这几种合金为例展开论述[11]。

表 3－3　Ni_2Si 含量与合金硬度和电导率之间的关系

合金成分/%	硬度/HV	电导率/%IACS
Cu－1.0Ni－0.23Si	122	61.0%
Cu－1.5Ni－0.34Si	173	56.3%
Cu－2.0Ni－0.47Si	190	48.4%
Cu－2.5Ni－0.58Si	215	41.7%
Cu－3.0Ni－0.72Si	232	39.1%

(3)其他微量添加元素设计

Cu－Ni－Si 系合金容易发生过时效，抗高温软化性能不好；且在钎焊过程中易产生脆性的 Cu_3Sn，影响钎焊接头性能。因此，需要添加一些微量元素对合金进行改造。Mg 元素不但可以去除熔体中的氧和硫，还可以与磷形成化合物进一步强化合金。研究表明，Mg 还有减慢时效速度并提高合金抗高温软化性能的作用[8]。但 Mg 会降低电导率，并恶化钎焊浸润性，故 Mg 元素的添加量应小于 0.05%；P 元素通常用来去除铜合金熔体中的氧，同时熔体中加入 P 还可以提高熔体流动性，但 P 元素不宜过多，多余的 P 会作为杂质固溶在 Cu 基体中，引起额外的电子散射，严重降低电导率。而且过量的 P 和 Cu 还会形成低熔点的 Cu_3P 共晶相，引起热轧开裂现象，故 P 的添加量应小于 0.03%；Zn 在钎焊时可扩散至表面形成富 Zn 层，阻挡 Sn 扩散形成脆性Cu_3Sn，可提高钎焊接头抗剥离能力，Zn 元素的添加量一般控制在 0.2% 左右。

3.2.2　Cu－Ni－Si 合金的熔炼与铸造

Cu－Ni－Si 系合金是一种可大气熔炼的铜框架合金，但这并不意味着其在熔炼过程中吸气不明显，相反，在合金熔炼时，由于 Si 的熔点比较高，合金的熔炼温度会很高，这时熔体会发生强烈的吸气反应，若此时没有恰当的保护，极易产生氧化渣，大大影响合金的性能。通常，用木炭等覆盖剂保护熔体，除气扒渣后方可浇铸，而高熔点 Si 元素以 Cu－Si 中间合金的形式加入，以降低熔铸温度。除气、扒渣、气体保护浇铸以及拉红锭是 Cu－Ni－Si 系合金熔铸的技术关键。

图 3－3 示出了 Cu－1.5Ni－0.34Si 合金铸态金相组织。可见，该合金铸态组织可分为两部分，即铸锭表面的柱状晶和中心粗大的等轴晶，此外在铸锭的表层还有一层更细小的等轴晶。在 Cu－1.5Ni－0.34Si 合金铸态组织中存在着发达的树枝晶组织，枝晶宽约 50 μm，长约 250 μm。枝晶组织可分为白色的枝晶臂和枝晶臂间黑色的沉淀区。枝晶偏析对热轧工艺性能有很大的影响，是引起热轧开裂

的根源之一，因此在实际生产过程中需要通过均匀化退火来消除这种组织。

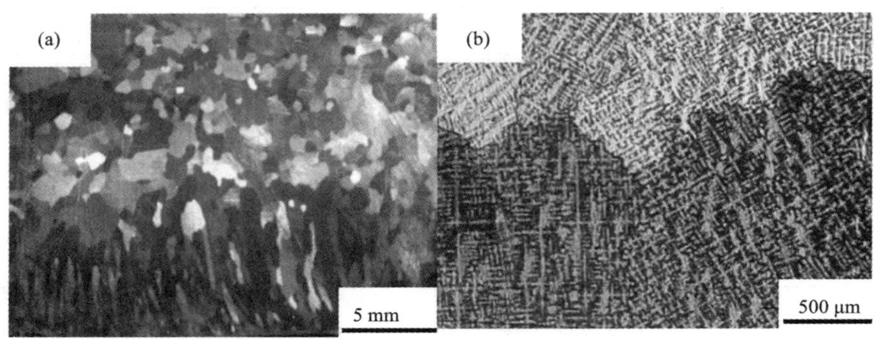

图 3-3　Cu-1.5Ni-0.34Si 合金的铸态组织金相照片

3.2.3　Cu-Ni-Si 合金的均匀化退火

均匀化退火的目的是消除枝晶偏析，提高合金的塑性，改善合金的加工性能和最终使用性能。图 3-4 示出了 Cu-1.5Ni-0.34Si 合金在不同温度下均匀化退火的金相组织。Cu-1.5Ni-0.34Si 合金经 800℃退火 2 h 后，已彻底消除了枝晶，铸态组织中的初生沉淀相已固溶入 Cu 基体中，晶界上已观察不到沉淀相，仅有极少量第二相残留在晶粒内部。当继续升高温度时，晶内的残留第二相数量变化甚微。在工业生产中，考虑到使用的都是 10 t 以上的大锭子，为了保证均匀化的效果，一般选取的均匀化参数为 900℃ ~920℃保温 4 h 以上。

3.2.4　Cu-Ni-Si 合金带材热轧在线淬火工艺

3.2.4.1　Cu-Ni-Si 合金热轧工艺研究

为了确定 Cu-Ni-Si 系产业化生产的最佳热轧工艺条件(包括变形温度、道次变形量和变形速率)，我们利用 Gleeble 1500 热模拟实验机对 Cu-3.0Ni-0.72Si+Mg 合金在不同变形温度和应变速率条件下的高温塑性变形特性进行了研究。

实验选取的热压缩温度为：600℃、650℃、700℃、750℃、800℃、850℃、900℃、950℃；变形速率为：50 s^{-1}、10 s^{-1}、1 s^{-1}、0.1 s^{-1}、0.01 s^{-1}、0.001 s^{-1}。

图 3-5 示出了 Cu-3.0Ni-0.72Si+Mg 合金在不同压缩温度和应变速率条件下进行热压缩的真应力-真应变曲线。可见，在合金热压缩前期，真应力迅速升高，峰值应力随变形温度的升高和应变速率的减小而减小；在同一应变速率下，变形温度越高，稳态流变应力越低；在同一变形温度下，应变速率越大，稳态

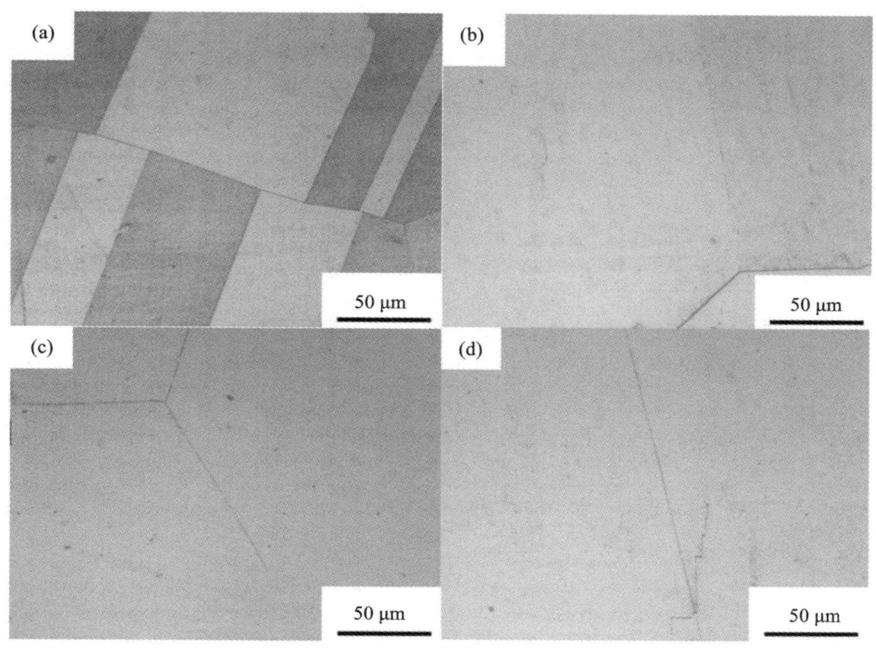

图 3－4　Cu－1.50Ni－0.34Si 合金不同温度退火的金相显微组织

(a)800℃/2 h；(b) 850℃/2 h；(c) 900℃/2 h；(d) 950℃/2 h

流变应力也越大；变形温度越高，越容易出现稳态流变特征，峰值应力与稳态应力相差越小[12, 13]。

在压缩变形初期，变形产生了大量位错滑移和位错塞集，导致位错密度增大，位错与位错以及位错与第二相间的交互作用增大，出现加工硬化现象，表现在真应力－真应变曲线上就是压缩初期的变形抗力急剧升高；另一方面，随着压缩的进行，在高温的作用下材料内部增殖的位错会有一部分发生交滑移或攀移，使得异号位错有机会靠近并湮灭，引起材料内部位错密度降低。表现在真应力－真应变曲线上，便出现了随变形量的增加而曲线的斜率减小的现象[14, 15]。

此外还可以看出，当应变速率较低时，真应力－真应变曲线还会表现出典型的动态再结晶特征[15]。在压缩过程中，晶粒变形引起硬度升高，而再结晶导致硬度降低，当两者作用相互抵消时，表现在真应力－真应变曲线上就出现了流变应力不变，合金变形处于稳流状态[16]。当应变速率较高时，由于热压缩变形在很短时间内就完成了，动态再结晶来不及发生，故合金软化效果不明显，导致真应力急剧增大[17]。

大量研究表明[18~20]，金属的热变形过程也与热激活过程密切相关并受其控

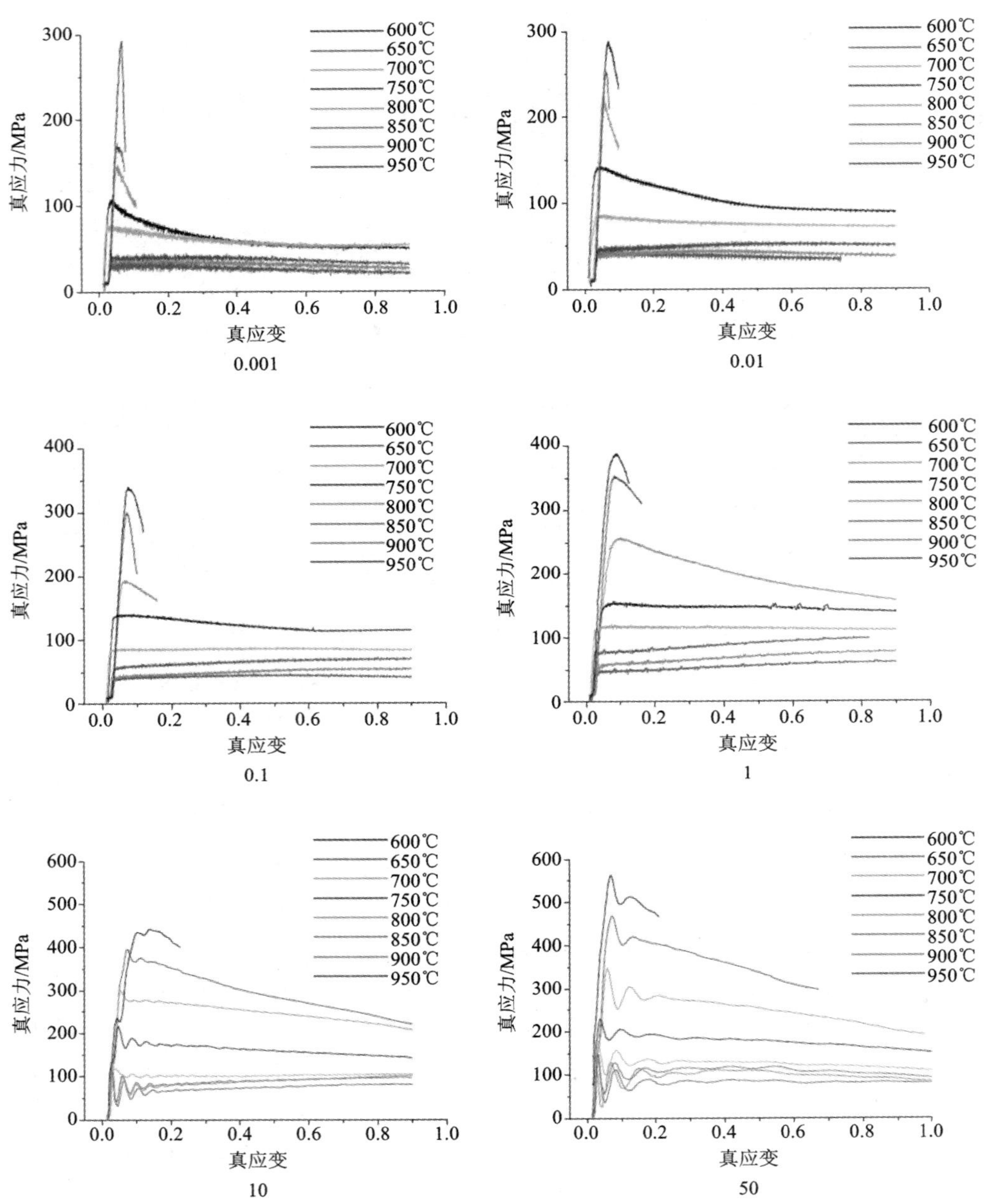

图 3-5　不同应变速率下 Cu-3.0Ni-0.74Si 合金的真应力-真应变曲线

制，这点与热蠕变过程相似。它们的变形行为可表达为应变速率 $\dot{\varepsilon}$、变形温度 T

和流变应力 σ 之间的关系方程。Sellars 和 Tegart 等[18] 曾针对这一问题，提出了一种流变应力模型，该模型为包含变形激活能 Q 和变形温度的双曲正弦形式。其应力速率可表示为：

$$\dot{\varepsilon} = AF(\sigma)\exp(-Q/RT) \tag{3-1}$$

式中，$\dot{\varepsilon}$为应变速率，A 为常数，Q 为变形激活能，R 为气体常数，T 为绝对温度，$F(\sigma)$为应力的函数，其可以表示为：

$$F(\sigma) = [\sinh(\alpha\sigma)]^n \tag{3-2}$$

对于不同的应力水平，$F(\sigma)$又可表示为如下两种形式：

高应力水平时：

$$F(\sigma) = \exp(\beta\sigma) \tag{3-3}$$

低应力水平时：

$$F(\sigma) = \sigma^n \tag{3-4}$$

其中，α、β 和 n 均为常数，且满足 $\alpha = \beta/n$。当 $\alpha\sigma > 1.2$ 时为高应力水平，式(3-2)近似于式(3-3)，当 $\alpha\sigma < 0.8$ 时为低应力水平，式(3-2)近似于式(3-4)。无论在高应力和低应力水平下，当变形激活能与温度无关时，将式(3-3)和式(3-4)分别代入式(3-1)，可以得到：

$$\dot{\varepsilon} = B'\exp(\beta\sigma) \tag{3-5}$$

$$\dot{\varepsilon} = B\sigma^n \tag{3-6}$$

式中，B'和 B 分别为常数。对式(3-5)和式(3-6)两边分别取对数并整理可得：

$$\ln\dot{\varepsilon} = -\ln B' + \beta\sigma \tag{3-7}$$

$$\ln\dot{\varepsilon} = -\ln B + n\ln\sigma \tag{3-8}$$

将式(3-2)代入式(3-1)又可得：

$$\dot{\varepsilon} = A[\sinh(\alpha\sigma)]^n\exp(-Q/RT) \tag{3-9}$$

对式(3-9)两边取对数，可得：

$$\ln\dot{\varepsilon} = \ln A + n\ln[\sinh(\alpha\sigma)] + (-Q/RT) \tag{3-10}$$

由式(3-7)、式(3-8)和式(3-10)可知，$\ln\dot{\varepsilon}$与 σ、$\ln\dot{\varepsilon}$与 $\ln\sigma$ 和 $\ln\dot{\varepsilon}$与 $\ln[\sinh(\alpha\sigma)]$之间均存在着线性关系。根据合金在不同压缩条件下测得的峰值屈服流变应力，可分别计算得 $\ln\dot{\varepsilon}$、σ、$\ln\sigma$ 和 $\ln[\sinh(\alpha\sigma)]$，并可绘制其 $\ln\dot{\varepsilon}-\sigma$、$\ln\dot{\varepsilon}-\ln\sigma$ 和 $\ln\dot{\varepsilon}-\ln[\sinh(\alpha\sigma B)]$曲线，如图 3-6 所示。从图中可以看出，实验合金应变速率的自然对数与变形流变应力的自然对数之间可以较好地满足线性关系。可以认为，该合金在高温下进行压缩变形时流变应力与应变速率之间的关系满足双曲正弦形式。这说明 Cu-3.0Ni-0.72Si+Mg 合金的高温压缩变形过程是一个热激活过程。

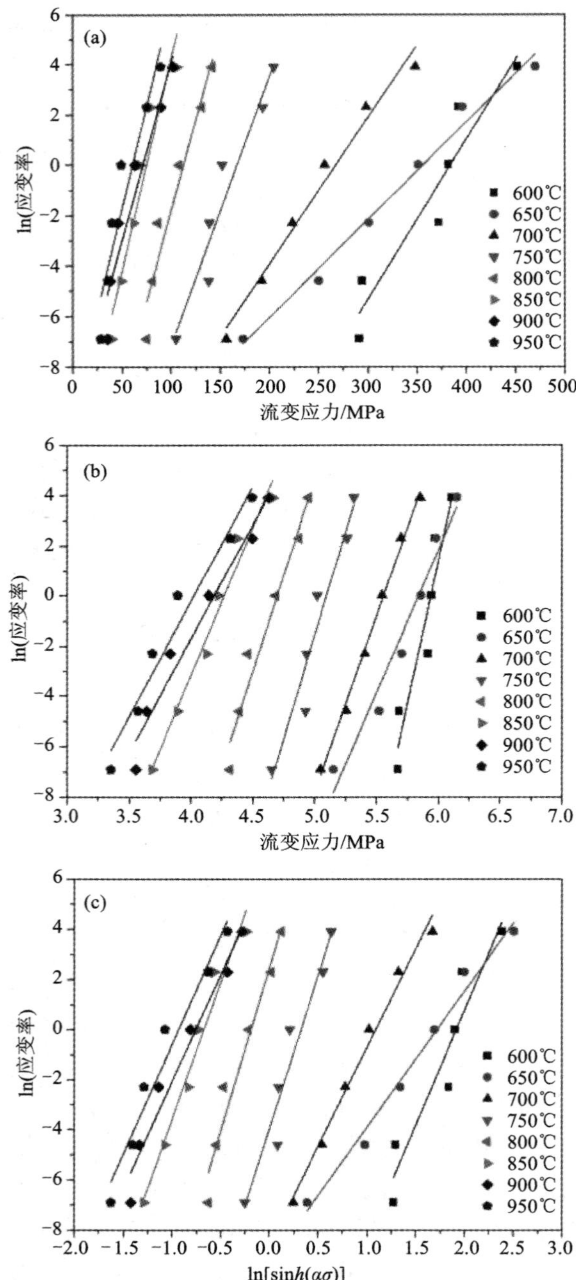

图 3－6　$\ln\dot{\varepsilon}-\sigma$(a)，$\ln\dot{\varepsilon}-\ln\sigma$（b）and $\ln\dot{\varepsilon}-\ln[\sinh(\alpha\sigma)]$（c）曲线

根据上图曲线可得到该合金热加工时的相关参数，如表 3－4 所示。

表 3－4　Cu－3.0Ni－0.72Si＋Mg 合金的相关参数

β	n	α
0.11073625	13.732028	0.0080641

根据图 3－6 的结果和表 3－4 合金材料高温变形的相关参数，引入 Zener－Hollomon 参数[21, 22]，可得：

$$Z=\dot{\varepsilon}\exp(Q/RT)=A[\sinh(\alpha\sigma)]^{n} \tag{3-11}$$

将式(3－9)代入式(3－11)得：

$$Z=A[\sinh(\alpha\sigma)]^{n} \tag{3-12}$$

对式(3－12)两边取对数，可得：

$$\ln Z=\ln A+n\ln[\sinh(\alpha\sigma)] \tag{3-13}$$

根据式(3－13)，可绘制 $\ln[\sinh(\alpha\sigma)]-\ln Z$ 关系曲线，如图 3－7(a)所示。同时可以获得另外两个参数 n 和 $\ln A$，它们分别为 5.26 和 43.14。将式(3－13)适当变形得：

$$\ln[\sinh(\alpha\sigma)]=\frac{1}{n}(\ln\dot{\varepsilon}-\ln A)+\frac{Q}{1000nR}\cdot\frac{1000}{T} \tag{3-14}$$

随后，以 $\ln[\sinh(\alpha\sigma)]$ 和 $1000/T$ 为坐标作图，并对图中同一应变速率的各点进行线性回归［如图 3－7(b)所示］。由图可见，在相同应变速率下，$\ln[\sinh(\alpha\sigma)]$ 和 $1000/T$ 呈现出线性关系。若考虑变形激活能受温度的影响，可对式(3－14)求偏微分，得：

$$Q=R\left\{\frac{\partial\ln\dot{\varepsilon}}{\partial\ln[\sinh(\alpha\sigma)]}\right\}_{T}\left\{\frac{\partial\ln[\sinh(\alpha\sigma)]}{\partial(1/T)}\right\}_{\dot{\varepsilon}}=RnS \tag{3-15}$$

式中，n 为一定温度下 $\ln\dot{\varepsilon}-\ln[\sinh(\alpha\sigma)]$ 关系的斜率，它可以看成是图 3－6(c)中所示的各直线斜率的平均值，由图 3－6(c)可求得 $n=5.43$；S 为应变速率一定时 $\ln\sinh(\alpha\sigma)-(1/T)$ 关系直线的斜率，可以看成是图 3－7(b) 中所示各直线斜率的平均值，由图 3－7(b) 可求得其值 $S=8.64$。将 n 和 S 的值代入式(3－15)即可求出变形激活能：

$$Q=389.8\text{kJ/mol}$$

至此，合金的高温压缩本构方程所需的材料常数已全部获得。故 Cu－3.0Ni－0.72Si＋Mg 合金的高温压缩本构方程[23]可表达为：

$$\dot{\varepsilon}=[\sinh\alpha\sigma]^{n}\exp(\ln A-(Q/RT)) \tag{3-16}$$

代入相关参数得：

$$\dot{\varepsilon}=[\sinh(0.0080641\sigma)]^{5.43}\exp[43.14-(389800/RT)] \tag{3-17}$$

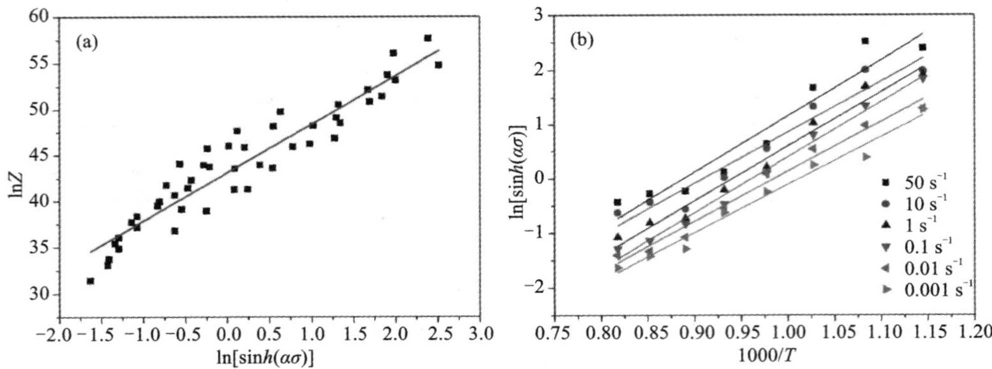

图 3-7　ln[sinh(ασ)] - lnZ (a)和 ln[sinh(ασ)] - 1000/T (b) 曲线

根据上面建立的 Cu - 3.0Ni - 0.72Si + Mg 合金的本构方程，绘制了该合金的加工图，以确定合理的加工条件，如图 3 - 8 所示。

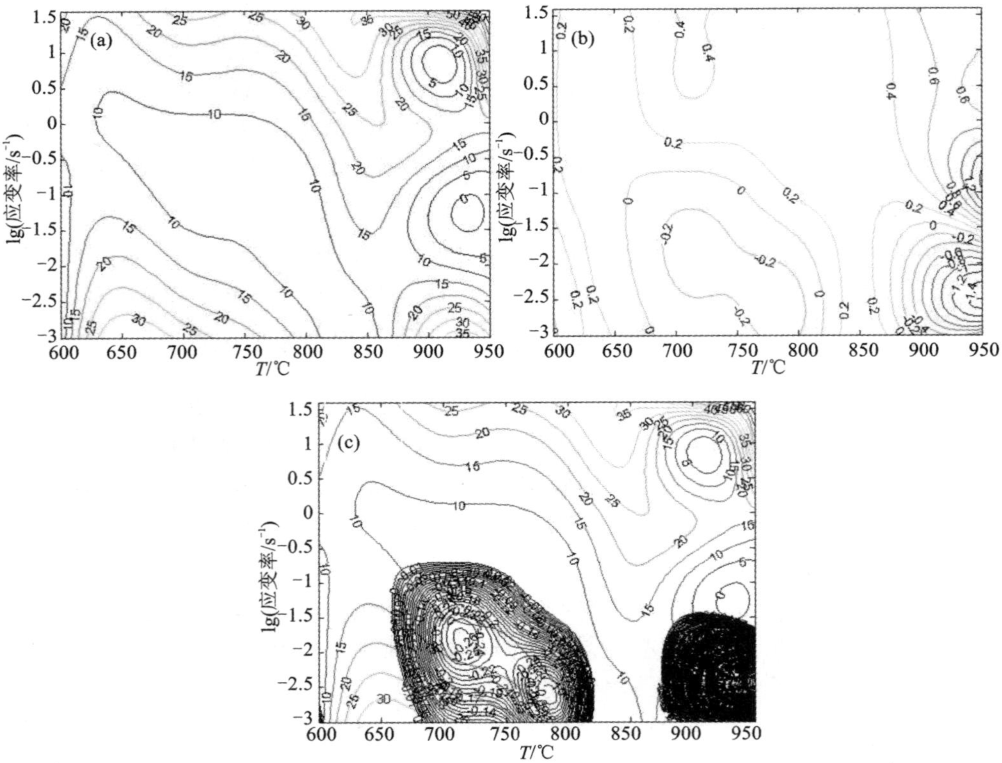

图 3-8　合金的功率耗散图(a)、失稳图(b)和加工图(c)

图中两个深色区域为热变形失稳区，当热变形条件处于这两个区域时容易出现开裂现象。从图中还可以看出，当应变速率大于0.3 s^{-1}时，在600℃～950℃范围内对 Cu－3.00Ni－0.72Si＋Mg 合金进行热加工均是安全的。而产业化生产所用热轧机组的应变速率要远大于 0.3 s^{-1}，最大可达 45 s^{-1}。因此，可将 Cu－3.00Ni－0.72Si＋Mg 合金的终轧温度定为650℃，在950℃～650℃温度区间进行热加工均不会产生锭坯开裂问题。至于成分更低的 Cu－Ni－Si 系合金，由于其成分均匀性比 Cu－3.00Ni－0.72Si＋Mg 合金更好，因此在上述温度范围热加工也是安全的。

3.2.4.2　Cu－Ni－Si **合金在线淬火工艺的可行性**

如何在产业化大规模生产中获得溶质原子（Ni 和 Si）充分固溶的过饱和固溶体是生产高强中导 Cu－Ni－Si 系合金框架带材的关键。目前几乎所有针对 Cu－Ni－Si系合金的研究工作均采用固溶淬火的方法，该方法可以使溶质元素最大限度地固溶到铜基体中，为后续的形变热处理提供组织和成分准备。然而，对于 Cu－Ni－Si 合金的大规模工业化生产而言，坯锭一般重达数吨甚至十余吨，其热轧后的板坯厚度一般在 14～18 mm 之间，且通常将板坯卷曲成卷，故采用热轧板坯固溶淬火的工艺是不可行的，必须采用热轧在线淬火工艺。采用热轧在线淬火不但可以减少工艺环节，还能实现铜合金带材的大卷重超长生产，提高生产效率，从而降低生产成本。

然而采用热轧在线淬火工艺，必须要求合金热轧过程中不能产生大量的粗大相析出，而且在线淬火后溶质原子的成分分布应与固溶态相似，为过饱和固溶体。

为了确定合适的终轧温度，需对 Cu－1.5Ni－0.34Si 合金的平衡析出过程进行研究。实验最高温度为900℃，样品在此温度下保温2 h 后，让样品随炉冷却至800℃、700℃、650℃、600℃、550℃、500℃及室温后取出淬水处理。图 3－9 示出了 Cu－1.5Ni－0.34Si 合金在800℃、700℃、650℃、600℃、550℃、500℃及室温的平衡析出组织的金相照片。

图 3－9（a）为 Cu－1.5Ni－0.34Si 合金在900℃保温2 h 后的金相照片，该状态与前一小节均匀化的结果相似，在其晶界和晶内都没有发现沉淀相，Ni、Si 原子基本上全部溶在 Cu 基体中。随炉冷却至800℃时，晶内和晶界处都基本上没有变化［图3－9（b）］。当温度降至650℃时，仅有少量细小的粒子析出［图3－9（d）］。当温度降至600℃时，在晶粒内部出现了少量细小的点状析出相［图 3－9（e）］，且在晶界处出现了一些棒状的析出物。随着温度的进一步降低，晶内和晶界处的析出物越来越多。在冷却至室温的样品中［图 3－9（h）］，晶界处呈现出不连续的析出物，晶内的析出物更加密集。总体看来，随着温度的降低，晶内和晶界处的析出粒子越来越多，越来越大。

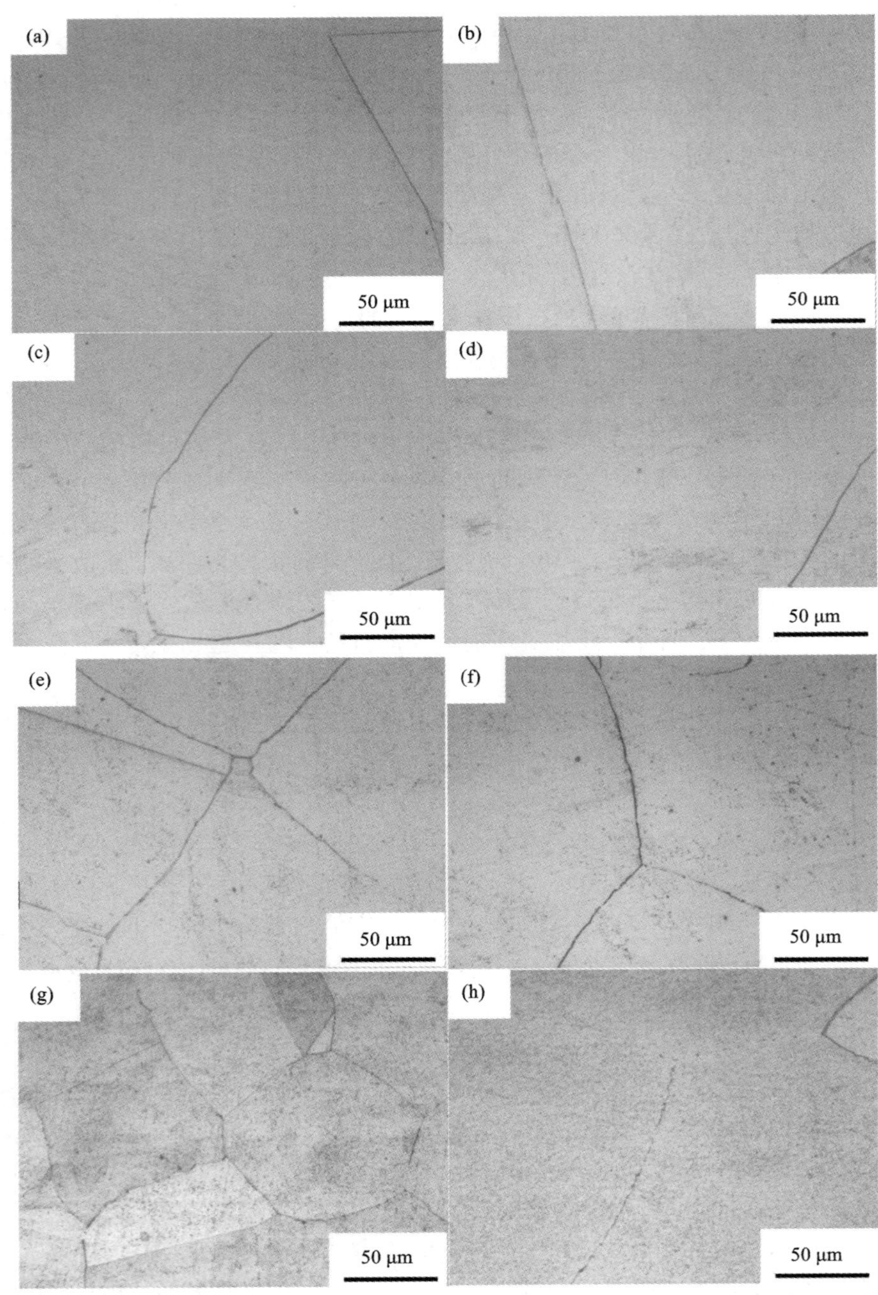

图 3-9　Cu-1.5Ni-0.34Si 合金平衡析出组织

(a) 900℃；(b) 800℃；(c) 700℃；(d) 650℃；(e) 600℃；(f) 550℃；(g) 500℃；(h) 室温

上述实验结果表明：①Cu - Ni - Si 合金加热到 900℃，随炉冷至 650℃以前，均未出现明显的析出，600℃后析出开始增多，500℃时平衡析出已非常严重；②600℃时晶界上出现了较大析出相，若热轧中出现这种情况，则易产生沿晶间开裂。

对于 Cu - Ni - Si 系合金来说，若将上述随炉冷却过程看成是热轧过程的冷却条件（实际上热轧冷却速度远大于随炉冷却），只要终轧温度高于 650℃，并在终轧时在线淬火，是可以获得无析出固溶热轧板坯的。将均匀化、固溶、热轧和在线淬火 4 道工序连成一体，形成一个短流程工序是可行的。

为了进一步阐述热轧在线淬火方式对合金成品的影响，下文比较了 Cu - 1.5Ni - 0.34Si 合金在下列三种不同淬火方式下组织和性能的区别。

①热轧板空冷后再在 800℃下固溶 1 h 水淬；

②900℃开轧 + 终轧温度为 800℃在线淬火；

③900℃开轧 + 终轧温度为 650℃在线淬火。

图 3 - 10 分别示出了上述三种淬火方式所得样品的金相组织。可见，经 800℃固溶淬火处理的样品晶粒为等轴状再结晶组织，晶粒尺寸较大，约为 150 μm；采用淬火方式②（终轧温度为 800℃在线淬火）所得的样品的晶粒也近似为等轴晶组织，但可观察到晶粒发生了一定程度的变形，且晶粒尺寸较淬火方式①所得样品的小些，约为 100 μm；淬火方式③（终轧温度为 650℃在线淬火）所得的样品中晶粒已发生了明显的变形（晶粒沿轧制方向被拉长），但能观察到少量的再结晶组织。上述结果表明，采用较低的终轧温度进行在线淬火处理，能够使一部分热变形组织得以保留。

图 3 - 11 示出了三种不同淬火方式对 Cu - 1.5Ni - 0.34Si 合金显微硬度和电导率的影响。可见，固溶淬火样品的显微硬度最低（仅为 67 HV），淬火方式②所得样品的显微硬度稍高（为 80 HV），淬火方式③所得样品的显微硬度最高（为 88 HV）。

这一结果与金相组织是相对应的。尽管淬火方式①和②的淬火温度相同，但是从金相观察中可发现两者的晶粒尺寸并不相同（淬火方式①大于淬火方式②），且淬火方式②所得样品的晶粒有一定的变形，说明样品中还保留了少量的变形产生的位错，从而导致显微硬度较高。而淬火方式③样品的硬度较前两者有一定的提高，这显然是由于终轧淬火温度较低，阻碍了再结晶晶粒长大，最终样品的晶粒尺寸较小，且保留了一定的变形组织所致。

图 3 - 12 示出了将三种淬火方式所得合金置于 450℃下进行时效处理，合金显微硬度和电导率随时效时间的变化曲线。可见，三种淬火方式所得样品时效后的性能差别较小。

总之，在 Cu - Ni - Si 合金产业化生产中采用热轧在线淬火工艺是可行的。

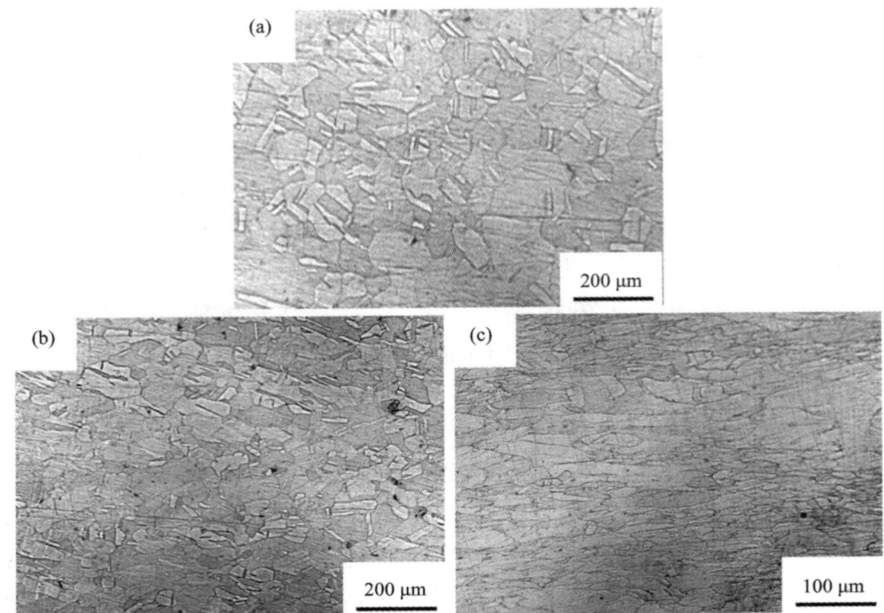

图 3-10　Cu-1.50Ni-0.34Si 合金铸锭在不同淬火方式下所获得的金相显微组织

(a)800℃固溶淬火；(b)800℃终轧淬火；(c)650℃终轧淬火

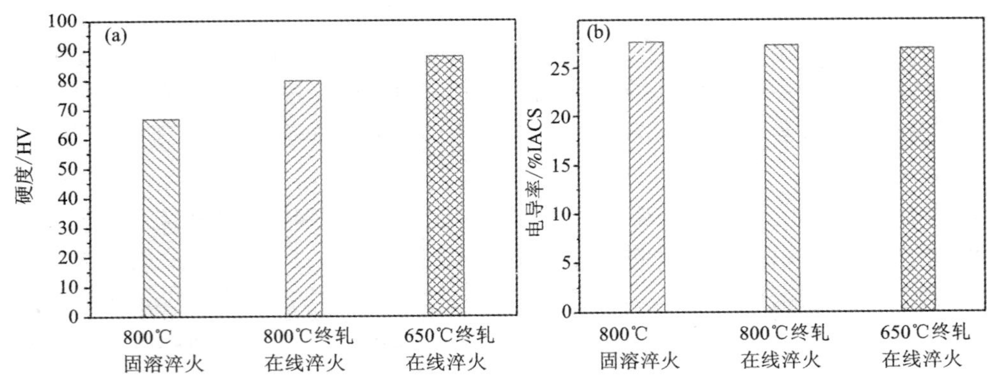

图 3-11　淬火方式对 Cu-1.50Ni-0.34Si 合金性能的影响

对于 Cu-1.5Ni-0.34Si 合金，热轧在线淬火工艺对提高合金性能的作用并不明显，它的作用主要在于简化工艺流程。

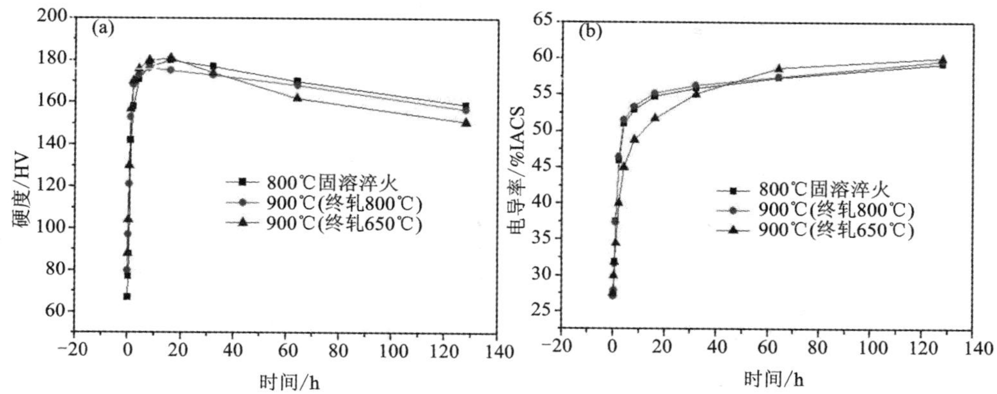

图 3 – 12　Cu – 1.50Ni – 0.34Si 合金在不同淬火方式下的时效性能曲线

3.2.5　Cu – Ni – Si 合金的形变热处理

对于 Cu – Ni – Si 系合金这种析出强化型合金而言，形变热处理是提高其性能的重要方式，也是合金加工为成品的主要方式。通过不同的形变热处理工艺能够调整合金的组织，控制合金的主要性能，充分挖掘合金的潜力。其中通过选用合适的时效热处理参数，可以控制合金中 Ni_2Si 相的析出过程，如果能使 Ni_2Si 相以细小弥散的方式分布在 Cu 基体中，则可大大提高合金的强度，如果使 Ni_2Si 相长大粗化发生过时效，虽然损失了部分强度，但基体中溶质原子浓度大大下降，可使合金的电导率提高。在析出强化型铜合金中，强度和电导率往往是此消彼长的，提高强度就要牺牲部分电导率，而提高电导率往往又可能损失强度。所以从合金的实际用途出发，综合考量合金的各项性能，找到适合的形变热处理工艺是非常重要的。

3.2.5.1　时效温度对 Cu – Ni – Si 合金时效特性的影响

图 3 – 13 给出了 Cu – 1.5Ni – 0.34Si 合金热轧在线淬火后，在不同温度下(400℃、450℃、500℃和 550℃)时效处理时，显微硬度和电导率随时间的变化曲线。由图可见，该合金时效过程出现了明显的硬化现象。在 400℃下进行时效时，样品的显微硬度逐渐升高，直到 64 h 仍未出现硬度峰值，此时显微硬度为 182 HV。提高时效温度，在 450℃、500℃和 550℃进行时效时，合金时效过程可分为欠时效、峰时效和过时效三个阶段，三个时效温度对应的峰值硬度分别为：182 HV、157 HV 和 135 HV。随着时效温度的升高，合金硬度峰值出现的时间变早，同时峰值硬度有所降低。由图 3 – 13(b)中电导率随时效时间延长的变化规律可以看出，在不同温度下时效时该合金的电导率变化规律相同。在时效开始阶

段，合金的电导率快速上升，进一步延长时效时间，电导率变化速率减慢。提高时效温度可使峰时效对应的电导率提高。

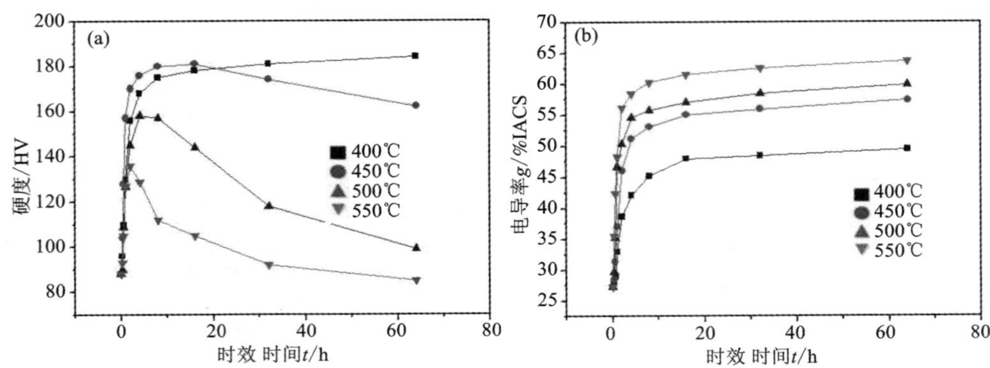

图 3-13　Cu-1.50Ni-0.34Si 合金在不同时效温度下的性能变化曲线

由上述分析可知，该合金较合适的时效温度为450℃ ~500℃ ，此时合金在较宽的时间范围内都有较高的硬度(HV：165 ~176)和良好的电导率(*g*：50.4% ~57.0%IACS)，且不易过时效。

3.2.5.2　冷变形对 Cu-Ni-Si 合金组织和性能的影响

冷变形(冷轧)是板/带材加工的重要环节，目的是将热轧后的板坯加工至成品尺寸。为了分析冷变形对 Cu-1.5Ni-0.34Si 合金组织和性能的影响，对热轧态合金样品进行了不同变形量的冷轧，并分别在 450℃下对其进行时效处理。图 3-14 示出了冷轧后的金相组织。可见，样品经 40%冷变形后，其晶粒沿轧制方向被拉长呈纤维状，但纤维粗细并不均匀，且有部分晶粒发生破碎。将变形量增加至 70%时，原始较大的晶粒已基本消除，晶粒已完全呈纤维状形貌。同时出现了一定量的剪切带组织。进一步增大变形量至 90%，此时纤维组织变得更窄更均匀，且部分纤维发生破碎。

冷轧对合金显微硬度和电导率的影响如图 3-15 所示。由图可见，随着冷轧变形量的增大，样品的显微硬度不断升高。未经冷轧样品的显微硬度为 88 HV，冷轧 40%变形量后显微硬度升高至 130 HV。当样品经 90%变形量冷轧后其显微硬度高达 160 HV。加工硬化率((形变后硬度 - 形变前硬度)/形变前硬度)分别为 49%和 82%。然而从电导率的结果上看，冷变形的影响很小。

对合金热轧在线淬火态 +40%和 90%冷变形后的样品进行时效处理，显微硬度和电导率随时效时间变化曲线如图 3-16 所示。可见，未经冷变形的样品，达到硬度峰值需要 16 h，对应的硬度为 180 HV。继续延长时效时间，在一段较长的

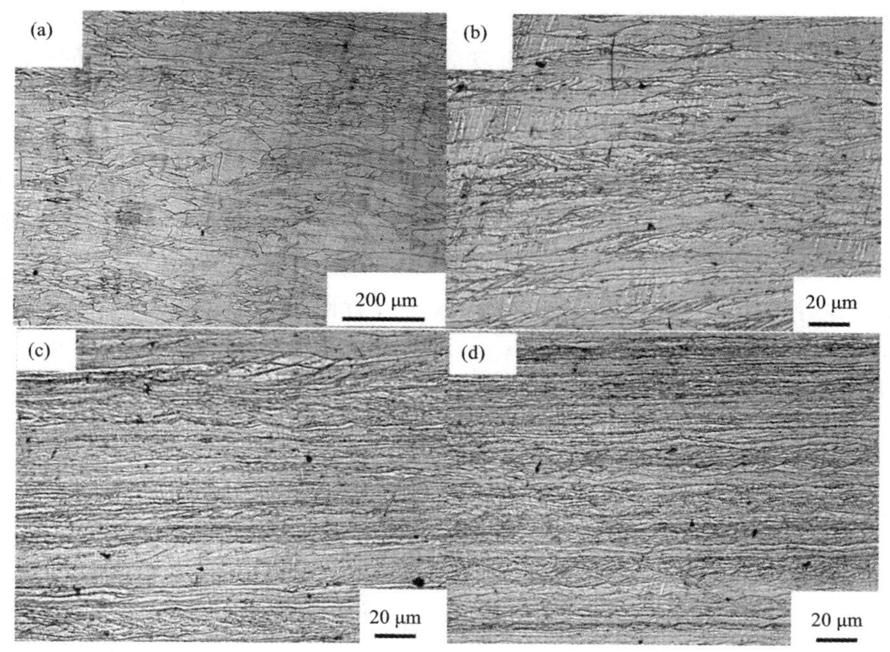

图 3－14　Cu－1.50Ni－0.34Si 合金经不同变形量冷轧后的金相组织

(a)在线淬火后的板坯；(b)40% 冷变形；(c)70% 冷变形；(d)90% 冷变形

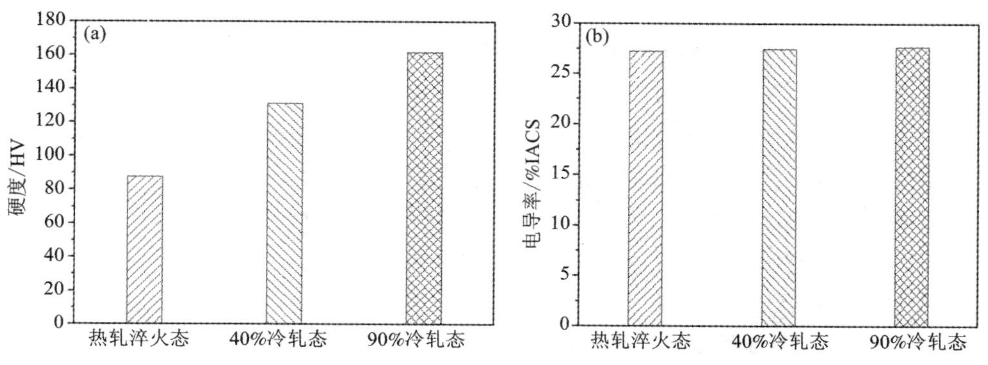

图 3－15　冷轧变形量对 Cu－1.5Ni－0.34Si 合金性能的影响

时间范围内合金的硬度变化不大(即时效峰很宽，约为 62 h)。当时效至 64 h 时，其显微硬度仍然达 162 HV，表明热轧在线淬火态合金很难发生过时效；当样品施加 40% 的冷变形时，其达到硬度峰值所需的时间缩短至 2 h，对应的峰值硬度有所提高(188 HV)，时效峰宽变窄(约15 h)；当对样品施加90%冷变形时，只需要时效0.5 h合金的显微硬度即达到峰值，对应的峰值硬度为192 HV，但继续时效时合金硬度急剧下降，时效8 h后其显微硬度降至125 HV，对应的时效峰宽不到2 h。

可见，冷变形可有效加快合金的时效进程，经冷变形后合金达到硬度峰值的时间明显提前。冷变形虽能提高合金的峰时效硬度但效果并不明显。同时冷变形使得合金时效峰宽变窄。中等程度(40%)的变形可使合金在时效中获得高硬度，但过大的变形(90%)对提高时效硬度并不很有效。

从电导率随时效时间延长的变化曲线可以看出[图3-16(b)]，冷变形使得相同时效时间样品的电导率升高。但若对比时效到达硬度峰值时对应的电导率则可以发现，随着冷变形量的增大电导率是下降的。

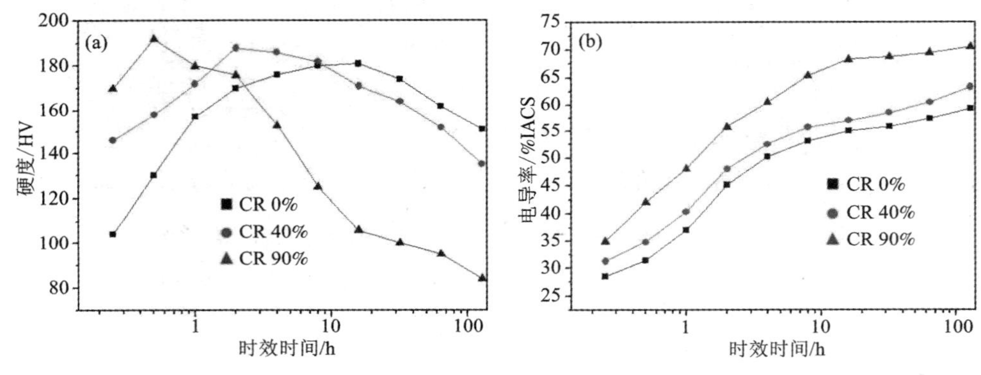

图3-16　冷轧变形量对Cu-1.50Ni-0.34Si合金时效特性的影响

从上述研究结果可见，Cu-1.5Ni-0.34Si合金经固溶淬火后，未经冷变形直接时效，16 h后才可获得较好的综合性能(HV=181、g=55% IACS)；而当合金经过40%冷变形后，时效4 h即能达到优异的综合性能(HV=186、g=52% IACS)；进一步将合金进行90%冷变形后，时效2 h即可获得较好的综合性能(HV=176、g=56% IACS)。

3.2.5.3　微量的Mg元素对Cu-Ni-Si合金时效特性的影响

从前文可知，Cu-Ni-Si合金在合适的温度下时效能够迅速达到峰时效(450℃约8 h)，但之后合金迅速过时效。在工业生产中，时效一般都是在钟罩炉中进行，大卷的带坯内外受热不均，卷内外的合金时效速度也会不一样，如果合金的时效峰不够宽，当卷外侧的合金到达峰时效时，卷芯部的合金还处于欠时效状态，而当卷芯部到达峰时效时，卷外侧的合金早已过时效，很难使整卷的性能均匀，所以合金的时效峰宽在工业生产中十分重要。

图 3－17 示出了 Cu－1.5Ni－0.34Si－0.05Mg－0.03P－0.20Zn 合金（后文简称 Cu－1.5Ni－0.34Si＋Mg 合金）经 900℃ 开轧＋650℃ 终轧在线淬火后于 450℃ 时效时显微硬度和电导率随时效时间变化的曲线。为便于对比，图中同时给出了 Cu－1.5Ni－0.34Si 合金的实验结果。可见，在时效初期，Cu－1.5Ni－0.34Si＋Mg 合金的硬度和电导率均迅速超过 Cu－1.5Ni－0.34Si 合金，在时效 15 min即达到了 158 HV 和 32% IACS。继续延长时效时间，两合金显微硬度和电导率随时效时间的变化趋势基本一致。微量的 Mg、P 和 Zn 使合金峰时效硬度小幅升高（180 HV→185 HV），但峰时效时对应的电导率却大幅度下降（53.1% IACS→44.0% IACS）。但由图 3－17（a）可以发现，Mg 元素使合金的过时效进程变慢了，样品的显微硬度在峰时效后下降缓慢。

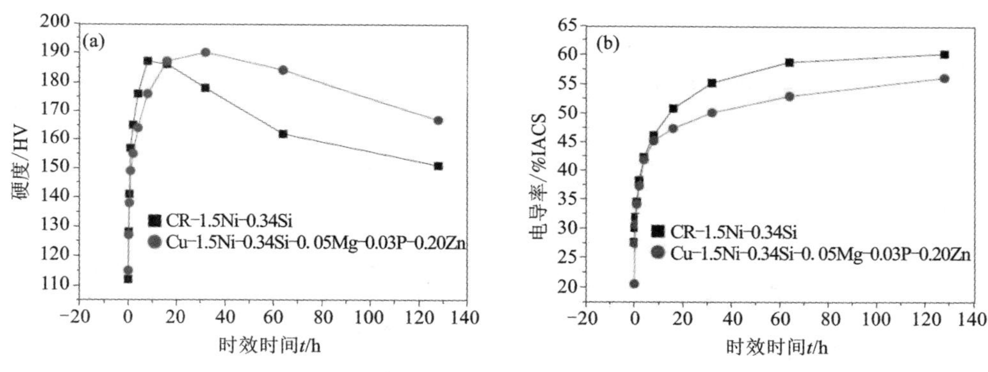

图 3－17　Mg 元素对合金时效特性的影响

将热轧在线淬火态 Cu－1.5Ni－0.34Si＋Mg 合金分别置于 450℃、500℃ 和 550℃ 进行时效处理，对应的显微硬度和电导率随时效时间变化的曲线如图 3－18 所示。从图中可以看出，该合金在不同温度下进行时效的性能变化规律与 Cu－1.5Ni－0.34Si 合金是一致的，即时效温度升高，合金获得的强度反而越低；此外，过高温度时效，电导率反而降低。图 3－19 示出了 Cu－1.5Ni－0.34Si 合金和 Cu－1.5Ni－0.34Si＋Mg 合金经 40% 冷轧后在 450℃ 时效时的显微硬度和电导率随时效时间变化的曲线。由图可以看出，微量 Mg 元素使合金达到硬度峰值所需的时间变长，但两合金在峰时效时的显微硬度和电导率接近。同时，微量 Mg 元素使合金硬度峰宽变宽了，合金不容易过时效。

总之，①不论添加 Mg、P、Zn 与否，冷轧均使时效硬度峰提前；②添加 Mg、P、Zn 的合金时效硬度峰相对滞后；③时效硬度峰处，两者硬度值和电导率均相当（HV：190→191；g：47%→48.7% IACS）；④若以 HV≥180 为界，Mg、P、Zn 元

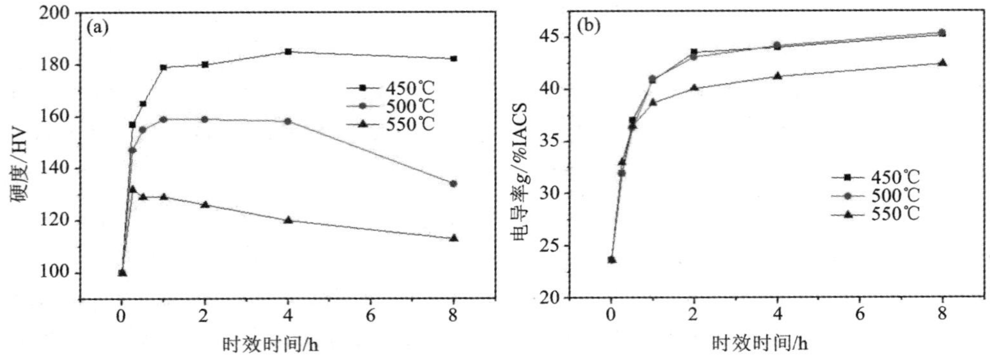

图 3-18　时效温度对 Cu-1.50Ni-0.34Si+Mg 合金性能的影响

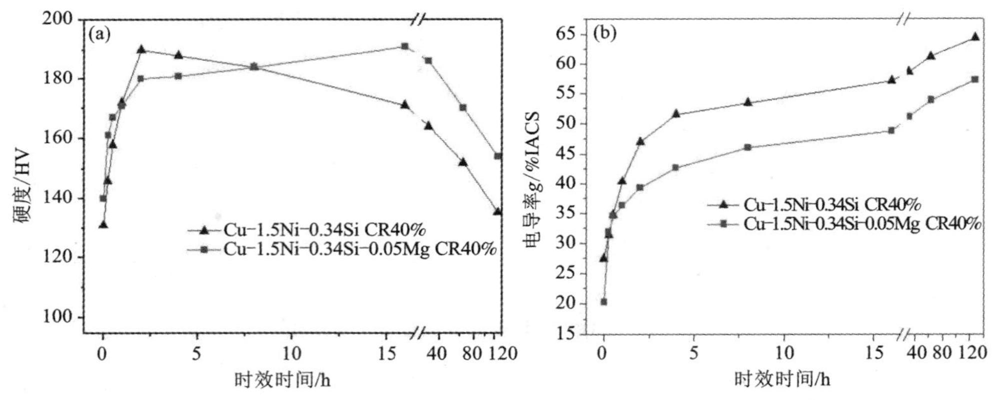

图 3-19　40%冷轧对 Cu-1.50Ni-0.34Si+Mg 合金和 Cu-1.50Ni-0.34Si 合金时效特性的影响

素会使合金时效峰宽加大(6 h→30 h)。

3.3　Cu-Ni-Si 合金强化机制与析出相的结构[11]

3.3.1　Cu-Ni-Si 合金的强化机制

如前所述，Cu-Ni-Si 系合金为典型的时效析出型合金。过饱和固溶体在一定温度下时效时，由于溶质原子 Si 在基体中的固溶度高于该温度下的平衡固溶度，因此 Si 原子会在空位等点缺陷的帮助下，通过环形扩散和空位扩散等机制进行短程扩散而发生偏聚。同时由于 Ni、Si 原子间的原子间结合力较强，偏聚后的 Si 原子会作为 Ni 原子偏聚的核心，使得原本在 Cu 基体中无限固溶的 Ni 发生脱溶，从而形成 NiSi 化合物沉淀相粒子。当这些沉淀相大量析出且尺寸足够细小(尺寸为几纳米到十几纳米)、在基体中分布均匀、并与 Cu 基体保持一定的共格关系时，它们便会对基体发生塑性变形时的位错运动起强烈的阻碍作用，从而起到很好的强化基体的效果，如图 3－20(a)所示。

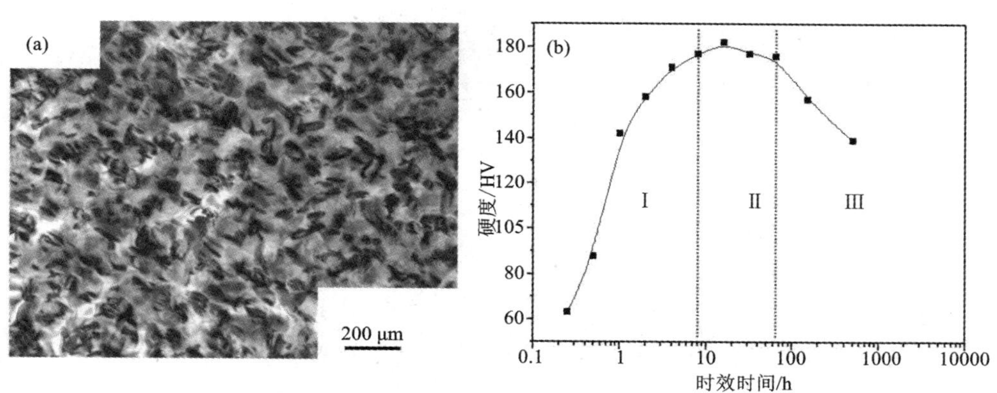

图 3－20　Cu－Ni－Si 合金中的纳米析出相(a)与 Cu－1.5Ni－0.34Si 合金在 450℃的时效硬化曲线(b)

图 3－20(b)为 Cu－1.5Ni－0.34Si 合金经热轧＋固溶＋450℃时效后，所获得的时效曲线，时效前期(Ⅰ区)合金的显微硬度随时效时间延长快速升高，此阶段合金处于欠时效状态。时效中期(Ⅱ区)合金的显微硬度随时效时间延长变化很小，此时合金处于峰时效状态。时效后期(Ⅲ区)合金的显微硬度随时效时间的延长缓慢下降，此时合金处于过时效状态。

图 3－21 示出了不同时效阶段的析出相明场形貌。在时效早期[图 3－21(a)、(b)]，合金中析出细小弥散的硬质共格相，共格相在周围基体中产生应变场，从而起到了钉扎位错的作用，从宏观上合金表现出强度提高。随着时效时间的延长[图 3－21(d)、(e)、(f)]，这些纳米级粒子逐渐长大，其在 Cu 基体中的应变场也进一步增大，在透射明场相照片中可以看到应变场产生的无衬度线，合金强度进一步增加。当时效时间进一步延长至过时效区[图 3－21(g)、(h)]，这时合金中的析出相已长大到几十纳米，与峰时效状态相比，析出相的数量有所减少，析出相长大后与基体的共格性减弱，析出相周围基体中的应变场减小，导致析出相的强化效果减弱，合金的强度下降。

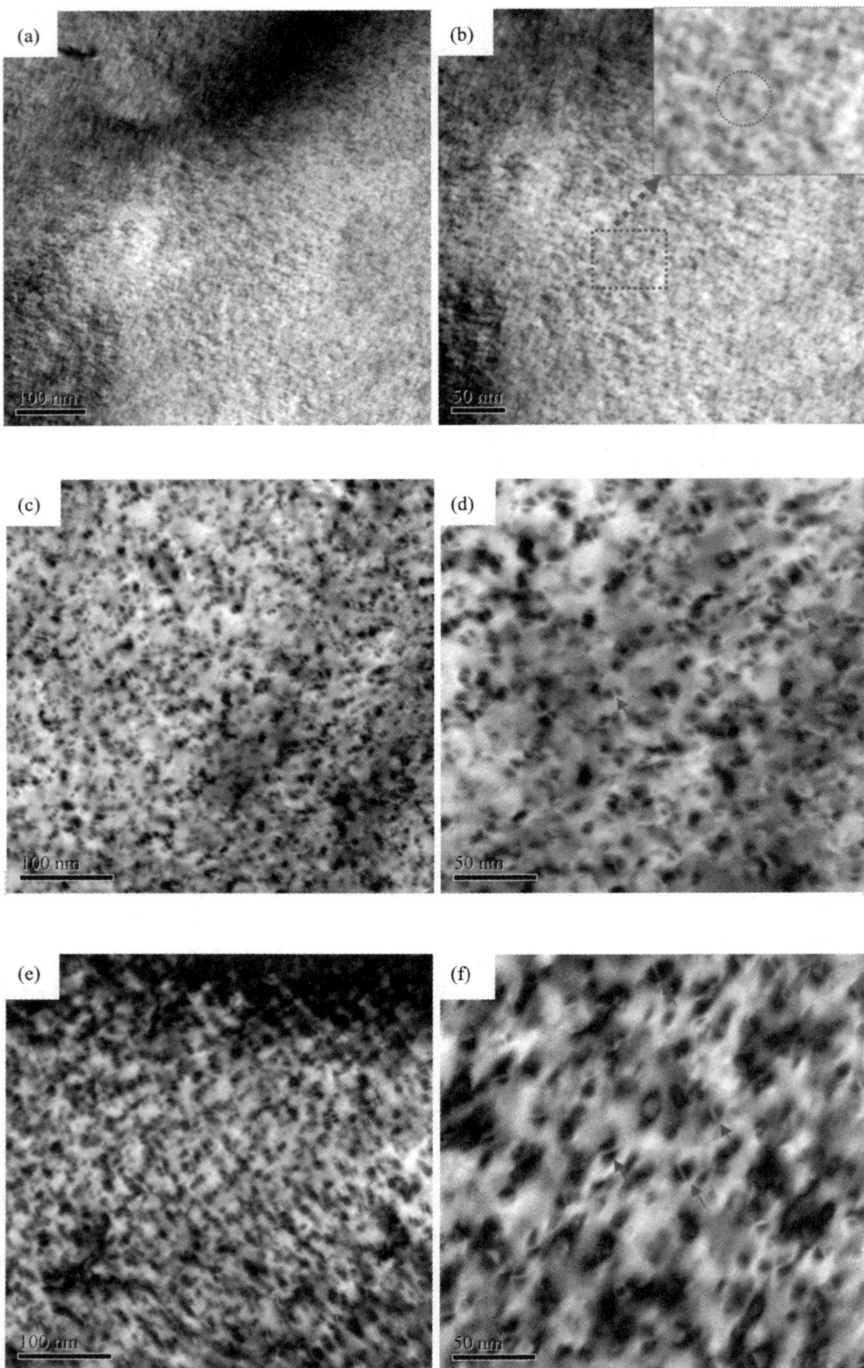
(a)
100 nm
(b)
50 nm
(c)
100 nm
(d)
50 nm
(e)
100 nm
(f)
50 nm

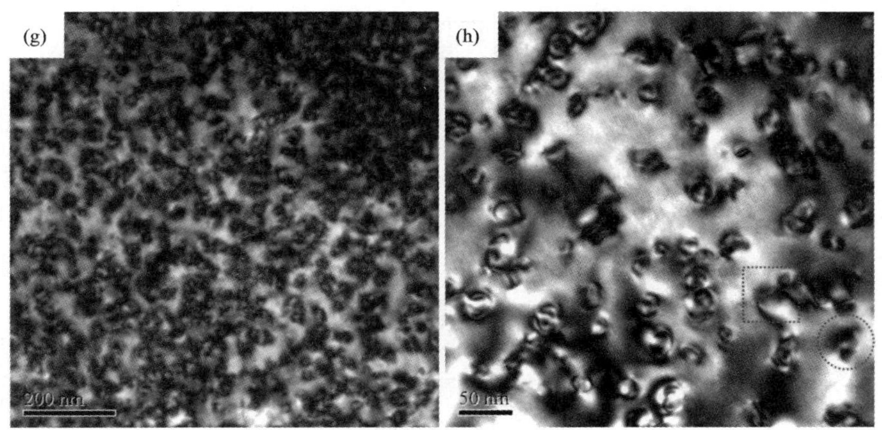

图3－21　Cu－1.5Ni－0.34Si合金450℃时效不同时间的TEM照片：
(a)(b) 15 min；(c)(d) 4 h；(e)(f)16 h；(g)(h) 500 h

3.3.2　低含量Cu－Ni－Si合金中的析出相结构

Cu－Ni－Si合金中的溶质元素为Ni和Si，在时效过程中Ni、Si原子可形成的Ni－Si化合物主要包括Ni_3Si、Ni_5Si_2/$Ni_{31}Si_{12}$和Ni_2Si。其中Ni_3Si具有两种不同结构，一种为简单立方结构的$\beta-Ni_3Si$，其属于Pm－3 m空间群；另一种是属于I4/mmm空间群的具有正方结构的$t-Ni_3Si$。Ni_5Si_2/$Ni_{31}Si_{12}$通常被称作γ相，其属于P321空间群，具有六方结构。Ni_2Si也存在两种不同的结构，一种是属于P63/mmc空间群具有六方结构的$\theta-Ni_2Si$；另一种是属于Pbnm空间群的具有正交结构的$\delta-Ni_2Si$。

胡特[24]等对几种主要的NiSi化合物在温度为0 K时的形成焓进行了计算，结果如图3－22所示。从图中可以看出，在0 K下，$\delta-Ni_2Si$是最稳定的结构。对于时效过程，时效温度为450℃(即723 K)，由于$\delta-Ni_2Si$的形成焓与最相近的形成焓之间有近50 meV的差别，不可能出现熵增效应而逆转的现象，所以此时应该依然是$\delta-Ni_2Si$最稳定。

早在1952年K. Toman[25]就用X射线法对$\delta-Ni_2Si$的晶体结构进行了研究，认为其具有正交结构，属于Pbnm空间群，并给出了粉末态样品的晶格常数和原子位置。此后，F. Bosselet[26]等人对Toman的结果进行了精修。两者的研究结果如表3－5所示。图3－23为根据Toman的数据建立的$\delta-Ni_2Si$单胞。

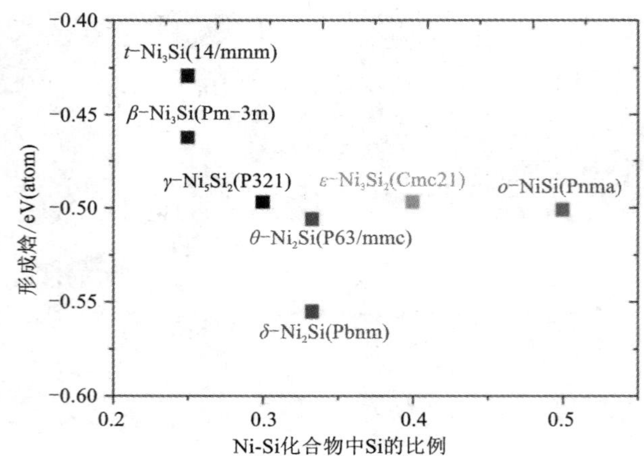

图 3-22　不同 Ni-Si 化合物的形成焓

表 3-5　$\delta-Ni_2Si$ 的晶体结构参数

		Toman	F. Bosselet(单晶样品)	F. Bosselet(粉末样品)
点阵常数	a(Å)	7.06	7.054	7.0664
	b(Å)	4.99	4.988	5.0088
	c(Å)	3.72	3.720	3.7321
原子位置 x, y, z	Ni1	0.063, 0.325, 1/4	0.0599, 0.3288, 1/4	0.0591, 0.3370, 1/4
	Ni2	0.203, 0.042, 3/4	0.2057, 0.0415, 3/4	0.2001, 0.0395, 3/4
	Si	0.386, 0.263, 1/4	0.385, 0.287, 1/4	0.3750, 0.293, 1/4

Cu-Ni-Si 合金中有强化作用的 $\delta-Ni_2Si$ 相形貌为圆盘或椭圆盘状，盘直径几纳米到几十纳米不等，其与 Cu 基体半共格，有明确的取向关系。关于取向关系，众多研究者存在不同的看法。Fujiwara H.[27] 等人的研究结果为：$(100)_{Cu}//(001)_{\delta}$、$[031]_{Cu}//[310]_{\delta}$。曹育文及 Huang Fuxiang[28] 等认为是 $(110)_{Cu}//(211)_{\delta}$、$[001]_{Cu}//[01\bar{1}]_{\delta}$。S. A. Lockyer[29, 30] 等人则是：$(100)_{Cu}//(001)_{\delta}$、$[011]_{Cu}//[010]_{\delta}$。贾延琳[31] 对此做了充分细致的研究，认为在 Cu-1.5Ni-0.34Si合金时效 500 h 后，其中的 $\delta-Ni_2Si$ 析出相有六个不同取向的变体，它们与 Cu 基体的取向关系可统一表达为：$(001)_{\delta}//\{001\}_{Cu}$, $[100]_{\delta}//\langle 110\rangle_{Cu}$。下文将介绍这一研究结果。

$\delta-Ni_2Si$ 相形貌为圆盘或椭圆盘状，且盘面与 Cu{110} 面平行，由于 Cu 基体

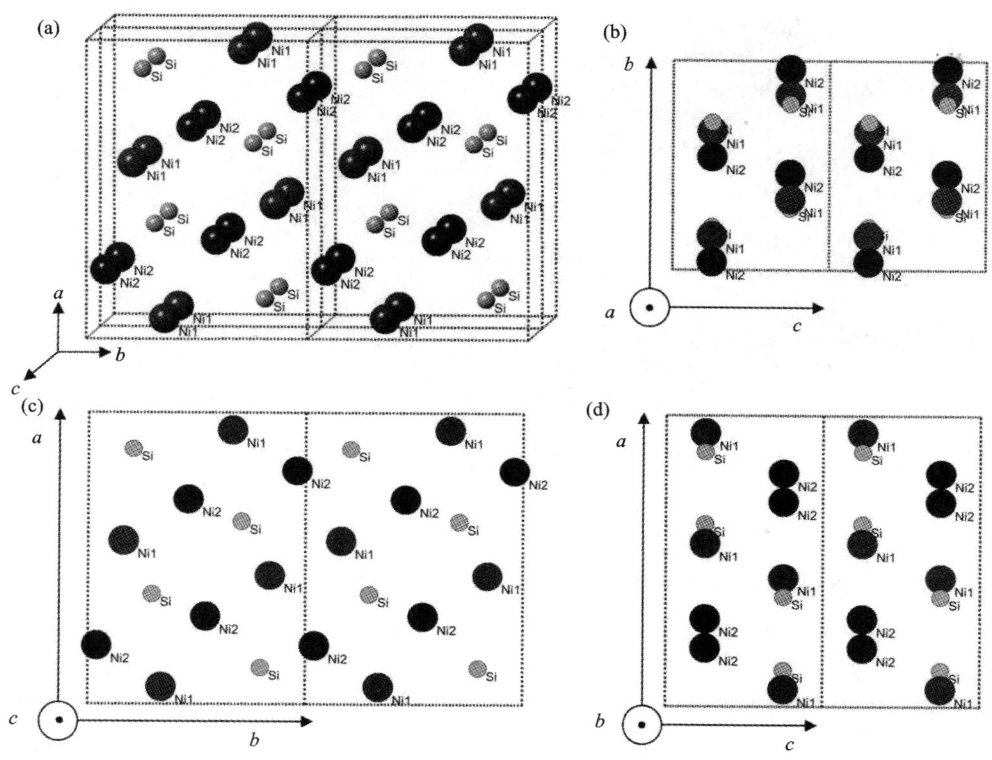

图3－23 (a)$\delta-Ni_2Si$结构单元示意图；(b)沿a轴$[100]_\delta$投影；(c)沿c轴$[001]_\delta$投影；(d)沿b轴$[010]_\delta$投影

为面心立方结构，共有六个等价的{110}面，考虑此对称性，$\delta-Ni_2Si$相共有6种变体。如前所述，$\delta-Ni_2Si$相与Cu基体有半共格关系，能够在基体中产生应变场，在透射电镜明场相观察时，由于应变场衬度的干扰，难以观察到$\delta-Ni_2Si$的实际形貌，而利用析出相衍射斑暗场成像技术能够排除应变场衬度的干扰，得到直观的析出相形貌。图3－24所示为经450℃、500 h时效处理的Cu－1.5Ni－0.34Si合金的暗场相，图3－24(a)为利用$[001]_{Cu}$带轴下位于$(110)_{Cu}$位置的衍射斑(如图中圆圈标记所示)所成的像。可以观察到呈棒状且相互垂直的两种析出相变体，其中一种变体长度方向与操作矢量g平行。此外，在图3－24(a)中还可以看到少量近圆形的析出相(图中箭头所示)，它是析出相的另一种变体。图3－24(b)是在$[111]_{Cu}$带轴下选取处于$(110)_{Cu}$位置的衍射斑(图中圆圈标记所示)进行成像的。从图中可以观察到呈棒状且相互呈120°夹角的三种析出相变体，其中一种变体长度方向与操作矢量g的方向平行。

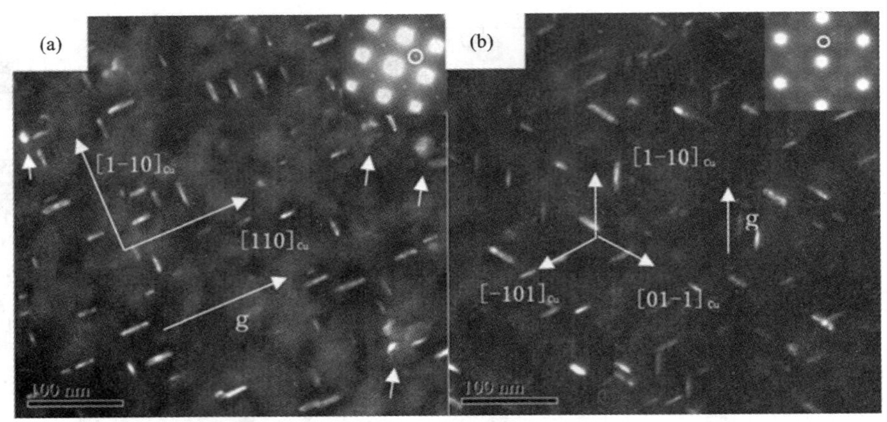

图 3-24　Cu-1.50Ni-0.34Si 合金经 450℃时效 500h 样品的 TEM 暗场照片

图 3-25 为根据取向关系绘制的 6 种 $\delta-Ni_2Si$ 相变体的空间分布和其在典型带轴下的成像投影示意图。当投影面为$(001)_{Cu}$时[图 3-25(b)，图 3-24(a)]，$(110)_{Cu}$和$(1\bar{1}0)_{Cu}$面上的盘状析出相变体的盘面垂直于投影面，表现出棒状形貌。而其他 4 个析出相变体的盘面均与投影面倾斜相交，夹角为 45°，表现出圆形或椭圆形形貌。当投影面为$(111)_{Cu}$时[图 3-25(c)，图 3-24(b)]，有 3 个面上的盘状析出相变体与投影面垂直，分别为：$(1\bar{1}0)_{Cu}$、$(10\bar{1})_{Cu}$和$(1\bar{1}1)_{Cu}$，它们均表现为棒状形貌，呈 120°夹角分布。另外 3 个面上的析出相变体与投影面夹角为 35.26°，也表现出圆形或椭圆形形貌。当投影面为$(110)_{Cu}$时[图 3-25(d)]，仅有$(1\bar{1}0)_{Cu}$面上的析出相变体与投影面垂直表现出棒状形貌，同时$(110)_{Cu}$面上的析出相变体与投影面相平行，表现出析出相本征形貌，而其他 4 个面上的析出相变体与投影面倾斜，相交夹角为 60°，在投影面上表现为圆形或椭圆形形貌。这一模型很好地解释了图 3-24 中的各种不同的析出相形貌的成因。

图 3-26 示出了 Cu-1.5Ni-0.34Si 合金 450℃时效 500h 的选区电子衍射照片。对比$<001>_{Cu}$[图 3-26(a)]与$<111>_{Cu}$[图 3-26(b)]两带轴电子衍射花样，可见 $\delta-Ni_2Si$ 的电子衍射均呈复杂花样。这两种复杂且具有一定对称性的衍射斑点是不可能由单一取向的析出相所产生，而是由 $\delta-Ni_2Si$ 在 Cu 基体的 6 种取向变体集体产生的。这些不同变体的衍射花样相互叠加，构成了 SADPs 中的复杂衍射花样。

选取 450℃时效 16 h(峰时效)的样品进行高分辨电镜观察(HRTEM)，结果如图 3-27 所示。可以明显地看到两种分别平行于$(\bar{1}10)_{Cu}$和$(110)_{Cu}$的棒状析出相，它们分别是两个盘面垂直于样品膜面的析出相变体在膜面的投影。对其中一

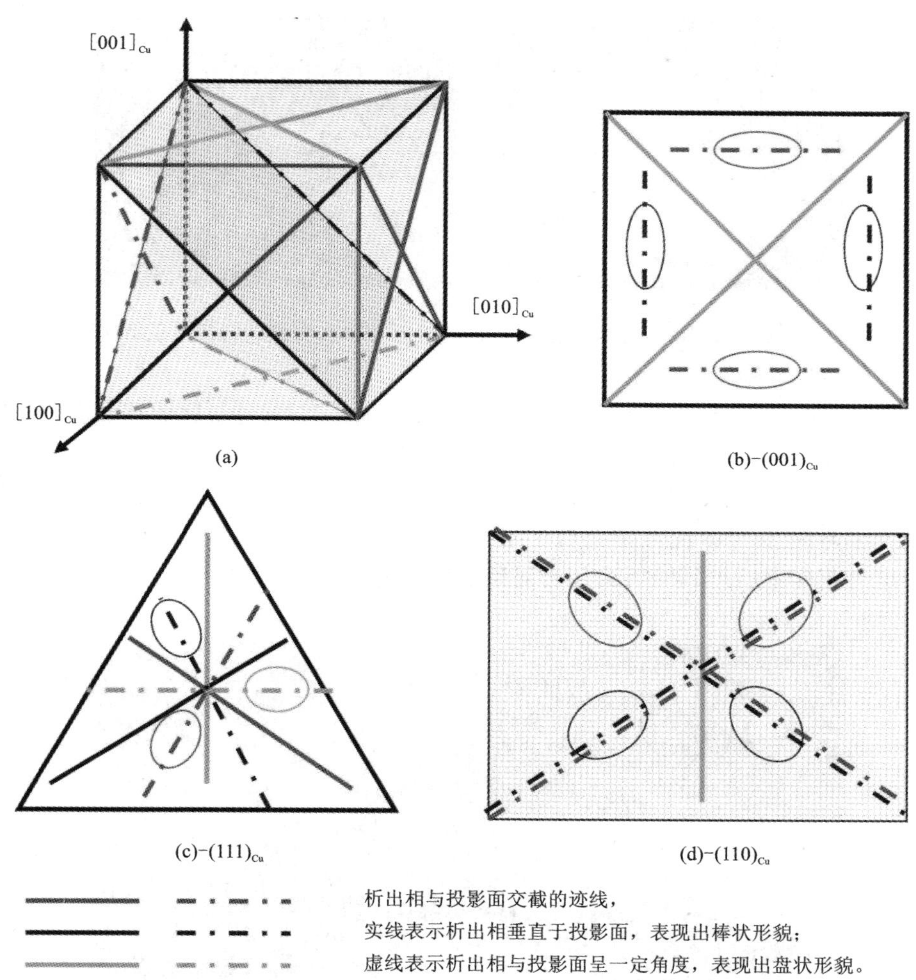
[001]Cu
[010]Cu
[100]Cu
(a)
(b)-(001)Cu
(c)-(111)Cu
(d)-(110)Cu
析出相与投影面交截的迹线，
实线表示析出相垂直于投影面，表现出棒状形貌；
虚线表示析出相与投影面呈一定角度，表现出盘状形貌。

图 3－25　析出相的空间分布及其在典型带轴下投影形状示意图

(a)析出相空间分布示意图；(b)析出相在$(001)_{Cu}$面上的投影示意图；
(c)析出相在$(111)_{Cu}$面上的投影示意图；(d) 析出相在$(110)_{Cu}$面上的投影示意图

个析出相进行傅立叶变换(FFT)，可以看到，除基体斑外还出现了沿$[220]_{Cu}$方向的衍射条纹。对单个析出相进行 FFT 变换时可以得到一组单一方向的衍射条纹，而对两个相互垂直的析出相进行 FFT 变换时，得到的衍射条纹也是相互垂直的。这种条纹的出现源于如下几个方面的原因：一是由于析出相沿$[220]_{Cu}$方向厚度很小，只有 3 nm 左右，在倒空间中厚度方向变长，成为一个倒易杆，在与爱瓦尔德球相截时不再为一个点，而是一个沿厚度方向拉长的短线；二是由于析出相厚

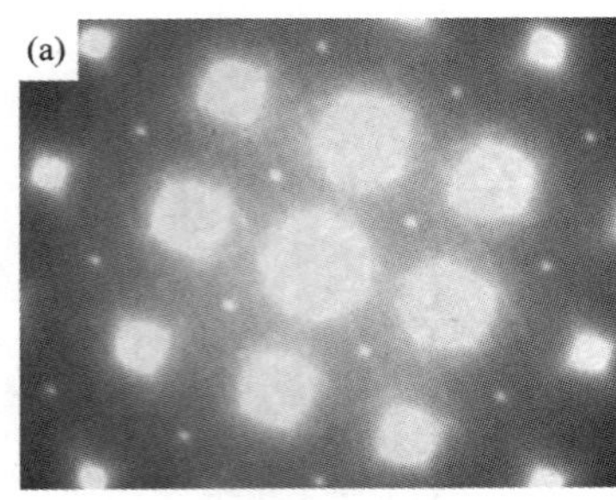

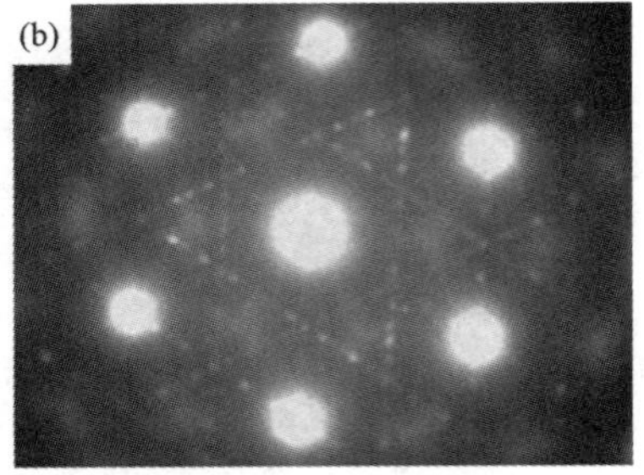

图 3-26　Cu-1.5Ni-0.34Si 合金经 450℃时效 500 h 样品的选区电子衍射照片

度方向为$[100]_p$，$(100)_p$的面间距比较大，$|g(100)_p|$比较小，因此相邻斑点的距离小，即沿$(220)_m$方向的析出相衍射斑点的间距小；三是在图中可以明显地看到有摩尔条纹出现，说明有二次衍射发生，且二次衍射斑与一次衍射斑共线。上述三个原因导致了 FFT 斑点中出现了沿$[220]_m$方向的衍射条纹，这也是前文选区电子衍射花样中所得到的析出相衍射条纹出现的原因。

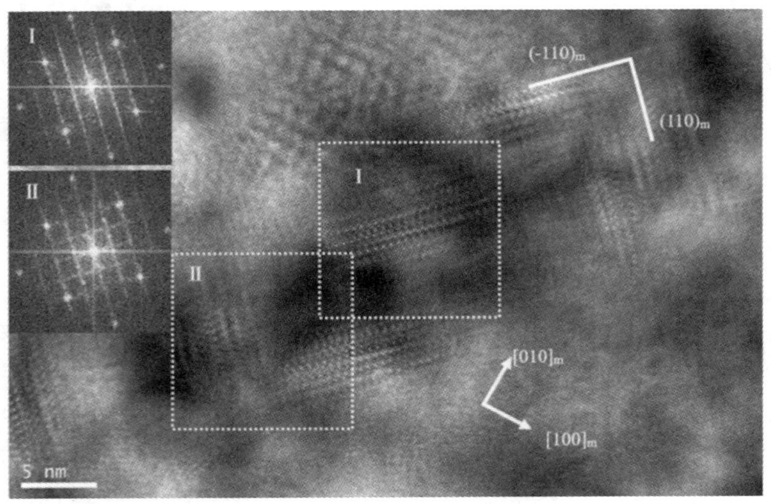

图 3-27　Cu-1.5Ni-0.34Si 合金经 450℃时效 16 h 样品的 HRTEM 照片

根据取向关系：$(001)_\delta//\{001\}_{Cu}$，$[100]_\delta//\langle 110\rangle_{Cu}$，可以得到如下结果。当选取$[001]_{Cu}$作为电子束方向时，6 个变体中有两个变体的$[001]_\delta$方向与电子束方向平行，且这两个变体的盘面法线与电子束垂直。另外四个变体盘面法线与电子束呈 45°夹角，其平行于电子束的方向的指数可以根据两相平行晶向指数转换矩阵和通用矩阵计算得到，其平行电子束的方向结果为：$[570]_{V3}$，$[5\bar{7}0]_{V4}$，$[\bar{5}70]_{V5}$和$[\bar{5}70]_{V6}$（以上均为析出相坐标系表示的指数）。

当选择$[111]_{Cu}$作为电子束方向时，有 3 个变体盘面法线与电子束方向垂直，另外 3 个变体的盘面法线与电子束方向夹角为 35.26°。通过矩阵运算，同样可以计算出这六个变体与电子束平行的晶向指数，盘面法线垂直于电子束的三个变体的[011]方向均与电子束近似平行，夹角为 0.6°，其余三个变体与电子束平行的方向分别为：$[304]_{V1}$，$[30\bar{4}]_{V3}$和$[\bar{3}04]_{V5}$。图 3 – 28 分别给出了对以$[001]_{Cu}$和

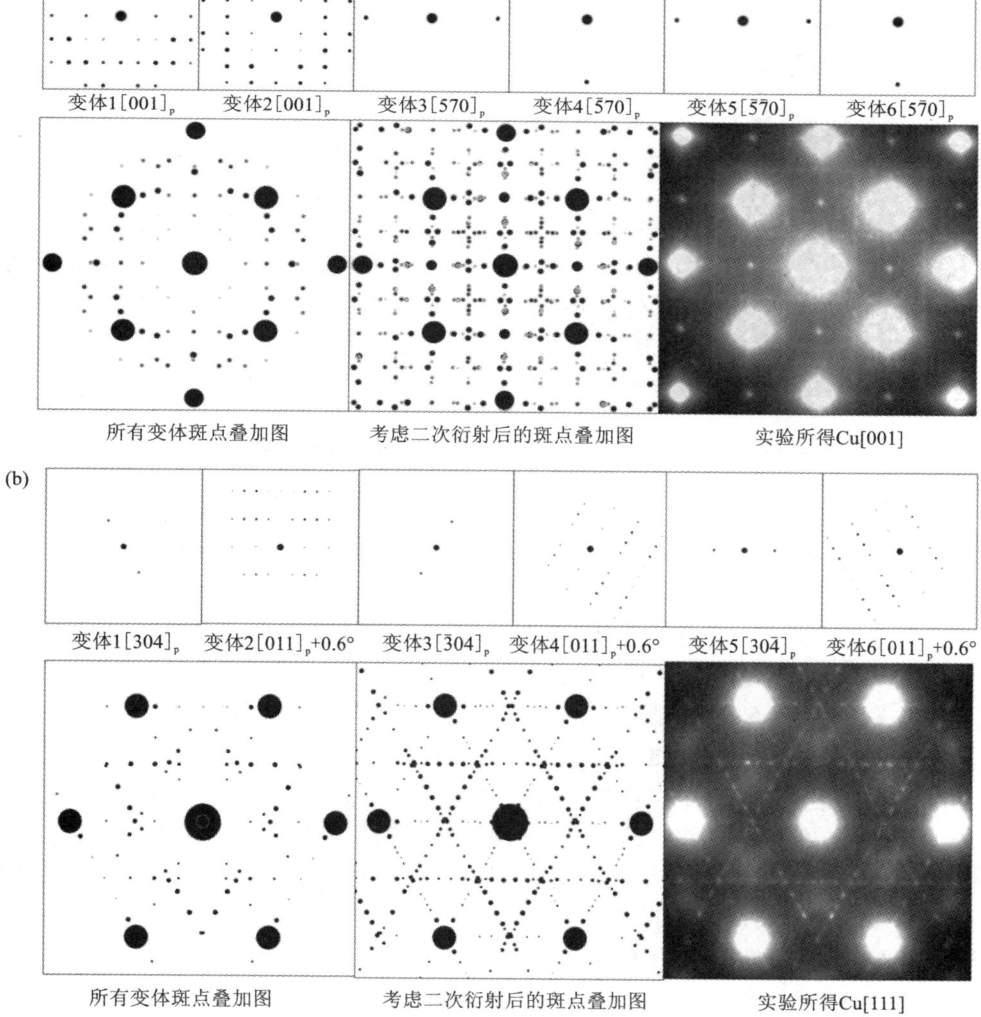

图 3 – 28　$[001]_{Cu}$带轴（a）和$[111]_{Cu}$带轴（b）下析出相的电子衍射花样模拟图

$[111]_{Cu}$为电子束方向时的6个$\delta-Ni_2Si$变体及Cu基体的复合电子衍射花样的模拟结果(图中包括6种变体各自的衍射斑图、简单叠加后的衍射斑点图、叠加后加上2次衍射的衍射斑点图)，可见其与实验结果完全吻合。

通过上文的论述，可以得到如下结论：

(1) Cu-1.5Ni-0.34Si合金时效硬化过程中的强化相为$\delta-Ni_2Si$，强化机制为弥散分布的纳米级$\delta-Ni_2Si$粒子对位错运动的阻碍作用和$\delta-Ni_2Si$粒子与Cu基体共格而引起的应变场对位错运动的阻碍作用。

(2) $\delta-Ni_2Si$析出相有六个不同取向的变体，它们与Cu基体的取向关系可统一表达为：$(001)_{\delta}//\{001\}_{Cu}$，$[100]_{\delta}//<110>_{Cu}$，$[010]_{\delta}//<110>_{Cu}$。

(3) Cu-1.5Ni-0.34Si合金时效析出相$\delta-Ni_2Si$复杂的衍射现象，是由$\delta-Ni_2Si$多种变体衍射花样叠加和二次衍射所导致的。

3.4 引线框架用 Cu-Ni-Si 系合金产业化生产工艺[11]

众所周知，金属材料的实验室制备和工业化生产是两码事。实验室中的样品一般不过几千克，锭坯小，在加工和热处理过程中容易控制条件，性能和组织也比较均匀，然而工厂大规模生产时，锭坯达数十吨重，加工和热处理制度的选取要考虑工厂设备的能力。如何在大锭坯条件下制备出性能优良、成分均匀的材料成品，是一个重要的研究课题。

3.4.1 Cu-Ni-Si 系合金产业化生产线的装备条件

大规模生产Cu-Ni-Si框架带材的现代生产线常由下列主要装备组成。

热轧机：通常采用1250 mm热轧机，工作辊辊径为1050 mm，轧制速度为3 m/s。轧机尾部连接在线喷水淬火装置、双面铣和自动卷曲设备。

钟罩式退火炉：优点是可对成卷的板/带进行加热，其单炉容量可达45 t；其缺点为升降温速度慢，卷内外受热不均匀。因此采用钟罩炉退火/时效时加热制度通常为升温3～5 h→保温5～8 h→降温4～6 h，折算成等效加热时间为8～16 h。一般作为主时效加热炉。

气垫式退火炉：气垫炉常用于对带材进行在线连续加热，不存在卷内外受热不均的问题，但一个气垫炉组长度仅为12 m，带材通过速度为5～50 m/min，故即便采用两组气垫炉串联工作其最长加热时间也只能达到5 min。气垫炉一般作为二次和三次时效加热炉。

粗轧机组：加工板/带材宽度为600～1280 mm，终轧带材厚度为0.5～5.0 mm，主要用于冷轧。

精轧机组：包括4辊精轧机和20辊精轧机，最大轧制速度为800 m/min，成品带材厚度为 0.05～2.0 mm，带材宽度为 310～650 mm。

工业生产 Cu－Ni－Si 合金时，既要适应产业化生产装备条件，又要提高生产效率，希望通过简单形变热处理将庞大的铸锭制成性能优良、成分均匀的薄成品带材是不可能的，一般来说，需要结合多重加工和时效的复合形变热处理工艺才可以实现。

本文将主要论述 Cu－1.5Ni－0.34Si－0.05Mg－0.03P－0.20Zn（下文简称 Cu－1.5Ni－0.34Si＋Mg）合金与 Cu－2.0Ni－0.58Si－0.05Mg－0.03P－0.20Zn 合金（简称 Cu－2.0Ni－0.58Si＋Mg 合金）的产业化工艺。考虑到工厂中采用钟罩炉进行主时效，采用气垫炉进行二次和三次时效，故在后文论述工艺设计时，将主时效时间定为 8～16 h，二次和三次时效时间定为 1～5 min。

3.4.2　Cu－1.5Ni－0.34Si＋Mg 合金的产业化工艺

3.4.2.1　Cu－1.5Ni－0.34Si＋Mg 合金的主时效特性

由 3.2 节可知，大规模生产 Cu－Ni－Si 合金时，热轧在线淬火工艺是可行的。因此对于 Cu－1.5Ni－0.34Si＋Mg 合金，均匀化、热轧和在线淬火可合并为一道工序，具体工艺为 900℃均匀化处理 4 h，直接进行热轧，终轧温度≥650℃，终轧后立即在线水淬。

由 3.2.5.3 可知，添加适量的 Mg，P，Zn 等元素能够使合金的时效峰滞后，时效峰宽变宽，这些特性都便于合金大规模生产时过程控制，所以一般产业化的 Cu－Ni－Si 合金都适量添加 Mg，P，Zn 等元素。图 3－18 示出了 Cu－1.5Ni－0.34Si＋Mg 合金在 450℃，500℃，550℃下热轧淬火后直接时效的硬度和电导率曲线。从图中可以看出，450℃下时效的合金性能要高于其他两个温度，且合金的时效峰较宽（1 h 至 8 h 硬度稳定在 170 HV 以上），结合一般主时效使用钟罩式退火炉，其等效加热时间为 8～16 h，所以主时效可采用 450℃ 4～8 h。合金的热轧板硬度较低，利于合金的冷轧加工。图 3－19 示出了 Cu－1.5Ni－0.34Si＋Mg 合金热轧在线淬火后经 40% 冷轧然后在 450℃时效的硬度电导率曲线，可见，与图 3－18 所示的热轧板直接时效结果相比，其时效 8 h 的硬度和电导率数值均相当。

由上述可知，对于 Cu－1.5Ni－0.34Si＋Mg 合金，综合考虑产业化装备和性能，主时效宜采用 450℃ 4～8 h，在热轧在线淬火和主时效之间可以加入 40% 冷轧。

3.4.2.2　Cu－1.5Ni－0.34Si＋Mg 合金的二次时效特性

Cu－1.5Ni－0.34Si＋Mg 合金热轧在线淬火后冷轧 40%，然后 450℃预时效（即主时效），再二次冷轧，冷轧量为 80%，最后在 450℃下进行终时效（二次时效），所得时效曲线如图 3－29 所示。

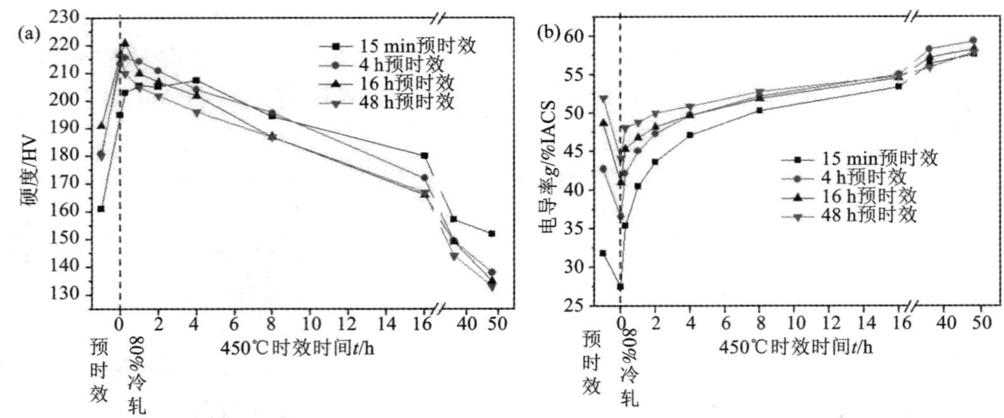

图 3－29　双冷轧＋双时效对 Cu－1.50Ni－0.34Si＋Mg 合金特性的影响

可见，随着该合金终时效时间的延长，合金硬度缓慢下降，其电导率缓慢上升，终时效时间 4～8 h 时，合金的硬度均在 190 HV 以上，电导率均高于 45%。可见，终时效制度为 450℃ 4～8 h。当终时效 4 h 时，预时效 15 min、4 h、16 h、48 h 后得到的性能分别为：HV：208，g：47% IACS；HV：204，g：49.7% IACS；HV：202，g：49.7% IACS；HV：196，g：51% IACS，相互差别不大。预时效时间的长短，对合金终态的显微硬度影响较小，延长预时效时间可以适当提高合金终态的电导率，这也进一步说明上文中主时效制度选择 450℃ 4～8 h 是合理的。

所以，可将 Cu－1.5Ni－0.34Si＋Mg 合金的产业化工艺路线和成品性能总结如下：

工艺：900℃热轧淬火＋40%冷轧＋450℃ 4～8 h 主时效＋80%冷轧＋450℃ 4～8 h 二次时效。

性能：HV＝204～196，g＝50%～52% IACS，抗软化温度≥450℃。

3.4.3　Cu－2.0Ni－0.58Si＋Mg 合金产业化工艺

3.4.3.1　Cu－2.0Ni－0.58Si＋Mg 合金主时效特性

与 Cu－1.5Ni－0.34Si＋Mg 合金相仿，Cu－2.0Ni－0.58Si＋Mg 合金的均匀化、热轧和在线淬火也可合并为一道工序，具体工艺为 900℃均匀化处理 4 h，直接热轧，终轧温度≥650℃，终轧后立即在线水淬。

在 450℃、500℃和 550℃三个温度下分别对 Cu－2.0Ni－0.58Si＋Mg 合金在线热轧淬火态样品进行主时效，其性能随时效时间的变化结果如图 3－30 所示。与 Cu－1.5Ni－0.34Si＋Mg 合金类似，Cu－2.0Ni－0.58Si＋Mg 合金在 450℃时效 4 h 合金显微硬度达到峰值，峰值硬度为 224 HV。延长时效时间至 8 h 后，合金的显微硬度开始下降，时效至 64 h，合金的显微硬度降至 205 HV。在 500℃和 550℃时效时的规律与上述的类似，但时效峰值硬度有所下降，分别为：218 HV和 190 HV。另外，由图 3－30(a)还可以看出，450℃下时效 1～16 h，合金的显微硬度都可以稳定在 220 HV 左右。该合金在此温度下时效峰宽为 15 h，随着时效温度的升高，合金时效峰宽变窄。由图 3－30(b)可见，该合金在不同温度下时效时，初期电导率快速升高，随着时效时间的延长，电导率上升趋势变缓。

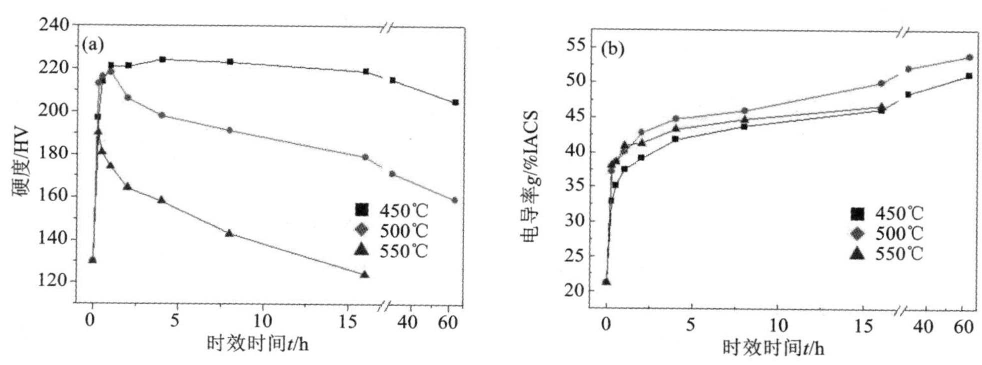

图 3－30　Cu－2.00Ni－0.58Si＋Mg 合金热轧淬火后经不同温度时效的硬度与电导率

综上可见，该合金较合适的主时效温度为 450℃～500℃，此时合金性能可控性较好，合金在较宽的时间范围内都有较高的硬度和良好的电导率，且不易过时效，易获得高强高导电性能，450℃时效 128 h，合金的性能硬度为 190 HV，电导率为 55.3% IACS；在 500℃时效 8 h 时，合金的性能硬度为 191 HV，电导率为 46.0% IACS。结合工厂实际，主时效需使用钟罩炉，所以合适的主时效时间为 4～8 h。

3.4.3.2　Cu－2.0Ni－0.58Si＋Mg **合金二次时效特性**

图 3－31 分别示出了 Cu－2.0Ni－0.58Si＋Mg 合金热轧淬火＋450℃时效 8 h（峰时效态）＋92%冷轧后于不同温度条件下时效的显微硬度和电导率随时效时间变化的曲线。总体看来，与一次时效相比，合金经冷轧后在二次时效过程中显微硬度和电导率变化规律与前面的研究都是一致的，且综合性能有所提高。一次时效(450℃，8 h)后的样品，经冷轧变形 92%，其显微硬度上升了 40 HV，电导率 *g* 下降了 10% IACS。450℃下进行二次时效，样品的显微硬度在时效 1 min 后即达到了峰值，为 269 HV。进一步延长时效时间，样品出现过时效现象，显微硬度逐渐下降，但下降速度较慢。450℃保温 1 h 后，样品的显微硬度仍达 219 HV，此时电导率 *g* 高达 50.9% IACS。500℃和 550℃进行二次时效时，样品的显微硬度随时效时间的延长一直下降，没有观察到硬度峰值，这可能是在 500℃和 550℃

下 Cu－2.0Ni－0.58Si＋Mg 合金的时效析出速度非常快，其硬度峰值出现的时间小于 1 min 所造成的。

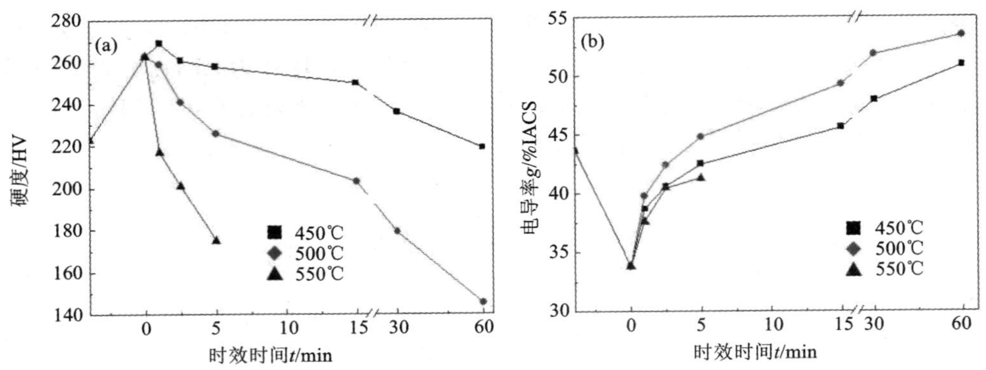

图 3－31　Cu－2.00Ni－0.58Si＋Mg 合金热轧淬火＋450℃时效 8 h＋92%冷轧后于不同温度二次时效的硬度与电导率

另外，在 500℃和 550℃二次时效时，非常容易过时效。在 500℃二次时效时，合金只有在时效时间小于 15 min 时其显微硬度才能保持在 200 HV 以上，当时效时间为 1 h 时，样品的显微硬度仅为 145 HV。当二次时效温度升至 550℃时，合金在 2.5 min 以内时效时才保持较高的显微硬度，合金的综合性能仅为 201 HV 和 40.5% IACS。但是，无论是在哪个温度二次时效，随着时效时间的延长，样品的电导率都上升。由此可见，Cu－2.0Ni－0.58Si＋Mg 合金经热轧淬火＋450℃时效 8 h＋92%冷轧后在 450℃下二次时效可获得良好的综合性能，且 450℃抗软化性能较好，在 1 h 时效时间范围内一直保持了较高的显微硬度。

图 3－32 分别示出了 Cu－2.0Ni－0.58Si＋Mg 合金经热轧淬火＋500℃时效 8 h(过时效态)＋92%冷轧后于不同温度下二次时效的显微硬度和电导率变化曲线。主时效为 500℃ 8 h 的样品经冷轧变形 92%后，其显微硬度上升了59 HV，电导率 g 下降了 7% IACS。与前面主时效为 450℃ 8 h 的样品相比，此时冷变形引起的合金显微硬度上升幅度更大，而电导率下降的幅度更小。同样，该状态的合金二次时效行为与前面 Cu－2.0Ni－0.58Si＋Mg 合金经热轧淬火＋450℃时效 8 h(峰时效态)后冷轧变形 92%的也有所不同。合金在 450℃～550℃二次时效时，随着时效时间的延长，合金的显微硬度一直下降，没有出现显微硬度上升的过程。与主时效为 450℃ 8 h 的样品相比，Cu－2.0Ni－0.58Si＋Mg 合金经热轧淬火＋500℃时效 8 h＋92%冷轧的合金在二次时效过程中，尽管样品的显微硬度整体稍低，但是电导率相对较高，且在此状态下的样品抗软化性能较好。

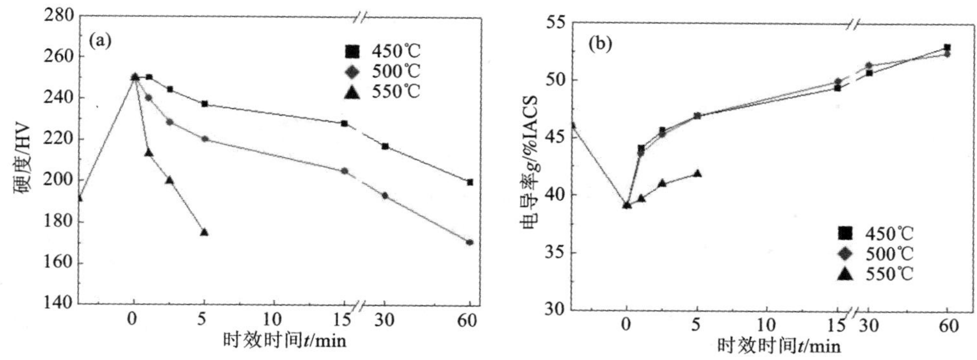

图 3－32　Cu－2.00Ni－0.58Si＋Mg 合金热轧淬火后＋500℃时效 8 h＋92%冷轧于不同温度二次时效的硬度与电导率

图 3－33 分别示出了 Cu－2.0Ni－0.58Si＋Mg 合金经热轧淬火＋550℃时效 8 h(超过时效态)＋92%冷轧后于不同温度二次时效的显微硬度和电导率变化曲线。与前两种主时效状态的样品相比，经超过时效处理的合金在冷轧变形 92%后，所引起的显微硬度上升幅度更大(上升了 74 HV)，而电导率下降的幅度更小(仅下降了 3.5% IACS)。该状态的合金二次时效效果则与 Cu－2.0Ni－0.58Si＋Mg 合金经热轧淬火＋500℃时效 8 h(过时效态)后冷轧变形 92%的类似。另外，当主时效为超过时效时，合金在 450℃下抗软化性能最好，保温至 1 h 时，显微硬度仍然达 194 HV(仅下降 23 HV)，此时电导率为 50.6% IACS。但若在 500℃以上二次时效，尽管样品的过时效速度较前两种状态慢，但其显微硬度值较低，综合性能不高。

上述结果表明，当 Cu－2.0Ni－0.58Si＋Mg 合金主时效为过时效和超过时效时，经冷变形后合金可以在较短二次时效时间内(1～2.5 min)获得良好的综合性能，且 450℃抗软化性能较好。

工业生产中精轧、拉弯矫和光亮(去应力)退火等工艺环节，可以进一步提高合金的性能，表 3－6、表 3－7 示出了经前述加工和热处理(热轧淬火＋500℃时效 4～8 h＋92%冷轧＋500℃时效 1～2.5 min)的样品进一步做二次冷轧和三次时效处理的各个环节性能的变化值。其中二次冷轧变形量分别为 25%和 50%，三次时效制度为 500℃下保温 1～2 min。可以看出，经二次冷轧和三次时效后，合金的硬度小幅下降，而电导率进一步提高。在热轧淬火＋500℃时效 4～8 h＋92%冷轧＋500℃时效 1～2.5 min＋50%冷轧＋500℃ 1～2.5 min 时效，合金的综合性能可达：225 HV 和 46% IACS。

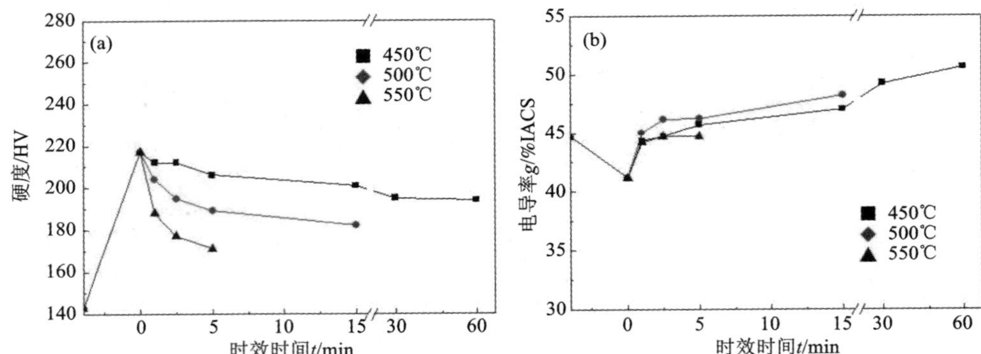

图 3-33　Cu-2.00Ni-0.58Si+Mg 合金经热轧淬火+550℃时效 8 h+92%冷轧于不同温度二次时效的硬度与电导率

表 3-6　Cu-2.00Ni-0.58Si+Mg 合金经热轧淬火后再经 3 次 500℃时效+2 次冷轧(92%，25%)的各环节性能

	900℃ HR	500℃ 4~8 h	92% CR	500℃ 1~2.5 min	25% CR	500℃ 1~2.5 min
HV	130	190	250	240	250	230
电导率 /% IACS	21	46	39	44	42	45

表 3-7　Cu-2.00Ni-0.58Si+Mg 合金经热轧淬火后再经 3 次 500℃时效+2 次冷轧(92%，50%)的各环节性能

	900℃ HR	500℃ 4~8 h	92% CR	500℃ 1~2.5 min	50% CR	500℃ 1~2.5 min
HV	130	190	250	240	255	225
电导率 /% IACS	21	46	39	44	41	46

3.4.3.3　进一步提高 Cu-2.0Ni-0.58Si+Mg 合金电导率的途径

为了进一步提高 Cu-2.0Ni-0.58Si+Mg 合金的综合性能，可在主时效前加一道冷变形。图 3-34 示出了对热轧在线淬火态合金分别进行 60% 和 80% 两种变形量的冷轧，并在 450℃ 和 500℃ 下时效，时效过程中的性能变化规律。从图中可以看出，在主时效前加一道冷变形可以明显加快合金的主时效进程，与未经冷变形直接时效的结果相比，主时效前的冷变形可以使合金在不降低主时效后显微硬度的前提下有效地提高主时效后的电导率。

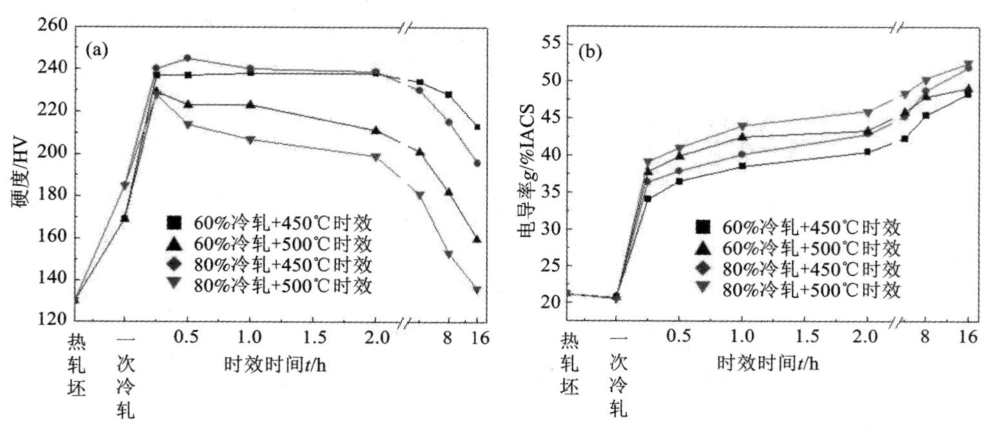

图 3－34　Cu－2.00Ni－0.58Si＋Mg 合金经热轧淬火＋60％和 80％冷轧＋450℃和 500℃时效不同时间的硬度与电导率

结合钟罩炉实际条件，冷轧后在以下条件进行主时效，即：60％冷轧＋450℃ 16 h 过时效、60％冷轧＋500℃ 8 h 超过时效、80％冷轧＋450℃ 8 h 过时效和 80％冷轧＋450℃ 16 h 超过时效。之后将合金冷轧 80％，再分别于 450℃二次时效。各个环节的性能变化如图 3－35 所示。

由图 3－35 可见，4 种不同主时效样品的二次时效性能变化规律相同。但是这 4 种不同主时效样品经最终处理后，其抗高温软化性能并不相同。同样在 450℃下保温 1 h，若主时效为过时效，其显微硬度下降 30 HV 以上；若主时效为超过时效，其显微硬度下降仅为 16～20 HV（＜10％）。

因此，综合考虑产业化生产条件和合金的力学、电学和抗软化性能，Cu－2.0Ni－0.58Si＋Mg 合金合适的产业化生产工艺为：900℃热轧淬火＋60％冷轧＋500℃时效 6～8 h＋80％冷轧＋450℃ 1～2 min 二次时效＋精轧和去应力退火，最后一道工序是指小变形量三次冷轧（25％）和三次时效（450℃ 1～2 min）。该合金的综合性能：显微硬度为 215～220 HV，电导率为 47.5～48.5％ IACS，抗软化性能为 450℃下保温 1 h 硬度下降＜10％。

3.4.3.4　一种新型的 Cu－2.0Ni－0.58Si＋Mg 合金短流程工艺

如前所述，产业化工艺主要通过热轧在线淬火后的多次冷轧和时效来实现，在二次甚至三次时效时，尽管时效前的冷变形提供了大量的储能，但由于主时效

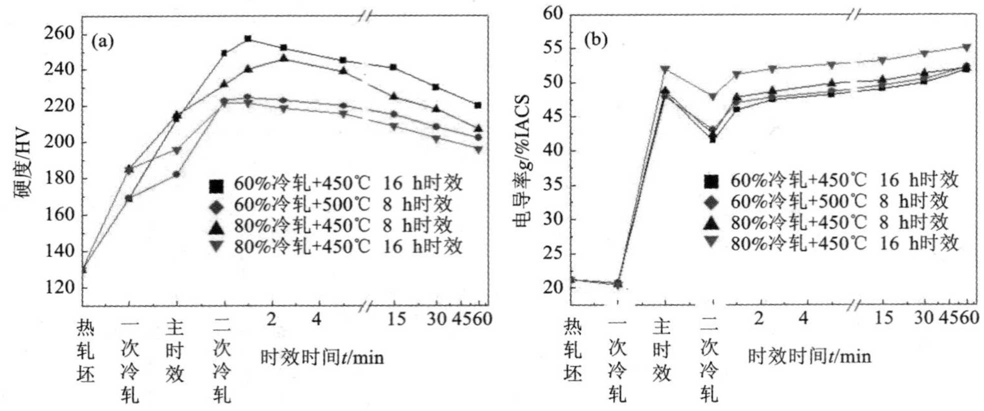

图 3-35 Cu-2.00Ni-0.58Si+Mg 合金经不同主时效处理后再于 450℃下二次时效显微硬度与电导率变化曲线

后溶质原子大量析出，基体中的溶质浓度很小，导致二次/三次时效过程中时效动力不足，再析出粒子数量少，强化效果不足。此外，由于选取的主时效均为 450℃ 8 h 或 500℃ 8 h，尽管此时合金已经过时效，但主时效后硬度较高，增加了后续冷轧的难度。那么应该如何增大后续时效的析出动力呢？如何能够使主时效后的合金硬度变小、而在最终成品中不损失性能呢？基于这两个问题，我们提出了一种新型的 Cu-2.0Ni-0.58Si+Mg 合金短流程工艺[32]，其为：热轧在线淬火+预时效 600℃ 8 h(超过时效)+冷轧(80% 以上)+短时固溶 780℃ 2 min(回归)+时效 450℃ 8 h~16 h(再时效)+二次冷轧，二次时效+三次冷轧，三次时效。其中，二次、三次冷轧均为小变形冷轧(≤25%)，二次、三次时效均为 450℃ ~500℃ 1~2 min。

图 3-36 所示为此工艺在各个环节的金相显微组织。可见合金热轧在线淬火[图 3-36(a)]后晶粒非常不均匀，并且沿轧制方向伸长。经预时效处理后[图 3-36(b)]，由于时效温度较高(600℃)、保温时间较长(8 h)，热轧淬火态中的细小晶粒发生了长大，整个合金的晶粒粗大但比较均匀，合金仍然保留了热轧时的动态再结晶组织，晶粒依然沿轧制方向伸长。图 3-36(c)给出了合金冷轧后的金相组织。可以观察到，由于变形量大(80%)，经冷轧处理的样品晶粒变形均匀，观察不到完整的晶粒，晶粒沿冷轧方向拉长。图 3-36(d)给出了合金在 780℃ 2 min 固溶后的金相组织，可见样品回归过程中重新发生了再结晶，晶粒尺寸非常小，远小于热轧态样品的晶粒尺寸，但合金整体上仍保留了冷加工纤维组织痕迹。

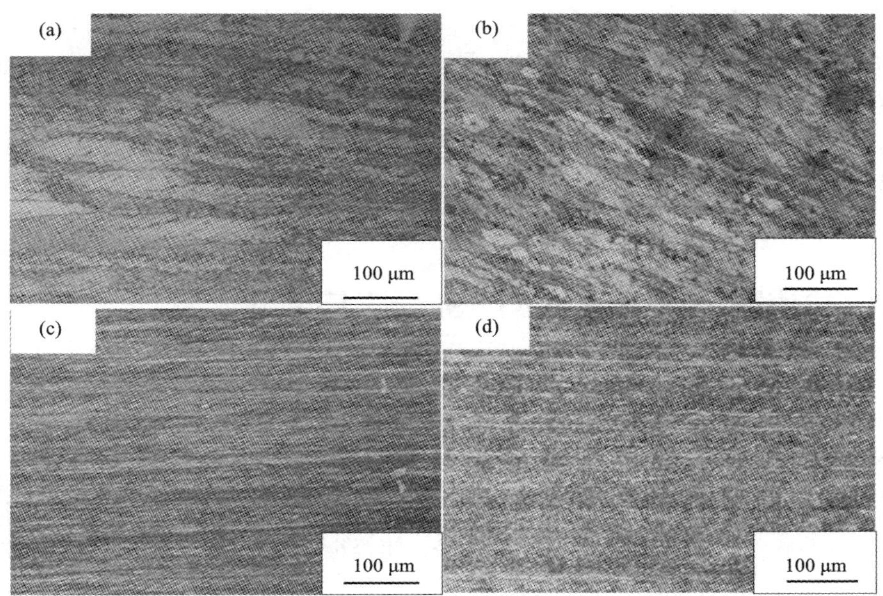

图3－36 Cu－2.0Ni－0.34Si－Mg合金经不同过程处理后的组织金相照片

(a)热轧在线淬火；(b)600℃预时效8 h；(c)80%冷轧；(d)780℃ 2 min回归

合金在预时效后由于强烈的过时效作用和粗大的再结晶组织使得硬度大大下降，仅仅140 HV左右，比3.4.3.1节中介绍的主时效工艺得到的合金硬度220 HV要小得多，非常有利于后续的冷轧加工。图3－37出示了Cu－2.0Ni－

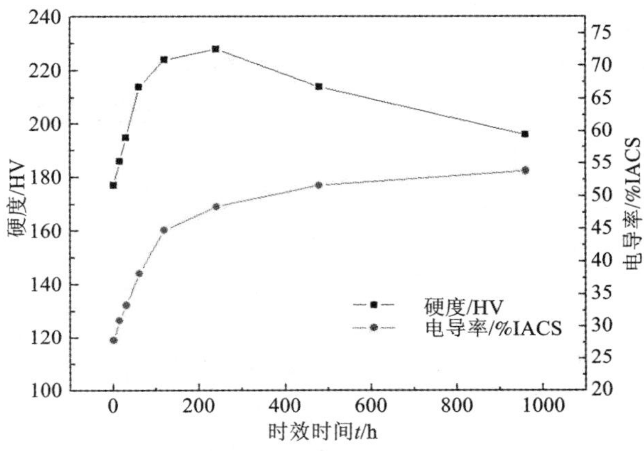

图3－37 经回归处理后的Cu－2.0Ni－0.34Si－Mg合金的450℃再时效性能曲线

0.58Si + Mg 合金按照上文工艺，即在短时固溶淬火后再时效时的合金性能变化曲线。在时效前期显微硬度迅速升高，4 h 后合金的显微硬度达到峰值(228 HV)。继续延长时效时间，合金显微硬度略微下降，时效至 8 h 时，合金硬度值仍可达 214 HV，这表明合金的抗软化性能好。随着时效时间的不断延长，合金的电导率也随之升高。当合金显微硬度达到峰值时(4 h)，样品的电导率值达 48.4% IACS，样品时效时间为 8 h 时，硬度值达 214 HV，电导率达 51.6% IACS，综合性能非常优异。

3.5 其他铜合金中添加 Ni、Si 元素后的基本特性

3.5.1 Cu – Zn 合金中添加 Ni、Si 元素

Cu – Zn 合金俗称黄铜，广泛应用于制造阀门、水管、空调内外机连接管、散热器、机械零件和弹性元件等。我国铜矿资源贫乏，铜中加入锌不仅能够降低合金成本而且熔炼时锌挥发能有效除气除渣，使合金纯净且无气孔，提高成品的质量，此外加入 Zn 还有固溶强化作用[33]，提高合金的强度。一般来说，锌含量越高，合金强度也越高，但过高的锌含量也会导致合金塑性降低，甚至产生脆性，使合金性能变差[34]，故而不能只通过提高黄铜中 Zn 的含量来提高黄铜的强度。为了解决在低锌黄铜中合金强度不够的问题，我们在低锌含量的 Cu – Zn 合金中加入适量的 Ni 和 Si，制得 Cu – Zn – Ni – Si 系合金，以期在黄铜中引入Ni_2Si粒子析出强化，从而达到提高低锌黄铜强度的目的。

3.5.1.1 Cu – Zn – Ni – Si **系合金的合金元素设计**

目前，国内外对 Cu – Zn – Ni – Si 系合金的研究不多。研制新型合金材料，合适的化学成分设计是实现其良好性能的基础。图 1 – 1 出示了一些常见微量合金元素与铜的电阻率的关系，从图中可以看出 Si 相对于 Ni 来说对铜的电阻的不良影响要大得多。Cu – Zn – Ni – Si 合金主要是通过镍硅化合物析出而产生强化作用，因此，合金中镍和硅的含量与 Cu – Ni – Si 合金设计的原则一样，即需使 Ni 和 Si 元素原子数之比等于或略大于 2∶1，这样既能得到强化相 $\delta - Ni_2Si$，又可避免少量或过量的 Si 无法析出，而影响合金的导电性能。

3.5.1.2 Cu – Zn – Ni – Si **系合金的铸态和均匀化组织**

图 3 – 38(a)为 Cu – 10Zn – 1.5Ni – 0.34Si 合金的铸态金相组织。可见铸态组织中存在大量的枝晶组织，与 Cu – Ni – Si 合金组织相比，晶粒要细小得多。图 3 – 38(b)是 Cu – 10Zn – 1.5Ni – 0.34Si 合金经 900℃/2 h 均匀化后的金相组织。900℃退火 2 h 后，该合金枝晶偏析已完全消除，且晶粒细小，大小与铸态的相差不大。

图3－38　Cu－10Zn－1.5Ni－0.34Si合金的铸态(a)和均匀化(b)的组织金相照片

3.5.1.3　Cu－Zn－Ni－Si **系合金的形变热处理规律**

图3－39为Cu－10Zn－1.5Ni－0.34Si合金经900℃/2 h均匀化处理后再进行热轧在线淬火(变形量80%)的侧面显微组织。可以看出，合金已发生完全再结晶，平均晶粒大小约30 μm。图3－40(a)是Cu－10Zn－1.5Ni－0.34Si合金冷轧80%的侧面显微组织，冷轧后的晶粒被拉长成沿轧制方向的条带组织，变形组织较为均匀。图3－40(b)是合金热轧在线淬火再经900℃/1 h固溶后冷轧80%的组织，与热轧淬火后直接冷轧的显微组织不同，条带组织中出现了大量的剪切带，且不同纤维带内剪切带方向也不同。

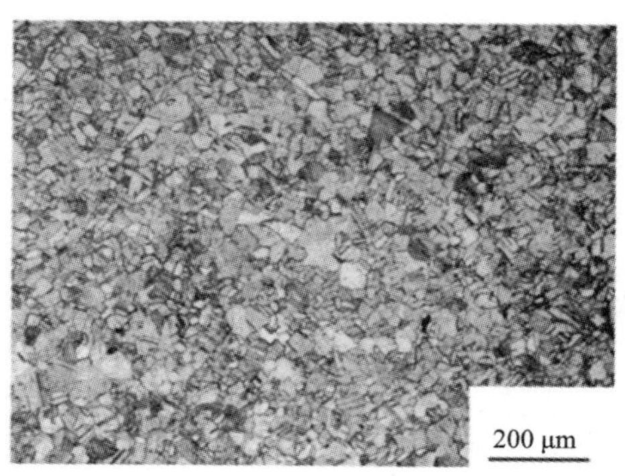

图3－39　Cu－10Zn－1.5Ni－0.34Si经900℃ 80%热轧后的金相照片

Cu－Zn－Ni－Si合金属于固溶强化和时效强化型合金。图3－41是Cu－10Zn－1.5Ni－0.34Si合金热轧在线淬火后再经冷轧变形(变形量80%)再于350～500℃时效处理的硬度及电导率随时效时间的变化曲线。合金在350～500℃时效时，到达峰时效的时间随时效温度升高而变短。合金电导率也随时效

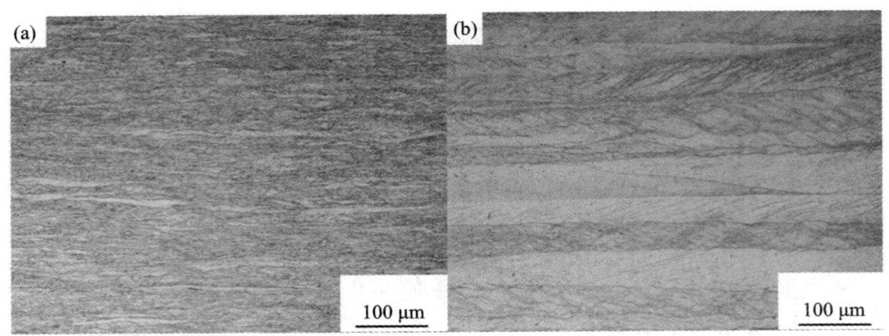

图 3-40　不同状态的 Cu-10Zn-1.5Ni-0.34Si 合金经 80%冷轧后的组织金相照片

(a)热轧在线淬火态；(b)热轧在线淬火 +900℃ 1 h 固溶

时间延长而上升，随着时效温度的升高，其上升也越快。影响合金时效强化硬度的主要因素是析出相的数量、大小及体积分数，而影响合金电导率的主要因素是基体中合金元素的含量。时效温度较高时，第二相的析出速度快，因此合金达到峰时效的时间短，电导率也上升得快。经 350℃ 2 h 时效，合金硬度达峰值 222 HV，电导率为 25.9% IACS；400℃时效 30 min，合金硬度峰值为 220 HV，电导率为 28.5% IACS；450℃时效 5 min，合金硬度峰值为215 HV，电导率为 26.2% IACS；500℃时效 1 min，合金硬度峰值为 209 HV，电导率为 24.5% IACS。

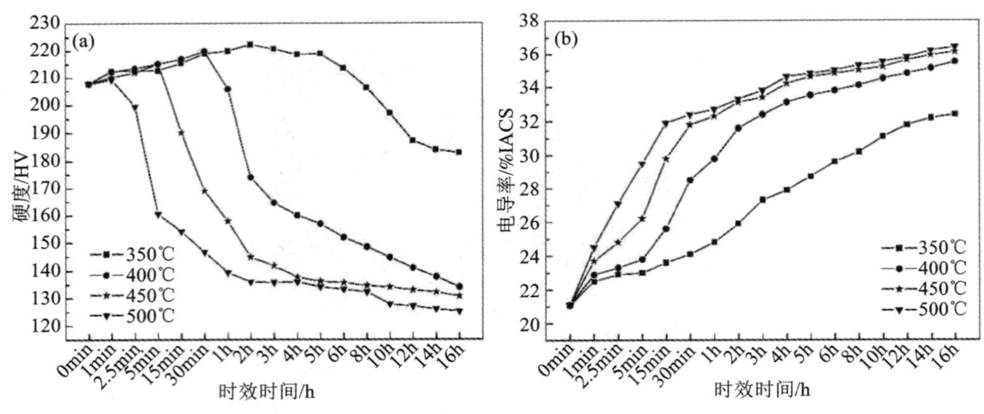

图 3-41　经热轧在线淬火 +80%冷轧的 Cu-10Zn-1.5Ni-0.34Si 合金于不同温度下时效的性能曲线

图 3-42 是 Cu-10Zn-1.5Ni-0.34Si 合金热轧在线淬火后固溶，再冷轧变形后再在 350~500℃时效处理的硬度及电导率随时效时间的变化曲线。从图中可以看出，Cu-10Zn-1.4Ni-0.35Si 合金在经固溶 +80% 冷轧的时效规律与热

轧后直接冷轧时效的规律一致。经 350℃时效 4 h，合金硬度达到峰值 227 HV，电导率为 27.9% IACS；400℃时效 30 min，合金硬度峰值为 219 HV，电导率为 28.5% IACS；450℃时效 5 min，合金硬度峰值为 217 HV，电导率为 26.2% IACS；不同的是，500℃时效时，硬度值先由初始的 206 HV 急剧下降至 130 HV，继续时效，合金的硬度值不变。

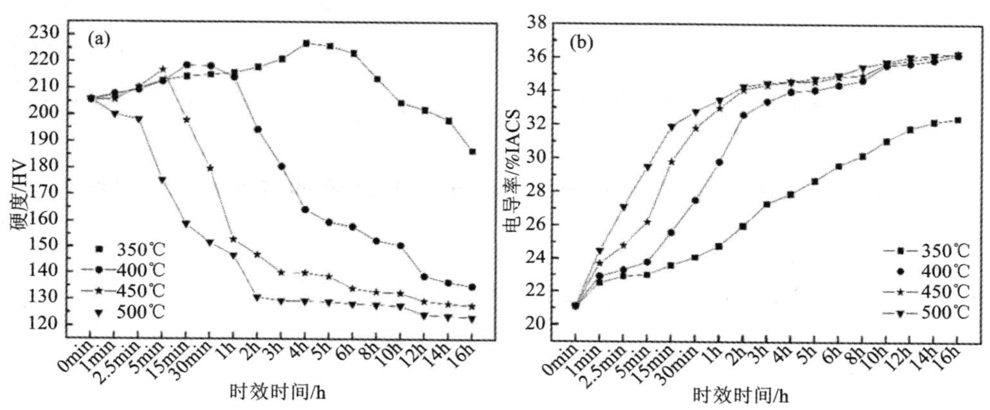

图 3-42　经热轧在线淬火 + 固溶 + 80% 冷轧的 Cu-10Zn-1.4Ni-0.35Si 合金于不同温度下时效的性能曲线

图 3-43 是经不同变形量冷轧的合金在 400℃时效的硬度及电导率随时效时间的变化曲线。不同变形量的 Cu-10Zn-1.5Ni-0.34Si 合金 400℃时效退火硬度变化规律大致相同，提高冷轧变形量使合金获得了更高的初始硬度，且到达硬度峰值的时间更早，大的变形量也更容易导致过时效现象的产生。冷轧前经固溶处理的 Cu-Zn-Ni-Si 合金初始硬度与直接冷轧的合金相差不大，时效后硬度变化规律和达到峰值硬度的时间一样，这进一步说明在线热轧淬火工艺可行，即可以达到时效前的过饱和状态，但达到硬度峰值时效后，直接冷轧的时效样品硬度要比固溶加冷轧的时效样品硬度下降得快，说明冷轧前进行固溶处理可以增强时效后期的抗过时效能力。

所以，在低锌黄铜中适当添加 Ni、Si 元素强化合金是可行的，合适配比的 Ni、Si 元素在合金时效时会以第二相形式析出，产生析出强化。得益于 Zn 元素的固溶强化作用，与 3.2.5 节中所述的 Cu-1.5Ni-0.34Si 合金相比较，Cu-10Zn-1.5Ni-0.34Si 合金的时效硬度峰值要高，但 Zn 元素也使合金的电导率大大降低。

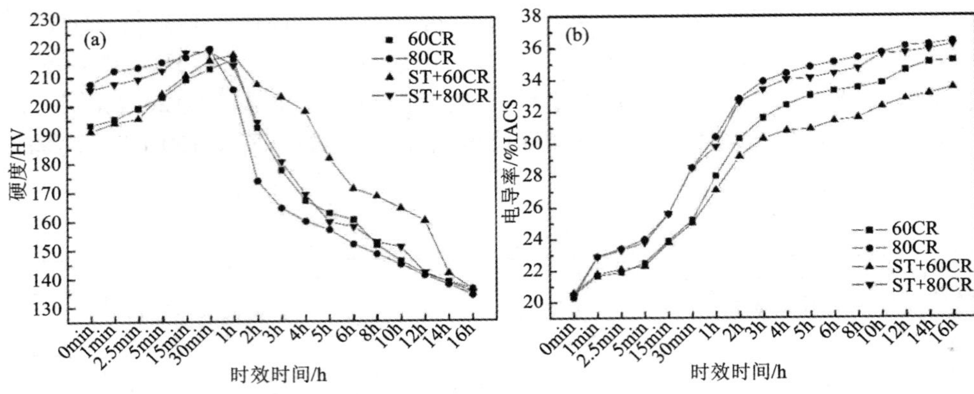

图 3-43 不同状态的 Cu-10Zn-1.5Ni-0.34Si 合金在 400℃时效的性能曲线

3.5.2 Cu-Cr-Zr 合金中添加 Ni、Si 元素

关于 Cu-Cr-Zr 合金中添加 Ni、Si 元素的研究将在第 4 章中详细阐述，这里将不再赘述。

参考文献

[1] 潘志勇，汪明朴，李周，等. 超高强度 Cu-Ni-Si 合金的研究进展[J]. 金属热处理，2007，(07)：55-59.

[2] 范莉，刘平，贾淑果，等. 高强度 Cu-Ni-Si 系引线框架材料研究进展[J]. 热加工工艺，2008，37(20)：104-107.

[3] 马鹏，刘东辉. 引线框架材料 Cu-Ni-Si 系合金的发展[J]. 热处理，2012，27(02)：12-15.

[4] 万珍珍. CuNiSi 引线框架材料的研究进展[J]. 江西科学，2011，29(03)：363-365+378.

[5] 马莒生，黄福祥，黄乐，等. 铜基引线框架材料的研究与发展[J]. 功能材料，2002，(01)：1-4.

[6] Minges M L. Electronic Materials Handbook：Packaging[M]. OH：ASM International，1989.

[7] Corson M G. Electrical conductor alloy[J]. Electric. World，1927，89(1)：137-140.

[8] 潘志勇，汪明朴，李周，等. 添加微量元素对 Cu-Ni-Si 合金性能的影响[J]. 材料导报，2007(05)：86-89.

[9] 王东锋，康布熙，刘平，等. Cu-Ni-Si 合金的时效与析出研究[J]. 材料开发与应用，2003(02)：4-5.

[10] Dong Q，Zhao D，Liu P，et al. Microstructural Changes of Cu-Ni-Si Alloy during Aging[J]. Journal of Materials Science & Technology，2004，20(01)：99-102.

[11] 贾延琳. 引线框架用 Cu－Ni－Si 系合金的制备及相关基础问题研究[D]. 中南大学，2013.

[12] Takuda H，Fujimoto H，Hatta N. Modelling on flow stress of Mg－Al－Zn alloys at elevated temperatures[J]. Journal of Materials Processing Technology，1998，80－81(0)：513－516.

[13] Zener C，Hollomon J H. Effect of Strain Rate Upon Plastic Flow of Steel[J]. Journal of Applied Physics，1944，15(1)：22－32.

[14] 刘平，张毅，范莉，等. Cu－Ni－Si－Cr 合金动态再结晶及组织演变[J]. 稀有金属材料与工程，2009，(S1)：33－37.

[15] Cho J R，Bae W B，Hwang W J，et al. A study on the hot－deformation behavior and dynamic recrystallization of Al－5 wt. % Mg alloy[J]. Journal of Materials Processing Technology，2001，118(1－3)：356－361.

[16] Luton M J，Sellars C M. Dynamic recrystallization in nickel and nickel－iron alloys during high temperature deformation[J]. Acta Metallurgica，1969，17(8)：1033－1043.

[17] Prasad Y，Rao K P. Processing maps and rate controlling mechanisms of hot deformation of electrolytic tough pitch copper in the temperature range 300～950℃[J]. Materials Science and Engineering：A，2005，391(1)：141－150.

[18] Sellars C M，McTegart W J. On the mechanism of hot deformation[J]. Acta Metallurgica，1966，14(9)：1136－1138.

[19] 王延辉，龚冰，李冰. H65 黄铜合金热变形流变应力特征研究[J]. 塑性工程学报，2008，(06)：113－117.

[20] 罗丰华，尹志民，左铁镛. CuZn(Cr，Zr)合金的热变形行为[J]. 中国有色金属学报，2000，(01)：12－16.

[21] Li Y S，Zhang Y，Tao N R，et al. Effect of the Zener－Hollomon parameter on the microstructures and mechanical properties of Cu subjected to plastic deformation[J]. Acta Materialia，2009，57(3)：761－772.

[22] 窦晓峰，赵辉，鹿守理，等. 金属热变形时动态组织变化的模拟[J]. 北京科技大学学报，1996，(06)：538－556.

[23] Prasad Y，Gegel H L，Doraivelu S M，et al. Modeling of dynamic material behavior in hot deformation：forging of Ti－6242[J]. Metallurgical Transactions A，1984，15(10)：1883－1892.

[24] Hu T，Chen J H，Liu J Z，et al. The crystallographic and morphological evolution of the strengthening precipitates in Cu－Ni－Si alloys[J]. Acta Materialia，2013，61(4)：1210－1219.

[25] Toman K. The structure of Ni2Si[J]. Acta Crystallographica，1952，5(3)：329－331.

[26] Bosselet F，Viala J C，Colin C，et al. Solid states solubility of aluminum in the $\delta-Ni_2Si$ nickel silicide[J]. Materials Science and Engineering：A，1993，167(1－2)：147－154.

[27] Fujiwara H，kamio A. Effect of alloy composition on precipitation behavior in Cu－Ni－Si alloys [J]. JOURNAL OF THE JAPAN INSTITUTE OF METALS，1998，64(4)：301－309.

[28] Huang F，Ma J，Ning H，et al. Precipitation in Cu－Ni－Si－Zn alloy for lead frame[J]. Materials Letters，2003，57(13－14)：2135－2139.

[29] Lockyer S A, Noble F W. Precipitate structure in a Cu – Ni – Si alloy[J]. Journal of Materials Science, 1994, 29(1): 218 –226.

[30] Lockyer S A, Noble F W. Fatigue of precipitate strengthened Cu – Ni – Si alloy[J]. Materials science and technology, 1999, 15(10): 1147 – 1153.

[31] Jia Y – l, Wang M – p, Chen C, et al. Orientation and diffraction patterns of δ – Ni_2Si precipitates in Cu – Ni – Si alloy[J]. Journal of Alloys and Compounds, 2013, 557(0): 147 – 151.

[32] 张龙. Cu – Ni – Si 合金回归工艺研究[D]. 中南大学, 2014.

[33] Hussein R M, Abd OI. Influence of Al and Ti Additions on Microstructure and Mechanical Properties of Leaded Brass Alloys[J]. Indian Journal of Materials Science, 2014, 2014.

[34] 刘平, 赵冬梅, 田保红. 高性能铜合金及其加工技术[M]. 北京: 冶金工业出版社, 2004.

贾延琳　易　将　陈　伟　汪明朴

第 4 章　Cu - Cr - Zr 系合金框架带材

4.1　引言

Cu - Cr - Zr 系合金是一种新型结构功能材料，其具有优良的电学性能、导热性能和力学性能，已广泛应用于集成电路引线框架、高速铁路接触线、真空开关触头材料、电阻焊电极材料、连铸机结晶器内衬、高脉冲磁场导体、大推力火箭发动机燃烧室等众多要求高导电和高强度的领域，也可用于热交换环境或作为耐磨材料使用[1~5]。

Cu - Cr 合金具有优良的性能，很早得到人们的重视[6]。然而 Cu - Cr 合金经固溶时效后生成的 Cr 相稳定性较差，容易发生聚集长大产生过时效，同时该合金还存在中温脆性问题，这就限制了该合金的大规模应用[7]。人们尝试通过添加其他合金元素来改善 Cu - Cr 合金的组织和提高其性能。Cu - Cr - Zr 系合金是一类典型的析出强化型铜合金[8]，Zr 的添加不仅细化了合金中的 Cr 相，同时使 Cr 相形状更倾向于球形；Zr 在晶界处形成富 Zr 析出相，大大提高了晶界强度，改善了 Cu - Cr 合金的蠕变、疲劳性能和中温脆性[9]。

对于 Cu - Cr - Zr 系合金中析出相的种类，Suzuki 等[10]认为弥散分布的析出相是位于$\{111\}_{Cu}$面的 Cu_3Zr 相。Tang 等[11]认为峰时效时产生一种由 Cu、Cr、Zr 和 Mg 组成的金属间化合物 Heusler 相[$CrCu_2$(Zr，Mg)]，其与基体具有 N - W 位向关系，而晶界析出相为 Cu_4Zr。Huang 等[12]认为该合金中除 Cr 相外，还存在具有 hcp 结构的 $Cu_{51}Zr_{14}$相。由于 Cu - Cr - Zr 合金中的 $Cu_{51}Zr_{14}$和 $CuCrO_2$相的多组晶面间距及夹角非常相似，杨浩等[13]利用高分辨电子显微镜及系列欠焦像出射波函数重构技术，探明了在该合金系中除了具有花瓣应变场衬度的 Cr 相外，还存在具有圆盘状形貌、三方晶系的 $CuCrO_2$相。Zeng[14]的理论研究结果表明 Cu - Cr - Zr 合金中存在 Cu_5Zr 相，这一结论已被 Huang[12]、Holzwarth[15]和 Correia[16]等分别用实验证实。但目前对 Cu - Cr - Zr 系合金中析出相的成分和结构仍存在分歧。

Cu - Cr 时效合金高强度可归因于细小的富 Cr 沉淀相，但合金中加入元素 Zr 使合金中的析出情况变得复杂。目前 Cu - Cr - Zr 合金的析出序列并不十分清楚。Tang[11]认为该合金在时效初期产生的是小于 5 nm、具有应变场衬度的 G. P. 区；当硬度到达峰值时，细小弥散、具有 N - W 位向关系的 Heusler 相取代了 G. P. 区；

在 550℃时效，Heusler 相粗化并分解成 Cr 和 Cu_4Zr。Batra 等[17]认为 Zr 的添加促进了亚稳的有序 fcc 相的形成，其时效析出系列为：过饱和固溶体→固溶原子富集区→亚稳的 fcc 有序相→有序的 bcc 沉淀相。Cheng[18]利用原子探针技术研究表明，随时效时间的延长，溶质原子团簇中 Cr 元素配比系数升高，而其他溶质元素如 Zr、Fe、Mg、Si 等则降低。

图 4－1 示出了 Cu－Cr、Cu－Zr 二元合金相图[19]。合金元素 Cr 和 Zr 在铜基体中的最大固溶度分别为 0.65%（1076℃）和 0.15%（966℃）。然而，达到 Cr 极限固溶度所需温度对制备加工设备要求极高，且热处理难以控制。因此，通常选用具有稍低的极限固溶度、且易于热处理控制的合金成分，如 Cr 含量为 0.38%。

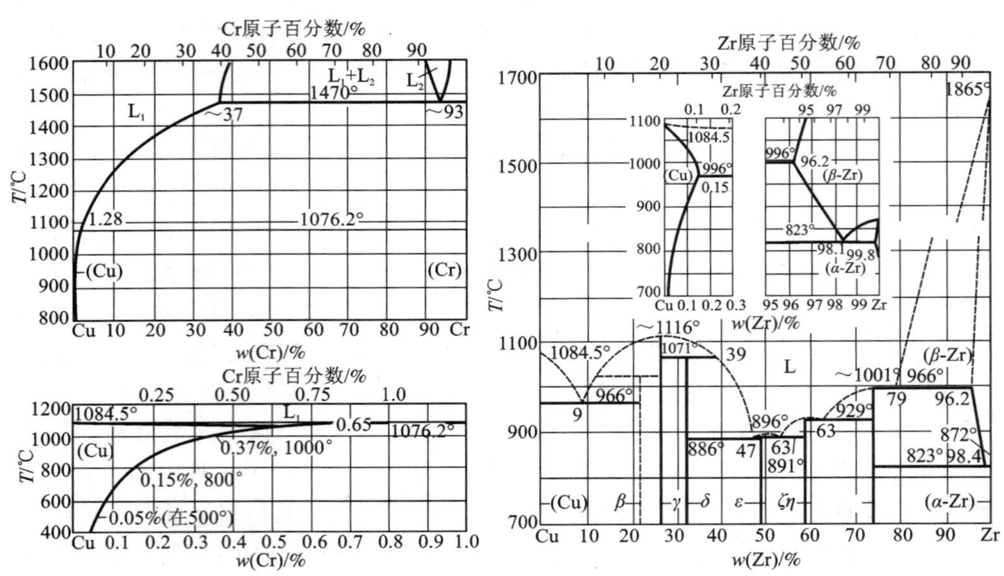

图 4－1　Cu－Cr、Cu－Zr 二元合金相图

为改善 Cu－Cr 合金的热加工性能、增加 Cr 粒子的时效稳定性并进一步提高合金的强度和电导率，通常采用添加微量元素的方法对 Cu－Cr 合金进行改性处理。Cu－Cr 合金中加入 Zr 元素能够形成 Cu_5Zr 等第二相粒子，并且加入的 Zr 元素能够起到修饰析出的 Cr 粒子的作用，从而减小基体中 Cr 粒子的间距，使合金的强度和抗软化性能得到提高[19]。加入的 Ag 元素通过形成溶质原子气团，对位错产生拖拽作用，从而提高合金的抗应力松弛性能[20]。Cu－0.55Cr 合金中加入 0.07% 的 P 元素，能够增加 Cr 析出相的体积分数，并能起到细化粒径、增强抗过时效能力的作用，从而进一步提高合金的综合性能[21]。此外，添加 Mg、Si 元素也能够提高析出相的耐热性和提高合金的抗过时效能力[22]。

尽管 Cu – Cr – Zr 系合金研究中的一些基础问题，如析出相种类、相结构、晶体学位向关系、合金元素在铜中的存在形式和作用机理、合金设计原理等有待进一步深入研究，但这并不妨碍世界各大铜加工企业和科研院所对该系合金的开发和应用研究，如三菱伸铜开发的 TAMACOMCL – 1 系列、东芝开发的 CCZ 及 TCZ 系列、日本矿业开发的 NK240 系列等。从 20 世纪 90 年代开始，国内高等院校、研究院所和企业对 Cu – Cr – Zr 系合金开展了系统的基础研究和应用研究，相继开发了高速列车高强高导铜合金接触线、异步牵引电动机的铜合金导条和端环、大规模集成电路引线框架和电阻焊电极等[23]。上述研发工作促进了 Cu – Cr – Zr 系合金研究的进一步发展。

4.2　Cu – Cr – Zr 系合金热轧在线淬火工艺和组织性能[19]

Cu – Cr – Zr 系合金是采用析出强化和形变强化等强化方式来获得满意的力学性能和电学性能的一类典型高强高导铜合金。传统的时效析出强化型合金一般采用固溶处理—冷变形—时效工艺制备，以保证溶质元素的充分固溶和析出。而对于工业化生产的合金带材，一般的固溶处理不仅需要增加专门的固溶和淬火设备，而且在热轧板坯打卷后固溶容易造成卷内卷外淬火不均匀。因此如何在加工生产线上实现合金带材的在线固溶处理，成为 Cu – Cr – Zr 系合金加工的核心问题之一。

本节基于现有的铜合金板带生产设备，尝试用热轧在线淬火工艺来制备Cu – Cr – Zr 系合金热轧板坯，以期为该合金板带的工业化生产提供理论指导和试验依据。实验使用了 4 种合金，分别为 Cu – 0.4Cr、Cu – 0.42Cr – 0.15Zr、Cu – 0.39Cr – 0.14Zr – 0.07Mg – 0.02Si、Cu – 0.39Cr – 0.15Zr – 0.03Ni – 0.12Si。

4.2.1　Cu – Cr – Zr 系合金的铸态组织

图 4 – 2 示出了 Cu – Cr – Zr 系合金铸态组织的金相照片。可见，其铸态组织为典型的树枝晶组织，晶粒粗大，并有少部分粗大的颗粒分布在晶粒和晶界上。由图还可见，Cu – Cr 合金的枝晶粗大，枝晶臂宽度约为 60 μm；心部组织均匀，在枝晶的表层形成了一层厚度约为 1 μm 富溶质区；添加 Zr、(Zr，Mg，Si)、(Zr，Ni，Si)合金元素后，树状枝晶组织得到明显细化，单位面积上的枝晶数目明显增多，这表明合金元素的添加对树状枝晶的生长具有明显的抑制作用。

图 4 – 3 分别示出了 Cu – Cr 和 Cu – Cr – Zr – Mg – Si 合金的铸态组织扫描电镜(SEM)照片及相应的能谱(EDS)分析结果。由图可见，溶质元素在铸态Cu – Cr 合金中一部分呈粒状分布，尺寸为 1 ~ 3 μm，一部分呈连续分布，在枝晶外层形成一种明显的网状结构。在 Cu – Cr 合金中添加 Zr、Mg、Si 后，可使粒状和短棒

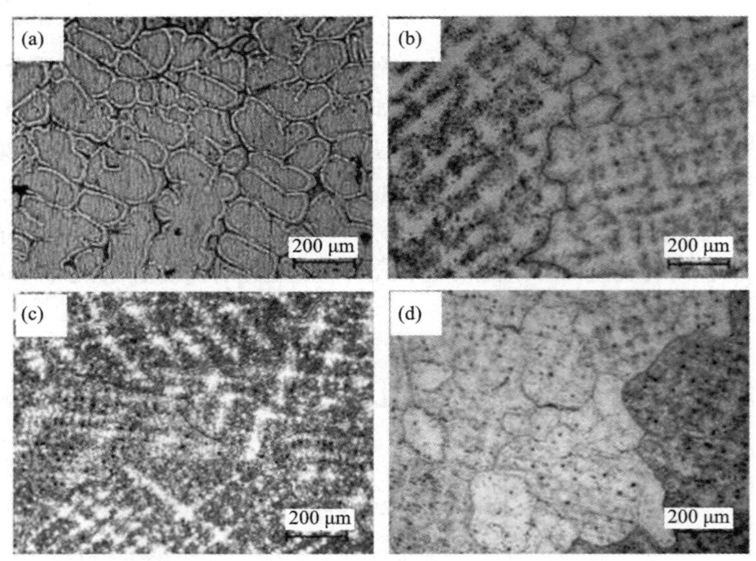

图 4-2　Cu-Cr-Zr 系合金铸态组织金相

(a) Cu-Cr; (b) Cu-Cr-Zr; (c) Cu-Cr-Zr-Mg-Si; (d) Cu-Cr-Zr-Ni-Si

状的富溶质元素相弥散分布于基体中，网状结构大为减少。表明 Zr、Mg 和 Si 溶质原子的加入，较大程度地降低了铸态组织中溶质元素的偏析程度。这种状态为后续的热处理和加工提供了良好的组织准备。图 4-3(c)~(f) 分别给出了 Cu-Cr和 Cu-Cr-Zr-Mg-Si 合金铸态组织中富溶质元素的扫描电镜能谱分析结果。可见，Cu-Cr 合金中的富溶质元素为富 Cr 相，而 Cu-Cr-Zr-Mg-Si 合金中的粒状和短棒状富溶质元素相则为富 Cr、Si 相。

4.2.2　Cu-Cr-Zr 系合金的均匀化处理

由于具有发达树枝晶和成分偏析的铸态组织在热加工和冷加工过程中，容易造成应力集中而产生开裂，因此需要对铸锭进行均匀化处理。

图 4-4 示出了 Cu-Cr-Zr-Mg-Si 合金在 880℃、920℃和 960℃下均匀化处理不同时间的金相照片。可见 880℃退火 4 h 后，合金内部仍然存在着枝晶；继续退火到 8 h，仍可见到由溶质元素质点排列成枝晶的形貌。提高退火温度到 920℃并保温 2 h，合金铸态枝晶组织特征进一步减弱，在部分区域溶质元素已经溶解完全；延长退火时间至 6 h，只发现有少量溶质元素富集质点的存在，此时枝晶基本上已经消除。进一步提高均匀化处理温度至 960℃、保温 2 h 后合金晶粒呈现部分等轴状，晶内未见到明显的枝晶，但晶内仍然存在富溶质元素颗粒；进

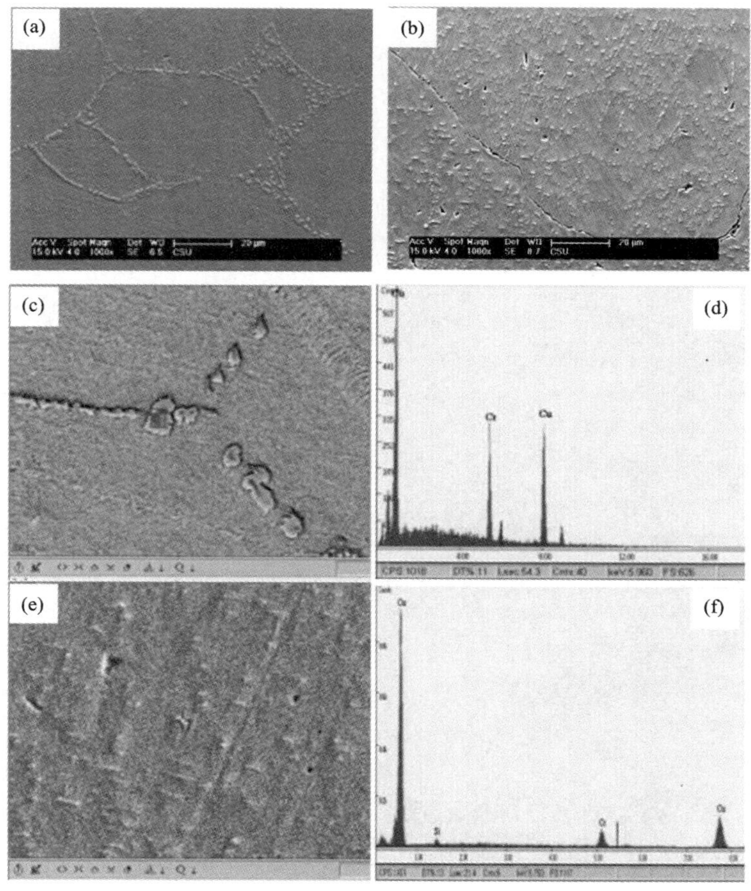

图 4－3　Cu－Cr－Zr 系合金铸态 SEM 像及相应的 EDS 分析

(a)(c)(d)：Cu－Cr 合金；(b)(e)(f)：Cu－Cr－Zr－Mg－Si 合金

一步延长保温时间，晶粒具有长大趋势，粗大的富溶质元素颗粒数量略有减少，表明更多的溶质元素溶解到基体中形成过饱和固溶体。

一般认为铸锭中枝晶的溶质原子浓度呈正弦波分布，利用傅里叶级数简化可得到枝晶偏析正弦分布的衰减函数[24]：

$$C = C_0\exp(-Dt\pi^2/L^2) \tag{4-1}$$

式中：C 为均匀化退火后浓度峰和浓度谷之差；C_0 为均匀化退火前浓度峰和浓度谷之差；L 为枝晶间距；t 为退火时间；D 为扩散系数。由式(4－1)可求出均匀化退火时间 t 为：

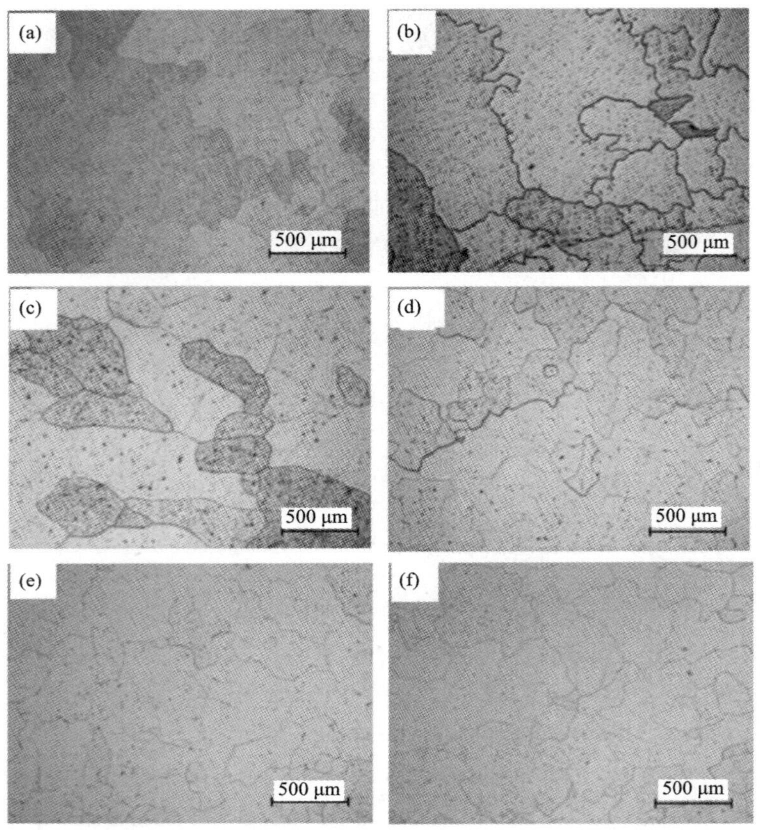

图 4 -4 Cu - Cr - Zr - Mg - Si 合金不同制度均匀化处理后的金相照片

(a)880 ×4 h；(b)880 ×8 h；(c)920 ×2 h；(d)920 ×6 h；(e)960 ×2 h；(f)960 ×6 h

$$t = L^2 \ln \frac{C_0}{C} / \pi^2 D \tag{4-2}$$

由式(4 -2)可以得出，均匀化退火所需时间与扩散系数成反比，而扩散系数 D 强烈地依赖于退火温度 T，即：

$$D = D_0 \exp(-Q/RT) \tag{4-3}$$

式中，D_0为扩散常数；R 为气体常数；Q 为扩散激活能。由 式(4 -3)可见，随着温度的升高，扩散系数急剧增大，因此均匀化时间可以大大缩短。因此在铸锭不发生过烧和过热的前提下，提高均匀化处理温度可以大大缩短均匀化退火时间。但过高的温度对设备损耗很大，且晶粒易长大。

均匀化试验结果表明，Cu - Cr - Zr 系合金在 920 ~960℃保温 6 h，不仅可消除枝晶偏析，获得成分均匀的组织，而且可使铸锭凝固过程中析出的微米级富溶质元素颗粒在较高的均匀化温度下溶解到基体中，即均匀化处理还起到了使溶质元素固溶的作用。这为材料制备过程中将均匀化处理和固溶处理合并为一道工序提供了微观组织，故可将920～960℃保温6 h作为均匀化处理的基本工艺参数。

4.2.3　Cu－Cr－Zr系合金的固溶处理

表4－1示出了Cu－Cr－Zr－Ni－Si合金在不同温度固溶1 h，然后淬火冷却后的硬度和电导率。可以看出，随着固溶温度的升高，合金硬度和电导率均呈下降趋势。硬度由800℃固溶的69 HV下降到920℃固溶后的60 HV，更高温度固溶硬度下降幅度减缓；电导率变化趋势与硬度相似，从800℃到920℃温度每升高40℃固溶处理，电导率下降值均达到5% IACS以上，而高于920℃固溶的合金，电导率变化微弱。

表4－1　不同温度固溶处理后的硬度与电导率

温度/℃	800	840	880	920	960	1000
显微硬度/HV	69	66	63	60	55	54
电导率/% IACS	65.1	56.0	47.3	42.0	37.2	35.1

硬度和电导率都可用来表征溶质原子在基体中的固溶程度，特别是电导率，更是溶质原子固溶度的敏感标志。因此由上述不同温度固溶后合金硬度和电导率的试验结果可以得出，在920℃以上保温一定时间，可以获得良好的均匀化效果和溶质元素固溶效果，这再一次证明，对于Cu－Cr－Zr系合金，可将均匀化处理和固溶处理放在一道工序中同时完成。

4.2.4　Cu－Cr－Zr系合金的热轧淬火工艺及其优化

对于析出强化型铜合金，理想的铸锭开坯工艺是将均匀化处理、固溶和热轧开坯放在一个加热—冷却周期中完成，同时达到消除铸造缺陷、固溶溶质元素和铸锭开坯的效果。然而在热轧过程中必然伴随着合金温度的降低，产生加工硬化而增加轧制能量的消耗，同时，若温度低于相变温度，还会有溶质原子以析出相形式从合金中析出，从而降低析出强化效果。因此如何协调均匀化处理、固溶处理和热轧开坯的关系，成为析出强化型铜合金带材加工的核心问题之一[1]。

试验仍然用Cu－Cr－Zr－Ni－Si合金作研究对象。合金铸锭刨去表面缺陷后，在保护气氛中进行均匀化处理，温度分别为880℃、920℃和970℃，时间为6 h，然后在两辊热轧机上进行大压下率热轧，热轧后快速淬火冷却。去除热轧板材表面缺陷后进行总变形量为 80% 冷轧，然后取样在 450℃ 等温时效。图 4 -5 示出了 Cu - Cr - Zr - Ni - Si 合金在不同温度热轧并淬火后的硬度和电导率。

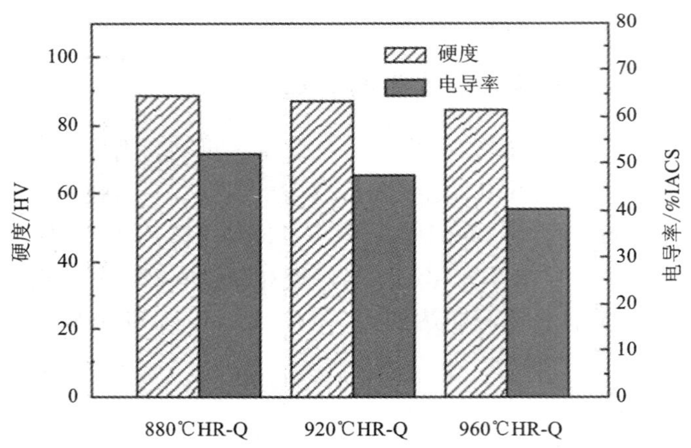

图 4 -5　不同温度热轧在线淬火(HR - Q)态的硬度和电导率

对比图 4 -5 和表 4 -1 可见，在相同温度下，固溶处理和热轧在线淬火处理的合金，硬度和电导率产生了一定的差异。如，920℃ 下经固溶处理和热轧在线淬火合金的硬度值分别为 60 HV 和 87 HV；同一温度下经固溶后试样的电导率则略小于热轧淬火后试样的电导率，相差约 5% IACS。电导率对比分析结果表明，热轧在线淬火过程中虽然有部分溶质元素从基体中析出，但程度很小，在该工艺下仍可获得具有很高过饱和固溶度的合金。

为了进一步研究热轧淬火效果以及热轧温度对合金性能的影响，本试验测试了热轧淬火态合金经 80% 冷轧变形后于 450℃ 时效的性能，如图 4 -6 所示。可见，经上述加工处理的合金在时效过程中具有强烈的“析出”效应，再次表明热轧在线淬火工艺使合金获得了很高的溶质原子过饱和度。随着时效时间的延长，合金硬度先迅速升高，到达峰值后开始缓慢降低；热轧温度越高，合金时效硬度峰值也越高，同时到达硬度峰值所需时间也越短。如，880℃、920℃ 和 960℃ 热轧淬火后合金的时效硬度峰值分别为 168 HV、180 HV 和 188 HV，到达峰值所需时间分别为 1 h、30 min 和 15 min。

电导率的变化和硬度变化正好相反，即热轧淬火温度越高，峰值时效后所对应的电导率就越低，如图 4 -6(b) 所示。不同的是，高温热轧淬火后，由于过饱和固溶度更高，因此时效过程中第二相的析出速率越大，电导率在 450℃ 时效 10 min后就上升到一个平台；而 880℃ 热轧在线淬火经 80% 冷轧后，由于在热轧过程中有部分溶质析出，其初始电导率就高达 52% IACS，随后时效过程中，电导

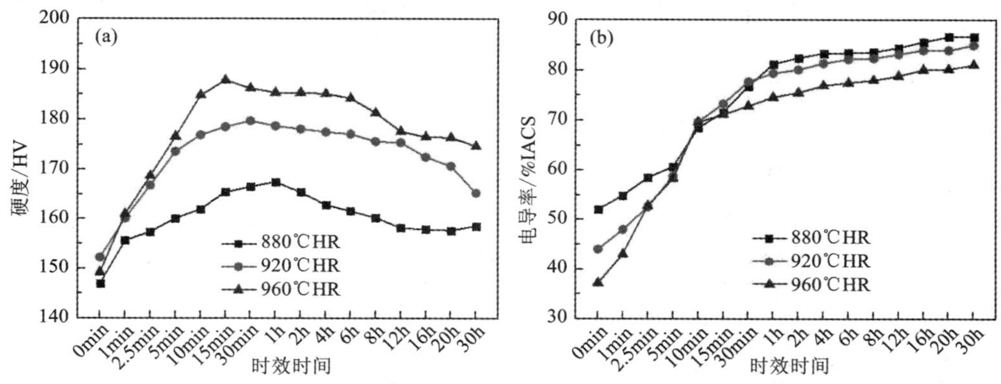

图 4 – 6　热轧温度对 Cu – Cr – Zr – Ni – Si 合金 450℃时效性能的影响

(a)硬度；(b)电导率

率上升的速率虽低于 960℃热轧淬火的合金，但在相同时效条件下获得的电导率却高些，可达 82% IACS。

在铜合金板带热轧生产过程中，热轧温度的选择至关重要。热轧温度过高，晶粒容易长大，易在冷轧过程中产生橘皮和麻点，影响带材的板形和表面质量，甚至出现裂纹；热轧温度过低，变形抗力大，塑性也差，热轧变形困难。上述试验结果表明，960℃热轧淬火可获得较高的固溶度，冷轧后的试样在随后的时效过程中产生强烈的析出反应。然而，该温度热轧淬火后获得的溶质元素固溶度虽高，但在时效过程中却不能脱溶完全，因此获得的材料电学性能较低；同时，较高的热轧温度导致时效析出速率过大，不但容易发生过时效，而且峰值时效时间太短，在实际生产过程中难以控制。此外，过高的热轧温度对设备和能量损耗也大。综合考虑合金的生产成本和最终可获得的性能，采用 920℃热轧在线淬火能更好地满足生产和综合性能的要求。

表 4 – 2 给出了 Cu – Cr – Zr 系合金 920℃热轧淬火后的显微硬度和电导率。由表可以看出，添加合金元素到 Cu – Cr 合金后，热轧淬火后的合金硬度稍有升高，而电导率变化较为复杂。关于合金元素对合金组织和性能的影响在后续的章节中将有详细的论述。

表4－2 Cu－Cr－Zr系合金热轧淬火后的性能

合金	在线热轧淬火态	
	显微硬度/HV	电导率/%IACS
Cu－Cr	85	45.8
Cu－Cr－Zr	87	45.7
Cu－Cr－Zr－Mg－Si	92	44.1
Cu－Cr－Zr－Ni－Si	87	47.4

4.2.5 热轧在线淬火态Cu－Cr－Zr系合金的组织

图4－7给出了Cu－Cr－Zr系合金920℃热轧在线淬火后的金相组织照片。可见，热轧在线淬火后的合金组织沿轧制方向呈明显的流线状，晶粒沿横向压扁，沿轧制方向拉长。

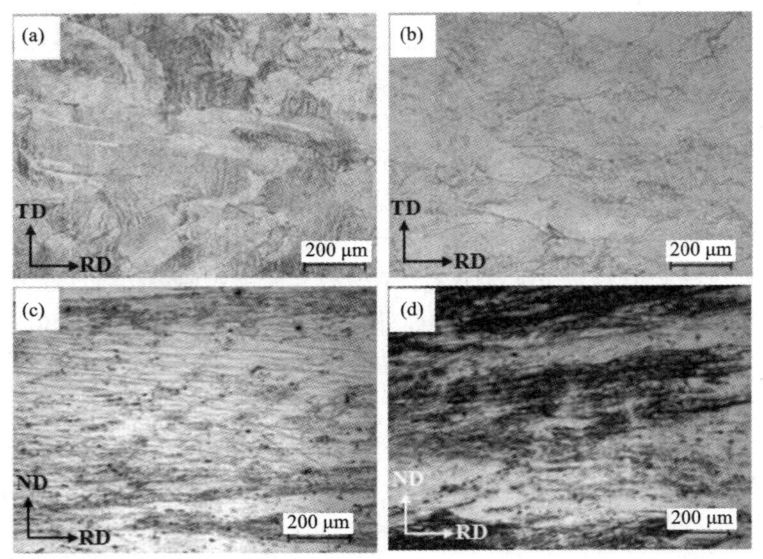

图4－7 Cu－Cr－Zr系合金热轧淬火态组织

(a)Cu－Cr－Zr－Mg－Si(轧面)；(b)Cu－Cr－Zr－Ni－Si(轧面)
(c)Cu－Cr－Zr－Mg－Si(侧面)；(d)Cu－Cr－Zr－Ni－Si(侧面)

图4－8示出了热轧态Cu－Cr－Zr－Ni－Si合金侧面的TEM组织形貌。由图可见，热轧态晶粒宽约为2 μm，沿热轧方向被拉长至20 μm以上。晶粒内部存在

着大量等轴状的位错胞组织，其尺寸约为 0.2～0.5 μm。由于这些位错胞组织能产生一定的强化作用，导致热轧淬火态合金硬度要高于相同温度固溶态。在晶粒和晶粒之间三叉晶界上，出现了非常细小的再结晶晶粒，其尺寸约为 100～250 nm，

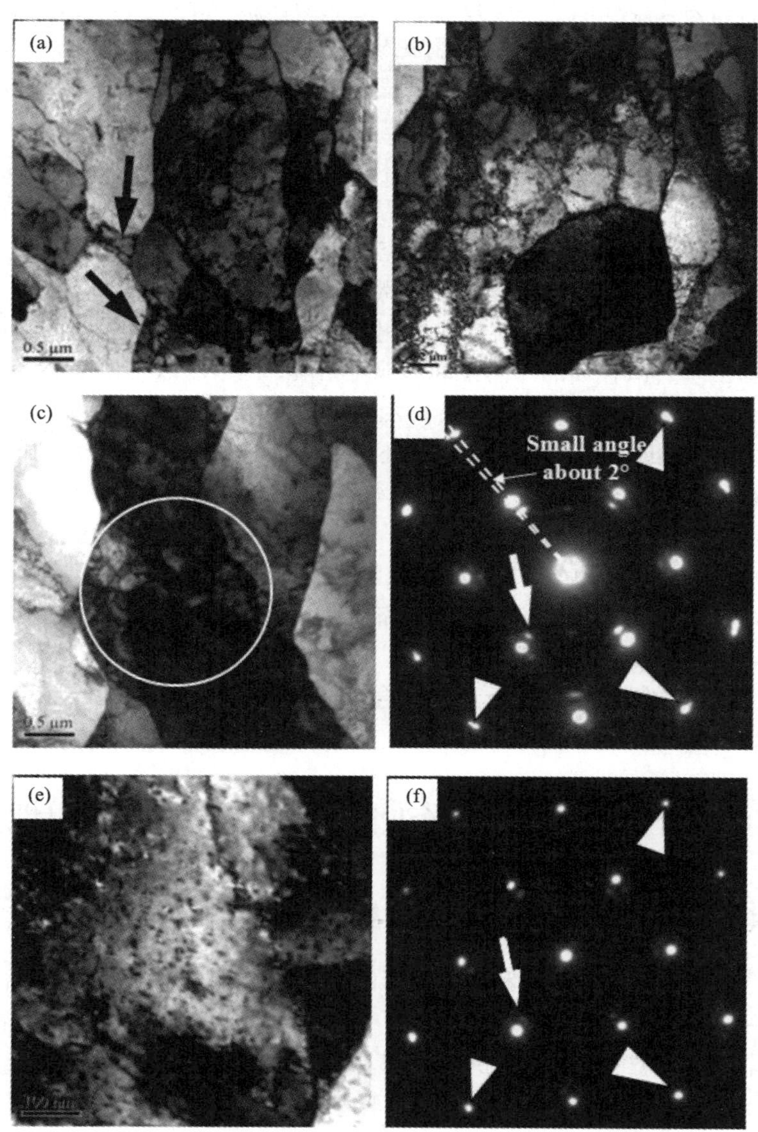

图 4－8 热轧态 Cu－Cr－Zr－Ni－Si 合金 TEM 组织

(a)(b)再结晶晶粒和位错胞组织；(c)(d)胞状组织及相应的选区电子衍射花样

(e)(f)胞状组织放大图及相应的选区电子衍射花样

如图 4 -8(a)中箭头所示。这表明热轧过程中发生了动态再结晶，但这种再结晶尚处于初级阶段就被在线淬火冷却所终结。对图 4 -8(c)中的胞状晶粒进行选区电子衍射分析，在其电子衍射花样中可观察到基体衍射斑点分裂现象，分裂斑点之间的夹角约为 2°，如图 4 -8(d)所示。这表明该胞状组织之间存在很小的位向差。此外，在图 4 -8(d)和(f)的衍射花样中，除了观察到基体 <110> 带轴的一套衍射斑点外，还有衍射强度较弱的几套斑点（见图中长箭头所指）；在放大的晶内明场像中可观察到 2 ~5 nm 的粒子弥散分布于基体中，见图 4 -8(e)。这表明热轧在线淬火过程中发生了部分过饱和固溶体的分解，生成了纳米级的粒子。这也是热轧淬火态合金强度要高于相同温度退火态的原因之一。关于析出相种类和相结构，在后续章节中将有详细的研究和讨论。

通过观察和分析热轧在线淬火后的微观组织可知，热轧时合金在压应力和拉应力共同作用下，晶粒发生了破碎和细化，形成了细长的变形组织；位错通过交滑移和攀移沿垂直滑移面的晶向排列形成位错墙，位错墙以小角度晶界分割晶粒形成亚胞组织，发生动态回复；高温和大应变的热轧变形促进了动态再结晶在小范围内的发生；同时在热轧降温过程中还发生了部分过饱和固溶体分解。所有这些热轧组织特征在随后的淬火过程中都保留了下来，为该合金后续的冷加工和热处理提供了良好的组织准备。

综上所述可知，采用 920℃热轧在线淬火工艺制备 Cu - Cr - Zr 合金是完全可行的。该工艺可以实现将均匀化、固溶和热轧开坯三个工序组成为一体，获得了组织均匀、过饱和度高的热轧板坯。热轧在线淬火板材经轧制、时效，可获得良好的性能。后续的试验，Cu - Cr - Zr 系合金均是以 920℃热轧在线淬火为前提进行的。

4.3 Cu - Cr - Zr 系合金形变热处理工艺及其组织性能[19]

4.3.1 Cu - Cr - Zr 系合金一次冷轧时效工艺和组织性能

(1)冷轧变形对合金组织和性能的影响

图 4 -9 示出了冷轧态 Cu - Cr - Zr - Ni - Si 合金的金相和透射电镜组织形貌。与热轧态组织相比，冷轧变形进一步细化了晶粒，增大了晶粒的长宽比，并产生了高密度的位错。表 4 -3 示出了热轧淬火态和冷轧态合金的硬度和电导率。可见冷变形大大强化了合金，使其硬度增加了 41% ~60%。同时，由冷变形产生的空位与位错等缺陷引起的电子散射也使合金电导率降低，但仅下降了 1% ~3% IACS。

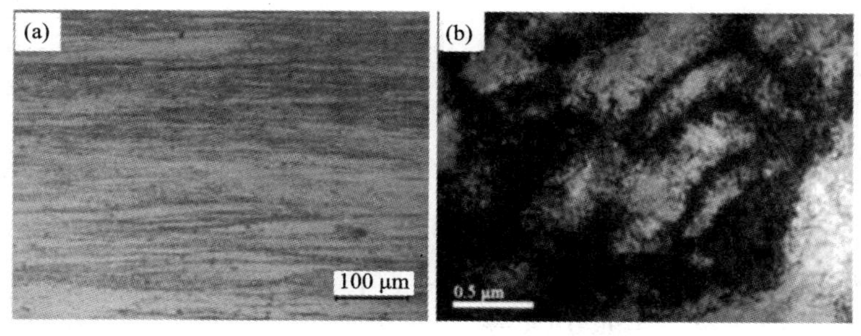

图 4－9　冷轧态 Cu－Cr－Zr－Ni－Si 合金的金相和透镜组织

(a)OM(金相)；(b)TEM(透射电镜)

表 4－3　Cu－Cr－Zr 系合金冷轧态和热轧淬火态性能对比

合金	热轧淬火态		冷轧变形态					
			40%		60%		80%	
	HV*	EC**	HV	EC	HV	EC	HV	EC
Cu－Cr－Zr	95	45.7	134	43.9	140	43.6	149	42.6
Cu－Cr－Zr－Mg－Si	99	44.1	142	41.7	151	41.4	158	41.2
Cu－Cr－Zr－Ni－Si	97	47.4	138	46.6	149	45.8	152	44

注：* HV 为维氏显微硬度简写；* * EC 为电导率简写。

(2)冷轧变形量对 Cu－Cr－Zr－Mg－Si 合金时效特性的影响

图 4－10 示出了经不同冷轧变形量的合金在 450℃ 等温时效过程中硬度和电导率变化曲线。可见，热轧淬火后再冷轧的合金在时效过程中具有强烈的时效硬化作用。经 40%、60% 和 80% 冷轧变形的合金时效后，其硬度峰值较初始硬度分别上升了 28 HV、25 HV 和 31 HV。同时，冷轧变形量越大，到达峰值所需的时效时间越短。不同冷轧变形量的合金在时效过程中电导率的变化趋势和电导率值没有明显差别，这表明变形量对冷轧态合金时效过程中的电导率影响较小。由时效曲线还可见，Cu－Cr－Zr－Mg－Si 合金具有优异的抗过时效性能，如 80% 变形的试样时效 12 h 后其硬度仅较峰值硬度下降了约 5%。

图 4－11 示出了 80% 冷轧变形后的 Cu－Cr－Zr－Mg－Si 合金在 450℃ 时效 1 h后的 TEM 组织和析出相形貌。可见，时效处理引起了亚晶内部强烈的位错重排或湮灭，位错密度大大降低，但冷轧变形的特征，如位错[图 4－11(a)]、亚胞组织[图 4－11(b)]在合金时效后仍得到部分保存；明场像和中心暗场像显示出析出相的尺寸为 5～6 nm，分别在位错线上和晶内弥散析出。高密度位错为溶质

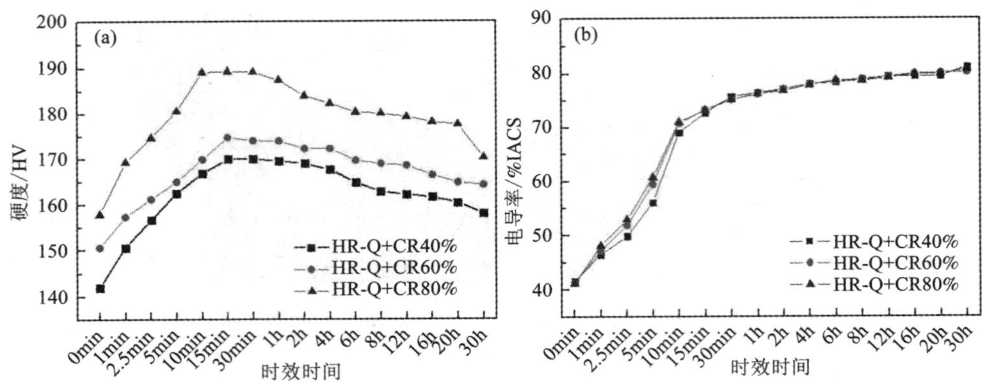

图 4-10 冷轧变形量对 Cu-Cr-Zr-Mg-Si 合金 450℃时效特性的影响

(a)硬度；(b)电导率

原子沉淀析出提供了形核位置，同时析出的纳米粒子又可钉扎位错的运动，降低位错的可动性，导致了强烈的析出强化效应和应变强化效应。同时，由于热轧淬火形成的过饱和固溶体的分解，大大降低了溶质原子溶于基体产生的晶格畸变，从而减小了对电子运动的散射作用，故而电导率显著提高。

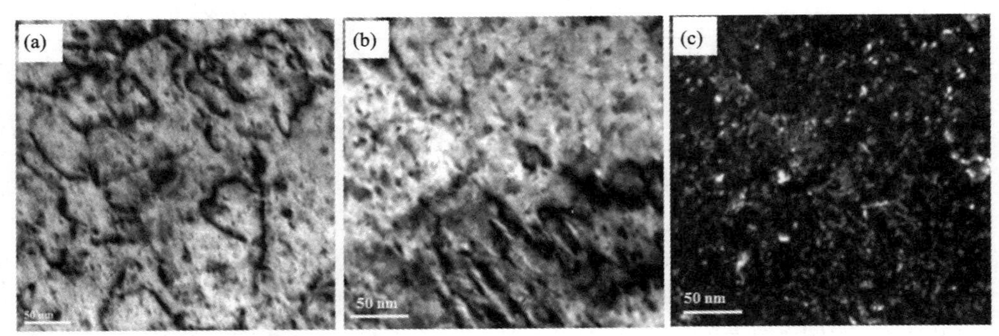

图 4-11 冷轧态 Cu-Cr-Zr-Mg-Si 合金经 450℃时效 1 h 的 TEM 组织和析出相形貌

(a)析出相与位错交互作用；(b)明场像；(c)暗场像

(3)冷轧变形量对 Cu-Cr-Zr-Ni-Si 合金时效特性的影响

冷轧变形量对 Cu-Cr-Zr-Ni-Si 合金时效特性的影响与 Cu-Cr-Zr-Mg-Si 合金相似，在时效过程中也具有强烈的时效强化效应，硬度和电导率较初始状态均有显著提高，如图 4-12 所示。时效 1~2 h 后，40%、60% 和 80% 冷轧变形量的试样硬度峰值分别达 158 HV、170 HV 和 180 HV，对应的电导率此时也达到一个稳定的近似平台，分别为 81.7% IACS、81.1% IACS 和 80.1% IACS。同样，该合金也具有极其优异的抗过时效软化性能。

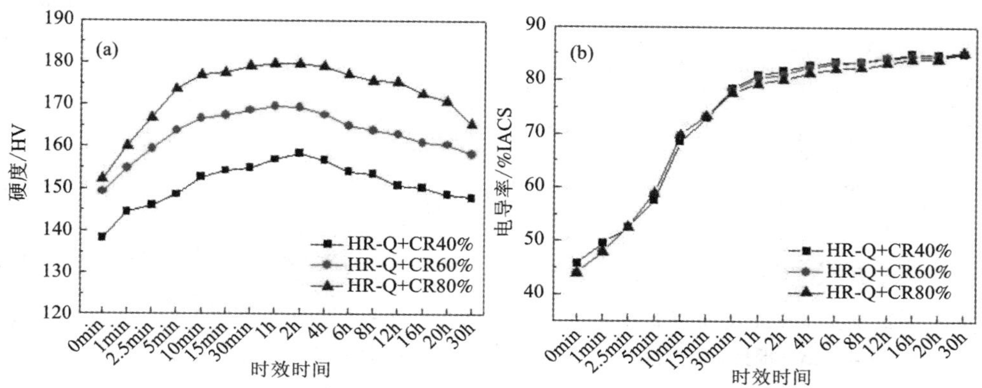

图 4－12　冷轧变形量对 Cu－Cr－Zr－Ni－Si 合金 450℃时效特性的影响

(a)硬度；(b)电导率

综合不同变形量的 Cu－Cr－Zr－Mg－Si 和 Cu－Cr－Zr－Ni－Si 两种合金在等温时效过程中的硬度和电导率变化规律，可以得出，在 450℃时效过程中，80% 冷轧变形能获得较高的硬度和电导率。如经 80% 冷轧的 Cu－Cr－Zr－Mg－Si 合金再经 450℃时效 6 h 后，其硬度和电导率分别可达 180HV，78.8% IACS；Cu－Cr－Zr－Ni－Si 合金经 80% 冷轧和 450℃时效 6 h 后，其硬度和电导率分别可达 177 HV，82.3% IACS。

(4)时效温度对 Cu－Cr－Zr－Mg－Si 合金时效特性的影响

图 4－13 示出了 80% 冷轧变形 Cu－Cr－Zr－Mg－Si 合金在不同温度时效过程中的硬度和电导率变化曲线。可见，随着时效温度的升高，合金到达硬度峰值的时间越来越短，合金硬度峰值也稍有降低。电导率的变化规律与硬度变化规律相似，温度越高，电导率到达高平台所需时间越短，时效时间相同其电导率也越高。

(5)时效温度对 Cu－Cr－Zr－Ni－Si 合金时效特性的影响

80% 冷轧态 Cu－Cr－Zr－Ni－Si 合金在不同温度下的时效特性与 Cu－Cr－Zr－Mg－Si 合金基本相同。有所区别的是该合金的硬度峰值低于 Cu－Cr－Zr－Mg－Si 合金，但相同状态下的电导率却高于 Cu－Cr－Zr－Mg－Si 合金，如图 4－14所示。

(6)合金成分对 Cu－Cr－Zr 系合金时效特性的影响

图 4－15 示出了 Cu－Cr－Zr 系合金经热轧在线淬火和 80% 冷轧变形后在

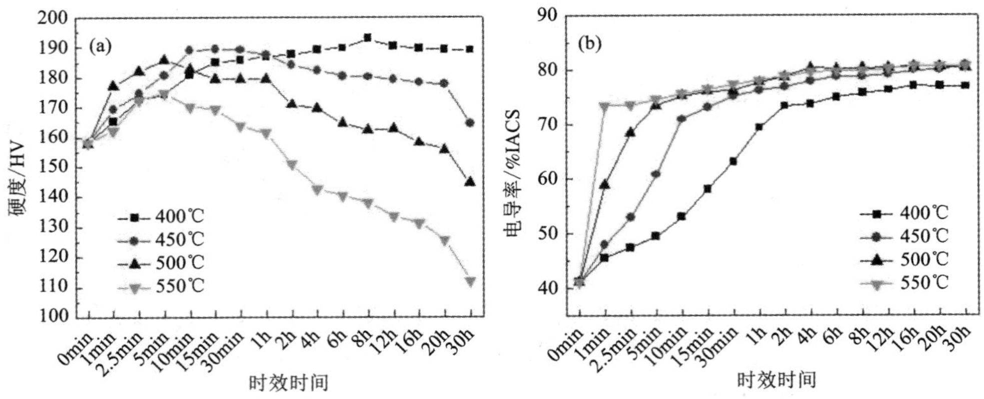

图 4-13　时效温度对 80%变形 Cu-Cr-Zr-Mg-Si 合金时效特性的影响

(a)硬度；(b)电导率

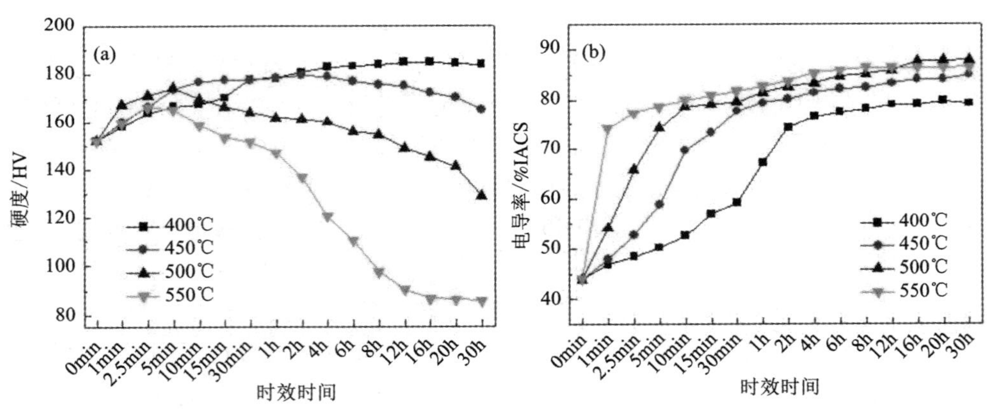

图 4-14　时效温度对 80%变形 Cu-Cr-Zr-Ni-Si 合金时效特性的影响

(a)硬度；(b)电导率

450℃时效过程中的硬度和电导率变化曲线。可见，四种成分的合金均具有强烈的时效硬化作用。Cu-Cr 合金在时效初期硬度有小幅下降，经 15 min 时效后达到硬度峰值 159 HV，随后继续时效过时效现象明显，时效 16 h 后硬度下降到 92 HV；其电导率在时效初期快速增加，1 h 后增加速度减慢，时效 6 h 后其电导率可高达 94% IACS。

在相同形变热处理条件下，在 Cu-Cr 合金中添加 Zr 可明显提高合金的硬度，相应地也降低了电导率。Cu-Cr-Zr 系合金的峰值硬度(175 HV)较 Cu-Cr

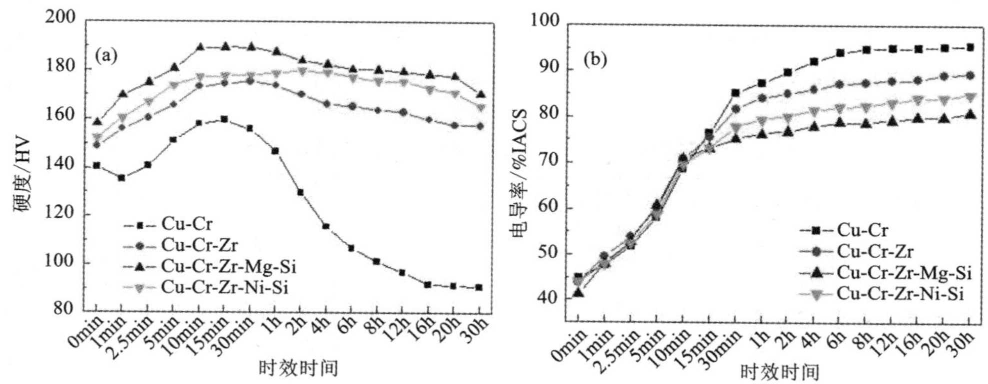

图 4－15　合金成分对热轧淬火 Cu－Cr－Zr 系合金时效特性的影响

(a)硬度；(b)电导率

合金的峰值硬度增加了 16 HV，此时对应的电导率则下降了 5% IACS。继续添加 Mg、Si 到 Cu－Cr－Zr 系合金中，合金的峰值硬度可进一步提高到 189 HV，对应于峰值硬度的电导率也降低到 76% IACS。在 Cu－Cr－Zr 合金中添加 Ni，Si 元素，合金的峰值硬度可提高到 179 HV，对应的电导率也降低到约 81% IACS。值得注意的是，在 450℃时效 10 min～12 h 过程中，Zr、(Mg，Si)、(Ni，Si)的添加，在很大程度上拓宽了合金的硬度峰值宽度（硬度峰值宽度定义为峰值硬度下降 10 HV 的范围内)，改善了合金的抗软化性能，而其电导率也能达到 75% IACS 以上。在相同时效条件下，四种合金的电导率由高到低的顺序为：Cu－Cr、Cu－Cr－Zr、Cu－Cr－Zr－Ni－Si 和 Cu－Cr－Zr－Mg－Si 合金，而硬度排序则恰好相反。对于后三种合金还可发现，在硬度值相当的情况下，即硬度在 175～179 HV 范围内变化时，其电导率均在 79%～83% IACS 范围内。

(7)一次冷轧时效工艺讨论

本节试验结果显示，冷轧变形可进一步破碎并细化热轧淬火态合金的晶粒，增大变形晶粒的长宽比，并产生高密度的位错，从而增大合金的储能。变形量越大，合金的储能就越高，在随后的时效过程中由于储能的释放而加速了溶质原子的扩散，并在位错和空位等缺陷处优先沉淀析出，表现为硬度在时效初期即快速达到硬度峰值。同时，冷轧变形使合金的电导率微弱地下降了 1%～3% IACS，这与 Hutchinson[25] 的预测完全一致。不同变形量合金的时效硬化作用结果如表4－4 所示，可见随着冷轧变形量的增大，合金在时效过程中的硬化作用也随之增大，但是增幅不是很明显。同时，不同变形量轧制后的合金在时效过程中电导率几乎完全一致，如图 4－10(b)和 4－12(b)所示，表明冷轧变形对合金时效过程的析出量影响甚微，只是微弱地加速了时效析出。由于80%冷轧变形合金时效后可获得更高的硬度值和相同的电导率，因此可以将其作为 Cu - Cr - Zr 系合金一次冷轧的合适变形量。

表 4 - 4　不同变形量 Cu - Cr - Zr 系合金的时效硬化作用

合金	冷轧变形量/%	初始硬度/HV	峰值硬度/HV	硬度增量/HV	硬度增幅/%
Cu - Cr - Zr - Mg - Si	40	142	170	28	19.7
	60	150	175	25	16.6
	80	158	189	31	19.6
Cu - Cr - Zr - Ni - Si	40	138	158	20	14.5
	60	149	170	21	14.1
	80	152	180	28	18.4

由于热轧淬火所得的过饱和固溶体处于亚稳定状态，当温度升高到足以引起溶质原子发生扩散和重新分布时，过饱和固溶体就会分解，析出第二相从而降低系统的自由能。由于过饱和固溶体分解属于扩散型相变，析出相的长大需要溶质原子从远离相界区域扩散至相界处。析出相尺寸 x 与体扩散系数 D、时间 t 的关系可表示为[26]：

$$x = \frac{2(C_0 - C_\alpha)}{C_p - C_\alpha}\sqrt{Dt} \tag{4-4}$$

式中：C_0为过饱和固溶体中溶质元素含量；C_p为析出相溶质含量；C_α为析出相与基体界面处的溶质含量。由该式可以得出，当时效时间一定时，析出相的尺寸与体扩散系数的平方根成正比。由式(4 - 3)可知，时效温度越高，扩散系数 D 急剧增大，析出相更易于粗化，在相同溶质浓度的合金中，析出相的密度将大大降低，时效硬化效果弱化。由图 4 - 13 和图 4 - 14 试验结果可以得出，450℃时效处理 Cu - Cr - Zr 系合金的时效硬化作用强烈，可以获得良好的力学性能和电学性能。因此可将 450℃作为该系列合金的合适时效温度。

合金元素 Zr、(Mg, Si) 和 (Ni, Si) 的添加显著提高了 Cu - Cr 合金的硬度，也在一定程度上降低了合金的电导率，同时还极大地改善了合金抗软化性能，如图 4 - 14 所示。Cu - Cr 合金中合金元素的存在形式和作用，本书将在下一节中详细论述。

在铜和铜合金板带材的生产过程中，时效处理往往安排在粗轧和中轧工艺之间，板带打卷后一般在钟罩式加热炉中完成，加热和保温需要较长的时间（4 ~ 12 h），以使带材卷内外温度均匀从而保证合金性能的均匀。本试验结果显示，

Cu－Cr－Zr、Cu－Cr－Zr－Mg－Si 和 Cu－Cr－Zr－Ni－Si 在等温时效过程中，时效时间从 15 min 到 16 h，硬度和电导率稳定性极好，这为该系列合金制备加工过程中的性能控制提供了极大的便利。表 4－5 给出了 Cu－Cr－Zr－系合金一次冷轧时效后的典型力学性能和电学性能。可见，920℃热轧在线淬火 Cu－Cr－Zr 系合金经冷轧和 450℃时效可获得良好的综合性能。

表 4－5　热轧淬火 Cu－Cr－Zr 系合金的力学性能和电学性能

合金	形变和热处理制度	显微硬度/HV	抗拉强度/MPa	伸长率/%	电导率/% IACS
Cu－Cr－Zr－Mg－Si	40% CR＋450℃ ×6 h	165	521	8.4	78.4
	60% CR＋450℃ ×6 h	170	549	6.6	78.5
	80% CR＋450℃ ×6 h	180	582	4.8	78.8
Cu－Cr－Zr－Ni－Si	40% CR＋450℃ ×6 h	153	485	8.9	84.2
	60% CR＋450℃ ×6 h	165	527	7.0	83.4
	80% CR＋450℃ ×6 h	177	564	5.6	83.2

4.3.2　Cu－Cr－Zr 系合金二次冷轧时效工艺和组织性能

铜合金板带的最终产品厚度一般为 0.2～4.0 mm，而热轧板坯经一次或多道次冷轧工序往往难以达到所需尺寸和精度。在生产中通常采用粗轧＋中轧＋精轧的轧制方式，中间配以适当的热处理，以确保成品的性能、尺寸精度和表面质量等要求。因此 Cu－Cr－Zr 系合金经过一次冷轧和时效后，还需进一步冷轧和时效，以得到尺寸和精度满足用户要求的产品。本节研究了 Cu－Cr－Zr－Mg－Si 和Cu－Cr－Zr－Ni－Si 二次冷轧和时效工艺，以便为实际生产中的中轧、精轧和气垫式退火提供实验依据，其具体工艺如表 4－6 所示。

表 4－6　Cu－Cr－Zr 系合金的二次冷轧和时效工艺

合金	编号	形变和热处理制度	总变形量
Cu－Cr－Zr－Mg－Si（2#）	2#6040	60% CR＋450℃ ×6 h＋40% CR	76%
	2#6060	60% CR＋450℃ ×6 h＋60% CR	82%
	2#8040	80% CR＋450℃ ×6 h＋40% CR	88%
	2#8060	80% CR＋450℃ ×6 h＋60% CR	92%

续表 4 - 6

合金	编号	形变和热处理制度	总变形量
Cu - Cr - Zr - Ni - Si (3#)	3#6040	60% CR + 450℃ ×6 h + 40% CR	76%
	3#6060	60% CR + 450℃ ×6 h + 60% CR	82%
	3#8040	80% CR + 450℃ ×6 h + 40% CR	88%
	3#8060	80% CR + 450℃ ×6 h + 60% CR	92%

(1) 二次冷轧时效工艺对 Cu - Cr - Zr - Mg - Si 合金性能的影响

图 4 - 16 示出了 Cu - Cr - Zr - Mg - Si 合金经二次冷轧后在 450℃ 时效过程中硬度和电导率的变化曲线。二次冷轧与一次冷轧时效态相比，合金硬度得到进一步提高，总的趋势为二次冷轧的变形量越大，初始硬度也越高，电导率则略有降低。与一次时效不同的是，二次时效未产生新的时效硬化反应，合金硬度随着时效时间的延长缓慢降低，变形量越大，下降速率越大。

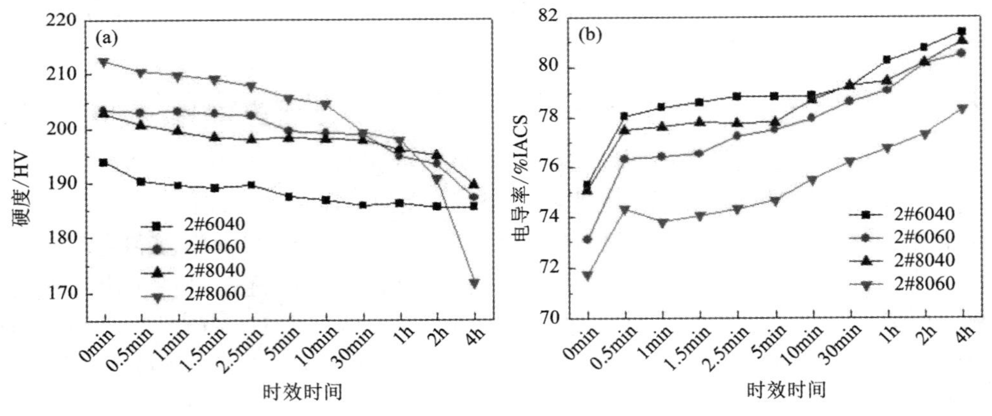

图 4 - 16　二次冷轧后 Cu - Cr - Zr - Mg - Si 合金的时效特性

(a) 硬度；(b) 电导率

(2) 二次冷轧时效工艺对 Cu - Cr - Zr - Ni - Si 合金性能的影响

Cu - Cr - Zr - Ni - Si 合金二次冷轧后的时效特性与 Cu - Cr - Zr - Mg - Si 基本相似，如图 4 - 17 所示。其中 6060 工艺和 8040 工艺时效性能接近，且在时效前 2 h 硬度和电导率都非常稳定。6060 工艺 450℃ 时效 1 h 后，合金硬度由初始值的 190 HV 只下降了 2 HV，而电导率则从初始值 78.1% IACS 上升到了 82.3% IACS。

(3) 二次时效温度对 Cu - Cr - Zr - Mg - Si 合金性能的影响

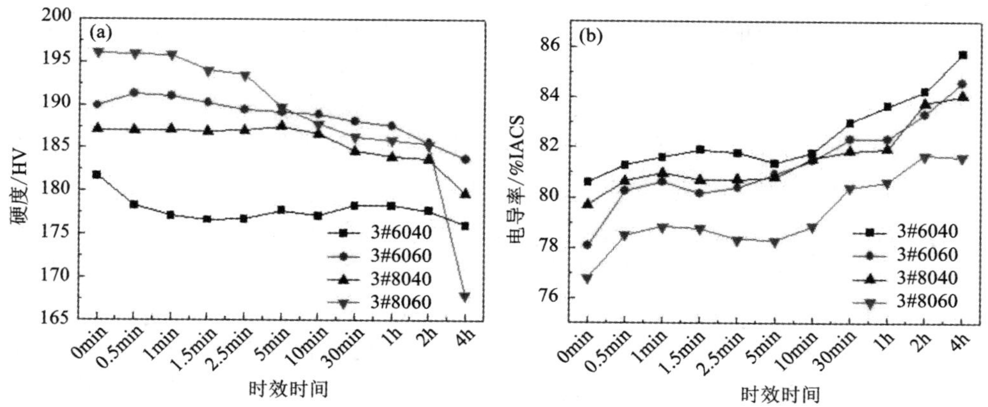

图4－17　二次冷轧后Cu－Cr－Zr－Ni－Si合金的时效特性

(a)硬度；(b)电导率

图4－18示出了Cu－Cr－Zr－Mg－Si经60%一次冷轧＋450℃时效6 h＋60%二次冷轧后在不同温度时效时硬度和电导率的变化曲线。由图可见，在450℃、500℃和550℃二次时效1 h后，合金硬度较初始硬度分别下降了4.4%，5.6%，12.5%。合金电导率在不同温度下时效随着时间的延长呈增长趋势。时效温度对Cu－Cr－Zr－Ni－Si合金性能的影响规律与Cu－Cr－Zr－Mg－Si合金相同。

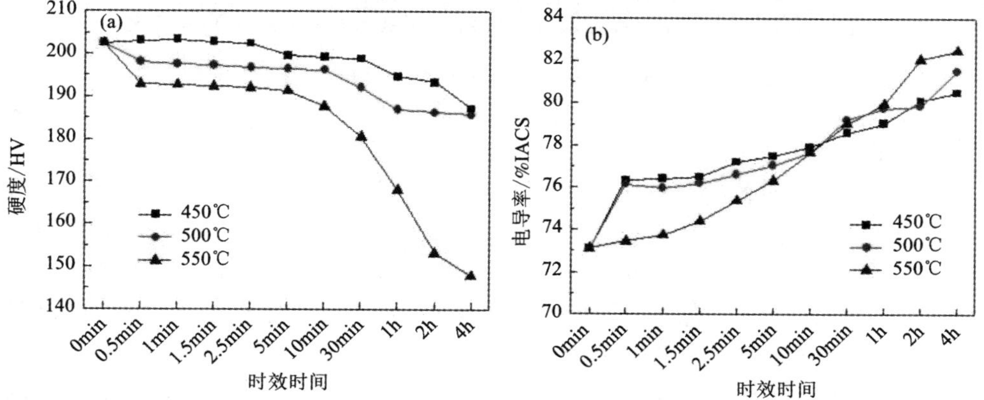

图4－18　时效温度对Cu－Cr－Zr－Mg－Si合金二次时效特性的影响

(a)硬度；(b)电导率

(4)二次冷轧时效工艺讨论

一次冷轧时效工艺使合金得到了细长的变形组织以及弥散分布着大量纳米析出相的晶粒，如图 4－11 所示。二次冷轧变形过程中，由于一次时效析出的纳米颗粒及其周围的应变场钉扎位错的运动，使位错塞积于纳米粒子周围，导致二次加工硬化效应，合金硬度较冷轧前上升了 10～35 HV。合金二次冷轧并时效 5 min 后的 TEM 组织如图 4－19 所示。由图可见，经短时间时效的合金内部仍然保留着高密度位错及位错网，同时如图中所示 X 和 Y 区中均可见大量弥散分布的纳米颗粒。X 区中未见缠结的位错和位错网是由于 X 和 Y 属于不同晶体学取向的晶粒，Y 晶粒处于满足布拉格衍射条件的位置，而 X 晶粒则未能满足衍射条件而显得亮白。在如此高倍 TEM 下还能观察到晶体取向存在明显差异的区域，如 X 和 Y 区域，表明经过二次冷轧和时效后，合金的晶粒已经非常细小（约 0.5 μm），这也是合金经二次冷轧时效后具有很高硬度的主要原因。

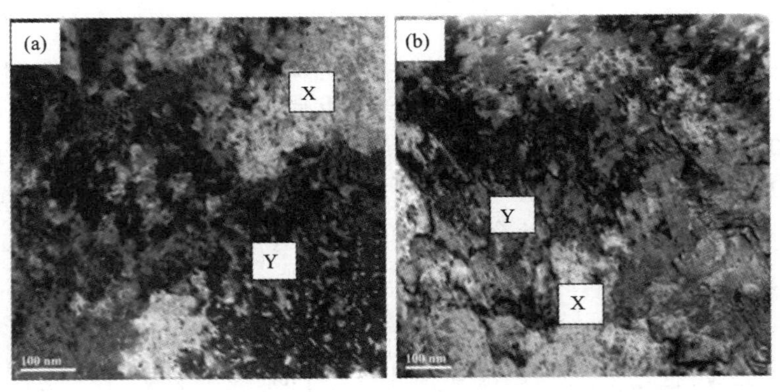

图 4－19　二次冷轧合金在 450℃时效 5min 后的 TEM 组织

(a) Cu－Cr－Zr－Mg－Si；(b) Cu－Cr－Zr－Ni－Si

由于在一次时效过程中，绝大部分过饱和固溶体的溶质原子已经析出，二次冷轧又一次造成加工硬化效应，故而在二次时效初期，尚未完全析出的溶质原子快速析出，同时发生回复和再结晶现象，电导率在初期迅速升高。然而析出、回复和再结晶在时效 1 h 范围内均不占主导地位，故而在一定温度下时效，硬度随时间的延长基本保持一个稳定的值，而电导率则缓慢上升。更长时间和更高温度下时效，析出相粗化并伴随再结晶现象的普遍发生，合金硬度降低而电导率逐渐升高。由于在 450℃时效合金可得到较高的硬度和电导率，而且稳定性优良，这有利于生产过程的控制，因此可将其作为 Cu－Cr－Zr 系合金合适的二次时效温度。

二次时效在较短时间内(如 1～5 min)就可得到性能良好的合金带材，因此二次时效处理适宜在气垫式退火炉中完成。表 4－7 示出了两种 Cu－Cr－Zr 系合金在二次冷轧时效 1 min 后的力学性能和电学性能。由表可看出，二次冷轧时效的 Cu－Cr－Zr－Mg－Si 合金的强度可达 603 MPa，而电导率稍低，仅为 73.8% IACS；Cu－Cr－Zr－Ni－Si 合金强度稍低，但电导率可达到 80% IACS 以上。更详细的结果已发表于文献[22]中。

表 4－7　Cu－Cr－Zr 系合金二次冷轧时效后的力学性能和电学性能

合金	形变和热处理制度	显微硬度/HV	抗拉强度/MPa	伸长率/%	电导率/% IACS
Cu－Cr－Zr－Mg－Si	6040＋450℃×1 min	190	557	3.18	78.4
	6060＋450℃×1 min	203	587	2.74	76.4
	8040＋450℃×1 min	198	569	2.52	77.6
	8040＋450℃×1 min	210	603	2.20	73.8
Cu－Cr－Zr－Ni－Si	6040＋450℃×1 min	177	527	3.66	81.6
	6060＋450℃×1 min	191	574	3.12	80.6
	8040＋450℃×1 min	185	564	3.07	80.9
	8040＋450℃×1 min	196	582	2.86	78.8

4.3.3　不同工艺下的 Cu－Cr－Zr 系合金性能的研究

(1)固溶态与热轧淬火态合金形变热处理后的性能

图 4－20 示出了 920℃固溶处理和 920℃热轧淬火处理 Cu－Cr－Zr－Mg－Si 和 Cu－Cr－Zr－Ni－Si 冷轧 80% 后在 450℃时效过程中的性能变化。由图可见，同一合金固溶处理后冷轧的合金硬度略高于热轧淬火—冷轧态合金试样，而其相应的电导率则低于热轧淬火—冷轧态。两种不同淬火处理方式的合金在时效过程中均表现出强烈的时效硬化作用，合金硬度随时间的延长急剧升高。这表明固溶态合金产生了更加强烈的时效强化效果。

(2)热轧淬火＋时效＋冷轧＋时效工艺的性能

前文介绍的是先变形后时效的工艺，这种工艺充分发挥了形变强化和析出强化的作用，制备出了具有高强高导性能的铜合金。本小节拟采用热轧淬火＋不同状态时效＋冷轧＋时效的工艺来制备 Cu－Cr－Zr 系合金。

图 4－21 示出了热轧淬火态 Cu－Cr－Zr、Cu－Cr－Zr－Mg－Si 和 Cu－Cr－Zr－Ni－Si 合金在 450℃时效的性能。三种热轧淬火态合金均具有强烈的时效硬

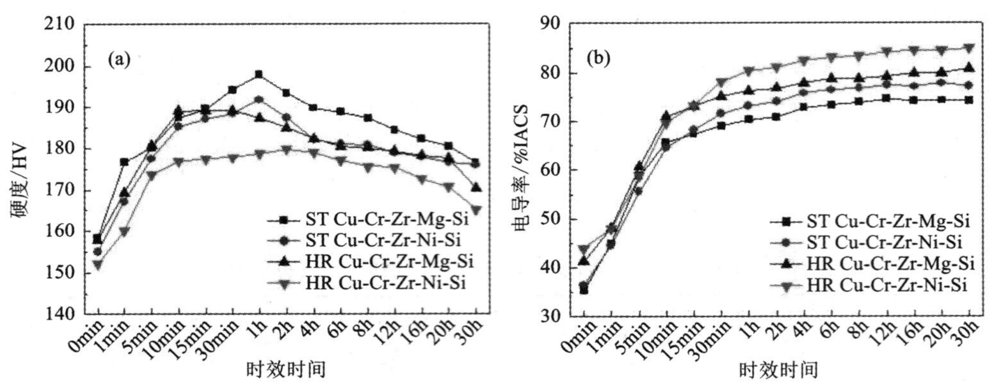

图 4-20 920℃固溶处理和热轧淬火处理合金冷轧 80%后的时效性能

(a)硬度；(b)电导率

化作用，硬度和电导率随时间的延长快速升高，然后稳定于一平台。欠时效(Under-aging)可认为是在时效过程中合金硬度和电导率开始升高，但远未达到峰值或平台的状态；硬度值接近峰值且电导率也上升到稳定的平台可认为是峰时效状态(Peak aging)。根据图 4-21 的硬度和电导率试验结果，选择 450℃时效 15 min 作为欠时效状态，450℃时效 4 h 作为峰时效状态。

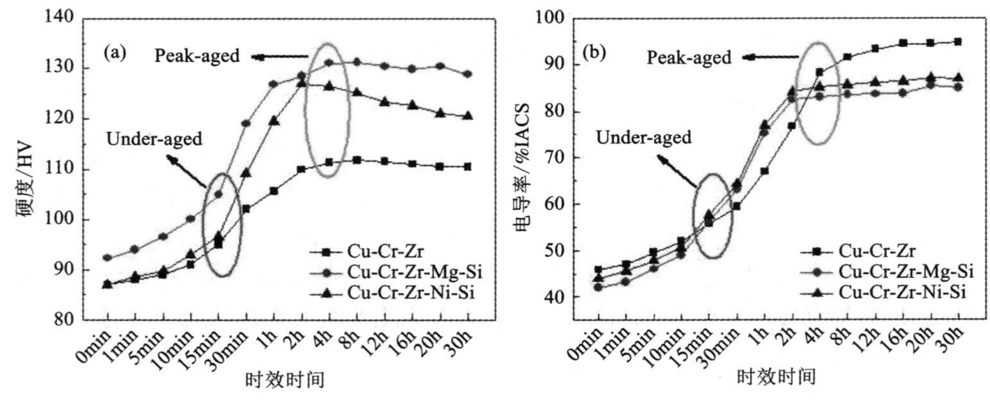

图 4-21 不同时效状态 Cu-Cr-Zr 系合金在 450℃下的时效性能

(a)硬度；(b)电导率

图 4-22 示出了不同时效状态下的合金经 80% 冷轧变形后在 450℃时效的硬度变化。可见，欠时效状态下的三种合金试样在冷轧后三次时效过程中均表现出

明显的硬化反应，同一成分合金时效峰值硬度较冷轧态初始值升高了 12 ~ 19 HV；峰时效后的合金再经冷轧和时效处理，硬度仅升高了 2 ~ 3 HV，而后以极其缓慢的速率降低，显示出极其优异的抗过时效性能。对于相同成分的合金，其欠时效态再经冷轧 + 二次时效后，其峰值硬度普遍较峰时效的要高 11 ~ 16 HV。

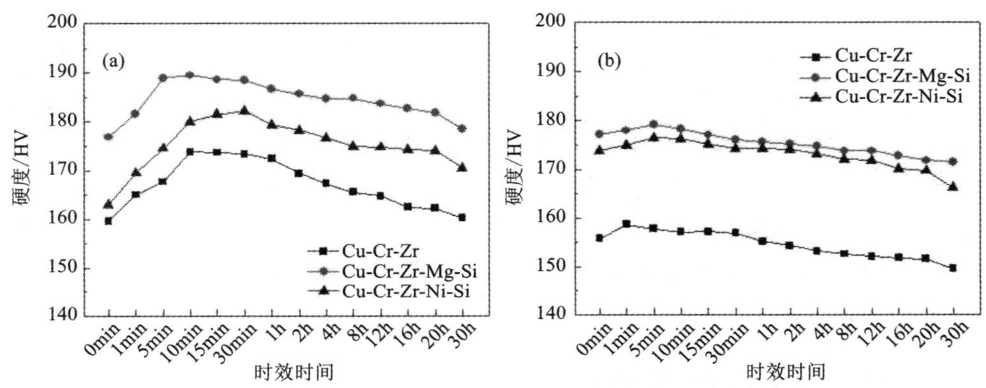

图 4－22 不同时效状态 Cu－Cr－Zr 系合金冷轧 80%后 450℃时效的硬度曲线

(a)欠时效态；(b)峰时效态

不同时效状态合金经冷轧再时效的电导率变化曲线如图 4－23 所示。与硬度相似，欠时效态合金在二次时效过程中电导率急剧升高，其值到达一个较高的平台后保持；峰时效态的合金电导率变化趋势几乎一致，在时效前期呈现出微弱的升高，并随时间的延长基本保持稳定。

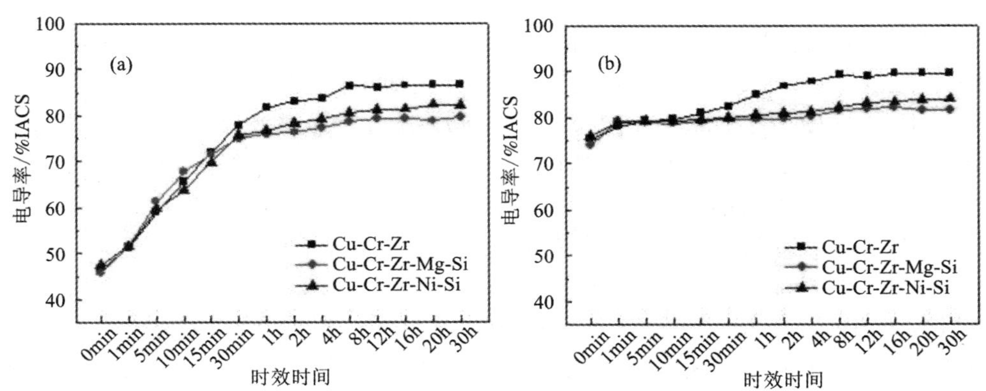

图 4－23 Cu－Cr－Zr 系合金冷轧 80%后 450℃时效的电导率曲线

(a)欠时效态；(b)峰时效态

按照位错理论，析出强化型合金的强化主要是由于析出相及其应变场与位错之间的交互作用造成的，而其强化的效果则与析出相的密度、尺寸和体积分数等密切相关。造成欠时效和峰时效态合金在二次时效过程中的显著差异的根本原因是一次时效后合金溶质原子的过饱和程度的不同，在相同时效条件下造成了二次时效时析出相的密度和体积分数存在差异。文献[27]将合金变形后与变形前的硬度之差和变形前硬度值之比定义为加工硬化率。由图 4－22 可见，不同时效状态合金在冷轧加工过程中的加工硬化率也存在明显差异。欠时效的三种合金的加工硬化率分别为 68.4%、68.6% 和 68.0%，而峰时效态合金的加工硬化率则为 40.5%、35.1% 和 38.1%。金属的加工硬化现象与位错的运动密切相关[26]。欠时效状态下，均匀分布的析出相核心成为位错滑移的障碍，促使晶粒中开动多系滑移，引起位错缠结，导致加工硬化率非常高；峰时效态下冷轧可能促使合金发生交滑移，导致加工硬化率较低。时效状态对加工硬化率的影响机制还有待进一步深入研究。

4.4　Cu－Cr－Zr 系合金冷轧过程中的回溶[19]

Fargette[28]在研究析出强化型铜合金如 Cu－Ti、Cu－Zr、Cu－Fe 和 Cu－Cr 合金冷轧后的性能时，观察到电阻率异常升高现象，其升高幅度可达 100%，远远高于纯铜冷轧后电阻率的升高幅度(约 3%)，这一现象称之为冷加工诱发析出相回溶。在 Cu－Cr－Zr 系合金中，我们也观察到了冷轧回溶现象，现将我们的结果介绍如下。

4.4.1　峰时效态和过时效态合金二次冷轧后的性能

我们的冷轧回溶实验是利用峰时效态和过时效态进行的，根据图 4－13 中 80% 冷轧 Cu－Cr－Zr－Mg－Si 合金在不同温度时效的硬度和电导率曲线，分别选择 450℃ 时效 1 h 和 550℃ 时效 8 h 作为 80% 冷轧合金的峰时效态和过时效态。将经过峰时效和过时效处理的试样分别进行 0、20%、30%、40%、50%、60% 和 70% 冷轧，测定各自的硬度和电阻率，结果如图 4－24 所示。可见，随着变形量的增大，不论是峰时效态还是过时效态，样品的硬度开始都是随变形量增加而增大的，更大的变形量时硬度增加变缓。与硬度相似，随着变形量的增大，电阻率几乎呈线性关系增长。值得注意的是，峰时效态合金试样的电阻率变化明显大于过时效态合金试样，表现出明显的冷轧回溶特征。

4.4.2　峰时效态和过时效态合金的 TEM 组织

峰时效态的 TEM 结果示于图 4－25(a)和(b)。可见，粒子大小约 5 nm。大

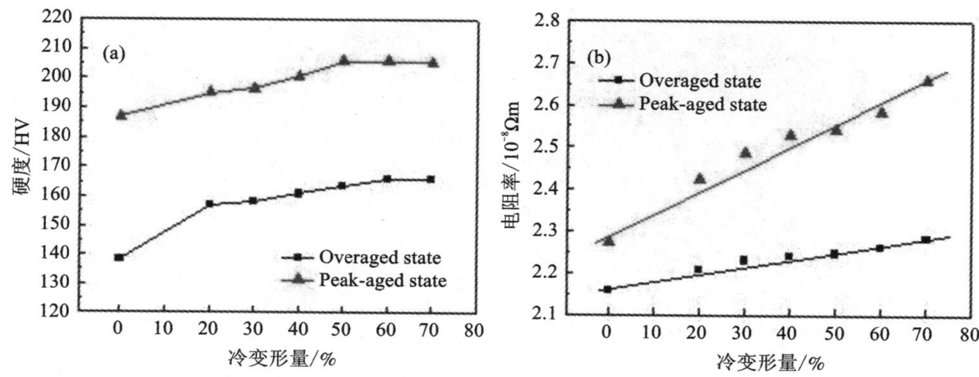

图 4－24　峰时效态和过时效态合金二次冷轧后的性能

(a)硬度；(b)电阻率

部分析出相粒子具有花瓣状应变场衬度，如图中箭头所示。由于没有在双束条件下进行衍衬像观察，故其零衬度线方向不唯一。这表明在冷轧变形＋峰时效工艺下，析出相与基体具有共格的界面关系。图 4－25(c)、(d)显示了合金在 550℃时效 8 h 的过时效态样品的 TEM 形貌。可见在此状态下，第二相粒子已经粗化长大到 10～30 nm，且密度显著降低，合金的硬度也显著降低。

4.4.3　峰时效态和过时效态合金二次冷轧后的时效性能

图 4－26 示出了峰时效态和过时效态 Cu－Cr－Zr－Mg－Si 合金试样经 60%变形量的二次冷轧后再在 450℃二次时效的性能变化曲线。可见，峰时效态＋60%冷轧的试样在随后的二次时效过程中硬度降低较快，而过时效态＋60%冷轧的试样在二次时效中降低缓慢，只下降了 8 HV。峰时效态＋60%冷轧试样的电阻率在二次时效初期(1 min)剧烈下降，而过时效态＋60%冷轧的试样在二次时效初期(1 min)电阻率下降幅度较小。

4.4.4　关于冷变形诱发析出相回溶问题的讨论

据文献报道，冷变形产生的缺陷对传导电子的散射引起电阻率的增幅约为3%[29]，这与本研究中的冷变形对过时效态合金电阻率的影响结果基本吻合。然而，峰时效态合金再冷轧，电阻率增幅高达 17%。电阻率在冷轧过程中显著变化可认为是由两个原因造成的：一是冷轧增加了合金位错密度和空位密度；二是冷轧变形诱发了析出相回溶。

越来越多的报道发现黑色金属(如碳钢)和有色金属(如铜合金、铝合金)在

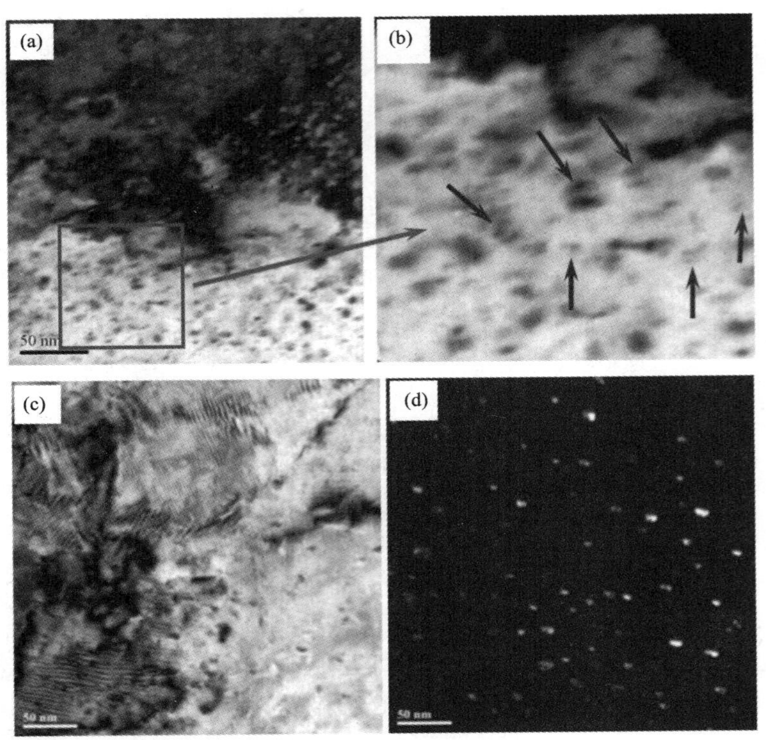

图 4-25　80%冷轧后的 Cu-Cr-Zr-Mg-Si 合金 TEM 照片

(a)峰时效明场像；(b)选区放大图；(c)过时效明场像；(d)过时效暗场像

冷变形过程中发生溶质原子或析出相回溶的现象。金属材料中关于变形诱发回溶机制的讨论一直没有停止，目前影响较大的机制有以下几种[30~32]：①由变形引入的位错切割析出相，增加了界面能从而诱发回溶；②冷变形破碎析出相，从而增大了相界影响面积，从而诱发回溶；③剧烈塑性变形过程中沿相界的干摩擦滑动也可促使回溶；④剧烈塑性变形可产生非平衡空位，扩展了溶质原子室温的极限溶解度，从而导致回溶现象的发生。在本试验中，峰时效状态下的析出相粒子尺寸小(平均尺寸约 5 nm)，而且与基体存在呈完全共格关系，因此这些粒子在冷轧过程中极易被位错剪切，产生一个柏氏矢量的台阶。进一步变形使位错源源不断地通过平行的剪切面，这就细化了析出相。当析出相细化到某一临界尺寸时，溶质原子在晶格热振动的作用下即溶解到基体中，溶质原子的回溶导致基体晶格畸变增大，增大了电子散射几率，故电阻率显著升高。而过时效态合金由于第二相粒子粗大，且与基体具有半共格或非共格界面，因而不能被位错线剪切，粒子难以回溶，其电阻率仍只受冷变形产生的缺陷影响，因而变化较小。由此可见，

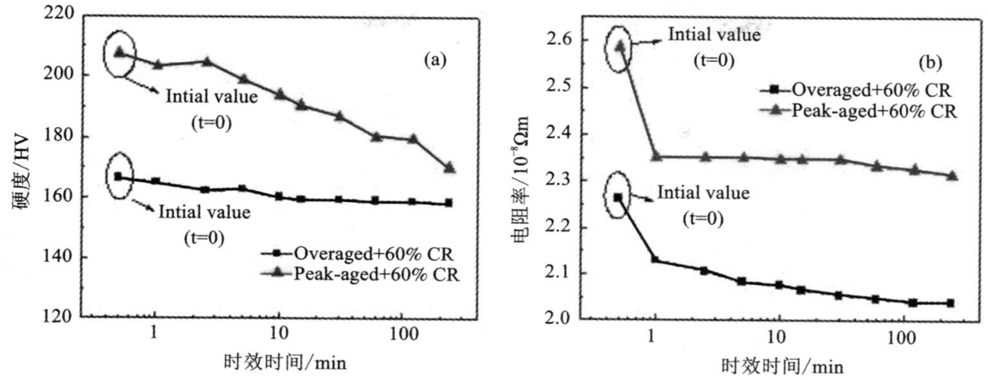

图 4 – 26　二次冷轧 60%变形后试样在 450℃二次时效的性能

(a)硬度；(b)电阻率

粒子冷变形回溶会受粒子大小及是否易遭位错切割有关。

图 4 – 27 给出了 Cu – Cr 和 Cu – Cr – Zr 合金电阻率随溶质原子含量变化的曲线[30]。由图可见，Cu – Cr 合金电阻率随着 Cr 含量的增加呈线性增长，添加其他合金元素（如 Zr、Mg、Si 等）后，合金的电阻率略高于 Cu – Cr 合金，也随溶质原子含量的增加呈线性增长。由图 4 – 27 可知，同一合金在图中范围内，任意一个溶质原子含量均对应于唯一的电阻率。因此可建立起 Cu – Cr – Zr – Mg – Si 合金电阻率（ρ，10^{-8} Ωm）和溶质元素含量（C，质量分数）的方程，其表达为：

$$\rho = 6.865C + 1.754 \tag{4-5}$$

由图 4 – 27 和式（4 – 5）可得到，峰时效态试样和峰时效的 +70% 冷轧试样的电阻率分别为 2.27×10^{-8} Ωm 和 2.66×10^{-8} Ωm，对应的等效溶质原子含量分别为 0.0752% 和 0.132%，因此峰时效态下由冷轧变形引起的等效溶质原子含量变化约为 0.0568%。与峰时效态相似，70% 冷轧变形可引起过时效态合金试样约 0.0183% 等效溶质原子含量的变化，结果标于图 4 – 27 中。

由上面的关于合金电阻率变化的讨论可知，等效溶质原子含量的变化可归因于两个部分：一部分是由冷轧缺陷引起的，用 C_D表示；一部分是由溶质原子回溶引起的，用 C_R表示。它们与等效溶质原子变化总量 C_T的关系可以表示为：

$$C_T = C_D + C_R \tag{4-6}$$

由于过时效态合金中不发生溶质原子回溶，其电阻率的变化均由变形产生的缺陷引起，因此可认为过时效态合金试样冷轧 70% 后的等效溶质原子含量变化等于 C_D。峰时效态合金冷轧 70% 引起的溶质原子回溶量 C_R即为 C_T和 C_D之差，约为 0.0385%。

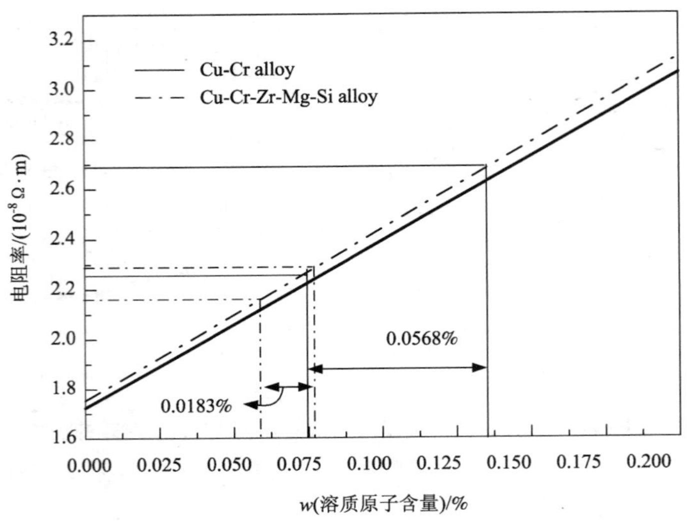

图4-27　Cu-Cr 和 Cu-Cr-Zr-Mg-Si 合金电阻率随溶质原子含量的变化曲线

基于上述 Cu-Cr-Zr-Mg-Si 合金的冷轧和时效研究结果，可对该析出强化系列合金形变热处理工艺的设计提出一些建议：①小变形量一次冷轧变形不利于提高生产效率，大变形量冷轧不仅可获得高的硬度，而且可消除热轧在线淬火过程中产生的析出，使冷轧态合金具有更高的溶质原子过饱和程度；②对于要求使用状态为硬态（加工态）的析出强化型合金，有必要在冷轧前进行一定程度的过时效处理，以避免析出相在冷轧过程中被位错剪切而发生回溶现象，恶化合金的综合性能；③冷轧变形导致溶质原子发生回溶可以通过随后的再时效予以消除。

4.5　Cu-Cr-Zr 系合金的热稳定性[19]

集成电路引线框架不仅要求材料具有高的室温强度和电导率，还需具有良好的热稳定性。材料的热稳定性通常用合金的软化温度来表征，引线框架材料要求其软化温度必须大于400℃，才能保证材料在高热流密度和高电流密度情况下的承载稳定性。

4.5.1　Cu-Cr-Zr 系合金的软化温度测定

图4-28 示出了四种热轧淬火+80%冷轧+峰时效后的合金试样在不同温度下退火1 h 的硬度曲线。可见，添加微量的 Zr、（Mg，Si）和（Ni，Si）后的 Cu-Cr-Zr系合金经500℃退火1 h，硬度可达到初始硬度的90%以上；经550℃

退火 1 h，仍能达到初始硬度的 85% 左右。而 Cu－Cr 合金在 450℃退火 1 h 后其硬度下降至初始硬度的 91.6%，500℃后其硬度值只有初始硬度的 71.6%。工业上通常将退火 1 h 硬度下降至原来值的 80% 的温度定为软化温度，可见，热轧淬火后经一次冷轧峰时效态 Cu－Cr－Zr 系合金的软化温度均大于 550℃，而Cu－Cr 合金的软化温度则约为 450℃。

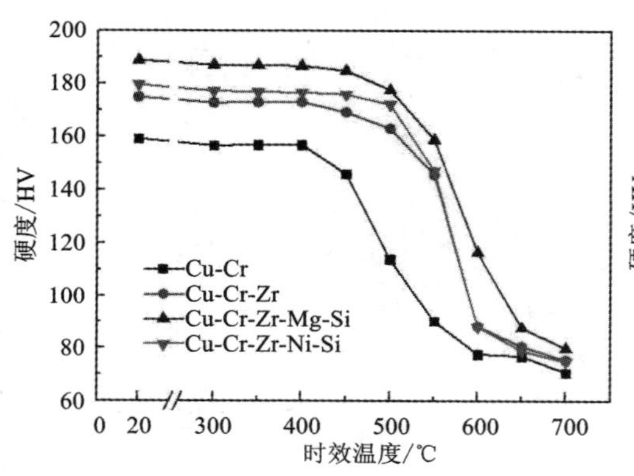

图 4－28　一次冷轧时效态 Cu－Cr－Zr 系合金在不同温度下退火 1 h 后的硬度

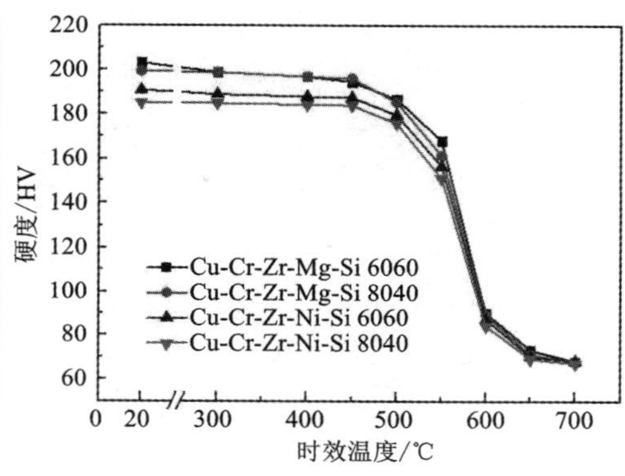

图 4－29　二次冷轧时效态 Cu－Cr－Zr－Mg－Si 和 Cu－Cr－Zr－Ni－Si 合金不同温度下退火 1 h 后的硬度

图 4－29 示出了二次冷轧时效工艺处理后的 Cu－Cr－Zr－Mg－Si 和 Cu－Cr－Zr－Ni－Si 合金在不同温度退火后的硬度曲线。可见，二次冷轧时效工艺制备的 Cu－Cr－Zr－Mg－Si 合金硬度在 550℃退火 1 h 后，其硬度分别为原始硬度的 81% 以上，Cu－Cr－Zr－Ni－Si 合金 550℃退火后硬度为原始硬度的 82% 以上。这表明两种合金经二次冷轧时效工艺处理后仍然具有良好的热稳定性能，其软化温度均大于 550℃。

4.5.2　Cu－Cr－Zr 系合金退火过程中的组织演变

图 4－30 示出了 Cu－Cr、Cu－Cr－Zr－Mg－Si 合金在不同温度退火后的金相组织照片。可见，450℃退火 1 h 后的 Cu－Cr 合金仍然保持着冷轧变形后的组织，晶粒呈拉长的纤维状；550℃退火后，冷变形造成的细长纤维组织已经完全消失，其组织几乎全部由等轴状晶粒组成，平均尺寸约为 10 μm。这表明 Cu－Cr 合金在 550℃退火已经发生了完全再结晶。Cu－Cr－Zr－Mg－Si 合金在 500℃退火 1 h 后仍保持着纤维组织状态，650℃退火后才发生完全再结晶。这表明 Zr、(Mg，Si)等合金元素的加入具有抑制再结晶晶粒形核和长大的作用。

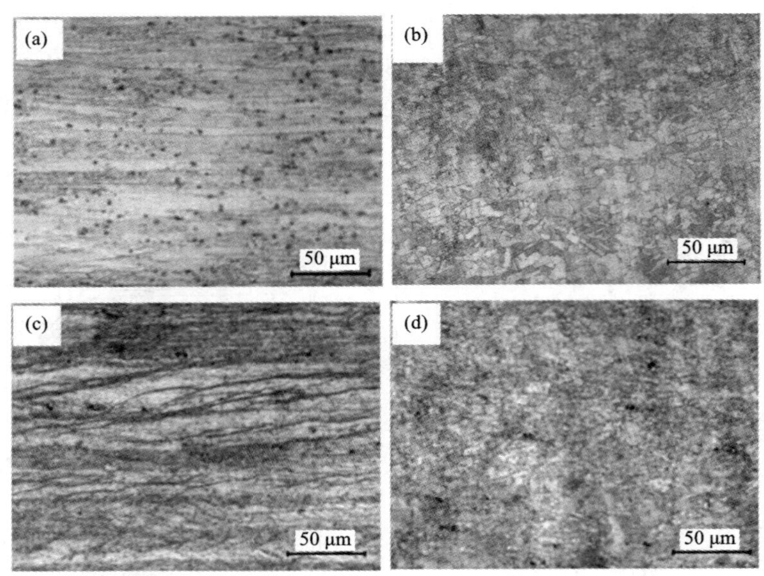

图 4-30　不同温度退火后合金的金相组织

(a) Cu-Cr 450℃退火 1 h; (b) Cu-Cr 550℃退火 1 h; (c) Cu-Cr-Zr-Mg-Si 500℃退火 1 h; (d) Cu-Cr-Zr-Mg-Si 650℃退火 1 h

图 4-31 分别示出了 Cu-Cr 和 Cu-Cr-Zr-Mg-Si 合金在不同温度退火 1 h后的透射电镜照片。可见，450℃退火后的 Cu-Cr 合金、500℃退火后的 Cu-Cr-Zr-Mg-Si 合金内部都存在着较高密度的位错和位错胞，且胞内弥散分布着大量细小的纳米析出相粒子。由图 4-31(b) 可见 Cu-Cr 合金经 550℃退火后已经发生了完全再结晶，粗化的析出相离散分布于晶粒内部。在图 4-31(c) 中，同一视场衍衬像下可观察到明暗不同的衬度，表明该视场中存在多个取向不同的亚晶粒。图 4-31(d) 示出了 Cu-Cr-Zr-Mg-Si 合金在 650℃退火 1 h 后、与图 4-31(c) 相同放大倍数下的 TEM 照片，图中未观察到晶界和亚晶界，表明此时亚晶已经长大。另外，经高温退火后析出相明显粗化，其平均尺寸可达 20 nm。

4.5.3　Cu-Cr-Zr 系合金高温软化机制

材料在退火过程中的软化现象与其显微组织变化密切相关。研究结果显示，具有第二相粒子弥散分布的铜合金热稳定性与粒子的粗化过程息息相关。第二相颗粒的粗化动力学可用 Lifshitz-Slyozov-Wagner 公式表示[33]：

$$\bar{r}^3 - \bar{r}_0^3 = 8\gamma D C_0 \Omega\, t/9RT \tag{4-7}$$

式中：$\bar{r}$ 为在时间 t 下的平均颗粒尺寸；$\bar{r}_0$ 为粗化初期的平均粒子尺寸；γ 为颗粒

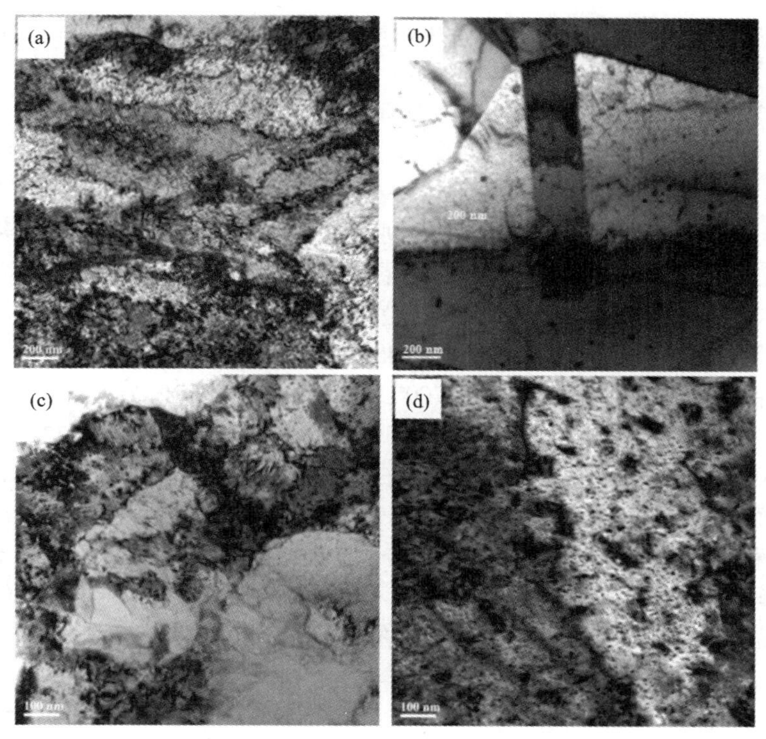

图4－31　不同温度退火后合金的透射电镜照片

(a) Cu－Cr合金450℃退火1 h；(b) Cu－Cr合金550℃退火1 h；
(c) Cu－Cr－Zr－Mg－Si合金在500℃退火1 h；(d) Cu－Cr－Zr－Mg－Si合金650℃退火1 h

与基体的界面能；D为溶质原子在基体中的扩散速率；C_0为颗粒在基体中的溶解度；Ω为析出相的原子体积。从式（4－7）可以得出，当γ、D和C_0很小时，合金的第二相颗粒粗化缓慢，因而具有优异的热稳定性。Cu－Cr合金在较高温度（如550℃）退火过程中，溶质元素扩散速率D和溶解度C_0均急剧增大，因而在高温下析出相更易于粗化。在溶质元素总浓度一定的情况下，析出相的密度则大大减小，导致合金软化现象的发生。微量合金元素Zr、(Mg, Si)等添加到Cu－Cr合金中，与Cr发生交互作用，通过改变Cr的扩散速率和析出相颗粒与基体之间的界面能γ，可以大大延缓析出相的粗化，从而大大改善合金的抗软化性能。

合金的热稳定性还与再结晶现象密切相关。冷轧变形可引入高密度的位错而强化合金，同时为合金的析出、回复和再结晶提供了储能。时效过程中生成的析出相及其产生的应变场，对位错运动起着阻碍作用，因此阻碍回复的进行，从而抑制再结晶晶粒的形核；同时，还可阻碍晶界的迁移，从而延缓了材料再结晶晶粒的长大。随着退火温度的升高，溶质原子扩散速率急剧增大，析出相逐渐粗化导致其密度显著降低，对晶界迁移的阻碍作用减弱；位错胞也发生快速回复，逐渐多边形化，最终引起晶粒长大。

由于合金的硬度与再结晶分数存在着此消彼长的关系，因此有研究者认为可用硬度的变化来表征再结晶分数的变化[34]。假设退火前的硬度 H_{max} 对应的再结晶分数为 0，而完全再结晶后的硬度 H_{min} 对应的再结晶分数为 100%，则在 H_{max} 和 H_{min} 之间的某一退火温度下的硬度值 H_i 则对应于一个再结晶分数 X_i，用数学式子可表示为：

$$X_i = (H_{max} - H_i)/(H_{max} - H_{min}) \tag{4-8}$$

利用图 4－28 和图 4－29 的硬度结果和式(4－8)，可计算出在每个退火温度下的再结晶分数。分别选取 20℃ 和 700℃ 所对应的硬度值作为 H_{max} 和 H_{min}，并将其与各个不同退火温度下与其对应的再结晶分数作图，得图 4－32。可见，在 20℃～500℃ 范围内，一次冷轧时效态和二次冷轧时效态 Cu－Cr－Zr 系合金的再结晶分数变化极其微小，仅为 0～10%，这进一步印证了合金在该温度范围内具有良好的稳定性；500℃～650℃ 再结晶分数急剧变化表明在该阶段再结晶过程正在进行；650℃ 以上再结晶分数基本保持不变说明此时稳定的再结晶组织已经形成，再结晶已经充分完成。Cu－Cr 合金在 450℃ 退火再结晶分数即达到 15%，因而其软化温度低于其他合金。

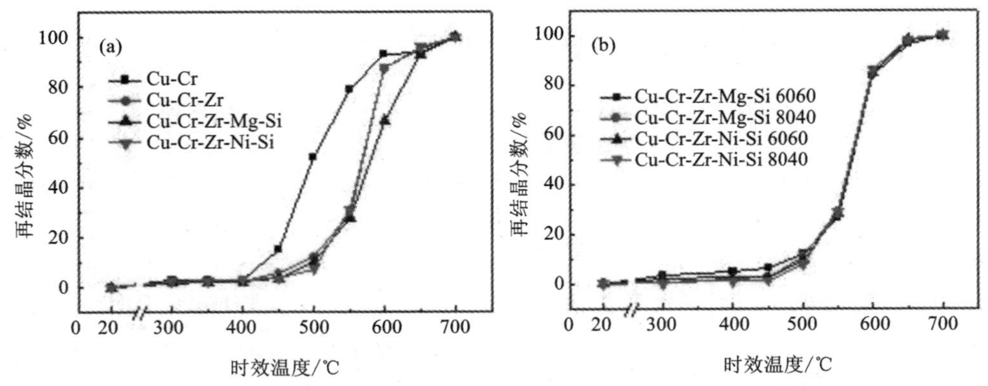

图 4－32　再结晶分数随退火温度的变化

(a)一次冷轧时效态合金；(b)二次冷轧时效态合金

综合分析以上硬度测试和组织观察结果可知，合金在高温下的软化主要有以下两个影响因素：一是析出相的粗化；二是在退火过程中的回复和再结晶。由硬度、再结晶分数与退火温度的关系可以得出，再结晶对合金软化作用大于析出相粗化造成的软化。

4.6 Cu－Cr－Zr系合金相、相结构以及在时效过程中的演变[19]

析出强化是材料的一种重要强化途径。由于析出相的种类、结构、形貌、分布和晶体学位向关系等对合金的力学性能和物理性能均产生极大的影响，因此有必要对其进行深入研究。本节研究固溶态和时效态Cu－Cr－Zr系合金中相的种类、结构、形貌和晶体学位向关系，合金时效析出序列和微量合金元素的存在形式以及其作用，期望能进一步探讨材料组织、结构和性能之间的关系。

4.6.1 Cu－Cr－Zr－Ni－Si合金中粗大相的种类、结构和位向关系

4.6.1.1 合金中的粗大相试验结果

图4－33示出了Cu－Cr－Zr－Ni－Si合金经960℃固溶处理1 h后内部存在的粗大相的扫描电镜背散射电子像及相应的能谱分析结果。在合金的不同位置可以观察到四种不同特征的质点。其中，A质点呈短棒状或片状，分布于晶粒内部，长约3 μm，宽约1.5 μm。能谱结果显示该质点是由Si、Zr、Cr和Cu四种元素组成的复杂化合物，且四种元素的原子百分比均在10%以上。B质点位于晶界，晶界由于缺陷多而优先腐蚀成孔状。与A质点相似，B质点也呈亮白色，并且也是由Si、Zr、Cr和Cu四种元素组成。截面为近圆形的质点C，位于晶界附近，其背散射电子像呈暗黑色。能谱结果显示其成分主要含有Cr和Cu，且含有少量的Si［约1.77%（原子百分数）］。短棒状的D质点位于晶内，与C质点颜色相似，可以判断其成分与C质点基本相似。

由于背散射电子检测器收集到的背散射电子数量与原子序数呈抛物线关系，因此在背散射电子像中，原子序数较高的相，其衬度显示为亮色；相反，原子序数低的相衬度较暗[35]。质点A和B由于具有较多原子序数大的Zr元素（$Z=40$），因而其衬度呈亮色；而质点C和D主要含低原子序数的Cr（$Z=24$）、Si（$Z=14$），故而其呈暗色。

图4－34示出了Cu－Cr－Zr－Ni－Si合金不同形貌相的透射电镜照片及相应的能谱分析结果。从图4－34（a）可观察到从晶界处生长出来的片状或针状相，尺寸为100～200 nm。相应的X射线能谱分析结果显示该相为含Cu与Zr元素的化合物。在晶粒内部可以观察到呈短棒状或板条状的相，长约300 nm，宽约100 nm，如图4－34（c）、（e）所示。能谱结果显示该相是由Si、Cr、Ni、Zr和Cu元素组成的复杂化合物。此外，在晶粒内部还可观察到一种椭球形的相，如图4－34（e）、（g）中的箭头所示，能谱结果表明其主要含有Cr和Cu元素，以及少

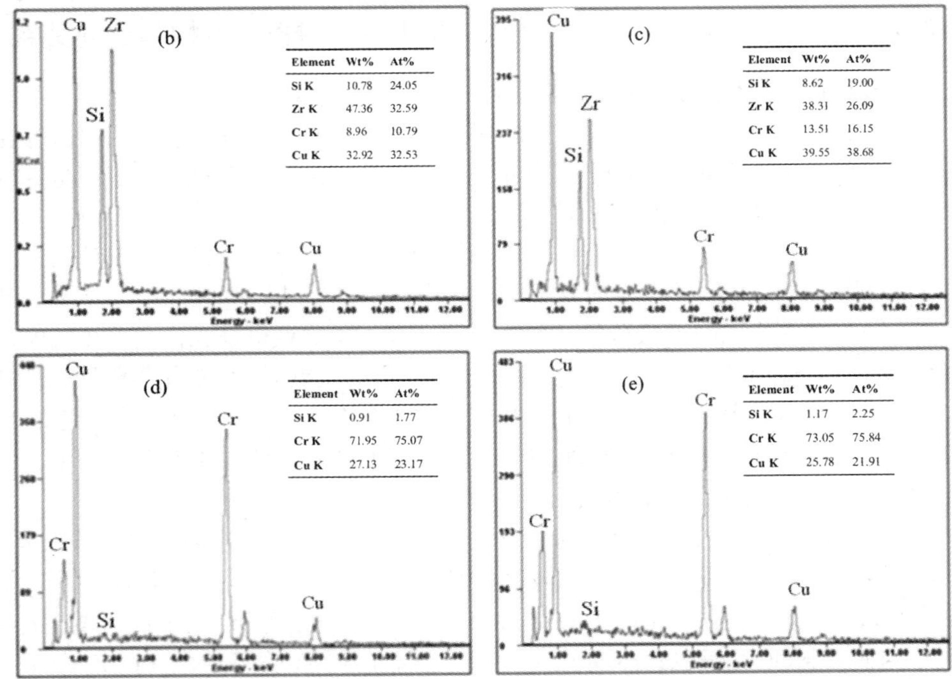

图 4-33　固溶态 Cu-Cr-Zr-Ni-Si 合金背散射电子像及相应的能谱分析结果

(a)背散射电子像；(b) A 点能谱；(c) B 点能谱；(d) C 点能谱；(e) D 点能谱

量的 Si 元素。

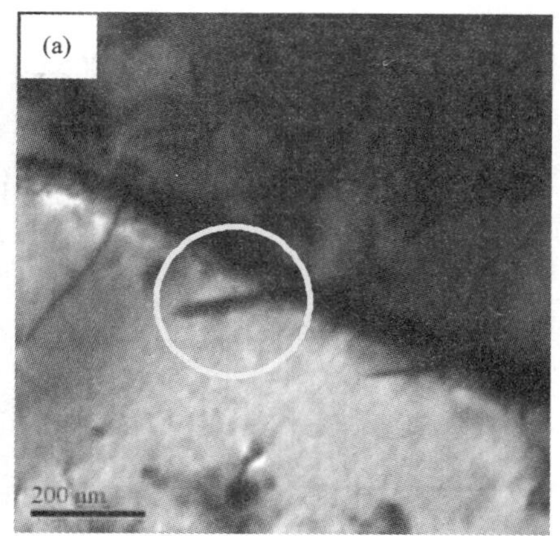

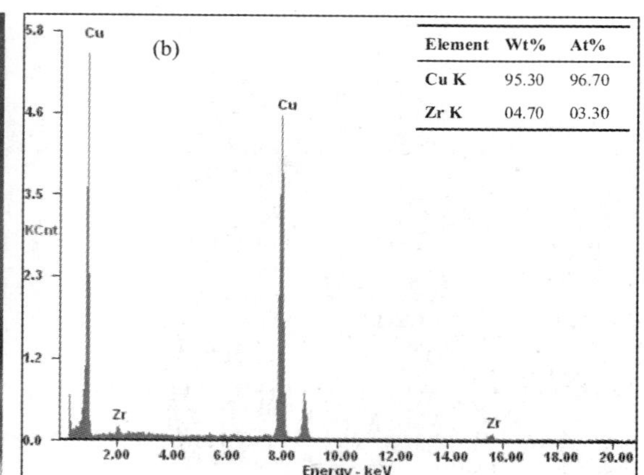

Element	Wt%	At%
Cu K	95.30	96.70
Zr K	04.70	03.30

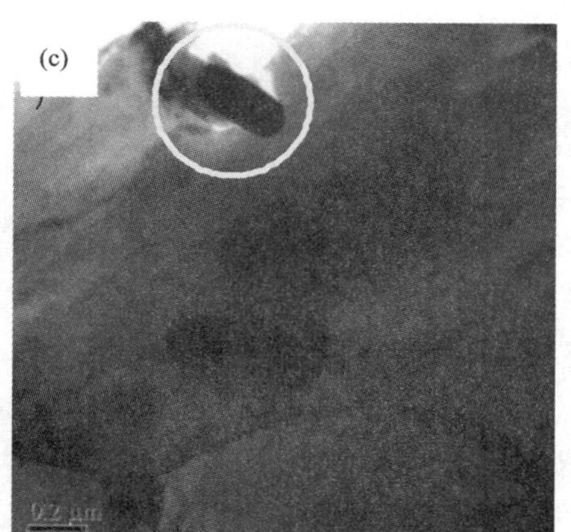

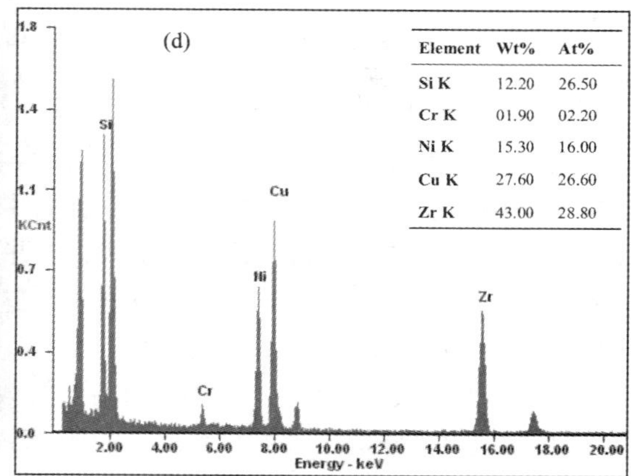

Element	Wt%	At%
Si K	12.20	26.50
Cr K	01.90	02.20
Ni K	15.30	16.00
Cu K	27.60	26.60
Zr K	43.00	28.80

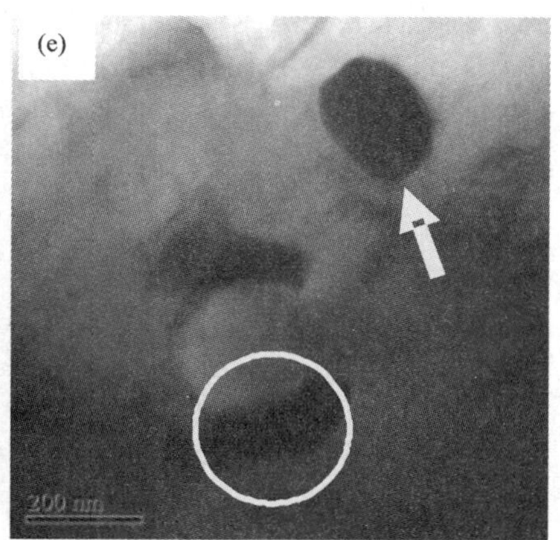

(f)

Element	Wt%	At%
Si K	6.30	14.10
Cr K	1.00	1.20
Ni K	7.20	7.70
Cu K	62.50	61.30
Zr K	22.90	15.70

Cu　Si　Ni　Cr　Zr　KCnt　Energy - keV

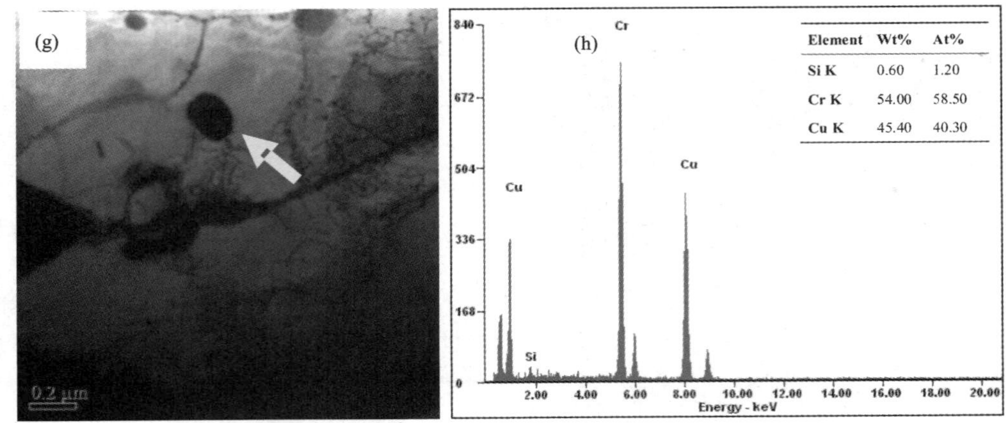

图 4-34　Cu-Cr-Zr-Ni-Si 合金透射电镜照片及相应的能谱分析结果

(a)(b)针状相及其能谱分析；(c)(d)短棒状相及其能谱分析；

(e)(f)板条状相及能谱其分析；(g)(h)近椭球形相及其能谱分析

图 4-35 示出了 Cu-Cr-Zr-Ni-Si 合金中针状相的透射电镜照片及相应的电子衍射花样。该针状相呈梭子状，长约 820 nm，最宽处约 110 nm。电子衍射花样分析表明，该花样含有两套衍射斑点，并且与面心立方晶体(fcc)的[011]带轴的衍射花样特征完全符合，因此可以确定这两套衍射斑点均为具有 fcc 结构的相所产生，其晶带轴均为[011]带轴。

参照 PDF 卡片中 Cu 和 Cu_5Zr 的晶格常数并利用 CaRIne Crystallography 软件模拟并标定该两相的衍射花样，结果如图 4-35(d)所示。对比模拟衍射花样和实验所得衍射花样可见，两者完全符合。这表明该两套衍射斑点是由两种相产生的：一套为 fcc 结构的 Cu 基体的衍射花样，另外一套为具有 fcc 结构的 Cu_5Zr 的衍射花样，该相空间群为 $F\bar{4}3m$(216)，晶格常数为 0.687 nm。由电子衍射花样和透射电镜明场像的对应可看出，Cu_5Zr 的长轴沿近似基体的 <111> 方向生长。由标定结果还可得出，Cu_5Zr 与 Cu 基体具有如下的位向关系：$[011]_{Cu}//[011]_{Cu_5Zr}$，$(3\bar{1}1)_{Cu}//(1\bar{1}1)_{Cu_5Zr}$。

图 4-36 示出了孪晶界处的相和其电子衍射花样。该相的形貌与图 4-35 中的相极其相似，也呈梭子状，长约 650 nm，最宽处约 100 nm。图 4-36(b)中标示的角度∠AOB 约为 82.4°，两个斑点间距离 AO 与另外两斑点间距离 CO 之比约为 2.52，因此可以确定该衍射属于面心立方晶体的 <$\bar{1}$23> 带轴衍射。根据立方晶系的面间距 d 和晶格常数 a、晶面的密勒指数(hkl)的关系：

$$d = a/\sqrt{h^2 + k^2 + l^2} \tag{4-9}$$

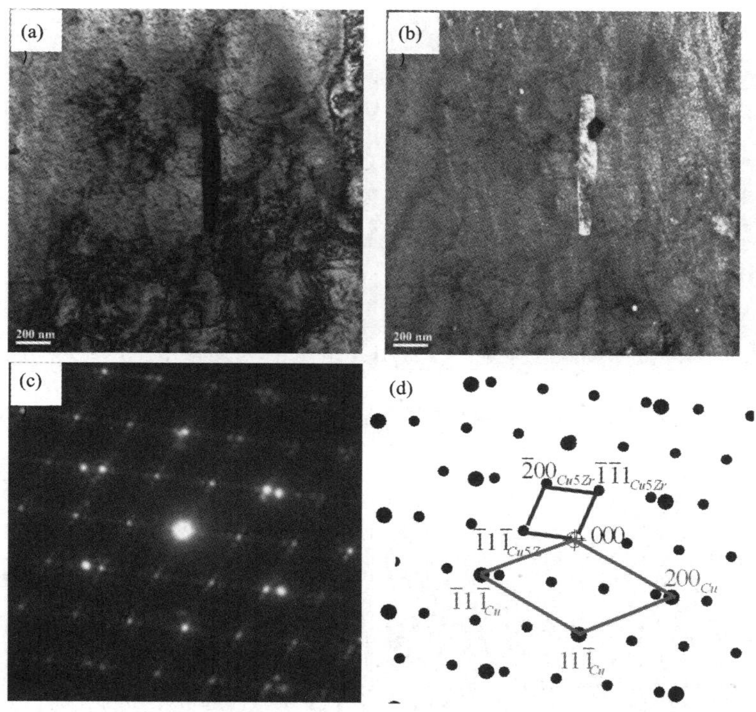

图 4 – 35　Cu – Cr – Zr – Ni – Si 合金中针状相的透射电镜像及相应的电子衍射花样

(a)(b)为针状相的明场像和暗场像；(c)(d)为电子衍射花样和模拟衍射花样及标定

可分别计算出 Cu 和 Cu_5Zr 的($\overline{33}1$)面间距，$d_{(\overline{33}1)Cu} = 0.0829$ nm，$d_{(\overline{33}1)Cu5Zr} = 0.1576$ nm。应用 Digital Micrograph 软件测得 OA 距离为 5.871 nm，故 $d_{OA} = 1/5.871 = 0.1703$ nm，与 Cu_5Zr 相($\overline{33}1$)面的面间距相差约为 8.0%，考虑测量误差，可认为该 fcc 结构的[$\bar{1}23$]带轴衍射是由 Cu_5Zr 引起的，即该梭状相仍为具有 fcc 结构的 Cu_5Zr，该相的晶面指数的标定见图 4 – 36(b)所示。

在图 4 – 35 中，除了针状相以外，还观察到另一种椭球形相，其尺寸为 40 ~ 120 nm，其明场像和暗场像分别如图 4 – 37(a)和(b)所示，相应的电子衍射如图 4 – 37(c)所示。按照上文中的方法对该相进行了模拟和标定，结果如图 4 – 37(d)所示。

由图 4 – 37 可见，该衍射花样是由体心立方结构(bcc)相在[001]带轴发生的衍射。利用衍射花样计算出该相的晶格常数为 0.288 nm。检索 PDF 卡片可以得到具有(bcc)结构且与计算所得晶格常数相近的相有两种：纯 Cr 相和 $Cr_{9.1}Si_{0.9}$ 相。由图 4 – 33 中椭球形颗粒的能谱分析结果可以确定图 4 – 37 中的椭球形相为

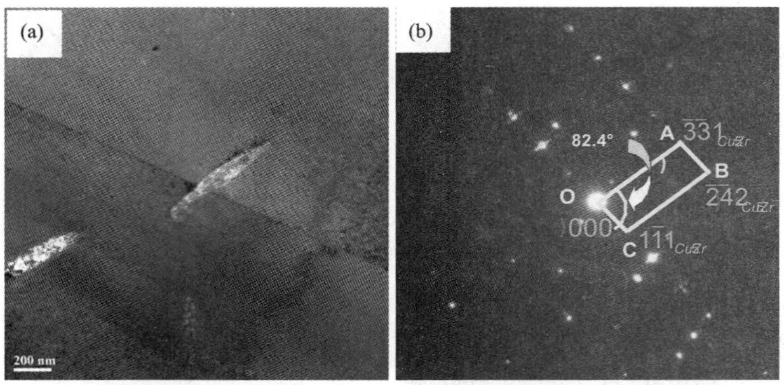

图 4-36　晶界处针状相的透射电镜像(a)和相应的电子衍射花样及标定(b)

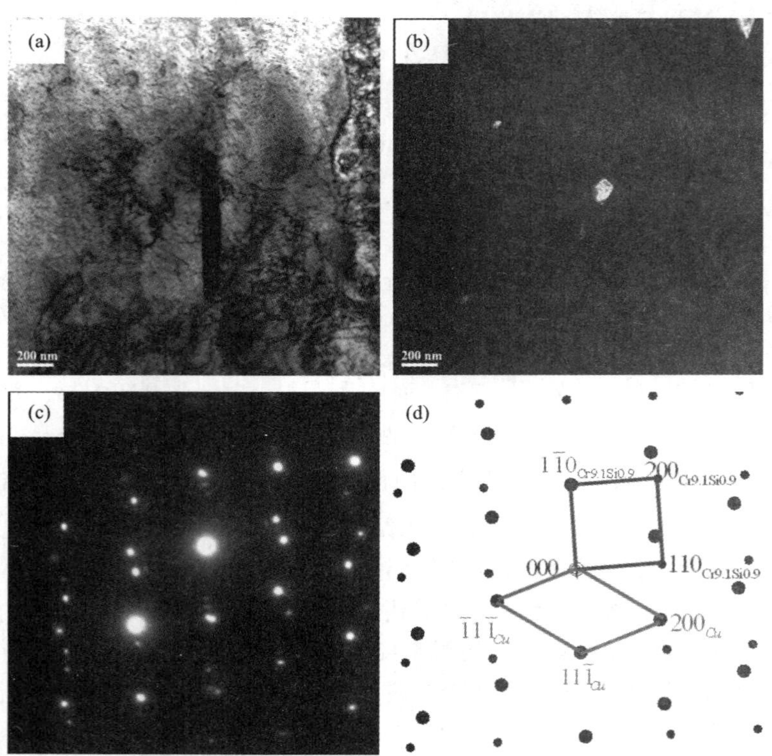

图 4-37　Cu-Cr-Zr-Ni-Si 合金椭球形相的透射电镜照片及相应的电子衍射花样

(a)(b)椭球形相明场像和暗场像；(c)(d)电子衍射花样和模拟衍射花样及标定

$Cr_{9.1}Si_{0.9}$相。由标定结果可以得出，fcc的Cu基体与bcc的$Cr_{9.1}Si_{0.9}$相具有典型的Nishiyama－Wassermann（N－W）位向关系，即：$[011]_{Cu}//[001]_{Cr9.1Si0.9}$；$(11\bar{1})_{Cu}//(\bar{1}10)_{Cr9.1Si0.9}$；$(\bar{4}2\bar{2})_{Cu}//(\overline{11}0)_{Cr9.1Si0.9}//(\overline{22}0)_{Cr9.1Si0.9}$。

4.6.1.2 关于合金中粗大相的讨论

Batra[17]利用TEM在Cu－Cr－Zr合金中观察到了尺寸约0.2 μm×0.4 μm的粗大粒子，并用多个带轴的选区电子衍射分析了该相的结构，结果表明该粒子为具有bcc结构的Cr相。然而对于Cu/Zr之间的化合物成分及结构，则未能达成一致共识。Zeng[14]、Holzwarth[15]和Correia[16]等对Cu－Cr－Zr合金中的粗大相进行了形貌观察和定量分析，结果进一步证实合金中的粗大相是Cr相和Cu_5Zr相。Kawakatsu[36]认为在Cu－Cr－Zr合金中Zr以平衡的Cu_3Zr形式存在，而利用X射线重新测定合金中的相的时候发现其衍射花样与正交晶系的Cu_4Zr符合完好。Tang等[11]利用TEM和EDS研究Cu－Cr－Zr－Mg合金时也认为晶界析出相为Cu_4Zr。由于扫描电子显微镜中EDS的极限空间分辨率仅约为1 μm，该研究方法对于微米级特别是小于微米级的颗粒定量分析具有很大的局限性，以致众多研究者对于Cu－Cr－Zr系合金中的粗大相只进行了粗略的研究，虽然确定了粗大相的种类、化学元素组成和大概的成分，但未能精确测定粗大相的成分、结构，对其与基体的位向关系也未进行深入的研究。

本章作者利用SEM、EDS、SAED和TEM中心暗场像技术以及电子衍射花样模拟的方法，确定了粗大相的种类、结构和与基体的位向关系。其中具有针状形貌的粗大相为具有fcc结构的Cu_5Zr，其晶格常数为0.687 nm，其与Cu基体具有$[001]_{Cu}//[011]_{Cu_5Zr}$，$(3\bar{1}1)_{Cu}//(1\bar{1}1)_{Cu_5Zr}$的位向关系，近似生长方向为沿铜基体的<111>方向。椭球形粗大相为bcc结构的富Cr相（$Cr_{9.1}Si_{0.9}$），其与基体具有典型的N－W位向关系。这与Luo[37]、Dahmen[38]和Hall[39]等人对Cu－Cr合金的研究结果相似。

Holzwarth[15]研究了不同热处理条件下Cu－Cr－Zr合金的机械性能，结果表明粗大相密度和间距的差异对合金的力学性能几乎没有影响。相反，由于粗大相与基体变形能力不一样，在热加工和冷加工过程中容易产生应力集中，成为疲劳、断裂的裂纹发源地，从而恶化合金的加工性能和服役性能。此外，粗大相的形成将减少固溶于基体中的溶质元素的含量，从而降低析出强化效果。由于粗大第二相颗粒几乎均在凝固过程中形成，因此关键是避免凝固过程中粗大相的形成。可采取的有效措施有：①在保证完全固溶和析出效果的前提下，根据相图中的溶解度尽可能地降低合金元素含量，如固溶温度为920℃时，Cr≤0.3%，Zr≤0.15%；②熔炼时尽可能以中间合金的形式加入合金元素，加速具有高温熔点合金元素的熔化；③采用变质处理技术，进一步细化凝固过程中形成的析出相；

④采用较大变形量的热轧或冷轧工艺，以破碎粗大相，降低粗大相对后续加工性能和服役性能的不利影响。

4.6.2 Cu – Cr – Zr 系合金时效过程中的相变特征

4.6.2.1 合金时效硬化行为

众所周知，Cu – Cr – Zr 系合金是典型的析出强化型铜合金。研究者在研究 Cu – Cr – Zr 系合金时发现，在过饱和固溶体分解过程中，析出相除了纳米级 Cr 相外，还存在其他纳米析出相，如 Cu_xZr、$CrCu_2$(Zr, Mg)等[11]。另外，对于合金中纳米 Cr 相的结构也存在较大分歧。尽管在二元 Cu – Cr 合金中，纳米 Cr 相的结构和与基体的位向得到系统研究[37~39]，但在 Cu – Cr – Zr 系合金中，纳米析出相的沉淀序列是什么，添加 Zr 以及其他合金元素以什么形式存在，以及对纳米析出相有什么影响，目前尚没有达成统一认识。

图 4 – 38 示出了 960℃ 固溶态 Cu – Cr – Zr – Mg – Si 合金在不同温度时效的硬度变化曲线。可见，合金硬度随时效时间的延长，先快速升高，到达峰值后开始缓慢降低，发生过时效现象。本文分别选取淬火态、欠时效态(450℃ 1 h 时效)、峰时效态(450℃ 6 h 时效)和过时效态(550℃ 8 h、700℃ 8 h)等合金试样进行了 TEM 研究。

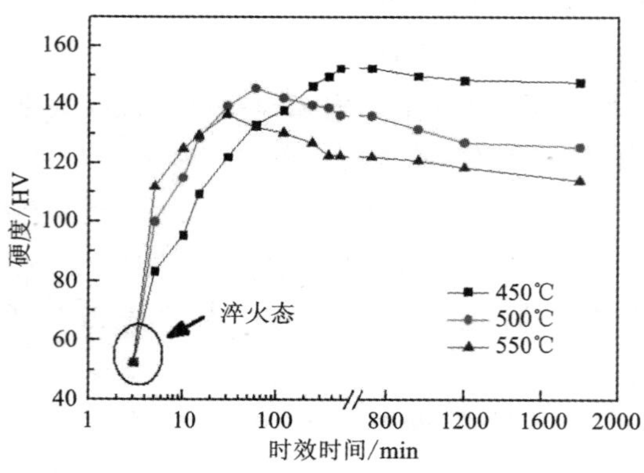

图 4 – 38 固溶态 Cu – Cr – Zr – Mg – Si 合金在 450 ~ 550℃不同温度下的时效硬化行为

4.6.2.2 固溶态合金的 TEM 特征

图 4 – 39 示出了 Cu – Cr – Zr – Mg – Si 合金经 960℃ 固溶 1 h 后淬火的 TEM 衍衬像和选区电子衍射花样。由图 4 – 39(a)中箭头所示，除了晶界存在一些较粗大的针状过剩相外，Cu – Cr – Zr – Mg – Si 合金固溶后，晶内未见到明显的纳米析出相，仔细观察选区电子衍射花样，可见只有一套明锐的衍射斑点，表明经固溶处理后的合金处于单相状态。对选区电子衍射花样进行标定，如图 4 – 39(b)

所示，可见该衍射为面心立方晶体的[011]带轴。利用 Digital Micrograph 软件测得衍射花样中$(11\bar{1})$晶面间距为 0.2082 nm，因此可求出合金的晶格常数 a = 0.3606 nm，略小于 Cu 原子的晶格常数(0.3615 nm)。由于 Cu – Cr – Zr – Mg – Si 合金中的主要合金元素 Cr 的晶格常数(0.2884 nm)小于 Cu 原子晶格常数，因此晶格常数变小表明淬火后的合金是处于过饱和固溶体状态。

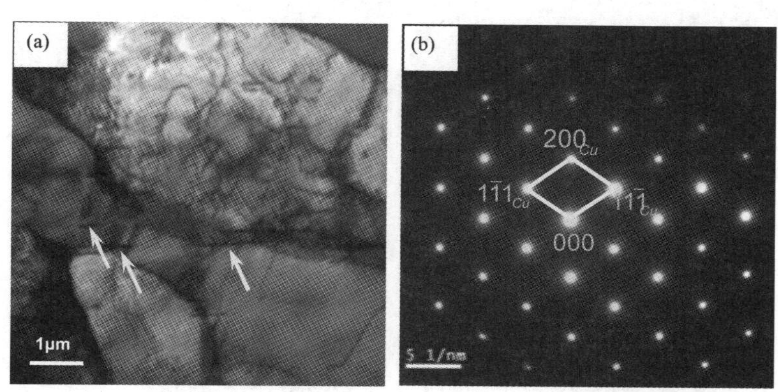

图 4 – 39　固溶态 Cu – Cr – Zr – Mg – Si 合金的 TEM 照片

(a)衍衬像；(b)电子衍射花样

4.6.2.3　时效早期合金的 TEM 特征

图 4 – 40 示出了 450℃时效 1 h 后 Cu – Cr – Zr – Mg – Si 合金的 TEM 组织照片。可见，在时效早期，合金内部析出了大量弥散分布的纳米颗粒，其尺寸为3 ~ 5 nm。对应的选区电子衍射如图 4 – 40(b)所示。可见，在基体衍射斑点周围，分布着衬度稍暗的额外衍射斑点，如箭头所示。为了确定产生额外衍射斑点的相以及结构，本试验利用 TEM 带轴倾转技术，在同一试样中得到了基体的另外两个低指数带轴[001]和[111]的电子衍射花样，如图 4 – 40(c)和(d)所示。进一步分析析出相斑点之间的角度和各斑点到透射斑距离之比，可以得出该析出相具有 fcc 的结构，与基体具有立方 – 立方位向关系[40]，即：

$\{011\}_{Cu}//\{011\}_p$，$\{001\}_{Cu}//\{001\}_p$，$\{111\}_{Cu}//\{111\}_p$；

$\langle 111\rangle_{Cu}//\langle 111\rangle_p$，$\langle 022\rangle_{Cu}//\langle 022\rangle_p$，$\langle 002\rangle_{Cu}//\langle 002\rangle_p$。

由于在一幅电子衍射花样中存在基体和析出相两套或更多衍射斑点，但在不同衍射花样中相机常数 $L\lambda$ 是恒定的，因此可得到基体和析出相之间的相互关系：

$$L\lambda = R_{Cu} d_{(hkl)Cu} = R_p d_{(h'k'l')p} \tag{4-10}$$

式中：$d_{(hkl)Cu}$表示铜基体中 hkl 面的面间距；$d_{(h'k'l')p}$表示析出相的 $h'k'l'$面的面间距。由于基体与析出相之间呈立方 – 立方位向关系，基体的 hkl 与析出相的 $h'k'l'$ 晶面指数相同，由式(4 – 10)可得出：

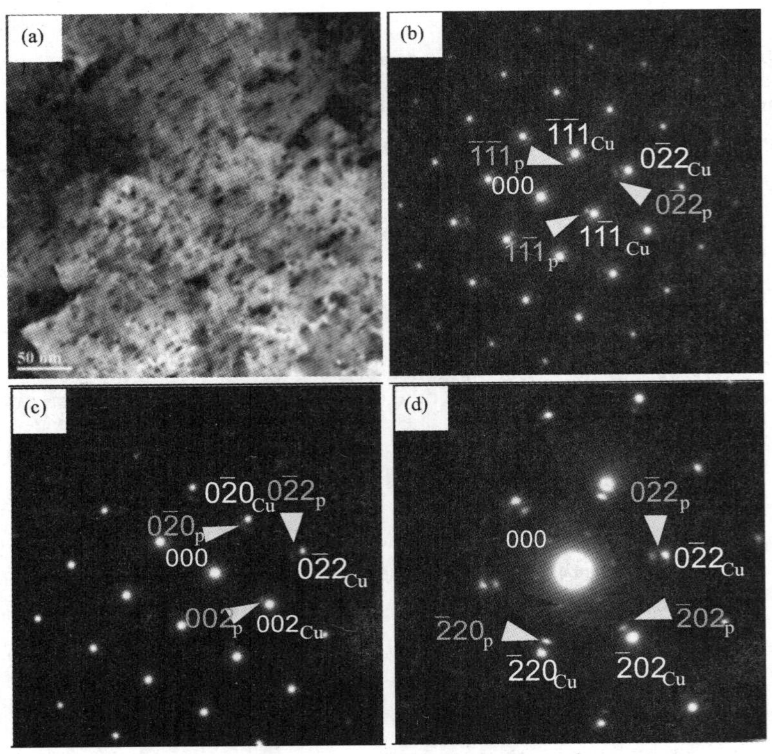

图 4－40　欠时效态 Cu－Cr－Zr－Mg－Si 合金的 TEM 照片

(a)衍射像；(b)[011]带轴；(c)[001]带轴；(d)[111]带轴

$$\frac{R_{Cu}}{R_p}=\frac{d_{(h'k'l')p}}{d_{(hkl)Cu}}=\frac{a_p}{a_{Cu}} \tag{4-11}$$

式中：a_p 为析出相的晶格常数；a_{Cu}为铜基体的晶格常数，其值为 0.3615 nm。根据式(4－11)即可计算出 a_p 约为 0.4219 nm。该晶格常数与文献[41]中报道的 fcc 结构 Cr 纳米团簇晶格常数(a = 0.413 nm)非常接近。因此可认为在时效早期阶段析出的纳米粒子为具有 fcc 结构、与基体呈立方－立方位向关系的 Cr 相。

根据能量最低原理，沿密排面的密排方向析出第二相颗粒能最大程度地降低合金的能量[37]。对于 fcc 结构的铜基体，其密排面为{111}，密排方向为 <011>。因此本论文选择铜基体的密排方向作为高分辨电子束入射方向，即 <011>方向。图 4－41 示出了在基体[011]带轴下合金的高分辨透射电子显微像(HRTEM)以及相应的快速傅里叶转换图(FFT)和反傅里叶转换图(IFFT)。可见析出相颗粒在 HRTEM 中显示出平行的摩尔条纹，测量图中所标示的条纹间距为1.521 nm，其方向平行于基体的($\overline{11}1$)面，如图 4－41(a)所示。

摩尔条纹(Moiré fringe)是电子束通过两个晶格常数不同的晶体后衍射束相互

干涉形成的条纹。摩尔条纹间距(L)为衍射矢量$\overrightarrow{g_1}$和$\overrightarrow{g_2}$之差$\overrightarrow{\Delta g}$的倒数，条纹方向为垂直于$\overrightarrow{\Delta g}$的方向[42]，用式(4－12)表示：

$$L=\frac{1}{|\overrightarrow{\Delta g}|}=\frac{d_1 d_2}{\sqrt{d_1^2+d_2^2-2d_1 d_2\cos\theta}} \tag{4-12}$$

式中，d_1为衍射矢量$\overrightarrow{g_1}$的晶面间距；d_2为衍射矢量$\overrightarrow{g_2}$的晶面间距；θ为衍射矢量$\overrightarrow{g_1}$和$\overrightarrow{g_2}$的夹角。由图 4－41(a)可见时效初期基体与析出相为立方－立方位向。将a_{Cu}和计算所得$a_{Cr(fcc)}$代入(4－9)式和(4－12)式中，可计算出摩尔条纹间距$L_{(\bar{1}\bar{1}1)}=L_{(1\bar{1}1)}=1.47$ nm，可见与测得的$(\overline{11}1)$面摩尔条纹间距($L=1.521$nm)相近，方向则与$(\overline{11}1)$晶面的法线平行。

图 4－41(c)、(d)和(e)分别显示了不同晶面的反傅里叶变换图。可见，$(\overline{11}1)$和(200)面均为平行、连续的面，未见到任何错配，表明析出相和基体的界面在这两个面上保持共格；而$(1\bar{1}1)$面的 IFFT 图中虽然能观察到极少量的缺陷，见图(e)中的圆圈部分，但是与相同位置的图 4－41(a)比较，可见该缺陷不是由析出相与基体之间界面的错配产生的，可能是由噪声引起的错配[42]。因此可以得出该析出相与基体具有完全共格的界面。

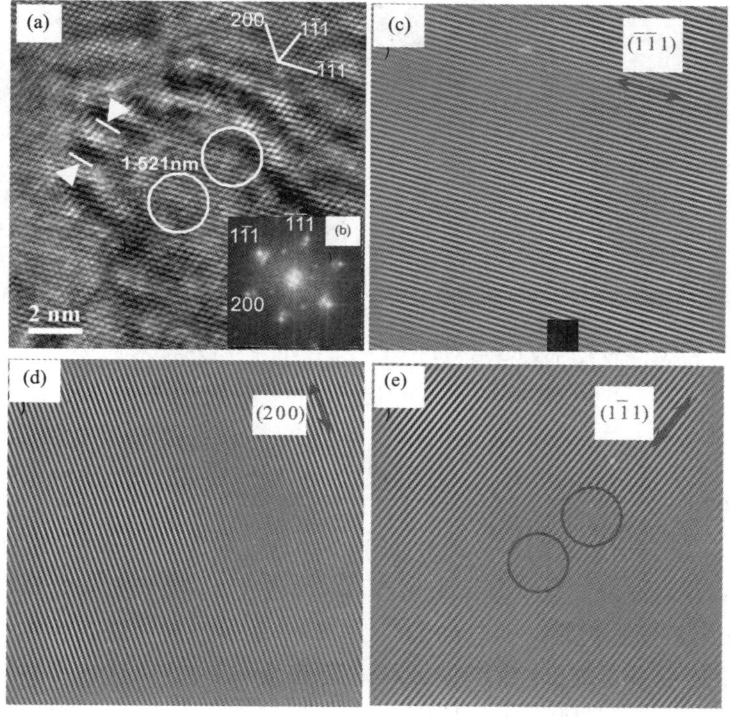

图 4－41　Cu－Cr－Zr－Mg－Si 合金时效早期的 HRTEM 像

(a)二维晶格条纹像；(b)快速傅里叶变换(FFT)；(c)(d)(e)反傅里叶变换(IFFT)

4.6.2.4 峰时效态合金的 TEM 特征

图 4－42 示出了 450℃时效 6h 后 Cu－Cr－Zr－Mg－Si 合金试样的 TEM 衍衬像和 HRTEM 像。由图 4－42(a)可观察到具有花瓣状应力场衬度和具有摩尔条纹的析出相颗粒，其大小为 3～6 nm，如图中箭头所示。由试样衍衬像的局部放大像图[4－42(b)]可观察到析出相的无衬度线和摩尔条纹具有不同的方向。这表明在相同的衍射条件下，合金的析出相具有不同的结构或者不同的位向(即变体)。

图 4－42(c)为合金在[011]方向电子束衍射下的 HRTEM 像。图中可观察到两种不同形貌的析出相颗粒。一种是尺寸约为 3 nm 的颗粒，具有明暗相间的衬度或者摩尔条纹，如图中选框 B 所示；另外一种析出相尺寸约为 5 nm，也具有明暗相间的摩尔条纹，如图中选框 C 所示。不同的是，选框 B 内的析出相条纹间距明显大于选框 C 内析出相，约为 1.692 nm，且方向也与后者存在明显差异，约平行于基体的(200)面。

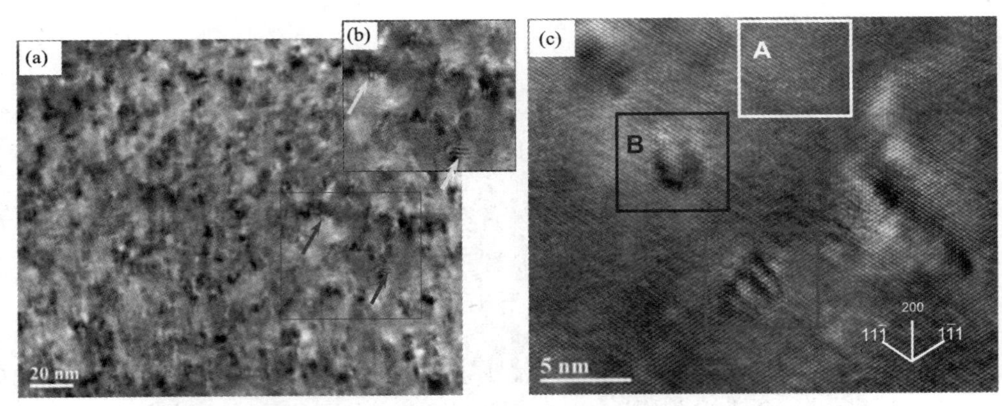

图 4－42　450℃时效 6h 后 Cu－Cr－Zr－Mg－Si 合金试样的 TEM 照片

(a)衍衬像；(b)衍衬像的局部放大像；(c)HRTEM 像

图 4－43 示出了图 4－42 中 HRTEM 像不同选区对应的快速傅里叶转换图及其标定。选区 A 的 FFT 显示合金中只有基体的[011]带轴衍射花样，没有其他额外衍射斑点，标定结果如图 4－43(b)所示。由标定结果可以确定 HRTEM 像中各个晶面。选区 B 的 FFT 除了基体的[011]衍射花样外，在基体衍射斑点周围可观察到额外衍射斑点，如图 4－43(c)和(d)中箭头所示。对其进行标定，结果显示该衍射花样是由 bcc 的 Cr 相产生的，该基体与析出相具有如下的位向关系：$[011]_{Cu}//[111]_{Cr}$，$(200)_{Cu}//(\bar{1}01)_{Cr}$，$(0\bar{2}2)_{Cu}//(1\bar{2}1)_{Cr}$，为 Pitsch 位向关系[43]。

在选区 C 的 FFT 图上，也可观察到额外的衍射斑点，如图 4－43(e)中的箭头所示。与图 4－43(c)额外衍射斑点不同的是，该衍射斑点距离基体的 <111> 衍射斑点较远。标定结果显示该析出相仍然为具有 bcc 结构的 Cr 相，与基体具有如下的位向关系：$[011]_{Cu}//[001]_{Cr}$，$(\bar{1}1\bar{1})_{Cu}//(\bar{1}10)_{Cr}$，$(\bar{2}11)_{Cu}//(\bar{1}\bar{1}0)_{Cr}$，为典型的 N－W 关系。

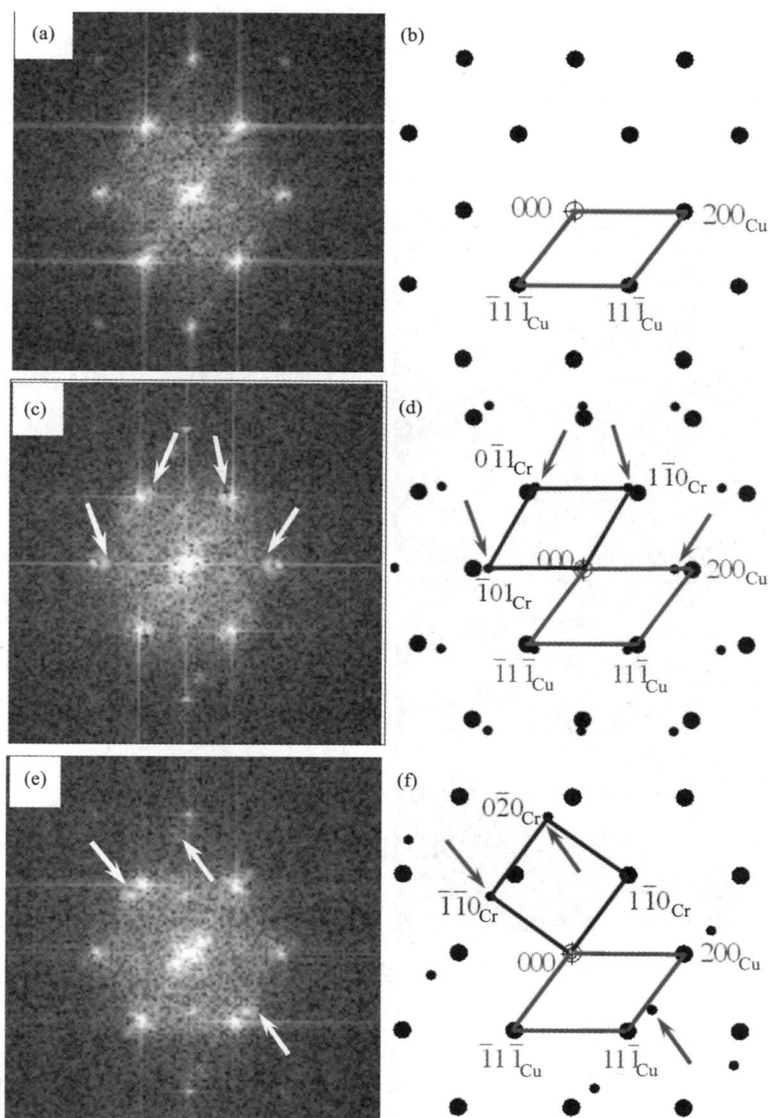

图 4－43　合金 HRTEM 图中对应的 FFT 图及相应的斑点标定

(a)(b)选区 A 的 FFT 图及标定；(c)(d)选区 B 的 FFT 图及标定；(e)(f)选区 C 的 FFT 图及标定

4.6.2.5 时效中后期合金的 TEM 特征

图 4 – 44 示出了 Cu – Cr – Zr – Mg – Si 合金试样 550℃时效 8 h 后的 TEM 衍衬像和相应的选区电子衍射花样及其标定。从图中可观察到析出相呈两种形貌，一种呈椭球形，一种呈针状，尺寸为 15 ~ 40 nm。与之前低温时效析出相的尺寸相比，高温下的析出相发生了明显的粗化，析出相的密度也显著降低。选区电子衍射结果衍射花样中存在两套衍射斑点。标定结果显示，除了 Cu 基体的[011]带轴衍射以外，还有一套具有 bcc 结构 Cr 相的[001]带轴的电子衍射花样，该 Cr 相与 Cu 基体仍然具有典型的 N – W 位向关系：$[011]_{Cu}//[001]_{Cr}$，$(11\bar{1})_{Cu}//(110)_{Cr}$，$(\bar{4}2\bar{2})_{Cu}//(\bar{1}10)_{Cr}$。

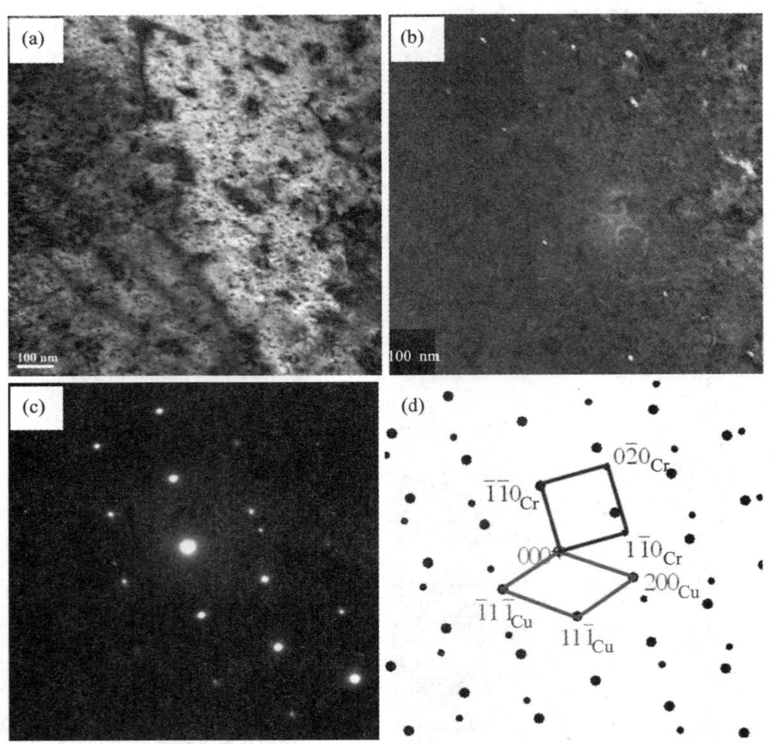

图 4 – 44　Cu – Cr – Zr – Mg – Si 合金试样 550℃时效 8 h 后的 TEM 照片

(a)明场像；(b) 暗场像；(c) SAED 花样；(d) SAED 花样的标定

进一步升高时效温度至 700℃，时效 8h 后在基体的[011]带轴下进行 TEM 观察，结果如图 4 – 45 所示。可见，析出相在时效过程中进一步粗化，尺寸在 40 ~ 150 nm 范围内变化，析出相与基体的界面具有明显的圆弧状特征，呈球化趋势，没有观察到之前的针状相。对图 4－45(c)的衍射花样标定结果显示，额外衍射是由 bcc 结构的 Cr 相的[111]带轴衍射造成的，衍射斑点分析结果显示基体与析出相均具有典型的 K－S(Kurdjumov－Sachs)位向关系，即：$[011]_{Cu}//[111]_{Cr}$，$(11\bar{1})_{Cu}//(\bar{1}01)_{Cr}$，$(\bar{4}2\bar{2})_{Cu}//(1\bar{2}1)_{Cr}$。

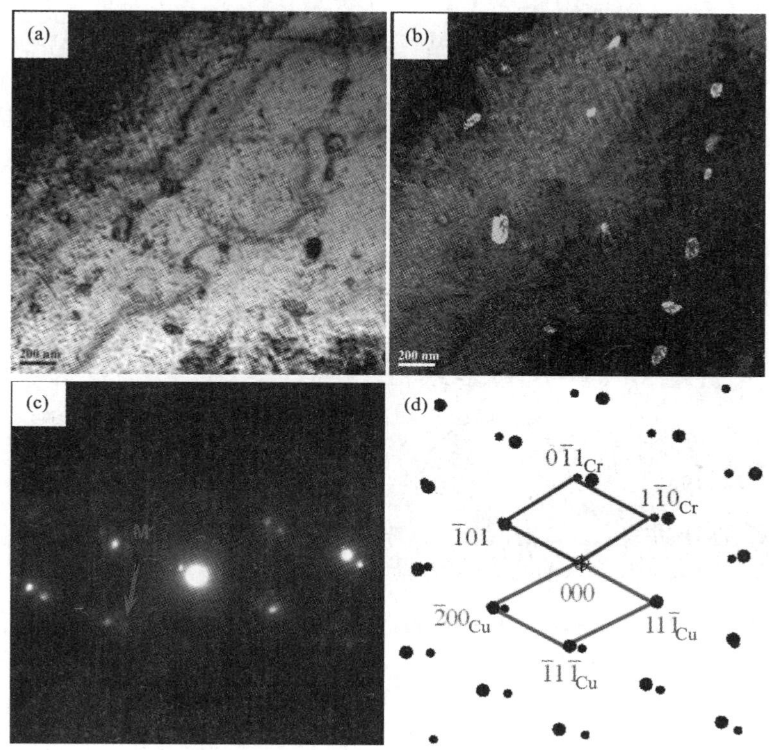

图 4－45　Cu－Cr－Zr－Mg－Si 合金试样 700℃时效 8 h 后的 TEM 照片

(a)明场像；(b) 暗场像；(c) SAED 花样；(d) SAED 花样的标定

图 4－46(a)示出了 700℃时效 8 h 后一个析出相颗粒与基体的 HRTEM 像。可见该析出相为椭球形，长轴约 40 nm。图 4－46(b)为图(a)中红色区域经快速傅里叶转换得到的衍射花样。标定结果[图 4－46(c)]显示该衍射花样是由 fcc 结构的 Cu 基体的[011]带轴衍射与 bcc 结构的 Cr 相的[111]带轴衍射组成，Cu 与 Cr 相仍然具有 K－S 位向关系。图 4－46(d)为图 4－46(a)中红色框选区域沿(200)面的反傅里叶变换照片，蓝色点划线标示的区域为析出相与基体的界面。仔细观察该界面可见到大量的错排，表明析出相与基体具有半共格的界面关系。

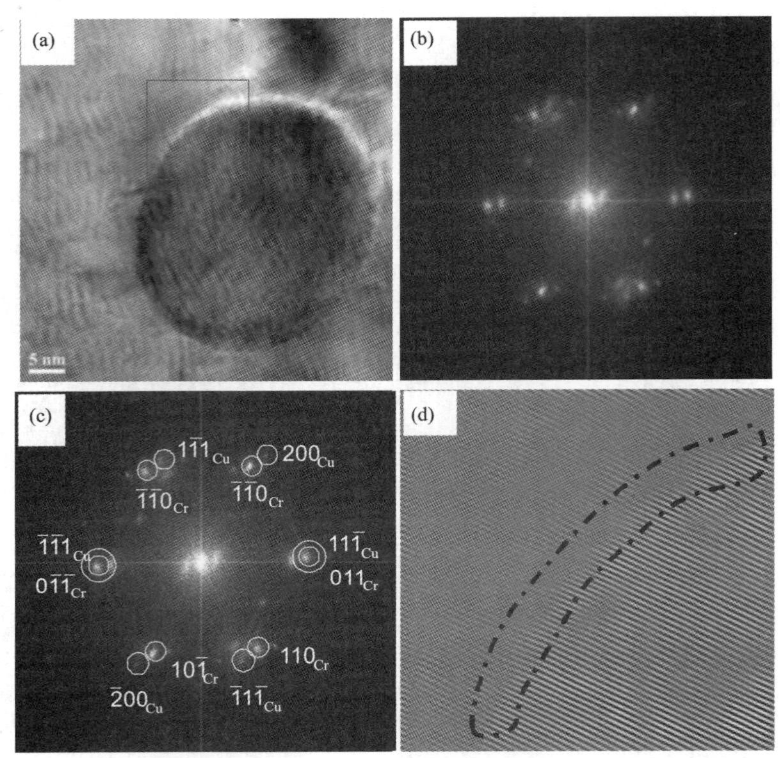

图 4-46　Cu-Cr-Zr-Mg-Si 合金试样 700℃时效 8 h 后的 HRTEM 照片

(a) HRTEM 像；(b) 选区 FFT；(c) FFT 花样标定；(d) IFFT 像

4.6.3　Cu-Cr-Zr 系合金时效析出相的晶体学讨论

4.6.3.1　析出相的晶体学位向关系

过饱和固溶体在分解过程中，析出相与基体之间往往存在一定的位向关系，而且析出相往往在基体的一定晶面形成。在该面上析出相原子排列与基体的相近，匹配较好，有助于减少界面能。

位向关系的变化以及析出物组织和界面结构是研究析出强化型合金系统中析出物晶体学的关键点。材料中面心立方相和体心立方相形成界面时，主要存在的位向关系有：立方-立方关系[40]、Bain 关系[44]、Pitsch 关系[43]、N-W 关系[38]和 K-S[38, 42]关系。Bain 关系如图 4-47 所示，这种转变机制只使原子移动最小距离就完成了 fcc 向 bcc 结构的转变，并反映了新旧晶体结构中的晶体学特征。然而，由于该 9 个原子组成的体心立方晶胞晶格常数与面心立方晶胞晶格常数存在差异，需沿面心立方晶胞的 <110> 方向收缩或拉长，同时沿[001]收缩或拉长。为了降低原子错配引起的畸变能，原子面或晶向会发生微小的旋转，以使两种晶体的密排面或密排方向相互平行。

析出相与基体的位向关系与该合金的淬火和时效工艺制度密切相关。对低 Cr 含量 Cu－Cr 合金中析出物与基体位向关系的研究显示，合金从固溶温度直接淬火到时效温度并进行时效，将导致非均匀形核，析出相与基体的位向关系从 N－W到 K－S 关系变化；若从固溶温度水淬，然后时效，则促进均匀形核，只观察到单独的接近 K－S 关系[45]。

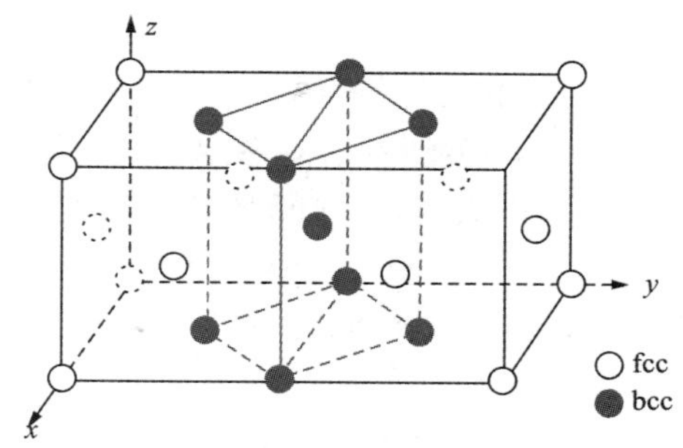

图 4－47　fcc 合金中形成 bcc 析出相的 Bain 关系示意图

此外，合金的成分对位向关系也产生重要影响。Luo[46]通过对比磷含量不同的 Cu－Cr 合金发现，磷显著影响 Cu－Cr 合金的析出行为。如，当合金中磷含量较低时[(0.000 ± 0.003)%]，Cu 基体中板条状 Cr 析出物的位向关系为$\{111\}_f // \{110\}_b$，$<110>_f 0.5° // <111>_b$；而当含磷量为(0.012 ± 0.003)%时，其位向关系为$\{001\}_f // \{110\}_b$，$<110>_f // <111>_b$。

TEM 和 HRTEM 研究结果显示，Cu－Cr－Zr－Mg－Si 合金在时效过程中共存在着四种位向关系，分别为立方－立方、Pitsch、N－W 和 K－S 关系，并首次发现了与 Cu 基体具有 Pitsch 位向关系和 N－W 位向关系的纳米 Cr 颗粒共存的现象。Pitsch 位向关系显示基体与析出相密排方向相互平行，而密排面却不平行，即：$[011]_{Cu} // [111]_{Cr}$，$(200)_{Cu} // (\bar{1}01)_{Cr}$；N－W 位向关系显示出基体与析出相密排面平行，但密排方向又不平行，即$[011]_{Cu} // [001]_{Cr}$，$(\bar{1}1\bar{1})_{Cu} // (\bar{1}10)_{Cr}$。

4.6.3.2　位向关系的稳定性及时效析出序列

Fujii[42]和 Luo[46]均用不变线理论和特征值及特征向量转变来解释 K－S 位向关系和 N－W 位向关系的相对稳定性：即在一个均一的晶体中发生转变时，基体的畸变至少存在一个，通常是三个特征值及相应的特征向量提供无旋转的方向。Fujii[42]计算了 K－S 关系和 N－W 关系的特征值和特征向量，发现具有 K－S 关系的析出相更有利于稳定。原因如下：①该位向的特征值更小；②特征向量之间角度更小，导致产生更小的弹性应变；③该位向的特征应变几乎平行于柏氏矢量，因此析出相长大产生的不连续位错环可以有效地调节转变的应变。

Batra 等人[17]应用 TEM 方法研究，得到的 Cu－Cr－Zr 合金过饱和固溶体分解序列为：过饱和固溶体→富溶质原子团簇→亚稳的 fcc 有序相→有序的 bcc 析出相。Jin 等人[47]通过对原位复合的 Cu-15 Cr 合金的时效分析，也描述了 Cr 析出物在 Cu 基体中不同温度下时效时的析出次序，即：过饱和固溶体→纳米富 Cr 束→Cr 的 GP 区→共格的 bcc Cr 相→非共格的 bcc Cr 相。然而，前面的研究者采用 TEM 方法研究合金的时效过程时，多采用明场像观察和选区电子衍射分析方法，对于析出相的结构未能给出更多确切的证据。本章利用 TEM 选区电子衍射、明场像和中心暗场像技术，并结合 HRTEM 以及傅里叶变换、反傅里叶变换等，研究了不同时效阶段合金析出相的结构、与基体之间的位向和界面关系，得到的 Cu-Cr-Zr-Mg-Si 合金时效析出序列如下：过饱和固溶体→立方-立方位向的共格 fcc Cr 相→具有 Pitsch 或 N-W 位向关系的共格 bcc Cr 相→具有K-S位向关系的半共格或非共格 bcc Cr 相。

4.6.3.3 位向关系之间的晶体学联系

晶体学模型的解析，可描述合金相变过程中原子的迁移情况，从而揭示相变的物理本质。在上面的研究中我们发现，时效过程中析出相与基体的位向关系发生了明显的变化。目前研究者对铜合金析出相中位向关系如何变化，为何发生变化，各位向关系间存在何种联系研究较少。本节基于能量最低原理，利用电子衍射花样模拟分析和极图分析，描述了具有 fcc/bcc 合金系统中析出相与基体位向关系变化的原因和路径。

根据能量最低原理，两种晶体结构不同的相形成界面时，原子沿密排面上的密排方向排列，合金系统具有最低的能量；而原子单独沿密排面或沿密排方向排列，其系统能量也低于既不沿密排面和密排方向排列系统的能量。图 4-48 示出了 fcc 晶体和 bcc 析出相组成的合金系统中 Bain 位向关系和 N-W 位向关系的电子衍射花样模拟示意图。由图 4-48(a)可见，在$[\bar{1}10]_f$和$[100]_b$带轴衍射条件下，Bain 关系中基体$(002)_f$晶面平行于析出相$(002)_b$，而 fcc 晶体的密排面$(111)_f$与析出相的$(011)_b$则存在着 9.74°的角度差，因此具有较大的晶格畸变。在图 4-48(b)的 N-W 位向关系中，fcc 晶体的密排面$(111)_f$则与析出相的$(011)_b$平行。因此在析出相长大和粗化过程中，具有 Bain 位向关系的析出相，以$[100]_b$带轴为轴，顺时针逆时针旋转 9.74°即可实现 fcc 晶体和析出相的密排面相互平行，导致系统总的能量降低，从而得到 N-W 位向关系。

然而在 N-W 关系中，与 fcc 基体密排方向$[\bar{1}10]_f$平行的方向并非析出相的密排方向，因此该位向在热力学上也应该是亚稳定的。图 4-49 示出了在 fcc 基体的$[111]_f$带轴和析出相的$[011]_b$带轴下的模拟衍射花样，该图分别显示了 fcc 基体与析出相 N-W 位向关系和 K-S 位向关系。利用立方晶体的晶体学关系，可计算出图 4-49(a) N-W 关系中$(\bar{2}02)_f$和$(\bar{2}\bar{2}2)_b$之间的夹角为 5.26°。通过绕着析出相$[011]_b$带轴的旋转，可实现 fcc 基体$(\bar{2}02)_f$和析出相$(\bar{2}\bar{2}2)_b$的平行。由于立方晶体中晶面指数与其晶向指数相同，因此$[\bar{2}02]_f$方向和$[\bar{2}\bar{2}2]_b$方向也

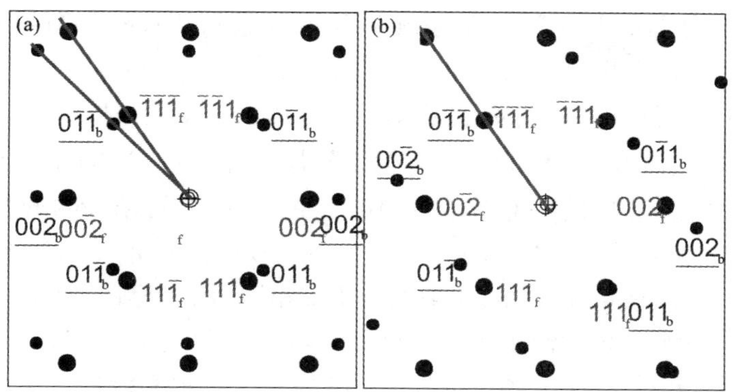

图 4 – 48　Bain 关系和 N – W 关系电子衍射花样模拟示意图(f – fcc 基体，b – bcc 析出相)

(a) Bain 关系：$[\bar{1}10]_f//[100]_b$；$(002)_f//(002)_b$；(b) N – W 关系：$[\bar{1}10]_f//[100]_b$；$(111)_f//(011)_b$

平行，以$[111]_f$和$[011]_b$为法线的晶面也相互平行，即 fcc 基体和 bcc 析出相的密排方向和密排面均实现了平行，这就是 K – S 位向关系。

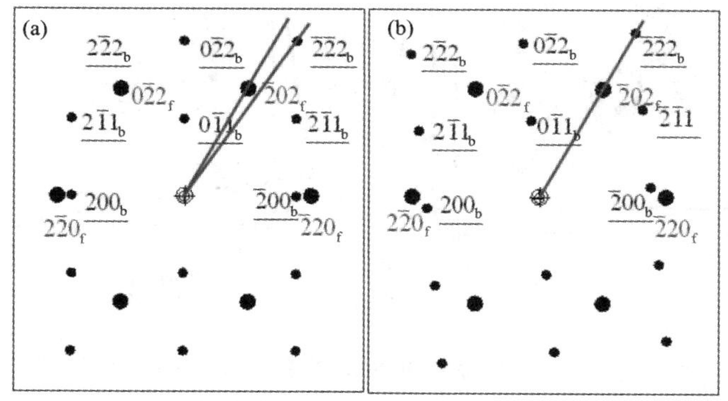

图 4 – 49　N – W 关系和 K – S 关系的电子衍射花样模拟示意图

(a) N – W 关系：$[111]_f//[011]_b$；$(\bar{2}20)_f//(\bar{2}00)_b$；

(b) K – S 关系：$[111]_f//[011]_b$；$(\bar{2}02)_f//(\bar{2}\bar{2}2)_b$

与电子衍射花样模拟相似，还可以利用极射投影图(简称极图)来表示晶面或晶向之间的旋转过程，以实现 fcc 结构基体和 bcc 结构析出相密排面和密排方向的平行，获得最低的系统能量。极图中同一晶带各晶面极点一定位于参考球的同一大圆上，这就可以方便地表示晶体中所有重要晶面的相对取向和对称关系，以及晶面和晶向间的夹角等信息。对于立方晶系，晶面指数和晶向指数是相同的，故极图中的极点既代表了晶面又代表了晶向。

图4－50分别示出了fcc/bcc系统中Bain关系和Pitsch关系的极图。由图可见，在bcc结构析出相$[101]_b$带轴的大圆上的晶面有$(010)_b$、$(12\bar{1})_b$、$(11\bar{1})_b$、$(10\bar{1})_b$、$(1\bar{1}\bar{1})_b$和$(1\bar{2}\bar{1})_b$等晶面及其对称晶面；在fcc晶体$[001]_f$带轴则存在$(010)_f$、$(110)_f$、$[100]_f$和$[1\bar{1}0]_f$等晶面及其对称晶面。在Bain关系下，fcc/bcc系统具有$[001]_f$// $[101]_b$，$(100)_f$//$(10\bar{1})_b$的位向关系；在Pitsch关系下，系统具有$[001]_f$//$[101]_b$，$(\bar{1}10)_f$//$(\bar{1}11)_b$，$(110)_f$//$(12\bar{1})_b$的位向关系。对比Bain和Pitsch关系的极图可见，Bain关系只需bcc相$[101]_b$大圆上的晶面极点以参考球球心$[101]_b$为轴，顺时针或逆时针旋转9.74°，即可实现fcc/bcc两晶体密排面的平行，得到Pitsch位向关系，如图4－50所示。图中实线框表示fcc晶体的晶面，虚线框则表示bcc析出相的晶面，晶体旋转前没有平行关系，旋转后则清楚地显示出晶面的平行关系。

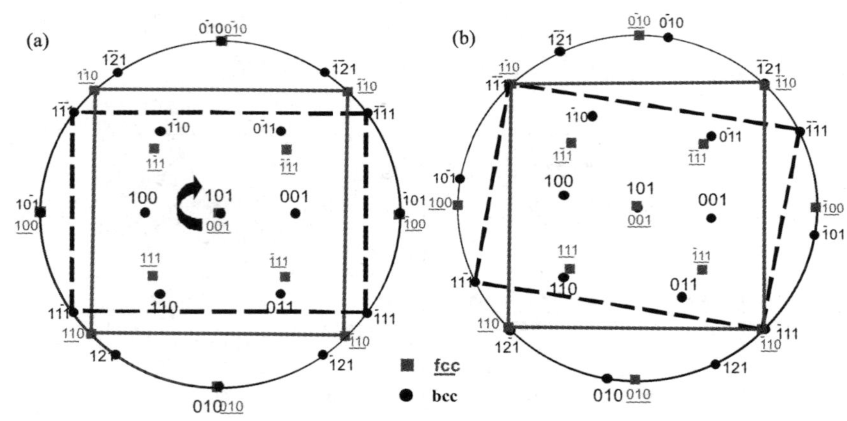

图4－50　fcc/bcc系统中Bain关系和Pitsch关系的极图

(a) Bain关系：$[001]_f$//$[101]_b$；$(100)_f$//$(10\bar{1})_b$；

(b) Pitsch关系：$[001]_f$//$[101]_b$；$(\bar{1}10)_f$//$(\bar{1}11)_b$；$(110)_f$//$(12\bar{1})_b$

同样，可以以Pitsch位向关系中的另外两个$[\bar{1}10]_f$和$[\bar{1}11]_b$平行晶带轴作极图，如图4－51所示。图4－51(a)清楚显示出该位向关系下晶面之间的平行关系：$(001)_f$// $(101)_b$，$(110)_f$//$(12\bar{1})_b$。在$[\bar{1}10]_f$和$[\bar{1}11]_b$两个平行带轴的极图上，还可以得到另外一种典型的位向关系——K－S位向关系：$(111)_f$//$(011)_b$，$(11\bar{2})_f$//$(\bar{1}1\bar{2})_b$，如图4－51(b)所示。对比4－51(a)和(b)中的红色实线框和黑色虚线框可以发现，处于Pitsch位向关系的bcc析出相只需以$[\bar{1}11]_b$晶带为轴，沿$[\bar{1}11]_b$晶带的大圆顺时针或者逆时针旋转5.26°，即可与fcc基体密排面和密排方向实现平行，得到 K – S 位向关系，导致系统总能量的降低。

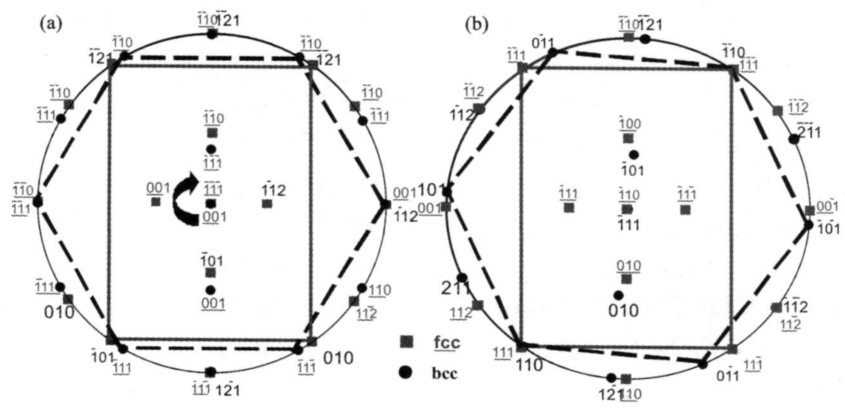

图 4 – 51　fcc/bcc 系统中 Pitsch 关系和 K – S 关系的极图

(a) Pitsch 关系：$[\bar{1}10]_f//[\bar{1}11]_b$；$(001)_f//(101)_b$；$(110)_f//(12\bar{1})_b$；

(b) K – S 关系：$[\bar{1}10]_f//[\bar{1}11]_b$；$(111)_f//(011)_b$；$(11\bar{2})_f//(\bar{1}1\bar{2})_b$

图 4 – 52 示出了 Bain 位向关系、N – W 位向关系、Pitsch 位向关系和 K – S 位向关系之间的转变和联系。可见，具有 Bain 位向关系的系统通过一次晶体旋转 9.74°可得到 N – W 或 Pitsch 位向关系，再旋转 5.26°即可得到稳定的 K – S 位向关系。

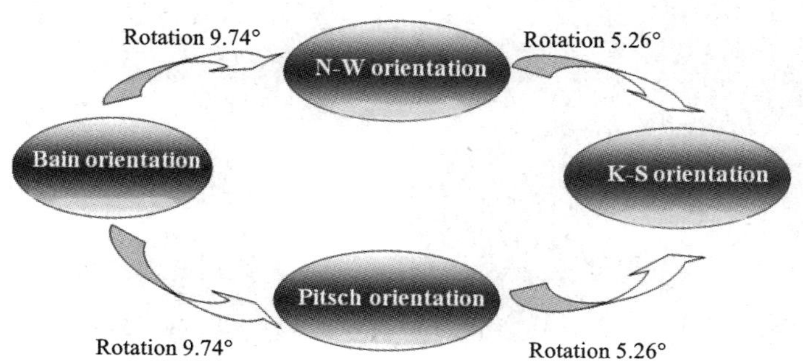

图 4 – 52　fcc/bcc 系统中的四种位向相互之间的晶体学关系

4.6.4　合金元素对 Cu – Cr – Zr 系合金中相和时效性能的影响

4.6.4.1　添加元素在合金中的存在形式

由 4.3 节 Cu – Cr – Zr 系合金的研究中可见，合金元素的添加有效地提高了合金强度和抗软化性能，并微弱地降低电导率。因此，有必要对合金元素的存在形式进行研究，并通过合适的工艺调控其分布，以充分发挥合金化的积极作用，更好地满足实际需要。

在4.6.1节关于Cu－Cr－Zr系合金初生相的研究中已清楚，晶内和晶界存在尺寸为几百纳米的Cu_5Zr、(Cu，Cr，Zr，Ni，Si)复杂化合物和$Cr_{9.1}Si_{0.9}$粗大颗粒，Zr、Ni和Si等合金元素部分以粗大相颗粒形式存在。

图4－53示出了Cu－Cr－Zr－Mg－Si合金中不同粒子的高分辨晶格条纹像和傅里叶变换图谱以及反傅里叶像。可观察到一种长约25 nm、宽约3 nm的针状析出相，析出相呈现出明暗相间衬度，与基体的均匀暗色衬度完全不同。对红色选区进行傅里叶变换，结果显示该析出相处于基体的 <011> 带轴衍射，在基体衍射内部出现呈星云状的析出相衍射花样，表明该析出相具有较大的晶格常数。由傅里叶变换与高分辨的晶格条纹像对应可知，析出相的长轴与基体的{111}面基本平行。由于该析出相的形貌与粗大Cu_5Zr化合物极其相似，且具有呈星云状分布于基体斑点内部的衍射花样，可以推断该析出相可能是含Zr的化合物，如Cu_5Zr，即部分Zr元素以纳米级析出相形式存在于Cu－Cr－Zr系合金内部。利用快速傅里叶变换和反傅里叶变换可得到IFFT图，如图4－53(b)、(c)和(d)所示。可见，基体的密排面和次密排面平行、连续、无错配，表明析出相与基体的界面在这三个面上均保持共格。

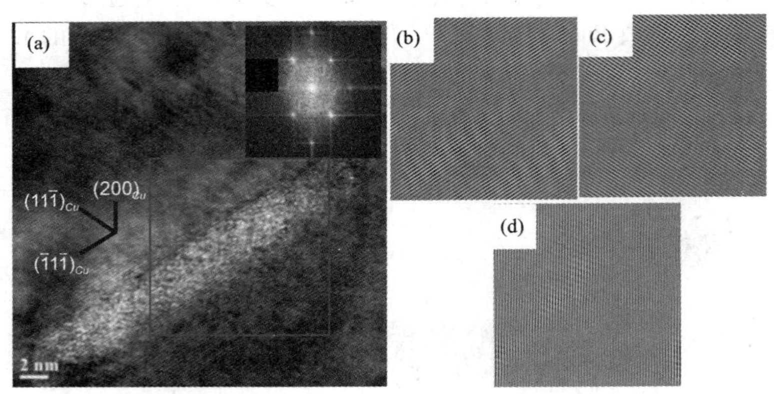

图4－53　Cu－Cr－Zr－Mg－Si合金中的纳米析出相

(a)HRTEM像及FFT；(b)(c)(d)分别为图(a)中不同晶面的IFFT

Hatakeyama等[48]利用三维原子探针研究了Cu－Cr－Zr合金中的时效析出相，图4－54示出了合金在460℃时效3h后再在600℃时效1 h后的原子三维分布图。由图可见，析出相呈球形，球的核心主要含Cr原子，其他的原子如Zr、Si和Fe等主要分布在球的表层。这表明添加的合金元素，除了一部分形成析出相外（如形成纳米级 Cu_5Zr 颗粒），大部分偏聚于纳米级 Cr 析出相与 Cu 基体之间的界面处。

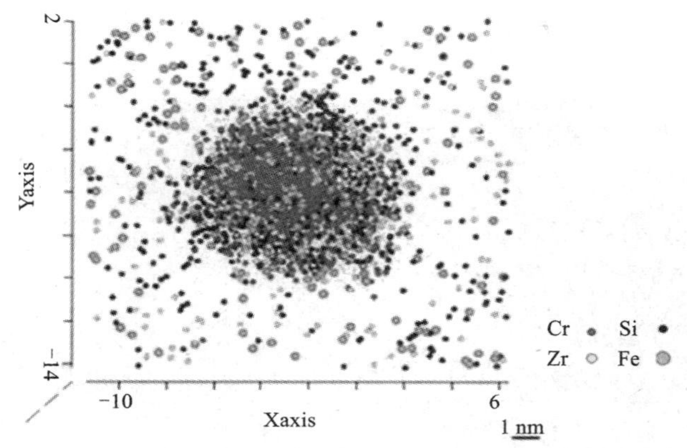

图4－54 Cu－Cr－Zr合金中析出相的原子三维分布图[48]

4.6.4.2 添加元素在合金中的作用

(1) 合金元素对时效态合金层错、孪晶的影响

面心立方结构的纯铜具有较低的层错能，其层错能约为 7×10^{-6} J·cm^{-2}。文献[49]指出，在 Cu－Cr 合金中添加 Zr、Mg 等元素，可降低合金的层错能。图4－55示出了时效态 Cu－Cr－Zr－Mg－Si 合金中存在的层错。这进一步证实了纯铜中添加合金元素 Cr、Zr、Mg 和 Si 会导致合金的层错能降低，合金中更容易出现层错。在微小的范围内，可观察到两排错排的平行晶面，如图箭头所示。

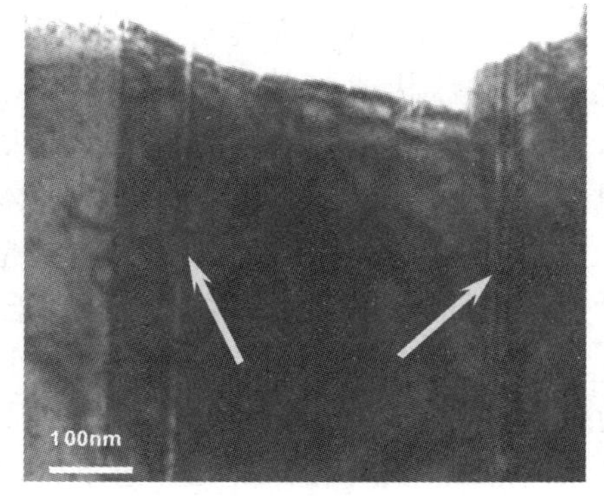

图4－55 时效态 Cu－Cr－Zr－Mg－Si 合金中的层错

若两个不全位错之间夹着一个层错，则形成扩展位错。扩展位错的宽度 d 可用式(4－13)表示[24]：

$$d = G(b_2 b_3)/2\pi\gamma \tag{4-13}$$

式中：G 为切变模量；b_2 和 b_3 分别表示两个不全位错的柏氏矢量；γ 为单位面积的层错能。由式(4－13)可以得出，合金的层错能 γ 越低，形成层错的几率就越大，就越容易形成扩展位错，形成扩展位错的宽度也越大，扩展位错边界的不全位错越难于束集，因而交滑移困难，孪生更容易在更大的范围内发生。图 4－56 示出了冷轧时效态合金中出现的孪生现象以及相应的基体[011]带轴的电子衍射花样。由标定结果可知，该孪晶与面心立方晶体的孪生特征完全相符，即孪晶面(K_1)和无畸变面(K_2)均是{111}面，切变方向为 <112> 方向。

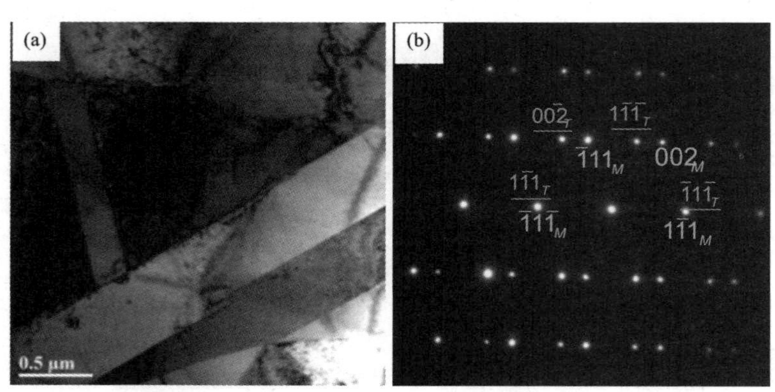

图 4－56　冷轧＋时效态 Cu－Cr－Zr－Mg－Si 合金中的孪晶及选区电子衍射花样

(a)合金孪晶衍衬像；(b)SAED 花样及其标定

(2)合金元素对时效析出相的影响

4.6.1 节中的研究表明，对于粗大析出相，其形貌与相成分密切相关，Cu_5Zr 化合物呈针状或者片状，含 Cu、Cr、Zr、Ni 和 Si 元素的粒子呈板条状，而 $Cr_{9.1}Si_{0.9}$ 相则呈椭球形。由于这些粗大粒子尺寸粗大（大于 100 nm），与基体的界面均为非共格界面，因此颗粒与基体间的弹性应变能基本可以忽略，不同合金元素组成的颗粒在形貌上的差异主要是由界面能造成的。为了协调界面能并使合金能量最低，初生粗大相的形貌随着合金元素种类的不同而发生变化。

对于纳米级粒子，其形貌则不一定遵守上述规律。图 4－57 示出了固溶＋峰时效后 Cu－Cr－Zr 系列合金的纳米析出相特征。可见，Zr、(Mg, Si)和(Ni, Si)元素的加入，并未使峰时效状态下合金的纳米级析出相形貌发生明显的差异。有所区别的就是 Cu－Cr 合金析出相尺寸稍大于其他合金，为 5～8 nm。

由 4.6.2 节合金峰时效态下析出相的高分辨及反傅里叶变换结果可知，析出相与基体具有完全共格的界面。因此在此状态下合金的析出强化效果主要是由共格应变造成的。根据共格强化理论可知，共格强化效果与析出相的尺寸和体积分数乘积的平方根成正比，也与错配度 $\varepsilon^{3/2}$ 成正比。由于四种合金成分的溶质原子质量分数基本相当，添加合金元素合金的析出相尺寸小于 Cu－Cr 合金的，因此析出相具有更高的分布密度，导致添加合金元素的合金在峰时效下可获得更高的硬度，如图 4－38 所示。在相同溶质原子浓度下，由于合金元素主要分布于纳米

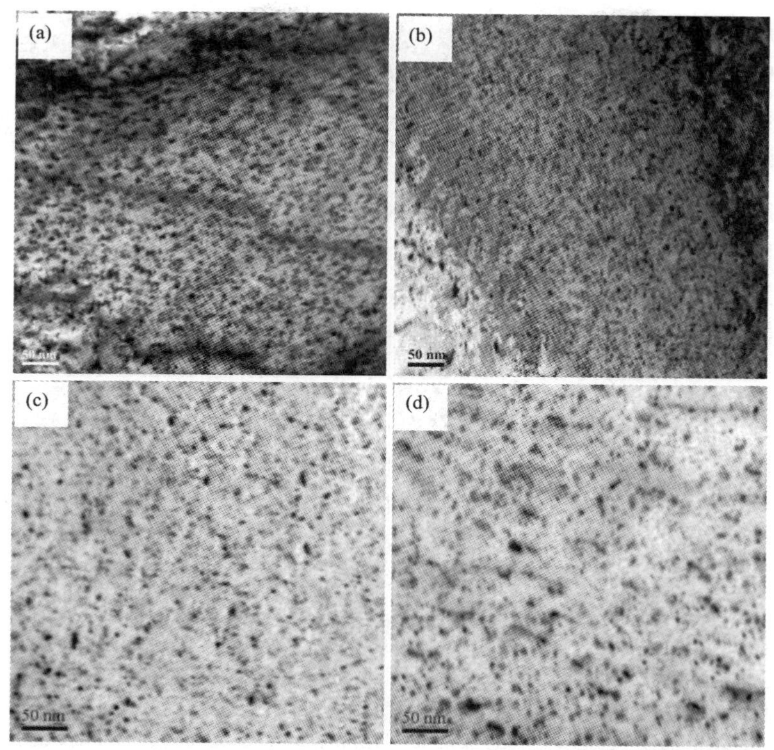

图 4 - 57　固溶 + 峰时效态 Cu - Cr - Zr 系合金的析出相特征

(a) Cu - Cr 合金；(b) Cu - Cr - Zr 合金；(c) Cu - Cr - Zr - Mg - Si 合金；(d) Cu - Cr - Zr - Ni - Si 合金

级 Cr 相表面，因此合金元素的添加对峰时效态析出相结构未产生大的影响，但是却增大了析出相的形核率，从而改变了纳米级析出相的析出速率。

随着时效时间的延长和时效温度的升高，析出相发生 Ostwald 熟化，细小析出相溶解到固溶体中，稍大的析出相颗粒则逐渐粗化，析出相与基体的界面也由完全共格转变为半共格或非共格，发生过时效现象，如图 4 - 46 所示。本节利用中心暗场像技术研究了过时效状态下不同 Cu - Cr - Zr 系合金的析出相特征，如图4 - 58所示。可见，析出相粗化后其密度较峰时效态显著降低，析出相的形貌也随着合金元素的添加在粗化过程中发生了明显的变化。

定义析出相的长轴 m 和短轴 n 之比为析出相的纵横比 Ω，即 $\Omega = m/n$。当 $\Omega = 1$ 时，析出相呈球形；当 $\Omega > 1$ 时，析出相呈椭球形或板条状；当 $\Omega \gg 1$ 时，析出相呈针状或片状。表 4 - 8 列出了图 4 - 58 中四种合金随机选取的四个析出相颗粒的尺寸及纵横比。由表可知，Cu - Cr 合金的纵横比可达 3.28，加入 Zr、(Mg,

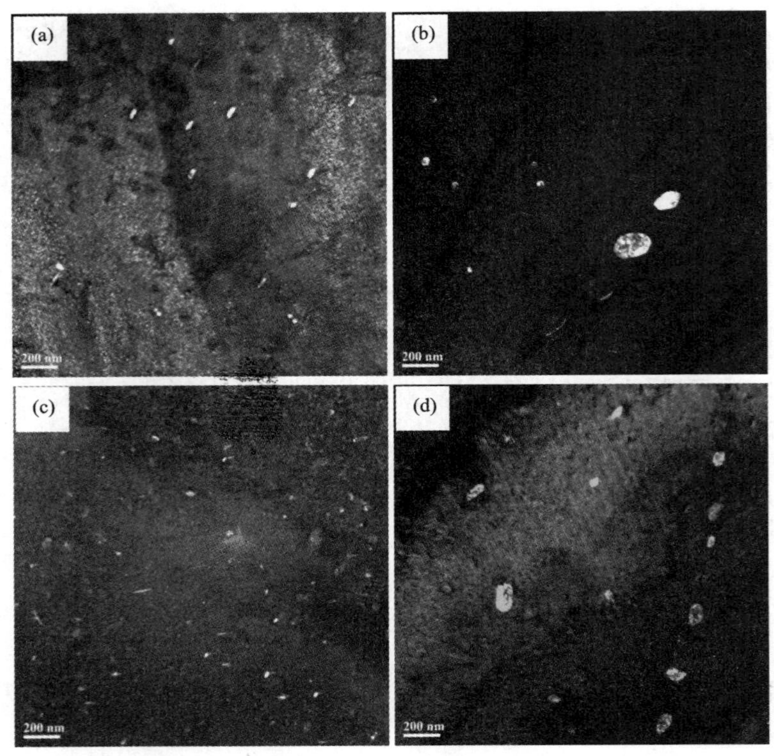

图 4-58　过时效态 Cu-Cr-Zr 系合金的析出相特征

(a) Cu-Cr 合金；(b) Cu-Cr-Zr 合金；(c) Cu-Cr-Zr-Mg-Si 合金；(d) Cu-Cr-Zr-Ni-Si 合金

Si)和(Ni, Si)后，纵横比显著降低，其中 Cu-Cr-Zr 合金的纵横比下降高达 56.7%，Cu-Cr-Zr-Mg-Si 合金纵横比下降最少，但降幅也达 33.7%。这表明添加合金元素使过时效态合金的析出相具有球化的趋势。

由于过时效合金中，析出相与基体呈半共格或非共格界面关系，因而应变能非常小，影响合金长大的阻力主要来自于因结构差异或化学环境差异而造成的界面能。文献[48]研究表明，Cu-Cr-Zr 合金中添加的合金元素多存在于析出相与基体的界面处，并且在过时效状态下更为明显。在合金时效初期，合金元素在 Cr 相与 Cu 基体的界面处发生偏聚，割断了 Cr 相与 Cu 基体之间的结合键，从而提高了析出相与基体间的界面能；同时大大释放了由点阵错配引起的畸变能，使析出相与基体的界面由共格转向半共格，应变能大大降低。随着时效进入过时效状态，合金元素在界面处的偏聚加强，形成了 Me-Me（Me 代表合金元素）式结合键，导致合金界面能降低，并成为析出相发生球化的驱动力，最终析出相逐渐球化。相关研究结果发表在文献[50]和[51]中。

表 4－8　过时效态 Cu－Cr－Zr 系合金的析出相尺寸及纵横比

合金系列	热处理状态	颗粒 1 尺寸/nm		颗粒 2 尺寸/nm		颗粒 3 尺寸/nm		颗粒 4 尺寸/nm		平均纵横比
		长	宽	长	宽	长	宽	长	宽	
Cu－Cr	550℃ ×8 h	62.2	20.6	66.9	16.1	52.1	22	53.6	15	3.28
Cu－Cr－Zr	700℃ ×8 h	202.6	129.7	141.6	86	27	22	46.5	36.4	1.42
Cu－Cr－Zr－Mg－Si	550℃ ×12 h	38.6	15.8	31.4	16.31	28.4	12.6	30.6	14.8	2.17
Cu－Cr－Zr－Ni－Si	700℃ ×8 h	160.5	84.8	118.6	70.1	58.4	33.2	114	73.8	1.72

参考文献

[1] 刘平，赵冬梅，田保红. 高性能铜合金及其加工技术[M]. 北京：冶金工业出版社，2004：20－216.

[2] 夏承东，田保红，刘平. Cu－Cr 合金触头材料的研究现状[J]. 铸造技术，2007，28(1)：139－141.

[3] 陈小波，姜锋，陈蒙，等. 固溶时效后高强高导 Cu－Cr－Zr 合金的性能与显微组织研究[J]. 宇航学报，2009，30(4)：1680－1685.

[4] 刘平，田保红，赵冬梅. 铜合金功能材料[M]. 北京：科学出版社，2004：1－10

[5] Liu Q，Zhang X，Ge Y，et al. Effect of processing and heat treatment onbehavior of Cu－Cr－Zr alloys to railway contact wire [J]. Metall Mater Trans A，2006；37：3233－8.

[6] Doi T. Studies on copper alloys containing chromium：on the softening and age－hardening of copper alloys containing chromium [J]. J Japan Inst Met，1957，21(12)：720－724.

[7] 夏承东，汪明朴，徐根应，等. 形变热处理对低浓度 CuCr 合金性能的影响[J]. 功能材料，2011，42(5)：872－876..

[8] 小林正男，岩村卓郎，泉田益弘. 高強度・高伝母性リードフレーム用銅合金 OMCL－1 [J]. 伸銅技術研究会誌，1988，27：45－51.

[9] Misra R D K，Prasad V S，Rao P R. Dynamic embrittlement in an age－ hardenable copper－chromium alloy[J]. Scr Mater，1996，35(1)，129－133.

[10] Suzuki H，Kanno M，Kawakatsu I. Strength of Cu－Zr－Cr alloy relating to the aged structures [J]. J Japan Inst Met，1969，33(5)：628－633.

[11] Tang N Y，Taplin D M R，Dunlop G L. Precipitation and aging in high conductivity Cu－Cr

alloys with additions of zirconium and magnesium [J]. Mater Sci Technol, 1985, 1: 270 - 275.

[12] Huang F, Ma J, Ning H. Analysis of phases in a Cu - Cr - Zr alloy. Scripta Mater. 2003, 48: 97 - 102.

[13] 杨浩，陈江华，胡特. CuCrZr 合金时效析出相的研究[J]. 电子显微学报，2010，29(4): 317 - 321.

[14] Zeng K J, Hamalainen M. A theoretical study of the phase equilibria in the Cu - Cr - Zr system [J]. J Alloys Compd, 1995, 220: 53 - 61.

[15] Holzwarth U, Stamm H. The precipitation behaviour of ITER - grade Cu - Cr - Zr alloy after simulating the thermal cycle of hot isostatic pressing [J]. J Nucl Mater, 2000, 279: 31 - 45.

[16] Correia J B, Davies H A, Sellars C M. Strengthening hardened in rapidly solidified Cu - Cr and Cu - Cr - Zr alloys [J]. Acta Mater, 1997, 45(1): 177 - 190.

[17] Batra I S, Dey G K, Kulkarni U D, et al. Microstructure and properties of a Cu - Cr - Zr alloy [J]. J Nucl Mater, 2001, 299: 91 - 100.

[18] Cheng J Y, Yu F X, Shen B. Solute clusters and chemistry in a Cu - Cr - Zr - Mg alloy during the early stage of aging [J]. Mater Lett, 2014, 115: 201 - 204.

[19] 夏承东. 引线框架用 Cu - Cr - Zr 系合金的制备及其相和相变规律研究[D]. 中南大学, 2012.

[20] Watanabe C, Monzen R, Tazaki K. Mechanical properties of Cu - Cr system alloys with and without Zr and Ag [J]. J Mater Sci, 2008, 43: 813 - 819.

[21] Gao N, Tiainen T, Huttunen - Saarivirta E, et al. Influence of thermomechanical processing on the microstructure and properties of a Cu - Cr - P Alloy [J]. J Mater Eng Perform, 2002, 11(4): 376 - 383.

[22] Xia C D, Wang M P, Zhang W, et al. Microstructure and properties of a hot rolled - quenched Cu - Cr - Zr - Mg - Si alloy[J]. J Mater Eng Perform, 2012, 21(8): 1800 - 1805.

[23] 宋练鹏. 轨道交通用牵引电动机转子铜合金部件制备及其相关基础研究[D]. 中南大学, 2008.

[24] 唐仁正. 物理冶金基础[M]. 北京：冶金工业出版社, 1997: 310 - 315.

[25] Hutchinson B. The effect of alloying additions on the recrystallization behavior of copper - a literature review [R]. Swedish Institute of Metals, 1985, No. IM - 2003.

[26] 郑子樵. 材料科学基础[M]. 长沙：中南大学出版社, 2005: 292 - 327.

[27] 雷静果，刘平，赵冬梅，等. Cu - Ni - Si - Cr 合金的加工硬化特性[J]. 特种铸造及有色合金, 2004, 3: 29 - 32.

[28] Fargette B. Interaction of cold work, recovery, recrystallization and precipitation in heat - treatable copper alloys[J]. Met Technol, 1979, 6: 194 - 201.

[29] Han K, Walsh R P, Ishmaku A, et al. High strength and high electrical conductivity bulk Cu [J]. Philos Mag, 2004, 84: 3705 - 3716.

[30] Xia C, Jia Y, Zhang W, et al. Study of deformation and aging behaviors of a hot rolled - quenched Cu - Cr - Zr - Mg - Si alloy during thermomechanical treatments[J]. Mater Des,

2012, 39: 404－409.

[31] Liu Z, Chen X, Han X, et al. The dissolution behavior of θ' phases in Al－Cu binary alloy during equal channel angular pressing and multi－axial compression [J]. Mater Sci Eng A, 2010, 527(16－17): 4300－4305.

[32] Vasil L S, Lomaev I L, Elsukov E P. On the analysis of the mechanisms of the strain－induced dissolution of phases in metals[J]. Phys Met Metallogr, 2006, 102(2): 186－197.

[33] Lifshitz L M, Slyozov V V. The kinetics of precipitation from supersaturated solid solutions [J]. J Phys Chem Solids, 1961, 19(1－2): 35－50.

[34] Panigrahi S K, Jayaganthan R. Effect of annealing on thermal stability, precipitate evolution, and mechanical properties of cryorolled Al 7075 alloy [J]. Metall Mater Trans A, 2011, 42(10), 3208－3217.

[35] 周玉，武高辉. 材料分析测试技术[M]. 哈尔滨：哈尔滨工业大学出版社，2007：195－197.

[36] Kawakatsu I, Suzuki H, Kitano H. Properties of high zirconium Cu－Zr－Cr alloys and their isothermal diagram of the copper corner [J]. J Japan Inst Metals, 1967, 31(11): 1253－1257.

[37] Luo C P, Dahmen U, Westmacott K H. Morphology and crystallography of Cr precipitation in a Cu－0.33% Cr alloy [J]. Acta Metall Mater, 1994, 42(6): 1923－1932.

[38] Dahmen U. Orientation relationship in precipitation systems [J]. Acta Mater, 1982, 30: 63－73.

[39] Hall M G, Aaronson H I, Kinsma, K R, et al. The structure of nearly coherent fcc: bcc boundaries in a Cu－Cr alloy [J]. Surf Sci, 1972, 31, 257－274.

[40] Watanabe D, Watanabe C, Monzen R. Determination of the interface energies of spherical, cuboidal and octahedral face－centered cubic precipitates in Cu－Co, Cu－Co－Fe and Cu－Fe alloys[J]. Acta Mater, 2009, 57(6): 1899－1911.

[41] 赵冬梅，董企铭，刘平，等. 高强高导铜合金合金化机理[J]. 中国有色金属学报，2011，11(S2)：21－24.

[42] Fujii T, Nakazawa H, Kato M, et al. Crystallography and morphology of nanosized Cr particles in Cu－0.2% Cr alloy[J]. Acta Mater, 2000, 48: 1033－ 1045.

[43] He Y, Godet S, Jonas J J. Representation of misorientations in Rodrigues－Frank space: application to the Bain, Kurdjumov－Sachs, Nishiyama－Wassermann and Pitsch orientation relationships in the Gibeon meteorite[J]. Acta Mater, 2005, 53: 1179－1190.

[44] Bain E C. Nature of martensite[J]. Trans AIME, 1924, 70: 25－43.

[45] Weatherly G C, Humble P, Borland D. Precipitation in a Cu－0.55 wt.% Cr alloy[J]. Acta Metall, 1979, 27(12): 1815－1828.

[46] Luo C P, Dahmen U, Witeomb M J, et al. Precipitation in dilute Cu－Cr alloys: the effects of Phosphorus impurities and aging procedure [J]. Scr Metall Mater, 1992, 26: 649－654.

[47] Jin Y, Adachi K, Takeuchi T, et al. Ageing characteristics of Cu－Cr in－situ composite [J]. J Mater Sci, 1998, 3: 1333－1341.

[48] Hatakeyama M, Toyama T, Yang J, et al. 3D – AP and positron annihilation study of precipitation behavior in Cu – Cr – Zr alloy [J]. J Nucl Mater, 2009, 386 – 388: 852 – 855.

[49] Zhao Y H, Liao X Z, Zhu Y T, et al. Influence of stacking fault energy on nanostructure formation under high pressure torsion[J]. Mater Sci Eng A, 2005, 410: 188 – 193.

[50] Pang Y, Xia C, Wang M, et al. Effects of Zr and (Ni, Si) additions on properties and microstructure of Cu – Cr alloy[J]. J Alloys and Compd, 2014; 582: 786 – 792.

[51] Xia C, Zhang W, Jia Y, et al. High strength and high electrical conductivity Cu – Cr system alloys manufactured by hot rolling – quenching process and thermomechanical treatments[J]. Mater Sci Eng A, 2012, 538: 295 – 301.

夏承东　汪明朴　曹玲飞

第 5 章　沉淀相变晶体学

5.1　引言

金属材料中的固态相变类型繁多，常见分类方法有多种，如：按热力学分可分为一级相变和二级相变；按平衡状态图分可分为平衡相变和非平衡相变；按相变方式可分为有核相变和无核相变；按原子迁移情况可分为无扩散型相变和扩散型相变。其中无扩散型相变以马氏体相变为典型代表，扩散型相变以沉淀相变为典型代表。

金属材料中的固态相变受热力学、动力学和晶体学三个方面的因素共同制约。其中，相变热力学关注的是相变能否发生，何种相变优先发生。这是由于金属固态相变是一种自发转变，只有当新相的自由能低于母相自由能时相变才能发生。相变动力学关注的是相变速率的快慢，即在特定温度条件下相变过程与时间的关系，其过程取决于新相的形核速率和长大速率。而相变晶体学关注的是相变过程中两相之间的晶体学变化规律，主要包括沉淀相与母相的位向关系、沉淀相的惯习面、沉淀相的形貌和界面结构等等。相变晶体学是对相变热力学和动力学进行定量描述的基本参量，是建立材料组织形成理论的必要知识基础。

本章将介绍高强导电铜合金沉淀相变研究中涉及的相变晶体学常用理论模型、各模型的历史和研究思路、讨论其各自的适用范围，以及在高强高导铜合金实际研究中的应用实例。

5.2　沉淀相变晶体学研究方法概述

人们对具有特定形貌的物质总是格外地感兴趣，这是由于具有特定的形貌暗示了其生长过程受特定规律的限制。对于沉淀相变而言，当沉淀相具有除球形外的特定形状(如：棒状、片状和板条状)时，其相变过程晶体学研究一直是人们关注的重点。多年来，人们提出了很多模型/理论来描述这些沉淀相。Liang 和 Reynolds 根据模型/理论的基本假设不同，将各种模型划分为两大类[1]：晶格变形模型和几何匹配模型。晶格变形模型的基本假设是新相和母相间存在晶格的一一对应关系，沉淀相变过程可用母相晶格的均匀变形来描述，如旋转、压缩/伸长、切变等，从而可以将相变过程通过纯数学的方法，运用多个简单矩阵进行描述。

马氏体晶体学表象理论、不变线模型、O 点阵模型都属于这一类。很多研究者在研究具有特定晶体位向关系的系统时，运用这些模型推测和解释特定形貌沉淀相的形状、惯习面和界面关系。几何匹配模型则从界面原子的物理位置出发，不考虑相变时的原子迁移方式，主要代表有结构台阶模型和近重合位置模型。这类模型可以在不知道新相和母相晶体学位向关系时对界面结构作出合理的解释。本文将对国内外学者广泛关注的几个相变晶体学模型/理论进行简述，比较相互之间的异同，指出各自的创新点与适用的局限性，并据此探讨今后相变晶体学模型发展的一些思路。

5.2.1 马氏体相变及马氏体晶体学表象理论简介

5.2.1.1 马氏体相变

早在3000 年以前，古人便知道铁器加热至高温后淬水可以使其硬化，但直到19 世纪末期，人们才真正认识到硬化原因是高温淬火时发生了组织转变，生成了高硬度的产物。为了纪念这种硬化产物的发现者(德国冶金学家 Adolf Martens)，人们将其命名为马氏体，并将这一相变过程称为马氏体相变。钢铁中的马氏体相变是人类最早利用的相变之一，也是人们在金属材料中研究得最早、其理论发展最成熟的相变。马氏体相变不但在钢铁材料中存在，在记忆合金等其他合金体系以及在一些陶瓷材料中也存在。马氏体相变主要有以下几个特征[2]：

①马氏体相变是无扩散型相变，即马氏体与母相成分相同，无原子长程扩散，微区内新相与母相原子间存在对应关系；

②马氏体相变过程发生均匀切变，产生表面浮突现象；

③马氏体相变过程中原子是以曳行方式协调地从母相转移到新相；

④在特定体系中，马氏体与母相间有特定的位向关系和惯习面；

⑤相变过程存在不变平面，依靠不变平面应变完成相变；

⑥一般情况下，马氏体转变量取决于温度而不是相变时间，马氏体生长速度接近声速；

⑦马氏体相变还可能由其他外场诱发，如力场、磁场等。

5.2.1.2 马氏体晶体学表象理论

固态相变中的晶体学研究起始于马氏体相变[2]。20 世纪 50 年代，为了研究马氏体相变前后新相和母相间的晶体学关系，Wechsler，Lieberma 和 Read[3, 4] 以及 Bowles 和 Mackenzie[5, 6] 最早分别提出了马氏体晶体学表象理论(The Phenomenological Theory of Martensite Crystallography，PTMC，又称唯象理论)。该理论经过多年的发展，逐渐成为最成熟的相变晶体学理论。

所谓表象理论是指这种理论只涉及现象之间的联系，不涉及对象系统的原子过程细节，这种理论具有一定的普遍性。基于对惯习面的观察结果，PTMC 假设马氏体相变经历了旋转、压缩/伸长、切变等若干过程，从纯数学角度出发，定量地给定了马氏体相变前后晶体学状态之间的联系。

PTMC 假设相变宏观应变场可以描述为一个不变面应变，惯习面是相变中的不变平面。不变面应变 P_1 可分解为三个相互独立的作用，即[7]：

$$P_1 = RBP \tag{5-1}$$

R、B、P 和 P_1 都是(3×3)的矩阵。P_1 为平面不变畸变张量，在此种应变前后，必然存在一个不转动不畸变的平面并可以表示为[2, 8]：

$$P_1 = I + md_1p'_1 = \begin{pmatrix} 1+md_1p_1 & md_1p_2 & md_1p_3 \\ md_2p_1 & 1+md_2p_2 & md_2p_3 \\ md_3p_1 & md_3p_2 & md_3p_3 \end{pmatrix} \tag{5-2}$$

其中，d_1 和 p_1 表示变形方向和不变面法向的单位矢量，m 表示变形量的大小。B 是晶体变形，对于 fcc/bcc 系统即为 Bain 应变，如图 5-1 所示。Bain 应变的物理意义是转变前后在主轴坐标系中的单纯膨胀或压缩：

$$B = \begin{pmatrix} \eta_1 & 0 & 0 \\ 0 & \eta_2 & 0 \\ 0 & 0 & \eta_2 \end{pmatrix} \tag{5-3}$$

P 是晶格不变切变，如滑移和孪生，单位滑移方向和滑移面法线分别记为 d_2 和 p_2。$\det|P| = 1$，即变形前后没有压缩膨胀，只有单纯的切变。R 是一个刚性转动。

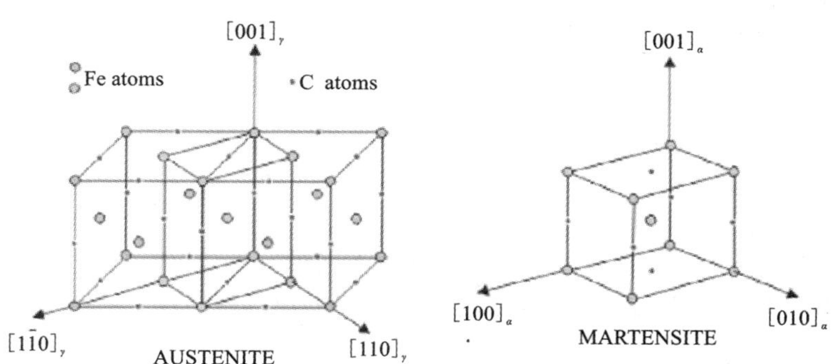

图 5-1　马氏体的 Bain 应变[9]

式(5-1)相当于 9 个联立的方程组，其中的独立变量有 15 个：P_1 由 p'_1 和 md_1 完全决定，其中 p_1 和 d_1 是单位矢量，因此只有 5 个独立变量；R 为正交矩阵，独立变量只有 3 个；B 是对角阵，有 3 个独立变量；P 由切变面和切变矢量决定，切变面法矢为单位矢量，有 2 个独立变量，切变方向为单位矢量，而且必须在切变面上，只有 1 个独立变量，切变大小是 1 个独立变量。因此若给出其中 6 个独立变量的初始条件，就可以求出其余 9 个变量。通常，若要用 PTMC 计算求解马氏体相变的惯习面、位向关系、总应变量等，必需要预先知道新相及母相的点阵类型和晶格常数，并设定简单切变面和切变方向。点阵类型和晶格常数可以通过 X 射线衍射或电子衍射花样准确测量，简单切变系统可根据点阵类型和内部缺陷的观察结果进行假设和尝试。PTMC 的求解通常通过矩阵运算完成，现以在 fcc/bcc 系统中求解过程为例进行说明[10]：

(1)求解不变线应变 L

由式(5 -1)可以得到不变线应变：

$$L = P_1 P^{-1} = RB \tag{5-4}$$

其中，P^{-1}与 P 的差别只是改变了简单切变的方向，是简单切变不变平面应变。一般情况下 P_1 和 P^{-1}中的变形特征矢量在不同方向，两个不变平面应变作用的结果，只留下一个方向没有变形，也就是不变线方向。因此 L 具有不变线转变的特点，其正空间的不变线 x_i 是两个不变面 p_1 和 p_2 的交线。同理，倒易空间的不变线 x_i^* 就是两个倒易空间不变面的交线，或两个位移方向 d_1 和 d_2 的交线。上述关系是约束 R 和求解 L 的条件，因此求解 L 的第一步是确定正空间不变线 x_i 和倒而空间不变线 x_i^*。一方面 Bain 应变不改变 x_i 和 x_i^* 的长度，另一方面 x_i 躺在切变面 p_2 内，而 x_i^* 垂直简单切变方向 d_2；同时 x_i 和 x_i^* 都是单位矢量，由此可以列出以下方程

$$\begin{cases} |x_i| = \underline{1} \\ |Bx_i| = \underline{1} \\ p_2' x_i = 0 \end{cases}$$

$$\begin{cases} |x_i^*| = 1 \\ (B^{-1})' x_i^* = \underline{1} \\ d'_2 x_i^* = 0 \end{cases}$$

解出 x_i 和 x_i^*。构造 $V_a = [x_i, x_i^*, x_i \times x_i^* / |x_i \times x_i^*|]$ 和 $V_b = [Bx_i, B^{-1}x_i^*, Bx_i \times B^{-1}x_i^* / |Bx_i \times B^{-1}x_i^*|]$。根据这两个矩阵之间的转动关系 $V_a = RV_b$，可以求解转动矩阵 R：

$$R = V_a V_b^{-1} \tag{5-5}$$

将式(5 -5)代入式(5 -4)中可解得不变线应变 L。

(2)通过 L 和简单切变求解 P_1。

惯习面 P_1 含不变线，根据不变线性质，惯习面应该垂直于一系列 Δg，其相关 g 含 d_2。因为滑移面 p_2 含 d_2，所以

$$p_1 \parallel \Delta p_2 = (p'_2 - p'_2 L^{-1})' \tag{5-6}$$

任何含不变线的面上位移方向一致，已知 p_2 面上的位移必须沿 d_1 方向，d_2 含在 p_2 面内，故可得到

$$d_1 \parallel \Delta d_2 = Ld_2 - d_2 \tag{5-7}$$

归一化可得不变平面应变的变形方向和不变面法向。按不变面的定义，如果矢量 kd_2 在 p_1 方向的投影为 1，该位移应该为 md_1。因为 $k = 1/p'_1d_2$，所以 $m = |Ad_2 - d_2|/p'_1d_2$。到此，代表宏观变形的 P_1 已经完全定义。

(3)计算相变应变前后方向和面之间的夹角，得到位向关系。

马氏体相变晶体学表象理论在解释马氏体型相变晶体学关系中，取得了巨大的成功，大多数实验结果都能够用它来解释，但也有例外，如对钢中的{1 1 1}板条型马氏体和{2 2 5}片状马氏体[11, 12]，至今仍无法给出合理的解释。马氏体相变晶体学表象理论要求在求解之前输入 6 个独立变量的初始条件，其中有三个是人为设定的，而且由于 9 个联立的方程并非都是线性的，有高次方程，所以求出的解可能是 0 组、2 组或者 4 组，所以要经过反复比较才能找到合适的解，经验成分很大，一定程度上影响了理论预测的可靠性。

随后，人们在扩散型相变中也发现了表面浮突现象，并开始尝试用马氏体相变理论来解释相关的晶体学问题。但由于 PTMC 是针对马氏体相变提出的，理论的依据是实验观察到的结果：马氏体转变总有一个惯习面，一般来说就是新相与母相之间最宽的界面，这个界面被实验确定为在转变过程中不转动不畸变，受这一条件制约，马氏体相变是不变平面转变，所以表象理论中引入一个晶格不变切变，从而保证可以计算出一个不变面。而多数扩散型相变中不存在这样的晶格不变切变，故不能直接套用 PTMC 解释沉淀相变的晶体学特征。尽管如此，PTMC 理论的成功为学者们研究扩散型相变中的晶体学过程提供了可借鉴的研究思路，即忽略原子扩散的具体过程，从表象出发建立纯数学模型去描述相变过程。

随着相变晶体学越来越被人们重视，学者们先后提出、发展了多种晶体学模型，试图解释或预测包括马氏体型和扩散型在内的相变过程中的晶体学特征。

5.2.2　O 点阵模型

O 点阵模型(O Lattice)是 20 世纪 60 年代末由物理学家 Bollmann[13] 创建的用于描述含位错的界面结构的数学模型，该模型数学形式简单、严谨，普适性强。模型假设界面为完全松弛状态，不存在长程应变场，界面上的位错完全抵消晶格失配造成的错配应变场[14]。所以 O 点阵方法主要针对的是半共格界面结构。O 点阵是通过两套晶格互相穿插而形成的虚构点阵。由于晶格结构、大小和取向等因素的差异，两套互相穿插的晶格之间就会形成匹配状况的差异并具有周期性变化，穿插结构中晶格间匹配较好的区域(好区)定义为 O 单元，即图 5-2 中 O 点，O 点被匹配差的区域(差区)间隔开，差区中心定义为 O 胞壁，O 胞壁包围的区域

称为 O 胞。由于两套晶格各自的周期性，O 点的分布也具有周期性。让界面切过 O 点阵如图 5－2 中 aa′线，界面与 O 胞壁的截线是界面上错配最严重的区域，最有可能出现位错。

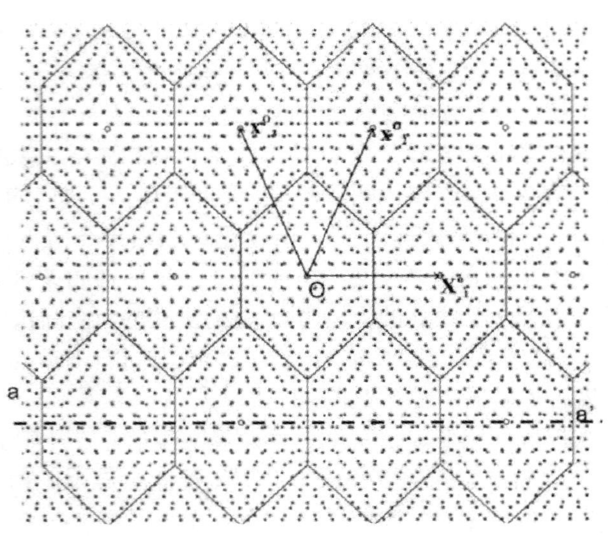

图 5－2　O 点阵的 2 维示意图，取向关系为 N－W 关系，$a_f/a_b=1.254$[18]

根据上述定义，O 单元是数学上没有错配位移的点(这里的 O 点仅仅是数学上的点，不一定有与之对应的原子)，也就是相对位移为柏氏矢量的所有位置，所以与原点相隔单层 O 胞壁的 O 单元用主 O 点阵矢量 x_i° 表示，可以由 O 点阵公式计算[15]：

$$Tx_i^{\circ}=b_i^L \tag{5-8}$$

式中，$T=(I-A^{-1})$是位移矩阵；I 是单位矩阵，A 是变形矩阵，b_i^L 是 Burgers 矢量。对于相变系统，式(5－8)的物理意义是：当一个矢量由于相变发生的位移刚好是参考晶格的柏氏矢量时，这个矢量的末端定义了一个 O 单元。当 T 是满秩矩阵时，O 单元是一个个三维空间中独立的点；当 T 的秩为 2 时，如果有解，则 O 单元是一条直线，即 O 线，此时含 O 线的界面上的位错是一系列平行的列位错；当 T 的秩为 1 时，如果有解，O 单元就是一个平面，即 O 面。

O 点阵面可以由倒空间矢量的位移确定[16, 17]：

$$\Delta g=g_{\alpha}-g_{\beta}=T^{\mathrm{T}}g_{\alpha} \tag{5-9}$$

其中，g_{β} 和 g_{α} 分别是两个晶体中相关的倒易矢量，满足[17]：

$$g_{\beta}^{\mathrm{T}}=g_{\alpha}A^{-1} \tag{5-10}$$

O 点阵中含有两个主 O 点阵矢量的面，含 O 线的面以及含 O 面的面称为主 O 点阵面。这些主 O 点阵面具有分立的法向，最有可能成为择优界面，因为当界面就是某个主 O 点阵面时，界面上的错配完全被位错抵消，界面不含长程应变场。根据式(5－9)定义主 O 点阵面的倒易矢量必须垂直于两个柏氏矢量 b_i^L($i=1$, 2)，这两个 b_i^L 相关的主 O 点阵矢量确定了主 O 点阵面。相邻 O 点之间被 O 胞壁隔开，O 胞壁是匹配最差的区域，界面与 O 胞壁的交线就可能是位错的位置。Bollmann[13] 提出 O 胞壁的定义为

$$(b^L)^{\mathrm{T}} GTx_c - 1/2(b^L)^{\mathrm{T}} Gb^L = 0 \tag{5-11}$$

x_c 是指向 O 胞壁上任意一点的矢量，G 是矢量点乘引入的度标张量。在早期 O 点阵的文献中[13]，Bollmann 只将 O 胞壁矢量的定量描述演绎为上述方程，没有给出显式表达。这可能是早期位错结构的 O 胞算法没有被广泛接受的原因[14]。实际上 O 胞壁作为空间中周期性分布的面，用倒易矢量表示更为方便。Zhang 和 Purdy[16] 进一步推导了 O 胞壁的倒易矢量，其表示式为：

$$O_c^* = T^{\mathrm{T}} b^{L*} \tag{5-12}$$

其中，b^{L*} 是倒易柏氏矢量，$b^{L*} = b^L/|b^L|^2$。如果已知界面单位法矢 n，O 胞壁与界面相交得到一系列位错的间距为

$$D = 1/|n \times O_c^*| \tag{5-13}$$

早期的 O 点阵模型处理相变问题需要输入位向关系，以确定相变应变场 A 和位移矩阵 T，将式(5－13)代入式(5－9)即可求解空间中的 O 点阵，主 O 点阵面是沉淀相的惯习面，一方面界面上匹配好的区域尽可能多，另一方面相邻匹配好区域之间的错配只由一组位错分隔。

5.2.3　不变线模型

5.2.3.1　二维不变线模型(2D Invariant Line)

关于不变线的早期研究是在 O 点阵模型基础上开展起来的。Bonnet 和 Durnad 以及 Dahmen 都曾注意到当相变的位移矩阵降秩时，O 点阵中的 O 单元将变成一条没有晶格错配的 O 线，其方向沿着不变线方向。1982 年 Dahmen 等人[19]受马氏体相变中“不变平面应变”决定相变晶体学特征原则的启发，首先提出了扩散型相变晶体学特征由“不变线应变”决定的构想，并提出了二维不变线模型。随后他们通过总结前人有关的研究结果，初步确定了这一原理的有效性。根据 Dahmen 建立的二维不变线模型(也称不变线应变模型)，相变过程存在不变线，不变线是在两套晶格中都不发生位移的位置，板条状或者针状沉淀相的长轴(或者择优生长方向)，尤其是无理的长轴方向，均可以采用不变线判据来解释。这个判据获得了大量实验结果的支持[20, 21]，尤其是在金属碳氮化物的沉淀系统中，不变线模型给出的位向关系和沉淀相的生长方向都与实验结果吻合得很好。

在 Dahmen 的二维不变线模型中，假设两相的一对相关密排面严格平行，一条唯一的不变线被限定在这对密排面上，可以通过绕平行密排面共同法线旋转一定角度而得到，而惯习面由这条不变线和另一条小应变的方向确定。二维不变线的求解思路可以简化为：在二维平面上求解一个特殊矢量，该矢量应变前后不发生伸缩(即：$|U| = |BU|$)，再将 BU 旋转 θ 角，使之回到原来的位置，从而得到相变中的不变矢量 U。具体求解方法如下：

两相密排面相互平行后，在二维空间中相变矩阵 A 可以分解为

$$A = RB = \begin{pmatrix} \cos\theta & \sin\theta \\ -\sin\theta & \cos\theta \end{pmatrix} \begin{pmatrix} a & 0 \\ 0 & b \end{pmatrix} \tag{5-14}$$

其中，B 是一个纯应变矩阵，其对角元素 a 和 b 分别代表密排面上方向相互垂直的两个主应变，它们的值取决于两相的晶格常数比。R 是以平行的密排面法线为转轴的选择矩阵，θ 为新相晶格绕相互平行密排面法线旋转的转角。对于 fcc/bcc 体系，沿着$[\bar{1}10]_f // [\bar{1}00]_b$ 方向的主应变为 a，沿着$[\overline{11}2]_f // [0\bar{1}1]_b$ 方向的主应变为 b。根据不变线的定义，如果存在不变线，则有：

$$AX_i = X_i \tag{5-15}$$

则相变应变应满足：

$$|A - I| = 0 \tag{5-16}$$

由此可以解出：

$$\cos\theta = \frac{1 + ab}{a + b} \tag{5-17}$$

同时，还可以解出不变线的方向：

$$\tan\varphi = \sqrt{\frac{a^2 - 1}{1 - b^2}} \tag{5-18}$$

上式中，φ 为不变线与主应变 a 轴的夹角。

根据所求得的 θ 和已知的 a、b，可以得到相变矩阵 A，代入(5-15)式即可解得不变线。

由于主应变 a 和 b 取决于晶格常数比，根据式(5-17)就可以作出 θ 关于晶格常数比(a_f/a_b，或者$\sqrt{2}a_h/a_b$)的曲线，见图 5-3。当晶格常数比在 1.16～1.41 之间时 θ 才有解。对于 fcc/bcc 体系，在密排面$\{1\ 1\ 1\}_f // \{0\ 1\ 1\}_b$上分析可知，$\theta = 0°$对应 N-W 位向关系，相应的晶格常数比为 1.16 或者 1.41；$\theta = 5.26°$对应 K-S位向关系，相应的晶格常数比为 1.23 或者 1.33。

解得不变线后，通常在 fcc/bcc 体系(a_f/a_b 在 1.25 附近)中选取密排面的法线方向作为另一个小应变方向，因为根据晶格常数比可知在这些体系中两相相关密排面的法线方向错配一般不超过 5%。

以上便是二维不变线模型的求解方法。

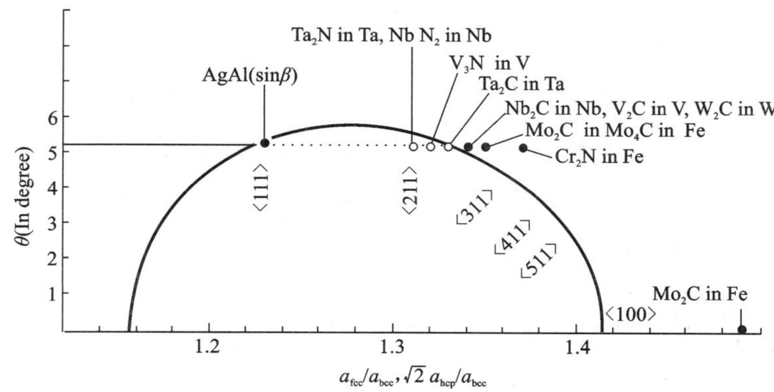

图 5 -3　旋转角 θ 与晶格常数比之间的关系

空心圆代表与密排面有一个微小偏离，如 Potter 取向关系[19]

二维不变线模型的基本假设是母相与沉淀相的密排面平行，虽然这一假设在诸如 fcc⇔bcc 或 bcc⇔hcp 的体系中确实存在，但该假设忽略了密排面法线方向的应变，使得不变线计算的灵活性和准确性受到了制约。此外，该模型还未考虑不变线与惯习面的数学关系。

5.2.3.2　**三维不变线模型**(3D Invariant Line)

在二维不变线模型中，惯习面由不变线和另一个小应变矢量确定(小应变降低片状沉淀相与母相共格界面的弹性能)。而实验观察到的不变线并不都躺在密排面上，为此 Luo 和 Weatherly 在 1987 年提出了三维空间不变线模型[22]，对二维模型进行修正，舍去了不变线必须在密排面上的规定，将二维不变线模型中简化掉的密排面法线方向上的变形考虑进来，对相变的描述更准确。例如：在一些合金体系中，沉淀相拥有多个小刻面(Facet)，其中一个小刻面包含一条不变线和一根不转动的矢量，即所谓的惯习面。利用三维不变线模型，可以较好地解释这一现象[23]。

三维不变线模型的基本原理为[22~25](参见图 5 -4)：将应变之后的特殊矢量 U 和 BU 绕经 X 轴刚性旋转 360°，会得到两个分别以 U 和 BU 为母线的同轴圆锥面，称为“不伸缩圆锥”，其中含 U 的称为第一不伸缩圆锥(图中 initial cone)，含 BU 的称为第二不伸缩圆锥(图中 final cone)。如果将第二不伸缩圆锥经过一个或几个刚性旋转，使其与第一不伸缩圆锥相交，则所得到的两条交线必是不伸缩线；如果刚性旋转使两交线中的一条同时为不倾转线，则此线(矢量)便是不变线矢量。

由于三维不变线模型考虑了密排面法线方向存在的应变，因此该模型从数学上更加精确。Luo 给出了 K -S 关系下三维模型和二维模型所得预测不变线的准

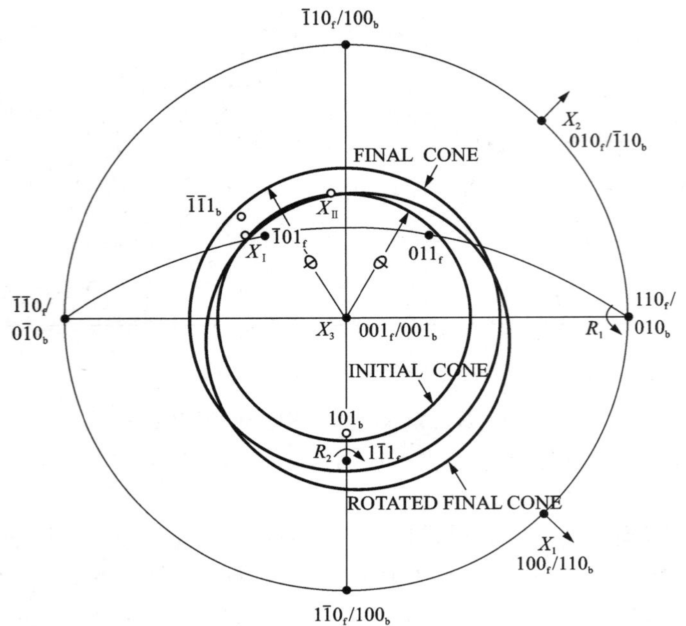

图 5－4　三维不变线模型的(001)极图，显示了两种可能的不变线位置[22]

确性(如图 5－5 所示)，可见，整体上看三维模型的精度是高于二维模型的，且在特定晶格常数情况下，可得到完美的不变线解。

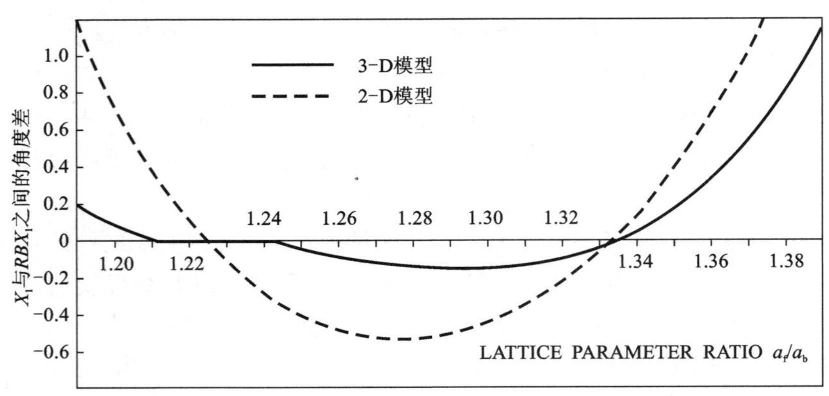

图 5－5　利用 X_I 和 RBX_I 之间的夹角，来测试 K－S 关系下 2 维和 3 维不变线模型中不变线位置的精确性[22]

下面以 fcc⇒bcc 相变为例，从表象理论的角度来理解三维不变线模型求解思路[24]。与二维不变线模型类似，三维不变线模型也存在相变矩阵 A，其表达式为：

$$A = RB = R_2R_1B \tag{5-19}$$

首先，相变过程中存在三维的 Bain 应变，可用矩阵 B 来表示：

$$B = \begin{bmatrix} \eta_1 & 0 & 0 \\ 0 & \eta_2 & 0 \\ 0 & 0 & \eta_3 \end{bmatrix} \tag{5-20}$$

式中，$\eta_1 = \eta_2 = \sqrt{2}/(a_f/a_b)$，$\eta_3 = 1/(a_f/a_b)$。

Bain 应变之后为达到最佳的位向关系（两相间的最佳配合），需要相对母相发生一定的刚性旋转，这种旋转可以是“一步到位”，也可以分几步实现，最终得到旋转矩阵 R。假设目标最终的最佳位向关系为 K－S 关系，则可将旋转分为两步：①绕$[110]_f$ 旋转 $\theta_1 = 9.74°$，使两相密排面平行，得到 R_1，产生 N－W 关系；②绕$[1\bar{1}1]_f$ 旋转 $\theta_2 = -5.26°$，使两相相互平行密排面上的两个密排方向平行，得到 R_2，产生 K－S 关系，从而得到总的旋转矩阵 $R = R_2R_1$，转动角度的方向（正，负）遵循右手螺旋法则，即反时针旋转为正，顺时针为负。当然，这种转动并不是唯一的。也可以先通过 R_1 旋转使得密排方向平行，产生 Pitsch 关系；再绕密排方向转动 R_2，产生 K－S 关系。两种旋转方法所得总的旋转矩阵是相同的。经过总刚性旋转 R 后，图 5－4 中的第二不伸缩线锥到达“第三不伸缩线锥”的位置，后者与第一不伸缩线锥相交，产生两条交线 X_{I} 和 X_{II}，其中一条便是可能的不变线。

Luo 报道了两种运用线性代数求解三维不变线的计算方法[24]。第一种方法：固定 θ_1 不变，让 θ_2 在一定范围内变化，用逐步逼近循环计算程序计算，并采用 $RBX_{\mathrm{I}} = X_{\mathrm{I}}$ 进行检验，可找出真正的不变线 X_{I}（不一定在密排面上），同时求出为实现不变线应变所需的 θ_2。此外，通过计算发现，对晶格常数比 a_f/a_b 为 1.25 左右的 fcc/bcc 合金体系，θ_2 一般与 5.26°相差一个很小的值（$<0.50°$），因此，能产生不变线应变的位向关系不是严格的 K－S 关系，而是偏离该关系一小角度，即两相的密排晶向张开一小角度，而不是彼此平行。第二种方法：将 θ_1 和 θ_2 代入式（5－19），得到真实的相变矩阵 A，并计算 A 矩阵的 3 个特征值 λ_1、λ_2 和 λ_3，以及对应的 3 个非正交特征矢量 V_1、V_2 和 V_3。其中必有一个特征值等于 1（设为 λ_1），则对应的特征矢量 V_1 便是不变线矢量。计算验证表明两种方法所得结果相同，即 $X_{\mathrm{I}} = V_1$。

笔者认为 Luo 报道的两种不变线计算方法均是以二维不变线模型的假设为基础，即均认为密排面相互平行。求解 θ_2 的过程与二维不变线模型中求解不变线的做法一致。但由于相变矩阵是在三维条件下建立的，考虑了相互平行密排面法线方向的应变，故满足$AX_i = X_i$ 条件的不变线 X_I 并未落在密排面上。此外，因为两相最终位向关系是由 θ_1 和 θ_2 确定，所以当相变的大致位向关系确定时，三维不变线应变模型有精确预测位向关系的功能。

无论是二维不变线模型还是三维不变线模型，均认为惯习面上包含不变线，于是有些学者采用了另一种方式来运用不变线模型处理相变晶体学问题。T. Fujii 和 Dahmen 等人[26]在研究 Cu - Cr 体系时，发现了沉淀相和母相间存在 N - W 关系和 K - S 关系两种位向关系，并以观察到的惯习面和测定的取向关系为基础，对两种位向关系分别在惯习面上选取主应变轴 $x_f \parallel x_b$ 和 $y_f \parallel y_b$，计算 η_x、η_y 以及并沿惯习面法线方向的旋转角 θ_{IL}。结合 Bain 对应性（与 Bain 应变不同，不包含应变）得到了相变矩阵的表达式：

$$A = R(\theta_{IL})B \tag{5-21}$$

其中，B 矩阵为 Bain 对应性矩阵，表达式为：

$$B = \begin{bmatrix} 1/2 & -1/2 & 0 \\ 1/2 & 1/2 & 0 \\ 0 & 0 & 1 \end{bmatrix}, \text{即：} \begin{Bmatrix} u \\ v \\ w \end{Bmatrix}_b = B \begin{Bmatrix} h \\ k \\ l \end{Bmatrix}_f \tag{5-22}$$

最后，对两种取向关系的相变矩阵 A 求解特征值和特征向量，得到各自一个特征值为 1 的特征向量，从而得到各自的不变线。

T. Hu 和 J. H. Chen[27]在 Cu - Ni - Si 体系中也采用与上述方法类似的处理方式。他们采用二维不变线模型，选取$(110)_{Cu} \parallel (100)_\delta$（非密排面同时也不是惯习面）作为主应变面，对沉淀相 $\delta - Ni_2Si$ 中的刚性旋转和不变线进行了计算。计算结果一定程度上与实验观察结果吻合。

有研究者认为[18, 28]，在三维不变线模型中相变应变场是 2 阶张量，需要输入观察到的位向关系从而确定不变线的解，由于不是任意位向关系都能够满足不变线条件，三维不变线模型通常只能得到近似的不变线 X_{IL}。笔者的观点是：

（1）不变线模型的核心在于相变矩阵 A，A 矩阵的求解过程本质上是：从晶体学表象理论的角度出发，以 Bain 对应性和 Bain 应变（将应变分解到 Bain 对应性的 3 个主轴上）为基础，以降低某一方向的应变为目标进行刚性旋转 R（可为一步旋转，也可为多步旋转），最终得到相变矩阵 $A = RB$（B 矩阵可包含应变）。可见这一求解过程包含了对位向关系的预测。

（2）输入位向关系求解不变线存在的局限性。以观察到的位向关系（或辅以惯习面证据）为基础构建相变矩阵 A，进而对 A 矩阵的特征值和特征向量求解得到不变线 X_I 的做法受两方面制约：①实验精度影响。以两相位向关系为 K - S 关系、a_f/a_b 为 1.25 左右为例，不论是二维不变线模型还是三维不变线模型，预测 θ_2 角均与严格 K - S 关系的 θ_2 角有一个很小角度的差值（$<0.5°$），即预测的取向

关系与测定曲线关系有小于0.5°的偏离。而在 TEM 和 HRTEM 实验和测量时，都或多或少存在实验误差，且误差范围与 θ_2 角的偏离量在同一个数量级；②惯习面的不唯一性。在某些合金体系（如 Cu－Cr）中，沉淀相存在多个小刻面（Facet），选取不同的小刻面作为惯习面作主应变面将得到不同的不变线解。

（3）刚性旋转轴（主应变面法线）的选择至关重要，直接影响最终结果。从表象理论考虑出发时，笔者更倾向于沉淀相与母相间存在一对相互平行的密排面，并选择密排面作为主应变面，即沉淀相绕相互平行密排面的法线进行刚性旋转。理由是：①密堆结构可有效降低系统整体的势能；②已发现的主要位向关系中存在双密排对密排（密排面平行、密排方向平行）的最稳定，仅密排面平行的稳定性次之，而密排面不平行的不稳定（参见表 5－1）。

表 5－1　固态相变中常见取向关系[29]

基体－析出相	取向关系	备注
fcc－bcc 体系	Bain 关系	不稳定
	Nishiyama－Wassermann（N－W）关系	较稳定
	Kurdjumov－Sachs（K－S）关系	最稳定
	Greninger－Troiano（G－T）关系	不常见
	Pitsch 关系	不稳定
bcc－hcp 体系	Pitsch－Schrader（P－S）关系	较稳定
	Burgers 关系	最稳定
	Potter 关系	不常见

（4）两相晶格常数之比（如 a_f/a_b）会影响刚性旋转的角度，改变晶格常数比可导致取向关系的预测和不变线的方向发生变化。但对于沉淀相变来说，确定准确的晶格常数比是很困难的，这是因为：①第二相在形核和长大过程中，相成分是不断变化的（铝合金中的沉淀过程最为典型），因此第二相的晶格常数也是连续变化的；②基体不断地脱溶也会引起基体晶格常数发生微小的变化；③沉淀过程往往在高温下进行，晶格常数比还要考虑热膨胀因素。这些因素给应用不变线模型预测和解释沉淀过程中的晶体学问题造成了很大的困难。

（5）总的来说，不论是二维不变线模型，还是三维不变线模型，都对沉淀相的生长轴方向作出了合理的数学解释，在解释板条状和针状沉淀相形貌上取得了成功。然而，在对特定合金体系求解不变线时，R_1 旋转的角度（使密排面相互平行）是固定的，限制了计算的普遍性。此外，用另一小应变方向或不转动方向与不变线一起来定义惯习面，无法描述惯习面的具体结构，导致含周期性位错的界面结构无法用不变线模型圆满解释[28]。

5.2.4 O 线模型

O 线模型(O Line)是 Zhang 和 Purdy[16, 30]于 1993 年在不变线和 O 点阵方法的基础上，根据 rank(T) =2 时 O 点阵是空间中一系列平行的 O 线这一特点提出来的，并给出了其数值解。

在沉淀相变晶体学中，界面结构是非常重要的一部分，如何准确描述沉淀相的界面特征并给出合理的解释是学者们长期关注的问题。大量实验表明，许多片条状沉淀相，在其惯习面上都只含有一组沿生长轴方向的平行位错[20, 22, 31~35]。这说明，界面可能包含不变线。但早期的不变线模型中，无论是二维模型还是三维模型，都没有关于界面结构的描述。在不变线模型中，尽管认为惯习面上必须含有一条不变线，但这个约束并不是唯一性的约束，不能保证惯习面上只含有一组平行的位错。严格来讲，只有界面上的矢量的位移都平行于参考晶格的一个柏氏矢量时，界面上的错配才能被一组平行的位错松弛。

O 线是 O 点阵中的一维 O 单元[13]，沿 O 线方向没有晶格错配。相邻两条 O 线之间是晶格错配最严重的区域，也就是位错的位置。O 线的周期性也就是位错的周期性。如果界面上有一系列平行排列的 O 线，那么实验观察到的平行排列的周期性位错就可以得到合理的解释。因此，O 线模型就是通过要求惯习面上必须含有周期性排列的 O 线，对相变应变矩阵进行约束，从而求解出其他相关晶体学特征。O 线模型的这种周期性结构择优假设和小角度晶界的能量计算结果是一致的[28]。

O 线模型的数学描述如下[28]：当相变应变矩阵 A 是由一个不变线应变来描述时，rank(A) =2，。此时式(5 -8)可能无解，也可能有无数个解。有解时，设 x_i^o 和 x_j^o 是任意两个不相等的解，则 O 线的方向定义为[13, 15]：

$$x_i = x_i^o - x_j^o \tag{5-23}$$

由于

$$Tx_i = Tx_i^o - Tx_j^o = b_i^L - b_i^L = 0 \tag{5-24}$$

根据 T 的定义，上式与不变线的定义式是完全等价的。这时，根据式(5 -23)和式(5 -24)，含有 O 线的惯习面必然平行于由对应同一根 Burgers 矢量 b_i^L 的两个主 O 点阵矢量 x_i^o 和 x_j^o 所确定的主 O 点阵面。

O 线模型成功解释了一些实验观察到的两相间的无理晶体学特征[30, 36, 37]。O 线模型相对于不变线模型和传统的 O 点阵模型的显著优势在于，不必预先输入或部分输入位向关系，只需要输入晶格类型和点阵常数，再通过具有一定物理意义的条件对位向进行约束，就可以输出择优的位向关系。O 线模型在分析相变体系位向关系的预测性方面又前进了一步。但是，对于给定体系，O 线模型只能给出含有离散择优结果的解集，不能实现完全预测；另外，O 线模型的数值解法要在实验观察到的位错线附近搜索有效的不变线，对整个体系的分析不够全面。

在此基础上 Qiu 和 Zhang 于 2003 年提出了 O 线模型的解析法[38]，只要输入沉淀相和母相的晶体结构，获得 Bain 应变矩阵；再利用 O 线的性质，求解倒空间不变线 x_i^*；利用构造初始 O 线的应变矩阵 A 与两相晶格常数比以及 Burgers 矢量 b_i^L 的函数关系，再通过选择适当的有一定物理意义的几何判据（如惯析面上位错间距最大，两相中相关密排面和密排方向转角最小等），就可以完全通过矩阵运算求解出一系列可能择优的相变矩阵 A、相应的各种晶体学特征，包括位向关系、不变线方向（沉淀相生长轴方向）、惯习面取向以及界面位错结构等。

O 线模型成功地解释了一些合金体系中所出现的无理相变晶体学特征[36, 39]，计算得到的无理取向的惯习面，两相接近平行的密排面和密排方向之间的小转角都与实验观察结果吻合得很好。同时 O 线模型解析法的发展为系统分析具有不同晶格常数比的合金体系中可能出现的择优相变晶体学特征提供了更有力的工具。图 5 –6 显示了 fcc/bcc 体系中三种常见 O 线位向关系下惯习面取向和不变线方向随晶格常数比$\left(\frac{2\sqrt{3}}{3}\leqslant a_f/a_b\leqslant\sqrt{2}\right)$的变化情况。

O 线模型在分析择优晶体学特征时具有两个比较突出的优势[28]：一是 O 线模型取消了传统 O 点阵模型和不变线模型中事先输入或部分限定位向关系的要求，只需要输入两相的晶体结构，通过对界面结构的周期性要求和具有一定物理意义的几何判据来对位向关系进行约束就可以输出择优的位向关系，这表明 O 线模型向理论预测位向关系又进了一步。二是 O 线模型对界面结构的描述是以界面上晶格匹配/错配的周期性为基础的，并不对界面上的台阶棱向、位错方向及其 Burgers 矢量之间的关系作任何人为限定，因此具有很强的普适性。但 O 线模型也有自身的局限性，一方面，对于给定体系 O 线模型只能给出一些含有离散择优结果的解集，还不能实现完全的预测；另一方面，除非具有特殊晶格常数比$\left(a_f/a_b=\frac{\sqrt{6}}{2}\right)$的合金体系，含有 O 线的惯习面只有一个，因此对于具有两个或两个以上平直刻面的板条状或柱状沉淀相，O 线模型本身无法描述不含 O 线的其他刻面，这时需要其他晶体几何模型来帮助分析。

O 线模型解析法将数值解法中的三维搜索化简为一维，搜索结果唯一，并且能够对相变体系进行系统的分析。然而，由于目前尚缺乏普适的体系能量的描述方法，作为判据的几何约束条件只是一定物理意义的部分抽象，所以最终的计算结果对约束条件的选择还有一定的依赖性[18]。

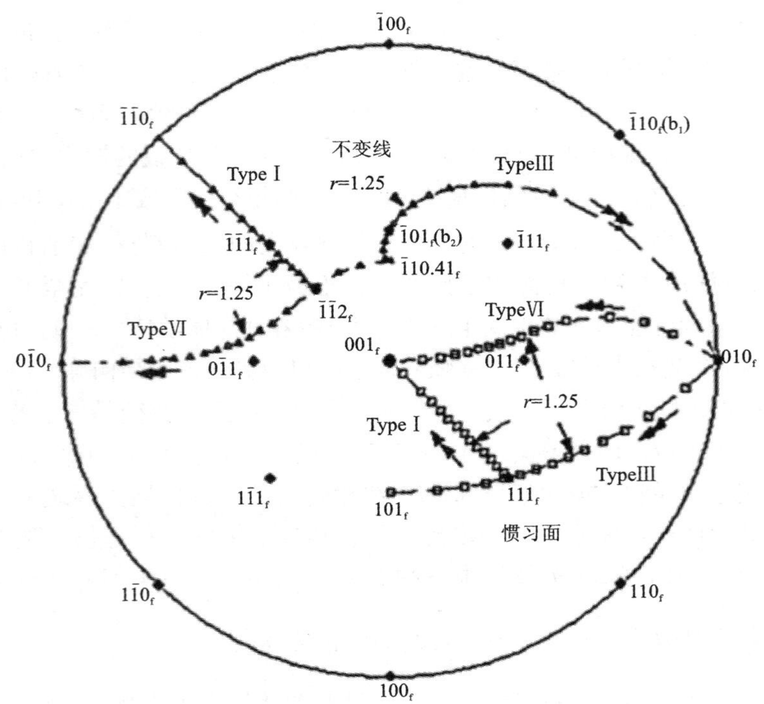

图 5－6　不变线方向（▲）和惯习面取向（□）变化情况

双箭头代表晶格常数比增加，单箭头代表晶格常数比为 1.25 时的特定情况

实线、虚线和点虚线分别代表（Ⅰ，Ⅲ，Ⅵ）三种位向关系类型[38]

5.2.5　结构台阶模型与近重合点阵模型

5.2.5.1　结构台阶模型

结构台阶（Structural Ledge，SL）模型是各种沉淀相变晶体学模型中发展比较成熟、影响最广的模型之一，是研究 fcc/bcc 沉淀相变的经典理论。结构台阶的概念是由 Hall 和 Aaronson 等人[32]根据他们在 Cu－Cr 合金富 Cr 沉淀相体系中的观察结果，于 1972 年最早提出的。经 Rigsbee 和 Aaronson[34]发展，1979 年系统地提出了结构台阶模型，用以描述类似 Cu－Cr 合金中富 Cr 相惯习面的部分共格界面。

与不变线模型类似，早期的结构台阶模型同样假设两相中有一对密排面是严格平行的，例如在 fcc/bcc 体系中，通常选择$\{111\}_f \parallel \{110\}_b$。如果假设惯习面就是由这对密排面构成，界面上的匹配很差（以平均柏氏矢量长度的 15% 作为判据(简称15%判据，错配位移长度小于15%判据的便属于匹配好的点)，如图5－7(a)所示；如果考虑密排面的堆垛顺序有差异，下一层原子的匹配好区的图案与上一层完全相同，但位置不同。如果在匹配好区之间存在单原子层高度的台阶，不同层面上相邻的匹配好区就可以连接起来，形成的界面上匹配好区的比例可增加至25%，如图5－7(b)所示。这种为了提高界面匹配程度而引入的台阶称为结构台阶。在原子尺度上，界面含台阶的台面，仍然保持$\{111\}_f \parallel \{110\}_b$。含有台阶的界面上，原有的沿匹配好区中心连线方向的错配被台阶补偿，而沿台阶棱方向的错配需要引入错配位错进行补偿。如果不考虑台阶高度的失配，位错线的方向就是不变线的方向，这组位错的Burgers矢量平行于台阶的台面，如图5－7(c)所示。

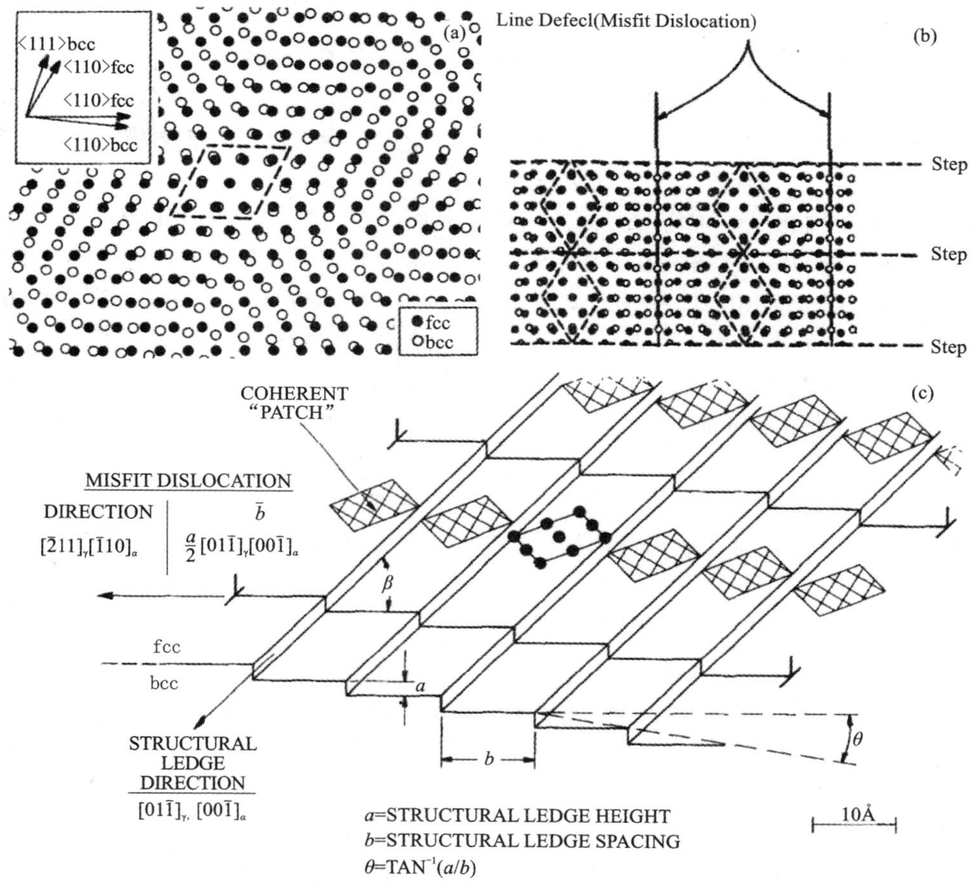

图5－7 结构台阶模型示意图

(a)将$(111)_f /\!/ (011)_b$面进行匹配，虚线包围区域内匹配最佳[32]；

(b)台阶界面的出现使得匹配最佳区域所占比例增加[40]；(c)台面、台阶及不变线方向的示意图[34]

早期结构台阶模型限定了作为台面的一对相关密排面严格平行，因此不能解释无理的位向关系，且台面法线方向的错配积累最终将中断台面上的晶格匹配好区。Furuhara 和 Aaronson[41]在分析了 hcp/bcc 系统界面的台阶结构后，放宽了结构台阶模型对位向关系的限制，认为两相间结构台阶的台面并不严格平行，而是偏离一个小角度，通过这个小角度转动，可以完全抵消两相台阶台面法线方向的错配，界面晶格匹配好区得以无限延伸。当两相晶格接近 N－W 位向关系时，这个小角度可以在含有台面法线和棱向的低指数面上通过二维不变线模型求得；但当位向关系接近 K－S 位向关系时，则无法直接计算出这个小角。不同体系研究工作的高分辨结果显示[42, 43]，匹配好区没有中断，与不变线模型一致。

台阶的引入会造成表观惯习面发生一定的倾转，偏离密排面一个角度。惯习面的取向由台阶矢量 d_s（即连接相邻台面之间匹配好区的矢量）和同一层台面上连接匹配好区的矢量定义，从而可以合理解释很多体系中无理的惯习面[36]，例如 Cu－Cr合金富 Cr 沉淀相无理惯习面。Weatherly 和 Zhang[36]在 O 点阵模型的基础上，对台阶矢量和惯习面进行了定量分析，并给出了台阶矢量的数学描述：

$$d_s = -\Delta d T^{-1} tp \tag{5-25}$$

其中，Δd 为两相晶体中作为台面的密排面晶面间距之差；tp（trace plane）为台面的单位法线矢量；T 是相变位移。台阶面上连接匹配好区的矢量可以通过 O 点阵计算得到。当 $\Delta d=0$ 时，结构台阶模型与 O 线模型会得到相同的结果；当 $\Delta d\neq0$ 时，若不变线在密排面内，界面上不需要台阶结构；当 $\Delta d\neq0$，且不变线倾斜于台面时，台阶引起无理的惯习面，这时用 O 点阵计算位向关系，可以得到两相中作为台面的密排面之间有一个小角度，这个角度正是修正结构台阶模型所需的角度。同时 O 线方向定义了相邻台面上连接两个匹配好区的矢量。修正后的结构台阶模型可以通过 O 线模型严格求解。对于实验观测到的位向关系，用结构台阶模型可以直观形象地反映界面结构，帮助人们深入理解无理取向的沉淀相变择优界面[18]。

5.2.5.2 近重合位置模型

近重合位置（Near Coincidence Site，NCS）模型由 Liang 和 Reynolds[1]在 1998 年正式提出，是在结构台阶模型基础上的开拓。近重合位置就是依据结构台阶模型中 15% 判据计算的小错配位置。该模型与 O 点阵模型类似，将两相的晶格按照一定位向关系穿插，在大范围内计算近重合位置的空间分布。NCS 模型认为，择优界面应该尽可能多地被 NCS 团簇覆盖。如果 NCS 团簇比例比较高的面是无理界面，界面微观上会有一系列原子台阶，这就是结构台阶模型。NCS 模型中错配位移是任意方向的，不需要考虑两相晶格的对应关系和台面选择，比结构台阶模型更直观、普适性更好。可以根据特定位向关系下 NCS 团簇的空间分布确定择优界面。图 5－8 是 K－S 位向关系下含高密度 NCS 团簇的面，取向接近 $\{211\}_f$。

在原点附近 NCS 团簇的分布具有周期性，但随着距离原点的距离增加，错配的积累会导致好区的消失。NCS 模型在分析界面结构台阶的工作中[44~48]已有比较广泛的应用。

NCS 模型继承了结构台阶模型直观明了的优点，如果输入测试的位向关系，可以获得 NCS 的空间分布，有助于理解观察到的择优界面。该模型不需要错配场和矩阵运算理论基础，易于掌握。Liang 和 Reynolds[1] 认为 NCS 特别适用于不存在点阵相关性的相变体系。这种方法也存在明显的局限性。首先需要输入位向关系才能得到两相中的 NCS 分布，如果输入的位向关系不满足不变线条件，任何含高密度 NCS 团簇的面上，在距离原点足够远时 NCS 都会消失，如图 5 -8 所示。因此 NCS 团簇的密排面只能给出近似的择优界面。前人在工作中，往往事先假定一对密排面平行，再寻找含高密度 NCS 团簇的面，以期解释无理择优界面。其次图像方法只能给出近重合位置分布的图像，无法从数学上严格定义 NCS 团簇密排面的取向。再次，由于缺乏错配场的描述，NCS 模型无法表征团簇之间的缺陷，尤其是位错的柏氏矢量不能通过好区的分布获得，而这些缺陷对于理解界面结构具有重要意义，因此 NCS 模型需要与 O 点阵模型结合起来，才能在充分发挥直观特点的同时，全面而严谨地描述择优界面的相变晶体学特征[18]。

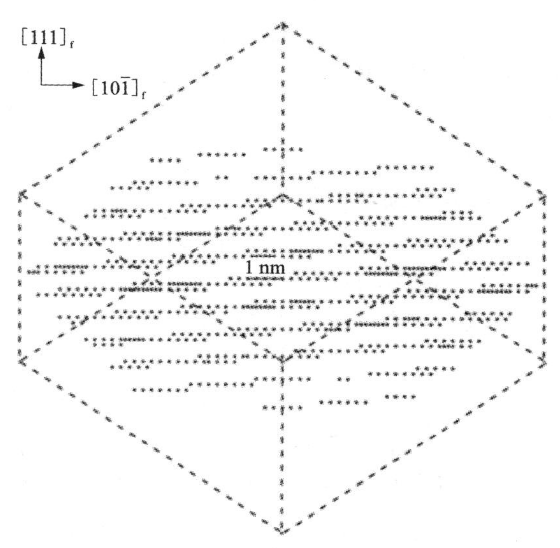

图 5 -8 KS 关系下的高密度团簇面，接近$(121)_f$面[1]

5.2.6 边 -边匹配模型

边 -边匹配模型(Edge - to - Edge Matching, E2EM)是 Kelly 和 Zhang[49] 于 1999 年提出的晶格(或原子)行匹配模型，之后受到了广泛关注。

边 -边匹配模型是从 Frank[50] 在 20 世纪 50 年代提出的原子行重位(rowcoincidence)概念发展起来的。Fecht[51] 利用协波模型证明了当外延界面含有一系列匹配好的晶格(或原子) 列时，界面能将出现极小值。Shiflet 和 Van Der Merwe[52] 用类似的方法对沉淀相变中的择优界面进行分析后，也指出当体系的晶格常数比满足晶格(或原子)行匹配时，含有这些晶格(原子)列的界面其能量处于谷点。

在 Shiflet 和 Van Der Merwe[52]分析结果的基础上，Kelly 和 Zhang[49, 53, 54]针对沉淀相变提出并系统阐述了边 - 边匹配模型。这个模型并不考虑两相之间保持何种点阵对应关系，而只是将沿低指数晶向的一行晶格(或原子)看作一个整体，考虑择优界面由满足行匹配的一组周期性的低指数晶格(或原子)行排列而成。所谓“行匹配”是指界面上母相的某行晶格点(或原子)与新相的某行晶格点(或原子)方向平行，行间距相等，也即在行法线方向没有错配，但沿着行的方向仍然存在错配。

边 - 边匹配模型的分析步骤如下[18]：

(1)选取可能的小错配低指数原子列(包括平直的原子列和互相咬合 zigzag 的原子列)，使相关方向平行，作为原子列匹配的方向；

(2)考察含有上述方向的密排面或低指数晶面，取其中在两相中面间距相等的面平行；

(3)如果晶格常数比合适，在含平行原子列的其他面上，找到一对相等的有理矢量，这一对矢量和平行的原子列就确定了有理位向关系下的择优界面，如图 5 - 9 所示。如果面间距不能正好相等，则需要进一步计算；

(4)找一对方向相近长度相等的矢量，绕平行矢量转动其中一套晶格，使两个矢量方向一致，转动的结果使两相密排面实现边 - 边匹配，转角就是新的位向关系下密排面的夹角。

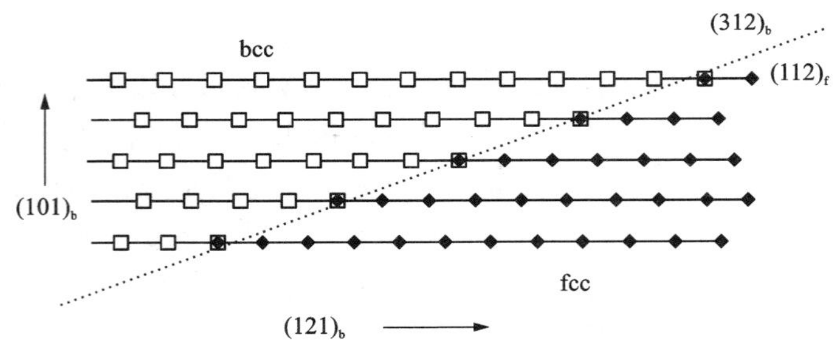

图 5 - 9　边 - 边匹配模型示意图

面(101)$_b$轻微旋转以保证原子列匹配[$\bar{1}01$]$_f$//[$\overline{11}1$]$_b$[49]

边 - 边匹配模型要求平行的原子列在大多数情况下都是两相中的柏氏矢量。根据不变线的性质[30]，正空间所有矢量的位移垂直倒空间不变线，当相关的柏氏矢量平行时，柏氏矢量的位移平行于柏氏矢量，因此柏氏矢量与倒空间不变线垂直，满足 O 线条件，因此边 - 边匹配模型实际上是 O 线模型柏氏矢量平行的一个特例[55]。Wu 等人[56]推导了柏氏矢量平行时 O 线的解析解，与边 - 边匹配模型的结果一致。边 – 边匹配模型成功解释了一些合金相变体系中观察到的惯习面[53, 54, 57]。除此之外，边 – 边匹配模型还被成功运用于预测蒸镀薄膜中的面织构、轻金属铸造用的晶粒细化剂等领域[9]。

利用边 – 边匹配模型求解晶体学特征的方法固然比较简单、直观，但也有一定的局限性：① 当两相晶格常数比无法满足“存在面间距相等的一对低指数晶面”这一条件时，只有特定体系中才能通过旋转找到严格满足晶格行匹配条件；②当沉淀相为板条状(lath)形貌时，其界面往往包含多个小刻面，运用边 – 边匹配模型仅能预测单一的惯习面，而无法对其他惯习面进行限定；③边 – 边匹配模型不能准确地描述界面的位错结构。

5.3　典型晶体学研究方法在 Cu – Ni – Si 合金中的应用[29]

前文所述的扩散型相变晶体学模型，都是以单质为沉淀相的 fcc/bcc 和 bcc/hcp体系为基础建立的，在前人的研究中也未见有 fcc/orthogonal 体系运用这些模型的报道。笔者在研究 Cu – Ni – Si 合金时，运用不变线理论和 O 点阵理论对析出相 $\delta - Ni_2Si$ 的形貌和取向关系进行了研究[29]。由于对象有别于传统的 fcc/bcc 或 bcc/hcp 体系，在研究过程中尝试拓展相变晶体学的应用范围，故在此做一简单介绍，以求抛砖引玉。

在本书第 3 章中曾介绍过：Cu – Ni – Si 合金时效过程中主要析出纳米级的 $\delta - Ni_2Si$沉淀相，其弥散分布于铜基体中，从而起到强化作用。$\delta - Ni_2Si$ 是一种具有正交结构的化合物，其在铜基体中以六个等价的盘片状变体沿 $\{110\}_{Cu}$ 面析出，它们与 Cu 基体的取向关系可统一表达为：$(001)_{\delta} // \{001\}_{Cu}$，$[100]_{\delta} // <110>_{Cu}$，$[010]_{\delta} // <110>_{Cu}$。

笔者在对 $\delta - Ni_2Si$ 的形核过程进行分析时发现[29]，$\delta - Ni_2Si$ 与 Cu 基体的原子位置基本保持一一对应关系。这一点与 fcc/bcc 体系中的 Bain 关系类似，区别在于 fcc/bcc 体系中，基体和析出相主轴方向上的应变是对称的，而 $\delta - Ni_2Si$ 属于正交晶系，其三个主轴方向的应变并不对称。因此，如何在特殊体系中寻找共同点成为解决问题的关键。在不变线模型中，两相密排面平行是一个基本假设。且由表 5 – 1 可知密排面和密排方向的对应性是两相稳定存在的基础条件，其中密排面平行优先于密排方向平行。然而在 fcc/orthogonal 体系中是否也存在这样的对应关系呢？在 $\delta - Ni_2Si$ 长大过程中是否会出现类似于 fcc/bcc 体系中的 N – W关系和 K – S 关系呢？即 $\delta - Ni_2Si$ 析出相与基体的密排面和密排方向是否平行？

5.3.1　fcc/orthogonal 体系中的密排对密排关系

由第 3 章可知，当以$[110]_{Cu}$方向为电子束入射方向时，析出相应有一个变体平行于膜面，且该变体的 a 轴平行于电子束。考虑到被基体包覆具有共格性的纳米级析出相的晶格常数会与自由状态不同，笔者采用内标法测定了 $\delta-Ni_2Si$ 晶格常数[$a=(0.708\pm0.005)$ nm，$b=(0.504\pm0.005)$ nm，$c=(0.364\pm0.005)$ nm]，并以此作为后续计算的根据。通过计算，可得出$[110]_{Cu}$带轴下 Cu 基体与平行于膜面的 $\delta-Ni_2Si$ 变体的面对应关系（见表 5－2）。可以看出，$(002)_{Cu}$与析出相的$(001)_\delta$ 面平行，而$(\bar{1}11)_{Cu}$和$(\bar{1}1\bar{1})_{Cu}$面分别与$(021)_\delta$ 和$(02\bar{1})_\delta$ 相差 0.56°。

表 5－2　$\delta-Ni_2Si$ 与 Cu 基体的对应关系

Cu 基体	析出相	
$(0\ 0\ 2)$	$(0\ 0\ 1)$	
$(0\ 0\ \bar{2})$	$(0\ 0\ 1)$	
$(1\ \bar{1}\ 1)$	$(0\ \overline{25.51}\ 13.45)$	与$(0\ \bar{2}\ 1)$差 0.56°
$(\bar{1}\ 1\ \bar{1})$	$(0\ 25.51\ \overline{13.45})$	与$(0\ 2\ \bar{1})$差 0.56°
$(\bar{1}\ 1\ 1)$	$(0\ 25.51\ 13.45)$	与$(0\ 2\ 1)$差 0.56°
$(1\ \bar{1}\ \bar{1})$	$(0\ \overline{25.51}\ \overline{13.45})$	与$(0\ \bar{2}\ \bar{1})$差 0.56

然而，在实验中沿$[110]_{Cu}$方向对盘面与样品膜面平行的 $\delta-Ni_2Si$ 相进行高分辨观察时，发现与表 5－2 所列并不相同，如图 5－10 所示。由图 5－10(b)中可以看出，基体的密排面$(\bar{1}11)_{Cu}$与析出相的$(021)_\delta$ 面完全重合，没有扭曲，即$(\bar{1}11)_{Cu}//(021)_\delta$。且由于两者的晶面间距几乎相等，$d_{(\bar{1}11)Cu}=0.2087$ nm，$d_{(021)\delta}=0.2072$ nm，两者之间的错配仅为 0.73%，因此也没有观察到应变。而图 5－10(c)和图 5－10(d)中出现了明显的畸变且能观察到少量的位错，表明各自所对应晶面并不平行。

这说明 Cu 基体的一个密排$(\bar{1}11)_{Cu}$面与 $\delta-Ni_2Si$ 相的$(021)_\delta$ 面平行。而$(021)_\delta$ 面是 $\delta-Ni_2Si$ 相最密排的两个面之一（另一个为$(301)_\delta$），且$(201)_\delta$ 面上的原子排布也与$(\bar{1}11)_{Cu}$面相似[29]。

上述实验结果和分析表明 $\delta-Ni_2Si$ 析出相与 Cu 基体间存在密排面对应性，即：两相密排面相互平行且面间距接近，密排面上的原子分布存在一一对应关系。同时，由于两相间存在密排面对应关系，所以我们可以对其取向关系进行修正，即：$(\bar{1}11)_{Cu}//(021)_\delta$，$[110]_{Cu}//[100]_\delta$。这一新的取向关系与传统的取向关系相差 0.56°。

5.3.2　$\delta-Ni_2Si$ 沉淀相形貌和位向关系的晶体学分析

既然 Cu 基体与 $\delta-Ni_2Si$ 间存在密排面相互平行的关系，那么就可以应用不

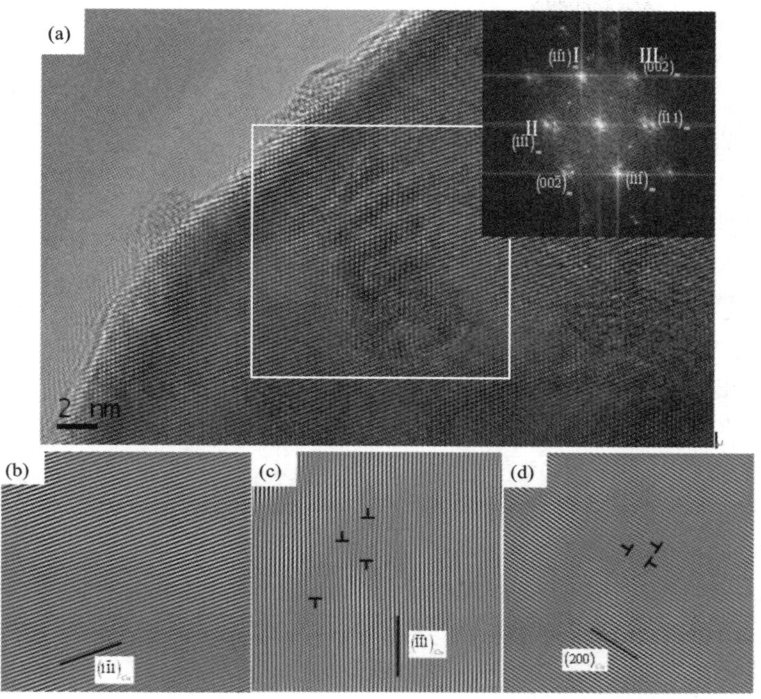

图 5-10　723 K 时效 16 h 后的一个 $\delta-Ni_2Si$ 粒子 HRTEM 像，带轴：$[110]_{Cu}$

变线应变模型对其相貌和取向关系进行预测和解释。这里采用了表象理论和三维不变线模型两种方法。

在这里，首先做了一个假设：由于 $\delta-Ni_2Si$ 晶胞中 Ni 原子和 Si 原子的位置多处于无理数位置，很难对其分析，所以我们假设 $\delta-Ni_2Si$ 晶胞中 Ni 原子和 Si 原子的位置处于平均位置上，忽略由于 Ni－Si 原子间作用力产生的原子位置偏移。

在此假设的基础上，根据表象理论的方法，我们首先认为两相间存在 Bain 对应应变；将析出相晶体绕两相密排面的交线旋转 0.56°，使基体与析出相的密排面相互平行；然后绘制出 Cu 基体与析出相密排面原子叠加示意图(图 5-11)。

从图中可以看出，在相对的两个密排面上存在两组平行方向：$[110]_{Cu}//[100]_{\delta}$，$[110]_{Cu}//[100]_{\delta}$。以这两个方向作为不变线模型中密排面上的主应变轴，计算可得两主轴应变分别为 8.8% 和 -0.006%（近似为 0）。因此，不需要进行第二步刚性旋转，我们便得到了 $\delta-Ni_2Si$ 的不变线——$x_{IL}=[1\bar{1}2]_{Cu}/[0\bar{1}2]_{\delta}$。这一点与 fcc/bcc 体系中的 N－W 关系类似。

同时，两相平行密排面的面间距非常接近，错配度仅为0.73%。因此，可以认为两相平行密排面的法线方向是一个小应变方向。至此，我们分别得到了不变线方向和一个与其垂直的小应变线方向，且这两个方向均躺在同一个$(110)_{Cu}$面上，而$(110)_{Cu}$面又对应盘状析出相的惯习面。这便是$\delta-Ni_2Si$析出相呈盘状形貌的原因。此时$\delta-Ni_2Si$析出相与Cu基体取向关系为$(\bar{1}11)_{Cu}//(021)_{\delta}$，$[110]_{Cu}//[100]_{\delta}$，类似于fcc/bcc体系中的N－W关系，即：两相密排面平行，密排方向不平行。

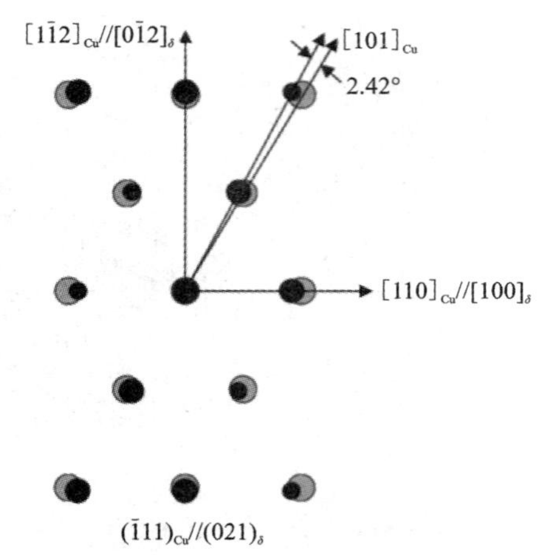

图5－11　$\delta-Ni_2Si$与Cu基体密排面叠加示意图

进而，笔者利用三维不变线模型进行了矩阵计算，从数学的角度对所得不变线进行验证，主要思路和过程如下：

(1)求解式(5－19)，得到相变矩阵A

与fcc/bcc体系中的Bain应变不同的是，本体系中的主应变发生在$\delta-Ni_2Si$晶胞主轴方向，且三个方向的应变不对称。因此，在选择Cu晶格的三个主轴作为参考坐标系时，首先利用Bain对应矩阵将$\delta-Ni_2Si$晶格中三个主轴方向的正应变转换到以Cu基体的坐标系中，从而求得Bain应变矩阵D_{Cu}：

$$D_{Cu}=B^{-1}D_{\delta}B \tag{5-26}$$

上式中的B为Bain对应矩阵，下标代表所选取的参考坐标系，计算得出：

$$D_{Cu}=\begin{bmatrix}0.950633 & -0.035209 & 0\\ -0.035209 & 0.950633 & 0\\ 0 & 0 & 1.006920\end{bmatrix} \tag{5-27}$$

Bain应变之后，还需绕$[110]_{Cu}$轴进行θ的刚性体旋转R，使得析出相和基体的密排面平行，旋转角为0.56°，可得：

$$R_{Cu}=\begin{bmatrix}0.999976 & 0.000024 & 0.006911\\ 0.000024 & 0.999976 & -0.006911\\ -0.006911 & 0.006911 & 0.999952\end{bmatrix} \tag{5-28}$$

将式(5－27)和式(5－28)代入式(5－19)，从而解得相变矩阵A：

$$A_{Cu}=R_{Cu}D_{Cu}=\begin{bmatrix}0.950610 & -0.035185 & 0.006959\\ -0.035185 & 0.950610 & 0.006959\\ -0.006813 & 0.006813 & 1.006870\end{bmatrix} \tag{5-29}$$

（2）验证 $A_{Cu}X_{IL}$是否等于 X_{IL}

根据不变线的定义，根据表象理论所得不变线 x_{IL}应满足式（5－15），将 $x_{IL}=[1\bar{1}2]_{Cu}$代入可得：

$$A_{Cu}X_{IL}=\begin{bmatrix}0.950610 & -0.035185 & 0.006959\\ -0.035185 & 0.950610 & 0.006959\\ -0.006813 & 0.006813 & 1.006870\end{bmatrix}\bullet\begin{bmatrix}1\\ -1\\ 2\end{bmatrix}_{Cu}=\begin{bmatrix}0.999712\\ -0.999712\\ 2.00011\end{bmatrix}_{Cu} \tag{5-30}$$

可见，通过表象理论得到的不变线矢量符合不变线的定义。

（3）求解相变矩阵 A_{Cu}的特征值和特征向量

对相变矩阵 A_{Cu}求解特征值和特征向量，可得：

$$x_1=\begin{bmatrix}0.395968\\ -0.395968\\ 0.828504\end{bmatrix},\ x_2=\begin{bmatrix}0.589683\\ -0.589683\\ 0.551859\end{bmatrix},\ x_3=\begin{bmatrix}0.707107\\ 0.707107\\ 0\end{bmatrix}$$

对应的特征值分别为：

$$\lambda_1=1.00036,\ \lambda_2=0.992307,\ \lambda_3=0.915425$$

其中，x_1 是三维不变线模型中的不变线。

计算可知 x_1 与 x_{IL}间的夹角为 1.22°，表明利用晶体学表象理论所得到的不变线与三维不变线模型计算的结果存在一定的差异。造成这一差异的原因可能是：①在三维不变线模型的计算中，应变矩阵 D_{Cu}中出现了切变分量；②A 矩阵的求解过程中未进行第二步刚性旋转操作；③此时 $\delta-Ni_2Si$ 与 Cu 基体间为类 N－W 关系，并不是最稳定的位向关系，在沉淀相进一步长大后有可能向类 K－S 关系转变。

尽管上述研究还存在一些不尽人如意的地方，但是运用表象理论结合不变线模型还是成功地预测了 fcc/orthogonal 体系中存在密排面相互平行这一关系，也成功地对 $\delta-Ni_2Si$ 的盘片状形貌进行了解释。可以说在扩展上述模型的适用范围方面，做了一些有益的尝试。

5.4　结束语

通过对上述几种经典相变晶体学模型的综述可以发现，每一个模型/理论都不是完美的，它们均可以在一定范围内解释实验现象，也都有各自的局限性。实验技术在不断地创新和发展，意味着有越来越多更准确的新数据和结果被发现，以检验这些理论和模型。我们一直在追求全面理解相变晶体学，并试图拥有提前预知其特性的能力。在这条路上，有两个挑战：当理论与实验并不完全吻合时，人们会不自觉地回避，而不去质疑；还没有一种真正普适的晶体学模型能够涵盖所有的相变类型(从位移型马氏体相变到扩散 - 位移型相变，再到纯粹的扩散型相变)。

尽管如此，我们还是能从上述模型中发现彼此之间存在一定的联系，例如：不变线模型和 O 线模型均由 O 点阵模型发展而来；近重合位置模型是以结构台阶模型为基础；O 线模型、近重合位置模型、结构台阶模型和边 - 边匹配模型中都有不变线存在。各模型的思路也不尽相同，各具特点，有的是从纯几何角度出发，有的以表象理论为基础，有的化繁为简从界面微区出发。

沉淀相变涉及的合金体系众多，沉淀相的种类和结构纷繁多样。在应用相变晶体学模型解决复杂体系中的沉淀相问题时，面临着比理想简单体系更多的困难，最终结果也不尽完美。然而这些困难和不完美的存在，正是模型/理论发展创新的动力。

期待有一天，能有一种相变晶体学理论可以将这些模型统一起来，并在各种复杂体系中成功应用。

参考文献

[1] Liang Q, Reynolds W T. Determining interphase boundary orientations from near - coincidence sites[J]. Metallurgical and Materials Transactions A, 1998, 29(8): 2059 - 2072.

[2] Wayman C M. Introduction to the crystallography of martensitic transformations[M]. New York: Macmillan, 1964.

[3] Wechsler M S, Lieberman D S, Read T A. On the Theory of the Formation of Martensite[J]. Trans. AIME, 1953, 197: 1503.

[4] Lieberman D S, Wechsler M S, Read T A. Cubic to Orthorhombic Diffusionless Phase Change - Experimental and Theoretical Studies of AuCd[J]. Journal of Applied Physics, 1955, 26(4): 473.

[5] Bowles J S, Mackenzie J K. The crystallography of martensite transformations I[J]. Acta Metallurgica, 1954, 2(1): 129 - 137.

[6] Mackenzie J K, Bowles J S. The crystallography of martensite transformations II[J]. Acta Metallurgica, 1954, 2(1): 138 - 147.

[7] Wayman C M. The phenomenological theory of martensite crystallography: Interrelationships[J]. Metallurgical and Materials Transactions A, 1994, 25(9): 1787 - 1795.

[8] 邓永瑞. 马氏体转变理论[M]. 北京：科学出版社，1993.
[9] Zhang M – X, Kelly P M. Crystallographic features of phase transformations in solids[J]. Progress in Materials Science, 2009, 54(8): 1101 – 1170.
[10] Bhadeshia H K D H. Worked examples in the Geometry of Crystals[M]. London: the Institute of Materials, 2001.
[11] Bowles J S, Mackenzie J K. The crystallography of the (225) F – transformation in steels[J]. Acta Metallurgica, 1962, 10(6): 625 – 636.
[12] Bowles J S, Morton A J. The shape strain in the (225) F martensite transformation[J]. Acta Metallurgica, 1964, 12(5): 629 – 640.
[13] Bollmann W. Crystal defects and crystalline interfaces[M]. New York: Springer, 1970.
[14] 张文征. O 点阵模型及其在界面位错计算中的应用[J]. 金属学报，2002，(08)：785 – 794.
[15] Bollmann W. Crystal defects and crystalline interfaces[M]. Geneva: 1982.
[16] Zhang W Z, Purdy G R. O – lattice analyses of interfacial misfit. I. General considerations[J]. Philosophical Magazine A (Physics of Condensed Matter, Defects and Mechanical Properties), 1993, 68(2): 279 – 290.
[17] Christian J W. The Theory of Transformations in Metals and Alloys [M]. New York: Pergamon, 2002.
[18] 孟杨. 双相不锈钢表层沉淀相的特征及相变晶体学研究[D]. 清华大学, 2010.
[19] Dahmen U. Orientation relationships in precipitation systems [J]. Acta Metallurgica, 1982, 30(1): 63 – 73.
[20] Dahmen U, Ferguson P, Westmacott K H. Invariant line strain and needle – precipitate growth directions in Fe – Cu[J]. Acta Metallurgica, 1984, 32(5): 803 – 810.
[21] Dahmen U. The role of the invariant line in the search for an optimum interphase boundary by O – lattice theory[J]. Scripta Metallurgica, 1981, 15(1): 77 – 81.
[22] Luo C P, Weatherly G C. The invariant line and precipitation in a Ni – 45 wt% Cr alloy[J]. Acta Metallurgica, 1987, 35(8): 1963 – 1972.
[23] Luo C P, Dahmen U, Westmacott K H. Morphology and crystallography of Cr precipitates in a Cu – 0.33 wt% Cr alloy[J]. Acta Metallurgica et Materialia, 1994, 42(6): 1923 – 1932.
[24] 罗承萍，肖晓玲，刘江文，et al. 不变线应变原理及其在相变晶体学研究中的应用[J]. 自然科学进展, 2000(03): 3 – 10.
[25] Luo C P, Weatherly G C. The interphase boundary structure of precipitates in a Ni – Cr alloy [J]. Philosophical Magazine A (Physics of Condensed Matter, Defects and Mechanical Properties), 1988, 58(3): 445 – 462.
[26] Fujii T, Nakazawa H, Kato M, et al. Crystallography and morphology of nanosized Cr particles in a Cu – 0.2% Cr alloy[J]. Acta Materialia, 2000, 48(5): 1033 – 1045.
[27] Hu T, Chen J H, Liu J Z, et al. The crystallographic and morphological evolution of the strengthening precipitates in Cu – Ni – Si alloys[J]. Acta Materialia, 2013, 61(4): 1210

-1219.

[28] 邱冬，张文征.沉淀相变晶体学模型的研究进展[J].金属学报，2006，(04)：341-349.

[29] 贾延琳.引线框架用 Cu-Ni-Si 系合金的制备及相关基础问题研究[D].中南大学，2013.

[30] Zhang W Z, Purdy G R. O-lattice analyses of interfacial misfit. II. Systems containing invariant lines[J]. Philosophical Magazine A (Physics of Condensed Matter, Defects and Mechanical Properties), 1993, 68(2): 291-303.

[31] Fujii T, Mori T, Kato M. Crystallography and morphology of needle-like α-Fe precipitate particles in a Cu matrix[J]. Acta Metallurgica et Materialia, 1992, 40(12): 3413-3420.

[32] Hall M G, Aaronson H I, Kinsma K R. The structure of nearly coherent fcc: bcc boundaries in a Cu+Cr alloy[J]. Surface Science, 1972, 31: 257-274.

[33] Hall M G, Rigsbee J M, Aaronson H I. Application of the "O" lattice calculation to f. c. c./b. c. c. interfaces[J]. Acta Metallurgica, 1986, 34(7): 1419-1431.

[34] Rigsbee J M, Aaronson H I. A computer modeling study of partially coherent f. c. c.: b. c. c. boundaries[J]. Acta Metallurgica, 1979, 27(3): 351-363.

[35] Weatherly G C, Humble P, Borland D. Precipitation in a Cu-0, 55 wt.% Cr alloy[J]. Acta Metallurgica, 1979, 27(12): 1815-1828.

[36] Weatherly G C, Zhang W Z. The invariant line and precipitate morphology in Fcc-Bcc systems [J]. Metallurgical and Materials Transactions A, 1994, 25(9): 1865-1874.

[37] Ye F, Zhang W Z, Qiu D. A TEM study of the habit plane structure of intragrainular proeutectoid α precipitates in a Ti-7.26 wt% Cr alloy [J]. Acta Materialia, 2004, 52(8): 2449-2460.

[38] Qiu D, Zhang W Z. A systematic study of irrational precipitation crystallography in fcc-bcc systems with an analytical O-line method [J]. Philosophical Magazine, 2003, 83(27): 3093-3116.

[39] Zhang W Z, Weatherly G C. A comparative study of the theory of the O-lattice and the phenomenological theory of martensite crystallography to phase transformations [J]. Acta Materialia, 1998, 46(6): 1837-1847.

[40] Russell K C, Hall M G, Kinsman K R, et al. The Nature of the Barrier to Growth at Partially Coherent FCC: BCC Boundaries[J]. Metallurgical Transactions, 1974, 5(6): 1503-1505.

[41] Furuhara T, Aaronson H I. Computer modeling of partially coherent B. C. C.: H. C. P. boundaries[J]. Acta Metallurgica et Materialia, 1991, 39(11): 2857-2872.

[42] Chen J K, Purdy G R, Weatherly G C, et al. Atomic arrangement and the formation of partially coherent interfaces in the Ti-V-N system[J]. Metallurgical and Materials Transactions A, 1998, 29(8): 2049-2058.

[43] Furuhara T, Wada K, Maki T. Atomic structure of interphase boundary enclosing bcc precipitate formed in fcc matrix in a Ni-Cr alloy[J]. Metallurgical and Materials Transactions A, 1995, 26(8): 1971-1978.

[44] Miyano N, Ameyama K, Weatherly G C. Three Dimensional Near – Coincidence Site Lattice Modeling of . ALPHA. /. BETA. Interface Boundary Structure in Two Phase Titanium Alloy[J]. Transactions of the Iron and Steel Institute of Japan, 2000, 40: S199 – S203.

[45] Hall M G, Furuhara T, Aaronson H I, et al. On misfit – compensating ledges/disconnections [J]. Acta Materialia, 2001, 49(17): 3487 – 3492.

[46] Miyano N, Ameyama K, Weatherly G C. HRTEM observation and atomic modeling of α/β interphase boundary in a Ti – 22V – 4Al alloy [M]. Sendai, JAPON: Japan Institute of Metals, 2002.

[47] Miyano N, Fujiwara H, Ameyama K, et al. Preferred orientation relationship of intra – and inter – granular precipitates in titanium alloys[J]. Materials Science and Engineering: A, 2002, 333(1 – 2): 85 – 91.

[48] Reynolds Jr W T, Nie J F, Zhang W Z, et al. Atomic structure of high – index α2: γm boundaries in a Ti – 46.54 at. % Al alloy[J]. Scripta Materialia, 2003, 49(5): 405 – 409.

[49] Kelly P M, Zhang M X. Edge – to – edge matching – a new approach to the morphology and crystallography of precipitates[J]. Materials Forum, 1999, 23: 41 – 62.

[50] Frank F C. Martensite[J]. Acta Metallurgica, 1953, 1(1): 15 – 21.

[51] Fecht H J. Geometric aspects of low energy metal – ceramic interphase boundaries[J]. Acta Metallurgica et Materialia, 1992, 40, Supplement: S39 – S44.

[52] Shiflet G J, Merwe J H. The role of structural ledges as misfit – compensating defects: fcc – bcc interphase boundaries [J]. Metallurgical and Materials Transactions A, 1994, 25 (9): 1895 – 1903.

[53] Zhang M X, Kelly P M. Edge – to – edge matching and its applications: Part I. Application to the simple HCP/BCC system[J]. Acta Materialia, 2005, 53(4): 1073 – 1084.

[54] Edge – to – edge matching and its applications: Part II. Application to Mg – Al, Mg – Y and Mg – Mn alloys[J]. Acta Materialia, 2005, 53(4): 1085 – 1096.

[55] Zhang W Z, Weatherly G C. On the crystallography of precipitation[J]. Progress in Materials Science, 2005, 50(2): 181 – 292.

[56] Wu J, Zhang W Z, Gu X F. A two – dimensional analytical approach for phase transformations involving an invariant line strain[J]. Acta Materialia, 2009, 57(3): 635 – 645.

[57] Zhang M X, Kelly P M. Edge – to – edge matching model for predicting orientation relationships and habit planes—the improvements[J]. Scripta Materialia, 2005, 52(10): 963 – 968.

贾延琳　汪明朴

第 6 章　$Cu-Al_2O_3$ 弥散强化铜合金

6.1　引言

弥散强化铜合金是一类具有优良综合物理性能和力学性能的新型结构功能材料，它兼具高强高导性能和良好的抗高温软化能力[1~3]。其弥散强化相粒子多为熔点高、高温稳定性好、硬度高的氧化物、硼化物、氮化物、碳化物。这些弥散相粒子以纳米级尺寸均匀弥散分布于铜基体内，在接近于铜基体熔点的高温下也不会溶解或粗化，因此可以有效地阻碍位错运动和晶界滑移，提高合金的室温和高温强度，同时又不明显降低合金的导电性[4~6]，且耐磨耐蚀性也较高[7]。弥散强化铜合金的出现不仅丰富了铜合金的种类，而且扩大了其使用的温度范围，其在接近于铜熔点的温度下退火也不产生明显的软化。在欧美等发达国家，弥散强化铜合金已成为先进的微波雷达制导监控和拦截系统大功率微波通讯干扰系统和大功率微波杀伤系统等的关键材料。另外，还广泛应用于大规模集成电路引线框架、电阻焊电极、灯丝引线、电触头材料、连铸机结晶器、核聚变系统中的热沉材料、火箭发动机燃烧室衬套、先进飞行器的机翼或叶片前缘等[8]。

金属的弥散强化最早是由通用电器公司(General Electric Co.)的 Coolidge 和 Fink[9]于 20 世纪初在开发白炽灯用的塑性钨时提出来的。细小的 ThO_2 粒子弥散分布于钨基体中，ThO_2 粒子的存在阻碍了高温时晶粒的长大，提高了灯丝的使用寿命。这种弥散强化塑性钨材料是通过化学方法获得的，即 WO_3 在 $Th(NO_3)_4$ 溶液中处理后，再加热该混合溶液使 $Th(NO_3)_4$ 分解为 ThO_2，WO_3 随后在氢气中还原为 W。1946 年 Irman[10]利用 Al 的表面氧化和机械球磨方法制备了弥散强化烧结铝制品(SAP)，SAP 的开发刺激了镍基、铜基、钛基弥散强化材料的迅速发展。一个重要的突破是 20 世纪 50 年代晚期杜邦公司的 Alexander 等人利用化学共沉淀法 + 热还原法开发出了 $Ni-ThO_2$ 材料。与此同时，International Nickel 公司的 Benjamin[11]用机械合金化法制备了弥散强化镍基超合金。利用此法生产的一个代表性合金是 $Ni-20Cr-0.3Al-0.5Ti-0.6Y_2O_3$。这种方法使稳定的氧化物粒子和其他金属间化合物粒子的耦合强化效应成为可能。由于弥散强化法既给铜基体提供了优异的高温强度又不牺牲它的高导电导热性，20 世纪 50 年代和 60 年代弥散强化铜合金的研制引起了人们极大的关注。当时常见的制备方法有机械混合法、共沉淀法、硝酸盐熔融法、内氧化法等[4]，然而前三种方法制备的弥散强化铜合金相对于常规的析出强化型铜合金的性能提高幅度不大，当时人们也对内氧化法进行了大量的研究。Rhines[12] 和 Meijering[13] 等人对内氧化法进行了改进，使弥散强化铜合金的性能大大提高。而 Preston[14]、Mcdonald[15] 等人的研究工作则生动地展示了 Cu－Al、Cu－Be、Cu－Si 等固溶体的内氧化可以制备出最好的弥散强化铜合金。它们的室温和高温强度均远远高于前文提到的其他方法生产的合金。1973 年，美国 SCM 金属制品公司找到了操作简便、易于控制且经济实惠的供氧工艺，率先将其产业化并成功生产出了 C15715、C15710 两种内氧化法制备的弥散强化铜合金(其性能见表 6－1)，并用作点焊电极。此后弥散强化铜合金的制备新方法不断涌现，合金体系不断扩大，工艺不断简化，合金性能也有所改善。现将其主要的制备方法概述如下。

表 6－1　C15715 和 C15710 合金的性能

牌号	Al_2O_3 含量/%	电导率/%IACS	硬度/HRB	熔点/℃	软化温度/℃
C15715	0.3	92	76	1083	930
C15760	1.1	77	83	1083	930

(1)内氧化法(Internal Oxidation)

由于 Al_2O_3 等陶瓷粒子与铜熔体的润湿性很差，而且二者的比重相差较大，细小的陶瓷粒子易产生偏析和聚集，因此用传统的熔铸法制备这种材料较为困难。采用内氧化法获得的 Al_2O_3 粒子尺寸细小，仅为 10～20 nm，而且分布均匀，制备的 Cu－Al_2O_3 合金综合性能优异[16～18]。其具体制备工艺如下：将成分合适的 Cu－Al 合金熔炼后，气体雾化喷粉，再与适量的氧化剂混合，在密闭容器中加热进行内氧化，溶质元素 Al 被表面扩散渗入的氧优先氧化生成 Al_2O_3，随后将复合粉末在氢气中还原，除去残余的 Cu_2O，然后将粉末包套、抽真空、挤压或热锻成形，大型坯材的致密化则可通过热等静压来完成。

然而，用内氧化法制备的弥散强化铜合金在成形固化技术上仍存在较大的问题。由于氧化铝对铜粉的烧结有很强的抑制作用，提高了基体铜的扩散起始位能，使体积扩散难以启动，阻碍了粉末颗粒间烧结颈处的空位流动，延缓了烧结颈的长大[19]，因此采用简单的烧结工艺不能真正达到全致密化全冶金化结合。另外，由于内氧化法制备的复合粉末，在制备过程中易产生溶质的逆扩散，氧化物倾向于在粉末表面集中析出，使烧结性能进一步恶化。因此，必须对烧结坯进行热挤压，以便将粉末颗粒表面的氧化物膜崩裂，促进粉末颗粒的冶金化结合，这样得到的制品在组织、甚至在力学性能等方面都明显增强，但制品的尺寸和形状受到很大限制。在溶质元素含量较高的情况下，由于溶质元素的逆扩散，使得

Al_2O_3 粒子在粉末表面富集，给氧的扩散造成了障碍，因此这种方法仅能生产含弥散相极少的弥散复合材料（比如铜中 Al_2O_3 含量在 1.1% 以下），而且材料或产品的合格率低。同时内氧化工艺操作复杂，周期长，导致生产成本太高，生产过程中影响因素又太多，产品质量难于控制，且不能进行连续机械化作业，故难于实现自动化、规模化连续生产（尤其是气密封装过程），这些问题极大地阻碍了内氧化技术的推广应用[20]。尽管如此，但内氧化法仍是弥散强化铜合金生产的主要方法。

（2）机械合金化法（Mechanical Alloying）

机械合金化是一种用固态粉末直接形成合金的一种方法，它对制备以陶瓷或金属间化合物作弥散粒子的弥散强化材料有很好的效果，制备材料时不受相图规律支配，可以较自由地选择合金或弥散相，大大拓宽了弥散相的选择范围。因此其在商业化生产弥散 Ni、Fe、Al 基合金方面获得了巨大成功。Schroth 和 Franetovich（1989）[21]利用 MA 法制备了尺寸为 20 ~ 50 nm；间距为 100nm 级的均匀弥散分布的 Cu - 2% ZrO_2（体积分数）合金。Morris 和 Morris（1989）[22]利用 MA 法制备了尺寸为 10 ~ 15 nm，间距为 72 ~ 94 nm 的 Cu - CrB_2和 Cu - TiB_2合金。师冈利政等人[23]和 ME Yuasa[24]等人利用反应球磨法制备出了 TiB_2/Cu 和 Al_2O_3/Cu 复合材料。

机械合金化法还可以与其他工艺技术如化学反应等结合来制备弥散强化铜合金，也称之为“反应球磨”。文献[25，26]利用这一思想，先把 Cu 粉部分氧化，然后再与 Al 粉混合进行机械合金化，此时 CuO（或 Cu_2O）就会与 Al 粉发生反应，原位合成 $A1_2O_3$强化粒子。由于 CuO 与 Al 之间发生反应时会放出大量热，会进一步引起 CuO 与 Al 粉之间的自蔓延，结果生成的 $A1_2O_3$粒子尺寸较大，直径可达 5 ~ 50 μm。为避免 CuO 与 Al 之间的自蔓延，文献[27]采用如下方法：首先将高能球磨 Cu 粉与 Al 粉制备成 Cu（Al）固溶体或 Cu - Al 金属间化合物，然后再把机械球磨所得的 Cu - Al 合金粉与一定量的 CuO 粉混合球磨，由于 Cu - Al 合金粉与 CuO 粉间反应速率低于 CuO 粉与 Al 粉间的反应速率，因此在 Cu 基体内合成了纳米Al_2O_3粒子。机械合金化过程中的自维持反应，已成为近年来材料研究的一个热点。

机械合金化反应球磨制备的合金中，氧化物弥散相的尺寸仍然较大（10 ~ 30 nm），而商业上获得的内氧化法制备的 Cu - Al_2O_3 合金（如 Glidcop alloy），Al_2O_3 尺寸一般为 10 nm 左右。Takahashi 等人[28]通过添加过渡族元素 Ti，使 Cu - Al - Ti 合金中 Al_2O_3 粒子得到了进一步细化，虽然对这种再细化的机理还没有更深入的研究，但 Daneliya 等人[29]认为 TiO_2在 Al_2O_3 和基体界面的析出是氧化物再细化的原因，Ti 原子吸附在正在长大的 Al_2O_3 晶核表面，二者同时对氧的争夺使形成的氧化物尺寸减小。

机械合金化法也存在明显的缺点，就是在机械球磨过程中易混入 Fe、Cr 等杂质元素。如果球磨过程中不能将这些杂质元素生成氧化物，则这些 Fe，Cr 杂质会大大降低合金的导电性能。遗憾的是，许多利用此法制备的弥散强化铜合金虽然都有较高的力学性能数据，但极少有关于其导电性能数据的报道。

(3)喷射沉积法(Spray Deposition)

喷射沉积技术最初是由 Singer 开发，后由 Osprey Metals 公司投入生产应用，因此又称 OSprey™技术。它是在雾化器内将陶瓷粒子与金属熔体相混合，随后被雾化喷射到水冷基底上。而反应喷射沉积法是一种新型的快速凝固工艺，它综合了粉末冶金和搅拌铸造的优点，克服了复合材料制品基体含氧量大、界面反应严重等缺点。其工艺流程为[30]：Cu - Al 预合金的熔炼→喷射沉积→沉积坯挤压或拉拔成型。喷射过程中用含氧气的氮气进行保护并利用氮气中的氧使 Al 择优氧化生成氧化铝增强颗粒，在基底上沉积冷却形成氧化铝弥散强化铜复合材料。

(4)复合电沉积法[31]

该法是将镀液中的氧化铝微粒与基体金属铜共沉积到阴极表面形成复合镀层。其工艺为：颗粒预处理→镀液配制→颗粒加入镀液→搅拌并电沉积→真空热压烧结→复合材料。但颗粒在镀液中的均匀稳定悬浮不易控制，制品中 Al_2O_3 含量和复合材料制品尺寸大小受到限制。

(5)真空混合铸造法

该法是由日本的 K Chikawa 和 M Achikita [32]根据传统的搅拌法发展而来，它是将尺寸为 0.68 ~ 2 μm 的氧化物和金属陶瓷颗粒在真空下与 99.99% 的纯铜熔体混合，并机械搅拌，使陶瓷颗粒分散均匀，并打碎凝固时出现的树枝晶，用该法制得的铜基复合材料，颗粒分布均匀。

由于弥散强化铜合金在机电、电子、宇航和原子能等高科技领域应用前景广阔，正日益受到世界各国的重视，并纷纷引导、支持材料工作者对其制备技术和基础理论展开研究。国外对内氧化法的研究在 20 世纪 50 年代后就开始进入实用阶段，70 年代美国已成功地应用内氧化法进行工业化生产。目前美国、俄国、英国、日本等国弥散强化铜合金的生产已有相当的工业规模，并制定了相应的产品标准。但该产品仍被列为专利产品，生产工艺仍然保密。

我国对此类材料的研究起步较晚，20 世纪 70 年代才开始正式立项，由洛阳铜加工厂和中南矿冶学院合作研究，到 80 年代末 90 年代初才有天津大学、大连铁道学院、河北工业大学、沈阳工业大学等单位对该类材料的研究报道。至 90 年代国内仅建立了一条小规模的中试线，但一直处于试制阶段而未正式投产，生产的弥散强化铜合金材料在烧氢膨胀性、气密性、钎焊性等方面都不能尽如人意，产品成品率低，各项性能指标均有待进一步改善。

6.2 内氧化热力学与动力学[47]

内氧化热力学与动力学严重影响合金中弥散强化相的物相、尺寸、形貌、分布等，因此深入研究和理解 $Cu-Al_2O_3$ 弥散强化铜合金内氧化的热力学与动力学过程具有非常重要的意义。

6.2.1 Cu – Al 合金内氧化热力学

当合金 A – B 在氧化性气氛中加热时，如果两种元素的化学活性(电负性)差别较大，通过合理选择气氛的氧分压，就可能发生选择性氧化。如果氧在合金中的溶解度较大，且扩散系数又很大，氧化物质点将弥散分布于合金内部，这就是所谓的内氧化。

从内氧化的定义，不难得到一个二元合金体系发生内氧化的必要条件[33]：①溶质元素 B 与氧的亲和力要显著大于溶剂元素(或基体)A；②氧在基体金属 A 中的扩散系数 $D_O \gg$ 溶质 B 在 A 中的扩散系数 D_B；③氧在基体金属 A 中具有一定的溶解度 C_O；④一定的氧分压。条件①保证了 B 的优先氧化，条件②和③则保证溶质原子 B 在氧化时位移很小，即 B 基本上是在固溶体中原位反应。因为 B 原子的扩散程度决定着氧化物析出相粒子的大小和分布，B 原子扩散距离越短，氧化物粒子越细小，其分布也越均匀，发生外氧化的可能性也越小。

Cu – Al 合金粉末的内氧化从热力学上讲是 Al 的优先氧化(基体 Cu 不氧化)，合理控制内氧化的温度和氧分压 p_{O_2} 是内氧化成功与否的关键。下面将首先讨论内氧化热力学。内氧化过程中可能发生的相关的化学反应如下：

$$Cu_2O + 1/2O_2 = 2CuO_{(s)}, \quad \Delta G_1^{\ominus} = -141410 + 110.27T \tag{6-1}$$

$$Cu + 1/2O_2 = CuO_{(s)}, \quad \Delta G_2^{\ominus} = -155850 + 93.63T \tag{6-2}$$

$$2Cu_{(s)} + 1/2O_2 = Cu_2O_{(s)}, \quad \Delta G_3^{\ominus} = -170290 + 75.81T \tag{6-3}$$

$$2Al_{(s)} + 3/2O_2 = Al_2O_3, \quad \Delta G_4^{\ominus} = -1675270 + 313.26T \tag{6-4}$$

$$Cu + 1/2O_2 + Al_2O_3 = CuAl_2O_4, \quad \Delta G_5^{\ominus} = -272000 + 83.5T \tag{6-5}$$

$$3Cu_2O + 2Al_{(s)} = Al_2O_3 + 6Cu, \quad \Delta G_6^{\ominus} = -1164400 + 85.83T \tag{6-6}$$

上述化学反应过程中体系的吉布斯自由能变化如下：

$$\Delta G = \Delta G^{\ominus} + RT\ln Q \tag{6-7}$$

式中：Q 为化学反应的浓度积，达到化学平衡时 $\Delta G = 0$，即

$$\Delta G^{\ominus} = -RT\ln Q = -2.303R\lg Q \tag{6-8}$$

其中，$Q = 1/(p_{O_2}/p^{\ominus})^m$，$p^{\ominus} = 101325$ Pa，m 为氧在方程中的配平系数。

由式(6-8)可导出式(6-1)～式(6-5)氧分压的计算公式，分别为：

$$\lg p_{O_2} = -14771/T + 16.52 \tag{6-9}$$

$$\lg p_{O_2} = -16279/T + 14.78 \tag{6-10}$$

$$\lg p_{O_2} = -17788/T + 12.92 \tag{6-11}$$

$$\lg p_{O_2} = -58329/T + 15.91 \tag{6-12}$$

$$\lg p_{O_2} = -28412/T + 13.72 \tag{6-13}$$

据此可作出 Cu－Al 合金氧化的热力学条件区位图(图6－1)。由图6－1可以看出，Al 择优氧化的 p_{O_2} 可以由一个上限值和一个下限值确定，其中有一个较大的氧分压范围，这为合理利用温度控制内氧化的氧分压提供了有利条件。当氧分压高于该温度下的上限值时(图6－1中的曲线 F，如忽略反应式(6－5)，则其上限值应为曲线 D)，Cu 可能氧化，这应当予以避免，但实际控制起来较难，因为其上限氧分压要求较低(900℃时为 3.15×10^{-11} Pa)；当氧分压过低时(下限值为图6－1中的曲线 E)，则 Al 的内氧化的动力不足，Al 的浓度高时还容易发生 Al 的逆扩散，从而导致 Al 的外氧化。因此氧分压应控制在上限以下的较小区域内。内氧化的下限氧分压是一个极小的值，在内氧化控制中无实际作用。另外从图6－1中数据可以看出，提高内氧化温度，其上限值显著增加。如900℃和950℃时氧的临界分压 p_{O_2} 分别达 5.69×10^{-3} Pa，8.85×10^{-2} Pa，此 p_{O_2} 值可以较容易满足，控制难度大大降低。

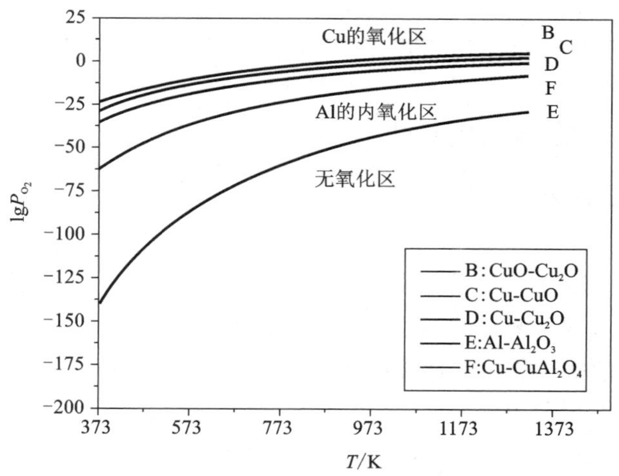

图6－1　Cu－Al 合金内氧化热力学条件区位图

采用 Cu_2O 粉末封装供氧，能避免氧分压的复杂控制，氧分压可随温度的波动而自动升高或降低，最大限度地发挥 Cu_2O 粉末的供氧潜力，以确保最大量的氧扩散到母体金属中从而避免了母体金属的氧化。而用 N_2+O_2 作供氧介质时，虽无需封装，但介质中氧分压的调节必须与温度匹配，超低氧分压的精确控制很难实现，因此在一定温度下为了防止铜的氧化，实际介质氧分压还要小于上限值，同时 N_2 又占据了大部分的吸附位置，所以内氧化进行得很慢。

表 6－2　不同温度下 CuO、Cu_2O 和 Al_2O_3 形成（或分解）的临界氧分压

温度/K	临界 p_{O_2}/Pa			
	CuO	Cu_2O	$CuAl_2O_4$	Al_2O_3
473	2.39×10^{-20}	2.06×10^{-25}	4.49×10^{-47}	3.92×10^{-108}
573	2.34×10^{-14}	7.52×10^{-19}	1.37×10^{-36}	1.30×10^{-86}
673	3.90×10^{-10}	3.08×10^{-20}	3.18×10^{-29}	1.74×10^{-71}
773	5.25×10^{-7}	8.10×10^{-11}	9.22×10^{-24}	2.83×10^{-60}
873	1.36×10^{-4}	3.50×10^{-8}	1.50×10^{-19}	1.25×10^{-51}
973	1.12×10^{-2}	4.35×10^{-6}	3.31×10^{-16}	9.17×10^{-45}
1073	4.06×10^{-1}	2.20×10^{-4}	1.74×10^{-13}	3.54×10^{-39}
1173	7.98	5.69×10^{-3}	3.15×10^{-11}	1.53×10^{-34}
1273	9.82×10	8.85×10^{-2}	2.52×10^{-9}	1.23×10^{-30}
1323	2.99×10^{2}	2.98×10^{-1}	1.76×10^{-8}	6.63×10^{-29}

6.2.2　Cu－Al 合金的内氧化动力学

Cu－Al 合金内氧化不仅是一个热力学过程，而且是一个动力学过程。粉末完全内氧化的时间、内氧化物 Al_2O_3 的形状、大小和分布等都与内氧化动力学有关，因此深入研究内氧化动力学具有十分重要的意义。下面我们以一定厚度的片条状 Cu－Al 合金为例来讨论内氧化动力学行为。

6.2.2.1　内氧化前锋的迁移速度

（1）扩散方程的建立

当合金完全暴露于含氧的环境中，溶解的氧（以 A 表示）从相界面（$x=0$）扩散进入合金，并与合金中的溶质 Al（以 B 表示）反应形成不溶的氧化物 Al_2O_3（$2Al+3/2O_2=Al_2O_3$）。由于反应，A 和 B 分别形成了浓度梯度。氧的扩散是从 x 方向进行，$a(x, t)$ 为氧在合金中扩散时的浓度，$b(x, t)$ 为溶质 Al 在合金中扩散时的浓度。

假设 A、B 的扩散系数 D_A、D_B 不受析出的氧化物及 A、B 的浓度变化的影响，那么根据菲克第二定律[34]，我们可以写出它们在合金中的扩散方程：

$$\frac{\partial a}{\partial t}=D_A\frac{\partial^2 a}{\partial x^2} \tag{6-14a}$$

$$\frac{\partial b}{\partial t}=D_B\frac{\partial^2 b}{\partial x^2} \tag{6-14b}$$

方程的初始和边界条件为：

$$a=\begin{cases}a_0 & (\text{当 } x=0 \text{ 时});\\ 0 & (\text{当 } x>0 \text{ 时});\end{cases}\qquad b=\begin{cases}0 & (\text{当 } x<0 \text{ 时});\\ b_0 & (\text{当 } x\geqslant 0 \text{ 时});\end{cases}$$

结束时：　$a=a_0$　(当 $x=0$ 时)，　$b=b_0$　(当 $x=\infty$ 时)　(6-15)

假如氧化前锋的扩散深度 $\xi(t)$ 与扩散时间关系遵循下式[35]：

$$\xi=2D_A^{1/2}\gamma t^{1/2} \tag{6-16}$$

式中：γ 为一常量。此时氧化物析出的浓度值为：

$$a(\xi)=a_m \tag{6-17a}$$

$$b(\xi)=b_m \tag{6-17b}$$

式中：$a_m^{3/2}b_m^2$ 为氧化物析出时的临界浓度积(即此时形核发生)。

那么根据式(6-14a)和式(6-14b)可以写出 $a(x,t)$ 和 $b(x,t)$ 的通解：

$$a(x,t)=a_0-\frac{(a_0-a_m)}{\mathrm{erf}\gamma}\mathrm{erf}\left(\frac{x}{2D_A^{1/2}t^{1/2}}\right)\qquad \text{当 } x\leqslant\xi(t)\text{ 时}; \tag{6-18a}$$

$$b(x,t)=b_0-\frac{(b_0-b_m)}{\mathrm{erfc}(\theta^{1/2}\gamma)}\mathrm{erfc}\left(\frac{x}{2D_B^{1/2}t^{1/2}}\right)\qquad \text{当 } x\geqslant\xi(t)\text{ 时}; \tag{6-18b}$$

其中：$\theta=D_A/D_B$，θ 为 A 和 B 在合金中的扩散系数比值(D_A/D_B)；erfc( )与 erf( )为误差函数及余误差函数，二者的关系为：erfc( ) = 1 - erf( )。

(2)析出前后内氧化前锋附近浓度梯度的变化

图 6-2 中示出了内氧化前锋附近浓度梯度在析出前后的变化情况。图中 X 为内氧化前锋的位置，X'为内氧化物析出的位置。a_0 为合金相界面溶解氧的浓度(即氧的初始浓度)，b_0 为 B 的初始浓度，a'、b'分别为 A 和 B 在 X'处的饱和浓度。图 6-2(a)表示析出时 X'位置开始的浓度变化情况。在位置 X'，B 的浓度值 $b=b(x')$，氧的浓度 $a=a(x')$，它在 X'处析出的条件是：

$$a'^{3/2}b'^2=LP$$

式中：LP 为与氧化物析出时相关的浓度积。而在 X 位置时浓度积达到最大 $a_m^{3/2}b_m^2$(临界浓度积)。

随后析出开始，图 6-2(b)表示析出时初始阶段浓度变化情况：由于析出物形核，A 和 B 的浓度瞬间发生陡然变化，但 B 的浓度仍然保持较高的水平，而氧(A)的浓度开始下降，浓度梯度增大。B 剩余浓度的进一步变化示于图 6-2(c)。由于氧的不断渗入，氧不会完全被析出物消耗掉，其浓度 $a(x)$ 又重新上升，并使内氧化前锋不连续地继续向前推移，然后又回到图 6-2(a)的情形，新的氧化物又重新发育形成胚芽，周而复始进行下去。

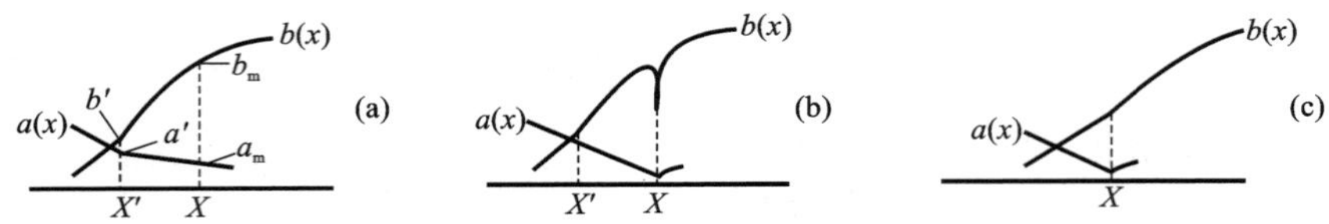

图 6－2　氧化前锋附近浓度梯度在氧化物析出前后的变化示意图[36]

(a)析出前；(b)析出时；(c)析出后

(3) 内氧化前锋的迁移速度

根据以上所述，我们可以推导出内氧化前锋(单位界面)以步长 $\Delta X = X - X'$ 向前移动的方程式。当扩散达到稳定时，单位时间 Δt 内从 X'位置扩散入体积元 ΔX 的氧量$\left(\approx -D_A \frac{\partial a}{\partial x}\bigg|_{X'} \Delta t\right)$应等于单位时间 Δt 内从 X 位置扩散入体积元的 Al 所消耗的氧量$\left(\approx 1.5 D_B \frac{\partial b}{\partial x}\bigg|_{X} \Delta t\right)$及 ΔX 内残余(即析出终止时)的 Al 消耗的氧量($\approx 1.5(b_m - b')\Delta X$)之和，因此可建立如下等式：

$$-D_A \frac{\partial a}{\partial x}\bigg|_{X'} \Delta t = 1.5(b_m - b')\Delta X + 1.5 D_B \frac{\partial b}{\partial x}\bigg|_{X} \Delta t \qquad (6-19)$$

由于 $a' - a_m < b_m - b'$，为简化运算，在上式中我们忽略$(a' - a_m)\Delta X$ 这一项。由式(6－18a)和式(6－18b)可以得到：

$$\frac{\partial a}{\partial x}\bigg|_{X'} = -\frac{a_0 - a_m}{\mathrm{erf}\gamma}\exp(-\gamma^2)\frac{2\gamma}{\pi^{1/2}X'} \qquad (6-20a)$$

$$\frac{\partial b}{\partial x}\bigg|_{X} = -\frac{b_0 - b_m}{\mathrm{erfc}(\theta^{1/2}\gamma)}\exp(-\theta\gamma^2)\frac{2\theta^{1/2}\gamma}{\pi^{1/2}X} \qquad (6-20b)$$

在一般情况下，当内氧化动力学是由合金元素 B 的向外扩散的速率和氧(A)向内扩散的速率共同决定时，会有下式成立[35]：

$$D_A/D_B \ll a_0/b_0 \ll 1 \qquad (6-21a)$$

$$\gamma \ll 1 \quad 且 \quad \theta^{1/2}\gamma \gg 1 \qquad (6-21b)$$

$$a_m \ll a_0 \qquad (6-22)$$

可以将式(6－20a)和式(6－20b)简化为：

$$\frac{\partial a}{\partial x}\bigg|_{X'} = -\frac{a_0}{X'} \qquad (6-23a)$$

$$\frac{\partial b}{\partial x}\bigg|_{X} = 2\theta\gamma^2 \frac{b_0 - b_m}{X} \qquad (6-23b)$$

根据式(6－21a)和式(6－21b)，我们可以得到：

$$D_A \frac{a_0}{X}\Delta t = 1.5(b_m - b')\Delta X + 3D_A\gamma^2 \frac{b_0 - b_m}{X}\Delta t \tag{6-24a}$$

式(6－24a)两边均除以 Δt，可以得到：

$$D_A \frac{a_0}{X} = 1.5(b_m - b')\frac{\Delta X}{\Delta t} + 3D_A\gamma^2 \frac{b_0 - b_m}{X} \tag{6-24b}$$

而根据式(6－16)，并对其进行偏微分求导(dx/dt)，我们可得：

$$\frac{\Delta X}{\Delta t} = D_A^{1/2}\gamma t^{-1/2} = \frac{2D_A\gamma^2}{X} \tag{6-25a}$$

将式(6－25a)代入式(6－24b)，于是可得前面各条件方程中的系数 γ 的表达式：

$$\gamma^2 = \frac{a_0}{3(b_0 - b')} \tag{6-25b}$$

在式(6－25a)的计算中我们假定 $X \approx X'$，并且氧化前锋的扩散深度 $\xi(t)$ 与扩散时间的关系式仅仅是推测的。最后我们得出片条状样品内氧化前锋的迁移速率方程如下：

$$\frac{\Delta X}{\Delta t} = D_A^{1/2}\sqrt{\frac{a_0}{3(b_0 - b')}} \cdot t^{-1/2} \tag{6-26}$$

6.2.2.2　球状粉末颗粒的内氧化简化模型

以上我们讨论了片条状 Cu－Al 合金内氧化动力学的一般情况，但计算稍显复杂，且不完全适合于 Cu－Al 合金粉末。下面我们将对其进行适当地简化。

在下列的分析中，不考虑由内氧化物 Al_2O_3 形成造成的局部体积膨胀；不考虑氧的侧向扩散和逆扩散。并假设氧在各处如粉末表面、内氧化物 Al_2O_3/铜基体界面、铜基体中的溶解度都一样；氧在界面处和在合金中的浓度梯度相同，且从粉末颗粒表面到内氧化前锋的浓度梯度保持不变(如图6－3所示)；Cu－Al 合金的内氧化过程为扩散控制过程。

根据反应扩散原理，当扩散达到稳态时，单位时间 dt 内内氧化前锋体积元 A_2dx内的氧扩散流入量应等于该体积元内 Al 氧化反应消耗的氧量，因此可建立如下等式：

$$\frac{(C_O^{(s)} - C_O)}{\xi} D_O A_1 \mathrm{d}t = 1.5 C_{Al} A_2 \mathrm{d}x \tag{6-27}$$

式中，$C_O^{(s)}$ 为合金粉末表面的氧浓度，C_O是内氧化前锋的氧浓度，C_{Al}为合金内的 Al 的浓度，x 为粉末颗粒表面至内氧化前锋的距离，A_1和 A_2分别是半径为 R 的粉末颗粒球面和半径为($R-x$)的球冠所对应的面积。由于 $C_O^{(s)} \gg C_O$，可认为 $C_O^{(s)} - C_O \approx C_O^{(s)}$，经移项整理，两边积分得：

$$\int_0^t \frac{C_O^{(s)}}{1.5C_{Al}} D_O R^2 \mathrm{d}t = \int_0^x x(R-x)^2 \mathrm{d}x \tag{6-28}$$

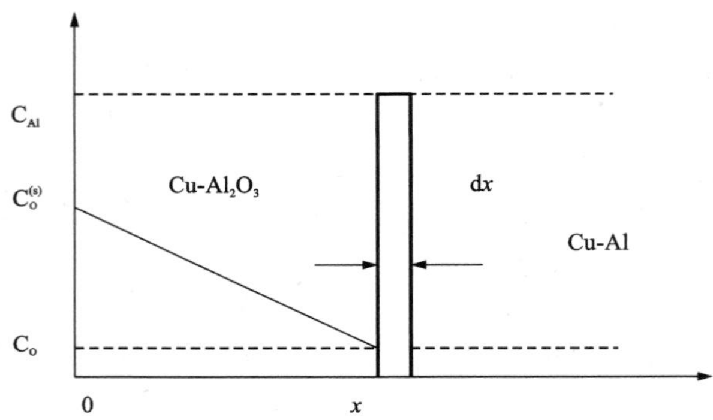

图 6-3　Al 和 O_2 浓度在内氧化前锋附近的变化

对于几何形状为球体的粉末颗粒，扩散的基本微分方程为：

$$dm/dt = 4\pi D_O r^2 \frac{\partial C}{\partial r} \tag{6-29}$$

式中：dm/dt 为流入球状颗粒的瞬时氧量（g－atom /s，g－atom 等于 mol），D_O 为氧的扩散系数（cm^2/s），$\partial C/\partial r$ 为氧的径向浓度梯度（g－atom/cm^4）。如果球体的半径为 r_1，未反应的心部半径位 r_2，则内氧化的边界条件为：

当 $r = r_1$ 时，$C = C_O$，当 $r = r_2$ 时，$C = 0$

如果氧的径向浓度梯度为稳态梯度，则由文献[36～38]可知：

$$\left(\frac{dm}{dt}\right)_{ss} = 4\pi D_O \frac{r_1 r_2}{r_1 - r_2} C_O \tag{6-30}$$

为方便起见，将氧在铜中的溶解度 C_O（g－atom/cm^3）用重量单位（质量分数）表示为：

$$C_O = \rho_{Cu}(\%O)/1600 \tag{6-31}$$

%O 表示 100 克铜所含的氧的重量。式中 ρ_{Cu} 为铜的密度（g/cm^3），将式（6-31）代入式（6-30），于是式（6-30）变为：

$$\left(\frac{dm}{dt}\right)_{ss} = 4\pi D_O \frac{r_1 r_2}{r_1 - r_2} \frac{\rho_{Cu}}{1600}(\%O) \tag{6-32}$$

颗粒中聚集的氧量（以 Al_2O_3 的形式存在）可通过如下公式计算得出：

$$m = \frac{4}{3}\pi(r_1^3 - r_2^3)\rho_{Cu}\frac{48}{54}(\%Al) \tag{6-33}$$

由 m 和时间 t 的微分，得

$$\frac{dm}{dt} = -4\pi r_2^2 \frac{\rho_{Cu}}{1600} \frac{48}{54}(\%Al)\frac{dr_2}{dt} \tag{6-34}$$

式(6 - 30)和式(6 - 34)应相等，所以

$$D_O \frac{r_1}{r_1 - r_2}(\%O) = -r_2(\%Al)\frac{48}{54}\frac{dr_2}{dt} \tag{6-35}$$

对式(6 - 35)进行整理，两边积分得

$$\int (r_2/r_1)(r_1 - r_2)dr_2 = -\int D_O \frac{(\%O)}{(\%Al)}\frac{54}{48}dt \tag{6-36}$$

即

$$\frac{1}{2}(r_2)^2 - \frac{1}{3}\frac{(r_2)^3}{r_1} + I = -D_O \frac{(\%O)}{(\%Al)}\frac{54}{48}t \tag{6-37}$$

利用初始条件，当 $t = 0$ 时，$r_2 = r_1$，可求出积分常量 I：

$$\frac{r_1^2}{2} - \frac{r_1^2}{3} + I = 0;\ I = -\frac{r_1^2}{6} \tag{6-38}$$

将该值代入式(6 - 37)，可得出球体内氧化的速率公式：

$$\frac{1}{3}r_1^2 - r_2^2 + \frac{2}{3}\frac{(r_2)^3}{r_1} = D_O \frac{(\%O)}{(\%Al)}\frac{54}{24}t \tag{6-39}$$

由式(6 - 38)可算出球体完全内氧化所需时间为：

$$t = \frac{4}{27D_O}\frac{(\%Al)}{(\%O)}r_1^2 \tag{6-40}$$

为直观起见，将式(6 - 36)转化为内氧化层深度 x 与时间 t 的关系式：

$$\int x(R - x)/R\,d(R - x) = -\int D_O \frac{(\%O)}{(\%Al)}\frac{54}{48}dt \tag{6-41}$$

式中：R 为球体半径，得

$$\frac{1}{2}x^2 - \frac{1}{3}\frac{(x)^3}{R} = D_O \frac{(\%O)}{(\%Al)}\frac{54}{48}t \tag{6-42}$$

令 $A = D_O \frac{(\%O)}{(\%Al)}\frac{54}{48}$，利用式(6 - 42)求解 dx/dt，过程如下：

由于 $\frac{dx}{dt} - x^2\frac{dx}{dt} = A$，所以

$$\frac{dx}{dt} = \frac{AR}{Rx - x^2}; \tag{6-43}$$

根据文献[39]，氧原子在铜中的溶解度可以表示为：

$N_O^{(s)} = 26\exp(-30200/R'T)$；单位为 atoms oxygen/total atoms。

$= 26 \times 16/64 \times \exp(-30200/R'T) = 6.5\exp(-30200/R'T)$

（单位为 oxygen weight/copper weight）　　(6 - 44)

氧原子在铜中的扩散系数为：

$$D_O = 1.7 \times 10^{-2}\exp(-16000/R'T) \quad cm^{-2}/s \tag{6-45}$$

式中，气体常数 R' 取 1.987，则溶解度与扩散系数的乘积 $N_O^{(s)}D_O$ 的值为：

$$N_0^{(s)}D_0 = 0.1105\exp(46200/R'T) = 0.1105\exp(-23251/T) \tag{6-46}$$

将式(6－46)代入式(6－40)，可求出不同条件下内氧化完全所需时间：

$$t = \frac{4}{27}\frac{(\%\mathrm{Al})}{0.1105\exp(-23251/T)}r_1^2 = 1.3407(\%\mathrm{Al})\exp(23251/T)r_1^2 \tag{6-47}$$

内氧化前锋的迁移速率可以表示为：

$$\frac{\mathrm{d}x}{\mathrm{d}t} = \frac{24.86r_1\exp(-23251/T)}{(\%\mathrm{Al})(r_1x - x^2)} \tag{6-48}$$

设粉末的尺寸为－60 目，内氧化前锋的迁移速率则为：

$$\frac{\mathrm{d}x}{\mathrm{d}t} = \frac{0.3058\exp(-23251/T)}{(\%\mathrm{Al})(0.0123x - x^2)} \tag{6-49}$$

式(6－47)反映了不同尺寸粉末颗粒内氧化完全所需时间与内氧化温度、合金成分之间的关系。从公式中可以明显看出，粉末颗粒尺寸越小，内氧化的温度越高，合金中 Al 的含量越低，则内氧化完全所需时间就越短。

图 6－4 示出了 Cu－0.05 Al 合金雾化粉末显微组织照片。无论球形[图 6－4(a)]还是不规则[图 6－4(b)]颗粒均由许多细小的等轴晶构成。图 6－5 示出了 Cu－0.05 Al 合金在不同温度内氧化后的 Cu－0.23% Al_2O_3(体积分数)合金粉末组织照片。由图 6－5(a)可以看出，在较低温度内氧化时，大部分 Cu－0.05 Al 合金粉末均内氧化不完全，仅粉末周围一壳层发生了内氧化，而中心部位还没有发生内氧化，如果想在此温度下彻底内氧化必须增加内氧化时间。正因为内氧化不彻底，所以在此温度内氧化后的合金粉末硬度较低。当内氧化温度升高到 900℃时，由图 6－5(b)可以看出，Cu－0.05 Al 合金粉末内外组织均匀，内氧化已进行得相当充分。此时，合金晶粒长大也并不严重，这主要是由于内氧化比较彻底，合金基体内生成的大量纳米级弥散 Al_2O_3 强化粒子对晶界具有钉扎作用所致。但是合金基体内也存在微米级的粗大粒子[如图 6－5(b)箭头所指]，这可能是由于 Cu－Al 合金在雾化过程中被氧化而生成的，这些粒子对合金强度贡献不大。随着内氧化温度进一步升高到 1000℃时，Cu－Al_2O_3 合金粉末晶粒尺寸较 900℃内氧化的明显要大[图 6－5(c)]，这一方面与温度升高增加了晶界活动性有关，另一方面也可能是由于基体内 Al 含量本身较低，生成的纳米 Al_2O_3 粒子浓度较低，再加上内氧化温度较高导致 Al_2O_3 粒子粗化，进一步降低了其对晶界的钉扎作用的缘故，所以在 1000℃高温内氧化后的晶粒长大严重。

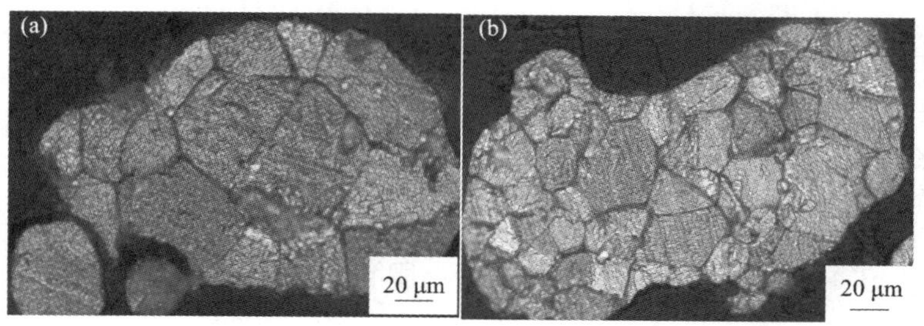

图6－4　Cu－Al 雾化合金粉末的显微组织

(a)近球状；(b)不规则形状

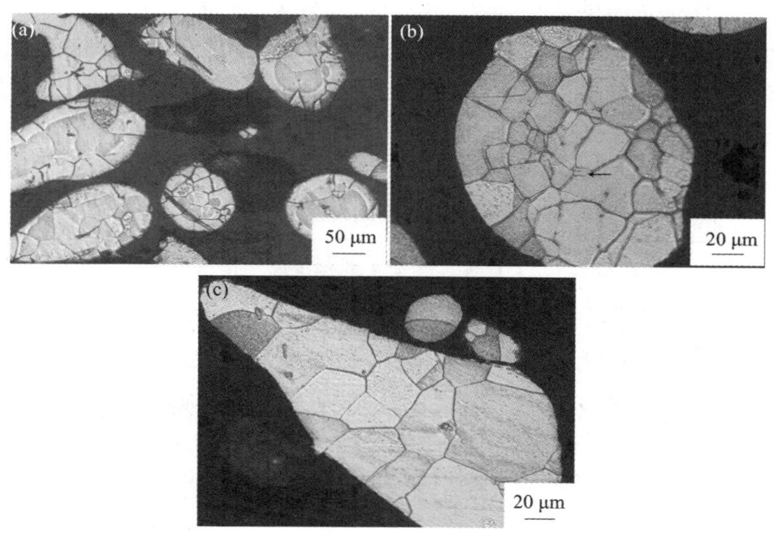

图6－5　内氧化法制备的 Cu－0.05 Al 合金粉末的显微组织

(a)700℃ 1 h；(b) 900℃ 1 h；(c)1000℃ 1 h

6.3　Cu－0.54Al_2O_3 弥散强化铜合金的制备及其组织与性能[47]

弥散强化铜合金在氢气气氛中退火或钎焊时，合金中残余的自由氧(主要为 Cu_2O)等会与氢反应形成高压水蒸气，从而产生裂纹、空洞，引起烧氢膨胀，甚至起泡、开裂。因此，在 Cu－Al_2O_3 弥散强化铜合金制备过程中，控制其自由氧的含量，使其限制在国际无氧铜氧含量标准以内，是制备出零烧氢膨胀弥散强化铜合金的关键。

6.3.1 合金制备工艺[40~43]

具体制备工艺为：Cu－Al(0.12%)熔炼→氮气雾化制粉→氧化剂的制备→合金粉与氧化剂混合→在密闭容器中高温(800℃～1000℃)内氧化→破碎→氢气中还原多余的氧→破碎→与硼粉混合→真空热压制坯→锭坯包套→整体氢气还原→抽真空、封口→热挤压成型→冷拉拔加工→成品。

6.3.2 热压烧结坯锭的组织与性能

由表6－3可见，热压烧结可获得相对密度达98.5%以上的合金锭，有的甚至高达99.2%。对比几种实验条件下制备的合金的性能，不难发现：添加了硼、并且在真空条件下热压的合金未产生烧氢膨胀现象，而添加了硼但在氩气保护下热压的合金以及未添加硼、真空热压的合金都产生了轻微烧氢膨胀现象。因此要制备出烧氢膨胀为零的弥散强化铜合金必须具备两个条件：①制备过程中须加入微量硼；②烧结必须在真空下进行。

表6－3 弥散强化铜合金热压烧结条件及合金锭相关性能数据

烧结条件	合金锭尺寸	加硼含量	相对密度	900℃ 1 h 烧氢膨胀
900℃ 3 h，27 MPa，真空度 10^{-4}Torr*	$\phi60\times60$	400 ppm**	98.6%	—
950℃ 3 h，27 MPa，真空度 10^{-4}Torr	$\phi60\times60$	400 ppm	99.2%	—
950℃ 3 h，27 MPa，氩气保护	$\phi60\times60$	400 ppm	99.0%	0.015 mm
950℃ 3 h，27 MPa，真空度 10^{-4}Torr	$\phi60\times60$	—	98.5%	0.005 mm

注：* 1 Torr = 133.322 Pa；** 1 ppm = 10^{-6}.

由表6－3中数据可知，真空烧结条件似乎更为重要，氩气保护烧结，尽管合金中也加入了400 ppm的硼，但合金锭($\phi60$)仍产生了0.015 mm的烧氢膨胀，而在真空烧结条件下，即使合金中未加硼，其烧氢膨胀量也仅为0.005 mm左右。真空烧结不但可以保证烧结时形成的合金锭不被氧化，而且还有利于合金粉末中残余的Cu_2O分解。而加硼的作用主要是夺取合金中残存于Cu_2O中的氧，并形成稳定的B_2O_3。因此真空烧结的效果更好些，而在合金中添加硼＋氩气保护烧结时效果稍差，这可能与保护气氩气的纯度有关。

图 6 - 6(a)、(b)示出了真空热压工艺所获得的热压合金坯锭的典型金相照片，可见真空热压组织相当致密，很少见到空洞等缺陷，粉末颗粒间虽不能说是冶金化结合，但很少有烧结孔隙，颗粒间结合紧密。从图 6 - 6(c)中不难看到粉末边界仍有大量较大的 Al_2O_3 颗粒存在，这会阻碍粉末颗粒间的冶金化结合。若设法减少粉末边界和晶粒边界上较大的 Al_2O_3 颗粒，不但有助于粉末在压力加工中的冶金化结合，也有利于内氧化过程中在晶内形成更多更均匀分布的纳米 Al_2O_3 粒子，从而提高合金屈服强度。为减少粉末边界和晶粒边界上较大的 Al_2O_3 颗粒，使合金达到完全冶金化结合，需要对合金坯锭进行热挤压加工。

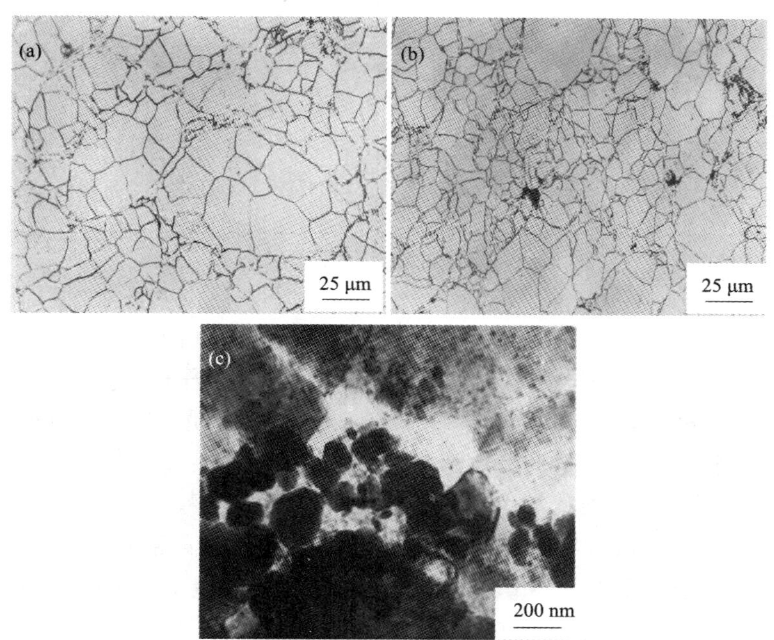

图 6 - 6　真空热压合金坯锭的显微组织

(a)致密组织；(b)组织中的空洞；(c)TEM 组织

6.3.3　挤压态弥散强化铜合金的组织与性能

挤压态弥散强化铜合金的性能列于表 6 - 4 中。由表 6 - 4 可见，热压态合金经挤压后，相对密度可提高到 99.5% ~ 99.6%，与美国进口样品相当(99.7%)；导电率达 93% ~ 94% IACS，延伸率达 22% ~ 24%，均超过美国进口样品；σ_b = 325 ~ 340 MPa，也未产生烧氢膨胀，这均与美国进口样品相当；$\sigma_{0.2}$ = 235 ~ 250 MPa，也与美国进口样品水平相当，而与无氧铜相比，$\sigma_{0.2}$提高了 5 ~ 8 倍。这一结果表明：挤压可大幅度提高合金性能，而 30∶1 的挤压比就已获得相当好的性能。

表 6－4　挤压实验条件数据及挤压样品性能数据 *

合金状态	挤压比	挤压力 /ton	σ_b /MPa	$\sigma_{0.2}$ /MPa	δ/%	HB	电导率 /%IACS	相对密度 /%	900℃ 1 h 烧氢膨胀
真空热挤态	—	—	277	184	10	78	—	98.9	无
挤压态	30∶1	<200	340	250	24	95	93	99.6	无
挤压退火态	30∶1	<200	335	250	23	95	94	99.6	无
进口弥散铜（冷加工态）	—	—	440	400	16	—	91.7	99.7	—
进口弥散铜退火态	—	—	345	300	20	—	91.7	99.7	无

注：退火条件均为 900℃ 1 h，进口弥散铜样品由 × ×厂提供。

挤压之后的显微组织发生了明显的变化，热压组织嵌镶结构的遗传特征不明显，粉末颗粒间冶金化结合程度增加。图 6－7 示出了挤压样品（挤压比为 30∶1）的纵、横向金相组织，从横截面看［图 6－7(a)］，晶粒明显减小，原粉末颗粒间界面变得模糊，合金基本上均呈致密的和具有相当程度冶金化结合的状态。纵向上晶粒显著拉长，呈纤维状加工组织［图 6－7(b)］，晶粒的长宽比（grain aspect ratio，简称 GAR）＞20。在透射电镜下可以看出在晶粒内部存在大量的细小的 Al_2O_3 粒子，粒子尺寸约 5～15 nm［图 6－8(a)］，选区电子衍射花样中的多晶衍射环表明这些细小的强化相粒子为 γ－ Al_2O_3［图 6－6(b)］，在部分晶粒界面上分布有较大颗粒状 Al_2O_3 粒子［图 6－6(c)、(d)］，这种 Al_2O_3 粒子挤压前就以氧化膜的形式存在于粉末表面，真空烧结时，特别是挤压时，由于金属流动，粉末颗粒间相互摩擦，导致表面氧化膜崩裂，形成颗粒状 Al_2O_3 粒子而分布在粉末颗粒间的界面上［图 6－6(c)、(d)］。粉末表面氧化膜崩裂使新鲜表面暴露，有利于粉末颗粒界面的冶金化结合。

GAR 对材料的高温性能具有重要的影响，其对高温屈服强度或蠕变强度 σ 的影响可以用下式表示：$\sigma = \sigma_e + K(L/l - 1)$，式中 σ_e 为 $L/l = 1$ 时（即为等轴晶粒）的强度，K 为 GAR 系数，为一常量。Wilcox 和 Clauer[44] 对 Ni－ThO_2合金的高温拉伸实验表明，晶界滑移是 Ni－ThO_2 合金高温拉伸时产生屈服的最主要的机制。而在高度拉长的显微组织中，当大多数的晶界平行于应力轴时，则作用于晶

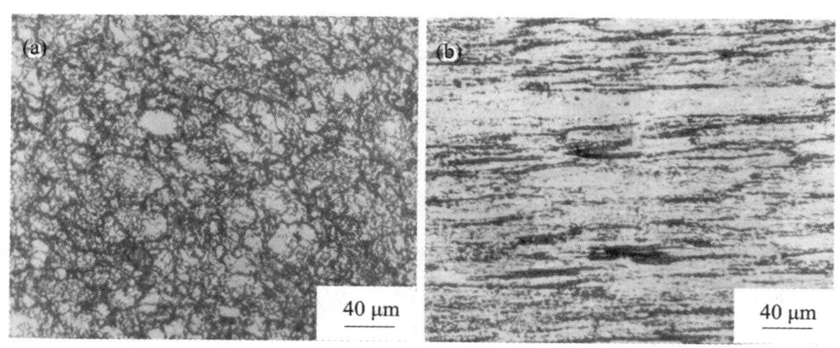

图 6－7　挤压态弥散铜横向(a)及纵向(b)金相组织

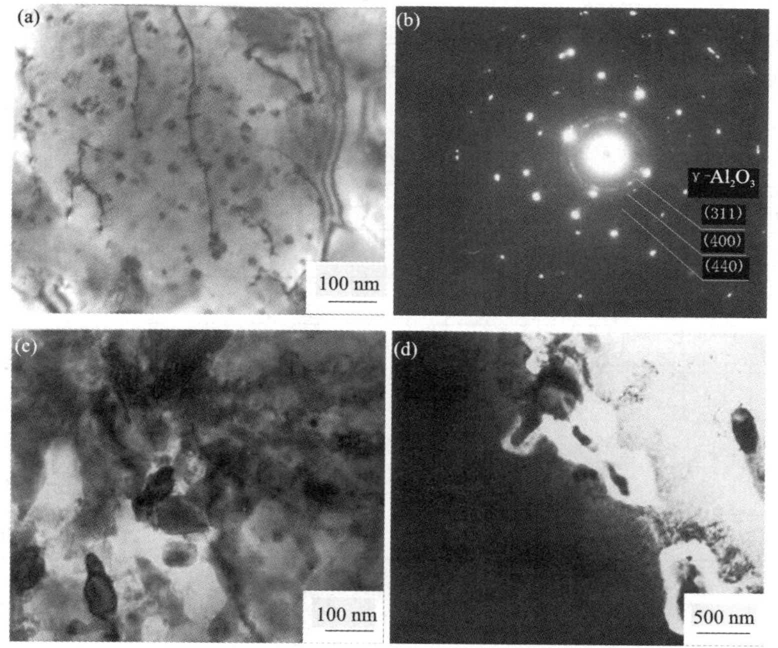

图 6－8　Cu－Al_2O_3 合金的 TEM 显微组织

(a)细小的 Al_2O_3 粒子弥散分布于晶内，且钉扎位错的运动，(b)为(a)的选区电子衍射；
(c)粗大的氧化物粒子在晶界处呈聚集状分布(挤压棒材的中心部位)；
(d)氧化物粒子沿晶界呈流线状分布(挤压棒材的外层部位)

界的平均分切应力就较低，使得滑移总量最小化，材料的高温屈服强度就大大提高，并且 GAR 效应要大于晶粒尺寸效应。

6.3.4 挤压棒材的冷拉拔加工组织与性能

由表6－4可知，挤压材经900℃退火后性能与挤压态的相差很小，故冷拉拔试验均用挤压态样品，拉拔加工试验在直线拉拔机上进行，每道次变形量为25%左右。试验表明，挤压态样品冷拉拔性能很好，不经中间退火，经每道次25%的拉拔可拉拔到92%的变形量，并尚可继续拉拔。表6－5列出了经不同变形量冷拉拔后样品的主要性能，弥散铜冷加工硬化现象很明显，特别是屈服强度，25%的冷变形就使其从250 MPa提高到370 MPa，屈强比达到97%左右，并且随着变形量的增大，σ_b与$\sigma_{0.2}$均不断上升，经92%的冷变形后，合金强度可达σ_b = 490 MPa，$\sigma_{0.2}$ = 485 MPa。延伸率则随着变形量的增大而逐步下降，经25%的冷变形后，尽管强度已大大提高，但延伸率可保持在16%左右，经92%的冷变形，延伸率仍可达10%左右。电导率随变形量下降甚微，经92%的冷变形，电导率仅下降1.5%IACS，与冷加工对无氧铜导电率的影响处于同一数量级。合金整体性能与美国有关产品报道基本上处于同一水平。

表6－5　不同变形量下冷拉拔样品主要性能数据

性能变形量	σ_b/MPa	$\sigma_{0.2}$/MPa	δ/%	HB	导电率/%ICAS
挤压态	340	250	24	95	93.0
25%	380	370	16	109	92.5
49%	430	420	15	114	92.5
68%	445	430	14	117	92.5
84%	465	445	11	122	92.5
92%	490	485	10	128	91.4
Glidcop Al－10	500	—	10	—	90.0

注：Glidcop Al－10(Al含量为0.10%)牌号的性能数据均取自90%冷加工度。

图6－9为冷拉拔至不同变形量的样品纵、横向金相照片。大量的金相观察表明，合金中未发现任何显微裂纹和空洞，表明本次实验还是较成功的。从纵向上看，冷拉拔变形使合金中粉末颗粒沿拉拔方向延伸，组织进一步纤维化，随着变形量逐步增大，纤维组织逐步变细，且越来越挺直，纤维宽长比逐步加大[图6－9(b)、(d)]。从横向上看，随着冷拉拔变形量的增加和粉末颗粒不断沿拉拔方向延伸，粉末颗粒在横断面上逐步细化[图6－9(a)、(c)]。值得注意的另一个现象是，冷拉拔有进一步促进挤压粉末颗粒间冶金化结合的作用，经25%的冷

拉拔，粉末间界面就开始模糊并明显宽化[图 6 – 9(a)]。这种界面模糊与宽化现象随变形量增大而加剧，当变形量达 84% 时，其金相组织中粉末颗粒间冶金化结合特征就已相当典型，界面变得不易分辨。这表明，冷拉拔过程中的金属流动进一步引起了粉末颗粒间的摩擦，使得界面上的氧化膜进一步破碎，促进了粉末颗粒间的冶金化结合。在高倍金相中，我们还可以看到，冷拉拔变形还有促进粉末颗粒内晶粒破碎的作用，这一现象在图 6 – 9(d) 中可以看得非常清楚，纵向纤维内出现了大量晶粒破碎后拉长的痕迹。此外，从图 6 – 8(c)、(d) 中可清楚看到，粉末界面上确有一层 Al_2O_3 氧化膜，热挤压加工和冷拉拔变形使氧化膜破碎，并呈颗粒状沿界面不连续分布，有些则随金属流动而进入粉末颗粒内部。这再一次说明，粉末表层 Al_2O_3 膜确实是阻碍致密化压力加工中粉末间形成冶金化结合的重要因素，只有在足够大的挤压比或充分的冷变形下，金属充分流动引起粉末颗粒间充分摩擦，才能使粉末表层的 Al_2O_3 膜充分破碎而使粉末颗粒间形成充分的冶金化结合。因此，减少粉末颗粒表面氧化膜和采用大挤压比或大的冷加工变形是促进弥散铜形成冶金化结合的重要条件。因此就致密化压力加工而言，提高挤压比可能在弥散铜形成充分的冶金化结合过程中起着更重要的作用。

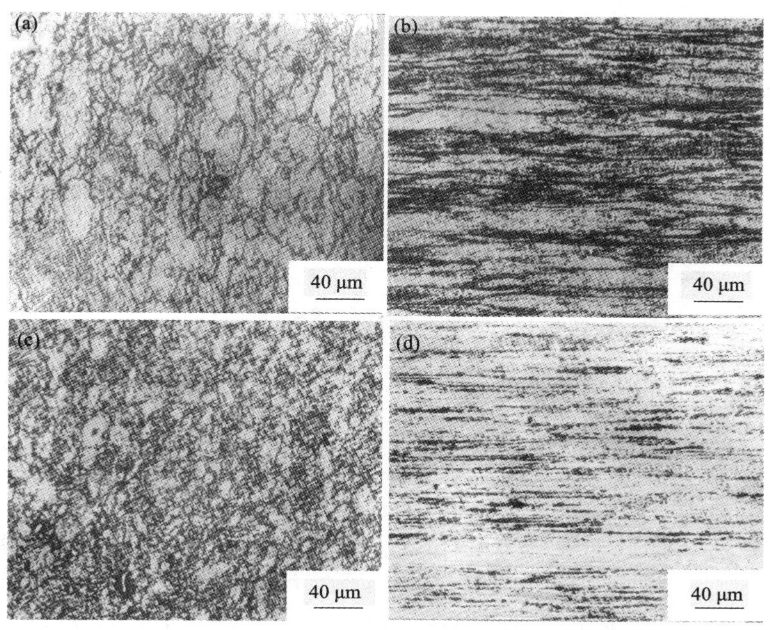

图 6 – 9　不同冷拉拔变形量样品纵横向金相照片

(a) 横向(25% 变形)；(b) 纵向(25% 变形)；(c) 横向(92% 变形)；(d) 纵向(92% 变形)

6.3.5 氢气退火对冷拉拔弥散强化铜合金组织及性能的影响

$Cu-Al_2O_3$ 经不同变形量冷拉拔及900℃退火后性能变化示于图6－10。不同冷拉变形量的样品在900℃退火1 h后，合金的各种性能均有所回复，σ_b基本上保持在挤压态水平，δ变化于22%～24%之间，随变形量的增大，$\sigma_{0.2}$的回复程度稍有增加，这可能与加工储能的增大有关。因为冷加工量越大，储能越高，在相同退火条件下，回复驱动力相对越高。

变形量为92%冷拉棒材经不同温度退火后，强度随退火温度的升高而又有不同程度地下降，延伸率逐步增大(图6－11)。400℃ 1 h退火后，强度$\sigma_{0.2}$和σ_b下降至390 MPa和425 MPa。而高于400℃温度下退火，强度的下降幅度减缓。900℃温度下退火后，$\sigma_{0.2}$、σ_b和δ分别为345 MPa、240 MPa和23%，性能基本回复至挤压态水平。此后即使将退火温度提高到1020℃，合金性能也基本不变，显微组织仍保持冷加工的纤维组织特征，合金中也未出现显微裂纹和空洞，金相尺度下也未观察到粉末颗粒内的再结晶。经不同温度退火后，合金$\sigma_{0.2}/\sigma_b$比仍保持较高的值，意味着$Cu-0.54Al_2O_3$弥散强化铜合金具有较好的抗高温软化能力。退火后强度的下降主要与位错结构的回复有关。400℃退火时，冷加工形成的点缺陷部分消失，位错滑动和相互对消造成位错密度下降，从而导致合金强度下降。而400℃温度以下退火时强度降幅减缓，这与位错重排形成网络有关。

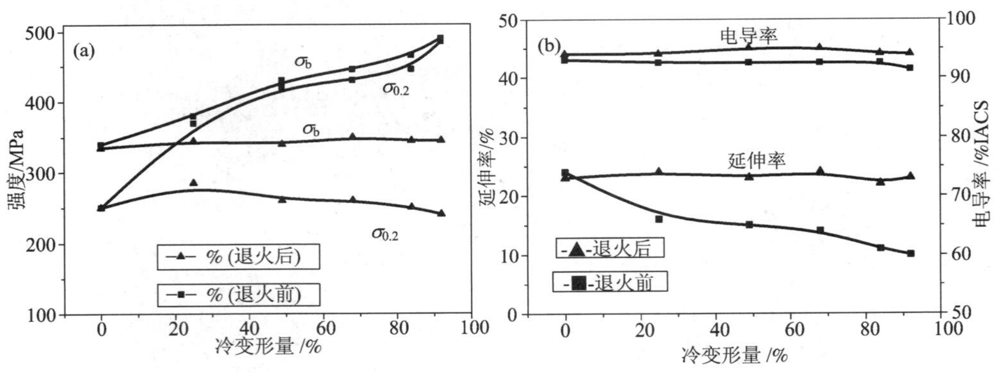

图6－10 冷拉拔及氢气退火(900℃ 1 h)对$Cu-Al_2O_3$合金的σ_b，$\sigma_{0.2}$(a)，δ，电导率(b)的影响

图6－12示出了冷加工量为92%的$Cu-Al_2O_3$合金于不同温度氢气退火后纵向金相显微组织的变化情况。图6－12(a)、(b)为冷加工变形的组织。900℃退火1 h后合金仍保持冷加工时的纤维组织特征，纤维没有明显的再结晶和长大现象[图6－12(c)]；随着退火温度的升高(950℃ 1 h)，纤维开始沿长度方向连

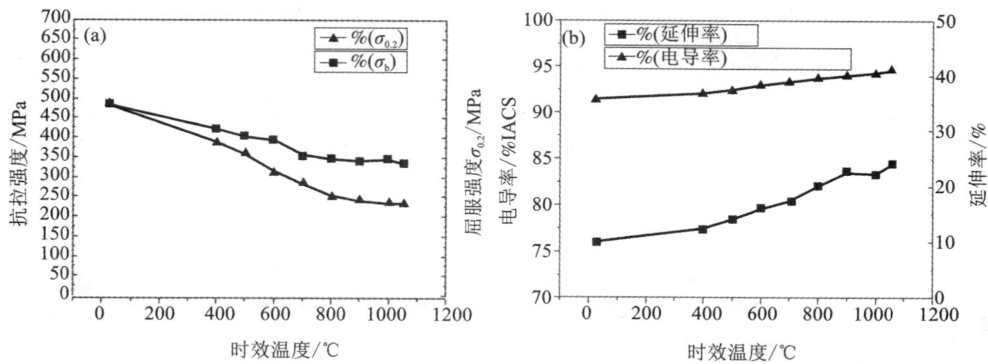

图 6 - 11　退火温度(1 h)对冷拉拔 Cu - Al_2O_3 棒材 σ_b、$\sigma_{0.2}$(a)、δ 和电导率(b)的影响

接、合并，但沿宽度方向纤维很少展宽[图 6 - 12(d)]；1020℃ 1 h 退火时，纤维沿长度方向进一步连接合并，但仍未见展宽[图 6 - 12(e)]。

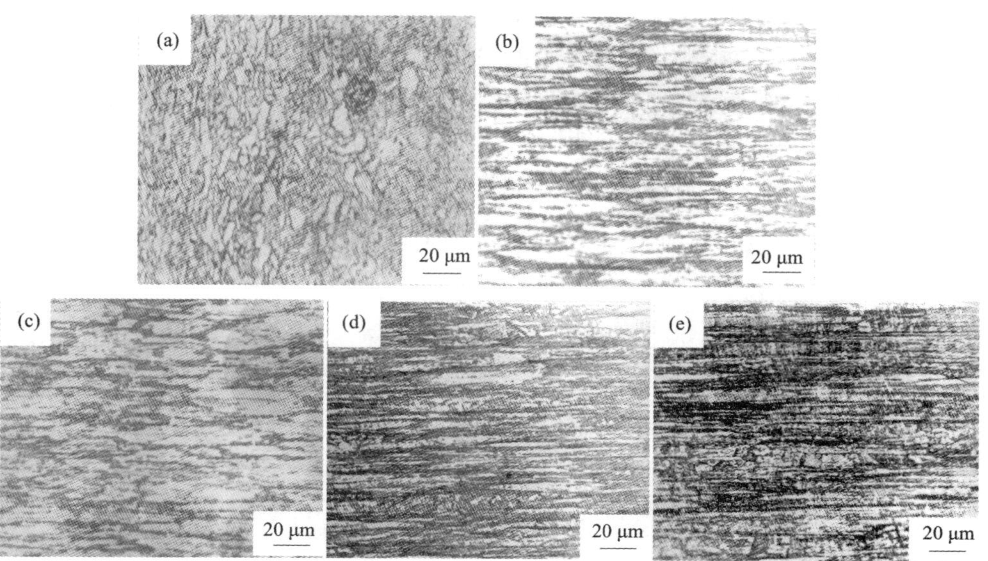

图 6 - 12　不同退火温度下 Cu - Al_2O_3 合金(92%变形量)的金相显微组织的变化

(a)冷加工态(横向)；(b)冷加工态(纵向)；(c)900℃ 1 h 退火态(纵向)；
(d)950℃ 1 h 退火态(纵向)；(e)1020℃ 1 h 退火态(纵向)

6.3.6 拉伸及断裂行为

挤压态、800℃和900℃退火态的工程应力 – 应变曲线示于图 6 – 13。真应力 σ 随真塑性应变 ε_p 的变化服从下列关系式：$\sigma = k(\varepsilon_p)^n$，式中 k 为单调强度系数，n 为单调加工硬化指数，反映了加工硬化速率。合金的加工硬化特征可以从对应的真应力 – 真塑性应变的对数关系得到评估(图 6 – 14)。由于 800℃以下退火时合金仍保持冷加工时的加工硬化，拉伸变形时已无明显的均匀变形阶段，因此在图 6 – 14 中未绘出。从图 6 – 14 可以看出，挤压态 Cu – 0.54Al_2O_3 弥散强化铜合金的加工硬化指数为 0.256，低于纯铜的加工硬化指数 0.355。由于细小的 Al_2O_3 相钉扎位错[图 6 – 15(a)]，强烈抑制基体的再结晶，造成材料小晶粒、多晶界效应，其平均亚晶粒大小仅为 2 ~4 μm[图 6 – 15(b)]，与加工变形所形成的位错网络为同一数量级，大大减缓了拉伸变形时位错的堆积，降低了位错密度增加速率，导致弥散强化铜合金的加工硬化指数偏低。92% 冷拉拔后再高温退火，加工硬化指数 n 进一步下降是由于冷拉拔后晶粒和亚晶粒尺寸进一步细化，同时冷加工时形成的位错在 900℃退火后重排成网络，拉伸变形时界面和位错网络的交互作用造成位错湮灭，降低了位错密度，从而导致加工硬化指数进一步减小。

由于合金的加工硬化指数较低，使得塑性加工变形量增加时，强化速率小，$\sigma_{0.2}$增加缓慢，变形抗力增加量不如纯铜大，因此可以大变形量塑性加工而不明显降低其塑性，同时还可以降低能耗。

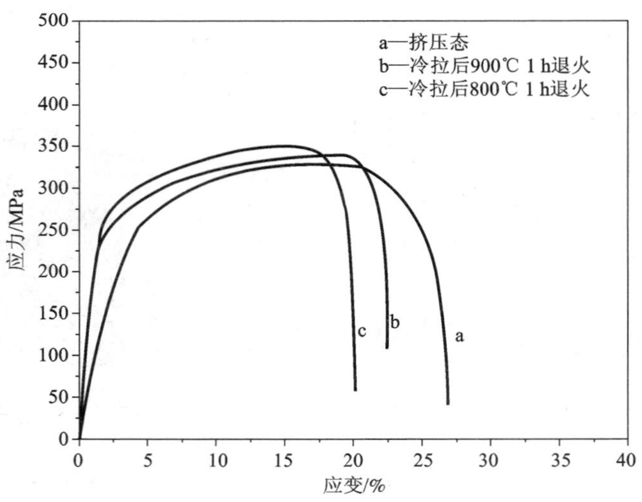

图 6 – 13 Cu – 0.54Al_2O_3 合金的工程应力 – 应变曲线

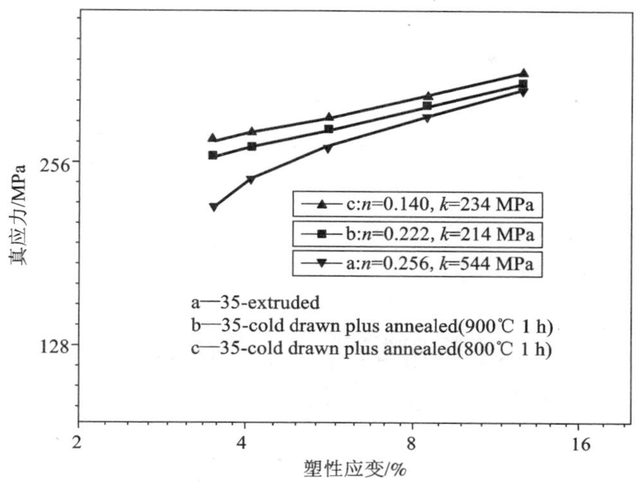

图 6 - 14　Cu - 0.54Al_2O_3 合金的真应力 - 塑性应变曲线

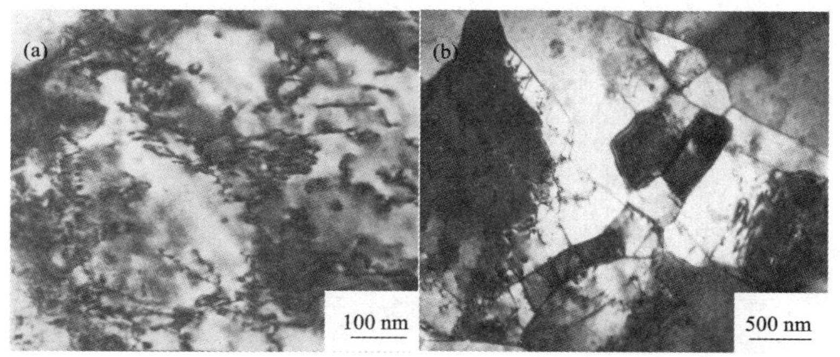

图 6 - 15　挤压态 Cu - 0.54Al_2O_3 合金的 TEM 显微组织

(a)弥散相钉扎位错；(b)挤压过程中形成的亚晶组织

挤压态合金的拉伸断口宏观上为杯锥状[图 6 - 16(a)]。在断口的剪切唇区，因切应力作用形成了大量抛物线形的拉长韧窝[图 6 - 16(b)]。在断口纤维区，因正应力作用，其上分布着大量较深的等轴韧窝[图 6 - 16(c)、(d)]，局部还可以看到粉末颗粒整体撕裂后留下的撕裂棱，表现出明显的韧性断裂特征。韧窝尺寸较为均匀，少量韧窝尺寸较大，这与晶界界面上或粉末颗粒界面上不连续分布的较粗大 Al_2O_3 粒子有关。在拉伸变形过程中，由于 Al_2O_3 粒子与基体之间的界面结合强度较弱，在界面处首先发生分离而产生微孔洞，从图 6 - 16(e)中可以明显看到界面上的部分韧窝内分布着较粗大的 Al_2O_3 粒子。随着形变的继续增大，各个粒子处产生的微孔洞长大并聚集形成大的孔洞，最后孔洞相互连接导致韧性断裂，这些孔洞就形成韧性断口上的韧窝。由图 6－16(f)可见极少量的垂直于应力方向的微裂纹，且裂纹多见于粒子与基体的界面处。有人认为粒子与基体的界面可起到裂纹形核的作用，而在粒子集中的地方裂纹往往更易于发育。因此从这个意义上说，细小粒子的均匀分布有利于降低粒子诱发裂纹的形成和亚临界裂纹的长大。冷拉退火态合金的断口与挤压态的拉伸断口相似，只不过由于晶粒尺寸的减小，韧窝的尺寸随之下降。且随退火温度的升高，韧窝逐步加深。这与塑性随退火温度的变化规律是一致的。

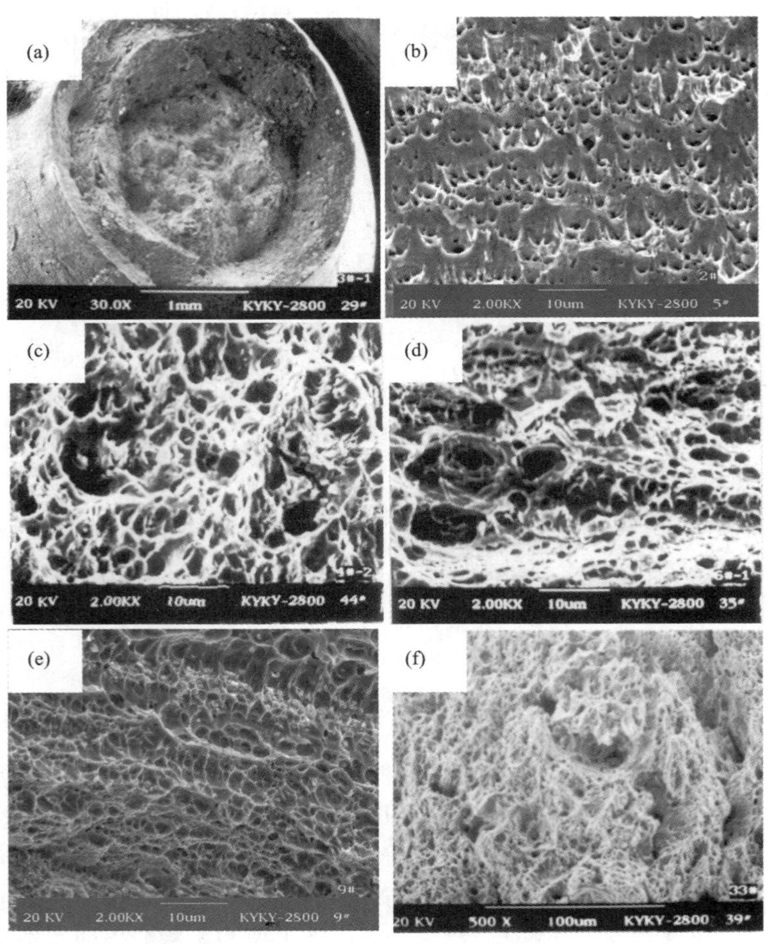

图 6－16 挤压态 Cu－0.54Al_2O_3 合金样品拉伸断口 SEM 形貌

(a)杯锥状断口；(b)断口的剪切唇中抛物线形的拉长韧窝；(c)韧窝及撕裂棱；(d)纵向断口上的韧窝；(e)韧窝中粗大的 Al_2O_3 粒子；(f)断口中的裂纹

6.3.7 挤压工艺对 Cu - 0.54Al_2O_3 合金组织和性能的影响

热挤压是获得全冶金化结合和全致密化高性能 Cu - Al_2O_3 弥散强化铜合金材料的关键工序之一。挤压工艺参数如挤压温度、挤压比以及挤压速度等对颗粒之间的结合、材料的组织与性能以及弥散相在基体中的均匀分布有重要的影响。大挤压比和高的挤压温度有利于合金密度的提高和冶金化结合，但挤压温度过高或挤压比过大，会造成变形热和摩擦热过大，导致坯料表面质量差且内部实际温升高，引起合金发生动态回复或动态再结晶而软化。因此选择合适的挤压工艺参数具有重要的意义。

(1)挤压比的影响

图 6 - 17 示出了 930℃不同挤压比条件下制备的 Cu - Al_2O_3 合金棒材从外层到心部的纵向显微组织变化。从图 6 - 17(a)、(b)、(c)中可以看出，挤压比为 10∶1 时，由于挤压坯锭与模具壁之间的摩擦较大，棒材的外部晶粒破碎、拉长现象比内层更为明显，呈纤维组织特征，而心部仍保持热压组织的遗传特征，过渡层介于二者之间。在 20∶1 挤压比下，粉末颗粒因尚未足够延伸拉长，仍显得粗大，并且颗粒分布有着某些热压组织嵌镶结构的遗传特征，表明金属流动不充分，粉末颗粒间冶金化结合程度还不高。此外，在粉末颗粒中还可看到细小的、拉长的晶粒结构，显然这些细小的晶粒是由于原粉末颗粒中晶粒在挤压中被拉长而使截面减小以及晶粒破碎所致。当挤压比增大到 40∶1 时，样品中粉末纵向纤维组织更加细小，粉末颗粒拉长更加充分，心部与外层的组织差异减小，早期粉末颗粒边界(prior powder boundaries，简称 PPB)逐步消失[图 6 - 17(d)、(e)、(f)]。挤压比为 100∶1 时，变形均匀性进一步增大，外层与心部组织的差异几乎完全消失[图 6 - 17(g)、(h)]。上述分析表明，增大挤压比有助于金属流动、粉末颗粒间摩擦加大、加剧粉末氧化膜破碎，有利于粉末颗粒间形成冶金化结合。

挤压温度为 930℃不同挤压比条件下制备的 Cu - 0.54% Al_2O_3(体积分数)合金的力学性能与电学性能列于表 6 - 6。从表中可以看出，随挤压比的增大，屈服强度 $\sigma_{0.2}$、抗拉强度 σ_b 以及硬度 HB 逐渐下降，而延伸率和电导率则逐渐增加，这与大变形导致挤压时实际温升高从而引起合金动态回复和部分再结晶有关。总的来说，当挤压比达到 30∶1 ~ 50∶1 时，合金的综合性能也达到相当好的水平。

(2)挤压温度的影响

图 6 - 18 示出了挤压比为 50∶1、挤压温度为 800℃[图 6 - 18(a)、(b)]和 930℃[图 6 - 18(c)、(d)]时制备的 Cu - Al_2O_3 合金棒材(横向)金相显微组织变化。可以发现，由于挤压温度的下降，挤压坯锭与模壁之间的摩擦阻力增大，挤压棒材的外层组织[图 6 - 18(a)]晶粒更为细小，与心部组织[图 6 - 18(b)]的差距更加明显。而挤压温度为 930℃时挤压棒材内外层组织更均匀些。

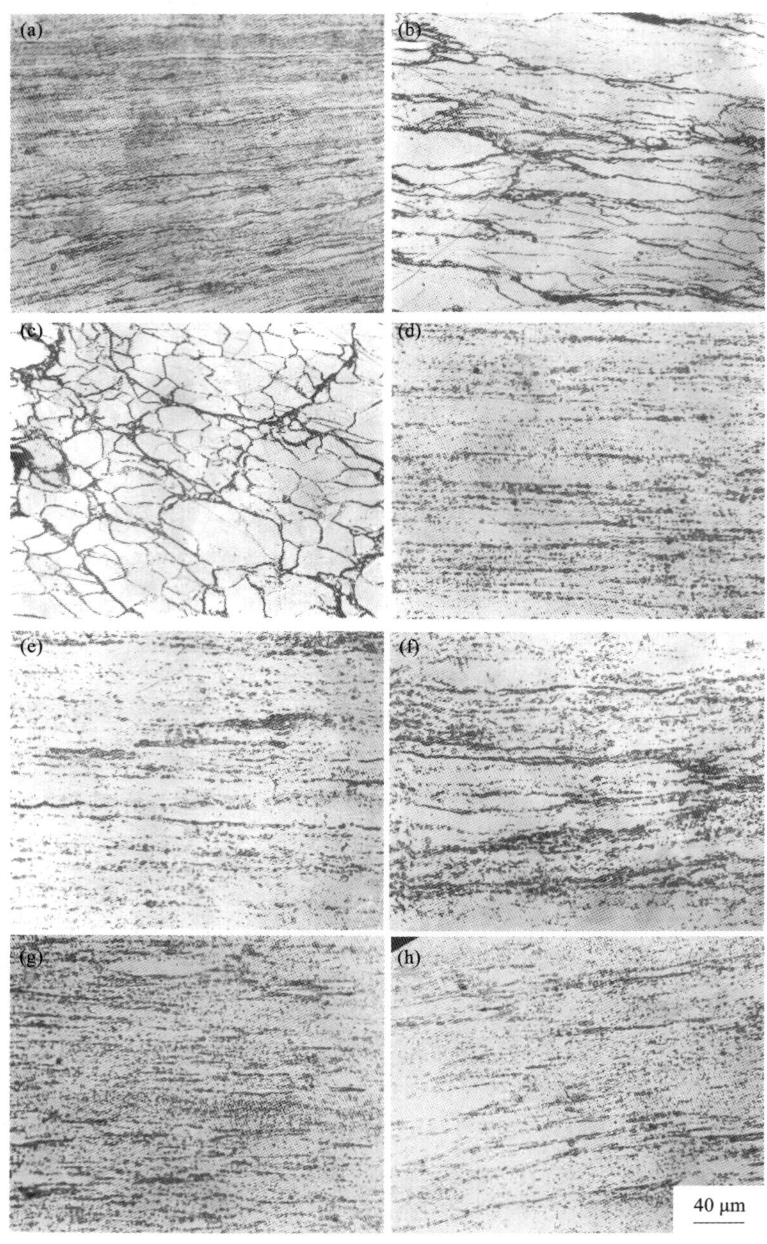

图 6－17　不同挤压比制备的 Cu－Al_2O_3 合金棒材纵向显微组织

(a)外层(挤压比 10∶1)；(b)中间层(10∶1)；(c)心部(10∶1)；(d)外层(40∶1)；(e)中间层(40∶1)；(f)心部(40∶1)；(g)外层(100∶1)；(h)心部(100∶1)

表6－6 不同挤压工艺制备的 Cu－Al_2O_3 弥散强化铜合金的性能数据

挤压比	挤压温度 /℃	相对密度 /%	σ_b /MPa	$\sigma_{0.2}$ /MPa	延伸率 /%	界面收缩率 /%	电导率 /% IACS	HB
0*	—	98.50	277	184	10	—	—	78
10	930	99.50	365	285	22.3	61.7	92	102
30	930	99.60	340	250	24.0	66.0	93	95
40	930	99.81	335	245	27.0	74.6	95	95
50	930	99.83	330	240	28.3	78.1	97	93
50	800	99.46	340	250	25.5	69.8	94	95
70	930	99.90	325	235	28.6	79.5	97	92
100	930	99.96	320	230	29.0	81.4	97	92

注：* 真空热挤压。

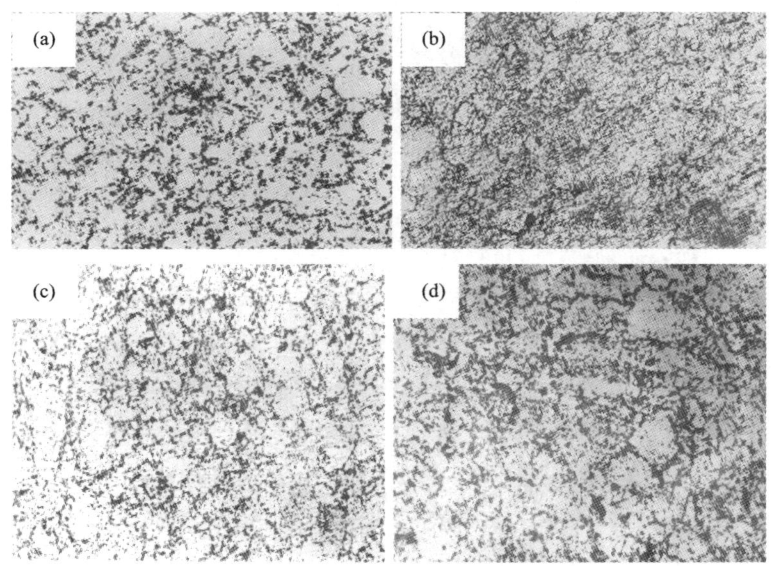

图6－18 挤压比为50∶1条件下制备的 Cu－Al_2O_3 合金显微组织(横向)

(a)挤压温度800℃(外层)；(b)挤压温度800℃(心部)；
(b)挤压温度930℃(外层)；(d)挤压温度930℃(心部)

表6－6中也列出了挤压比为50∶1时，Cu－0.54% Al_2O_3(体积分数)合金在

800℃和930℃挤压温度下挤压后的性能。可以看出，二者的强度、硬度相差不大，但930℃挤压合金的延伸率、电导率却有较大程度的提高，这可能与挤压温度的升高、合金发生动态回复以及部分再结晶从而导致位错等缺陷的减少有关。

(3)挤压比对拉伸断口的影响

从图6－19(a)中可以看出，热压样品的拉伸断口呈冰糖状，韧窝的数量较少，高倍下可看到明显的沿晶断裂的特征，这可能与内氧化时晶界上形成了一薄层连续或不连续的 Al_2O_3 有关，它阻碍了合金粉末在热压时颗粒间冶金化结合，使热压锭样品在拉伸时发生沿颗粒界面处脆断。经挤压比为10∶1高温挤压以后，粉末颗粒被拉长，其轮廓仍较明显，颗粒之间基本形成了致密的冶金化结合，拉伸断口上分布的全是大小不同、深浅不一的韧窝[图6－19(b)]，表现出明显的韧性断裂特征。当挤压比为30∶1时，粉末颗粒被显著拉长，但其遗传特征已不明显，由于晶粒尺寸变小，韧窝尺寸相应变小，但变得更深，合金的塑性增加。当挤压比为50∶1时，已看不到粉末颗粒的组织特征，韧窝大小均匀，表明经大挤压比挤压后已完全形成均匀的、致密化的晶体结合体。以上的断口分析表明大挤压比有利于粉末坯锭的冶金化结合。

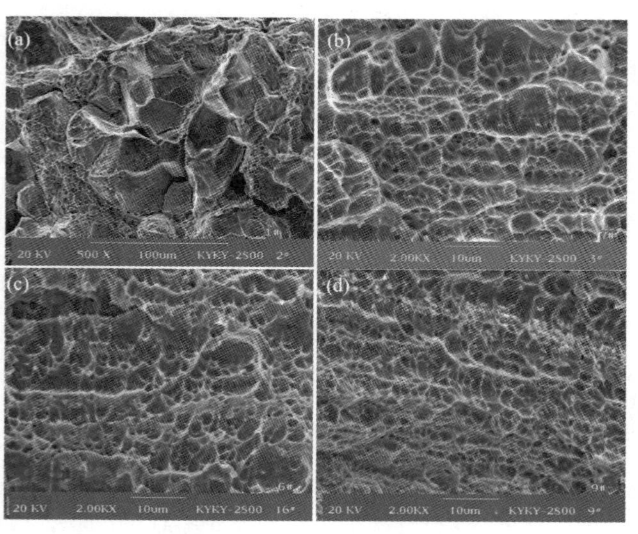

图6－19 Cu－Al_2O_3 弥散强化铜合金的拉伸断口(纵向)

(a)热压态；(b)挤压比10∶1；(c)挤压比30∶1；(d)挤压比50∶1

6.3.8 烧氢膨胀及氧含量测定结果

Cu－Al_2O_3 弥散强化铜合金中自由氧的主要存在形式为 Cu_2O，其他可能的存在形式有 CuO 以及固溶态氧($O_{(ss)}$)。表 6 – 7 列出了热压和氢气退火过程中可能发生的反应，并对反应的生成自由能 $\Delta G_m^{\ominus}$进行了计算。从表 6 – 7 中反应生成自由能的计算结果可知，在 900℃ ~1000℃温度下反应(1)、(2)的 $\Delta G_m^{\ominus}<0$，说明硼可以还原 Cu_2O、CuO，同时生成稳定的 B_2O_3。在 900℃ ~1000℃氢气保护退火条件下，反应(5)和(6)的 $\Delta G_m^{\ominus}>0$，说明 Al_2O_3 和 B_2O_3在此条件下是稳定的，不会与氢发生反应，因此加入适量的硼生成稳定的 B_2O_3，则可以减少反应(3)和(4)的可能性，从而达到抑制烧氢膨胀的目的。

表 6 – 7　反应的生成自由能 $\Delta G_m^{\ominus}$计算结果表

反应方程	$\Delta G_m^{\ominus}$计算值	$\Delta G_m^{\ominus}/(J\cdot mol^{-1})$ (900 ~ 1000℃)
$Cu_2O_{(s)}+2B_{(s)}=6Cu_{(s)}+B_2O_{3(s)}$　(1)	$-761900+36.74T$	<0
$3CuO_{(s)}+2B_{(s)}=3Cu_{(s)}+B_2O_{3(s)}$　(2)	$-805220+109.48T$	<0
$Cu_2O_{(s)}+H_{2(g)}=2Cu_{(s)}+H_2O_{(g)}$　(3)	$-72170-11.87T$	<0
$CuO_{(s)}+H_{2(g)}=Cu_{(s)}+H_2O_{(g)}$　(4)	$-86610-48.86T$	<0
$Al_2O_{3(s)}+3H_{2(g)}=2Al_{(l)}+3H_2O_{(g)}$　(5)	$947050-151.63T$	>0
$B_2O_{3(s)}+3H_{2(g)}=2B_{(s)}+3H_2O_{(g)}$　(6)	$545390-81.34T$	>0

表 6 – 8　Cu – Al_2O_3 合金 900℃ 1 h 烧氢退火后的经向膨胀量测定结果

样品	烧氢前尺寸/mm	烧氢后尺寸/mm	膨胀量/mm	备注
As – pressed	59.685	59.685	0.005	未添加硼
As – pressed	59.682	59.687	0.00	添加硼
As – extruded	9.835	9.835	0.00	添加硼

实验测得未添加硼和添加了硼的两种合金的氧含量分别为 37.7 ppm 和 11.2 ppm(图 6 – 20)，可见添加了硼的合金中残余氧含量已大大减小。本研究中利用 X 射线衍射技术对添加了硼的合金以及未添加硼的合金硝酸萃取残余物进行了物相分析(图 6 – 21)，发现 B_2O_3已和 Al_2O_3 反应生成较稳定的 $2Al_2O_3\cdot B_2O_3$。表6 – 8列出了弥散强化铜合金在 900℃ 1 h 烧氢退火后的径向膨胀量，由表中数据可知，添加硼的弥散强化铜合金无论是真空热压态还是热挤压态，其尺寸在烧氢退火后均保持不变，而未添加硼的真空热压态合金也只发生了轻微膨胀现象。虽然添加硼有利于减少合金中残余的自由氧，抑制烧氢膨胀的发生，但会使

材料的力学性能稍有下降。比较图 6－21 中 Al_2O_3 粒子 X 射线衍射峰宽，不难发现，添加了硼的合金中 $\gamma-Al_2O_3$ 粒子比未添加硼的合金中的粒子粗大些，而且出现了 $\gamma-Al_2O_3$ 向 $\alpha-Al_2O_3$ 转变，显然它会使合金的弥散强化作用相应减弱。但这是否与硼的添加直接相关，我们还没有找到更确切的证据，有待进一步研究。

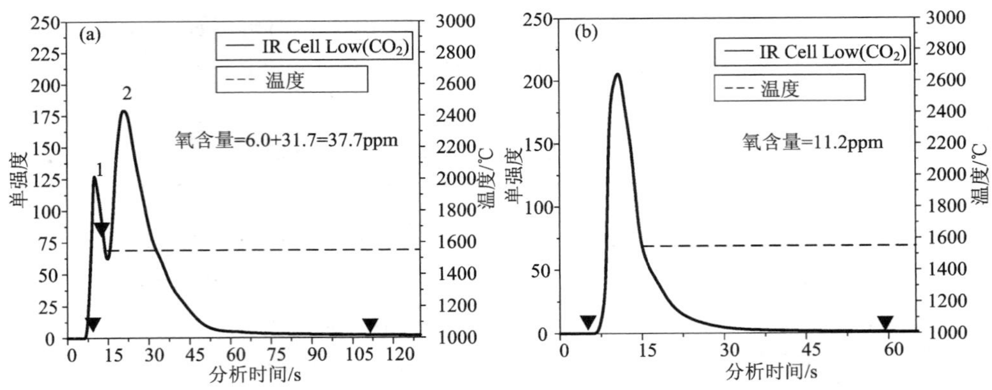

图 6－20　Cu－Al_2O_3 铜合金的氧含量分析曲线

(a)未加硼的真空热压态合金；(b)添加硼的挤压态合金

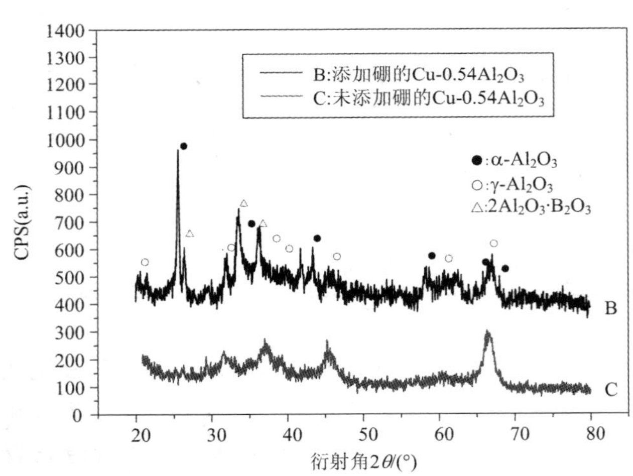

图 6－21　添加硼与未添加硼的 Cu－Al_2O_3 合金硝酸萃取残余物的 X 射线衍射花样

6.4　Cu - Al_2O_3 弥散强化铜合金高温变形特性[45, 46]

研究 Cu - Al_2O_3 纳米弥散强化铜合金在高温下的塑性变形规律，对于确定弥散铜生产所需的最佳工艺条件(变形方式、变形温度、变形量和变形速率等)有重要意义，而且对指导该材料高温应用也有重要意义。本节利用 Gleeble1500 热模拟机对 Cu - 0.23% Al_2O_3(体积分数)弥散强化铜合金在不同方向(沿纵向和横向)和不同压缩条件下(变形量、应变速率以及变形温度等)的高温塑性变形特性进行了研究，并据此建立了 Cu - 0.23% Al_2O_3(体积分数)弥散强化铜合金热压缩本构方程。

6.4.1　热压缩条件对弥散强化铜合金真应力 - 真应变曲线的影响

图 6 - 22 示出了不同热压缩条件对 Cu - 0.23% Al_2O_3(体积分数)合金真应力 - 真应变曲线的影响。由图可见，热压缩条件不同，合金的流变应力变化规律差别较大，不过在变形初始阶段，真应力均随应变量的增加而迅速上升，直至峰值屈服应力，然后以不同方式转变到稳态流变阶段，其中部分高温热压缩条件能使稳态流变特征维持到最后，而在 650℃ 以下不同应变速率压缩时，在稳态流变过程之后还会出现一段流变应力降低过程。

以图 6 - 22(d)为例，在第 Ⅰ 阶段，当应变速率相同时，峰值屈服应力随变形温度的升高而降低。这是因为温度越高，热激化作用越强，原子的活动能力相应增强，依赖于原子间相互作用的临界剪切应力减弱，各种点缺陷的扩散加快，位错也更容易开动(如位错攀移)，故位错运动所需的有效应力减小，最终使得合金峰值屈服应力降低。而在同一温度压缩时，应变速率越大，单位时间内开动的位错越多。因此，峰值屈服应力随应变速率的增加而增加。而对于稳态流变过程[图 6 - 22(d)]中第 Ⅱ 阶段，热压缩温度越高，压缩过程中越容易出现稳态流变特征，峰值屈服应力与稳态流变应力相差越小，说明材料的加工硬化和高温软化在较短时间内就能达到平衡，但是对于温度较低时的高应变速率(20 s^{-1}) 情况，流变应力在达到稳态流变之前会发生上下波动或多峰现象。这种波动是由于动态回复或动态再结晶引起的加工软化来不及平衡加工硬化所致。当变形温度升高到 800℃ 以上时，动态回复或动态再结晶造成的软化速率已足够大，能够平衡因应变速率增加而引起的硬化速率的增加，所以在 800℃ 以上温度压缩时，流变应力上下波动现象消失[图 6 - 22(e)]。而稳态流变之后的流变应力降低过程主要出现在低温压缩过程中[6 - 20(d)]中第 Ⅲ 阶段。流变应力降低说明合金在热压缩过程中，动态回复或动态再结晶所引起的软化速率加快，除了由热激活使运动位错通过相互作用而湮灭以及亚晶尺寸增加导致软化外，由于弥散强化铜合金变形到一定程度时，Al_2O_3 粒子周围塞积的位错密度增加，从而会使得异号位错更容易相互反应而湮灭，这也能造成软化。

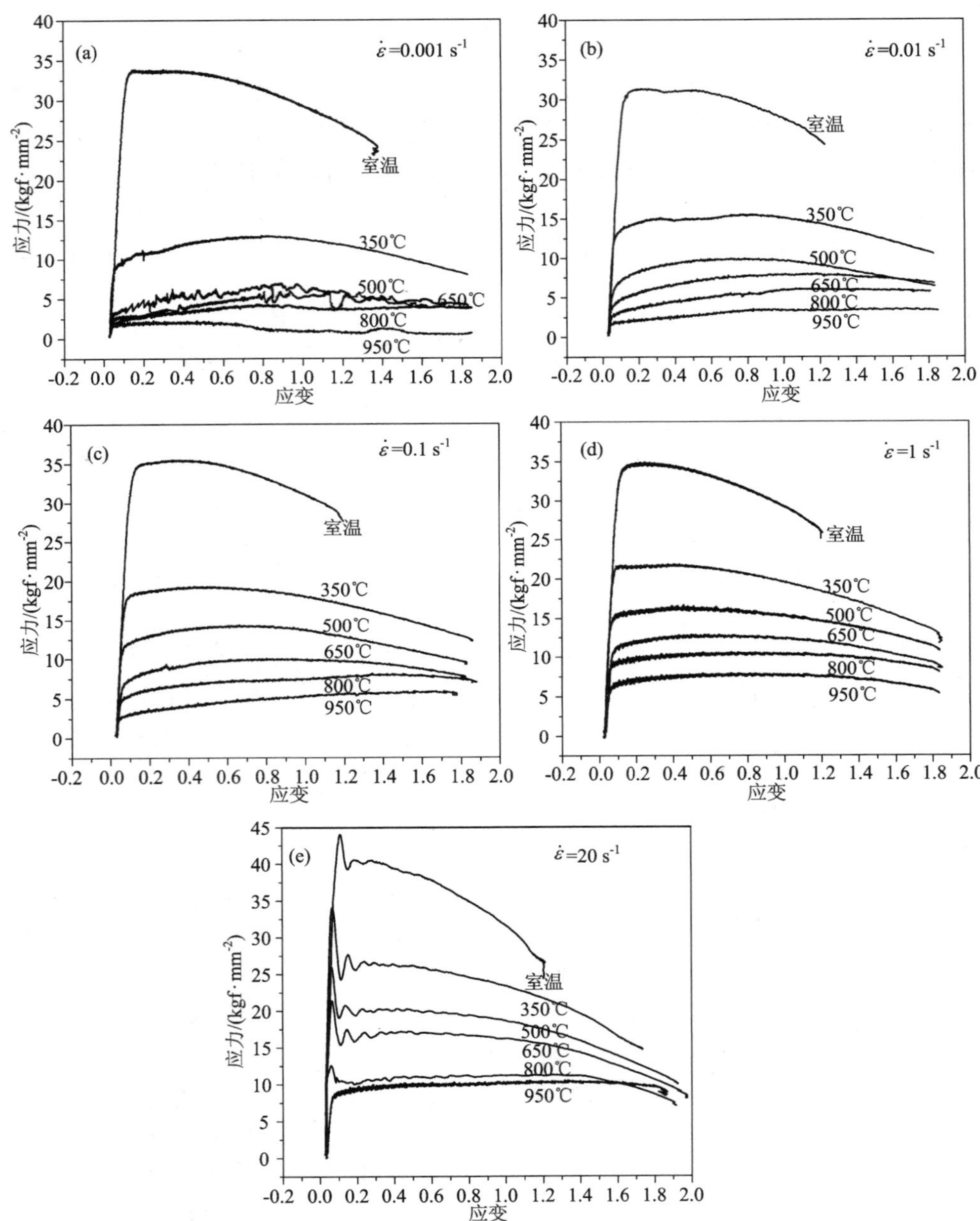

图 6-22　Cu-0.23% Al_2O_3(体积分数)合金的真应力-真应变曲线

(a)0.001 s^{-1}; (b)0.01 s^{-1}; (c)0.1 s^{-1}; (d)1 s^{-1}; (e)20 s^{-1}

6.4.2　压缩条件对峰值应力的影响

由合金的真应力 - 真应变曲线可知，材料的流变应力与变形温度及应变速率有着密切的关系。Sellars 与 Tegart 等人曾提出了一种包含变形激活能 Q 和变形温度的双曲正弦形式的流变应力模型，其应变速率可表示为：

$$\dot{\varepsilon} = AF(\sigma)\exp[-Q/(RT)] \tag{6-50}$$

式中，$\dot{\varepsilon}$ 为应变速率；A 为常数；Q 为变形激活能；R 为气体常数；T 为绝对温度；σ 为流变应力；$F(\sigma)$为应力的函数；$F(\sigma)$可以表示为：

$$F(\sigma) = [\sinh(\alpha\sigma)]^n \tag{6-51}$$

对于不同的应力状态，$F(\sigma)$又可表示为如下两种形式：

高应力状态时：

$$F(\sigma) = \exp(\beta\sigma) \tag{6-52}$$

低应力状态时：

$$F(\sigma) = \sigma^n \tag{6-53}$$

其中，α、β 和 n 均为常数，且满足 $\alpha = \beta/n$。当 $\alpha\sigma > 1.2$ 时为高应力水平，式(6 - 51)近似于式(6 - 52)；而当 $\alpha\sigma < 0.8$ 时为低应力水平，式(6 - 51)近似于(6 - 53)式。

在高应力和低应力状态下，当变形激活能与温度无关时，将式(6 - 52)和式(6 - 53)分别代入式(6 - 50)，可得到：

$$\dot{\varepsilon} = B'\exp(\beta\sigma) \tag{6-54}$$

$$\dot{\varepsilon} = B\sigma^n \tag{6-55}$$

式中，B'，B 分别为常数。对式(6 - 54)和式(6 - 55)两边分别取对数并整理可得：

$$\ln\dot{\varepsilon} = -\ln B' + \beta\sigma \tag{6-56}$$

$$\ln\dot{\varepsilon} = -\ln B + n\ln\sigma \tag{6-57}$$

此外，将式(6 - 51)代入式(6 - 50)又可得

$$\dot{\varepsilon} = A[\sinh(\alpha\sigma)]^n\exp(-Q/RT) \tag{6-58}$$

对式(6 - 58)两边分别取对数，可得

$$\ln\dot{\varepsilon} = n\ln[\sinh(\alpha\sigma)] + (-Q/RT) + \ln A \tag{6-59}$$

由式(6 - 56)、式(6 - 57)及式(6 - 59)式可知，$\ln\dot{\varepsilon}$ 与 σ、$\ln\dot{\varepsilon}$ 与 $\ln\sigma$ 以及 $\ln\dot{\varepsilon}$ 与 $\ln[\sinh(\alpha\sigma)]$之间均成正比关系。根据两种浓度合金不同压缩条件下测得的峰值屈服流变应力，可分别绘制 $\ln\dot{\varepsilon} - \sigma$、$\ln\dot{\varepsilon} - \ln\sigma$ 和 $\ln\dot{\varepsilon} - \ln[\sinh(\alpha\sigma)]$ 曲线(如图 6 - 23)。可见所有温度下的实验数据均较好地满足线性关系。根据计算结果可以认为，Cu - 0.23% Al_2O_3(体积分数)弥散强化铜合金高温热压缩时，峰值屈服应力与应变速率之间满足式(6 - 58)的双曲正弦关系，这说明 Cu - Al_2O_3 弥

散强化铜合金高温塑性变形过程也是一个热激活过程。

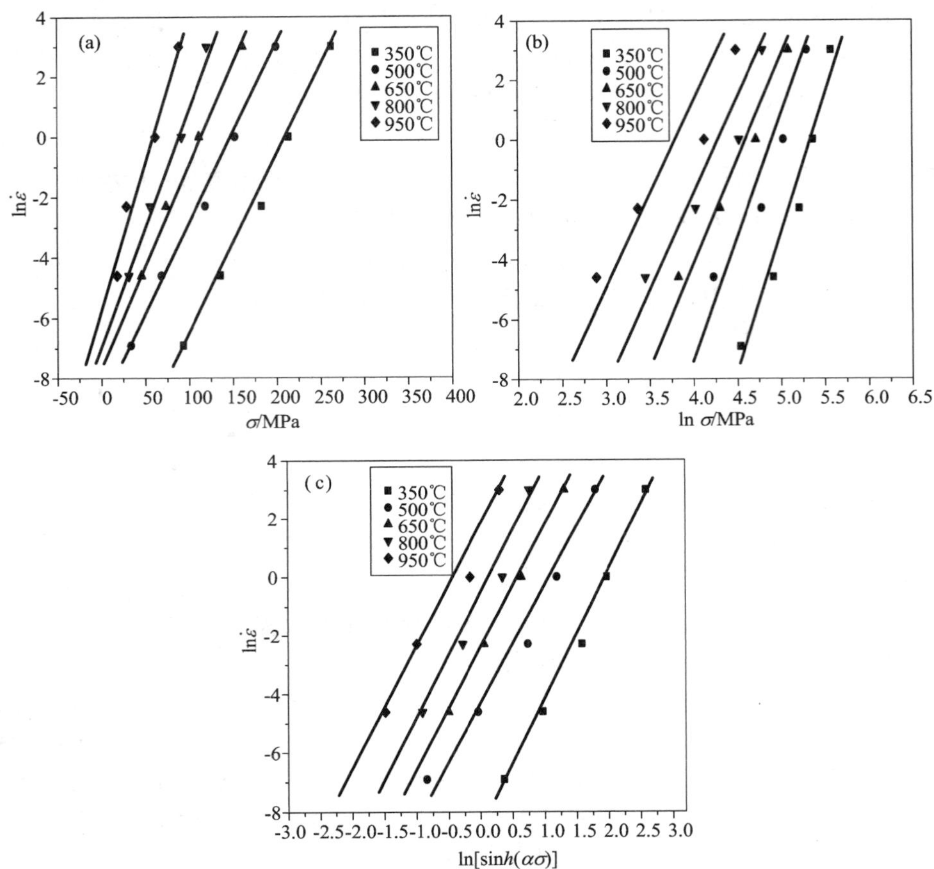

图 6-23 应变速率对 Cu-0.23% Al_2O_3(体积分数)合金峰值应力的影响

(a) $\ln\dot{\varepsilon}-\sigma$ 曲线; (b) $\ln\dot{\varepsilon}-\ln\sigma$ 曲线; (c) $\ln\dot{\varepsilon}-\ln[\sinh(\alpha\sigma)]$ 曲线

由于温度变化直接影响弥散强化铜合金变形的难易程度，因此很有必要弄清楚温度与峰值屈服应力之间的定量关系。由(6-59)式可知，如果 Q 值与温度无关，则 $\ln[\sinh(\alpha\sigma)]-T^{-1}$ 呈直线关系。通过绘制 $\ln[\sinh(\alpha\sigma)]-T^{-1}$ 关系曲线，可以发现其所有曲线基本满足线性关系，不过也有部分温度下的激活能偏离拟合曲线较严重(如图 6-24 中椭圆所围的几个数据点)，而且这些偏离点主要集中在 950℃压缩时，这可能由于在高温压缩时，弥散 Al_2O_3 粒子与基体界面处由于热膨胀系数的差异而产生裂纹所致。特别是纵向压缩，由于压缩方向与合金原来基体内纤维排列方向相同，变形过程中纤维边界更容易发生开裂。基体内裂纹的产生必然导致合金流变应力的降低，所以 $\ln[\sinh(\alpha\sigma)] - T^{-1}$ 曲线中 950℃ 压缩时的 $\ln[\sinh(\alpha\sigma)]$ 值整体较低。扣除样品开裂这一影响因素，我们可以求得拟合直线的斜率(Q/nR)，继而求出两种合金沿纵横向压缩变形时的激活能 Q 值。虽然大量 Mg 合金高温变形研究表明，激活能对合金、变形模型以及织构不敏感，但由表 6－9中的激活能计算结果可以看出，不仅两种浓度合金的激活能有差别，而且同一浓度合金沿不同方向压缩时，其激活能也差别较大，纵向激活能整体较高，基本上是沿横向压缩时的两倍。

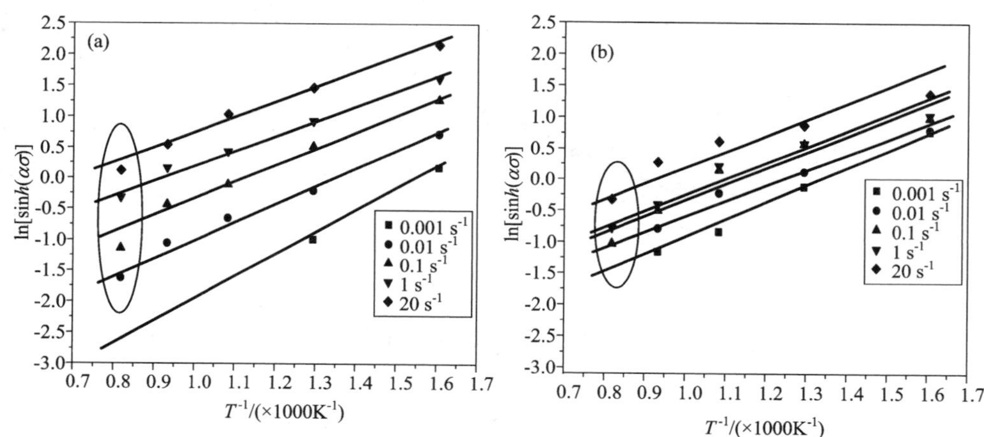

图 6－24　温度对 Cu－0.23% Al_2O_3(体积分数)合金的峰值屈服应力的影响

(a)横向；(b)纵向

6.4.3　高温变形本构方程的建立

上文我们根据高温压缩实验结果，分别求出了相关材料参数(表 6－9)，下面引入 Zener－Hollomon 参数，即

$$Z = \dot{\varepsilon}\exp(Q/RT) \tag{6-60}$$

式(6－60)可变为

$$Z = A\sinh[\alpha\sigma]^n \tag{6-61}$$

对式(6－61)两边取对数，可得：

$$\ln Z = \ln A + n\ln[\sinh(\alpha\sigma)] \tag{6-62}$$

根据式(6－62)，可绘制出两种浓度合金纵横向压缩后的 $\ln Z - \ln[\sinh(\alpha\sigma)]$ 关系曲线(图 6－25)，通过测量直线的斜率和截距可分别求得 n 和 $\ln A$ 值，测量结果也列于表 6－9 中。到此为止，建立材料高温压缩本构方程所需的常数已全部求得。不同状态合金高温压缩本构方程可表达如下：

Cu－0.23% Al_2O_3(体积分数)合金横向高温变形本构方程为

$$\dot{\varepsilon} = [\sinh(0.0124836\sigma)]^{4.39909}\exp(11.65218 - 99.848\times10^3/RT) \quad (6-63)$$

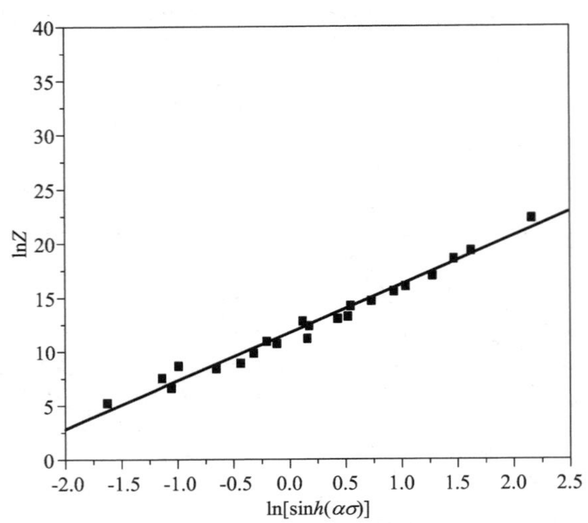

图6－25　Cu－0.23% Al_2O_3(体积分数)合金的lnZ－ln[sinh(ασ)]曲线

表6－9　建立Cu－Al_2O_3合金本构方程所需常数

	β	n	α	$Q/(kJ\cdot mol^{-1})$	$\ln A$
Cu－0.23 Al_2O_3(体积分数)合金横向的方程	54.9165×10^{-3}	4.39909	12.484×10^{-3}	99.848	11.65218

6.4.4　压缩变形后的合金显微组织研究

图6－26示出了低浓度合金原始态组织，其纵向组织呈典型的纤维状组织，而横向存在大量大小不等的颗粒状组织。图6－27示出了应变速率对低浓度Cu－0.23% Al_2O_3(体积分数)合金在350℃沿横向压缩时横截面显微组织的变化。可以看出，经350℃不同应变速率压缩后，原来的纤维组织明显弱化，特别是应变速率为0.001 s^{-1}时，基体内基本看不到纤维组织。

当热压缩温度升高到500℃时(图6－28)，经三种应变速率压缩后合金基体内粗大晶粒周围或纤维组织边界均出现大量细小的动态再结晶晶粒，应变速率较低时(0.001 s^{-1})，动态再结晶晶粒几乎遍满整个基体[图6－28(a)]；随着应变速率的增加，变形越来越不均匀，纤维的长宽比差别也越大[图6－28(c)]；此外

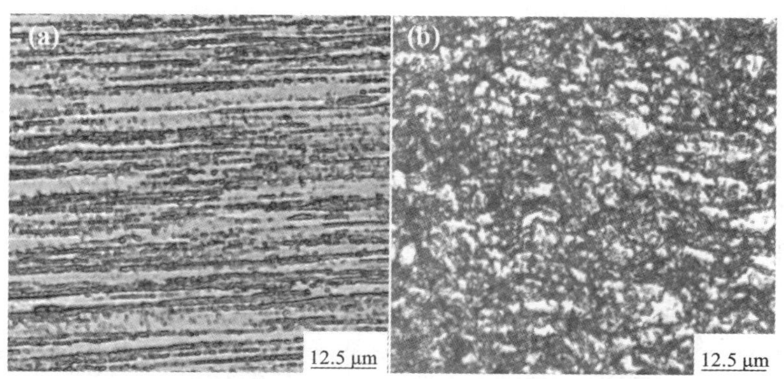

图 6 – 26　Cu – 0.23% Al_2O_3（体积分数）合金的初始显微组织

（a）纵向；（b）横向

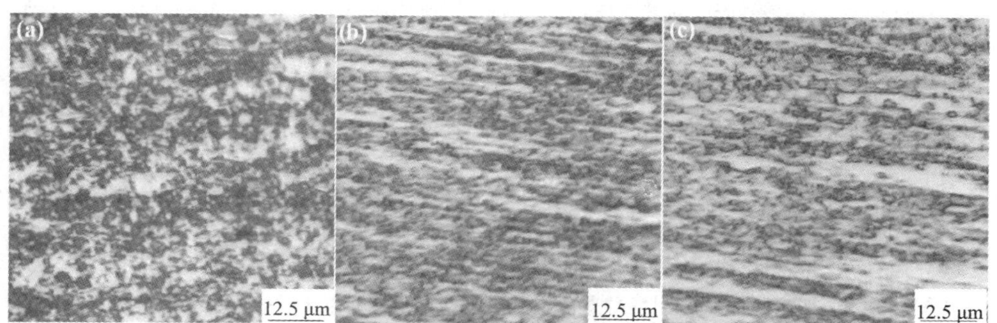

图 6 – 27　Cu – 0.23% Al_2O_3（体积分数）合金在 350℃横向压缩时的横截面金相组织

（a）0.001 s^{-1}；（b）0.1 s^{-1}；（c）20 s^{-1}

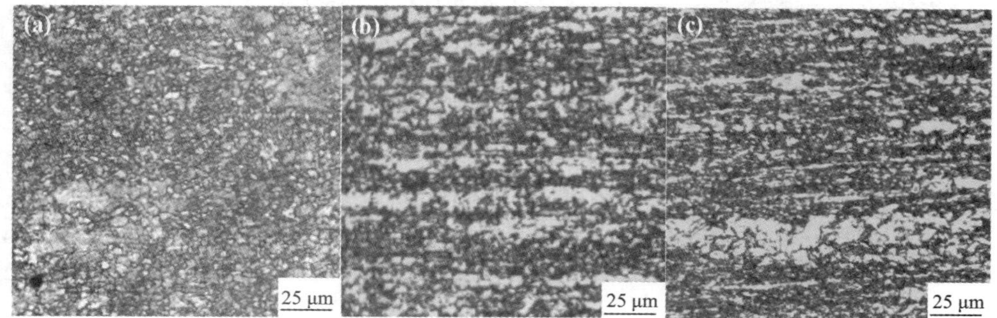

图 6 – 28　Cu – 0.23% Al_2O_3（体积分数）合金在 500℃横向压缩时的横截面金相组织

（a）0.001 s^{-1}；（b）0.1 s^{-1}；（c）20 s^{-1}

由图还可以看出，虽然较高应变速率变形时仍然存在纤维组织，但是此时纤维组织中间已开始有动态再结晶晶粒贯穿。当热压缩温度增加到650℃时(图6－29)，合金基体内动态再结晶晶粒尺寸明显增大[图6－29(a)]，高应变速率下可明显观察到原纤维组织被动态再结晶晶粒分解成长宽比较小的晶粒胞[如图6－29(b)、(c)箭头所指]的现象。随着热压缩温度进一步增加到800℃时，由图6－30可以看出，动态再结晶晶粒尺寸进一步增加，应变速率为0.001 s^{-1}时，基体内动态再结晶晶粒尺寸整体均较大。而随着应变速率的增加，动态再结晶尺寸有所降低。

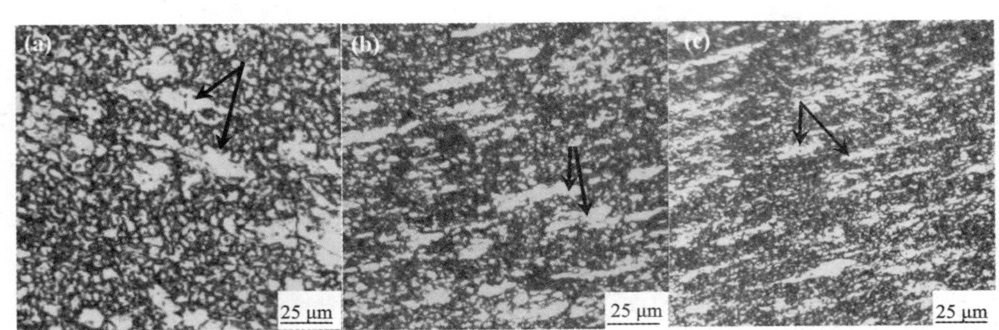

图6－29 Cu－0.23%Al_2O_3(体积分数)合金在650℃横向压缩时的横截面金相组织

(a)0.001 s^{-1}；(b)0.1 s^{-1}；(c)20 s^{-1}

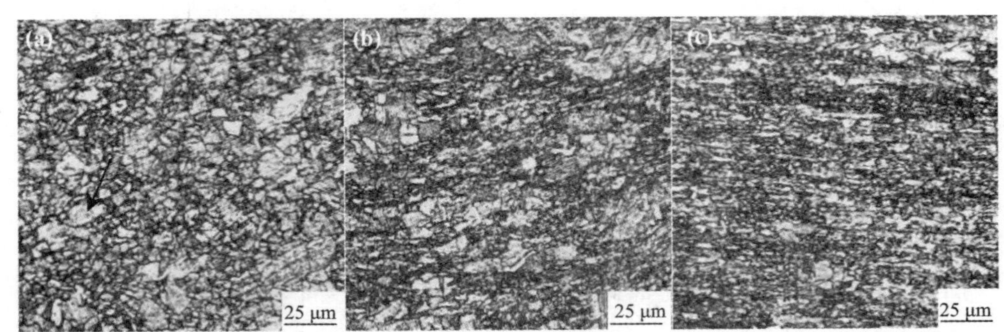

图6－30 应变速率对Cu－0.23%Al_2O_3(体积分数)合金在800℃沿横向压缩时横截面组织的影响

(a)0.001 s^{-1}；(b)0.1 s^{-1}，(c)20 s^{-1}

图6－31示出了低浓度Cu－0.23% Al_2O_3(体积分数)弥散强化铜合金不同应变速率500℃横向压缩时的TEM显微组织。由图可以看出，随着应变速率的增加，亚晶尺寸不断减小，而且其形状基本呈等轴状。以0.001 s^{-1}的应变速率变形

时，亚晶尺寸最大，为 2 ~ 3 μm，基体内位错密度最低[图 6 - 31(b)]，仅部分粗大亚晶粒内部的弥散粒子周围缠结有一些位错线[图 6 - 31(b)]。当应变速率增加到 0.1 s^{-1}时，亚晶尺寸有所降低，为 1.5 ~ 2 μm，而位错密度明显高于应变速率为 0.001 s^{-1}时的，且位错主要分布在亚晶界附近，部分相邻亚晶组织正在合并，小角度亚晶界也正在向大角度晶界转变[图 6 - 31(c)、(d)]。随着应变速率

图 6 - 31　Cu - 0.23% Al_2O_3 (体积分数) 合金在 500℃横向压缩时的 TEM 显微组织

(a)(b)0.001 s^{-1}；(c)(d)0.1 s^{-1}；(e)(f)20 s^{-1}

进一步增加到 20 s^{-1}时，由图 6 – 31(e)、(f)可以看出，亚晶尺寸进一步减小，为 0.5 ~ 1 μm，亚晶界更加明晰可见，此外基体内位错密度明显减小。说明 Cu – Al_2O_3 弥散强化铜合金高温压缩时，高应变速率有利于亚晶组织的形成，而且较低温压缩形成的亚晶界更加明晰平直。

随着热压缩温度增加到 800℃时，由图 6 – 32 可以看出，应变速率为 0.001 s^{-1} 时，亚晶尺寸明显比 500℃经此应变速率压缩后的要大，亚晶尺寸可达 5 μm 左右。随着应变速率的增加，由图 6 – 32(b)、(c)可以看出，由于变形过程时间较短，亚晶粒之间相互吞并较难进行，所以经两个应变速率压缩后的亚晶尺寸有所减小，不过较 500℃相同速率压缩后的亚晶尺寸要大。

图 6 – 32　Cu – 0.23% Al_2O_3(体积分数)合金 800℃横向压缩时的 TEM 显微组织

(a)0.001 s^{-1}；(b)0.1 s^{-1}；(c)20 s^{-1}

6.4.5　压缩过程中合金开裂行为研究

在热模拟实验中，发现弥散强化铜合金在热压缩变形时出现开裂现象。下面仅以 Cu – 0.23% Al_2O_3(体积分数)合金为例来说明这一现象。

低浓度 Cu－0.23% Al_2O_3（体积分数）合金在进行热压缩变形时，沿横向压缩，热裂纹相对不容易形成，只有在 800℃以上才会出现。图 6－33 示出了低浓度 Cu－0.23% Al_2O_3（体积分数）合金沿横向 800℃压缩后的横断面开裂组织。由图可以看出，应变速率较低时裂纹主要出现在金属流动最严重的部位，由于沿横向压缩压应力方向垂直于纤维组织排列方向，随压缩过程的不断进行含有纤维组织的金属会受到部分垂直于纤维排列方向的向外的拉应力，而纤维界面为弱结合面，一旦存在拉应力很容易发生开裂（其整个开裂模型如图 6－34 所示）。

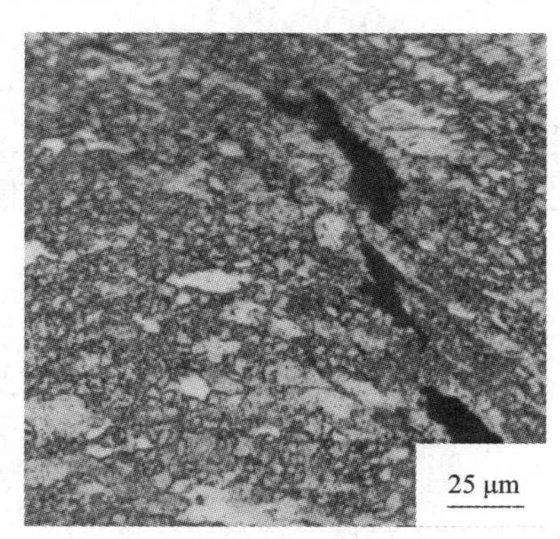

图 6－33　Cu－0.23% Al_2O_3（体积分数）合金经横向 800℃，0.001 s^{-1} 压缩后的横截面开裂组织

合金沿纵向压缩时，由于整个压缩过程试样均受到垂直于纤维排列方向的拉应力，所以合金更容易发生开裂，而且开裂同样主要集中在应变速率较小的热压缩条件下。图 6－35 示出了低浓度 Cu－0.23% Al_2O_3（体积分数）合金沿纵向不同条件压缩时的开裂组织。应变速率为 0.001s^{-1} 时，合金基体内最容易出现微裂纹，由图 6－35（a）可以看出，合金在 500℃热压缩时，在样品横断面上就可以看到沿粗大晶粒边界出现了微裂纹。随着热压缩温度的升高，裂纹逐渐粗化并延伸到更大范围[如图 6－35（b）、（c）]。当应变速率增加后，微裂纹相对较难形成，这可能是由于此压缩过程中金属流动较快，瞬间形成的微裂纹来不及扩展很快就被焊合所致。所以在 800℃应变速率为 0.1 s^{-1} 时，合金基体内才开始沿粗大晶粒周围出现微裂纹[如图 6－35（d）]，温度增加

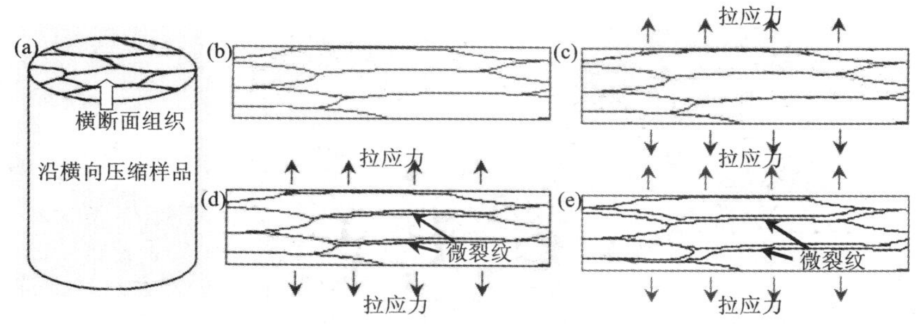

图 6－34　Cu－Al_2O_3 合金横向压缩的开裂模型

到950℃时，开裂现象变得严重，裂纹广度和深度增加[如图6－35(e)所示]。图6－36示出了弥散强化铜合金沿纵向压缩时裂纹形成的整个过程。

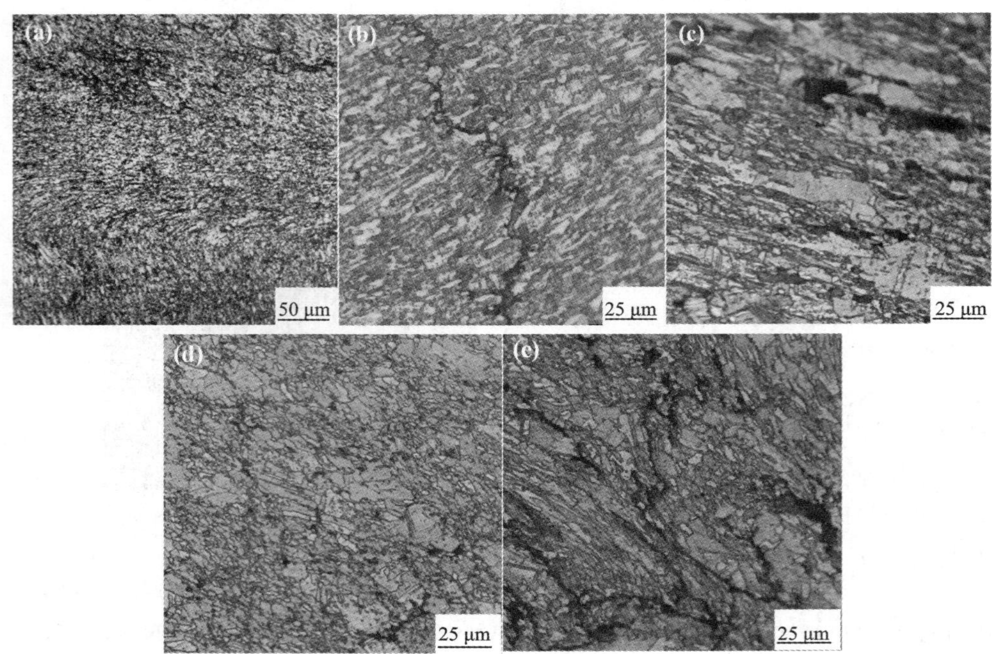

图6－35　Cu－Al_2O_3 合金沿纵向压缩的开裂组织

(a)500℃，0.001 s^{-1}；(b)650℃，0.001 s^{-1}；(c)800℃，0.001 s^{-1}；(d)800℃，0.1 s^{-1}；(e)950℃，0.1 s^{-1}

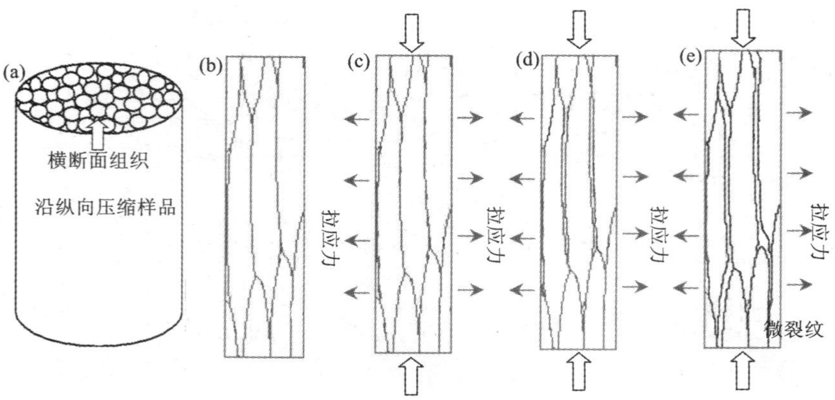

图6－36　Cu－Al_2O_3 合金纵向压缩开裂模型

6.5　Cu - Al_2O_3 弥散强化铜合金的强化和导电机制[47]

弥散强化相的大小、形状、分布对合金的性能具有决定性的影响。为了较全面地了解弥散强化相 Al_2O_3 的形状、大小、分布以及物相，我们用硝酸溶液萃取了弥散强化铜合金中 Al_2O_3 等难溶相，并对这些萃取物进行了 TEM 观察以及 XRD 物相分析。

6.5.1　弥散强化相 Al_2O_3 的形状、大小、分布特征

图 6 - 37 ~ 图 6 - 39 示出了不同 Al_2O_3 含量的弥散强化铜合金硝酸萃取物中 Al_2O_3 粒子典型的 TEM 照片及相应的电子衍射花样。其中，1#样品为添加了硼的 Cu - 0.54Al_2O_3 合金，2# ~ 5#样品成分分别为 Cu - 0.54 Al_2O_3、Cu - 0.68 Al_2O_3、Cu - 1.35 Al_2O_3 和 Cu - 2.25 Al_2O_3。可以看出，在所有这些弥散强化铜合金中，均存在有比例不同的细小、中等以及粗大的 Al_2O_3 粒子。细小的 Al_2O_3 粒子多呈球状、针状、三角状[图 6 - 37(a)、图 6 - 38(a)、图 6 - 38(b)、图 6 - 38(d)]；中等大小的粒子其晶形完好，晶面为规则的六边形[图 6 - 38(c)、图 6 - 38(d)]；粗大的粒子则呈片状[图 6 - 37(a)、图 6 - 39(c)]、棒状[图 6 - 37(a)、图 6 - 38(b)、图 6 - 39(a)]。细小的 Al_2O_3 尺寸在 3 ~ 20 nm 之间，电子衍射鉴定其为 γ - Al_2O_3相[图 6 - 37(b)、图 6 - 38(b)、图 6 - 39(b)]；中等粒子尺寸在 40 ~ 70 nm之间，粗大的粒子则大于 100 nm，电子衍射分析发现二者主要是 α - Al_2O_3 [图 6 - 37(a)、图 6 - 38(a)、图 6 - 39(d)]。

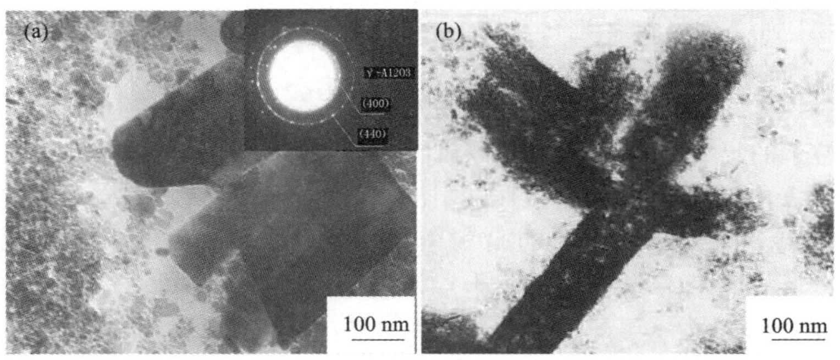

图 6 - 37　1#样品硝酸萃取氧化物的 TEM 形貌

(a) 细小的 γ - Al_2O_3 粒子和粗大的片状 Al_2O_3 粒子；(b) 粗大的 Al_2O_3 棒状粒子

为进一步查明硝酸萃取残余物物相及其尺寸，我们对萃取残余物进行了 X 射

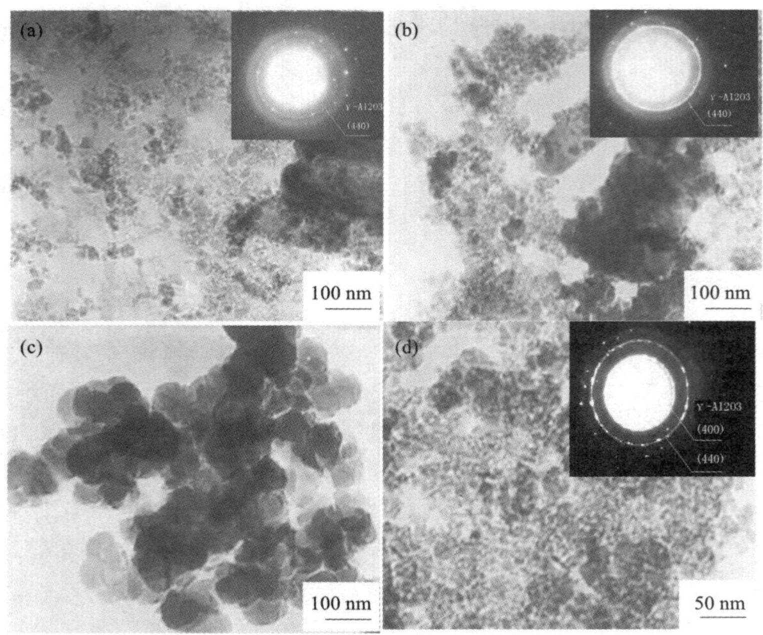

图 6－38　2#(a)、3#(b)(c)、4#(d)样品硝酸萃取氧化物的 TEM 形貌

线衍射分析，图 6－40 示出了不同成分的合金 $\gamma-Al_2O_3$ 粒子的(440)衍射峰的变化。可以看出，随着原始合金中 Al 含量的增加，$\gamma-Al_2O_3$ 各衍射峰的宽化现象逐渐减弱，说明其晶粒尺寸有所长大。在扣除背底、进行峰位分离拟合后，再扣除仪器宽化(利用石英粉末进行校正)，可求出衍射峰的半高宽(FWHM)。利用衍射峰的半高宽测量数据，根据晶粒尺寸谢乐公式计算：$D=\frac{0.94\lambda}{\beta\cos\theta}$，可求出 $\gamma-Al_2O_3$粒子的尺寸 D。式中，λ 为入射 X 射线波长，β 为半高宽(FWHM)，θ 为衍射角。计算出的晶粒尺寸列于表 6－10 中。从表中数据不难发现，Al_2O_3 粒子尺寸的 X 射线衍射测量结果和 TEM 观察测量结果相当吻合。此外，加硼的原始成分为 Cu－0.54 Al_2O_3 弥散铜合金中 $\gamma-Al_2O_3$ 粒子尺寸要稍大于不加硼合金中的 $\gamma-Al_2O_3$ 粒子的尺寸，这可能与内氧化工艺中热处理时间较长有关，另外硼的加入可能也有利于 Al_2O_3 粒子的长大。

Al_2O_3 具有多种变体，它们之间的相变会影响合金的性能。纯 $\gamma-Al_2O_3$ 加热到 850～900℃时就可以转变成 $\alpha-Al_2O_3$，但此时转变速度较慢，温度升高到 1200℃时，转变速度非常快。由 $\gamma-Al_2O_3$ 向 $\alpha-Al_2O_3$ 转变后，Al_2O_3 的密度会增加，体积收缩 14.4%～19.4%。

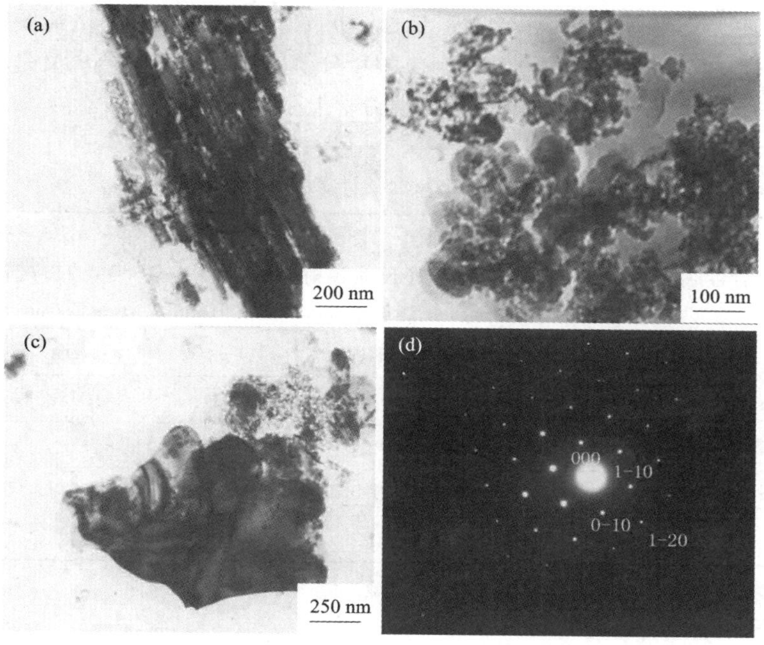

图 6 -39　5#样品硝酸萃取氧化物的 TEM 形貌

(a)束状弥散相；(b)细小的 Al_2O_3 粒子；

(c)不规则片状 $\alpha - Al_2O_3$ 相，(d)片状 $\alpha - Al_2O_3$ 相的衍射花样

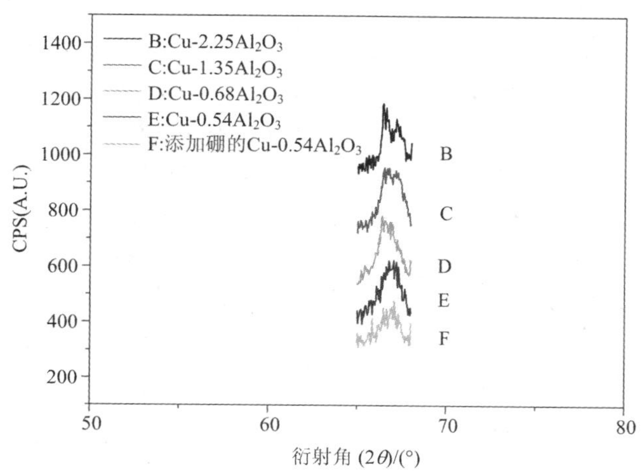

图 6 -40　硝酸萃取残余物的 X 射线衍射花样[($\gamma - Al_2O_3$ 的(440)面衍射峰变化)]

当亚稳态的 $\gamma-Al_2O_3$ 处于弥散分布状态时，$\gamma-Al_2O_3$ 向 $\alpha-Al_2O_3$ 转变需要 $\gamma-Al_2O_3$ 重新溶解，Al、O 原子发生长程逆扩散。原子的长程扩散需要很高的温度以及较高的 Al、O 浓度，但这与 $\gamma-Al_2O_3$ 分解所需要的低氧分压又是相互矛盾的。因此弥散状态 $\gamma-Al_2O_3$ 的长大在动力学上是比较困难的。

表 6－10　根据 sherrie 公式计算的 Al_2O_3 粒子尺寸

样品编号	合金成分	$\alpha-Al_2O_3$ 粒子尺寸 X 射线测量值/nm	$\gamma-Al_2O_3$ 粒子尺寸 X 射线测量值/nm	$\alpha-Al_2O_3$ 尺寸 TEM 测量值/nm	$\gamma-Al_2O_3$ 尺寸 TEM 测量值/nm	$\gamma-Al_2O_3$ 体积含量/%
1#	$Cu-0.54Al_2O_3$*	—	11.3	—	11.6	95
2#	$Cu-0.54\ Al_2O_3$	—	9.3	—	10.8	100
3#	$Cu-0.68\ Al_2O_3$	34.8	9.2	40～60	11	90
4#	$Cu-1.35\ Al_2O_3$	35.5	10.0	40～60	12	85
5#	$Cu-2.25\ Al_2O_3$	51.2	12	40～80	14	80

注：* 为添加硼的 $Cu-0.54Al_2O_3$ 弥散强化铜合金。

当 $\gamma-Al_2O_3$ 处于集聚态时，$\gamma-Al_2O_3$ 会向 $\alpha-Al_2O_3$ 迅速转变：

$$\gamma-Al_2O_3 \xrightarrow{1050℃} \theta-Al_2O_3+\alpha-Al_2O_3 \xrightarrow{1200℃} \alpha-Al_2O_3$$

由于 $\gamma-Al_2O_3$ 粒子细小，比表面能较高，实际上其转变温度会有所下降。当热力学上亚稳态的 $\gamma-Al_2O_3$ 处于聚集态时，在一定的温度下，动力学上也发生失稳，$\gamma-Al_2O_3$ 可以迅速转变为 $\alpha-Al_2O_3$ 或其他变体，转变不需要 Al、O 的长程逆扩散，而可能以一种自扩散烧结的方式进行。

本研究中，Al_2O_3 的相变不仅与温度和时间有关，而且受到 Al_2O_3 浓度的影响。从图 6－41 中不难看出，在相同的内氧化时间和温度下，随着 Al_2O_3 含量的增加，$\alpha-Al_2O_3$ 衍射峰的衍射强度明显提高，即 $\alpha-Al_2O_3$ 的比例增大。

高温退火也对合金中的相变产生不同程度的影响。各合金在高温下如 900℃、1020℃分别退火 1 h 后，除低 Al_2O_3 成分的 $Cu-0.54Al_2O_3$ 合金外[图 6－42(a)]，其他各合金的 $\alpha-Al_2O_3$ 衍射峰的强度均有较明显的提高[图 6－42(b)、(c)、(d)]。合金中 Al_2O_3 成分提高，无疑使得 $\gamma-Al_2O_3$ 处于聚集状态的机会增多，有利于 $\gamma-Al_2O_3$ 向 $\alpha-Al_2O_3$ 的转变。氧化物的相变会加快氧化物的粗化速度，而粗大的 $\alpha-Al_2O_3$ 的形成减弱了其弥散强化作用，降低了合金的力学性能。同时，$\gamma-Al_2O_3$ 向 $\alpha-Al_2O_3$ 转变时体积发生收缩，导致材料中形成微孔，从而也降低了合金的性能。

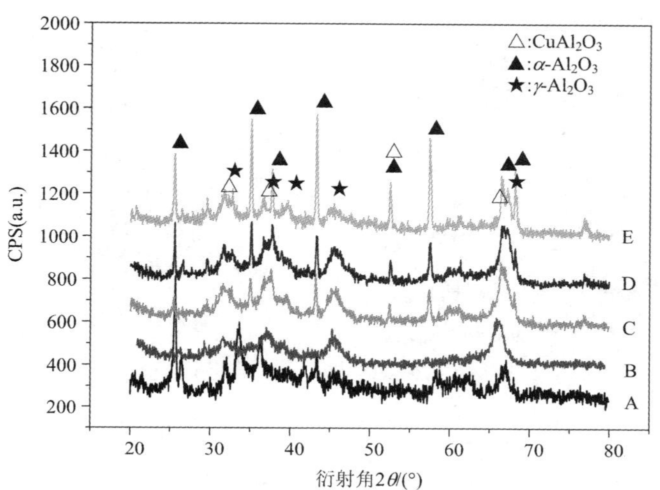

图 6 - 41　Cu - Al_2O_3 合金硝酸萃取残余物的 X 射线衍射花样

A—Cu - 0.54Al_2O_3 添加 B 元素；B—Cu - 0.54Al_2O_3；

C—Cu - 0.68Al_2O_3；D—Cu - 1.35Al_2O_3；E—Cu - 2.25Al_2O_3

6.5.2　弥散强化铜合金的强化机制

本文所研制的弥散强化铜合金经历了热压、热挤压、冷拉拔或冷轧等各种变形处理，存在着多种强化机制。主要有内氧化工艺形成的弥散强化、挤压或冷加工过程中引起的亚结构强化、冷拉拔过程中引起的位错强化。因此弥散强化铜合金的高强度是这几种强化机制共同作用的结果。下面将分别论述这几种强化机制对强度的贡献。

6.5.2.1　Cu - Al_2O_3 弥散强化铜合金的弥散强化机制

由 Orowan 机制产生的屈服应力增量 $\Delta\sigma_{\text{Orowan}}$[48] 为：

$$\Delta\sigma_{\text{Orowan}} = \frac{0.81MGb}{2\pi(1-\nu)^{1/2}}\frac{\ln(2r_s/r_0)}{(\lambda_s - 2r_s)} = \frac{0.81MGb}{2\pi(1-v)^{1/2}}\frac{\ln(\pi r/4b)}{r((3\pi/2f_v)^{1/2} - \pi/4)}$$

$$= \frac{5710\ln(\pi r/4b)}{r((3\pi/2f_v)^{1/2} - \pi/4)} \tag{6-64}$$

其中：$\lambda_s = r\sqrt{\dfrac{2\pi}{3f_v}}$，$r_s = \left(\dfrac{\pi}{4}\right)r$，式中 M 为 Taylor 因子（铜的 $M = 3.1$）；G 为基体的剪切模量（铜的剪切模量为 45.5 GPa）；ν 为泊松比（为 0.34）；b 为 Burgers 矢量（为 0.255 nm）；λ_s为粒子的平均平面正方点阵间距（即表观粒子间距）；r 为粒子

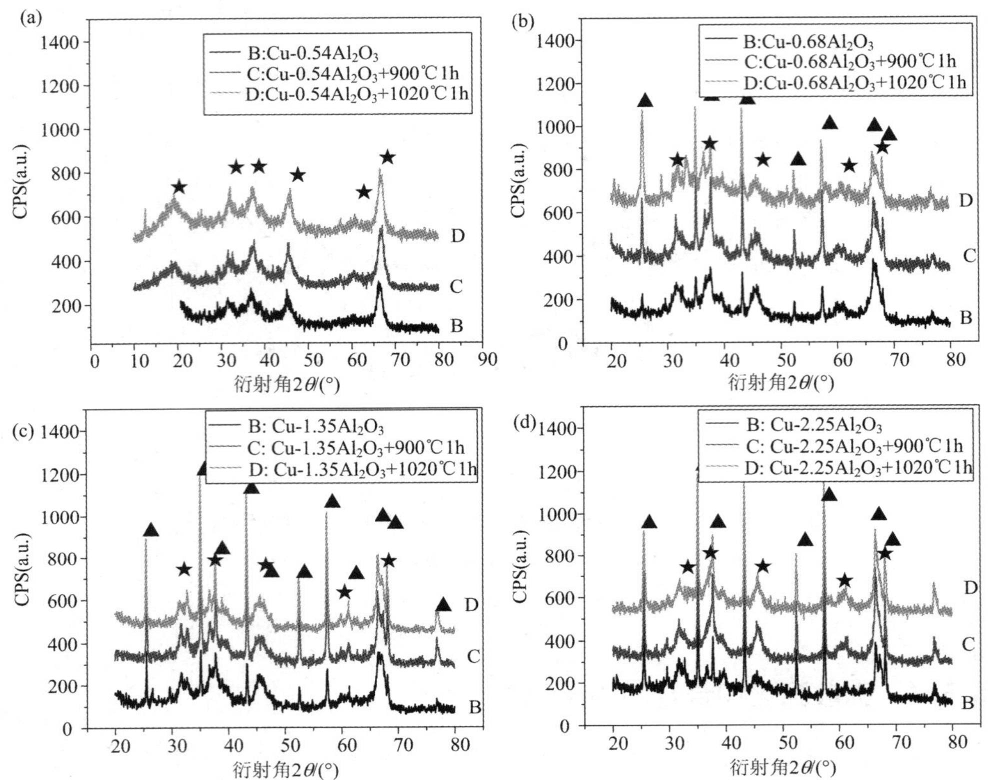

图 6-42　不同温度下退火后的 $Cu-Al_2O_3$ 弥散强化铜合金硝酸萃取残余物的 X 射线衍射花样

▲：$\alpha-Al_2O_3$；★：$\gamma-Al_2O_3$

(a) $Cu-0.54Al_2O_3$，(b) $Cu-0.68Al_2O_3$，(c) $Cu-1.35Al_2O_3$，(d) $Cu-2.25Al_2O_3$

的平均半径；r_s为粒子与任一滑移平面交切圆的圆弧段的半径；f_v为粒子体积分数；r_0为位错的截止半径，取 $r_0=2b$。从式(6-64)可以看出，在弥散相含量一定的情况下，弥散粒子的尺寸越小，$\Delta\sigma_{Orowan}$值就越高；而在粒子尺寸一定的情况下，弥散相的含量越高，$\Delta\sigma_{Orowan}$值就越高。各合金的弥散参数及 Orowan 强化机制产生的屈服强度增量的计算结果列于表 6-11。

表 6 – 11 不同成分的弥散强化铜合金的弥散参数

合金成分	f_v/%	$2r$/nm	λ_s/nm	$2r_s$/nm	λ_s-2r_s/nm	$2r^*$/nm	$\Delta\sigma_{Orowan}$/MPa
Cu – 0.54Al_2O_3 **	0.54	11.3	111	8.635	102	17	100
Cu – 0.54Al_2O_3	0.54	9.3	92	7.30	84	17	114
Cu – 0.68Al_2O_3	0.68	9.2	81	7.22	73	35	129
Cu – 1.35Al_2O_3	1.35	10	62	7.85	54	52	174
Cu – 2.25Al_2O_3	2.25	12	63	10.2	52	51	202

注：* 为 Al_2O_3 的 $2r$ 值；* * 为添加硼的 Cu – 0.54 Al_2O_3 弥散强化铜合金。

6.5.2.2　亚结构(或细晶)强化机制

亚结构或晶粒强化对材料的贡献，一般都采用 Hall – Petch 关系式来计算：

$$\Delta\sigma_{H-P}=\sigma_{YS}-\sigma_0=kd^{-\frac{1}{2}} \tag{6-65}$$

式中：k 为材料的 Hall – Petch 系数，对于铜来说，$k=0.18\ \mathrm{MPa}\sqrt{m}$；此处 σ_0 为位错在金属单晶中运动的总阻力，亦称 P – N 摩擦阻力，决定于晶体结构和位错密度。

根据透射电镜观察，对于挤压态 Cu – 0.54 Al_2O_3(体积分数)合金，其晶粒或亚晶粒尺寸 d 为 2 ~ 4 μm，代入公式(6 – 65)，可得 $\Delta\sigma_{YS}=90\sim127$ MPa。J. Lee 等人[48]测定了晶粒尺寸约为 30 μm 的挤压态纯铜的屈服强度 σ_{YS} 为109 MPa，代入公式可求得 $\sigma_0=76$ MPa。其他合金的 $\Delta\sigma_{H-P}$ 计算值列于表 6 – 12。

表 6 – 12　根据 Hall – Petch 关系式计算的 $\Delta\sigma_{H-P}$ 值

合金成分	晶粒尺寸 d/μm	$\Delta\sigma_{H-P}$/MPa	σ_m/MPa
Cu – 0.54Al_2O_3 **	3	104	76
Cu – 0.54Al_2O_3	3	104	76
Cu – 0.68Al_2O_3	1.5	147	76
Cu – 1.35Al_2O_3	0.75	207	76
Cu – 2.25Al_2O_3	0.5	255	76

注：* * 为添加硼的弥散强化铜合金。

6.5.2.3　热错配位错强化

Cu – Al_2O_3 铜合金由热挤压温度(930℃)冷却下来时，因 Al_2O_3 与 Cu 间的热膨胀系数差异，会产生应力，应力通过扩散(当 $T>0.5T_m$ 时)和位错形核的方式

(当 $T<0.5T_m$时)得到松弛。在 550 ~ 250℃温度范围，可在基体中形成位错，继续冷却将不能形成位错，而是在基体中形成残余热应力。若在 550 ~ 250℃温度范围产生的所有热应变全部以形成位错的方式松弛，扩散过程引起的松弛将不会发生。Al_2O_3 颗粒与 Cu 间较大的热膨胀系数差导致的热错配 δ 为

$$\delta = d\Delta C\Delta T \tag{6-66}$$

其中，d 为 Al_2O_3 颗粒直径；ΔC 为 Al_2O_3 与 Cu 间的热膨胀系数差，ΔC 随温度降低而减小，取250℃时的值，即 $\Delta C = \Delta C_{Cu} - \Delta C_{Al_2O_3} = (19.5-7.92)\times10^{-6}/℃$；温差取 $\Delta T = 300℃$。热错配以向基体中释放位错环方式松弛，由此在每个颗粒周围产生的位错数为[49]：

$$N = \delta/b = d\Delta C\Delta T/b \tag{6-67}$$

式中：$b=0.255$ nm 为 Burgers 矢量模；d 为粒子的尺寸。对于尺寸为 12 nm 的颗粒，由式(6-67)得 $N=0.16$。以 Cu-0.54 Al_2O_3(体积分数)合金为例，弥散相粒子的平均尺寸约为 11.6 nm，根据上式计算，热错配为 $\delta=0.16$，不足以在颗粒周围产生一个位错。热错配产生的强化可用式(6-68)表述[49]，由此式计算的 $\Delta\sigma_{CTE}$值基本上可以忽略不计。

$$\Delta\sigma_{CTE} = \alpha Gb(12\Delta T\Delta Cf_v/(bd))^{1/2} \tag{6-68}$$

最后，我们将各种强化机制对弥散强化铜合金材料屈服强度的贡献列于表 6-13中，从表中数据可以看出，由各种强化机制预测的屈服强度的总和与材料的实测值基本保持一致。虽然如此，但是实测值还是略低于理论预测值，这种偏差可能是由于合金在制备过程中产生了部分粗大的 $\alpha-Al_2O_3$ 粒子所致，粗大的 $\alpha-Al_2O_3$粒子的形成减小了参与弥散强化的细粒子在合金中的浓度，从而降低了弥散强化效果。

表 6-13　各种强化机制对弥散强化铜合金材料屈服强度的相对贡献

合金成分	$\Delta\sigma_{Orowan}$	$\Delta\sigma_{H-P}$	σ_m	σ_{total}	$\sigma_{0.2}$实测值
$Cu-0.54Al_2O_3$ *	100	104	76	280	250
$Cu-0.54Al_2O_3$	114	104	76	294	250
$Cu-0.68Al_2O_3$	129	147	76	351	310
$Cu-1.35Al_2O_3$	174	207	76	457	426
$Cu-2.25Al_2O_3$	202	255	76	533	495

注：* 为添加硼的弥散强化铜合金。

6.5.3　弥散强化铜合金的导电机制

导电性是 $Cu-Al_2O_3$ 合金作为高强高导材料的重要指标。粒子增强金属基复

合材料的电传导是通过自由电子的传输来实现的。电子的自由传输会受到各种界面的散射作用，其导电机理十分复杂，要建立起统一的理论计算模型比较困难。不少学者根据基体和粒子的导电性及粒子在基体中的体积分数对粒子增强型金属基复合材料的导电率进行了计算。而 Al_2O_3 弥散强化铜合金的电导率除了与基体铜有关以外，还与 Al_2O_3 含量及与基体之间的结合有关。按照陈树川的建议[50]，多相体系组成的材料，可以分为基体型和统计型。由于弥散相 Al_2O_3 粒子细小，含量少，Cu - Al_2O_3 材料可按基体型计算，其电导率可用如下模型表示：

$$\begin{aligned}\varepsilon &= 1 + c/[(1-c)/3 + \varepsilon_0/(\varepsilon_1 - \varepsilon_0)] \\ &= \varepsilon_0\{1 - 1/\{1 + [\varepsilon_0/(\varepsilon_0 - \varepsilon_1) - 1/3]/c\}\}\end{aligned} \tag{6-69}$$

式中：ε 为 Cu - Al_2O_3 材料的电导率；ε_0 和 ε_1 分别为基体 Cu 和弥散相 Al_2O_3 的电导率，其值分别为 $5.86 \times 10^4\ \Omega^{-1}\text{mm}^{-1}$ 和 $2 \times 10^{-12}\ \Omega^{-1}\text{mm}^{-1}$；$c$ 和 $1-c$ 分别为 Cu - Al_2O_3 材料中 Al_2O_3 和基体的体积含量。

按照该模型，我们计算了 Cu - Al_2O_3 材料的电导率，并将其结果和实验测量值进行了比较(见表 6 - 14)，结果发现，当 Al_2O_3 含量较低时，材料的电导率计算值非常接近于实测值。但随着弥散相成分的增加，材料的电导率计算值与实测值之间的差值 $\Delta\varepsilon$ 也逐渐增加。

造成差值 $\Delta\varepsilon$ 随成分增高而增大的主要原因如下：

(1)残余的溶质元素 Al 会影响材料的电导率。当铜基体是由低浓度固溶体组成时，其电阻率 ρ_s 的大小可用 Mathjosen 公式来计算：

$$\rho_s = \rho_{(T)\text{Cu}} + \sum C_i \Delta\rho_i \tag{6-70}$$

式中：$\rho_{(T)\text{Cu}}$ 是纯铜的电阻率；C_i 和 $\Delta\rho_i$ 分别为溶质元素 i 的浓度和单位浓度的电阻率增量。

表 6 - 14　Cu - Al_2O_3 弥散强化铜合金电导率理论计算值与实测值

合金成分	状态	理论计算值 $\varepsilon_{calc.}$		实测值 $\varepsilon_{exp.}$ *	$\Delta\varepsilon$
		$\Omega^{-1} \cdot \text{cm}^{-1}$	% IACS	% IACS	% IACS
Cu - 0.54Al_2O_3	挤压后 900℃ 1 h	58.1	99.2	97.4[a]	1.8
Cu - 0.68Al_2O_3	挤压后 900℃ 1 h	58.0	99.0	94	5
Cu - 1.35Al_2O_3	挤压后 900℃ 1 h	57.4	98.0	89	9
Cu - 2.25Al_2O_3	挤压后 900℃ 1 h	56.7	96.7	85	11.7

注：a—为添加硼的 Cu - 0.54Al_2O_3 合金(挤压条件为 930℃，挤压比 100∶1)。

按 Norbury - Linde 法则，除过渡族金属外，同一溶剂中溶入 1% 原子溶质，该金属所引起的电阻率增加 $\Delta\rho_i$ 是由溶剂和溶质金属的价数而定，它们的价数差愈大，增加的电阻率愈大，其数学表达式为：

$$\Delta\rho_i = a + b(\Delta Z)^2 \tag{6-71}$$

式中：a，b 为常数；ΔZ 表示低浓度溶剂和溶质间价数差。Al 与 Cu 的价差为 2，因此相对于 Ag、Au、Zn、Cd 等一价或二价普通金属，残余的 Al 比上述其他溶质元素对 Cu 基体的导电性能的影响更大。在前文中已经提及，在 Cu - Al 合金的内氧化过程中，随着溶质 Al 含量的增大，内氧化时 Al 的逆扩散趋势增大，致使粉末颗粒内部形成连续的内氧化物膜层，或 Al_2O_3 聚集长大，从而阻碍了内氧化的进一步发生，导致 Al 的残余浓度增大，使得合金的电导率实测值低于理论计算值，产生一个偏差 $\Delta\varepsilon$。由于内氧化进行的完全程度与内氧化前合金中 Al 含量有关，Al 含量越高，内氧化进行的完全程度越低，因此 $\Delta\varepsilon$ 值随 Al 成分的增加而增大。

(2) 内氧化形成的 Al_2O_3 粒子会对电导率产生影响。上述计算模型导出的条件是圆形粒子在基体中均匀分布，没有考虑粒子的大小、形状、分布等的影响。实际上，弥散粒子的形状、大小对电导率有一定的影响。球形粒子的比表面积最小，对电子的散射作用也最小。在本文的弥散强化铜合金中，Al_2O_3 粒子并不完全是球状，而是呈三角形、棒状、束状、针状等，因此材料的电导率计算值要高于实测值。另外当第二相夹杂物的晶粒大小与电子的平均自由程 λ(为 42 nm)相近时，对电导率的影响较大，此时在这些夹杂物上发生电子附加散射，由此而导致电阻率差最大可达 10% ~15%。在 Cu - 1.35Al_2O_3 和 Cu - 2.25Al_2O_3 合金中，接近于电子平均自由程 λ 的粗大的 α - Al_2O_3(尺寸为 35 ~52 nm)含量逐渐增加，电子的附加散射相应增加，导致 $\Delta\varepsilon$ 增大。

(3) 随着合金中 Al_2O_3 成分的增加，Cu - Al_2O_3 合金中的晶界、位错等缺陷会相应增多，它们对电导率的影响也相应增加。

参考文献

[1] 程建奕，汪明朴. 高强高导高耐热弥散强化铜合金的研究现状. 材料导报，2004，18(2)：38 -41.

[2] Tähtinen S, Laukkanen A, Singh B N. Damage mechanisms and fracture toughness of Glidcop® CuAl25 IG0 copper alloy, Journal of Nuclear Materials. 2000, 283 -287: 1028.

[3] 申玉田，崔春翔，徐艳姬，等. Cu - Al_2O_3 复合材料的塑性变形与再结晶，机械工程材料. 2001, 25(3): 22.

[4] Nadkarni A V. Dispersion strengthened copper properties and application. In: Ling E and Taubenblat. P W, eds. High conductivity copper and aluminum alloys. Warrendale PA: The Metallurgica of AIME, 1984. 77 -100.

[5] Groza J. Heat - resistant dispersion strengthened copper alloys. J. Mater. Eng. and Perf. 1992,

1(1): 113.

[6] Broyles S E, Anderson K R, Groza J R. Creep deformation of dispersion strengthened copper. Metall. Mater. Trans., 1996, A27(5): 127.

[7] Sun H B, Wheat H G. Corrosion study of Al_2O_3 dispersion strengthened Cu metal matrix composites in NaCl solutions. J. Mater. Sci., 1993, 28: 5435.

[8] 申玉田，崔春翔，孟凡斌，等. 高强度高导电 Cu - Al_2O_3 复合材料的制备. 金属学报，1999, 35(8): 888.

[9] Coolidge W D, Fink C G. Ductile tungsten. Trans. AIME, 1910, 29: 961.

[10] Irman R. SAP: Ein neuer werkstoff der pulver metallurgie aus Al. Technische Rundschau (Bern), 1946, 36: 19.

[11] Benjamin J S. Dispersion strengthened superalloy by mechanical alloy [J]. Metall. Trans., 1970, 1: 2943.

[12] Rhine F N, Grobe A H. Internal oxidation in dilute alloys of silver and of some white metals, AIME Trans., 1942, 147: 318.

[13] Meijering J L, Druyvesteyn M J. Hardening of metals by internal oxidation. Philips Res. Rep, 1947, 2: 81 - 102.

[14] Preston O, Grant N J. Dispersion strengthening of copper by internal oxidation. Transaction of the Metallurgical society of AIME, 1961, 221: 164 - 172.

[15] Mcdonald Jr Allen S. Process for internally oxidationhardening alloys, and alloys and structures made therefrom: U. S. Patent 3, 184, 835[P]. 1965 - 5 - 25.

[16] 郭明星，汪明朴，李周，等. 纳米 Al_2O_3粒子浓度对弥散强化铜合金退火行为的影响，功能材料，2006, 37(3): 428 - 430.

[17] 郭明星，汪明朴，李周，等. 低浓度 Cu - Al_2O_3 弥散强化铜合金退火特性的研究. 材料热处理学报，2005, 26(1): 36 - 39.

[18] Guo M X, Wang M P, Cao L F, et al. Work softening characterization of alumina dispersion strengthened copper alloys[J]. Materials Characterization, 2007, 58(10): 928 - 935.

[19] Ashby M F, Balhk S, Bevk J, et al. Influence of a dispersion of particles on the sintering of metal powders and wires. Progress in Materials Science, 1980, 25: 1.

[20] 律恕章. 浅谈我国弥散铜的现状与展望，铜加工，1997, 67(3): 1 - 3.

[21] Schroth J G, Franetovic Y. Mechanical alloying for heat - resistant copper alloys. Journal of Materials, 1989, 41(1): 37 - 41.

[22] Morris M A, Morris D G. Microstructural refinement and associated strength of copper alloys obtained by mechanical alloying. Materials Science and Engineering A, 1989, 111: 115.

[23] 师岗利政，汤浅荣二，松本修. ヌカニカルアロイングによる粒子分散 Cu - Ti - B 合金粉末の制造. 粉体ぉよび粉末冶金，1992, 39(10): 52 - 56.

[24] Yuasa E, Morooka T, Laag R, et al. Microstructural change of Cu - Ti - B powders during mechanical alloying. Powder Metallurgy, 1992, 35(2): 120.

[25] Schaffer G B, McCormick P G. Combustion synthesis by mechanical alloying. Scripta Metallurgi-

ca, 1989, 23: 835.

[26] Ying D Y, Zhang D L. Processing of Cu – Al_2O_3 metal matrix nanocomposite materials by high energy ball milling. Materials Science and Engineering, 2000, A286, 152 – 156.

[27] Biselli C, Morris D G and Randall N. Mechanical alloying of high strength copper alloys containingTiB_2 and $A1_2O_3$ dispersion Particles. Scripta Metallurgica et Materialia, 1994, 30 (10): 1327 – 1332.

[28] Takahashi T, Hashimoto Y, Omori S, et al. Dispersion Hardening of Cu – Al – Ti Alloys by Internal Oxidation[J]. Transactions of the Japan institute of metals, 1985, 26(4): 271 – 279.

[29] Daneliya E P, Teplitskii M D, Solopov V I. The morphology of the precipitates and dispersion hardening in internally oxidized copper – – aluminium – – titanium – – zirconium alloys[J]. Fiz. Met. Metalloved., 1979, 47(3): 595 – 604.

[30] Perez J F, Morris D G. Copper – Al_2O_3 composites prepared by reactive spray deposition. Scripta Metallurgica et Materialia, 1994, 31(3): 231 – 235.

[31] 王武孝，袁森，宋文峰. Al_2O_3/Cu 复合材料的研究进展. 特种铸造及有色合金，1998，5: 50 – 51.

[32] Ichikawa K, Achikita M. Electric conductivity and mechanical properties of carbide dipersion – strengthened copper prepared by compocasting. Materials transactions, JIM, 1993, 34 (8): 718 – 724.

[33] 张运，武建军，李国彬，等. 铜铝合金的内氧化，材料科学与工艺，1999，7(2): 91 – 95.

[34] 余永宁. 金属学原理，北京：冶金工业出版社，2003.

[35] Stott F H, Wood G C. Internal oxidation, Materials science and Technology, 1988, 4: 1072 – 1078.

[36] Bolstaitis P, Kahlweit M. The internal oxidation of Cu – Si alloys, Acta Metallurgica, 1967, 15: 765 – 772.

[37] Swisher J H, Fuchs E O. Kinetics of internal oxidation of cylinders and spheres; properties of internally oxidized Cu – Cr alloys, Transactions of the Metallurgical society of AIME, 1969, 245: 1789 – 1793.

[38] Crank J. Mathematics of diffusion, Oxford University Press, New York, 1967.

[39] Pastorek R L, Rapp R A. Solubility and diffusivity of oxygen in solid copper from electrochemical measurements [J]. Transactions of the Metallurgical Society of AIME, 1969, 245 (8): 1711 – 1720.

[40] Cheng Jianyi, Wang Mingpu, Li Zhou, et al. Fabrication and Properties of Low Oxygen Grade Al_2O_3 Dispersion Strengthened Copper Alloy, Transactions of Nonferrous Metals Society of China, 2004, 14(1): 121 – 126.

[41] 程建奕，汪明朴，李周. Cu – 0.54Al_2O_3 弥散强化铜合金的拉伸变形和断裂行为. 复合材料学报，2004，21(3): 157 – 161.

[42] 程建奕，汪明朴，李周，等. 纳米 Al_2O_3 弥散强化铜合金冷加工及退火行为. 稀有金属材料与工程，2004，33(11): 1178 – 1181.

[43] 程建奕，汪明朴，钟维佳，等. 内氧化制备的 Cu－Al_2O_3 合金的显微组织与性能. 材料热处理学报，2003，24(1)：23－27.

[44] Wolcox B A, Clauer A H. The role of grain size and shape in strengthening of dispersion hardened nickel alloys, Acta Metallurgica, 1972, 20：743－755.

[45] 申坤，汪明朴，郭明星，李树海. Cu－0.23% Al_2O_3弥散强化铜合金的高温变形特性研究. 金属学报，2009，45(5)：597－604.

[46] 郭明星. 纳米弥散强化铜合金短流程制备方法及其相关基础问题研究[D]. 中南大学，2008.

[47] 程建奕. Cu－Al_2O_3 纳米弥散强化铜合金的制备技术及若干基础问题研究[D]. 中南大学，2004.

[48] Lee J S, Jung J Y, Lee E S, et al. Microstructure and properties of titanium boride dispersed Cu alloys fabricated by spray forming. Materials Science and Engineering A, 2000, 277：274.

[49] Starink M J, Wang P, Sinclair I, et al. Microstructure and strengthening of Al－Li－Cu－Mg alloys and MMCS：Ⅱ. Modeling of yield strength. Acta Metallurgica. 1999, 47 (14)：3855－3868.

[50] 陈树川. 金属物理性能，上海：上海交通大学出版社，1988：201－280.

程建奕　郭明星　汪明朴

第 7 章 Cu－TiB_2 弥散强化铜合金

7.1 引言

纳米弥散强化铜合金具有高强、高导以及优异的抗高温软化性能[1]，使该类合金很早就引起世界各国的重视。20 世纪 70 年代美国 SCM 公司利用内氧化法开始生产多种牌号(Glidcop 系列)的 Cu－Al_2O_3 弥散强化铜合金，之后各国纷纷大力开展弥散强化铜合金内氧化机理、弥散强化机理以及抗高温软化机理等的研究[1~7]。内氧化法生产 Cu－Al_2O_3 纳米弥散强化铜合金工艺复杂，周期长，工艺过程难以控制，成品率低，导致生产成本太高(见第 6 章)。随着高新技术领域的快速发展，此类弥散强化铜合金的应用领域不断扩展到大功率微波管、汽车焊接电极、集成电路引线框架、核技术、航空航天等众多高新技术领域，对该类合金的需求量也在逐年递增，但是制备工艺复杂问题极大地阻碍了纳米弥散强化铜合金这一优异材料更进一步的推广应用。

针对这些问题，考虑到 TiB_2粒子较 Al_2O_3 粒子具有更加优异的综合性能，国内外众多科技工作者探索开发出了制备 Cu－TiB_2弥散强化铜合金的多种新型制备技术，如碳热还原法[8]、喷射沉积法[9, 10]、原位或非原位机械合金化法[11, 12]等。以喷射沉积法为例，其主要包括传统喷射沉积法和反应喷射沉积法。传统喷射沉积法是在熔炼好含反应元素的合金以后再进行喷射沉积[9]，由于这种方法元素间的反应是在喷射沉积之前进行，必然会导致强化相的粗化，影响合金的最终性能。如文献[9]采用此方法制备 Cu－TiB_2复合材料时，由于 TiB_2粒子密度小于熔体 Cu 的密度，喷射之前 TiB_2粒子发生了上浮，导致喷射沉积制备的合金基体内 TiB_2粒子分布不均匀，且大量 TiB_2粒子发生团聚，尺寸可达 1.6 μm，此时 TiB_2粒子不能起到纳米弥散强化效果，因此所制备的合金综合性能较差。而反应喷射沉积法是利用合金液滴与反应气体、注入的粒子或不同合金液滴间发生原位化学反应合成纳米陶瓷粒子，利用此方法制备纳米粒子弥散强化铜合金已有多篇文献报道[10, 13~16]。

文献[10]研究了反应喷射沉积法制备硼化物弥散强化铜合金，反应装置如图 1－5 所示。反应过程先是 1500℃感应熔炼 Cu－2Ti 合金，再用压力为0.35 MPa 的 N_2 气把平均尺寸为 60 μm 的 Cu－1.15B 合金粉注入 Cu－2Ti 熔体并使其雾化，最后对喷射沉积毛坯进行热挤压等后续加工。整体而言，喷射沉积法可以消除宏观偏析，与内氧化法或机械合金化法等相比，其生产过程简单。但是反应喷射沉积法仍有许多不足之处，如过程参数很难控制，控制不当就会导致强化相粗化，不能起到纳米弥散强化效果。文献[10]虽然对过程进行了严格的控制，但最终只有0.2%（体积分数）的TiB_2尺寸达到纳米级（约为10 nm），而3.8%（体积分数）的TiB_2粒子为200 nm。文献[16]制备的Cu－TiB_2弥散强化铜合金，大量的TiB_2粒子尺寸均在50 nm左右，其电学和力学性能如表1－7所列。

此外，文献[17]还报道了一种采用熔体与熔体间反应然后再利用喷射沉积法制备硼化物弥散强化铜合金的方法。但是该文献仅给出简单的合金制备过程及制备的典型合金性能（表1－9中Mixalloy法），一直未见其详细研究的报道。

7.2　双束熔体原位反应法制备 Cu－TiB_2合金热力学与动力学[18]

双束熔体原位反应－快速凝固制备Cu－TiB_2纳米弥散强化铜合金是一种全新的短流程制备技术，其工作原理如图7－1所示。将分别置于两个石墨坩埚内的Cu－B与Cu－Ti母合金经惰性气体保护感应熔炼后，通过熔体传输通道由喷嘴调节喷出速度，形成紊流，两股母合金熔体相撞时发生反应生成TiB_2纳米粒子，最后复合熔体进入快速冷凝装置中成锭，形成Cu－TiB_2纳米弥散强化铜合金棒材。

此制备技术的关键是保证能够在合金基体内生成尽可能多的纳米TiB_2粒子，从而起到纳米弥散强化的效果，进而使Cu－TiB_2合金同时具有高强高导特性。该方法虽然原理上可行，但国内外几乎无相关文献可查，如Cu－Ti和Cu－B母合金成分选择、双束熔体原位反应器设计、快速凝固系统的设计以及过程参数的合理选择等。热力学与动力学研究是解决上述问题的先导，它对于上述参数的选择和设计具有重要的指导意义。

7.2.1　Cu－Ti 和 Cu－B 双束熔体原位反应热力学

Cu－B和Cu－Ti双束母合金熔体相碰撞时，最有可能发生的反应有如下两个：

$$\mathrm{Ti + B \rightarrow TiB,\ Ti + 2B \rightarrow TiB_2} \tag{7-1}$$

根据冶金热力学，在一定的压强下，各个反应的标准吉布斯自由能为：

$$\Delta G_{\mathrm{TiB}} = \Delta G^{\ominus}_{\mathrm{TiB}} - RT\ln(r_{\mathrm{Ti}} \times x_{\mathrm{Ti}}) - RT\ln(r_{\mathrm{B}} \times x_{\mathrm{B}}),$$
$$\text{其中 } \Delta G^{\ominus}_{\mathrm{TiB}}/(\mathrm{J \cdot mol^{-1}}) = -163200 + 5.9T \tag{7-2}$$

$$\Delta G_{\mathrm{TiB_2}} = \Delta G^{\ominus}_{\mathrm{TiB_2}} - RT\ln(r_{\mathrm{Ti}} \times x_{\mathrm{Ti}}) - 2RT\ln(r_{\mathrm{B}} \times x_{\mathrm{B}}),$$
$$\text{其中 } \Delta G^{\ominus}_{\mathrm{TiB_2}}/(\mathrm{J \cdot mol^{-1}}) = -284500 + 20.5T \tag{7-3}$$

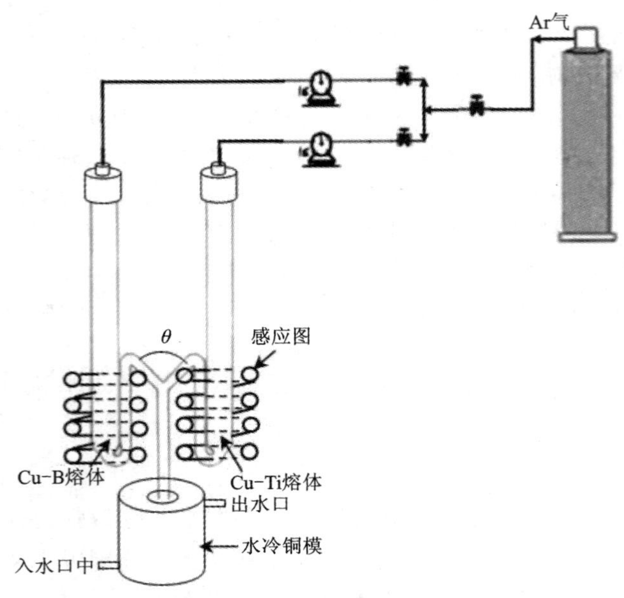

图 7-1　双束熔体原位反应-快速凝固装备工作原理示意图

图 7-2 示出了与式(7-2)和式(7-3)对应的吉布斯自由能曲线。显然，在 300～1700 K 温度范围内 Cu-Ti 和 Cu-B 双束熔体相互碰撞时最容易生成的是 TiB_2 相。

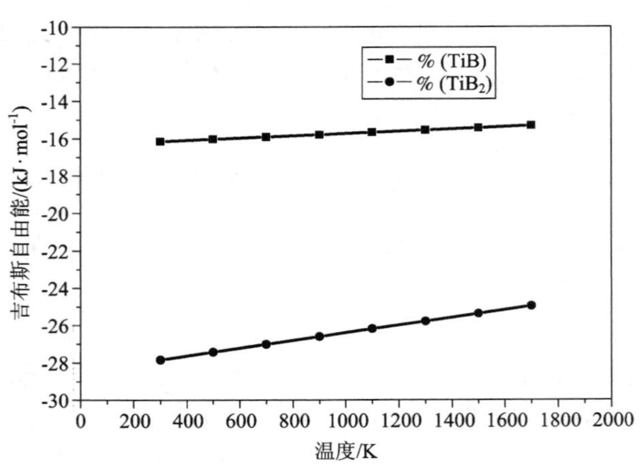

图 7-2　标准吉布斯自由能随温度的变化关系

7.2.2　Cu - Ti 和 Cu - B 双束熔体原位反应动力学

Ti 和 B 元素完全反应生成 TiB_2纳米粒子的形状、大小、分布以及反应速率等均与原位反应生成 TiB_2的动力学有关。动力学反应模型如图 7 - 3 所示。假设 Cu - Ti 和 Cu - B 双束熔体合金反应时所经历的扩散过程为近似一维无穷长物体的互扩散，双束熔体在反应腔体内均匀混合，混合方式是 Cu - Ti 与 Cu - B 合金细小的熔体微团交替排列(微团假设为正方形状)。Cu - B 与 Cu - Ti 熔体反应则是通过界面相互扩散来进行的。为分析方便，我们采用单扩散近似，即假设 B 元素在合金熔体中的扩散速率较快(根据后面实验过程中 Cu - Ti 和 Cu - B 合金熔体在同一温度下的黏度差异，也可初步判定此假设是正确的)，反应前锋向 Cu - Ti 合金熔体内移动(如图 7 - 4 所示)。

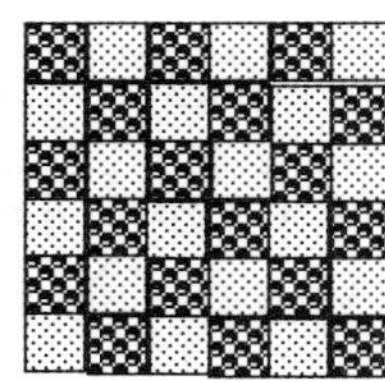

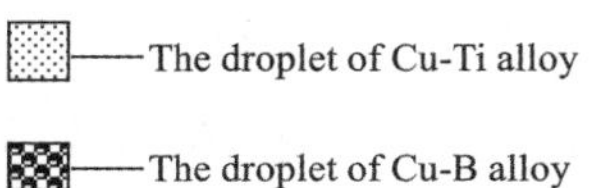

图 7 - 3　Cu - Ti 和 Cu - B 合金液滴分布模型图

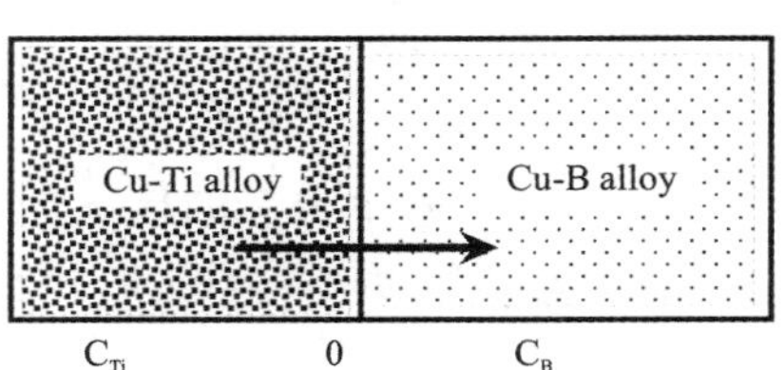

图 7 - 4　双束熔体原位反应近似单扩散过程示意图

对于 Cu - B 和 Cu - Ti 合金，假设其对应的溶质元素初始浓度分别为 C_0和 C'_0，下面分别计算 B 和 Ti 元素浓度随时间 t 和位置 x 的变化情况，即求 $C_B(x, t)$ 和 $C_{Ti}(x, t)$。对于 Cu - B 和 Cu - Ti 合金，其扩散方程分别为：

$$\frac{\partial C_B}{\partial t} = D_B \frac{\partial^2 C_B}{\partial x^2}, \qquad \frac{\partial C_{Ti}}{\partial t} = D_{Ti} \frac{\partial^2 C_{Ti}}{\partial x^2} \tag{7-4}$$

初始和边界条件为：

当 $t = 0$ 时，$C_B = C_0 (x \leqslant 0)$，$C_B = 0\ (x > 0)$；$C_{Ti} = 0 (x \leqslant 0)$，$C_{Ti} = C_0' (x > 0)$。此外假设反应前锋向 Cu - Ti 合金内的扩散深度 $\xi(t)$ 与扩散时间满足如下关系：

$$\xi = 2 D_B^{1/2} \gamma t^{1/2} \tag{7-5}$$

式中：γ 为一常量，此时 Cu - Ti 和 Cu - B 合金相应的溶质元素浓度分别为：

$$C_B(\xi) = C_{Bm},\ C_{Ti}(\xi) = C_{Tim} \tag{7-6}$$

由于溶质元素 B 向 Cu - Ti 合金内扩散至深度为 ξ 时，两种元素浓度积将达到形成 TiB_2粒子时的临界浓度积，即：$C_{Bm}^2 C_{Tim}$达到最大值。

下面首先计算 Cu - B 合金的溶质元素 B 随位置 x 和时间 t 的变化关系式。根据初始边界条件和扩散深度所对应的浓度值，并利用玻耳兹曼变换对扩散方程进行变换可得：

$$C = a\int_0^{\beta}\exp(-\beta^2)\mathrm{d}\beta + b，其中$$

$$\beta = \frac{x}{2\sqrt{Dt}},\ C_0 = b \tag{7-7}$$

上式可写成，

$$C_{\mathrm{Bm}} = a\int_0^{\beta}\exp(-\beta^2)\mathrm{d}\beta + b = a\int_0^{\frac{\xi}{2\sqrt{D_{\mathrm{B}}t}}}\exp\left(-\left(\frac{\xi}{2\sqrt{D_{\mathrm{B}}t}}\right)^2\right)\mathrm{d}\left(\frac{\xi}{2\sqrt{D_{\mathrm{B}}t}}\right) + b \tag{7-8}$$

由此可解得：

$$a = \frac{C_{\mathrm{Bm}} - C_0}{\int_0^{\gamma}\exp(-\gamma^2)\mathrm{d}\gamma}，其中\ \gamma = \frac{\xi}{2\sqrt{D_{\mathrm{B}}t}} \tag{7-9}$$

故有：

$$C_{\mathrm{B}}(x,t) = C_0 + \frac{C_{\mathrm{Bm}} - C_0}{\mathrm{erf}(\gamma)}\mathrm{erf}(\beta),\ x \leqslant \xi \tag{7-10}$$

对于 Cu – Ti 合金，同样由初始边界条件可得溶质元素 Ti 随位置 x 和时间 t 的变化关系：

$$C_0' = a\int_0^{+\infty}\exp(-\beta^2)\mathrm{d}\beta + b = \frac{\sqrt{\pi}}{2}a + b,\ x > 0 \tag{7-11}$$

$$C_{\mathrm{Tim}} = a\int_0^{\beta}\exp(-\beta^2)\mathrm{d}\beta + b \tag{7-12}$$

若令 $\theta = D_{\mathrm{B}}/D_{\mathrm{Ti}}$，得 $D_{\mathrm{Ti}} = D_{\mathrm{B}}/\theta$，则上面(7 – 12) 式可变为：

$$\begin{aligned} C_{\mathrm{Tim}} &= a\int_0^{\frac{\xi}{2\sqrt{D_{\mathrm{Ti}}t}}}\exp\left(-\left(\frac{\xi}{2\sqrt{D_{\mathrm{Ti}}t}}\right)^2\right)\mathrm{d}\left(\frac{\xi}{2\sqrt{D_{\mathrm{Ti}}t}}\right) + b \\ &= a\int_0^{\frac{\xi\theta^{1/2}}{2\sqrt{D_{\mathrm{B}}t}}}\exp\left(-\left(\frac{\xi\theta^{1/2}}{2\sqrt{D_{\mathrm{B}}t}}\right)^2\right)\mathrm{d}\left(\frac{\xi\theta^{1/2}}{2\sqrt{D_{\mathrm{B}}t}}\right) + b \\ &= a\int_0^{\gamma\theta^{1/2}}\exp(-(\gamma\theta^{1/2})^2)\mathrm{d}(\gamma\theta^{1/2}) + b \end{aligned} \tag{7-13}$$

由式(7 – 11)和式(7 – 12)可得：

$$a = \sqrt{\pi/4}(C'_0 - C_{\mathrm{Tim}})(1 - \mathrm{erf}(\gamma\theta^{1/2})) \tag{7-14}$$

$$b = C'_0 - (C'_0 - C_{\mathrm{Tim}})/(1 - \mathrm{erf}(\gamma\theta^{1/2})) \tag{7-15}$$

故有：

$$C_{\mathrm{Ti}}(x,t) = C'_0 - (C'_0 - C_{\mathrm{Tim}})/(1 - \mathrm{erf}(\gamma\theta^{1/2}))\left(1 - \mathrm{erf}\left(\frac{x}{2D_{\mathrm{Ti}}^{1/2}t^{1/2}}\right)\right),\ x \geqslant \xi \tag{7-16}$$

图 7 – 5 示出了 B 元素向 Cu – Ti 合金内扩散前锋附近生成 TiB_2 粒子前后溶质

元素浓度的变化情况，图中位置 x'为上次生成 TiB_2粒子的位置；

$$(C'_B)^2 \cdot C'_{Ti} = SP \tag{7-17}$$

其中，SP 为生成 TiB_2粒子时相关的浓度积。

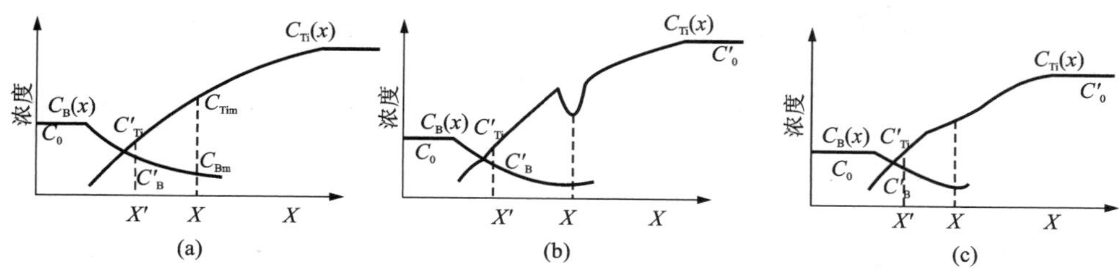

图 7－5　B 元素向 Cu－Ti 合金内扩散前锋附近溶质元素浓度变化示意图

(a) TiB_2粒子生成前；(b) TiB_2粒子生成时；(c) TiB_2粒子生成后

下面推导反应前锋以步长 $\Delta x = X - X'$向前移动的方程式，当扩散达到稳定时，单位时间 Δt 内从 X'位置扩散入体积元 Δx 的 B 元素量$\left(\approx D_B \frac{\partial C_B}{\partial x}/_{x'}\Delta t\right)$应等于单位时间 Δt 内从位置 X 扩散入体积元内 Ti 元素所消耗的 B 量$\left(\approx 2D_{Ti}\frac{\partial C_{Ti}}{\partial x}/_X\Delta t\right)$及 Δx 内残余的 Ti 元素（即反应后）消耗的 B 量［$\approx 2(C_{Tim} - C_{Ti'})\Delta x$］，因此可建立如下等式：

$$-D_B \frac{\partial C_B}{\partial x}/_{X'}\Delta t = 2D_{Ti}\frac{\partial C_{Ti}}{\partial x}/_X\Delta t + 2(C_{Tim} - C'_{Ti})\Delta x \tag{7-18}$$

由 B 和 Ti 溶质元素随位置 x 和时间 t 的关系式 $C_B(x, t)$和 $C_{Ti}(x, t)$可得：

$$\frac{\partial C_B}{\partial x}/_{X'} = \frac{2}{\sqrt{\pi}}\frac{C_{Bm} - C_0}{\mathrm{erf}(\gamma)}\exp(-\gamma^2)\frac{\gamma}{X'} \tag{7-19}$$

$$\frac{\partial C_{Ti}}{\partial x}/_X = \frac{2}{\sqrt{\pi}}\frac{C'_0 - C_{Tim}}{1 - \mathrm{erf}(\gamma\theta^{1/2})}\exp(-\theta\gamma^2)\frac{\gamma\theta^{1/2}}{X} \tag{7-20}$$

由于最初假设 B 元素扩散速率大于 Ti 元素扩散速率，反应前锋向 Cu－Ti 合金内移动，故有$\frac{D_B}{D_{Ti}} \gg 1$，且由于 γ 为一常量，所以有 $\theta^{1/2}\gamma \gg 1$，此外由于 $C_{Bm} \ll C_0$，因此上面的$\frac{\partial C_B}{\partial x}\Big/_{X'}$和$\frac{\partial C_{Ti}}{\partial x}\Big/_X$可简化为：

$$\frac{\partial C_B}{\partial x}\Big/_{X'} = -\frac{C_0}{X'},\quad \frac{\partial C_{Ti}}{\partial x}\Big/_X = \frac{2(C'_0 - C_{Tim})\gamma^2\theta}{X} \tag{7-21}$$

此外，由（7－5）式可得：

$$\Delta x/\Delta t = 2D_{\mathrm{B}}\gamma^2/X \tag{7-22}$$

将上面(7－21)式和(7－22)式代入(7－18)式中可得：

$$-D_{\mathrm{B}}\left(\frac{-C_0}{X'}\right) = 2D_{\mathrm{Ti}}\frac{2(C'_0 - C_{\mathrm{Tim}})\gamma^2\theta}{X} + 2(C_{\mathrm{Tim}} - C'_{\mathrm{Ti}})\frac{2D_{\mathrm{B}}\gamma^2}{X} \tag{7-23}$$

由于 Ti 和 B 元素之间反应速率很快，且 Ti 和 B 元素生成的 TiB_2 极易团聚，所以 Δx 一定很小，因此可认为 $X' \approx X$，故有：

$$D_{\mathrm{B}}C_0 = 4D_{\mathrm{Ti}}(C'_0 - C_{\mathrm{Tim}})\gamma^2\theta + 4(C_{\mathrm{Tim}} - C'_{\mathrm{Ti}})D_{\mathrm{B}}\gamma^2 \tag{7-24}$$

由此可得：

$$\gamma^2 = C_0/(4(C'_0 - C'_{\mathrm{Ti}}) \tag{7-25}$$

因此可以得出 B 元素向 Cu－Ti 合金内反应生成 TiB_2 陶瓷粒子反应前锋的迁移速率方程：

$$\Delta x/\Delta t = (D_{\mathrm{B}}^{1/2}/2)(C_0/(C'_0 - C'_{\mathrm{Ti}}))^{1/2}t^{-1/2} \tag{7-26}$$

由(7－26)式可知，反应前锋迁移速率 $\Delta x/\Delta t$ 与扩散速率较快的溶质元素 B 的 $D_{\mathrm{B}}^{1/2}$、$C_0^{1/2}$ 以及 $t^{-1/2}$ 成正比，因此在制备高浓度 Cu－TiB_2 纳米弥散强化铜合金时，反应前锋移动速率很快，短时间内可生成大量纳米 TiB_2 粒子，此时反应生成的复合熔体必须快速凝固成锭，否则 TiB_2 粒子很容易发生团聚长大。因此，输送原位反应后的 Cu－TiB_2 合金熔体进入快速冷凝系统的管道直径和长度以及快速冷凝装置冷却速度等均需设计合理。此外，由(7－26)式还可以发现，在保证 Cu－Ti和 Cu－B 母合金的 Ti/B 摩尔比为 1/2 的情况下，可以通过适当降低溶质元素 B 在 Cu－B 合金内的初始浓度 C_0(此时 Cu－B 母合金的质量需相应增加)，来达到降低反应前锋迁移速率的目的，以减弱原位合成的纳米 TiB_2 粒子在 Cu 合金熔体内的团聚长大趋势。

单位体积内 TiB_2 粒子的形核数量以及粒子大小对原位反应生成的 Cu－TiB_2 弥散强化铜合金性能都有显著影响，因此分析 TiB_2 粒子形核数量和半径与反应条件之间的关系，可以指导最佳过程参数的确定。下面首先分析和建立元素 B 向 Cu－Ti 合金熔体迁移过程中单位体积内 TiB_2 粒子形核数量 Z 的关系式。若假设 B 和 Ti 元素在扩散反应过程中生成的 TiB_2 粒子之间的间距近似等于 Δx，即 $\Delta x = X - X'$，如图 7－6 所示。则有：

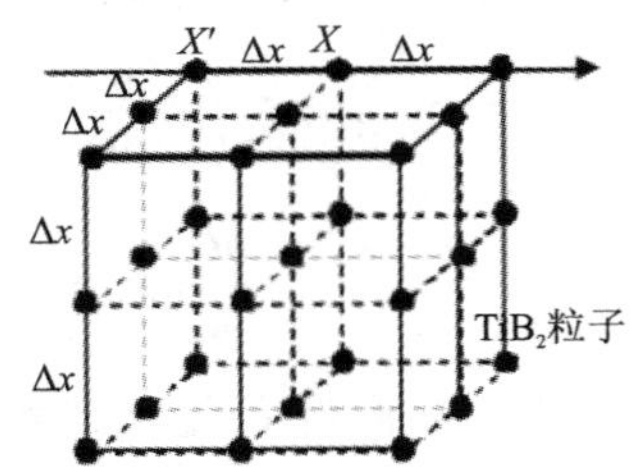

图 7－6　TiB_2 粒子理想分布状态图

$$Z(x) \approx (\Delta x)^{-3} = (X/\Delta x)^3 \cdot X^{-3} \tag{7-27}$$

由于在位置 X 处开始生成 TiB_2 陶瓷粒子，此时 B 和 Ti 元素浓度积 $C_{\mathrm{B}}^2 \cdot C_{\mathrm{Ti}}$ 必定达到最大值，且随后逐渐降低。对浓度积 $C_{\mathrm{B}}^2 \cdot C_{\mathrm{Ti}}$ 求偏导，可求得其最大值。

由 $\frac{\partial}{\partial x}(C_B^2 \cdot C_{Ti})_{x=X} = 0$ 可得：

$$2C_B(X)C_{Ti}(X)\frac{\partial C_B}{\partial x}\bigg/_X + C_B^2(X)\frac{\partial C_{Ti}}{\partial x}\bigg/_X = 0 \qquad (7-28)$$

由于此时 $C_B(X)$ 和 $C_{Ti}(X)$ 值分别等于 C_{Bm} 和 C_{Tim}，故上式可整理为：

$$-\frac{C_{Bm}}{2\dfrac{\partial C_B}{\partial x}\bigg/_X} = \frac{C_{Tim}}{\dfrac{\partial C_{Ti}}{\partial x}\bigg/_X} \qquad (7-29)$$

此外，由于

$$\frac{\partial C_{Ti}}{\partial x}\bigg/_X = \frac{2(C'_0 - C_{Tim})\gamma^2\theta}{X} \qquad (7-30)$$

故可写出 X' 与 X 之间 Ti 元素浓度变化的方程式：

$$C_{Ti}(x) = C_{Tim} + \frac{\partial C_{Ti}}{\partial x}\bigg/_X (x - X) \qquad X' \leqslant x \leqslant X \qquad (7-31)$$

当 $x = X'$ 时，

$$C_{Ti}(X') = C'_{Ti} \qquad (7-32)$$

又由于

$$\frac{C_{Tim} - C'_{Ti}}{\Delta x} \approx \frac{\partial C_{Ti}}{\partial x}\bigg/_{\lim X'+\varepsilon} \approx \frac{\partial C_{Ti}}{\partial x}\bigg/_X = \frac{2(C'_0 - C_{Tim})\gamma^2\theta}{x}$$
$$= \frac{2(C'_0 - C_{Tim})}{x} \cdot \frac{C_0}{4(C'_0 - C'_{Ti})} \cdot \frac{D_B}{D_{Ti}} = \frac{C_0(C'_0 - C_{Tim})}{2X(C'_0 - C'_{Ti})} \cdot \frac{D_B}{D_{Ti}} \qquad (7-33)$$

所以可得 $X/\Delta x$ 关系式，

$$X/\Delta x = C_0(C'_0 - C_{Tim})/(2(C'_0 - C'_{Ti})(C_{Tim} - C'_{Ti})) \cdot (D_B/D_{Ti}) \qquad (7-34)$$

$\frac{\partial C_B}{\partial x}\Big/_X$ 可利用 X' 位置处的浓度梯度求得。由于 X' 为生成 TiB_2 的位置，故 B 在 $X'+\varepsilon$ 处扩散通量等于 $X'-\varepsilon$ 处的扩散通量减去生成 TiB_2 相所消耗的 B 元素量（其中 ε 为无穷小量），故有：

$$-D_B\frac{\partial C_B}{\partial x}\bigg/_{\lim X'+\varepsilon} = -D_B\frac{\partial C_B}{\partial x}\bigg/_{\lim X'-\varepsilon} - 2D_{Ti}\frac{\partial C_{Ti}}{\partial x}\bigg/_{\lim X'+\varepsilon} \qquad (7-35)$$

前面已求得，

$$\frac{\partial C_{Ti}}{\partial x}\bigg/_{\lim X'+\varepsilon} \approx \frac{\partial C_{Ti}}{\partial x}\bigg/_X = \frac{D_B}{D_{Ti}} \cdot \frac{C_0(C'_0 - C_{Tim})}{2(C'_0 - C'_{Ti})X'}$$
$$\frac{\partial C_B}{\partial x}\bigg/_{\lim X'-\varepsilon} = -\frac{C_0}{X'} \approx -\frac{C_0}{X} \qquad (7-36)$$

故，

$$-D_B\frac{\partial C_B}{\partial x}\bigg/_{\lim X'+\varepsilon}=\frac{D_BC_0}{X}-2D_{Ti}\frac{D_BC_0(C'_0-C_{Tim})}{D_{Ti}2(C'_0-C'_{Ti})X}=\frac{C_0(C_{Tim}-C'_{Ti})D_B}{(C'_0-C'_{Ti})X} \tag{7-37}$$

所以，

$$\frac{\partial C_B}{\partial x}\bigg/_{\lim X'+\varepsilon}=\frac{C_0(C'_{Ti}-C_{Tim})}{(C'_0-C'_{Ti})X}\approx\frac{\partial C_B}{\partial x}\bigg/_X \tag{7-38}$$

因此有

$$C_B(x)=C'_B+\frac{\partial C_B}{\partial x}\bigg/_{\lim X'+\varepsilon}(x-X')\quad X'\leqslant x\leqslant X \tag{7-39}$$

所以

$$\frac{C_{Bm}-C'_B}{\Delta x}=\frac{\partial C_B}{\partial x}\bigg/_{\lim X'+\varepsilon}=\frac{C_0(C'_{Ti}-C_{Tim})}{(C'_0-C'_{Ti})X} \tag{7-40}$$

同样可得第二个 $X/\Delta x$ 关系式：

$$X/\Delta x=C_0(C'_{Ti}-C_{Tim})/((C'_0-C'_{Ti})(C_{Bm}-C'_B)) \tag{7-41}$$

由(3－37)式以及$\frac{\partial C_B}{\partial x}\bigg/_X$和$\frac{\partial C_{Ti}}{\partial x}\bigg/_X$关系式可得第三个 $X/\Delta x$ 关系式：

$$X/\Delta x=2C_0C_{Tim}/(C_{Bm}(C'_0-C'_{Ti})) \tag{7-42}$$

由上面求得的三种 $X/\Delta x$ 关系式，可分别求出 B 元素向 Cu－Ti 合金内扩散前锋处单位体积内生成 TiB_2 粒子的数量 $Z(x)$。

即：

$$Z(x)=(C_0(C'_0-C_{Tim})/(2(C'_0-C'_{Ti})(C_{Tim}-C'_{Ti})))^3\cdot(D_B/D_{Ti})^3\cdot X^{-3} \tag{7-43}$$

$$Z(x)=(C_0(C'_{Ti}-C_{Tim})/((C'_0-C'_{Ti})(C_{Bm}-C'_B)))^3\cdot X^{-3}$$

$$Z(x)=(2C_0C_{Tim}/(C'_{Bm}(C'_0-C'_{Ti})))^3\cdot X^{-3} \tag{7-44}$$

同样假设形成的 TiB_2 粒子为球形，其半径 $r(x)$ 可通过下式求得，即 $(4\pi/3)Zr^3=VC'_0$，其中 V 为 TiB_2粒子的摩尔体积，C'_0 为 Ti 元素的初始浓度。

故有：

$$r(x)=(3VC'_0/(4\pi))^{1/3}Z^{-1/3} \tag{7-45}$$

所以：

$$r(x)=(3VC'_0/(4\pi))^{1/3}\cdot(2(C'_0-C'_{Ti})(C_{Tim}-C'_{Ti})D_{Ti}X)/(C_0(C'_0-C_{Tim})D_B) \tag{7-46}$$

$$r(x)=(3VC'_0/(4\pi))^{1/3}\cdot((C'_0-C'_{Ti})(C_{Bm}-C'_B)X)/(C_0(C'_0-C_{Tim})) \tag{7-47}$$

$$r(x)=(3VC'_0/(4\pi))^{1/3}\cdot(C_{Bm}(C'_0-C'_{Ti})X)/(2C_0C_{Tim}) \tag{7-48}$$

上文对溶质元素 Ti 和 B 生成 TiB_2粒子反应动力学过程进行了详细研究，下面据此对双束熔体原位反应－快速凝固法制备Cu－TiB_2纳米弥散强化铜合金进行分析：由形核数量的三个关系式(7－43)、式(7－44)和式(7－45)可知，由于C_0、C_0'、C_B'、C_{Ti}'、C_{Bm}和C_{Tim}等均为定值，且C_0大于C_B'和C_{Bm}，C_0'大于C_{Ti}'和C_{Tim}，当Cu－Ti和Cu－B双束熔体合金在反应腔体内均匀混合时，单位体积内TiB_2粒子的形核数量$Z(x)$与反应扩散深度X可以用下式表示，$Z(x)=K/X^3$，其中K为大于1的定值。这表明，形核数量随着X的降低而快速增加，即Ti和B元素合成TiB_2粒子是以界面附近形核为主，Cu－Ti和Cu－B合金熔体之间的反应界面越多，TiB_2粒子形核数量就越多，也就越易形成纳米级的TiB_2粒子。这就要求Cu－Ti和Cu－B熔体必须以紊动射流状态进入反应腔体，通过紊动扩散使双束熔体形成类似于图7－3所示的均匀混合效果，且反应界面尽可能地多。而双束熔体能否形成紊动射流与反应器喷嘴和反应腔体的形状和大小以及相关参数的选择密切相关。

由TiB_2粒子半径$r(x)$的关系式(7－46)、式(7－47)和式(7－48)可知，反应生成的TiB_2粒子半径r与反应前锋扩散深度X成正比，即在反应界面处生成的TiB_2粒子半径最小，而远离界面处，粒子半径增大。这一点与前面TiB_2粒子形核数量$Z(x)$与扩散深度X的三次方成反比相吻合。因此为了使双束熔体原位反应后能够生成均匀弥散分布的纳米TiB_2粒子，必须保证双束熔体充分均匀混合并形成尽可能多的反应界面。

7.3　双束熔体原位反应－快速凝固联合装置原型的设计[18]

双束熔体原位反应－快速凝固制备Cu－TiB_2纳米弥散强化铜合金的整体技术路线如图7－7所示。此短流程制备技术的关键是联合装置原型的研制、改进以及合理过程参数的选择。下面对其制备过程中的两个关键过程进行介绍。首先是原位反应过程，此过程的重点是保证Cu－Ti和Cu－B双束合金熔体混合时能够原位合成大量纳米级TiB_2粒子，主要涉及双束熔体原位反应装置原型的研制和最佳原位反应条件的确定(包括Cu－Ti和Cu－B中间合金浓度的选择、反应器喷嘴以及双束熔体喷射角度设计、熔体反应温度和送气压力等的确定)；其次在快速凝固过程中，必须保证在原位合成的纳米TiB_2粒子能够均匀弥散分布于合金基体内，其关键是需要设计一套能满足要求的快速凝固装置原型。

以前虽有原位反应制备不同纳米粒子以及用快速凝固法制备不同颗粒强化型的铝合金或铜合金等方面的研究[19～29]，但是将双束熔体原位反应与快速凝固相互嫁接来制备纳米弥散强化铜合金的研究在国内还属首例，在国外可供查阅的相关文献甚少，与此原理方法相类似也仅有1篇文献[17]，文献中关于联合装置的设计描述很少，而联合装置的合理设计是这项短流程制备技术的重中之重。

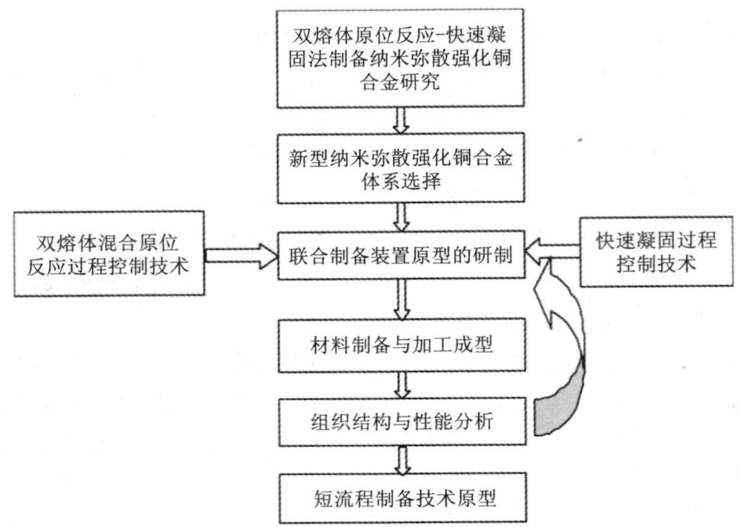

图 7-7　双束熔体原位反应-快速凝固制备 Cu-TiB_2 纳米弥散强化铜合金整体技术路线

我们通过对加热电源、反应器、送气系统以及快速冷凝系统等的改进，最终成功设计出了双束熔体原位反应-快速凝固联合装置原型，其工作原理示意图见图 7-1。其工作原理为：分别将 Cu-B 和 Cu-Ti 母合金置于左右两个坩埚内，在高纯 Ar 气保护下利用高频电源进行感应熔炼，熔体达到相应温度后，向左右两个坩埚内通入高纯 Ar 气，保证 Cu-B 和 Cu-Ti 双束熔体以一定喷射速度同时进入中间反应腔体并形成紊流，然后发生原位反应而生成大量纳米级的 TiB_2 粒子，反应后的合金熔体流入水冷铜模内快速凝固成 Cu-TiB_2 纳米弥散强化铜合金棒材。双束熔体原位反应-快速凝固联合装置制备 Cu-TiB_2 纳米弥散强化铜合金的实际工作状态如图 7-8 所示。下面对这套装置中比较重要的几个部件，如高频感应线圈、原位反应器以及快速冷凝系统等的设计进行介绍。

图 7-8　双束熔体原位反应-快速凝固联合装置改进阶段的工作状态图

7.3.1　高频感应线圈的优化设计

如果拟采用单台高频感应电源熔炼 Cu-Ti 和 Cu-B 合金，感应器的设计极为重要，感应线圈设计不当甚至根本无法使两种合金同时熔化。一般感应线圈匝数选择可参考图 7－9 所示的经验关系。在实际设计制造感应线圈过程中，上述各个因素一般相互影响，特别是在设计制造单电源感应熔炼双束熔体的感应线圈时，上述因素对感应线圈的功率大小和分配等影响更为显著。因此，设计制造所需感应线圈的思路可以通过调节其中一个影响因素进行优化，而固定其他影响因素不变。最终根据反应器形状和大小成功设计制造出了几组感应效率均较高的感应线圈，具体设计参数如表 7－1 所示。

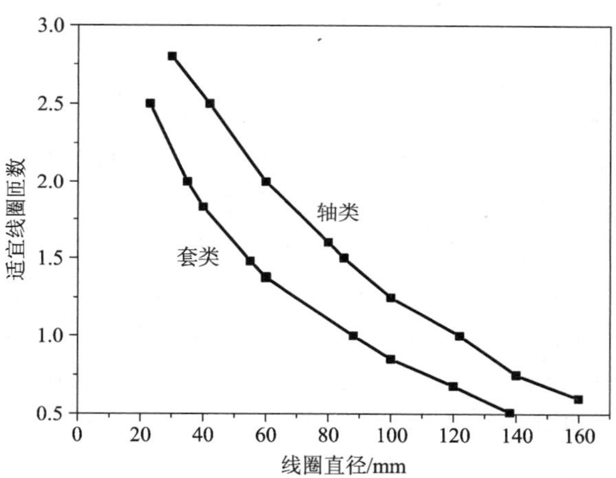

图 7－9　较合理的轴类及套类工件感应线圈匝数经验值

表 7－1　不同反应器所需感应线圈最佳设计参数

		感应线圈相关参数						
		材质	铜管尺寸/mm		线圈形状	线圈面积/mm^2	线圈匝数	线圈螺间距/mm
			内径	壁厚				
石英反应器 1	Cu－Ti 合金	紫铜	4	1	近椭圆	1175	3	2
	Cu－B 合金	紫铜	4	1	近椭圆	2675	3	4
石英反应器 2	Cu－Ti 合金	紫铜	4	1	近椭圆	1175	2.5	1.5
	Cu－B 合金	紫铜	4	1	近椭圆	1175	3	1.5
石墨反应器	Cu－Ti 合金	紫铜	6	1	近椭圆	5650	1	单匝
	Cu－B 合金	紫铜	6	1	近椭圆	5650	0.8	单匝

7.3.2 反应器优化设计

在双束熔体原位反应－快速凝固联合装置设计研制过程中，反应器设计是最为重要的，也是整套装置的核心部件，因为其直接决定能否合成大量纳米 TiB_2 粒子。Cu－Ti 和 Cu－B 双束熔体在左右两个坩埚内熔化后，送气加压双束熔体均会从喷嘴自由射入反应腔体，此时熔体的运动方式很关键。如果喷嘴以及送气压力等设计合理，能够保证双束熔体均以自由紊动射流方式进入反应腔体内，那么由于熔体的紊动会使得 Cu－Ti 和 Cu－B 合金熔体均匀混合且反应界面显著增多。根据前文有关双束熔体原位反应热力学和动力学研究结果可知，双束熔体相互碰撞界面处最容易生成 TiB_2 粒子，因此熔体以自由紊动射流方式运动会促进 TiB_2 粒子的形核，有利于生成更多纳米级的 TiB_2 粒子。其次当双束熔体相互碰撞后，若射流速度仍然较大或反应腔体较小，熔体相互碰撞发生自由紊动射流后会反冲或直射到反应腔体的壁面上，此时若能形成壁面紊动冲击射流，则会进一步促进两种熔体的均匀混合，使未参与反应的 Ti 和 B 元素继续发生反应生成 TiB_2 粒子，因此分析熔体的各种可能运动方式对于合理设计反应器很有必要。不过保证双束熔体自由紊动射流是使 Ti 和 B 元素均匀彻底反应的关键，而壁面冲击射流只能起辅助作用，后面试验证实单独利用壁面冲击射流效果不是太好，因此，下面仅利用自由紊动射流理论进行反应器设计。

7.3.3 射流熔体的紊动特性[18, 23]

从管嘴或孔口喷射出的一束流体，由于脱离了原来限制其流向的管子，在充满流体的空间中继续作扩散运动，流体的这种运动被称为自由射流。当射流流体的雷诺数超过临界值，会形成紊流（称为自由紊动射流）。紊流属复杂的随机过程，其基本特征主要表现在它的扩散作用。由雷诺根据颜色水的扩散情况来判断层流和紊流的试验中可知，虽然在层流状态下也存在扩散现象，但其过程非常缓慢和微弱，与紊动扩散相比，几乎可以忽略不计。图 7－10 示出了在紊动扩散过程中具有一定浓度的质团群外形的变化。可见，在紊动扩散作用下使质团群原来具有的规则轮廓外形逐步发生弯曲和分叉，而且枝叉将越来越多，越来越细长弯曲。

双束熔体若以自由紊动射流喷出喷嘴，则射流熔体不仅沿喷管轴线 X 方向流动，而且由于流体微团剧烈的横向脉动，使射流熔体与周围熔体不断地相互掺混，进而质量和动量交换带动周围熔体一起运动。随着射流熔体不断向前运动，射流熔体带动的质量逐渐增多，射流熔体将一部分动量传递给带入的熔体，速度逐渐降低。射流熔体与周围熔体的掺混自边缘逐渐向中心发展，经过一定距离发展到射流中心，自此以后射流的全断面上都发展为紊流。如果射流熔体碰撞到反

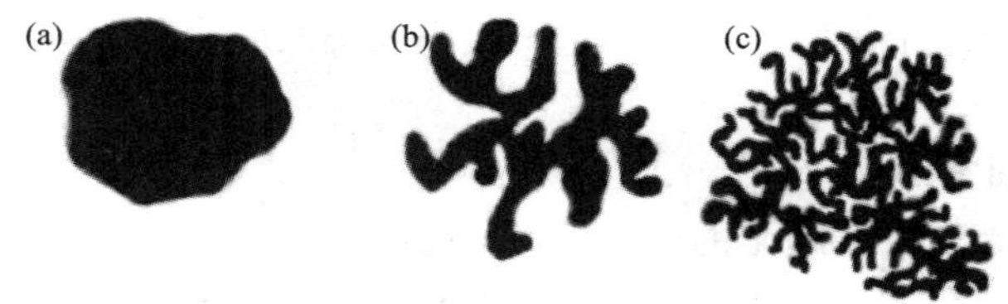

图7－10 紊动扩散过程中质团群外形的变化

(a)开始扩散；(b)扩散中期；(c)扩散后

应腔体壁时能量还没有全部消失，则会进一步发生壁面冲击射流，使局部未混合均匀的熔体进一步混合并发生原位反应。若Cu－Ti和Cu－B合金熔体射流以流速u_0自喷嘴出射后形成自由紊动射流，那么在反应腔体内自由紊动射流熔体就会形成几个不同的射流段，如图7－11所示。由孔口边界开始向外扩展的掺混区称之为剪切层或混合层。其中心部分未受掺混影响，仍保持原来出口速度u_0的区域称为射流的势流核心区。从孔口至核心区末端之间的这一段称为射流的初始段。紊流充分发展以后的射流称为射流的主体段。初始段与主体段之间有一个很短的过渡段。

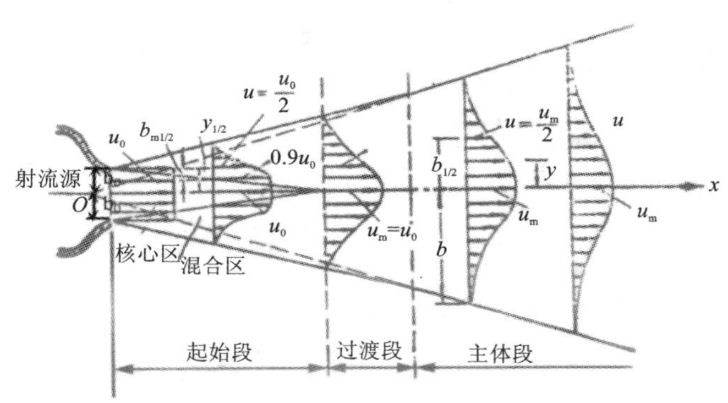

图7－11 自由紊动射流熔体流动特征示意图

下面分析相应射流熔体流速分布规律。根据粘性流体运动的基本方程，将其中的各个变量看作随变量，由时均值和脉动值组成，即$u_i=\overline{u_i}+u_i'$，然后取平均值，则可得紊流时均流动的基本方程：

$$\frac{\partial \overline{u_i}}{\partial x_i}=0,\ \frac{\partial u_i'}{\partial x_i}=0,\ \frac{\partial \overline{u_i}}{\partial t}+\overline{u_j}\frac{\partial \overline{u_i}}{\partial x_j}=f_i-\frac{1}{\rho}\frac{\partial \overline{p}}{\partial x_i}+\frac{1}{\rho}\frac{\partial}{\partial x_j}\left(\mu\frac{\partial \overline{u_i}}{\partial x_j}-\rho\overline{u_i'u_j'}\right) \quad (7-49)$$

此式即为雷诺方程，式中$-\rho\overline{u_i'u_j'}$称为雷诺应力。由于一般的自由紊动射流主要包括平面射流和轴对称射流，而对应的喷制双束熔体的喷嘴形状只能设计为扁型或圆孔型喷嘴。因此，下面就从这两类喷嘴出发利用射流理论确定合理的反应器设计方案。

7.3.3.1 **扁型喷嘴设计**

对于扁型喷嘴，由其喷出的射流熔体可按平面(二维)问题进行分析。由熔体喷入反应腔体后，射流的纵向尺寸远大于其横向尺寸，可应用定常紊流边界理论进行分析。对于二维定常边界层，有

$$\bar{u}\frac{\partial\bar{u}}{\partial x}+\bar{v}\frac{\partial\bar{u}}{\partial y}=-\frac{1}{\rho}\frac{\partial\bar{p}}{\partial x}+\frac{1}{\rho}\frac{\partial}{\partial y}\left(\mu\frac{\partial\bar{u}}{\partial y}-\rho\overline{u'v'}\right),\quad \frac{\partial\bar{p}}{\partial y}=0 \tag{7-50}$$

连续性方程为

$$\frac{\partial\bar{u}}{\partial x}+\frac{\partial\bar{v}}{\partial y}=0 \tag{7-51}$$

在紊动射流中，粘性切应力$\mu\frac{\partial\bar{u}}{\partial y}$远大于雷诺应力项$-\rho\overline{u'v'}$，可忽略不计，为简便起见，后文中变量上的时均符号“—”均去掉，故上面(7-50)式和(7-51)式分别变为：

$$u\frac{\partial u}{\partial x}+v\frac{\partial u}{\partial y}=\frac{1}{\rho}\frac{\partial\tau}{\partial y},\quad \frac{\partial u}{\partial x}+\frac{\partial v}{\partial y}=0 \tag{7-52}$$

式中，$\tau=-\rho\overline{u'v'}$为雷诺应力。根据普朗特的混合长度理论[24~26]，并考虑到射流熔体的混合长度l与厚度b成正比例，而厚度又与距离x成正比例，故有：

$$\tau=-\rho\overline{u'v'}=\rho l^2\left|\frac{\partial u}{\partial y}\right|\frac{\partial u}{\partial y},\ l=cx，其中\ c\ 为常数 \tag{7-53}$$

将上式代入(7-52)式可得

$$u\frac{\partial u}{\partial x}+v\frac{\partial u}{\partial y}=2c^2x^2\frac{\partial u}{\partial y}\frac{\partial^2 u}{\partial y^2} \tag{7-54}$$

由于自由紊动射流具有断面流速分布相似性和动量通量守恒等特性，故有

$$u_m^2x\int_0^{b/x}\left(\frac{u}{u_m}\right)^2\frac{dy}{x}=\text{const}，及\int_0^{b/x}\left(\frac{u}{u_m}\right)^2\frac{dy}{x}=\text{const} \tag{7-55}$$

式中，$u_m=k/\sqrt{x}$，式中k为常数，u_m为对应断面轴线流速。此时时均速度u可表示为$u=f(\eta)k/\sqrt{x}$，式中$\eta=y/x$。引入流函数ψ，可得

$$\psi=\int u\mathrm{d}y=k\sqrt{x}\int f(\eta)\mathrm{d}\eta=k\sqrt{x}F(\eta) \tag{7-56}$$

其中，$F(\eta)=\int f(\eta)\mathrm{d}\eta$

由此可得

$$u=\frac{\partial\psi}{\partial y}=F'(\eta)k/\sqrt{x},\ v=-\frac{\partial\psi}{\partial x}=[\eta F'(\eta)-F(\eta)/2]k/\sqrt{x} \tag{7-57}$$

将(7－57)式代入运动方程(7－52)式中，可得 $4c^2F''F'''=(F')^2+FF''$，积分可得 $2c^2(F'')^2=FF'$，变换坐标 $\varphi=\eta/a$，$a=\sqrt[3]{2c^2}$，上式可变为

$$(F'')^2=FF' \tag{7-58}$$

引入一个变量 $z=\ln F(\varphi)$，亦即 $F(\varphi)=e^z$，再代入(7－58)式可得

$$[z''+(z')^2]^2=z' \tag{7-59}$$

若 $z'=Z$ 的一阶微分方程为

$$Z'=-Z^2-\sqrt{Z} \tag{7-60}$$

其边界条件为：当 $\varphi=0$ 时，$F(\varphi)=e^z=0$，$F'(\varphi)=u/u_m=z'e^z=1$，$Z=z'=\infty$

当 $\varphi=\varphi_r$ 时，$F'(\varphi)=z'e^z=0$，$Z=z'=0$，(7－60)式的解为

$$\varphi=C-\frac{2}{3}\left[\ln(\sqrt{Z}+1)-\ln(\sqrt{Z-\sqrt{Z}+1})+\sqrt{3}\mathrm{tg}^{-1}\frac{2\sqrt{Z}-1}{\sqrt{3}}\right] \tag{7-61}$$

由边界条件可得：$C=\pi/\sqrt{3}=1.81$，$\varphi_r=4\pi/(3\sqrt{3})=2.412$。由(7－61)式可确定 $Z=z'$，而 z 及 $F(\varphi)=e^z$ 可由下式得到，

$$z=z_0+\int_{\varphi_0}^{\varphi}Z\mathrm{d}\varphi,\ z=\ln[F(\varphi)] \tag{7-62}$$

其中，z_0 为相应于 φ_0 的 z 值。上面的边界条件表明，当 $\varphi=0$ 时，$e^z=0$，要求 $z\to-\infty$，同时亦要求 $Z\to\infty$，这表明(7－61)式和(7－62)式对轴线附近不适用。为了满足上述条件，需另求解答。当 $\varphi\to0$ 时，$Z\to\infty$，(7－60)式中可忽略较小的一项$\sqrt{Z}$，故有 $\mathrm{d}Z/\mathrm{d}\varphi=-Z^2$，由此可得 $Z=z'\to1/\varphi$ 及 $z\to\ln\varphi+C_1$，为了确定积分常数 C_1，先对坐标(x,φ)写出速度表达式。由(7－57)式可得

$$u=kaF'(\varphi)/\sqrt{x}=u_mF'(\varphi),\ v=[\varphi F'(\varphi)-F(\varphi)/2]\cdot ka/\sqrt{x} \tag{7-63}$$

用逐渐逼近法把 z 及 z'用级数表示为

$$z=\ln\varphi-0.8\varphi^{1.5}/3+0.01\varphi^3/3+\cdots,\ z'=1/\varphi-0.4\varphi^{0.5}+0.01\varphi^2+\cdots \tag{7-64}$$

在轴线附近，即 φ 值很小时，可用(7－64)式计算 $z(\varphi)$、$z'(\varphi)$、$F(\varphi)=e^z$ 及 $F'(\varphi)=z'e^z$。最后由(7－63)式可得流速分布为

$$u/u_m=F'(\varphi),\quad av/u_m=\varphi F'(\varphi)-F(\varphi)/2 \tag{7-65}$$

根据射流熔体流速分布关系式(7－65)，可绘制出流速 u/u_m 和 av/u_m 随 φ 变化的曲线图[如图 7－12(a)所示]。可见，随 φ 的不断增加，沿平行于轴线的流速 u/u_m 总体呈下降趋势，而且下降速率逐渐降低；而横向流速 av/u_m 开始先上升，到 $\varphi=0.6$ 时，达到峰值，随后也不断下降；最后随着 φ 的进一步增加，熔体流动开始反向。由此可见，随自由紊动射流纵向速度的不断降低，熔体横向流动方向会来回波动，也就是由于这种紊动才使得双束熔体间形成大量的反应界面，

为 Ti 和 B 元素均匀彻底反应提供了条件，从而在 Cu 基体内生成大量的纳米 TiB_2 粒子。

下面利用射流熔体动量通量守恒原理来推导射流熔体轴线流速的沿程变化规律。射流熔体任意断面上单位宽度沿 x 方向的动量为

$$M = \int_{-\infty}^{+\infty} \rho u^2 \mathrm{d}y \tag{7-66}$$

由喷嘴出射的初始单宽动量为 $M_0 = 2b_0\rho u_0^2$，由动量守恒原理可得 $\int_{-\infty}^{+\infty} \rho u^2 \mathrm{d}y = 2b_0\rho u_0^2$，由于自由紊动射流断面流速分布具有相似性，可得 $u/u_\mathrm{m} = f(y/b)$，式中 b 为射流的特征半厚度，通常采用高斯分布形式，即

$$u/u_\mathrm{m} = \exp(-y^2/b^2) \tag{7-67}$$

当 $y=b$ 时，$u/u_\mathrm{m} = \mathrm{e}^{-1}$，令满足此条件的特征半厚度为 b_e。将(7-67)式代入(7-66)式，动量积分式可变为

$$\rho \int_{-\infty}^{+\infty} u^2 \mathrm{d}y = 2\rho \int_0^{\infty} u_\mathrm{m}^2 \exp\left(-2\frac{y^2}{b_\mathrm{e}^2}\right)\mathrm{d}y = \rho b_\mathrm{e}\sqrt{\frac{\pi}{2}}u_\mathrm{m}^2 \tag{7-68}$$

此外，由动量守恒关系式有

$$b_\mathrm{e}/b_0 = \sqrt{\pi/8}\cdot(u_\mathrm{m}/u_0)^2 \tag{7-69}$$

考虑到射流熔体厚度的线扩展，可令 $b_\mathrm{e} = cx$，将其代入(7-69)式，可得

$$u_\mathrm{m}/u_0 = (\sqrt{2/\pi}/c)^{1/2}(2b_0/x)^{1/2} \tag{7-70}$$

Albertson 通过实验证实 $c = 0.154$[27]，代入(7-70)式可得射流熔体轴线流速 u_m 沿程变化关系式：

$$u_\mathrm{m}/u_0 = 2.28\sqrt{2b_0/x} \tag{7-71}$$

该式表明，从扁型喷嘴喷出的平面紊动射流熔体沿喷嘴轴线流速随 $x^{-1/2}$ 而变化。下面分析扁型喷嘴厚度 $2b_0$ 分别为 0.5 mm、1.0 mm、1.5 mm、2 mm、2.5 mm、3 mm、4 mm、5 mm 和 6 mm 时，其对应轴线流速 u_m 随轴线 x 的变化情况。由于轴线流速 u_m 始终小于 u_0，所以轴线流速随 x 的变化曲线仅在 $u_\mathrm{m}/u_0 \leqslant 1$ 的部分有意义，其关系曲线如图 7-12(b)所示。由图可以看出，轴线流速 u_m 均随 x 的增加而不断降低，而且扁型喷嘴厚度 $2b_0$ 越小，其下降速率越快。此外，还可以看出喷嘴厚度 $2b_0$ 越大，进入主体段所需距离 x 越大，也就是初始段长度越长。这一点对于设计不同扁型喷嘴对应的反应腔体形状和尺寸大小非常重要，此部分将在后面加以详细讨论。

由于从扁型喷嘴喷出的熔体向前流动时具有卷吸作用，熔体流量将沿流程不断增加，任意断面上单宽流量为

$$q = \int_{-\infty}^{+\infty} u \mathrm{d}y \tag{7-72}$$

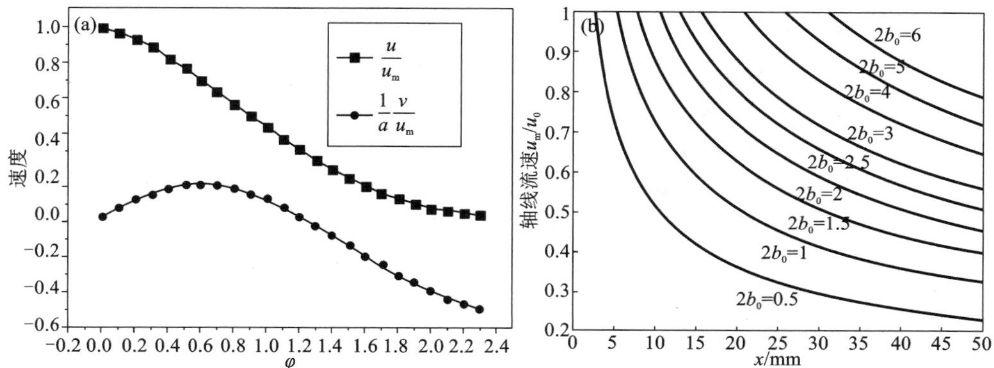

图 7 – 12　(a) 速度随 φ 的变化规律，(b) 不同扁嘴喷制双束熔体时轴线速度随 x 的变化

将(7 – 67)式代入(7 – 72)式中可得

$$q = 2\int_0^\infty u_m \exp[-(y/b_e)^2]\,dy = \sqrt{\pi} b_e u_m \tag{7-73}$$

该熔体出射的初始半宽流量为 q_0，即 $q_0 = 2b_0u_0$，故有

$$q/q_0 = \sqrt{\pi} b_e u_m/(2b_0u_0) \tag{7-74}$$

将(7 – 69)式和(7 – 70)式代入上式，可得

$$q/q_0 = 0.62\sqrt{x/(2b_0)} \tag{7-75}$$

根据出射熔体卷吸量的关系式(7 – 75)，分别绘制了不同厚度喷嘴对应的熔体卷吸量随 x 的变化曲线[如图 7 – 13(a)所示]。由图可以看出，从不同喷嘴喷出的射流熔体卷吸量均随 x 的增大而增大。不过扁型喷嘴厚度越小，射流熔体卷吸速度越快，双束熔体也越容易混合均匀，其中的 Ti 和 B 元素也越容易均匀发生原位反应而生成大量弥散分布的纳米 TiB_2 粒子。据此可以初步确定在设计扁型喷嘴厚度 $2b_0$时，其值不能太大，特别是对于反应腔体尺寸较小的情况。

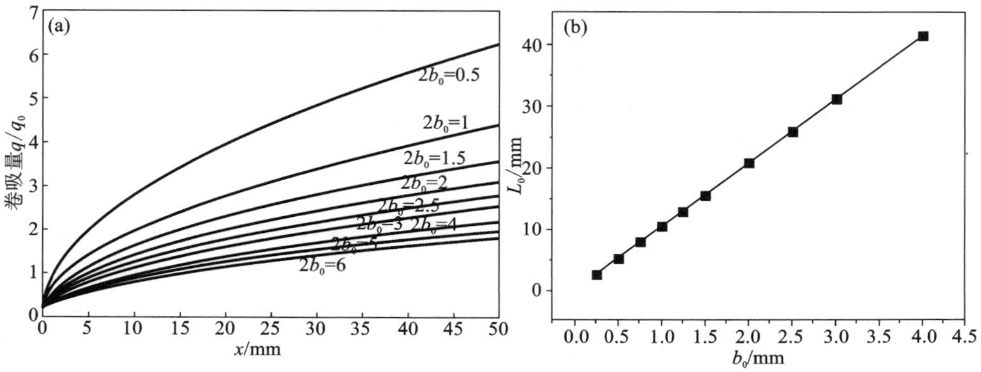

图 7 – 13　(a) 熔体卷吸量随 x 的变化规律；(b) 初始段长度 L_0 随扁型喷嘴半厚度 b_0 的变化规律

此外，利用射流熔体沿轴线流速变化关系式(7－71)，令式中 $u_m = u_0$，可求出初始段长度：

$$L_0 = 5.2(2b_0) \tag{7-76}$$

由(7－76)式可知，自由紊动射流熔体初始段长度与喷嘴厚度成正比。据此绘制了它们之间的关系曲线[如图7－13(b)所示]。射流核心区熔体流速保持初始流速 u_0，且均匀分布。混合层内流速分布具有相似性，其分布函数为

$$u/u_0 = \exp[-((y-b_e)/b_m)^2] \tag{7-77}$$

式中：b_e为核心区的半厚度；b_m为混合区的厚度。

通过上文对平面自由紊动射流熔体流动特性的理论研究和不同扁型喷嘴喷出的射流熔体流速、卷吸量以及初始段长度的定量计算，发现只有将扁型喷嘴和反应腔体的设计紧密结合起来才能保证双束熔体在所设计的反应器内形成紊流，使溶质元素 Ti 和 B 之间能均匀彻底地发生原位反应，并在 Cu 合金熔体内生成尽可能多的纳米 TiB_2粒子。由图7－12(b)可知，扁型喷嘴厚度 $2b_0 = 0.5$ 时，轴线流速随着 x 的增加很快降低，主体段紊流效果就会显著减弱，这不利于双束熔体的彻底均匀混合。虽然由图7－13(a)可知，此时其卷吸速率最快，卷吸量会随着 x 的增加而快速增加，但是由于其本身的出口流量较小，射流熔体的绝对卷吸量仍然较小，双束熔体相互渗透掺混程度不高。再加上轴线流速降低较快，射流熔体碰到反应腔体壁面时，速度可能已接近零，后续不能利用壁面射流使局部可能还没有掺混均匀的双束熔体进一步掺混。此时只有增加喷嘴出口速度 u_0才可能利用壁面射流的掺混作用，但是由于本身供气系统压力有限以及考虑安全问题，u_0不可能取得太大。因此，扁型喷嘴厚度应设计为：$2b_0 > 0.5$。但是$2b_0$也不能设计太大。虽然$2b_0$较大时，随轴线 x 的增加，轴线流速降低速率较慢[如图7－12(b)所示]，但是其卷吸速率也较小，卷吸速率小很不利于双束熔体的彻底均匀混合。特别是当$2b_0$较大时，其初始段长度较长，如 $2b_0 = 6$ mm 时，初始段长度 $L_0 = 31.2$ mm，而自由射流熔体只有进入主体段，其紊动效果才最好，此时要想利用紊动使双束熔体均匀混合，必须增加反应腔体尺寸，而且要保证反应腔体下端的 Cu－TiB_2合金熔体出口流速不能太大，使反应腔体内积存有一定数量的合金熔体，这样才可能利用较厚扁型喷嘴喷出的射流熔体在主体段发生强烈的紊动，从而增加双束熔体均匀混合程度。但是此时会出现另一个问题，那就是为了保证反应腔体内积存有一定数量的合金熔体，只能限制发生原位反应后的 Cu－TiB_2合金熔体进入快速冷凝系统的速度，这样必然会导致生成的纳米 TiB_2粒子发生团聚长大，这是我们不期望的。因此，扁嘴厚度 $2b_0$不能设计太大。综合考虑上面几方面的影响因素，扁嘴厚度 $2b_0$的取值范围应为：0.5 mm $< 2b_0 <$ 3.0 mm；而反应腔体尺寸应综合考虑喷嘴厚度 $2b_0$ 和喷嘴喷射角度 θ，喷射角度一般在 40°～60°。合理的反应腔体尺寸如表7－2 所示。原位反应器各部位尺寸如图7－14 所示。

表 7－2　合理的反应腔体尺寸设计范围

		b_0/mm，40°≤θ≤60°			
		$2b_0=1.0$	$2b_0=1.5$	$2b_0=2.0$	$2b_0=2.5$
反应腔体尺寸	L_1/mm	10～15	14～20	20～26	26～32
	D_1/mm	6.4～13	9～17.3	12.9～22.5	16.7～27.7
	D_2/mm	6～10	8～12	8～15	8～15
	H_1/mm	5～11.5	7～15.3	10～19.9	13～24.5
	H_2/mm	10～16	12～21	15～25	18～30
	H_3/mm	根据流速、合金浓度以及冷凝速率等确定	根据流速、合金浓度以及冷凝速率等确定	根据流速、合金浓度以及冷凝速率等确定	根据流速、合金浓度以及冷凝速率等确定

7.3.3.2　**圆孔型喷嘴设计**

如果双束熔体的喷嘴设计为圆孔型，则分析相应问题应从轴对称射流出发，不过其分析方法与平面射流类似，在此不详述。熔体流速分别为：

$$u/u_m=F'(\varphi)/\varphi,\ v/au_m=F'(\varphi)-F(\varphi)/\varphi \tag{7－78}$$

式中，$\varphi=r/ax$，而 $a=\sqrt[3]{c^2}$，c 为混合长度 $l=cx$ 中的系数。$F(\varphi)$ 和 $F'(\varphi)$ 分别为 $F(\varphi)=e^z$，$F'(\varphi)=z'e^z$，z 和 $z'=Z$ 由下列关系式给出：

$$z=\ln\frac{\varphi^2}{2}-0.27\varphi^{1.5}-0.001\varphi^3+0.00018\varphi^{4.5}+0.000025\varphi^6+0.000002\varphi^{7.5} \tag{7－79}$$

$$z'=\frac{2}{\varphi}-0.4\varphi^{0.5}-0.04\varphi^2+0.00082\varphi^{3.5}+0.00015\varphi^5+0.000014\varphi^{6.5} \tag{7－80}$$

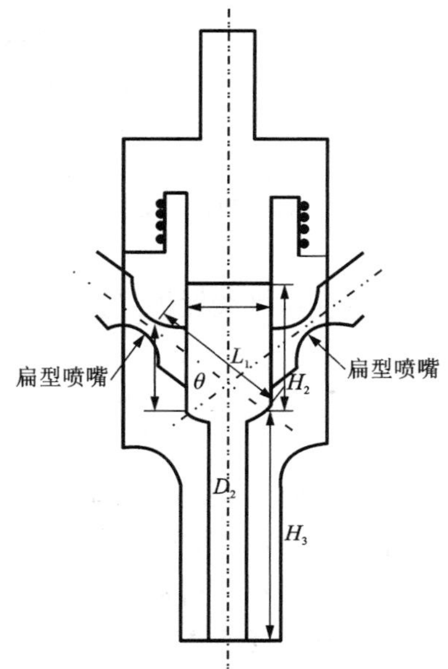

图 7－14　原位反应腔体示意图

同样根据上面分式可以绘制出熔体流速随 φ 的变化曲线［如图 7－15(a)所

示]，其变化趋势与平面射流的基本类似，在此不再详述。下面分析轴线熔体流速衰减规律。轴对称射流熔体各断面动量通量同样守恒，都等于出口断面的动量通量，即，

$$J = \int_0^\infty \rho u^2 \cdot 2\pi r\mathrm{d}r = \rho u_0^2 \pi r_0^2 \tag{7-81}$$

式中：u_0、r_0 分别为圆型喷嘴出口断面的流速和半径，如图 7 - 15(b)所示。考虑到主体段各断面的流速分布存在相似性，即，$u/u_m = f(r/b) = \exp(-r^2/b^2)$，取 b_e 作为特征长度，当 $y = b_e$时，$u = u_m/e$，将其代入(7 - 81)式积分可得

$$\int_0^\infty u^2 \cdot 2\pi r\mathrm{d}r = \pi u_m^2 b_e^2/2 = u_0^2 \pi D^2/4 \tag{7-82}$$

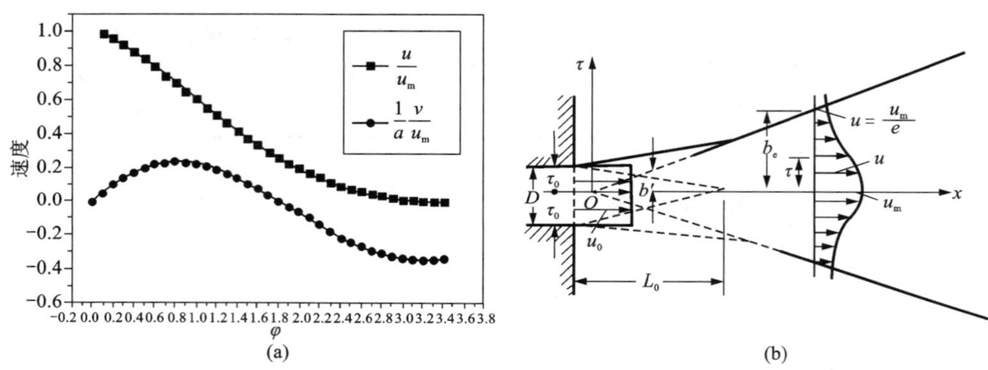

图 7 - 15　圆孔喷嘴设计，(a)速度随 φ 的变化规律，(b)轴对称自由紊动射流

设射流厚度线性扩展为 $b_e = cx$，代入(7 - 82)式可得

$$u_m/u_0 = (D/x)/\sqrt{2}c \tag{7-83}$$

根据 Albertson 实验资料[27]，$c = 0.114$，故有

$$u_m/u_o = 6.2D/x \tag{7-84}$$

图 7 - 16(a)示出了圆孔型喷嘴直径分别为 0.5 mm、1.0 mm、1.5 mm、2.0 mm、2.5 mm、3.0 mm、4.0 mm、5.0 mm、和6.0 mm 时，对应轴线流速 u_m/u_0 随 x 的变化规律。可见，随着 x 的增加，轴线流速不断降低，而且与平面射流情况类似，喷嘴直径越小，轴线流速下降速率越快。此外，射流熔体任意断面的流量可表示为

$$q = \int_0^\infty u \cdot 2\pi r\mathrm{d}r = 2\pi\int_0^\infty u_m \exp\left(\frac{r^2}{b_e^2}\right) r\mathrm{d}r = 2\pi u_m \frac{b_e^2}{2}\int_0^\infty \exp\left(-\frac{r^2}{b_e^2}\right) d\left(\frac{r^2}{b_e^2}\right) = \pi u_m b_e^2 \tag{7-85}$$

由于喷嘴出口流量 $q_0 = \pi D^2 u_0/4$，故射流熔体卷吸量为

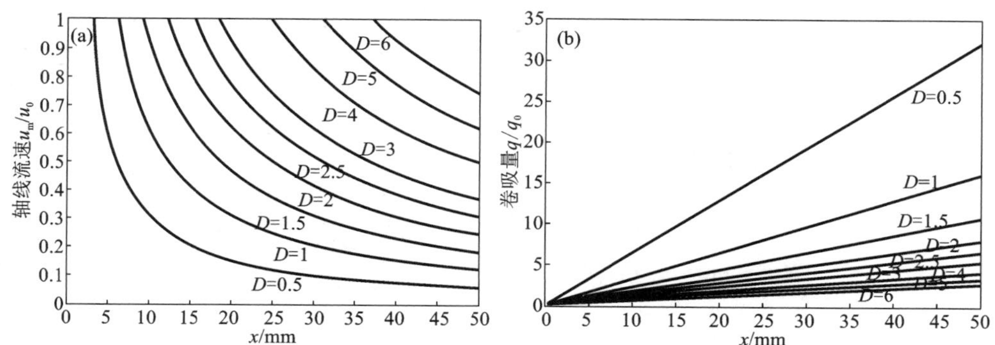

图 7－16　(a)圆孔型喷嘴轴线流速随 x 沿程变化规律，(b)不同 D 对应的卷吸量随 x 的变化规律

$$q/q_0=(4c^2x^2/D^2)\cdot(u_m/u_0) \tag{7-86}$$

将(7－83)式代入(7－86)式可得

$$q/q_0=0.32x/D \tag{7-87}$$

由(7－83)式可知，在轴对称射流初始段，若令 $u_m=u_0$，则可得轴对称射流初始段长度

$$L_0=6.2D\ (L_0\text{与}D\text{的曲线图如图 7－17 所示}) \tag{7-88}$$

初始段混合区的流速分布为

$$u/u_0=\exp[-(r-b_c)^2/b_m^2] \tag{7-89}$$

式中：b_c为势流核心区的半径；b_m为混合区的厚度。

图 7－16(b)根据卷吸量关系式(7－87)绘制了不同圆孔型直径 D 对应的卷吸量随 x 的变化规律。可见，卷吸量与 x 呈线性关系，而且圆孔型喷嘴直径越小，其相应的卷吸速率越快。所以如果双束熔体喷嘴形状设计为圆孔型，其直径 D 也不应该太大。而且由轴对称射流熔体初始段长度与直径 D 的对应关系式(7－88)同样可知，圆孔型直径 D 值不应设计太大。否则相应的反应腔体尺寸必须增加，增加的后果在前文平面射流部分已作解释，在此不做详述。不过如果喷嘴直径值设计较小时，虽然其卷吸速率较快，但是其绝对卷吸量仍然较小，而且绝对卷吸量无法进行调节。前文提到的扁型喷嘴，当其厚度 $2b_0$ 较小时，绝对卷吸量可以通过调节扁型喷嘴宽度使出口流量增加，再加上其本身的卷吸速率较快，最终双束熔体在反应腔体内的均匀混合程度会较高。而圆孔型喷嘴直径 D 确定后，其出口流量就为定值。绝对卷吸量不高时，双束熔体彻底均匀混合程度不可能很好。综合上面两方面原因可知，如果双束熔体原位反应器喷嘴设计为圆孔型，其喷射角、喷射管道直径、反应腔体直径以及过程参数等必须较好匹配才能保证双束熔体均匀混合，否则，反应会很不均匀，这一点在后面实验中已得到证实。

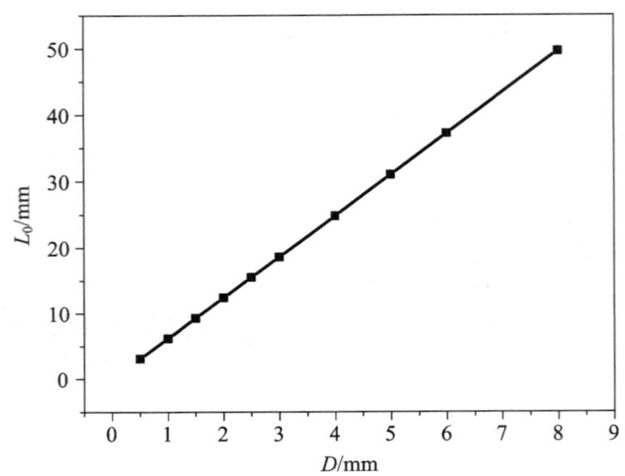

图 7-17　射流初始长度 L_0 随喷嘴直径 D 的变化规律

7.3.4　快速冷凝系统的优化设计

在含有细小颗粒的铜合金熔体凝固过程中，冷却速率的高低直接影响 Cu 合金基体内粒子的团聚程度。随着凝固界面的移动，熔体中的粒子会被不断推移，此时粒子会同时受到 3 个力的作用（受力状态如图 7-18 所示）。颗粒处于平衡状态时，可以认为其移动速度与界面推移速度 V 近似相等。浮力 F_G 是由于重力及熔体和颗粒间密度差而引起的，由于熔体中 TiB_2 颗粒尺寸较小，可以忽略浮力 F_G 的影响；F_D 是颗粒以速度 V 在熔体中运动时所受得粘滞拉力；斥力 F_σ 是由于范德华力或当颗粒与相界面紧密接触时由界面能引起的[28]。

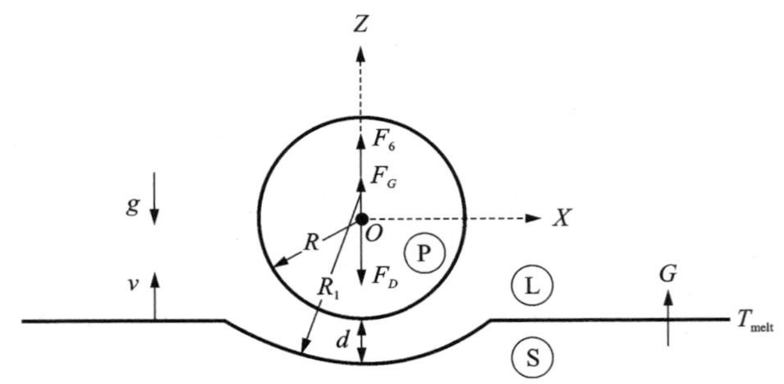

图 7-18　位于界面前端的颗粒的受力示意图

根据搅拌熔体中的输运理论，由 Navier - Stokes 输运方程可推导出位于界面

前端的球形颗粒受到的粘滞拉力 F_D，当 $R \gg d$ 时，

$$F_D = 6\pi\eta VR^2/d \tag{7-90}$$

考虑到位于颗粒后方的界面发生的弯曲效应，用 R_S 描述界面前端的曲率半径，上式可修正为

$$F_D = 6\pi\eta VR^2 \cdot R^2/(d - a_0)(R_S/(R_S - R))^2 \tag{7-91}$$

当颗粒与界面紧密接触时由界面能产生的作用在颗粒上的斥力 F_σ 为[18]

$$F_\sigma = 2\pi R\Delta\sigma\alpha\text{，其中 } \Delta\sigma = \Delta\sigma_0\ (a_0/(a_0 + d))^n,\ \alpha = R_S/(R_S - R) \tag{7-92}$$

且 $a_0 = r_p + r_s$ 为颗粒和固相界面层的原子半径之和，n 可取 2 至 7。利用水冷铜模快速凝固 Cu – TiB_2 合金熔体时，TiB_2 粒子在 Cu 合金基体内的分布状态由以下两方面因素决定：TiB_2 粒子与凝固界面前端的相互作用以及 TiB_2 粒子间的相互作用。根据 Shangguan[29] 等人提出的模型，其力学平衡方程 $F_\sigma - F_D = 0$，将 (7 – 91) 式和 (7 – 92) 式分别代入此式，可求得平衡时 TiB_2 粒子被推移的速度 V，它也是界面向前的移动速度，此时的 V 是颗粒与界面间距 d 的函数。对 V 取极大值，此时对应的 d 为 TiB_2 粒子与界面间的临界距离 d_{CI}。根据 Shangguan 模型，取 $n = 2$，$d_{CI} = a_0$ 时，

$$V_{CI} = a_0\Delta\sigma_0/(12\eta\alpha R) \tag{7-93}$$

即当 $V > V_{CI}$ 时，TiB_2 粒子将被凝固界面捕捉；$V < V_{CI}$ 时，TiB_2 粒子将被凝固界面排斥。针对颗粒间的相互作用，将 Shangguan 模型进行外推，把 TiB_2 粒子看成是曲率为 $\frac{-1}{R}$ 的界面，即 $R_S = -R$，代入 (7 – 91) 式和 (7 – 92) 式两式可得

$$F_D = 6\pi\eta VR^2 \cdot R^2/(4(d - a_0)) = 3\pi\eta VR^4/(2(d - a_0)) \tag{7-94}$$

$$F_\sigma = 2\pi R\Delta\sigma_0\ (a_0/(a_0 + d))^n \tag{7-95}$$

根据力学平衡，$F_\sigma - F_D = 0$，将以上两式分别代入平衡方程可得

$$3\pi\eta VR^4/(2(d - a_0)) - 2\pi R\Delta\sigma_0\ (a_0/(a_0 + d))^n = 0 \tag{7-96}$$

其解为

$$V = 4\Delta\sigma_0\ (a_0/(a_0 + d))^n \cdot (d - a_0)/(3\eta R^3) \tag{7-97}$$

对 V 取极大值时，即 $\frac{\mathrm{d}V}{\mathrm{d}d} = 0$，此时的 d 为 TiB_2 粒子与粒子间的临界距离 d_{cp}

取 $n = 2$ 时，当 $d_{cp} = 3a_0$ 时，

$$V_{CP} = a_0\Delta\sigma_0/(6\eta R^3) \tag{7-98}$$

即当 $V > V_{CP}$ 时，TiB_2 粒子间将发生团聚；$V < V_{CP}$ 时，TiB_2 粒子间将发生排斥。

综上所述，当 $V_{CI} < V < V_{CP}$ 时，原位反应生成的 TiB_2 粒子能被界面捕捉，且颗粒间相互排斥，难以团聚，最终原位反应生成的 TiB_2 粒子能均匀弥散分布于 Cu 合金基体内。由于 TiB_2 粒子处于平衡状态时，速度 V 也就是凝固界面向前的移动速度，增加冷却速率可以加快界面的推移速度，对凝固界面前端 TiB_2 粒子的捕捉

能力也会相应增强，但由于还存在 TiB_2粒子间的相互作用，导致冷却速率并非越快越好，而是处在一个范围内才能较好地避免 TiB_2粒子在凝固过程中发生团聚长大。由此可见，快速冷凝装置的设计同样非常关键。为了更好地研究不同冷却速率对原位合成的 Cu－TiB_2合金组织和性能的影响，我们专门设计研制了两套冷却能力不同的水冷铜模装置。下面简单介绍两套水冷铜模的构造以及理论冷却速率等，有关这两套冷凝装置的冷却速率对双束熔体原位合成的 Cu－TiB_2合金熔体组织和性能的影响将在后文加以详细讨论。

图 7－19 示出的是中等冷速和高冷速水冷圆铜模的设计示意图。两种水冷铜模均是通过合金熔体与导热系数高的 Cu 冷却衬底紧密相贴来实现快速导热的。影响温度场和冷却速率的主要因素包括“合金/衬底”界面传热系数 h 及试样的厚度 d。一般情况，h 值约为 10^5～10^6 W/(m^2·K)。由于合金除顶面外，各个方向均与水冷铜衬底接触，可以近似认为合金各个方向传热均衡，合金内部温度梯度较小，界面上有较大的温差，此时合金熔体将以牛顿冷却方式或近牛顿冷却方式冷却。

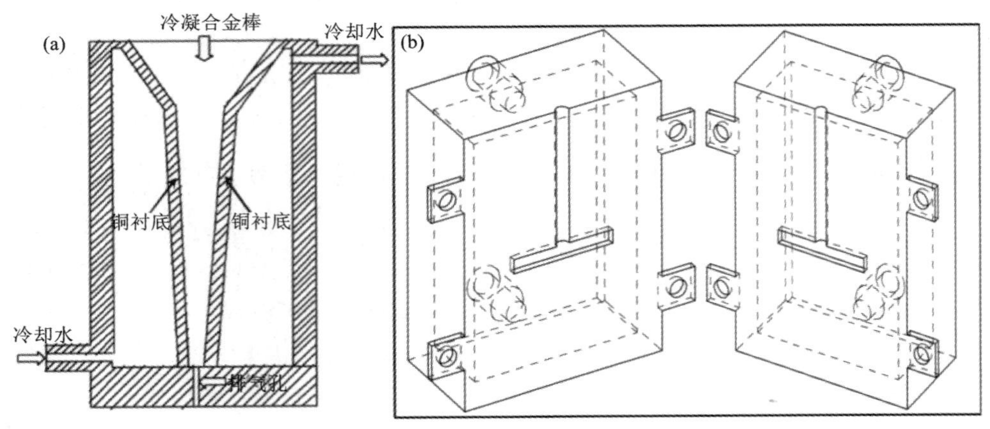

图 7－19　水冷铜模设计示意图

(a)中等冷速圆模；(b)高冷速扁模

在牛顿冷却方式下，凝固开始前，金属的温度 T 与时间 t 的关系可表达为

$$T = T_b + (T_0 - T_b)\exp(-ht/\rho C_p d) \tag{7-99}$$

式中：T_b为衬底温度(293 K)；T_0为合金熔体的起始温度，C_p为金属的比热；ρ 为金属的密度；h 为界面传热系数；d 为试样厚度。当合金熔体在衬底上的冷却过程开始时，其冷却速率为

$$\left(\frac{dT}{dt}\right)t = 0 = -\frac{h}{\rho Cpd}(T_0 - T_b) \tag{7-100}$$

对于 Cu – TiB_2合金，其绝大部分成分为 Cu，可近似取 Cu 的比热作为合金的比热，即合金比热近似为 $C_p = 385$ J/(kg · K)，密度也近似取熔融 Cu 的 $\rho = 7.8 \times 10^3 kg/m^3$。合金熔化温度设为纯铜的熔化温度 1573 K，因此可设 $T_0 - T_b = 1280$ K。上述两种铜模相应厚度有所差别，中等冷速的圆模直径从下端到顶端为 $d = 10 \sim 20$ mm，而高冷速的扁模厚度约为 $d = 4$ mm。将以上数据代入式(7 – 100)，即可求出本实验用两种水冷铜模在快速凝固过程中合金熔体与水冷 Cu 衬底接触时的瞬时冷却速率范围。

当 $h = 10^5 W/(m^2 \cdot K)$时：

中等冷速圆模，$(dT/dt)_{t=0} = -4.26 \times 10^3 K/s \sim -2.13 \times 10^3 K/s$

高冷速扁模，$(dT/dt)_{t=0} = -10.66 \times 10^3 K/s$

当 $h = 10^6 W/(m^2 \cdot K)$时：

中等冷速圆模，$(dT/dt)_{t=0} = -4.26 \times 10^4 K/s \sim -2.13 \times 10^4 K/s$

高冷速扁模，$(dT/dt)_{t=0} = -10.66 \times 10^4 K/s$

由以上计算结果可以看出，两种水冷铜模冷却速率相差较大，冷却速率相差越大，越有利于分析不同冷却速率对原位合成的不同尺寸 TiB_2粒子在 Cu 合金熔体中团聚行为的影响规律，详见后文。

7.4　制备过程参数对 Cu – TiB_2合金组织和性能的影响[18]

由于弥散强化相的形状、大小、间距以及均匀分布程度等都直接影响弥散强化铜合金的强度以及导电导热性能[30~33]，因此如何保证在 Cu 基体内能生成均匀弥散分布的纳米级 TiB_2粒子是制备 Cu – TiB_2弥散强化铜合金的关键。在双束熔体原位反应 – 快速凝固法制备 Cu – TiB_2弥散强化铜合金过程中，原位复合反应和快速凝固过程是控制的重点。一方面，Cu – Ti 和 Cu – B 双束熔体的原位复合反应是保证生成纳米 TiB_2粒子的关键，只有在合金熔体内均匀生成大量纳米 TiB_2粒子，才有可能成功制备出 Cu – TiB_2纳米弥散强化铜合金；另一方面，如果生成的大量纳米 TiB_2粒子不能及时固定在 Cu 基体内，那么相邻的纳米 TiB_2粒子会很快发生团聚长大，最终同样不能制备出组织和性能优异的 Cu – TiB_2纳米弥散强化铜合金，因此，后续的快速冷凝系统对于成功制备该合金也是非常关键的。下面从这两个方面研究不同过程参数对 Cu – TiB_2合金组织和性能的影响规律，从而确定双束熔体原位反应 – 快速凝固法制备不同浓度 Cu – TiB_2纳米弥散强化铜合金的最佳过程参数。

7.4.1　扁型喷嘴反应器喷制 Cu – TiB_2合金

在本节中，我们首先研究不同过程参数对双束熔体原位复合法制备低浓度

Cu－0.45TiB_2合金组织结构和性能的影响规律，然后根据确定的最佳过程参数进行中、高浓度Cu－TiB_2合金的制备，并进一步对比研究母合金溶质元素浓度对双束熔体原位复合法制备不同浓度Cu－TiB_2合金组织结构和性能的影响。

7.4.1.1 原位复合条件的影响

为了对比研究不同反应器形状对制备过程的影响，根据紊动射流理论我们设计了三种不同尺寸的扁型喷嘴反应器(如表7－3所示)。由于原位复合条件、冷却速率以及母合金溶质元素浓度等都会直接影响所制备Cu－TiB_2合金的组织和性能，为了分离出各个因素的影响，实验中，我们采取单因素法。如在确定扁型喷嘴反应器喷制双束熔体的最佳原位复合条件时，将冷却速率和母合金溶质元素浓度等固定不变，即原位合成Cu－TiB_2合金熔体的快速冷凝过程均采用前文提到的中等冷速的水冷铜模进行，且为了消除水冷铜模上下部位冷速不同的影响，检测样品除个别情况外均取自离水冷铜模底部1厘米处，目标合金浓度均选择低浓度Cu－0.45TiB_2合金。表7－4给出了三种不同尺寸反应器喷制双束熔体时所选择的6种原位复合条件。

表7－3 三种尺寸的扁型喷嘴反应器设计

<table>
<tr><td colspan="2" rowspan="2"></td><td colspan="3">$2b_0$/mm，$\theta=50°$</td></tr>
<tr><td>$2b_0=0.5$ mm</td><td>$2b_0=1.5$ mm</td><td>$2b_0=5.0$ mm</td></tr>
<tr><td rowspan="6">反应腔体尺寸</td><td>L_1/mm</td><td>10.4</td><td>16</td><td>34</td></tr>
<tr><td>D_1/mm</td><td>8</td><td>12</td><td>26</td></tr>
<tr><td>D_2/mm</td><td>8</td><td>10</td><td>12</td></tr>
<tr><td>H_1/mm</td><td>7</td><td>11</td><td>22</td></tr>
<tr><td>H_2/mm</td><td>15</td><td>20</td><td>30</td></tr>
<tr><td>H_3/mm</td><td>50</td><td>50</td><td>50</td></tr>
</table>

表7－4 六种原位复合反应条件参数

	$2b_0$/mm	熔体温度/℃	送气压力/MPa
原位复合条件No.1	0.5 mm	Cu－Ti：1350℃ Cu－B：1300℃	0.1 MPa
原位复合条件No.2	0.5 mm	Cu－Ti：1400℃ Cu－B：1350℃	0.25 MPa
原位复合条件No.3	1.5 mm	Cu－Ti：1350℃ Cu－B：1300℃	0.1 MPa

续表

	$2b_0$/mm	熔体温度/℃	送气压力/MPa
原位复合条件 No.4	1.5 mm	Cu－Ti：1400℃ Cu－B：1350℃	0.25 MPa
原位复合条件 No.5	5.0 mm	Cu－Ti：1350℃ Cu－B：1300℃	0.1 MPa
原位复合条件 No.6	5.0 mm	Cu－Ti：1400℃ Cu－B：1350℃	0.25 MPa

表 7－5 示出了采用 6 种不同原位复合条件合成的 Cu－0.45TiB_2合金的力学和电学性能。由表可看出，原位复合条件的改变对于所合成的 Cu－0.45TiB_2合金的性能影响显著，采用原位复合条件 No.4 所合成的合金综合性能最佳。下面根据表 7－5 的实验结果对扁型喷嘴厚度 $2b_0$、送气压力以及熔炼温度等因素对喷制合金性能的影响进行简单讨论。通过反应器设计的理论研究以及具体的实验研究结果均可发现，扁型喷嘴厚度 $2b_0$既不能设计太大也不能设计太小，而应处在一定范围内。当扁型喷嘴 $2b_0=0.5$ mm 时，轴线流速随着熔体向前不断推移而很快降低，主体段紊流效果就会显著减弱，这不利于双束熔体的彻底均匀混合。此时虽然其卷吸速率较快，卷吸量会随着熔体向前推移而快速增加，但是由于其本身的出口流量较小，射流熔体的绝对卷吸量仍然较小，双束熔体相互渗透掺混程度不高。再加上如果 Cu－Ti 合金熔体熔炼温度较低时，其流动性会较差，若一旦送气压力较低(原位复合条件 No.1)，实验过程中就会出现 Cu－Ti 合金堵塞喷嘴现象。因此，扁型喷嘴厚度应设计为：$2b_0>0.5$。但是 $2b_0$也不能设计太大。虽然 $2b_0$较大时，熔体轴线流速降低速率较慢，但是其卷吸速率也较小，卷吸速率小很不利于双束熔体的彻底均匀混合。特别是当 $2b_0$较大时，其初始段长度需要设计得较长，即必须增加反应腔体尺寸，才能充分利用自由射流熔体主体段最好的紊动效果。另外要想利用紊动使双束熔体均匀混合，还要保证反应腔体下端反应后的合金熔体出口流速不能太大，使反应腔体内积存有一定数量的合金熔体，从而使射流熔体在主体段能够发生强烈的紊动，进而增加双束熔体的均匀混合程度。但是此时会出现另一个问题，那就是为了保证反应腔体内积存有一定数量的合金熔体，只能限制发生原位反应后的 Cu－TiB_2合金熔体进入快速冷凝系统的速度，这样必然会导致在熔体内生成的纳米 TiB_2粒子发生团聚长大，从而影响合金性能(这就是采用原位复合条件 No.6 合成的 Cu－TiB_2合金的综合性能不及原位复合条件 No.4 合成合金的性能好的原因)。因此扁型喷嘴厚度 $2b_0$不能设计太大。综合考虑理论和实验研究结果，扁型喷嘴厚度 $2b_0$的取值范围应为：$2b_0=1.0\sim2.5$ mm。

表 7 - 5 六种条件下制备的 $Cu-0.45TiB_2$ 合金力学与电学性能

	硬度 HV /(kgf · m^{-2})	强度 σ_b /MPa	强度 $\sigma_{0.2}$ /MPa	延伸率 δ /%	相对电导率 /% IACS
原位复合条件 No. 1	70	—	—	—	88
原位复合条件 No. 2	80	310	255	18	80
原位复合条件 No. 3	90	347	294	20	86
原位复合条件 No. 4	102	389	330	21	92
原位复合条件 No. 5	85	328	279	20	83
原位复合条件 No. 6	96	368	312	20	90

通过实验研究发现，送气压力选择合理与否同样影响合金均匀混合程度和原位反应效果等。而且研究发现送气压力不能太小，送气压力为 0.1 MPa 时，可能由于喷嘴出口流速较小，导致从喷嘴喷出的 Cu - Ti 和 Cu - B 双束自由射流熔体的紊动效果不强。两种熔体不能均匀混合，导致反应界面没有或较少，母合金熔体中的溶质元素 Ti 和 B 不能充分反应。一方面不能生成尽可能多的纳米 TiB_2 粒子，弥散强化效果较弱，影响合金强度的提高；另一方面，溶质元素 Ti 和 B 不能充分反应，残留在合金基体内的溶质元素会显著降低合金的导电率，特别是溶质元素 Ti 的残留影响更为严重。因此，送气压力应选择在 0.2 ~ 0.3 MPa 之间。

通过实验还发现，在相同温度下 Cu - Ti 合金熔体的黏度明显大于 Cu - B 合金熔体的黏度。如果采用相同的送气压力，当两种合金熔体黏度不同时，一方面会导致在相同时间内喷出的熔体数量不同，在反应腔体内参与反应的 Cu - Ti 和 Cu - B合金熔体数量不等，反应均匀程度会降低，最终导致生成的纳米 TiB_2 粒子分布不均匀；另一方面黏度不同时，会导致喷嘴出口速度不同，进而影响合金熔体自由紊动射流特性，紊动特性不同同样会影响合金均匀混合和反应程度。采用不同的送气压力可以解决这一问题，但是实际操作过程中难度较大。因此，较合理的办法是采用不同的熔炼温度，使两种合金熔体在喷出喷嘴前黏度基本相当。此外通过实验还发现，即使两种合金熔体黏度相当，也还必须使两种合金熔体黏度处在一定范围内，即保证双束熔体的流动性较好，否则同样不利于双束熔体形成紊流并发生均匀混合。由表 7 - 5 可看出，当熔体温度较低时，合金强度和导电率均有所降低，说明合金基体中的 Ti 和 B 元素没有完全析出并发生充分反应，从而严重影响了合金的导电率；另一方面，如果紊动效果不佳，反应界面较少，双束熔体均匀混合效果降低，生成的纳米 TiB_2 粒子数量也必然会降低，弥散强化效果降低，从而使合金的强度较低。当然熔炼温度也不能太高，否则生成的纳米 TiB_2 粒子很容易发生团聚长大。因此，综合考虑这几个方面的因素，双束熔体的熔炼温度应保持在如下范围：Cu - Ti 合金：1400 ~ 1450℃；Cu - B 合金：1300 ~1350℃。

通过上面对不同原位复合条件以及所制备合金综合性能的对比，我们可以确定最佳的原位复合条件范围：扁型喷嘴厚度 $2b_0$ = 1.0 ~ 2.5 mm，送气压力在 0.2 ~ 0.3 MPa 之间，双束熔体的熔炼温度 Cu - Ti 合金为 1400 ~ 1450℃，Cu - B 合金为 1300 ~ 1350℃。

在分析原位复合条件对所制备 Cu - TiB_2合金组织结构的影响规律之前，同样先对母合金组织加以分析。图 7 - 20 给出了实验用母合金的 SEM 照片，可见，低浓度 Cu - 0.3B 合金枝晶胞界较细，不过界面上仍然偏聚有 B 粒子。但低浓度 Cu - 0.6Ti合金，由图可以看出，元素 Ti 基本完全固溶于 Cu 基体内。图 7 - 21 和图 7 - 22 示出了采用原位复合条件 No.1 喷制合金的金相和 SEM 组织照片。由图可以看出，喷制合金晶粒尺寸细小，且晶界细窄，对晶界处偏聚的黑色粗大粒子进行 EDS 分析发现其为元素 B[图 7 - 22(c)]。由此可见，原位复合条件 No.1 制备的合金主要为 Cu - B 合金，在扁型喷嘴 $2b_0$尺寸较小时，必须增加熔炼温度和送气压力，否则无法保证实验顺利进行。

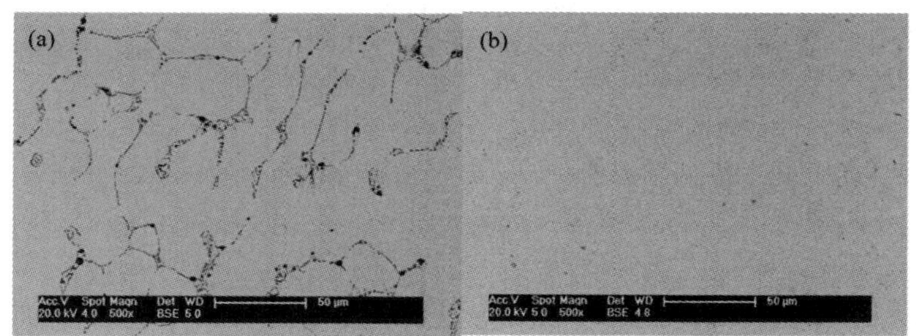

图 7 - 20　母合金 SEM 像(a) Cu - 0.3B；(b) Cu - 0.6Ti

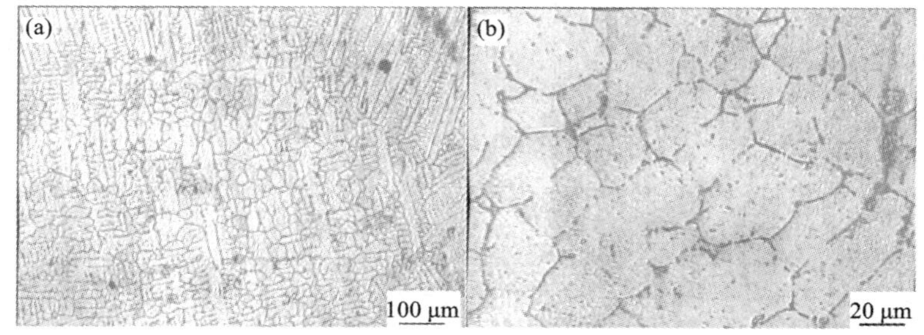

图 7 - 21　No.1 条件下合金金相组织

(a)低倍；(b)高倍

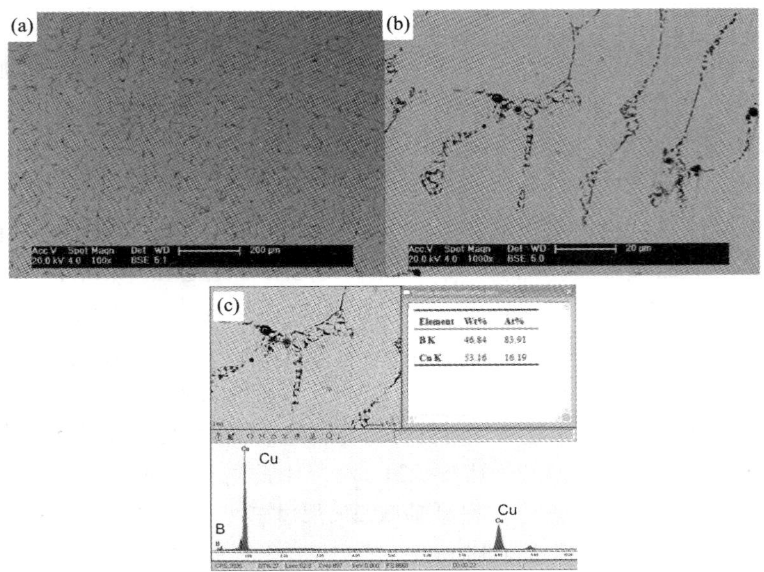

图 7－22　No.1 条件下合金的 SEM 组织

(a)低倍；(b)高倍；(c)EDS

随着送气压力及熔炼温度提高，采用原位复合条件 No.2 不会出现 Cu－Ti 合金堵塞喷嘴现象，送气后左右两边的双束熔体能够同时喷入反应腔体，但是由图 7－23 可以看出，采用此原位复合条件合成的 Cu－TiB_2合金两个部位的金相组织差别较大。离铜模底部 1 cm 处合金的组织与 Cu－B 合金的有相似之处，但是其晶界不像 Cu－B 合金连续完整，说明喷入的 Ti 元素已与 B 元素发生了反应，局部区域可以看到分布有一些合成的粒子(如箭头所示)，但均匀程度较差。SEM 观察，发现其晶界宽度比图 7－22 所示 Cu－B 合金的晶界细很多，元素 B 的偏聚程度明显减弱[如图 7－24(a)]，这主要是由于一部分 B 元素与喷入的 Cu－Ti 合金内的 Ti 元素发生了反应，从而降低了元素 B 的偏聚动力。对三叉晶界处的球形粒子进行 EDS 分析发现，该粒子除主要含有元素 B 外还含有少量的 Ti 元素。此外，由图 7－23(b)可以看出，随着取样部位的升高，离水冷铜模底部 4 cm 处合金的组织发生明显变化，基体内存在部分团聚粒子，而且这些粒子大部分都偏聚在类似枝晶的浮突组织上，这些浮突组织是由于 Ti 元素浓度较高，在金相样品浸蚀过程中难以被腐蚀而形成的。虽然从图 7－24(b)可以看出基体内已生成了大量细小的强化相粒子，但是组织整体均匀程度不高，且局部区域分布有粗大 TiB_2粒子(如椭圆所围部位)，关于此种情况团聚粒子的形成过程在后文用模型图加以说明。部位不同相应的组织差别较大说明虽然两种合金熔体均被喷入反应腔体，但是整体混合均匀程度仍然不太理想，下部以 Cu - B 合金为主，而上部则以 Cu - Ti 合金为主。因此，利用此原位复合条件制备的 Cu - TiB_2 合金综合性能较差。

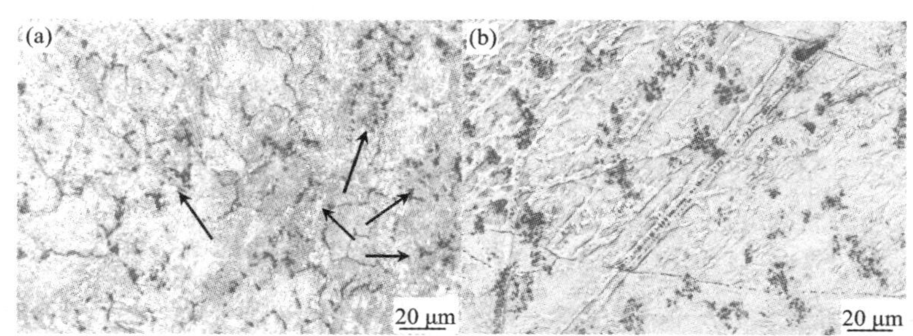

图 7 - 23　采用原位复合条件 No. 2 喷制得的 Cu - TiB_2 合金不同部位组织

(a)离铜模底部 1 cm 处；(b)离铜模底部 4 cm 处

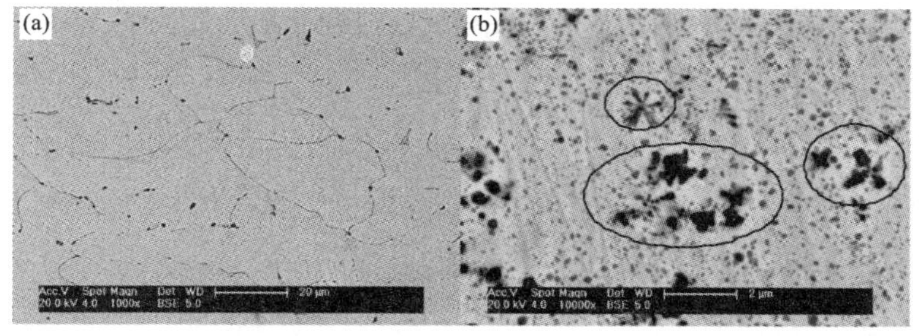

图 7 - 24　采用原位复合条件 No. 2 制备的合金 SEM 组织照片

(a)离铜模底部 1 cm 处；(b)离铜模底部 4 cm 处

下面对比另外四种原位复合条件对合成的 Cu - TiB_2 合金组织的影响。对比图 7 - 25(a)和(b)可以发现，对于扁型喷嘴 $2b_0 = 1.5$ mm 的复合条件，送气压力和熔炼温度较低同样不利于双束熔体的均匀混合，局部区域粗大粒子偏聚严重[图 7 - 25(a)箭头所指]，粗大粒子尺寸可达 3 ~ 4 μm。对其进行 SEM 高倍观察发现，基体内除了有偏聚的粗大粒子外，还均匀分布有大量尺寸在 100 ~ 200 nm 的强化相粒子，粒子平均间距在 200 ~ 300 nm 范围内。根据图 7 - 26(c)对大粒子进行的 EDS 分析发现团聚后的粗大相确实是 TiB_2 粒子。但是当送气压力和熔炼温度升高后，所制备的合金组织得到明显优化，除了均匀分布有一些粗大粒子之外[图 7 - 25(b)]，基体内还均匀分布有大量尺寸在 50 nm 左右或更小的弥散粒子[图 7 - 26(b)]，经过后面的 TEM 衍射分析发现这些粒子确实是原位合成的纳

米 TiB_2粒子(图 7－27)。说明适当增加送气压力和熔炼温度有利于加强双束熔体的紊动混合效果，从而使合金熔体微团尺寸减小，反应界面增多，保证原位反应过程中生成大量纳米 TiB_2粒子。关于熔体微团尺寸对原位反应合成的 TiB_2粒子尺寸的影响将在后文作详细介绍。

当扁型喷嘴 $2b_0$值进一步增大后，而送气压力和熔炼温度较小时，由图 7－25(c)可以看出，粗大粒子团聚和分布不均匀性明显增强(如箭头所示)，对其进行 SEM 高倍放大后，发现基体内仍然分布有大量细小的 TiB_2粒子，其尺寸与采用原位复合条件 No. 3 合成的合金内的粒子相当，但是分布密度却有所降低，所以采用复合条件 No. 5 合成的合金力学性能要比采用复合条件 No. 3 合成的差。这主要是由于复合条件 No. 5 所用的熔炼温度和送气压力较小，使得 Cu－Ti 和 Cu－B 双束熔体紊动效果降低，部分溶质元素不能完全反应，最终不仅影响了合金强度的提高，还使合金电导率损失严重。

提高熔炼温度和送气压力后，合金组织均匀性有所增加，在金相尺度下其与采用原位复合条件 No. 4 合成的合金组织差别不大[图 7－25(d)]。但是经 SEM 高倍放大后发现，基体内细小的 TiB_2粒子尺寸明显比采用原位复合条件 No. 4 合成的大。说明原位复合后的合金熔体在进入快速冷凝系统过程中，基体内的细小 TiB_2粒子发生了长大。由于 TiB_2粒子为稳定的陶瓷化合物，在较短时间的实验过程中不可能发生 Ti 和 B 元素从一个粒子扩散到另一个粒子而长大，唯一可能的

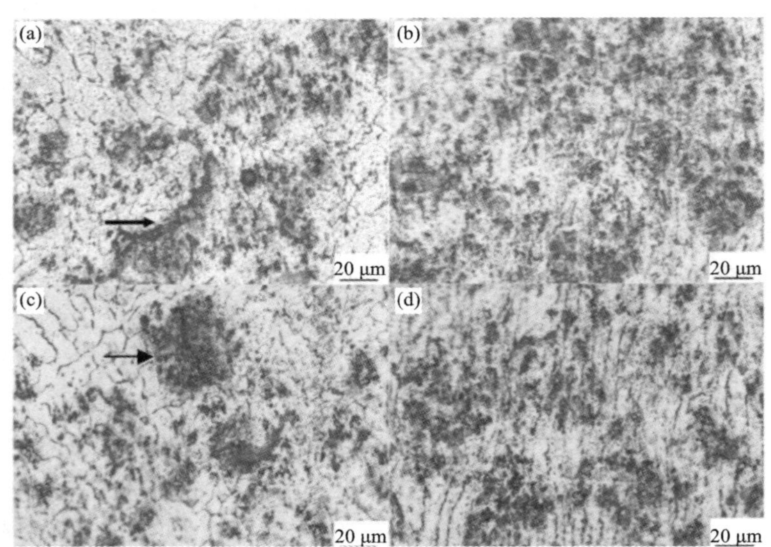

图 7－25　采用不同原位复合条件喷制得的 Cu－TiB_2合金离底部 1 cm 处的金相照片

(a)原位复合条件 No. 3；(b)原位复合条件 No. 4；(c)原位复合条件 No. 5；(d)原位复合条件 No. 6

就是原位反应后基体内仍然残留有未反应的溶质元素 Ti 和 B，复合熔体在流入水冷铜模或在冷凝过程中，溶质元素向细小的 TiB_2 粒子扩散，导致 TiB_2 粒子发生长大(关于此粒子粗化过程后文利用原位反应模型图给予了详细说明)。因为扁型喷嘴 $2b_0$ 值增加后，除了增加反应腔体尺寸外，还降低了 Cu – TiB_2 合金熔体流入水冷铜模的速度，这就使得粒子有机会长大。由此可见，原位复合条件 No. 6 中的反应腔体尺寸、送气压力以及熔炼温度等仍需进行适当调整，进一步减小混合时形成的熔体微团尺寸，这样才可能保证在合金基体内形成大量尺寸更小的纳米 TiB_2 粒子。

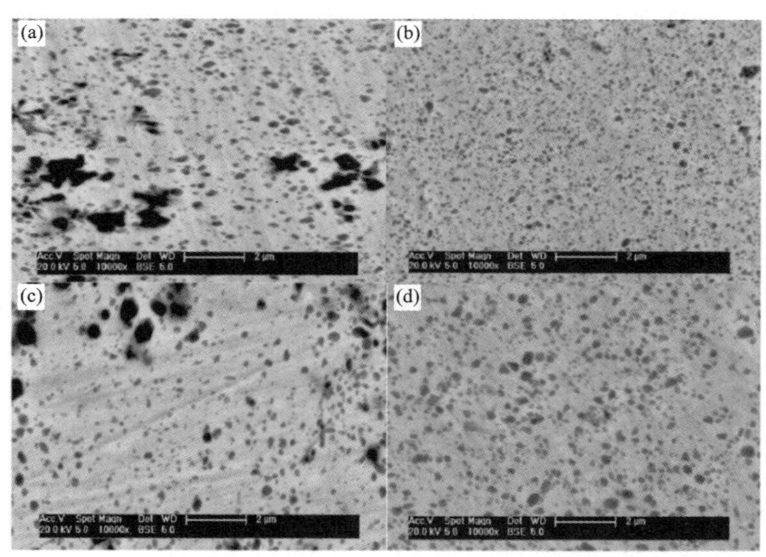

图 7 – 26　采用不同原位复合条件喷制得的 Cu – TiB_2 合金离底部 1 cm 处的 SEM 织照片

(a)原位复合条件 No. 3；(b)原位复合条件 No. 4；(c)原位复合条件 No. 5；(d)原位复合条件 No. 6

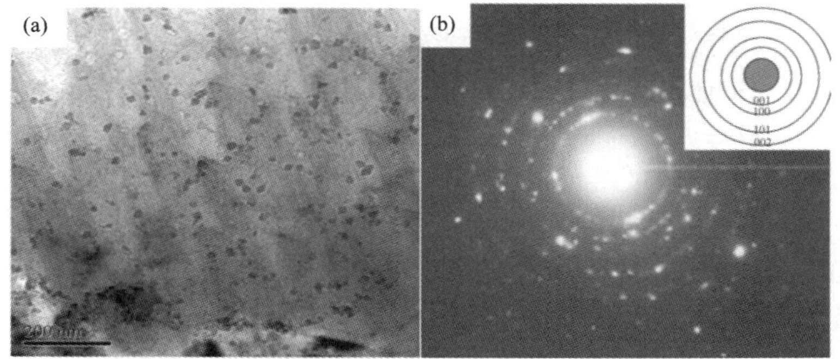

图 7 – 27　采用原位复合条件 No. 4 合成的 Cu – 0. 45TiB_2 合金 TEM 分析

(a)均匀弥散粒子；(b)图(a)的衍射斑

7.4.1.2 冷却速率的影响

当合金熔体中含有陶瓷粒子时，冷却速率大小直接影响合金凝固后粒子在基体内的均匀分布程度，国内外这方面已有大量研究[18]。但对于双束熔体原位反应－快速凝固法制备 Cu－TiB_2纳米弥散强化铜合金，冷却速率是如何影响合金组织的，是越快越好还是只要达到一定冷速即可，仍需进行深入研究。

前文研究发现，若原位反应过程中溶质元素之间反应不彻底，那么冷却速率会决定原位反应生成的纳米 TiB_2粒子是否会在合金凝固之前发生长大。但如果双束熔体紊动混合效果较好，生成了大量纳米 TiB_2粒子，而且溶质元素也已基本耗尽，此时冷却速率是如何影响纳米 TiB_2粒子分布情况的呢？图 7－28 示出了扁型和圆形水冷铜模快速凝固制备的 Cu－0.45TiB_2合金的 SEM 组织照片，实验均采用紊动效果较好的原位复合条件 No.4 进行。由图可以看出，两种冷却速率下合成的 Cu－0.45TiB_2合金组织基本相同，粒子尺寸相当。

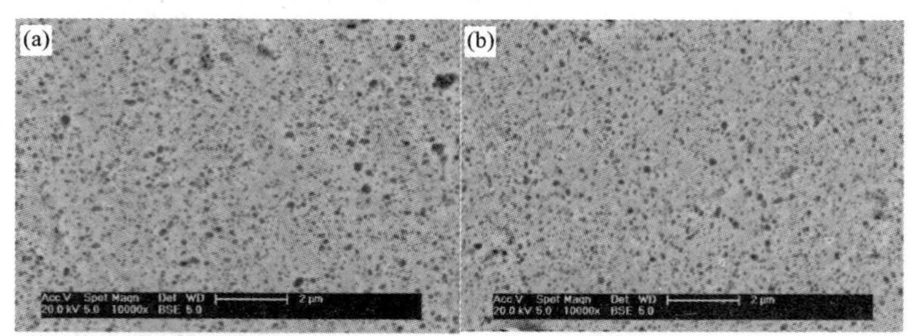

图 7－28 不同冷却速度对采用原位复合条件 No.4 合成的 Cu－0.45TiB_2合金组织的影响

(a)中等冷速圆形水冷铜模凝固；(b)高冷速扁型水冷铜模凝固

根据 LSW 粒子粗化理论，粒子平均半径 $\bar{r}$ 随时间变化的关系式为[34]

$$\bar{r}^3 - \bar{r}_0^3 = (8tD\sigma V_{TiB_2} C_m)/(9RT) \tag{7-101}$$

式中：T 为绝对温度；σ 为 TiB_2粒子与 Cu 熔体的界面能；D 为控制长大速率的溶质在 Cu 熔体中的体扩散系数(由于 B 元素扩散速率较快，因此长大速率受 Ti 元素扩散速率控制)；C_m为扩散的溶质在该温度下的摩尔溶解度；$\bar{r}_0$ 为原位反应后粒子的初始平均半径。V_{TiB_2}为 Cu 熔体中分布的 TiB_2粒子的摩尔体积；R 为气体常数。从上式可以看出，TiB_2粒子的平均半径的立方 $\bar{r}^3$ 与原位反应后到凝固完成之间的时间 t、C_m、D、σ 以及 Cu 熔体中 TiB_2粒子的摩尔体积 V_{TiB_2}成正比。由于缺少相关参数无法定量计算，只能进行定性讨论。在原位反应过程中，由于 Ti 元素的扩散系数低于 B 元素的扩散系数，因此 Ti 元素成为控制纳米 TiB_2粒子长大的主要因素。而由于 TiB_2陶瓷粒子非常稳定，在 Cu 熔体中的溶解度极小(几乎为零)，C_m就会很小，如果原位反应很彻底，溶质元素 Ti 和 B 消耗殆尽后，从原位反应后到凝固结束前很短时间内，纳米 TiB_2粒子粗化速率定会显著降低。

此外，由前文不同凝固速率对熔体中粒子团聚行为影响的研究发现，当凝固界面推移速率 $V=V_{CI}(V_{CI}=a_0\Delta\sigma_0/(12\eta\alpha R))$时，粒子所受得凝固界面推移力和熔体粘滞力处于平衡，若 $V>V_{CI}$时，粒子将被凝固界面捕捉；$V<V_{CI}$时，粒子将被凝固界面排斥；而当凝固界面推移速率 $V=V_{CP}(V_{CP}=a_0\Delta\sigma_0/(6\eta R^3))$时，粒子之间受力平衡，若 $V>V_{CP}$，粒子间将发生团聚；$V<V_{CP}$时，粒子间将发生排斥。也就是只有当 $V_{CI}<V<V_{CP}$时，原位反应生成的 TiB_2粒子才能被凝固界面捕捉，均匀分布于合金基体内。上面实验表明，改变冷却速率对于合金基体内的纳米 TiB_2粒子分布情况影响不明显，说明两种冷却速率 $V_{高}$和 $V_{中}$处在 $V_{CI纳米粒子}<V_{中}<V_{高}<V_{CP纳米粒子}$范围内。

但是冷却速率对于粗大 TiB_2粒子的分布状态是如何影响的呢？为了更好地对比冷却速率的影响，实验过程中将中等冷速水冷铜模的水流量减小，而取样部位仍然与高冷速水冷铜模一样均取自离模底 1 cm 处，此时，从两个水冷铜模取下的样品所经历的冷凝速率会差别更大。由图 7－29 可以看出，由于冷却速率不同，Cu－TiB_2合金凝固后的晶粒大小和形态差别较大，中等冷却速率下形成大量的细长的柱状晶[图 7－29(a)]，而在高冷却速率下以细小的等轴晶为主[图 7－29(b)]。此外，从图 7－29(a)还可以看出，在金相尺度下仅能观察到团聚在一起的粗大粒子，而且这些发生了团聚的粗大 TiB_2粒子主要分布在细长的柱状晶内，说明在柱状晶快速向前生长过程中，凝固界面能够捕捉粗大的 TiB_2粒子，而非推移这些粒子一直向前移动最终团聚在柱状晶尖端。但是粗大的 TiB_2粒子确实发生了团聚，可以推知，这必然是粒子间相互吸引在凝固界面捕捉前就发生了团聚，据此也可得出中等冷速 $V_{中}>V_{CP粗大粒子}$(图 7－30)。此外，由图 7－29(b)可以看出，随着冷却速率的增加，粗大粒子的团聚程度进一步增加。说明增加冷却速率一方面可以很容易捕捉粗大 TiB_2粒子，但是另一方面也会导致粗大 TiB_2粒子之间吸引力增强，易于在凝固界面前端发生团聚，最终反而不利于这些粒子在 Cu 基体内的均匀分布。

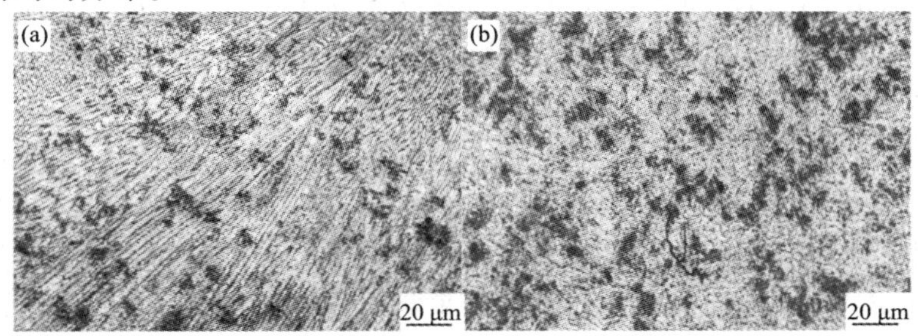

图 7－29　冷却速率对原位复合条件 No.4 合成的 Cu－0.45TiB_2合金金相组织的影响

(a)中速；(b)高速

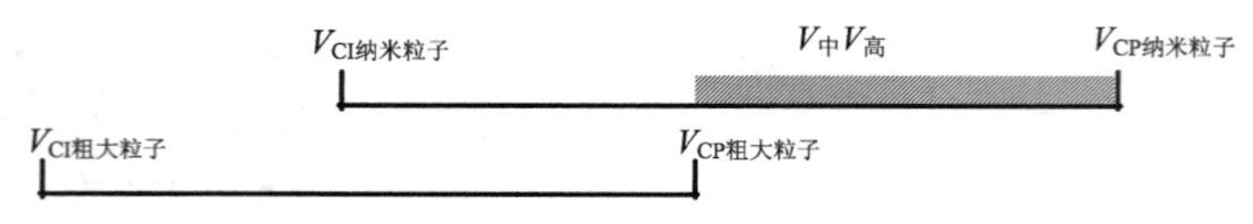

图 7-30　冷却速度所处范围示意图

7.4.1.3　母合金溶质元素浓度的影响

为了对比溶质元素浓度对双束熔体原位反应-快速凝固法合成的 Cu-TiB_2 合金组织和性能的影响，实验过程仍然采用前文已确定的用于合成低浓度 Cu-0.45TiB_2合金的最佳原位复合条件进行，即原位复合条件 No.4：扁型喷嘴 $2b_0$ = 1.5 mm；熔炼温度：Cu-Ti 合金 1400℃，Cu-B 合金 1350℃；送气压力：0.25 MPa。表 7-6 示出了采用原位复合条件 No.4 合成的中、高浓度 Cu-TiB_2合金的力学性能和电学性能。由表可以看出，其力学性能均比低浓度 Cu-0.45TiB_2合金有所提高，说明合金基体内生成了更多的强化相，对位错的钉扎作用进一步增强。但是合金电导率随着合金浓度的增加却不断降低，这可能有两方面的原因，一是随着合金浓度的增加，合金基体内残留的溶质元素相应会增加，特别是元素 Ti 的残留对导电率影响最为显著；另一方面是强化相粒子浓度和尺寸对电子散射作用增强，从而进一步降低了合金的导电率。

表 7-6　采用原位复合条件 No.4 合成的 Cu-TiB_2(1.6%和 2.5%)合金力学和电学性能

性能	硬度 HV /(kgf · mm^{-2})	强度 σ_b /MPa	强度 $\sigma_{0.2}$ /MPa	延伸率 δ/%	相对电导率 /% IACS
Cu-1.6TiB_2合金	142	456	415	14	81
Cu-2.5TiB_2合金	169	542	511	12	70

下面分析采用原位复合条件 No.4 合成的两种浓度 Cu-TiB_2合金的组织变化情况。由图 7-31 所示两种浓度合金的金相组织照片可以看出，粗大粒子浓度明显高于低浓度 Cu-0.45TiB_2合金的，而且随着溶质元素浓度增加，粗大粒子尺寸、数量以及团聚程度均有所增加，偏聚的粗大粒子如箭头所示。对两种浓度的 Cu-TiB_2合金进行 SEM 放大观察，发现随着合金浓度的增加，1 μm 左右粗大粒子数量明显增加。对其进行 EDS 分析发现同时含有 Ti 和 B[如图 7-32(c)所示]，由于 B 元素为轻元素，能谱实验结果与实际结果有偏差。此外两种浓度合金基体内还分布有大量细小的弥散粒子，这些粒子的尺寸较相同条件合成的低浓度 Cu-0.45TiB_2合金基体内的粒子尺寸略大，不过大部分粒子尺寸仍在 100 nm

以下，平均间距为 100～200 nm[图 7－32(a)、(b)]。出现此种分布状态的原因主要是由于原位复合条件相同，形成的熔体微团尺寸大小相近，所以在反应腔体内原位反应生成的 TiB_2粒子尺寸就会基本相同(微团尺寸对粒子大小的影响见后文模型所示)。但由于溶质元素浓度增加，生成大量纳米 TiB_2粒子的同时基体内一定仍残存有部分 Ti 和 B 元素未发生反应，在发生凝固之前这些元素会不断向某些粒子扩散，小粒子尺寸会略有所长大，而部分尺寸稍大的粒子由于吸附溶质元素能力较强，长大程度会较为严重。因此，在中、高浓度合金基体内还出现一些粗大的 TiB_2粒子。

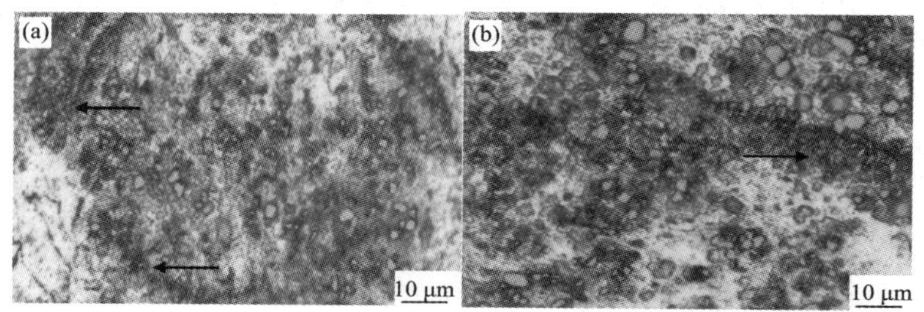

图 7－31　母合金溶质元素浓度对原位合成的 Cu－TiB_2合金金相组织的影响

(a) Cu－1.6TiB_2；(b) Cu－2.5TiB_2

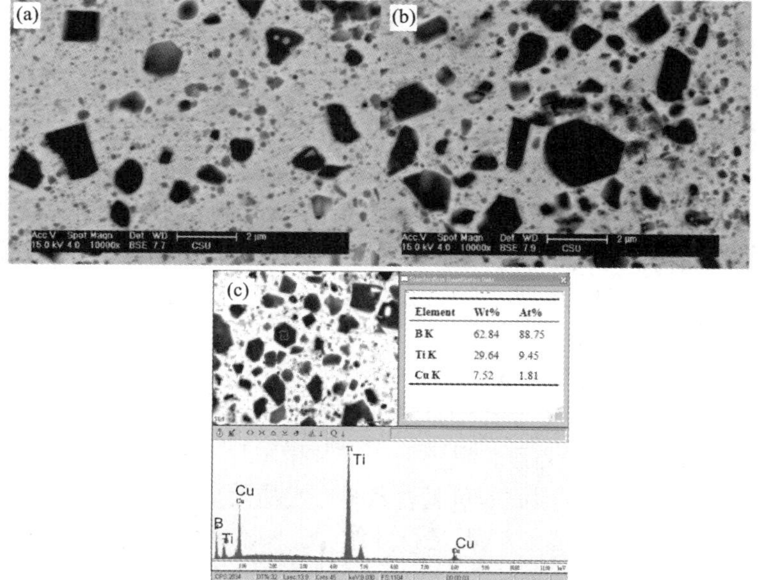

图 7－32　母合金浓度对原位合成的 Cu－TiB_2合金 SEM 组织的影响

(a) Cu－1.6TiB_2；(b) (c) Cu－2.5TiB_2

通过对合成的中、高浓度 Cu - TiB_2合金组织观察发现，随着溶质元素浓度增加，完全按低浓度合金所用的原位复合条件 No.4 进行复合，实验效果虽然较好但不是最佳状态，还需对原位复合条件 No.4 进行如下调整：①在相同温度下，溶质元素浓度增加，合金黏度会发生变化。因此改变浓度后，为了使两种合金流动性基本相当，需要对熔炼温度进行适当调整；②送气压力的高低决定合金熔体在喷嘴出口处速度的高低，由前文扁型喷嘴设计部分可知，出口速度增加，一方面能够增加射流熔体的射程，可以充分利用主体段的紊动效应，从而促进双束熔体均匀混合效果；另一方面，增加出口速度还可以保证射流熔体发生自由紊动射流后在冲击到反应腔体时仍然可以发生壁面冲击紊动射流，从而使未混合均匀的熔体进一步发生混合并继续反应；③合金浓度增加，生成的 TiB_2粒子之间的间距相应缩短，为了减弱粒子之间的团聚，可以适当缩短反应腔体到水冷铜模之间的距离，即缩短输送复合熔体管道长度。所以利用扁形喷嘴喷制中、高浓度 Cu - TiB_2合金，合理的反应器形状设计和原位复合条件应分别为：

反应器形状为：扁型喷嘴 $2b_0 = 1.5$ mm，$\theta = 50°$，$L_1 = 19 \sim 23$ mm，$D_1 = 14 \sim 17$ mm，$D_2 = 11 \sim 13$ mm，$H_1 = 12 \sim 14$ mm，$H_2 = 20$ mm，$H_3 = 30 \sim 40$ mm；原位复合条件为：熔炼温度：Cu - Ti 合金 1450 ~ 1500℃，Cu - B 合金 1350 ~ 1400℃，送气压力：0.25 ~ 0.35 MPa。

7.4.2 圆孔型喷嘴反应器喷制 Cu - TiB_2合金

前面研究了利用扁型喷嘴反应器在不同原位复合条件下喷制 Cu - TiB_2合金的组织和性能的变化情况，在研究过程中发现随着扁形喷嘴 $2b_0$的增加，所喷制的合金组织和性能均有所下降，主要原因是双束熔体紊动特性降低，原位反应时合金微团尺寸增加所致。但是通过改变反应器形状和相关尺寸以及原位复合条件等，充分利用紊动射流和壁面冲击射流能否同样制备出组织和性能优异的 Cu - TiB_2合金，前面没有进行此方面的研究，而这对于该短流程制备技术同样具有重要意义。为了更好地说明问题，下面选择圆孔型喷嘴直径 D 值比较大的反应器进行研究，研究结果如下。

7.4.2.1 原位复合条件的影响

无论对于扁形喷嘴还是圆孔型喷嘴反应器喷制双束熔体，原位条件选择合理与否对于整个制备过程都是至关重要的。在利用圆孔型喷嘴反应器喷制双束熔体实验过程中采用了很多不同的原位复合条件，实施效果各有不同，但由于篇幅有限，在此仅对三种比较典型的情况进行介绍，三种不同的反应器及相应原位复合条件如表 7 - 7 所示。

表 7－7　三种原位复合条件相关参数值

	反应器形状					原位复合条件	
	2θ	D/mm	D_0/mm	$\frac{S_0}{S_1+S_2}$	$\frac{L_0}{D_0}$	熔体温度/℃	送气压力/MPa
No. 1	75°	7.0	25	0.5	20	Cu－Ti：1350 Cu－B：1300	0.1
No. 2	75°	7.0	25	0.5	15	Cu－Ti：1350 Cu－B：1300	0.2
No. 3	75°	7.0	25	1.0	12	Cu－Ti：1400 Cu－B：1350	0.25

表 7－8 示出了采用不同圆孔型喷嘴反应器喷制的 Cu－0.45TiB_2合金的力学性能和电学性能。由表可以看出，反应器形状以及原位复合条件不同，所喷制的低浓度 Cu－0.45TiB_2合金性能差别较大，相对而言，利用条件 No. 3 喷制的合金综合性能最好。

表 7－8　圆孔喷制的 Cu－0.45TiB_2合金的力学与电学性能

	硬度 HV /(kgf · mm^{-2})	强度 σ_b /MPa	强度 $\sigma_{0.2}$ /MPa	延伸率 δ/%	相对电导率 /% IACS
No. 1	78	283	241	18	78
No. 2	85	313	269	19	83
No. 3	97	363	316	20	90

下面对上述三种条件下所喷制的 Cu－0.45TiB_2合金的组织变化规律进行研究。为了消除冷却速率等的影响，分析样品同样均在离水冷圆铜模底部 1 cm 处取样。图 7－33 示出了不同条件下所制备的合金基体内不同尺寸粒子的分布情况。由图可见，采用条件 No. 1 喷制的合金组织均匀性较差，且基体内分布有较多的粗大粒子[图 7－33(a)、(b)]，合金综合性能较差(表 7－8)。由图 7－34 分析可知其同样为 TiB_2粒子。随着输送管道长度缩短以及送气压力增加，基体内粗大 TiB_2粒子数量明显减少[如图 7－33(c)、(d)]。这主要是由于增加送气压力可提高射流熔体的紊动混合效果，原位反应过程中会生成更多细小的 TiB_2粒子。由紊动射流理论分析知，对于直径为 D 的圆孔型喷嘴，进入紊动效果较好的主体段距离较长，必须相应地增加反应腔体尺寸才能充分利用紊动混合。当然其他参数也必须同时进行优化，如输送管道长度以及送气压力等，特别是送气压力。因

为增加送气压力会使双束熔体出口流速相应增加，原位反应过程中自由紊动射流和壁面射流效果会较显著，更加有利于纳米 TiB_2 粒子的生成。因此，由图 7－33(e)、(f)可以看出，随着 $S_0/(S_1+S_2)$ 值的增加、L_0/D_0 的减小，以及送气压力的增加，合金组织均匀性进一步得到提高，基体内分布有大量 50～75 nm 的细小粒子，且团聚的粗大 TiB_2 粒子数量显著减少。

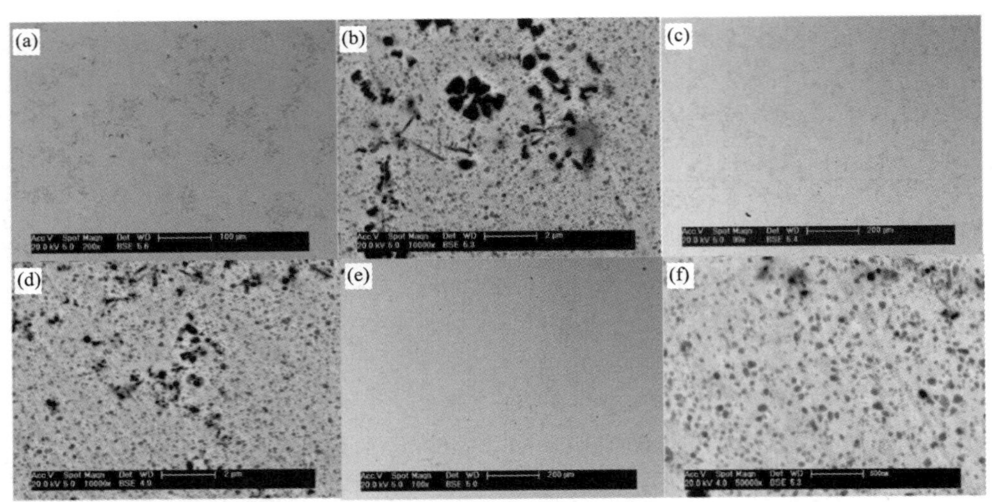

图 7－33　不同条件制备的 Cu－0.45TiB_2 合金的 SEM 像

(a)，(b) No.1 条件；(c)，(d) No.2 条件；(e)，(f) No.3 条件

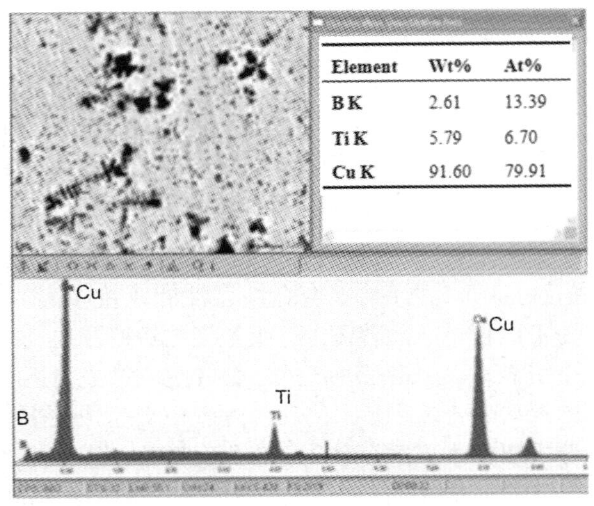

Element	Wt%	At%
B K	2.61	13.39
Ti K	5.79	6.70
Cu K	91.60	79.91

图 7－34　Cu－TiB_2 合金中粗大粒子的 EDS 能谱分析

由上可知，利用圆孔型喷嘴喷制低浓度 Cu – 0.45TiB_2合金时，最佳的反应器设计和原位复合条件应分别为，圆孔型反应器形状为：$2\theta = 60° \sim 90°$，$D = 5.0 \sim 8.0$ mm，$D_0 = 15 \sim 25$ mm，$S_0/(S_1 + S_2) = 0.8 \sim 1.2$，$L_0/D_0 = 8 \sim 12$；原位复合条件为：熔炼温度：Cu – Ti 合金 1400 ~ 1450℃，Cu – B 合金 1350 ~ 1400℃，送气压力：0.25 ~ 0.3 MPa。

7.4.2.2　**冷却速率的影响**

前面研究了反应器形状以及原位复合条件对圆孔型喷嘴反应器喷制的 Cu – 0.45TiB_2合金组织和性能的影响。虽然采用条件 No.3 喷制的合金离水冷铜模底部 1 cm 处的组织较优异，但是根据其性能测量结果可知，其综合性能略低于利用扁型喷嘴反应器在最佳复合条件下喷制的合金性能。由上一节冷却速率对纳米粒子团聚行为影响的研究结果可知，中、高冷却速率对纳米 TiB_2粒子团聚行为影响并不显著，那么利用圆孔型喷嘴反应器喷制 Cu – TiB_2合金过程中，是否由于水冷铜模不同部位冷速差异引起合金性能不及扁型喷嘴反应器喷制的呢？下面对同一样品不同部位组织进行研究。

图 7 – 35 示出了采用条件 No.3 喷制的 Cu – 0.45TiB_2合金不同部位组织的变化情况。由图可以看出，随着取样部位的上移，组织不均匀性增强，粒子偏聚程度加重(如图 7 – 35 圆圈所围部分)，此外粗大粒子数量也有所增加。下面对出现此种现象的原因加以分析，由前面离底部 1 cm 处的组织可知，其与扁型喷嘴在最佳过程参数下喷制的合金组织差别并不太大，特别是基体内的粒子尺寸和分布状态等，但是其综合性能却有所降低。这可能主要是由于采用条件 No.3 喷制双束熔体时，相互接触的熔体微团尺寸略大，导致双束熔体碰撞时溶质元素 Ti 和 B 不能完全反应生成纳米 TiB_2粒子，而在后续运动过程中这些未反应的元素会不断向生成的 TiB_2粒子周围扩散，使得某些 TiB_2粒子尺寸不断增加，而且冷却速率越慢，粒子长大越严重，所以随着取样部位上移，粗大粒子数量不断增加[图 7 – 35(b)]。此外，在利用圆孔型喷嘴反应器喷制双束熔体时，由于出口熔体数量较多，原位反应后的 Cu – TiB_2合金熔体进入水冷铜模速度较快，部分熔体不能及时凝固(特别是水冷铜模上部)，使得仍然未反应的溶质元素有机会向粗大粒子周围扩散，从而进一步加剧了粗大粒子的偏聚和长大程度[图 7 – 35(c)]。

7.4.2.3　**母合金溶质元素浓度的影响**

表 7 – 9 示出了利用前面优化后的原位复合条件喷制得中、高浓度 Cu – TiB_2合金的性能。由表可以看出，两种浓度 Cu – TiB_2合金性能仍然比较优异，其强度均比相同条件喷制的低浓度合金的要高，但是强度增幅并不太大，这主要是由于随着中间合金浓度的增加，原位反应过程控制难度相应增加，更容易生成大量粗大 TiB_2粒子，而这些粒子却对合金强度贡献并不大。此外由前面利用圆孔型喷嘴反应器喷制低浓度合金实验结果可知，即使采用实施效果较好的条件 No.3 进行

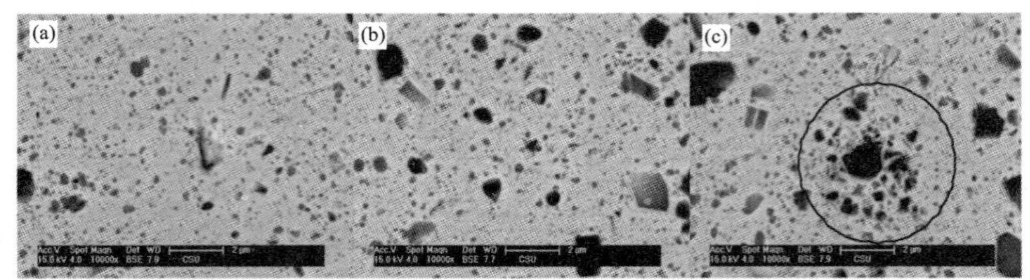

图 7－35　圆形喷嘴制备的 Cu－0.45TiB_2 合金不同部位的组织

(a)离底面 2 cm 处；(b)离底面 5 cm 处；(c)离底面 8 cm 处

喷制，基体内仍然不同程度地残留有未反应的溶质元素 Ti 和 B。因此，对于中、高浓度合金，基体内残留的溶质元素必然会随合金浓度的增加而增加，最终一方面会引起部分粒子长大严重，另一方面也会不同程度地损耗合金电导率。

表 7－9　采用原位复合条件 No.3 合成的 Cu－TiB_2(1.6%和 2.5%)合金力学和电学性能

性能	硬度 HV /(kgf·mm^{-2})	强度 σ_b /MPa	强度 $\sigma_{0.2}$ /MPa	延伸率 δ/%	相对电导率 /%IACS
Cu－1.6TiB_2合金	132	429	401	13	79
Cu－2.5TiB_2合金	159	512	490	11	67

为了更好地对比，下面同样对两种浓度合金离水冷铜模底部 1 cm 处的组织进行分析(如图 7－36 所示)。由图可以看出，随着合金浓度升高，基体内粗大粒子数量不断增加，元素线扫描结果证实这些粒子仍然是团聚长大的 TiB_2粒子[图 7－36(c)]。此外由图还可看出，两种浓度合金基体内中等尺寸粒子数量明显高于利用扁型喷嘴反应器喷制的中、高浓度合金的，这可能是由于双束熔体相互碰撞时溶质元素未能彻底发生反应，在熔体未凝固之前，原位反应生成的部分粒子会吸附这些未反应的 Ti 和 B 元素而长大，结果出现了较多中等尺寸的 TiB_2粒子。

利用双束熔体原位复合法制备中、高浓度 Cu－TiB_2合金时，由于粒子团聚长大现象比较严重，纳米粒子体积分数不能达到理论值，弥散强化作用明显减弱，从而出现合金实际强度很难达到或接近其理论强度。有效的解决途径是：①进一步优化原位复合条件；②选择合适的冷凝速度；③缩短双束熔体原位反应与凝固位置之间的飞行距离。④寻找一种在不影响 Cu 导电率的前提下，能够使 Cu 合金熔体与 TiB_2粒子之间的润湿角 $\theta < 90°$的合金元素。

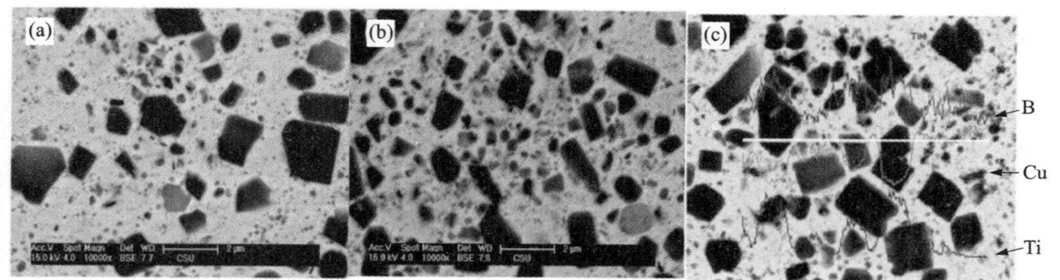

图7－36　两种浓度合金离水冷铜模底部1 cm处的SEM像

(a) Cu－1.6TiB_2；(b)，(c) Cu－2.5TiB_2

7.4.3　几种原位反应过程模型的建立

为了更好地研究不同原位反应条件下对不同尺寸TiB_2粒子形成和长大过程的影响规律，下面选择几种典型情况进行分析。

7.4.3.1　两种熔体混合均匀时，TiB_2粒子形成过程模型图

图7－37示出了反应器形状、熔炼温度以及送气压力选择合理，双束熔体能够均匀混合并发生原位反应生成纳米TiB_2粒子的整个过程。由于溶质元素B扩散速率较快，因此理想状态就是Cu－Ti和周围接触的Cu－B合金微团的Ti/B摩尔比正好满足1/2，且微团尺寸越小越好。这样两种溶质元素就会充分接触，在很短时间内就会形成大量纳米级的TiB_2粒子，而此时如果进入反应腔体的合金熔体溶质元素Ti和B之间反应殆尽，那么在后续进入快速冷凝系统以及冷凝过程中TiB_2粒子长大的可能性就会很小，仅有可能发生的是粒子团聚。但是由前面几种原位复合条件下合成的SEM组织照片可知，如果生成的TiB_2粒子尺寸在纳米级范围内，一般分布都比较均匀。这再次说明原位复合条件是最为关键的，且目前所采用的冷凝装置可以满足要求。通过前面对比冷凝速度对合金组织的影响也说明了这一点。

双束熔体混合均匀程度对于生成纳米TiB_2粒子起着关键的作用，为了说明这一点，下面以生成半径R为25 nm的TiB_2粒子为例，计算混合后的Cu－Ti和Cu－B合金熔体微团需要达到的最佳尺寸。根据图7－37，可假设双束熔体紊动混合后Cu－Ti和Cu－B合金微团需达到的半径分别为R_1和R_2。纯Cu在熔融状态下的密度约为7800 kg/m³，Cu－0.3B和Cu－0.6Ti的密度分别接近7750 kg/m³和7770 kg/m³，而TiB_2粒子的密度为4500 kg/m³，故可列出如下关系式：

$$m_{TiB_2}=4\pi R^3\rho/3=4\pi\,(25\times10^{-9})^3\times4.5\times10^3/3=2.94375\times10^{-19}\text{kg} \qquad (7-102)$$

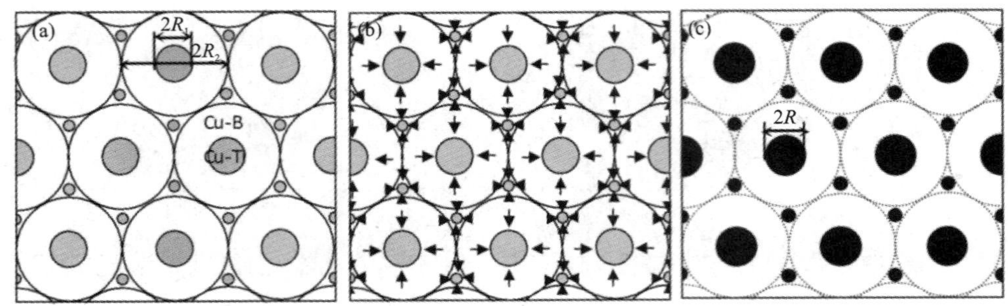

图 7－37　双束熔体均匀混合后原位反应过程示意图

(a)均匀混合状态；(b)溶质元素扩散过程；(c)原位反应生成均匀弥散粒子

$$m_{Ti} = (47.9/(47.9 + 10.81 \times 2))m_{TiB_2} = 2.02827 \times 10^{-19}\text{kg} \quad (7-103)$$

$$m_B = (10.81 \times 2/(47.9 + 10.81 \times 2))m_{TiB_2} = 0.915476 \times 10^{-19}\text{kg} \quad (7-104)$$

$$4\pi R_1^3 \times 7.77 \times 10^3 \times 0.006/3 = 2.02827 \times 10^{-19}\text{kg} \quad (7-105)$$

$$4\pi(R_2^3 - R_1^3) \times 7.75 \times 10^3 \times 0.003/3 = 0.915476 \times 10^{-19}\text{kg} \quad (7-106)$$

由式(7－105)和式(7－106)解得 R_1 和 R_2，分别为：$R_1 = 101.3$ nm，$R_2 = 125.6$ nm。上面通过分析和计算说明要生成纳米级的 TiB_2 粒子，双束熔体必须混合均匀，而且紊动效果越好，Cu－Ti 和 Cu－B 合金微团尺寸越小，基体内就会生成更多的纳米 TiB_2 粒子。但实验研究发现，无论采用那种原位复合条件最终所合成的合金基体内都不同程度地存在一些粗大的 TiB_2 粒子，这些粒子到底是如何生成的，关键因素是什么呢？下面从几种可能发生的情况加以说明。

7.4.3.2　双束熔体混合均匀程度较低，而其他条件均能满足要求

两种熔体温度合理，但是紊动效果不佳，相应的 Cu－Ti 和 Cu－B 合金微团尺寸较大，导致双束熔体混合均匀程度不高，双束熔体相互碰撞时会使得 TiB_2 粒子形核率较低。最终复合熔体在进入快速冷凝系统过程中，未反应的溶质元素就会向细小的 TiB_2 粒上扩散，粒子长大，粒子一旦长大进而又会发生团聚。其整个过程示意图如图 7－38 所示。

假定生成的 TiB_2 粒子半径 R 为 1 μm，同样根据上面公式可计算出相应 Cu－0.6Ti 和 Cu－0.3B 微团的尺寸分别为 $R_1 = 4.051$ μm，$R_2 = 5.022$ μm。此示意图对于说明圆孔型喷嘴反应器喷制中、高浓度合金出现大量粗大 TiB_2 粒子或 300～400 nm 之间的中等粒子均适用。

7.4.3.3　熔体温度和送气压力较低，熔体内残留有尺寸较大的固体 B 粒子

由于元素 B 在 Cu 基体内的溶解度较低，熔炼温度较低时很有可能会在合金

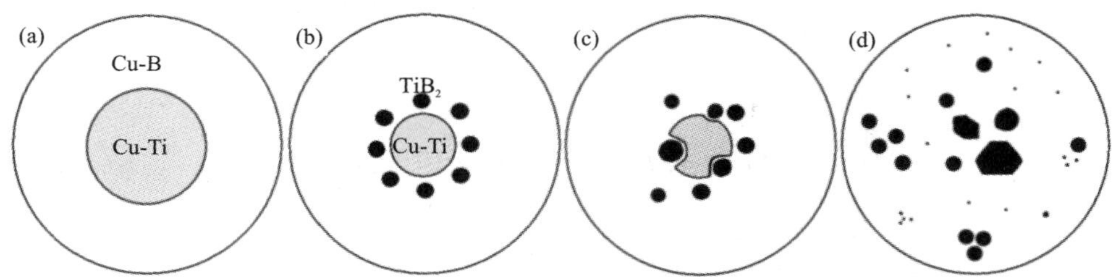

图 7－38　紊动效果不佳生成粗大 TiB_2 粒子的过程示意图

(a)混合状态；(b)开始反应；(c)部分粒子漂移时吸收溶质元素长大；(d)最终凝固状态

熔体内残留有固体 B 颗粒。而 Cu－Ti 合金随着熔炼温度和送气压力降低，射流熔体的紊动效果也会降低，Cu－Ti 合金微团尺寸就会较大，结果必然会出现较大尺寸 Cu－Ti 合金熔体微团包围固体 B 颗粒的情况[如图 7－39(a)]。随后元素 B 不断与周围的 Ti 元素发生反应，其整个反应过程模型如图 7－39 所示。

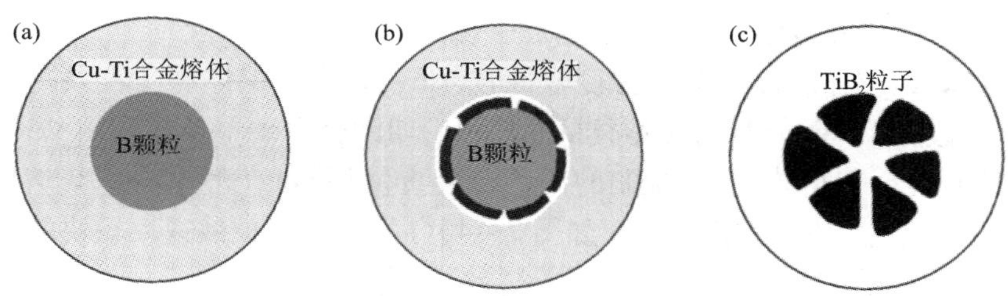

图 7－39　大块 B 粒子与 Cu－Ti 合金熔体微团原位反应过程示意图

(a)Cu－Ti 合金熔体微团包围 B 粒子；(b)开始反应；(c)反应完成

如果 B 粒子以 1 μm 为例加以计算，可以算出三种浓度 Cu－Ti 合金(0.6%，2.2%以及 3.4%)熔体的微团尺寸，计算过程如下：

$$m_B = 4\pi R^3 \rho_B/3 = (4\pi(1\times10^{-6}\text{m})^3/3)\times2.34\times10^3\text{kg/m}^3 = 9.7968\times10^{-15}\text{kg} \quad (7-107)$$

$$m_{TiB_2} = (47.9+10.81\times2/(10.81\times2))m_B = 31.502\times10^{-15}\text{kg} \quad (7-108)$$

$$m_{Ti} = m_{TiB_2} - m_B = 21.705\times10^{-15}\text{kg} \quad (7-109)$$

由于熔融状态的三种 Cu－Ti 合金的确切密度未知，因此我们根据熔融状态 Cu 的密度($\rho_{Cu}=7.8\times10^3$ kg/m^3)，按理想状态计算中、高浓度 Cu－Ti 合金熔融状态下的密度分别为：$\rho_{Cu-2.2Ti}=7.68\times10^3\text{kg/m}^3$，$\rho_{Cu-3.4Ti}=7.6\times10^3\text{kg/m}^3$。下面计算三种浓度 Cu－Ti 合金微团相应质量：

$$m_{Cu-0.6Ti} = 100m_{Ti}/0.6 = 3.618\times10^{-12}\text{kg} \quad (7-110)$$

$$m_{Cu-2.2Ti} = 100m_{Ti}/2.2 = 0.987 \times 10^{-12}\text{kg} \tag{7-111}$$

$$m_{Cu-3.4Ti} = 100m_{Ti}/3.4 = 0.638 \times 10^{-12}\text{kg} \tag{7-112}$$

据此有：

$$4\pi R_1^3 \rho_{Cu-0.6Ti}/3 = (4\pi R_1^3/3) \times 7.77 \times 10^3\text{kg/m}^3 = m_{Cu-0.6Ti} \tag{7-113}$$

$$4\pi R_2^3 \rho_{Cu-2.2Ti}/3 = (4\pi R_2^3/3) \times 7.68 \times 10^3\text{kg/m}^3 = m_{Cu-2.2Ti} \tag{7-114}$$

$$4\pi R_3^3 \rho_{Cu-3.4Ti}/3 = (4\pi R_3^3/3) \times 7.6 \times 10^3\text{kg/m}^3 = m_{Cu-3.4Ti} \tag{7-115}$$

所以：$R_1 = 4.809\mu m$，$R_2 = 3.132\mu m$，$R_3 = 2.717\ \mu m$。由此可知，在熔炼温度和送气压力较低时，利用圆孔型喷嘴反应器喷制 Cu－0.6Ti 和 Cu－0.3B 双束合金熔体，最终合金基体内出现了类似图 7－39(c)所示形貌的粗大粒子[如图 7－33(b)所示]，这一点再次说明双束熔体混合均匀程度确实较差，部分 Cu－0.6Ti熔体微团尺寸接近 5 μm。随后通过增加送气压力以及合金熔体温度，粗大粒子在基体内才消失。另外，对于高浓度合金，由于溶质元素浓度增加，熔体中含有固体 B 粒子的概率更大，如果紊动效果不好，合金熔体微团较大，那么必然在所制备合金基体内出现大量尺寸粗大的 TiB_2 粒子。

7.4.3.4 双束熔体流速不同引起粒子偏聚

当送气压力不恰当，或熔炼温度较低时(Cu－Ti 合金熔体黏度较大)，Cu－B 合金出口流速高于 Cu－Ti 合金熔体的，喷制后期就会出现单位体积内 Cu－Ti 熔体数量多于 Cu－B 熔体(初始配制的两种合金重量相同)，此时 Cu－B 熔体必然会被 Cu－Ti 合金熔体微团所包围[如图 7－40(a)]，这样扩散速率较快的 B 元素

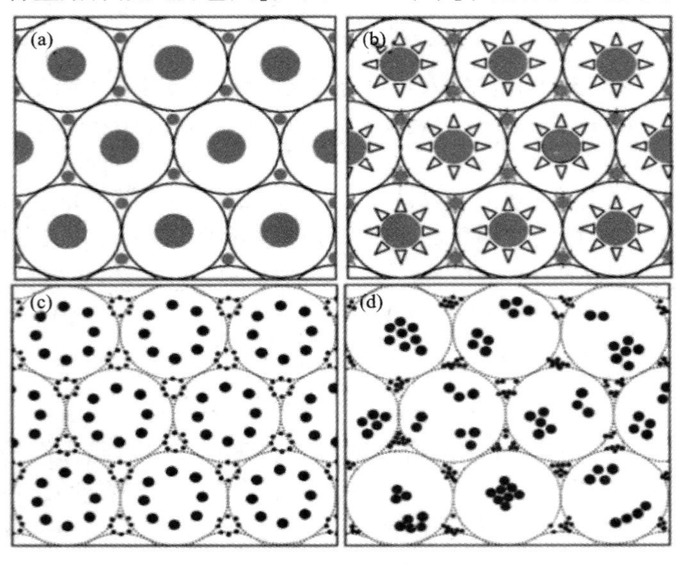

图 7－40　Cu－Ti 熔体包围 Cu－B 合金熔体原位反应过程示意图

(a)Cu－Ti 熔体包围 Cu－B 熔体；(b)溶质元素 B 向外扩散；(c)生成 TiB_2粒子；(d)TiB_2粒子团聚

就会向周围的 Cu - Ti 合金微团内扩散[如图 7 - 40(b)]，由于在此种情况下进行双束熔体原位复合，其紊动效果一定较差，相应地两种合金微团尺寸就会较大，最终导致生成一圈尺寸较大的 TiB_2粒子[图 7 - 40(c)]，这样在后续的快速冷凝过程中很容易出现凝固界面推移粗大粒子发生团聚[图 7 - 40(d)]。无论利用扁型喷嘴还是圆孔型喷嘴反应器喷制 Cu - Ti 和 Cu - B 双束合金熔体，原位条件选择不合理均很容易会出现此种情况。

7.5　机械合金化法制备 Cu - TiB_2合金[35~36]

通过上面对双束熔体原位反应制备 Cu - TiB_2弥散强化铜合金理论和实验研究，最终了解了制备该类合金的原位反应机理，为了更好地说明这一机理的准确性和普适性，下面同样采用 Cu - Ti 和 Cu - B 合金原位合成 Cu - TiB_2合金为例，不过所采用的方法为机械合金化法。由于这一方法反应过程相对较为缓慢，可以更好地说明相关问题。研究中我们选择的初始合金粉末分别为：Cu - 2.2Ti、Cu - 1.2B，拟制备的合金为 Cu - 1.6TiB_2。

机械合金化法制备 Cu - TiB_2纳米弥散强化铜合金的工艺流程如下：①真空中频感应炉熔炼 Cu - 2.2Ti 和 Cu - 1.1B 母合金；②从制备出的母合金上锉粉，筛取获得 200 目的原始合金粉末；③清洗球磨罐；④将钢球分别装入 4 个罐子内(球料比为 10∶1)；⑤混料 2 h，转速为 120 r/min；⑥启动球磨机，开始球磨，转速为 300 r/min；⑦经球磨(h)1，3，5，10，15，20，30，45，50，60，80，100 后在手套箱中取样。

机械合金化的复合粉末后续高温热处理在高纯 Ar 保护的管式炉内进行。为防止粉末表面氧化，在高温热处理之前用铜皮包裹复合粉末。退火温度分别为：500℃，700℃和 900℃进行不同时间退火处理。

7.5.1　机械合金化对组织的影响

图 7 - 41 示出了 Cu - B 和 Cu - Ti 合金粉末随球磨时间的延长而发生的演化。由图可以看出，由于两种粉末原始组织差异较大，开始阶段主要发生变形和焊合[如图 7 - 41(a) ~ (c)]，随着球磨时间的进一步延长，由于合金粉末反复变形和焊合，组织逐渐变得比较均匀[图 7 - 41(d)、(e)、(f)]。为了更好地说明组织演化过程，图 7 - 42 示出了整个过程的演化模型示意图。

为了更清楚分析球磨过程中的组织演化，尤其是随球磨时间延长是否有可能发生原位反应等，我们对其进行了 SEM 组织观察(如图 7 - 43 所示)。由图可见，两种合金粉末经球磨 20 h 后，基体内仍分布有大量粗大 B 粒子和一些细小粒子[如图 7 - 43(a)]。随着时间进一步延长到 60 h，粗大和细小粒子数量均出现降

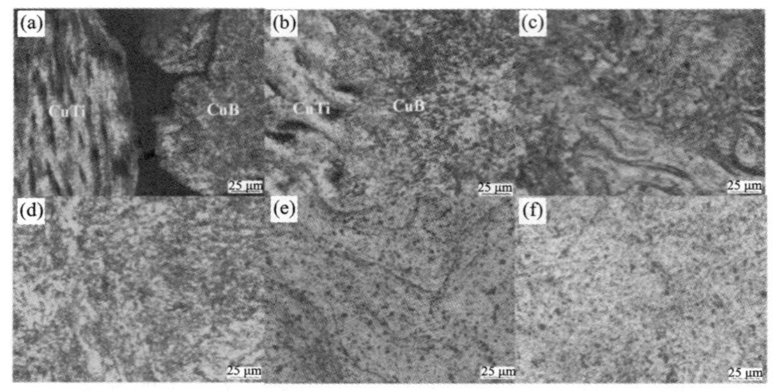

图 7－41　机械合金化制备 Cu－TiB_2合金过程中金相组织变化

(a)球磨 1 h；(b)球磨 5 h；(c)球磨 10 h；(d)球磨 20 h；(e)球磨 40 h；(f)球磨 60 h

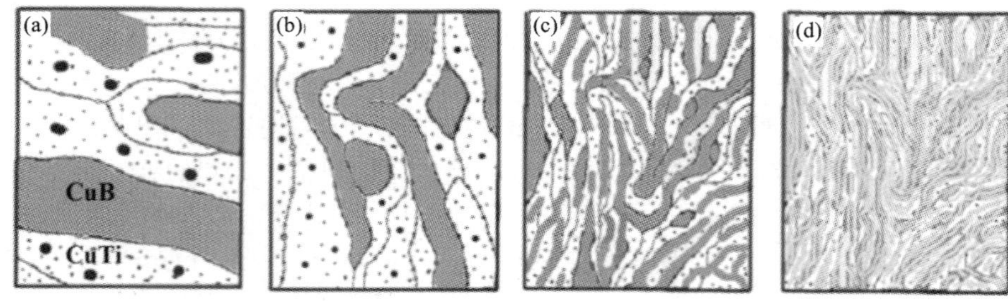

图 7－42　CuTi 和 CuB 合金机械合金化过程组织变化模型图

低[如图 7－43(b)、(c)]，可见这些细小粒子仍然是未回溶的 B 粒子而非原位合成的 TiB_2粒子。因为 TiB_2粒子稳定性较好，很难随着时间的延长而发生细小粒子的回溶。此外，对粗大粒子进行线扫描发现这些粗大粒子仍然是残留的 B 粒子[图 7－43(c)]。

图 7－43　制备 Cu－TiB_2合金不同球磨状态粉末的 SEM 分析

(a)球磨 20 h；(b)(c)球磨 60 h

7.5.2 机械合金化对硬度的影响

图 7 – 44 示出了合金粉末随球磨时间的延长硬度的变化规律。由图可以看出，随着球磨时间的增加，开始阶段合金硬度发生快速升高，经 40 h 球磨后达到峰值硬度(255 kgf · mm^{-2})，随后硬度基本保持稳定状态。初始阶段的快速升高应该是由于应变硬化、细晶强化和固溶强化几方面共同作用所致。到 40 h 后，由于晶粒细化达到极限程度，而且大部分 B 粒子也基本发生了回溶，所以随着时间的延长硬度基本保持不变。

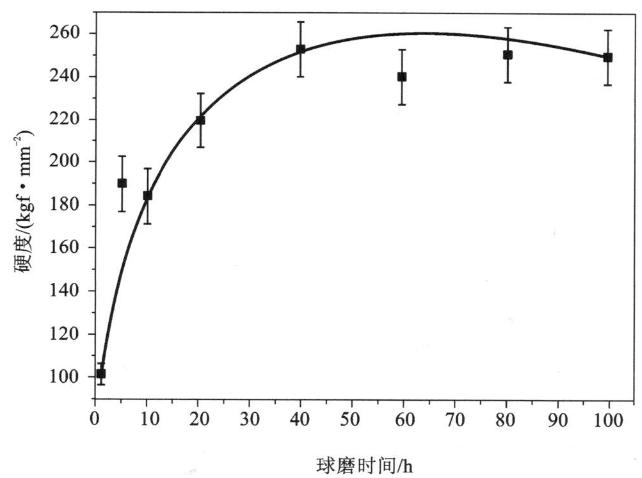

图 7 – 44 球磨时间对合金粉末的硬度变化影响

7.5.3 原位反应动力学分析

机械合金化与上述熔体原位反应动力学分析过程基本相同，通过动力学理论推导可以得到反应界面推移速率方程如下：

$$\Delta x/\Delta t = D_{\mathrm{B}}^{1/2}(C_0/(C'_0 - C_{\mathrm{Ti}}'))^{1/2} \text{或} \ \Delta x/\Delta t = D_{\mathrm{B}}C_0/(2X/(C'_0 - C_{\mathrm{Ti}}')) \tag{7-116}$$

式中：Cu – 1.2B 和 Cu – 2.2Ti 合金的 C_0和 C'_0 分别为 C_0 = 9.588 mol/L，C'_0 = 4.015 mol/L，B 元素的 D_{B}在 750℃、800℃ 和 900℃ 分别为 1.2×10^{-8} m^2/s[35]，2.511×10^{-8} m^2/s 和 1.12535×10^{-7} m^2/s[36]，根据 $D = D_0\exp(-Q/(RT))$，可以进一步求得 D_{B} 在 700℃ 时为 4.11635×10^{-9} m^2/s。虽然 C_{Ti}' 分布在 0 到 C_{Tim} (2.089×10^{-3} mol/L)之间，但是由于无法获知球磨后的准确值，我们可以选择

2.0×10^{-3}mol/L，1.0×10^{-3}mol/L，0.5×10^{-3}mol/L 和 0.1×10^{-3}mol/L 研究其对推移速率的影响。图 7－45 示出了界面推移速率 $\Delta x/\Delta t$ 随 C_{Ti}'和时间 t 的变化规律。由图可以看出，随着时间 t 或扩散深度 X 增加，反应前端界面推移速率快速降低，而且降低速率随温度降低而增加，最后推移速率基本稳定在0 附近。此外，还可以看出 C_{Ti}'对界面推移速率基本无影响。由于 TiB_2粒子形核率与界面推移速率密切相关，如果推移速率太低，反应前端不会随热处理时间 t 增加而继续移动。此时，如果基体内仍然残留有 B 和 Ti 元素，就会直接被形成的 TiB_2粒子所吸附进而使其发生粗化。由于残留溶质元素很难避免，因此有效途径是尽可能降低扩散深度 X。

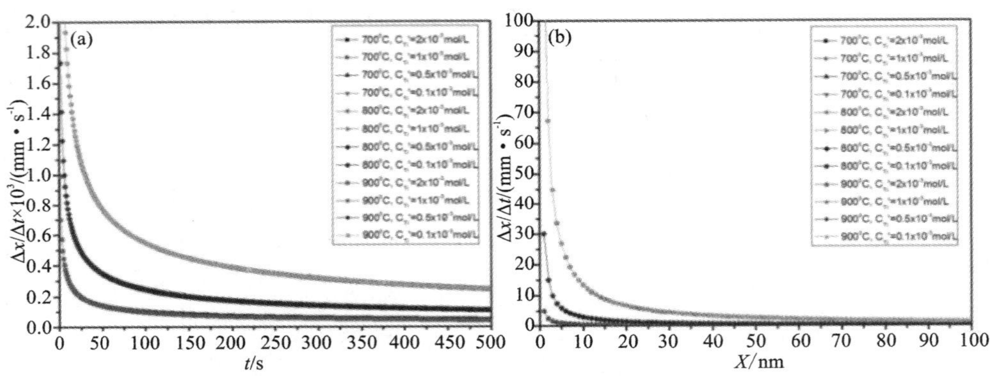

图 7－45　界面推移速率 $\Delta x/\Delta t$ 随(a)时间 t 和(b)扩散深度 X 的变化规律

$$Z(x)=(C_0(C'_0-C_{Tim})D_B)^3/(2(C'_0-C'_{Tim})(C_{Tim}-C'_{Tim})D_{Ti}X) \tag{7-117}$$

Ti 元素在 800℃ 和 900℃ 的 D_{Ti} 分别为 $2.06115\times10^{-9}\,m^2/s$ 和 $1.523\times10^{-8}\,m^2/s$[35, 36]，据此可得到其在700℃的 D_{Ti}值为 $1.8492\times10^{-10}\,m^2/s$。同样如果选择 C'_{Ti} 为 2.0×10^{-3} mol/L，1.0×10^{-3} mol/L，0.5×10^{-3} mol/L 和 0.1×10^{-3}mol/L，则所求得 TiB_2粒子的形核率 $Z(x)$ 与扩散深度 X 和 C'_{Ti}的变化规律(如图7－46 所示)。由图可见，随扩散深度 X 的增加，形核率 $Z(x)$ 快速下降，而且下降速率随 C'_{Ti}降低或热处理温度增加而增加。根据上面结果可以发现，不仅热处理条件，而且长时间球磨后的组织对于原位合成 TiB_2粒子均起重要作用，尤其是后者长时间球磨可以增加界面，降低扩散深度 X，可以有效增加粒子的形核率，这进一步验证了双束熔体原位反应的理论和反应机理。

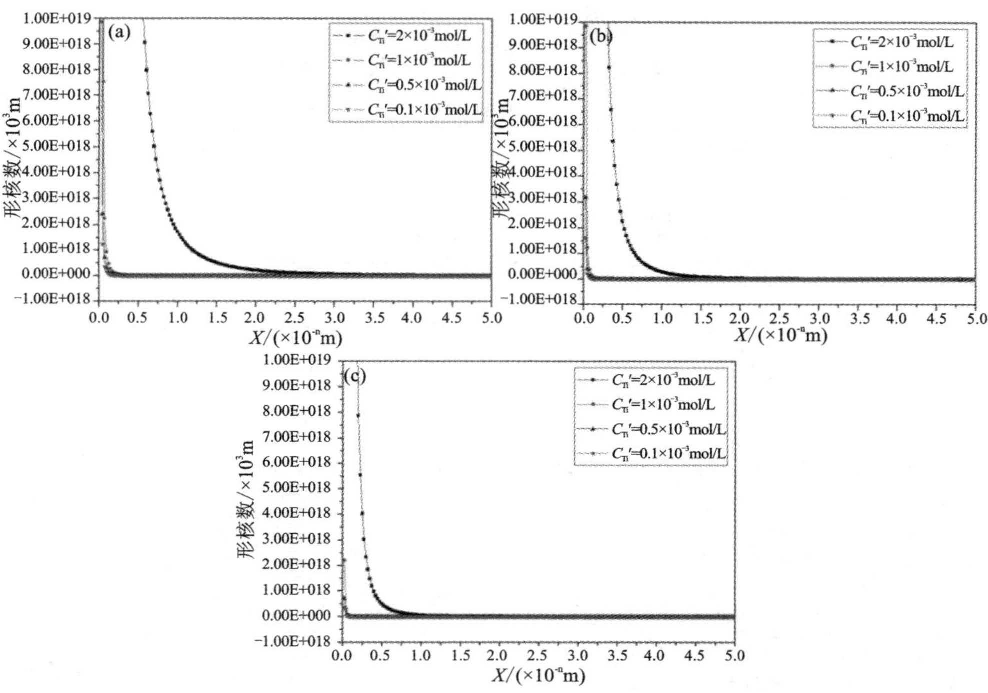

图 7 – 46　TiB_2 粒子的形核率 $Z(x)$ 与扩散深度 X 和浓度 C'_{Ti} 的变化规律

（n 由扩散深度 X 的单位来确定）

(a)700℃；(b)800℃；(c)900℃

7.5.4　热处理对原位反应的影响

图 7 – 47 示出了合金粉末经 500℃ 不同时间热处理后的 SEM 组织照片。可见，合金经热处理后粒子尺寸有所增加，而且 EDS 分析表明其主要为 B 粒子(图 7 – 47)，说明此温度不能诱发 Ti 和 B 之间的原位反应。当温度增加到 700℃时，合金组织发生明显变化，清楚地见到原位反应界面已经形成[图 7 – 48(a)]。当热处理时间增加到 3 h 时，除了反应界面之外还出现大量均匀弥散分布的细小粒子[图 7 – 48(c)]。而温度增加到 900℃，进一步可以观察到大量细小 TiB_2 粒子均匀分布于合金基体内，但是粒子尺寸明显高于 700℃热处理后的组织(图 7 – 49)。

图 7-47　合金粉末经 500℃不同时间热处理后的 SEM 组织照片

(a)1 h; (b)3 h

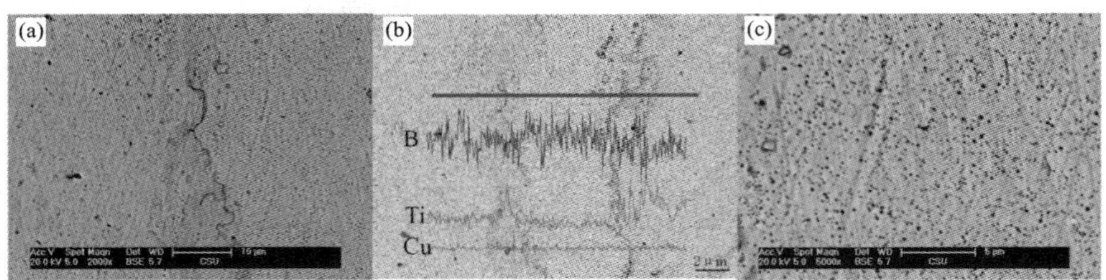

图 7-48　合金粉末经 700℃不同时间热处理后的 SEM 组织照片

(a)(b)1 h; (c)3 h

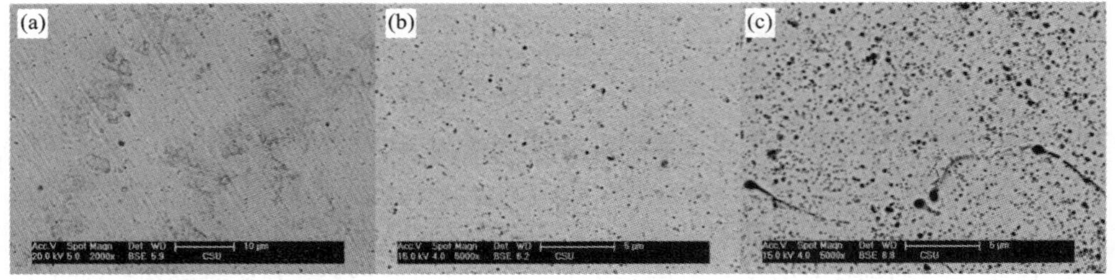

图 7-49　合金粉末经 900℃不同时间热处理后的 SEM 组织照片

(a)(b)1 h; (c)3 h

7.5.5　原位反应机制

根据球磨粉末热处理过程中的组织演化可以发现 TiB_2 粒子尺寸和分布主要

受 Cu－Ti 和 Cu－B 微团的分布状态决定。为了更进一步说明原位反应机制，我们同样假定 Cu－B 和 Cu－Ti 微团处于均匀分布状态，经热处理后形成 TiB_2粒子（图 7－50）。为了更好地说明分布状态与粒子尺寸间的关系，现建立如下关系式：

$$4\pi R^3\rho_{TiB_2}N_{Ti}/3 = a^3\rho_{Cu-2.2Ti}M_{Ti}/6 \quad (7-118)$$

其中：$\rho_{TiB_2} = 4.5\times10^3\ kg/m^3$；$\rho_{Cu-2.2Ti} = 8.7407\times10^3\ kg/m^3$；$N_{Ti}$是 Ti 元素在 TiB_2 相中的百分含量；而 M_{Ti}是 Ti 元素在 Cu－2.2Ti 合金中的百分含量。根据公式(7－118)可以建立粒子尺寸与微团尺寸间的关系(如图 7－51 所示)。据此关系图可以发现，为了合成大量细小的弥散粒子，微团尺寸和分布必须首先控制合理。

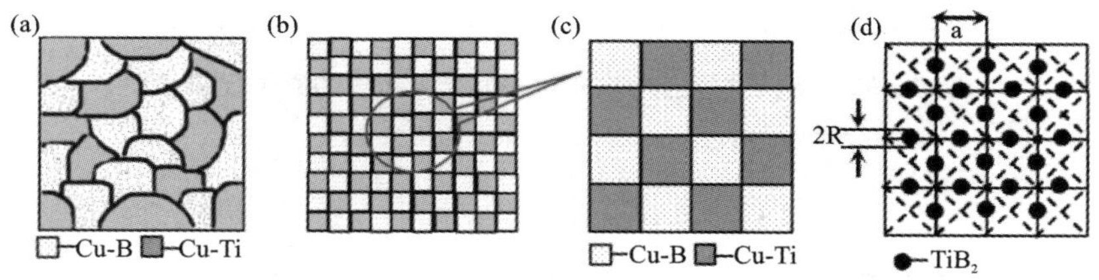

图 7－50　机械合金化复合粉末及原位反应后理想分布状态

(a)初始混粉状态；(b)(c)机械合金化后均匀混合状态；(d)热处理原位反应后

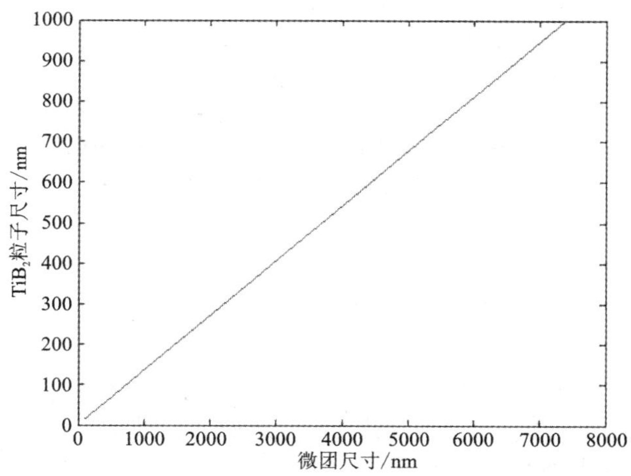

图 7－51　TiB_2粒子半径随 Cu－Ti 和 Cu－B 合金粉末微团尺寸的变化规律

图7－52和图7－53分别示出了Cu－B和Cu－Ti微团不同分布状态对合金反应后组织的影响。进一步表明微团尺寸越小，越容易合成大量细小弥散的TiB_2粒子。如果微团尺寸降低不够充分，热处理后会同时产生TiB_2粒子和TiB_2膜。所以，对于原位合成TiB_2粒子，反应界面数量的控制是非常重要的。

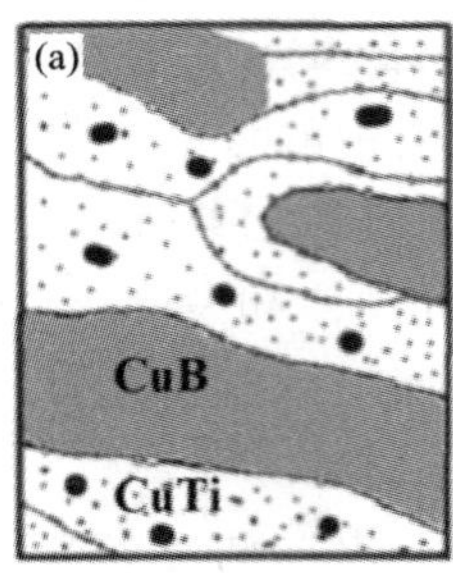

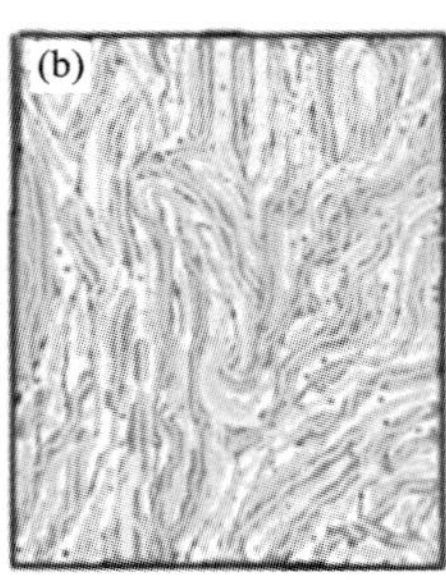

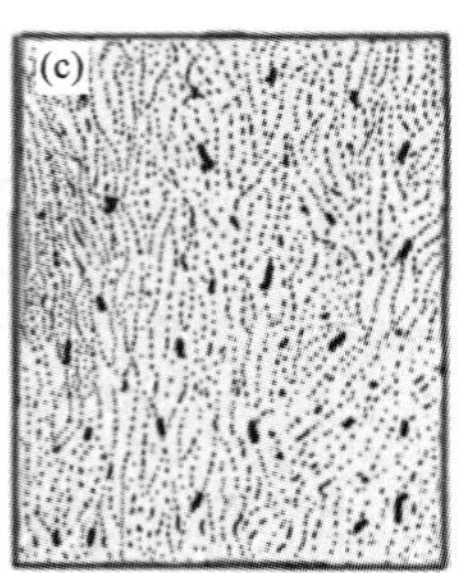

图7－52　机械球磨合金粉末对均匀合金组织的原位反应模型

(a)混合开始阶段；(b)球磨最终阶段的均匀组织；(c)原位反应后

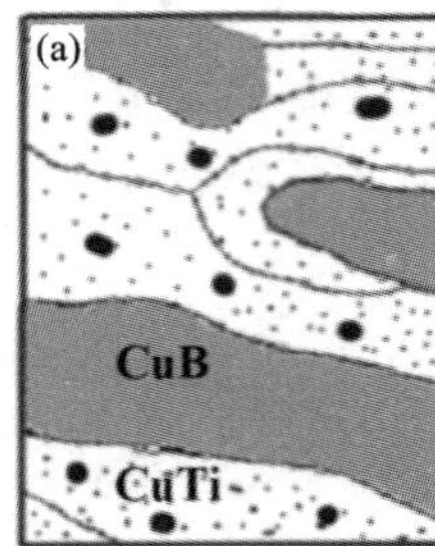

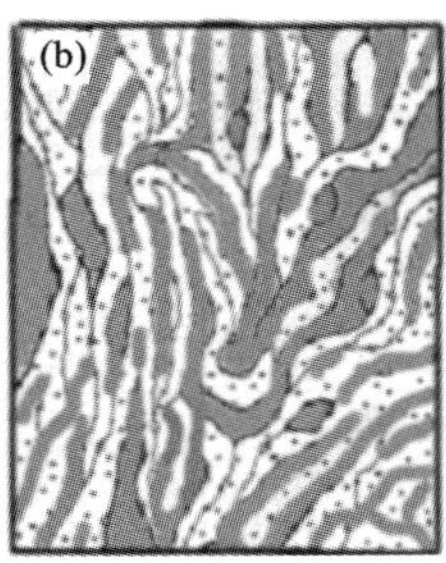

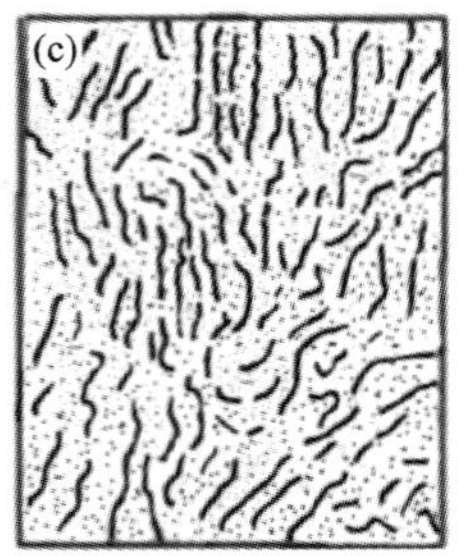

图7－53　机械球磨合金粉末对不均匀合金组织的原位反应模型

(a)混合开始阶段；(b)球磨最终阶段后的不均匀组织；(c)原位反应后

参考文献

[1] Mandal D, Baker I. On the effect of fine second－phase particles on primary recrystallization as a function of strain[J]. Acta materialia, 1997, 45(2): 453－461.

[2] Al－Hajri M, Melendez A, Woods R, et al. Influence of heat treatment on tensile response of an oxide dispersion strengthened copper[J]. Journal of alloys and compounds, 1999, 290(1): 290－297.

[3] 秦荣泰. 铜的内氧化弥散强化[J]. 铜加工, 1996, 62(2): 30－36.

[4] 武建军，张学仁. 氧化铝颗粒增强铜基复合材料[J]. 河北工业大学学报，1996，25(3)：62 - 67.

[5] 于艳梅，杨根仓. 内氧化制备 Cu—Al_2O_3复合材料新工艺的研究[J]. 粉末冶金技术，2000，18(4)：252 - 256.

[6] 郭明星，汪明朴，李周，等. 低浓度 Cu - Al_2O_3 弥散强化铜合金退火特性的研究[J]. 材料热处理学报，2005，26(1)：36 - 39.

[7] 李周，郭明星，程建奕，等. 原位复合法制备高强高导 Cu - TiB_2复合材料[J]. 金属热处理，2006，31(5)：59 - 64.

[8] Tu J P, Wang N Y, Yang Y Z, et al. Preparation and properties of TiB_2 nanoparticle reinforced copper matrix composites by in situ processing[J]. Materials Letters, 2002, 52(6): 448 - 452.

[9] Lee J, Kim N J, Jung J Y, et al. The influence of reinforced particle fracture on strengthening of spray formed Cu - TiB_2 composite[J]. Scripta materialia, 1998, 39(8): 1063 - 1069.

[10] Lee J, Jung J Y, Lee E S, et al. Microstructure and properties of titanium boride dispersed Cu alloys fabricated by spray forming[J]. Materials Science and Engineering: A, 2000, 277(1): 274 - 283.

[11] Dong S J, Zhou Y, Chang B H, et al. Formation of a TiB_2 - reinforced copper - based composite by mechanical alloying and hot pressing[J]. Metallurgical and Materials Transactions A, 2002, 33(4): 1275 - 1280.

[12] Guo M X, Wang M P. The relationship among microstructure evolution, Mechanical property and in situ reaction mechanisms in preparing Cu - 1.6TiB_2 alloys[J], Materials Chemistry and Physics, 2013, 138: 95 - 101.

[13] Lawley A, Aperlian D. Spray forming of metal matrix composites[J]. Powder Metallurgy, 1994, 37(2): 123 - 128.

[14] Perez F J, Morris D G. Copper - Al_2O_3 composites prepared by reactive spray desposition[J]. Scripta metallurgica et materialia, 1994, 31(3): 231 - 235.

[15] Zeng X, Liu H, Chu M G, et al. An experimental investigation of reactive atomization and processing of Ni_3Al/Y_2O_3 using N_2 - O_2 atomization[J]. Metallurgical and Materials Transactions A, 1992, 23(12): 3394 - 3399.

[16] Leatham A G, Lawley A. The osprey process: principles and applications[J]. International journal of powder metallurgy, 1993, 29(4): 321 - 329.

[17] Lee A K, Sanchez - Caldera L E, Oktay S T, et al. Liquid - metal mixing process tailors MMC microstructures[J]. Advanced Materials and Processes, 1992, 142: 31 - 34.

[18] 郭明星. 纳米弥散强化铜合金短流程制备方法及其相关基础问题研究[D]. 中南大学，2008.

[19] Tjong S C, Ma Z Y. Microstructural and mechanical characteristics of in situ metal matrix composites[J]. Materials Science and Engineering R: Reports, 2000, 29(3): 49 - 113.

[20] Fan T, Zhang D, Yang G, et al. Fabrication of in situ Al_2O_3/Al composite via remelting[J]. Journal of Materials Processing Technology, 2003, 142: 556 - 561.

[21] Chrysanthou A, Erbaccui G. Production of copper matrix composition by in situ processing[J]. Journal of Materials Science, 1995, 30: 6339 -6340.

[22] Fu H M, Wang H, Zhang H F, et al. In situ TiB - reinforced Cu - based bulk metallic glass composites[J]. Scripta materialia, 2006, 54(11): 1961 -1966.

[23] Guo M X, Shen K, Wang M P. Relationship between microstructure, properties and reaction conditions for Cu - TiB_2 alloys prepared by in situ reaction[J], Acta Materialia, 2009, 57: 4568 - 4579.

[24] 窦国仁. 紊流力学[M]. 北京: 人民教育出版社, 1981.

[25] 陈卓如. 工程流体力学[M]. 北京: 高等教育出版社, 1992.

[26] 李国钧, 湛柏琼. 工程流体力学[M]. 武汉: 华中理工大学出版社, 1989.

[27] Albertson M L, Dai Y B, Jensen R A, et al. Diffusion of submerged jets[J]. Transactions of the American Society of Civil Engineers, 1950, 115(1): 639 -664.

[28] Busse P, Deuerler F, Pötschke J. The Stability of the ODS Alloy CMSX6 - Al_2O_3 during Melting and Solidification under Low Gravity[J]. Journal of Crystal Growth, 1998, 193(3): 413 -425.

[29] Shangguan D, Ahuja S, Stefanescu D M. An analytical model for the interaction between an insoluble particle and an advancing solid/liquid interface[J]. Metallurgical Transactions A, 1992, 23(2): 669 -680.

[30] Kin S H, Lee D N. Annealing behavior of alumina dispersion - strengthened copper strips rolled under different conditions [J]. Metallurgical and Materials Transactions A, 2002, 33 (6): 1605 -1616.

[31] Guo M X, Wang M P. The compression characteristics of particle - containing Cu alloys under different conditions[J]. Materials Science and Engineering A, 2012, 556: 807 -815.

[32] Guo M X, Wang M P. Effects of particle size, volume fraction, orientation and distribution on the high temperature compression and dynamical recrystallization behaviors of particle - containing alloys[J]. Materials Science and Engineering A, 2012, 546: 15 -25.

[33] Guo M X, Shen Kun, Wang M P. Strain softening behavior in a particle - containing copper alloy [J]. Materials Science and Engineering A, 2010, 527: 2478 -2485.

[34] Lifshitz I M, Slyozov V V. The kinetics of precipitation from supersaturated solid solutions[J]. Journal of Physics and Chemistry of Solids, 1961, 19(1): 35 -50.

[35] Batawi E, Morris M A, Morris D G. Rapid solidification and structural stability of copper - boron alloys[J]. Acta Metallurgica, 1988, 36(7): 1755 -1762.

[36] Guo M X, Wang M P. The relationship among microstructure evolution, mechanical property and in situ reaction mechanisms in prepararing Cu - 1. 6wt% TiB_2 alloys[J], Materials Chemistry and Physics, 2013; 138: 95 -101.

郭明星　汪明朴　曹玲飞

第 8 章　Cu－Nb 纳米弥散强化铜合金

8.1　引言

近年来，微电子、航天航空、通信、生命科学、医学等领域的发展，对铜合金的各项技术指标和环境适应能力都提出了更高的要求。以强磁场装置为例，其中最关键的要求之一是其导电线圈必须具有优异的强度和导电性能。如，当要获得高达 100T 的新型无磁损超高脉冲磁场时，要求所用导电线圈不仅要有低的电阻率以降低热效应，而且要有高的耐热性能以适应高温环境，同时其抗拉强度须大于 1000 MPa 以承受巨大的洛伦兹力。Cu－Ag[1~2]、Cu－Nb[3~4]、Cu－Fe[5]形变复合强化铜合金以及 Cu－Nb 弥散强化铜合金[6~18]因有希望满足上述性能而成为研究的热点。

在过去的 20 多年里，国内外对形变复合强化铜合金，如 Cu－Fe、Cu－Ag、Cu－Nb、Cu－Cr－Ti 等合金进行了大量的研究[19]。形变复合强化法分为形变原位法和非原位复合法。形变原位复合法是将过量的过渡族金属元素（如 Nb、Cr、Fe、Ta、V、Mo、W、Ag 等）通过常规熔炼法或粉末冶金法加入到 Cu 基体中，过量的第二相组元通常以枝晶态或颗粒状分布在复合材料中，再对材料进行反复的冷拉变形，使第二相变形为平行于拉伸方向的纳米纤维，利用这种纤维结构可以强化铜合金[19]。然而，形变原位复合法制备的材料直径过小，限制了其应用范围。而形变非原位复合法可有效解决上述问题。形变非原位复合法是将 Cu 合金熔铸成型后装入 Cu 护套中，或将一个第二相金属杆放入 Cu 护套中，采用高温挤压使子线与基体有效结合，然后冷拉到一定直径，再将许多这样变形过的细丝放入一个 Cu 护套中进行上述变形，如此反复多次最终获得成品[19]。大量研究表明形变复合强化 Cu－Fe 合金无法满足 $B \geqslant 100$ T 磁场对导电材料的各项要求。Spitzig 等人报道当 Cu－20Fe 合金的强度达到 930 MPa 时，导电率已下降至 62% IACS[5]。形变复合强化 Cu－Ag 合金通过纳米纤维界面强化抗拉强度可达 800～1200 MPa，电导率为 65%～85% IACS，但该合金系的抗高温软化性能不高，当温度高于 300℃后，由于铜基体开始发生再结晶，Ag 纤维间距变宽，导致合金强度快速下降而丧失高强高导特性[图 8－1(a)][2~3]。形变复合强化 Cu－Nb 合金因综合性能较优异而备受关注，其极限强度可达 900～1500 MPa，电导率保持在 55%～85% IACS[1, 4]。Verhoeven 等人用形变复合法制备的 Cu－18Nb 合金强度可达

1.45 GPa，其相对电导率为 66.5% IACS[19]。然而，与 Cu－Ag 合金一样，当温度超过 300℃后，由于 Nb 纤维开始分裂球化，形变复合强化 Cu－Nb 合金的强度急剧下降[图 8－1(b)][4]。此外，由于形变复合法是通过反复拉拔变形最终制得产品，这一方面生产工艺复杂耗时，可重复性差，另一方面这类合金在高温时容易发生回复再结晶和第二相纤维断开，造成材料性能大幅度衰减，并且难以制成大截面线材。

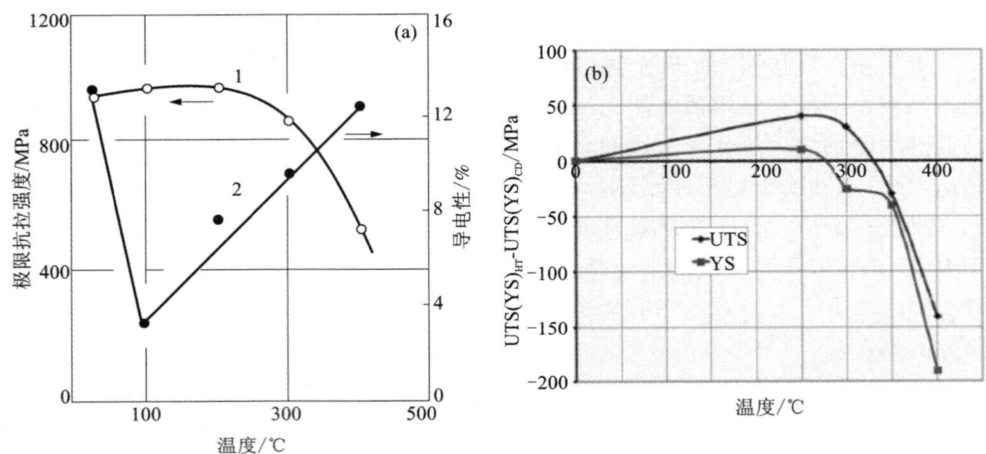

图 8－1　温度对形变复合强化 Cu－Ag 棒(a)[19]和 Cu－Nb 棒(b)[1]性能的影响

Cu－Nb 纳米弥散强化铜合金因具有高强度、高导电与优异的抗高温软化性能，被认为是目前最具发展潜力之一的一类高强高导铜合金。由于 Cu 与 Nb 两种元素在平衡态下几乎不互溶，且 Nb 的熔点比 Cu 高约 1400℃，因此人们通常采用机械合金化法制备 Cu－Nb 纳米弥散强化铜合金[6~18]。

机械合金化法作为一种可实现组元间原子级水平合金化的制备工艺，近年来已逐渐应用于高强度高导电铜合金的制备。如 Takahashi 等人利用机械合金化法制备了抗拉强度为 650 ~ 725 MPa、电导率达 80% IACS 的纳米弥散强化 Cu－2.5% TiC(体积分数)合金[20]。G. F. Zhang 等人用机械合金化法结合热静液挤压成型技术制备了抗拉强度为 750 MPa、电导率为 65% IACS 的 Cu－5Cr 合金[21]。采用机械合金化法制备高强高导铜合金的优点如下：①通过高能球磨可在有效解决不互溶金属间难于熔炼以及第二相分布不均等问题的同时，合理地控制纳米级弥散强化相的尺寸、形貌及弥散度；②由于增强相颗粒是在铜基体内部原位生成，这不但使第二相颗粒表面完全无污染，还可使颗粒强化相与基体获得高的界面结合强度；③可有效细化组织，获得纳米级晶粒。上述特点对于提高铜合金的力学性能和导电性能都非常有利，通过机械合金化法制备的铜合金，其硬度、强度以及导电率一般均优于常规法生产的铜合金。

当机械合金化法应用于 Cu – Nb 合金时，通过机械球磨可制备出 Cu – Nb 超过饱和纳米固溶体粉末，在后续热压、热挤压及热处理工艺中 Nb 溶质原子充分析出而使 Cu 基体具有高的纯度，从而大大提高其导电性能(超过 50% IACS)；同时，高浓度纳米 Nb 粒子与纳米级 Cu 晶粒可使合金获得高强度(大于 1000 MPa)[7~10, 13~15]。特别是纳米 Nb 粒子在 Cu – Nb 合金中具有极高的耐热稳定性，使得合金在高温下其位错组态与晶界结构也极难发生改变，因此该合金的抗高温软化性能可达 900℃以上[7~8, 13~15]。本章将主要对 Cu – Nb 纳米弥散强化铜合金的机械合金化制备工艺、合金的显微组织结构演变规律、合金的力学性能、电学性能、抗高温软化性能以及其所涉及的一些相关纳米科学内容进行介绍。

8.2　机械合金化法制备 Cu – Nb 合金粉末[14]

8.2.1　Cu – Nb 粉末机械合金化工艺参数

表 8 – 1 示出了球磨工艺参数。在该工艺条件下我们制备了性能优异的 Cu – Nb过饱和纳米晶粉体，并系统研究了机械合金化过程中 Cu – Nb 粉末的组织结构与性能的变化[8, 14]。

表 8 – 1　Cu – Nb 合金的球磨工艺条件[8, 14, 22~23]

仪器	转速	球料比	球磨时间	过程添加剂	磨球
QM – 1SP4 型行星式球磨机	300 r/min	15:1	0 ~ 100 h	无	淬火不锈钢

8.2.2　Cu – Nb 粉末机械合金化过程研究

图 8 – 2 示出了不同浓度 Cu – Nb 合金粉末经不同时间球磨后的 XRD 图谱。由图 8 – 2(a)、(b)可见，$Cu_{95}Nb_5$(下标为质量百分数)和 $Cu_{90}Nb_{10}$ 混合粉末经 40 h球磨后，其 X 射线衍射图谱中仅能看到属于 Cu 相的衍射峰，表明此时 Nb 已固溶于 Cu 基体中，Nb 在 Cu 中的固溶度增大到约 10%。由图 8 – 2(c)、(d)可见，即使当球磨时间延长至 100 h 后，$Cu_{85}Nb_{15}$ 及 $Cu_{80}Nb_{20}$ 粉末的 XRD 图谱中仍可见微弱的$(110)_{Nb}$衍射峰存在，表明有少量 Nb 未能完全固溶。因此，在该实验条件下，Nb 在 Cu 中的最大固溶度应大于 10% 而低于 15%。

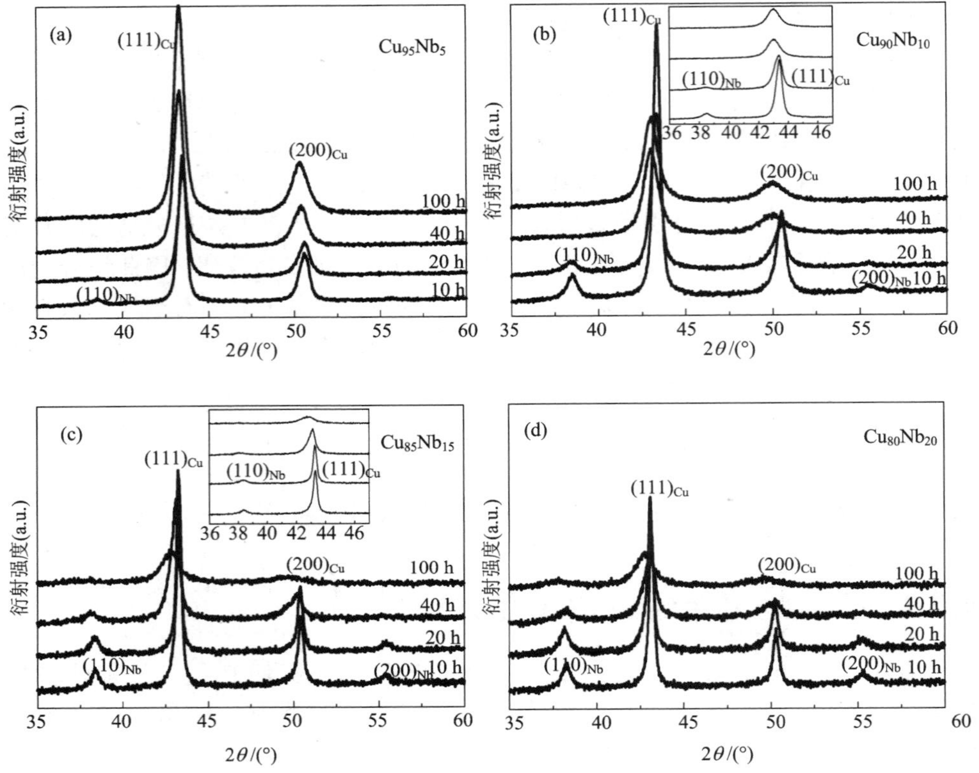

图 8-2　$Cu_{95}Nb_5$(a)、$Cu_{90}Nb_{10}$(b)、$Cu_{85}Nb_{15}$(c)及 $Cu_{80}Nb_{20}$(d)粉末机械合金化过程中的 XRD 图谱变化

X 射线衍射数据分析表明，四种成分 Cu - Nb 合金的 Cu 相晶格参数都随球磨时间的增加而不断升高(图 8-3)，这是由于 Nb 原子半径(0.143 nm)大于 Cu 原子半径(0.128 nm)，因此 Nb 原子在不断往 Cu 晶格中扩散固溶过程中将引起 Cu 相晶格参数增加。Cu 与 Nb 原子半径差为 11.7%，根据 Hume - Rothery 固溶规则[22]，在机械合金化过程中 Cu 与 Nb 之间应为置换式固溶。

图 8-4 示出了不同浓度 Cu - Nb 粉末球磨 100 h 后 Cu 相晶格参数与 Nb 含量的关系。可见，随着 Nb 含量的增加，Cu 相晶格参数增加趋势逐渐减缓。根据 Vegard 公式：$(1-x)a_1+xa_2=a$(其中，a_1 和 a_2 分别为纯溶剂元素和溶质元素的晶格参数，a 为固溶体的晶格参数，x 为固溶度)，可以估算出经 100 h 球磨后，Nb 在 $Cu_{95}Nb_5$、$Cu_{90}Nb_{10}$、$Cu_{85}Nb_{15}$ 与 $Cu_{80}Nb_{20}$ 混合粉末中的固溶量分别为 5%、9.23%、10.1% 和 11.36%。由此可见，在表 8-1 所规定的机械合金化条件下，

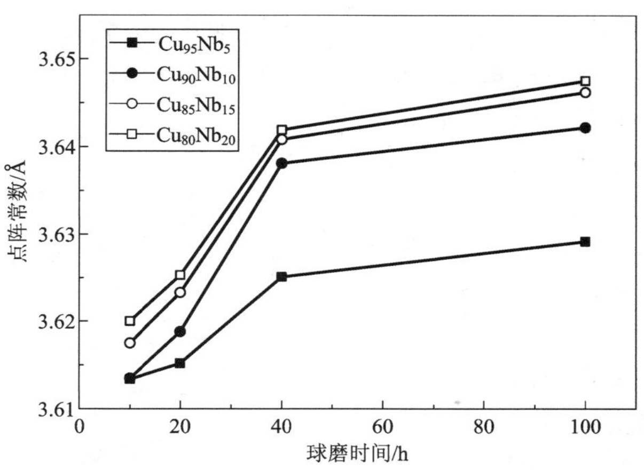

图 8 – 3　不同浓度 Cu – Nb 粉末中 Cu 相晶格参数随球磨时间的变化

Nb 在 Cu 中最大固溶度约为 11% Nb。E. Botcharova 等人研究发现，在液氮温度下球磨 Cu – Nb 合金粉末时，所能达到的最大固溶度为 14% Nb [6, 15]。造成室温与液氮温度下机械合金化后固溶量不同的可能原因是，当 Cu – Nb 粉末在液氮温度下球磨时，粉末冷焊和动态回复过程被抑制，这有利于位错等缺陷的增加和晶粒的细化，从而促进了固溶度的扩展。

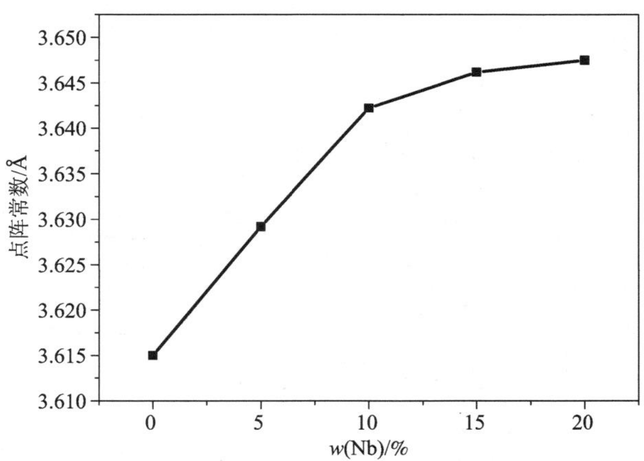

图 8 – 4　不同浓度 Cu – Nb 粉末中 Cu 相晶格参数随 Nb 含量的变化

图 8 – 5 示出了不同成分 Cu – Nb 合金粉末中 Cu 相平均晶粒尺寸随球磨时间的变化。可见在球磨 40 h 之前，随着球磨时间的延长，四种成分的 Cu – Nb 粉末

中 Cu 相晶粒尺寸皆急剧减小；球磨 40 h 后，继续增加球磨时间，晶粒细化趋于平缓；球磨 100 h 后，$Cu_{95}Nb_5$ 和 $Cu_{80}Nb_{20}$ 合金粉末中 Cu 相平均晶粒尺寸分别减小到 13 nm 和 7 nm，即通过机械合金化可以获得纳米晶结构的 Cu－Nb 合金粉末。

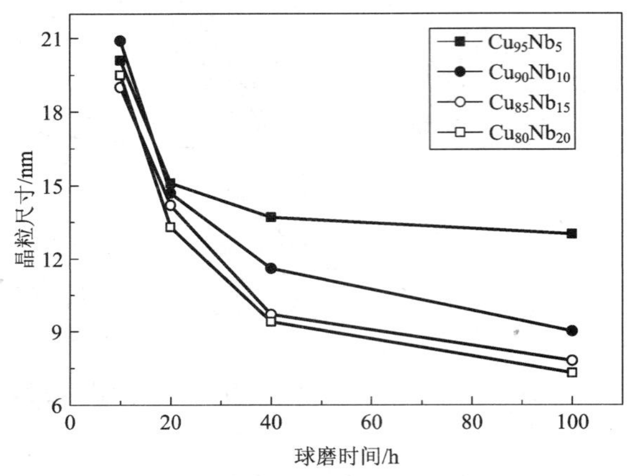

图 8－5　不同浓度 Cu－Nb 粉末的 Cu 相平均晶粒尺寸随球磨时间的变化

不同成分 Cu－Nb 合金粉末中 Cu 相晶格内应变随球磨时间的变化趋势如图 8－6 所示。在球磨 40 h 之前，四种成分的 Cu－Nb粉末晶格内应变皆随着球磨时间的增加而急剧升高，之后变化趋于平缓。由于在球磨过程中，Cu 晶粒反复形变，内部产生了大量的位错和空位等缺陷，同时 Nb 原子不断固溶于 Cu 晶格中，使得 Cu 晶格发生膨胀变形，所以 Cu 晶格内应变和内应力迅速升高。随着球磨时间的延长，粉末颗粒不断破碎，晶粒细化形成纳米晶，这使得内应力得以部分释放，因而球磨时间超过 40 h 后，纳米晶内应力积累与弛豫逐渐达到平衡态，晶粒内部微观应变变化不大。

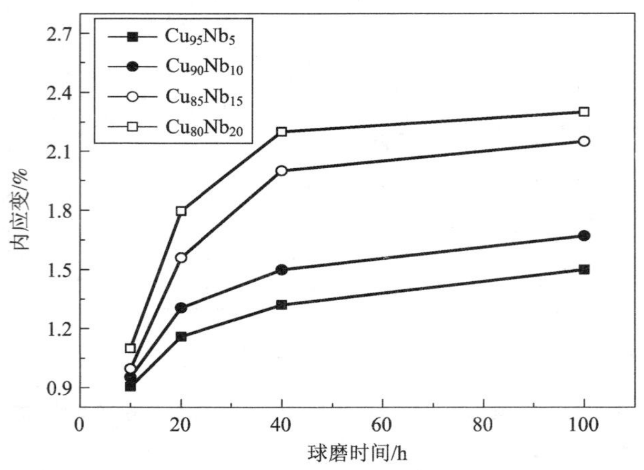

图 8－6　不同浓度 Cu－Nb 合金粉末的 Cu 相内应变随球磨时间的变化

图8－7示出了$Cu_{90}Nb_{10}$混合粉末经不同球磨时间后的金相组织形貌。可见，随着时间的延长，Nb在Cu中分布越来越均匀，并且形成了明显的精细层状结构特征，这种层状结构显著减小了原子扩散的距离，且层间的相界面为原子提供了快速扩散通道，从而加速了Nb向Cu中的溶解，促进了高浓度强固溶Cu－Nb系合金的形成。

图8－7　$Cu_{90}Nb_{10}$粉末在机械合金化过程中的金相组织变化

(a)1 h；(b) 40 h；(c)100 h

由Cu－Nb合金粉末经不同时间球磨后的SEM显微组织可见，$Cu_{95}Nb_5$粉末球磨10 h后Nb颗粒已变形为不连续薄片状嵌在Cu基体中[图8－8(a)]。由相应的能谱点分析可见，球磨10 h后，Nb颗粒中含有约2.67% Cu[图8－8(b)]，这表明在球磨过程中存在着Cu与Nb之间的互扩散固溶。由样品侧面(即厚度方向)的背散射电子像可见[图8－8(c)]，薄片状粉末厚度在厚度方向上也形成了Cu－Nb－Cu－Nb型层状结构。球磨40 h后，$Cu_{95}Nb_5$合金粉末微观组织已相当均匀，粉末中除极少量尺寸细小的空洞外，Nb颗粒几乎不可见，表明此时Nb已基本上固溶于Cu基体中[图8－8(d)]。而$Cu_{90}Nb_{10}$合金粉末球磨40 h后，内部仍弥散分布着极少量的细小Nb颗粒[图8－8(e)]；进一步球磨到100 h后，Nb颗粒不可见，表明Nb已完全固溶于Cu基体中[图8－8(f)]。但$Cu_{85}Nb_{15}$与$Cu_{80}Nb_{20}$合金粉末即使球磨100 h后，内部仍有少量Nb颗粒未固溶[图8－8(g)和图8－8(h)]。

图8－9示出了$Cu_{90}Nb_{10}$合金粉末经不同时间球磨后的TEM照片。可见，球磨5 h后，Cu基体内形成了大量的位错胞组织，胞块尺寸为200～400 nm[图8－9(a)]。随着球磨时间的增加，该合金粉末中位错密度不断增加，晶粒不断得到细化，球磨40 h后，Cu晶粒尺寸下降到50 nm以下，晶粒内开始发生孪生形变[图8－9(b)中“1→”所示]。进一步球磨100 h后，该合金粉末中形成了超细纳米晶结构，Cu基体晶粒尺寸为5～20 nm[图8－9(c)]。对直径为500 nm的区域进行选区衍射[图8－9(d)]，获得的衍射花样呈现出Cu晶体的连续多晶衍射环，表明在此区域内晶粒尺寸显著细化。

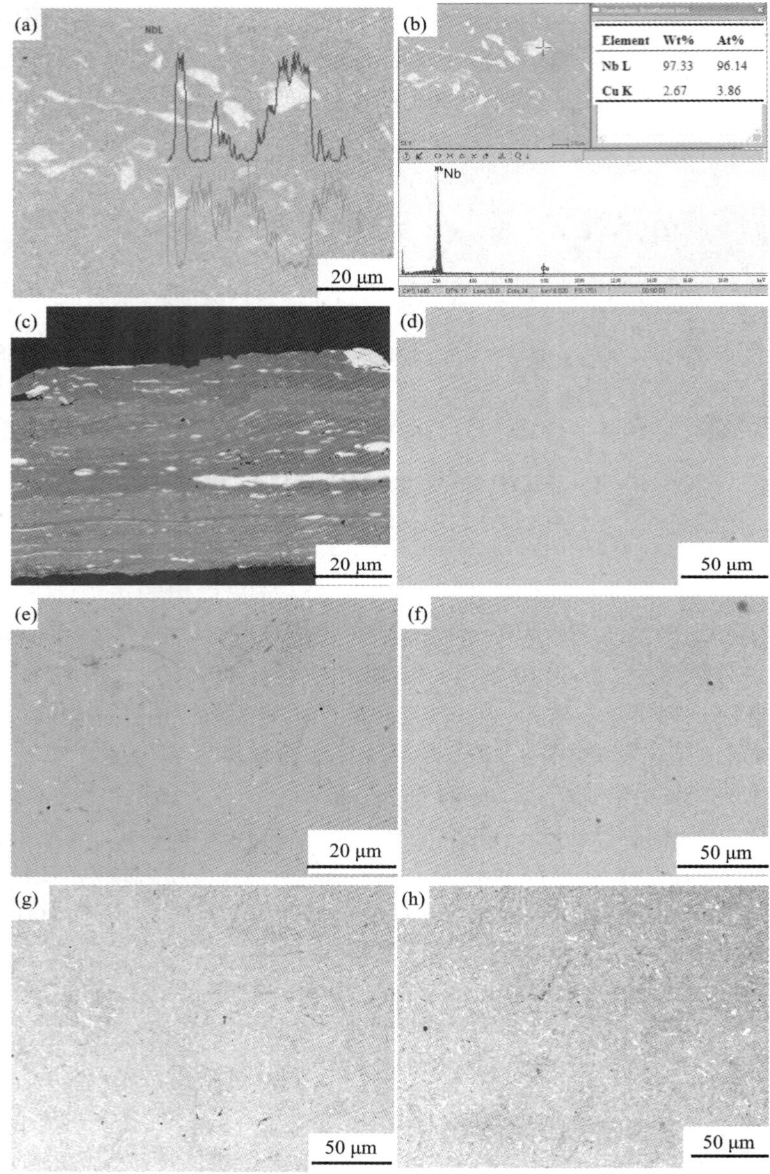

图 8-8 $Cu_{100-x}Nb_x$粉末机械合金化过程中的 SEM 显微组织变化

(a) $Cu_{95}Nb_5$, 10 h; (b) $Cu_{95}Nb_5$, EDS, 10 h; (c) $Cu_{95}Nb_5$, 10 h; (d) $Cu_{95}Nb_5$, 40 h; (e) $Cu_{90}Nb_{10}$, 40 h; (f) $Cu_{90}Nb_{10}$, 100 h; (g) $Cu_{85}Nb_{15}$, 100 h; (h) $Cu_{80}Nb_{20}$, 100 h

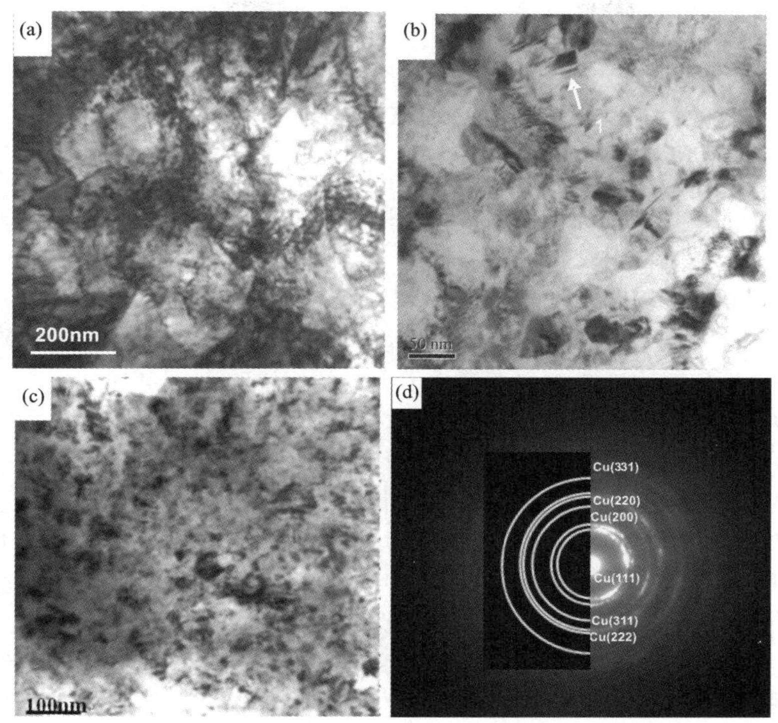

图 8－9　$Cu_{90}Nb_{10}$ 粉末不同时间球磨后的 TEM 照片

(a)10 h；(b)40 h；(c)100 h；(d)100 h，电子衍射花样

图 8－10 示出了不同浓度 Cu－Nb 合金粉末在机械合金化过程中硬度 HV 的变化规律。可见，随着球磨时间的增加，粉末硬度 HV 持续升高；球磨 100 h 后，$Cu_{95}Nb_5$ 粉末硬度 HV 可达 367 kgf/mm^2，而 $Cu_{80}Nb_{20}$ 硬度 HV 高达 490 kgf/mm^2，几乎超过了目前所有铜合金的硬度。由球磨粉末的显微组织结构(图 8－9)，不难知道机械合金化 Cu－Nb 过饱和

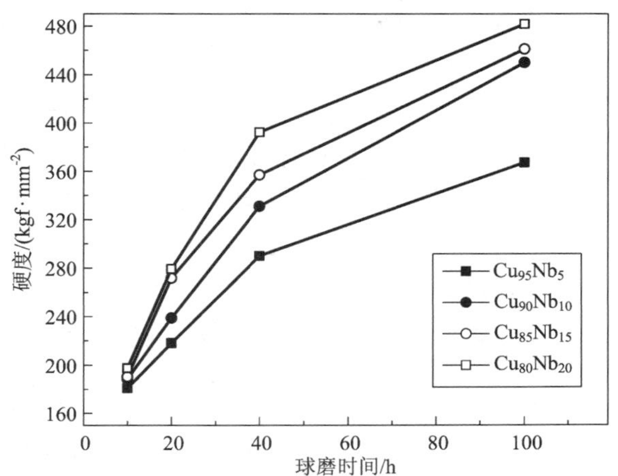

图 8－10　不同浓度 Cu－Nb 粉末在机械合金化过程中硬度 HV 的变化

纳米晶粉末如此高的硬度主要源于固溶强化、细晶强化、应变强化及形变孪生强化。

8.2.3 过饱和 Cu – Nb 纳米晶粉末的形成机制

虽然机械合金化法能成功制备超过饱和 Cu – Nb 纳米晶固溶体，但其中纳米晶的形成机制以及 Nb 在 Cu 中固溶度得到如此大幅度增加的原理还不清楚，以下对这些问题进行研究讨论。

8.2.3.1 Cu – Nb 纳米晶的形成机制

图 8 – 11(a)、(b)示出了 $Cu_{90}Nb_{10}$合金粉末经 3 h 球磨后的典型 TEM 显微组织，可见球磨初期，Cu 晶粒内部形成了大量的位错胞块(cell block)。球磨 10 h 后[图 8 – 11(c)]，粉末中的位错胞块与位错胞发生了进一步分裂且尺寸减小，平均胞块尺寸由原来的 300 ~ 700 nm 减小到 200 ~ 400 nm。同时，该合金粉末中某些区域形成了亚晶组织，亚晶平均尺寸为 200 ~ 300 nm[图 8 – 11(d)]。从图 8 – 11(e) ~ (f)可以看出，经 10 h 球磨后，$Cu_{90}Nb_{10}$粉末中出现了类似于厚约 2 ~ 5 nm、间距 5 ~ 6 nm 的微观剪切带(见图中白色箭头所标处)。很明显，这些微观剪切带中有大的晶格畸变。由于剪切带形成后，晶粒将发生应力松弛，且沿剪切应力方向的晶格旋转增加了滑移系统的 schmid 因子，使得滑移系的移动性和灵活性增强，因此剪切带的形成有利于晶粒在变形过程中发生旋转取向和分裂细化。另外，由于剪切带中晶格畸变严重，因此剪切带处有可能优先发生动态回复再结晶而形成纳米亚晶。

图 8 – 12(a)示出了 $Cu_{90}Nb_{10}$粉末球磨 30h 后的 TEM 照片。由图可见，该合金粉末经 30 h 球磨后形成了纳米晶和纳米孪晶。图 8 – 12(b)是图 8 – 12(a)白框区域的 HRTEM 照片，由图 8 – 12(c)及其傅里叶变换图像(插图所示)可知该孪晶只有 1 ~ 2 nm 厚。该形变孪晶形成的原因可能是由于当 Cu 晶粒尺寸较小时，基体内独立的滑移系数目显著减少，滑移所需剪切应力开始高于孪生应力[24 ~ 25]，进一步滑移逐渐困难，从而出现纳米形变孪晶片层。当球磨时间增加至 50 h 后，在直径仅为 500 nm 区域内进行选区衍射，如图 8 – 12(c)所示，其衍射花样为连续多晶环，表明在此区域内晶粒尺寸显著细化。由该图中白框区域的放大图像可见(右下插图所示)，在一宽约 35 nm 的 Cu 晶粒中，四片长度不等的形变孪晶在晶界处不均匀形核(黑色箭头标出)，有的孪晶片层贯穿整个晶粒，有的终止于晶内。

图 8 – 13(a)示出了 $Cu_{90}Nb_{10}$合金粉末球磨 70 h 后的 HRTEM 照片，该晶格条纹像的衬度主要是由$(111)_{Cu}$衍射束与透射束干涉产生的，属于偏轴成像，插图为图 8 – 13(a)的傅里叶转换衍射谱。可见，在仅 10 nm 的微观区域内，傅里叶斑点也显示出了一定程度的沿角度方向的宽化，表明在此微区内取向发生了改变。图

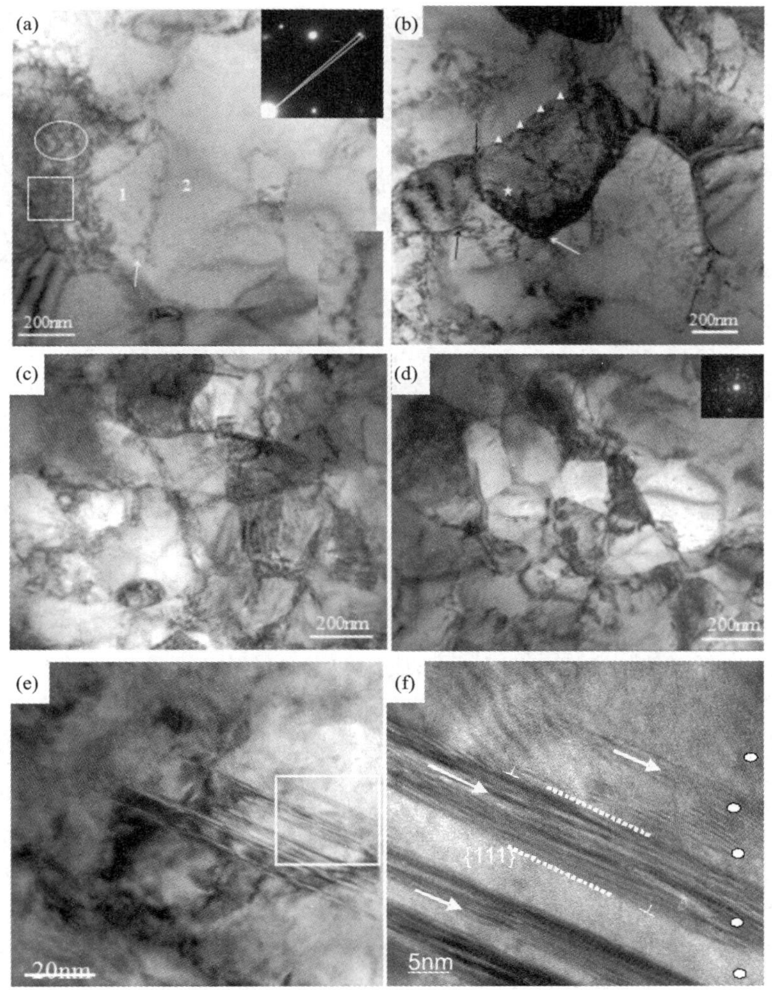

图 8－11　$Cu_{90}Nb_{10}$合金粉末球磨初期的 TEM 及 HRTEM 观察结果

(a)3 h，位错胞块与位错胞；(b)3 h，位错胞块与位错胞；(c)10 h，位错胞块；(d)10 h，亚晶；(e)10 h，微观剪切带；(f)10 h，图(e)白框区的 HRTEM

8－13(b)为图 8－13(a)傅里叶滤波(FFT)图像，为了便于观察分析，图上用黑线描绘出了各个$\{111\}_{Cu}$面，白线描绘出了$\{111\}_{Cu}$面的周期性。由图可见，该区域内$\{111\}_{Cu}$面发生了一定程度的弯曲，即晶格发生了旋转。箭头标出了两个相距 2.7 nm 的楔形区域(白线勾勒出了楔形结构的形状)，每个楔形区域内包含了许多终结的$\{111\}_{Cu}$面，如图中圆圈表示出的 I 区与 III 区。这些终结的$\{111\}_{Cu}$面可看作是单个的柏氏矢量为 b 的位错，这些位错相互组合形成了楔形不全向错。根

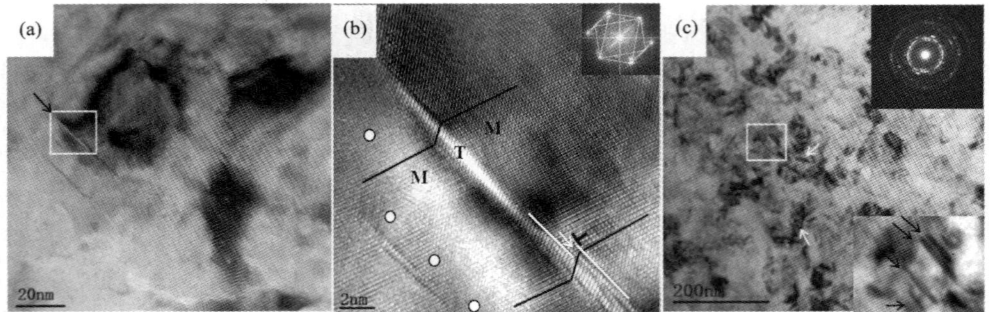

图 8－12　$Cu_{90}Nb_{10}$ 粉末球磨中期的 TEM 及 HRTEM 显微组织

(a)30 h，纳米亚晶及形变孪晶；(b)30 h，图(a)中白框区的 HRTEM 照片；(c)50 h，纳米亚晶及形变孪晶

据向错的定义，可知 I 区与 III 区这两个楔形区域组成了一对不全向错偶极子[25]。而夹在这两个楔形不全向错之间的 II 区 $\{111\}_{Cu}$ 面与不全向错外的 IV 区 $\{111\}_{Cu}$ 面之间的夹角约为 16°，即通过不全向错，Cu 晶格发生的旋转量可达 16°。因此，在球磨后期，不全向错的形成可导致 Cu 晶粒在纳米尺寸内发生晶格旋转，以此承受进一步的紊流变形，并使纳米晶进一步细化为超细纳米晶。图 8－13(c)示出了 $Cu_{90}Nb_{10}$ 合金粉末球磨 100 h 后形成的纳米晶结构，可见合金晶粒尺寸为 5～20 nm。对直径为 500 nm 的区域进行选区衍射(见插图)，获得的衍射花样呈现出连续多晶衍射环，表明在此区域内晶粒尺寸显著细化。图 8－13(d)示出了该合金粉末球磨 100 h 后的纳米晶结构的晶格条纹像。由图可见，此时合金晶粒尺寸仅为 4～7 nm，且还存在尺寸小于 2 nm 但晶格仍然完整的晶粒(黑圈所标示)；另外，各超细纳米晶之间取向差较大，晶界为大角度晶界。这说明 $Cu_{90}Nb_{10}$ 合金通过机械合金化形成了超细纳米晶固溶体。

根据上述不同球磨时间后 $Cu_{90}Nb_{10}$ 合金粉末微观结构演变的研究结果，可总结出 Cu－Nb 合金晶粒细化至纳米晶的具体模型，如图 8－14 所示。

8.2.3.2　Cu－Nb 合金固溶度扩展的热力学研究

由于在高能球磨过程中，金属粉末在磨球的撞击下发生了严重的塑性变形，晶粒内部生成高密度的缺陷(如位错、点缺陷等)；同时由于晶粒尺寸纳米化，界面大大增加，因此，球磨纳米晶粉末中储存了大量弹性应变能及界面能。据此，可用热力学方法对 Cu－Nb 合金在机械合金化过程中的固溶度增加量进行定量预测。

首先考虑应变能的影响，对于球磨样品，位错密度 ρ_{hkl} 可由 D_{hkl} 和 $<\varepsilon_{hkl}^2>^{1/2}$ 计算[26]：

$$\rho_{hkl} = (\rho_D \rho_S)^{1/2} = 2\sqrt{3} <\varepsilon_{hkl}^2>^{1/2} / (D_{hkl} b) \tag{8-1}$$

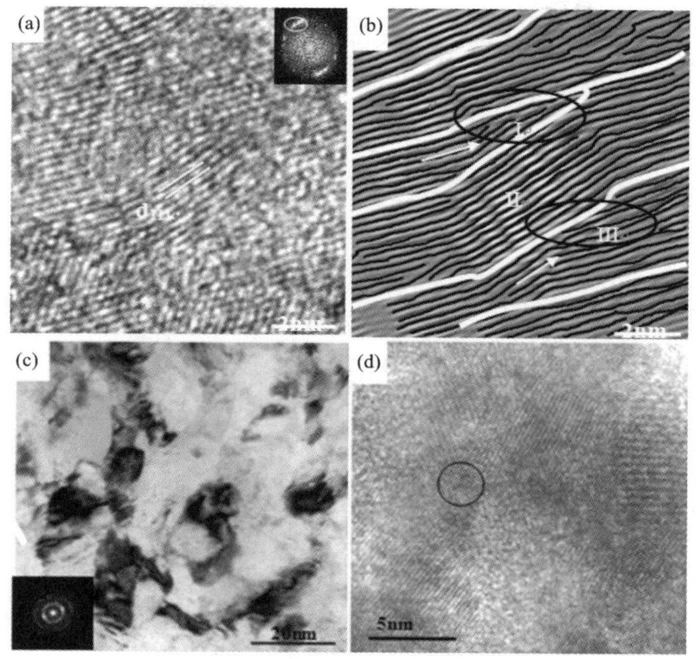

图 8－13　$Cu_{90}Nb_{10}$合金粉末球磨后期的 TEM 及 HRTEM 显微组织

(a)70 h，向错的晶格条纹像；(b)图(a)的 FFT 图像；(c)100 h，纳米晶；(d)100 h，晶格条纹像

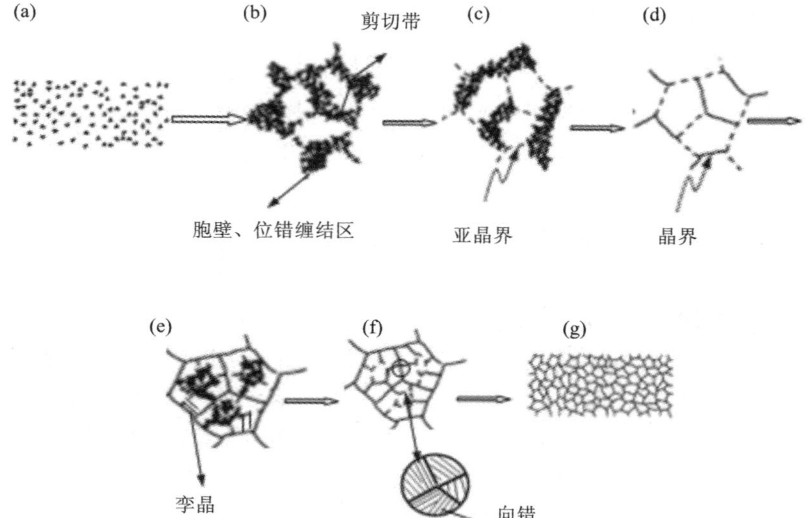

图 8－14　机械合金化过程中 Cu－Nb 合金粉末晶粒纳米化的过程模拟图

其中，b 为位错柏氏矢量($b_{Cu}=0.255$ nm)；$<\varepsilon_{hkl}^2>^{1/2}$ 为晶格内应变；D_{hkl} 为晶粒尺寸。将 XRD 实验获得的 D_{hkl} 和 $<\varepsilon_{hkl}^2>^{1/2}$ 数据(图 8－5 和图 8－6)代入式(8－1)可分别得到 $Cu_{95}Nb_5$、$Cu_{90}Nb_{10}$、$Cu_{85}Nb_{15}$ 和 $Cu_{80}Nb_{20}$ 合金粉末中 Cu 基体位错密度随球磨时间的变化关系(图 8－15)。可见，Cu－Nb 合金粉末位错密度随球磨时间的变化规律与合金内应力随球磨时间的变化一致。

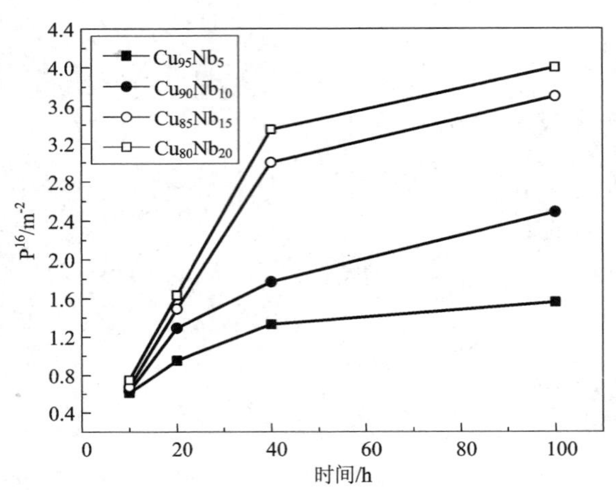

图 8－15　球磨时间对不同浓度 Cu－Nb 合金粉末位错密度的影响

位错密度升高将提高材料的应变能，单位长度位错弹性能可由下式计算[26]：

$$\xi=(Gb^2/4\pi)\ln(R_e/r) \tag{8-2}$$

其中，G 为剪切模量；R_e 为位错外半径；r_0 为位错内半径，取 $r_0=1/2a(\bar{1}10)$；a 为晶格参数。对于 Cu 而言，$G_{Cu}=48.3$ GPa，$R_e=10$ nm，$a=0.36$ nm；则根据式(8－2)可计算出 Cu 基体内单位长度位错弹性能，其为 0.9×10^{-9} J · m。

对于球磨粉末，由基体中大量位错引起的总弹性应变能变化为[27]：

$$\Delta G_s=\xi\rho V_m \tag{8-3}$$

其中，ρ 为位错密度；V_m 为溶剂摩尔体积($V_{mCu}=7.11\text{cm}^3/\text{mol}$)[27]。根据计算结果，图 8－16 示出了 $Cu_{95}Nb_5$、$Cu_{90}Nb_{10}$、$Cu_{85}Nb_{15}$ 和 $Cu_{80}Nb_{20}$ 合金粉末弹性应变能随球磨时间的变化。可见，球磨 40 h 前，Cu－Nb 合金粉末弹性应变能随着球磨时间的延长而不断升高，之后变化平缓；同时，含 Nb 量越高，弹性应变能增加速度越快。

另一方面，由于晶粒细化到纳米尺度后，体系晶界面积显著增加，界面能相应升高，而界面自由能的增加也是机械合金化诱导固溶度增加的一个重要因素。纳米晶的晶界能可用下式计算[27]：

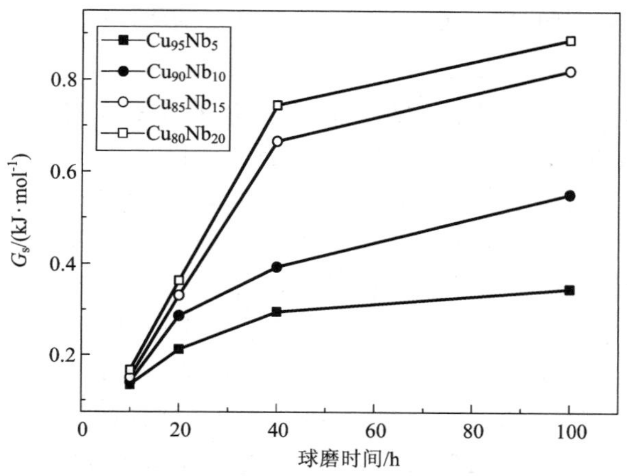

图 8－16　球磨时间对不同浓度 Cu－Nb 合金粉末弹性应变能的影响

$$\Delta G_c = 4\gamma V_m / D \tag{8-4}$$

其中，γ 为晶界能(纳米 Cu 晶粒晶界能为 0.5 J/m^2)。由 XRD 数据计算得出 Cu 相晶粒尺寸值 D(图 8－5)，然后代入式(8－4)，可计算出 $Cu_{95}Nb_5$、$Cu_{90}Nb_{10}$、$Cu_{85}Nb_{15}$和 $Cu_{80}Nb_{20}$合金粉末晶界能随球磨时间的变化（见图 8－17)。可见，随着球磨时间的延长，由于晶界面积的增加造成体系界面自由能 ΔG_c不断升高，球磨 40 h 后，界面能增加速率变平缓；此外，同弹性应变能一样，随着 Nb 含量的增加，纳米晶 Cu 的界面能增加速率加快。

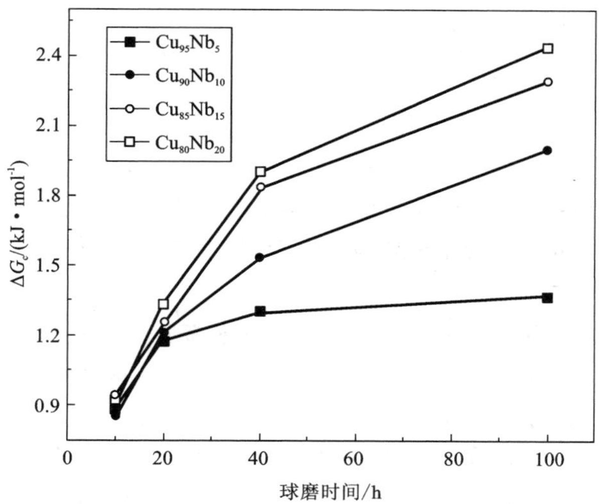

图 8－17　球磨时间对不同浓度 Cu－Nb 合金粉末界面应变能的影响

根据 Miedema 模型[28]，可算出 $Cu_{95}Nb_5$、$Cu_{90}Nb_{10}$、$Cu_{85}Nb_{15}$和 $Cu_{80}Nb_{20}$固溶体的形成自由能 ΔG_{mix}，分别为 1.3 kJ/mol、2.46 kJ/mol、3.52 kJ/mol 和 4.51 kJ/mol。图 8－18 示出了不同浓度 Cu－Nb 合金粉末经 100 h 球磨后获得的界面能 ΔG_c与弹性应变能 ΔG_s之和随 Nb 含量的变化关系（实线），为了便于对比，图中还给出了上述四种 Cu－Nb 固溶体相应的形成自由能 ΔG_{mix}（虚线）。由图可见，随着 Nb 含量的增加，界面能 ΔG_c与弹性应变能 ΔG_s之和逐渐增加；球磨100 h 后，$Cu_{95}Nb_5$和 $Cu_{90}Nb_{10}$粉末获得的体系机械储能超过了相应固溶体的形成自由能，因此足以驱使 Nb 完全固溶于 Cu 基体中，形成超过饱和固溶体；但 $Cu_{85}Nb_{15}$和 $Cu_{80}Nb_{20}$粉末获得的机械储能增量仍低于相应固溶体的形成自由能，因此添加的溶质元素 Nb 不能完全固溶。此外，由图中两条曲线的交点可以推测，通过室温机械合金化，Nb 在 Cu 基体中的最大固溶量可增加至 11.6% Nb。上述固溶度增加热动力学计算结果与实验结果一致。由此可见，机械合金化过程中形成的高密度位错与纳米晶贮有大量应变能和界面能，它们是导致合金固溶度升高的主要原因。

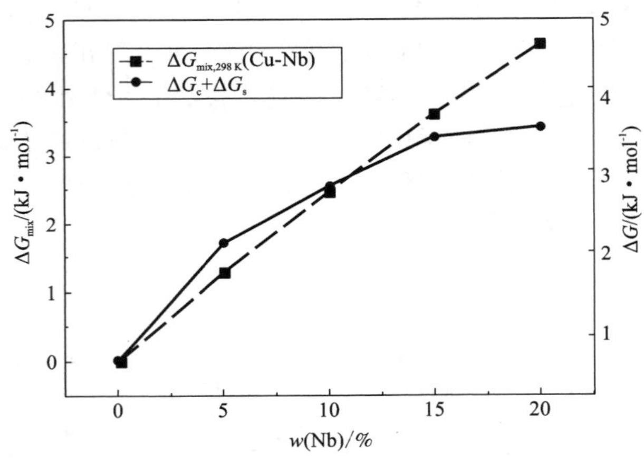

图 8－18　球磨 Cu－Nb 合金粉末机械储能（$\Delta G_c+\Delta G_s$）随 Nb 含量的变化（实线），其中虚线代表各浓度 Cu－Nb 固溶体的形成自由能 ΔG_{mix}

8.2.3.3　Cu－Nb 粉末固溶度增加的微观机制

由于 Cu－Nb 合金粉末在球磨过程中形成了大量 Cu/Nb 相间的层状结构，随着球磨时间的延长，层状结构不断细化，Cu－Nb 界面增多。图 8－19(a)示出了 $Cu_{90}Nb_{10}$合金经 10h 球磨后形成的 Cu/Nb 界面的晶格条纹像。可见，$(111)_{Cu}$和 $(110)_{Nb}$面之间的位向差约为 6°，且两者基本垂直于 Cu/Nb 相界；Cu/Nb 相界轻微弯曲，为典型的半共格界面，在界面处每隔约 8 个$(111)_{Cu}$面出现一个周期性错配位错(黑色箭头标出)，这些界面错配位错和晶格畸变协调了 Cu/Nb 晶格之间的错配($\{111\}_{Cu}$与$\{110\}_{Nb}$面的面间距相差 10.7%)。此外，在 Cu/Nb 相界上出现的周期性衬度可能是由晶格错配引起的界面应变导致的。由于相界上的非平衡空位密度是理想 Cu 晶体内部空位密度的 14 倍[23]，且存在大量位错，因此在界面处 Cu、Nb 两相之间的扩散速率得以加速，导致 Cu、Nb 原子穿过界面化学混合。另一方面，Cu－Nb 固溶体的形成，Cu/Nb 界面密度将不断减少，因此由相界促进的两相间互扩散将不断减弱。

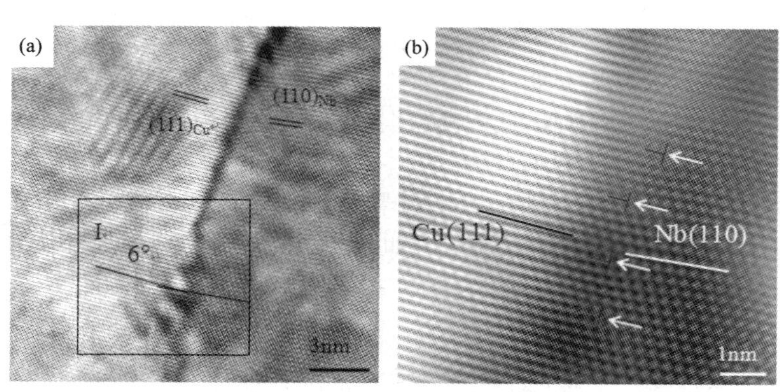

图 8－19　$Cu_{90}Nb_{10}$合金粉末球磨 10 h 后的晶格条纹像

(a)Cu－Nb 界面；(b)图(a)方框区的傅里叶滤波图像

球磨不但产生了 Cu/Nb 界面，界面促进了 Cu、Nb 间的扩散，而且球磨也使 Cu、Nb 和 Cu－Nb 固溶体内形成了大量位错和晶格畸变。大量的位错管道为溶质原子扩散提供了快速通道，此即所谓的位错泵机制。由于溶质原子的溶入可以改善位错处的应变场，降低整个体系的自由能，因而溶质原子易于在位错处偏聚形成第二相柯氏气团[图 8－20(a)]。实验测量证实位错处溶质的密度比平均固溶度高出数十倍。同时，球磨过程中位错线将不断发生移动，移动的结果是在原来的位错处留下富溶质区，并在新的位错停留处重新形成新的富溶质区[图8－20(b)]。这样，随着位错的不断移动，溶质元素 Nb 会不断溶入 Cu 基体并使成分趋于均匀分布，实现了合金化[图 8－20(c)]。尽管位错泵扩散比常规的晶格扩散快，但在球磨后期，当 Cu 晶粒尺寸下降到 50 nm 以下后，位错增殖与滑移会变得困难，因此位错对合金化的作用将减弱。

在球磨后期，不全向错成为 Cu 纳米晶塑性变形的一种方式。不全向错使得晶体的晶格发生旋转，这将有利于晶格位错滑移穿过界面，即引起异相滑移[29]。据此，在 Cu－Nb 合金球磨后期，特别是当晶粒尺寸小于 10～15 nm 后，可以建立机械合金化导致固溶度增加的模型(图 8－21)。在球磨过程中，Cu 基体中产生的

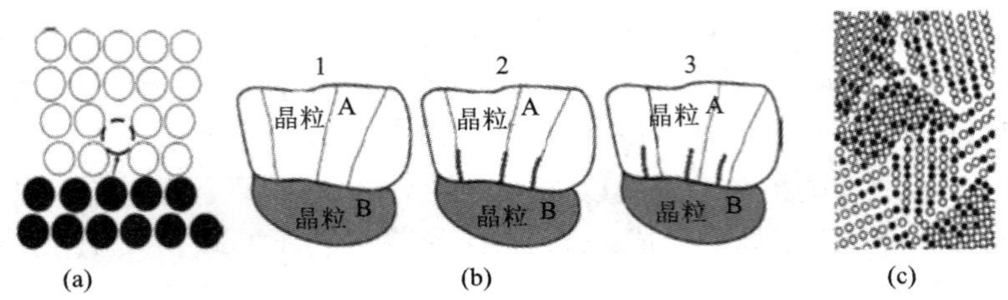

图 8－20　位错泵机制

晶格位错会快速迁移到界面处[图 8－21(a)]；而不全向错等缺陷将使纳米晶粒发生晶格旋转，引起 Cu 与 Nb 之间的位向差减小，这将有利于 Cu 晶格位错滑移穿过 Cu/Nb 界面，发生原子面剪切[图 8－21(b)]；当多个滑移系统发生剪切时[图 8－21(d)、(e)]，将切割出小的 Nb 颗粒[图 8－21(f)]。根据 Gibbs－Thomson 效应，小颗粒的 Nb 最终将溶解。由此可见，在球磨后期，晶粒旋转与位错穿过界面将有利于合金化过程的进行。

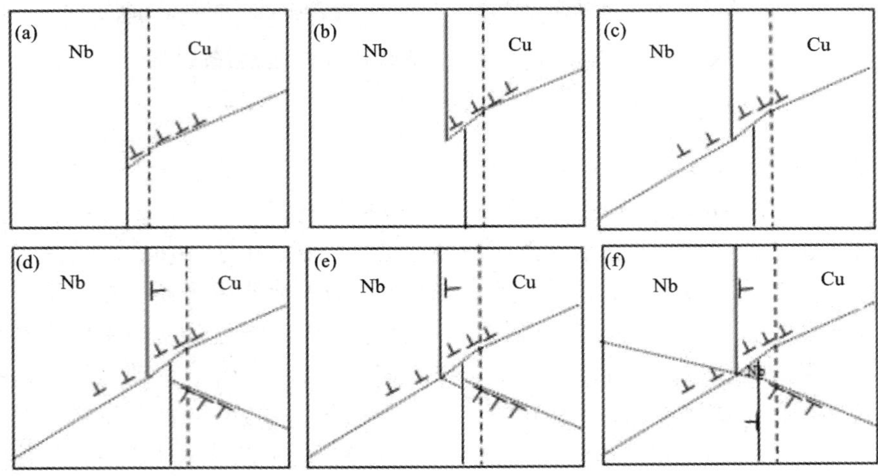

图 8－21　Cu－Nb 合金晶粒旋转与位错迁移促进固溶模型

此外，Cu－Nb 合金粉末在球磨后期形成了超细纳米晶结构，由于纳米晶具有很高的比界面自由能，在晶界上有很多原子从晶格的正常位置上移动出来，因此扩散界面大大增加，提供了更多的短程扩散通道。另一方面，尺寸小于 10 nm 的纳米晶粒，主要是通过晶界行为即晶格旋转与晶界滑移发生塑性形变的，而晶界滑移依赖于晶界处的原子扩散(图 8 – 22)，因此同样有助于诱导两相间发生化学混合。

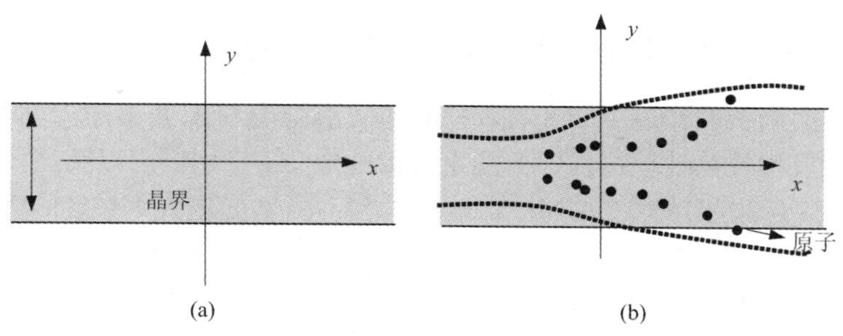

图 8 – 22　晶界扩散模型

(a)原始纳米晶晶界；(b)晶界处原子扩散

值得指出的是，当 Nb 粒子很小时，可以由 bcc 结构转变为 fcc 结构，图8 – 23 给出了这一证据。纳米 Nb 粒子的傅里叶转换衍射花样分析表明，其只能为 $<011>_{fcc}$带轴衍射花样，由其$\{111\}_{Nb}$面晶面间距可算得相应的面心立方相晶格参数为 0.418 nm，与 Nb 为 fcc 结构时的理论晶格参数(0.42 nm)吻合，这表明当 Nb 颗粒尺寸小于一定值后，原为体心立方结构的 Nb 颗粒可能发生同素异构相变而转变为面心立方结构，具体相变机制将在 8.5.1 节讨论。不难看出，当 Cu 与 Nb 均为面心立方结构时，相同点阵结构的 Cu、Nb 晶体之间发生互扩散更为容易。因此，在球磨过程中，纳米 Nb 颗粒转变为 fcc 结构将有助于 Nb 与 Cu 之间的互扩散，促进固溶度的增加。

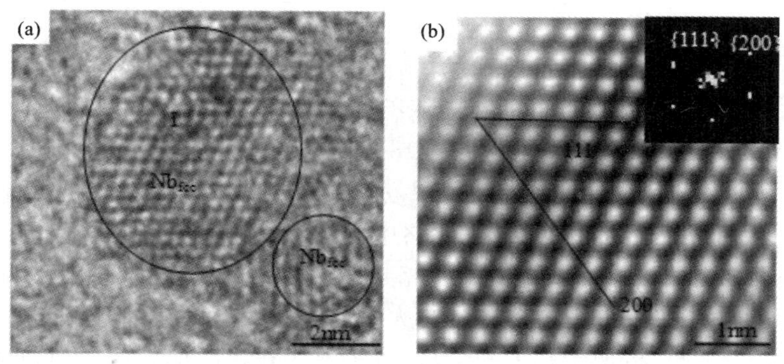

图 8 – 23　$Cu_{90}Nb_{10}$合金粉末球磨 30 h 后的晶格条纹像

(a)纳米 Nb 粒子的同素异构转变；(b)图(a)中 Nb 颗粒相应的傅里叶滤波图

8.3 Cu – Nb 纳米晶粉末的热稳定性[14]

8.3.1 Cu – Nb 粉末在退火中的结构与性能变化

由于球磨制备的 Cu – Nb 纳米晶过饱和固溶合金粉末处于热力学非平衡态，在后续高温成型及热处理过程中会发生结构驰豫、第二相析出以及晶粒长大。

图 8 – 24 示出了球磨 $Cu_{90}Nb_{10}$合金粉末在不同温度退火 1 h 后的 XRD 图谱。可见，600℃退火 1 h 后，Cu 相衍射峰逐渐变得明锐，并不断向高角度方向偏移，同时，出现极小的 Nb 相衍射峰，且 Nb 相衍射峰强度随温度的升高而进一步加强，表明此时合金粉末发生了回复和 Nb 的沉淀析出。此外，还可以观察到高温退火会导致 CuO、NbO、Fe_7Nb_6等杂质相的形成。

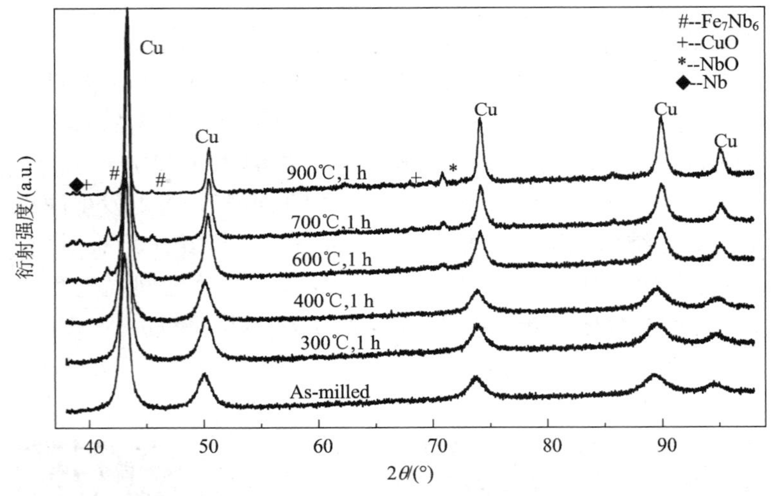

图 8 – 24　$Cu_{90}Nb_{10}$粉末经不同温度退火后的 XRD 图谱

图 8 – 25 给出了退火过程中晶格常数、晶粒尺寸和微观应变的变化。可见，机械合金化完成后，由于 Nb 在 Cu 晶格中的固溶，Cu 基体晶格参数较大。随着退火温度的升高，合金化粉末中 Cu 晶格参数逐渐下降直到趋近于纯 Cu 的晶格参数(0. 3615 nm)，这表明原子半径更大的 Nb 元素不断地从 Cu 基体中析出。900℃退火 1 h 后，Nb 原子几乎完全从 Cu 晶格中析出。退火中，Cu 晶粒也在长大，但即使在 900℃退火 1 h 后平均 Cu 晶粒尺寸也仅为 39 nm。由此可见，Nb 元素的加入显著提高了纳米 Cu 相的热稳定性。随着退火温度的升高，Cu 晶格畸变减少，微观应变呈不断下降趋势。

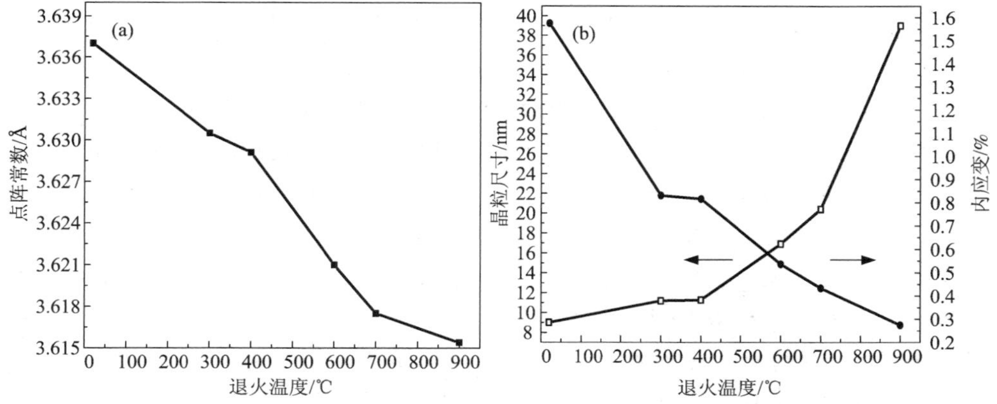

图 8－25　纳米 $Cu_{90}Nb_{10}$ 合金粉末在不同温度退火后 Cu 相晶格参数 晶粒尺寸(a)和内应变(b)的变化

图 8－26 示出了机械合金化过饱和 $Cu_{90}Nb_{10}$ 纳米晶粉末经不同温度退火后的 SEM 显微组织。可见，700℃退火 1 h 后，粉末中部分区域析出少量 Nb 颗粒[图 8－26(b)]；继续升高退火温度，析出的球形 Nb 颗粒数量增加，且 Nb 颗粒进一步长大，900℃退火 1 h 后已有部分 Nb 颗粒长大到 100～350 nm[图 8－26(c)]，这些 Nb 颗粒尺寸已经超过了纳米尺度(1～100 nm)范围。

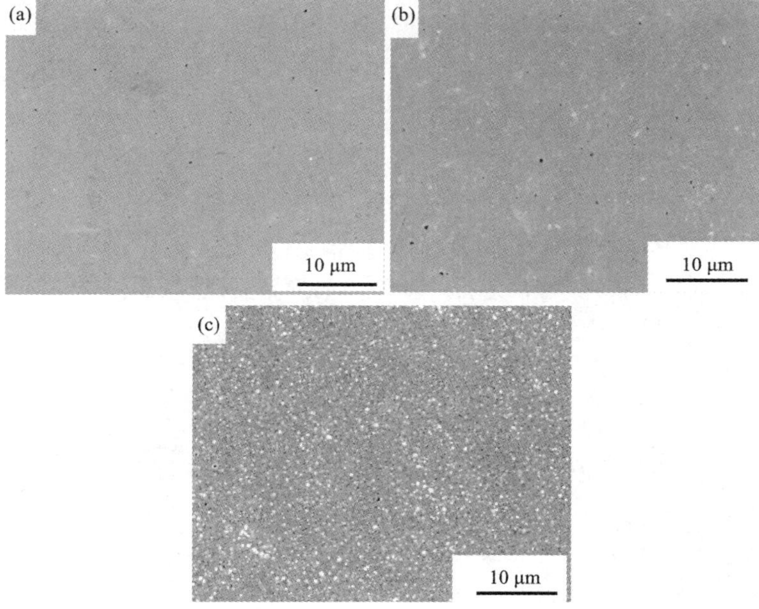

图 8－26　$Cu_{90}Nb_{10}$ 粉末经不同温度退火后的 SEM 组织

(a)400℃退火 1 h；(b)700℃退火 1 h；(c)900℃退火 1 h

图 8 -27 示出了 $Cu_{90}Nb_{10}$纳米晶合金粉末不同温度退火 1 h 后的 TEM 照片。可见，700℃退火 1 h 后，该合金粉末中 Cu 晶粒较 400℃退火后虽略有长大，但平均 Cu 晶粒尺寸约为 30 nm。Cu 晶粒内部沉淀析出了尺寸约为 2 nm 的细小 Nb 粒子。此外，退火后 Cu 晶粒中出现了纳米孪晶片层，其片层间厚度低于 5 nm(见图中箭头所标)。由其电子衍射花样可见除 Cu 基体的 Debye - Scherrer 环外，最内层还出现了 Nb 相的 Debye - Scherrer 环[图 8 -27(d)]。上述分析表明，经 700℃ 1 h 退火后，$Cu_{90}Nb_{10}$合金中形成了双纳米结构，即在高纯纳米晶 Cu 基体中高浓度弥散分布着尺寸小于 10 nm 的纳米强化 Nb 粒子。经 900℃退火 1 h 后，Cu 晶粒缓慢长大，晶粒尺寸分布范围较广，由几十 nm 到 90 nm 左右。平均析出粒子尺寸保持在 10 nm 以下。此外，也有大颗粒 Nb 粒子，尺寸约为 200 nm。由此可见，析出 Nb 粒子尺寸呈双模态分布(bi - modal distribution)，具体原因将在 8.3.2 小节中分析。

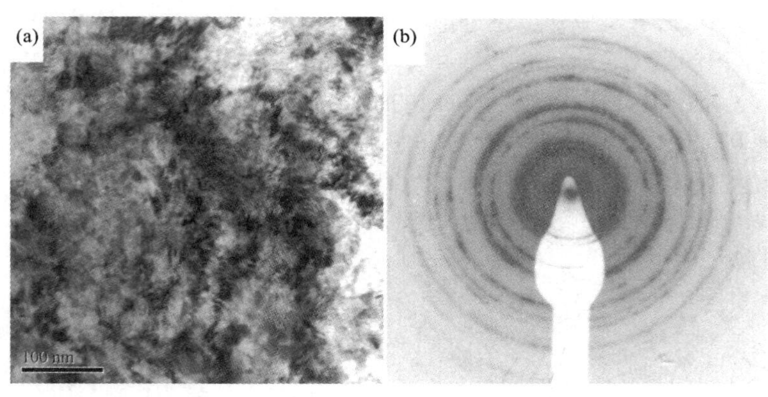

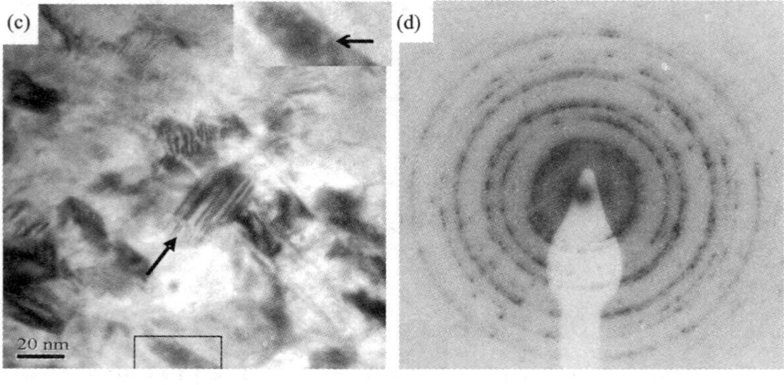

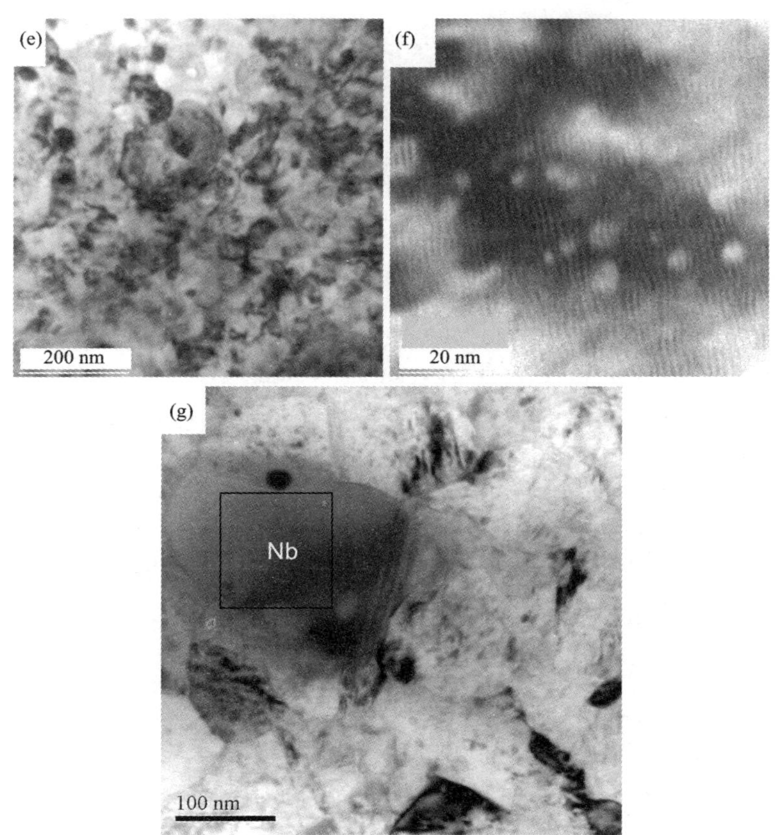

图 8 – 27　$Cu_{90}Nb_{10}$粉末不同温度退火 1 h 后的 TEM 显微组织

(a)400℃，纳米晶与微观形变；(b)图(a)的衍射花样；(c)700℃，纳米晶与析出相；(d)图(b)衍射花样标定；(e)900℃，纳米晶；(f)900℃，纳米 Nb 粒子；(g)900℃，粗大 Nb 粒子

图 8 – 28(a)、(b)示出了机械合金化 $Cu_{90}Nb_{10}$纳米晶粉末经 900℃退火 3 h 后的 TEM 显微组织。可见，Cu 晶粒尺寸已长大，约为 85 nm[图 8 – 28(a)]；Cu 晶粒内弥散分布着的细小 Nb 粒子尺寸仍普遍小于 10 nm，合金仍保持着双纳米结构，可见 Cu – Nb 合金热稳定性非常高。

上述实验结果与 Morris、Botcharova、Mula 等人的报道有所差异。图 8 – 29 给出了 Botcharova 的结果[7]，可见 Nb 粒子已长大至 100 nm。这些微观结构差异可能与使用的机械合金化工艺参数不同，显微分析时样品的选取、制备以及观察过程有所差异有关。

图 8 – 30 示出了 $Cu_{90}Nb_{10}$合金粉末硬度 HV 随退火温度的变化。可见，随退火温度的升高，该合金粉末硬度 HV 总体呈下降趋势，但是降低速率较慢，900℃

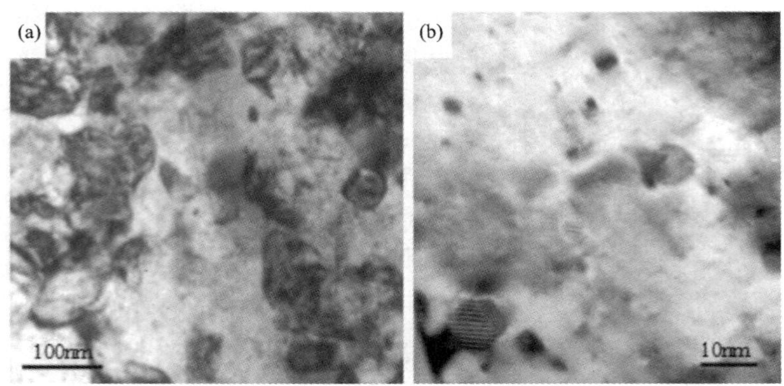

图 8 – 28　$Cu_{90}Nb_{10}$ 粉末经 900℃温度退火 3 h 后的 TEM 显微组织

(a)纳米 Cu 晶粒；(b)纳米 Nb 粒子

退火硬度 HV 仍高达 375 kgf/mm^2，表明机械合金化 Cu – Nb 合金具有优异的抗高温软化性能。此外，该球磨合金粉末在 400℃ 退火后硬度略有升高，与文献[11]与文献[12]中的报道一致。出现该硬度峰值的原因可能是由于 Nb 粒子析出引起的强化效果大于回复所引起强度降低的缘故。

图 8 – 29　Cu – 10Nb(摩尔分数)在 900℃退火 1 h 后的 TEM 显微组织[7]

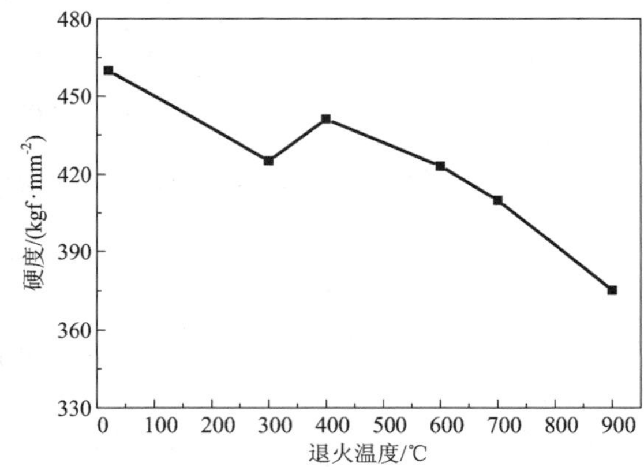

图 8 – 30　真空热压烧结温度对 $Cu_{90}Nb_{10}$ 锭坯硬度 HV 的影响

8.3.2　退火过程中 Nb 粒子的长大动力学

众所周知，析出相自由能与析出相粒子尺寸成反比。因此，在一定温度下，将发生小粒子的溶解和大粒子的长大现象。在这一过程中，溶质原子需要大规模地迁移扩散，才能使粒子发生 Ostwald 粗化，这一过程的驱动力是降低体系的总界面能。

前述实验结果表明，经 700℃、900℃退火 1 h 及 900℃退火 3 h 后，Cu 晶粒内弥散分布着的纳米 Nb 粒子，尺寸分别为 4 nm、6 nm 和 9 nm。这一结果可利用经典的体扩散粒子粗化模型来验证。Lifshitz－Slyozov－Wagner(LSW)[30]给出了如下计算公式：

$$r^3 - r_0^3 = (8/9)(\gamma CVDt/RT) \tag{8-5}$$

式中：t 为热处理时间；r 为颗粒半径；r_0为颗粒原始半径；γ 为界面能；C 为温度 T 时溶质元素在基体中的平衡固溶度；R 为气体常数；V 为溶质原子的摩尔体积；D 为溶质在溶剂晶格中的扩散系数，即 $D = D_o\exp(-Q/RT)$；Q 为扩散激活能。

对于 Cu－Nb 合金，$\gamma_{Cu-Nb} = 0.1 J/m^2$，$R = 8.314$，$C_{Cu-Nb} = 0.1\%$(摩尔分数)，指数前因子 $D_o = 2\times10^{-4} m^{-2}/s$，$Q = 249$ kJ/mol(4.163 ev)[31]，$V_{Nb} = 10.8\times10^{-6} m^3$。可以认为 $t=0$ 时粒子尚未析出，因此 r_0为 0。由公式(8－5)可算得相应条件下退火后的 Nb 粒子尺寸，它们分别为 3 nm，9 nm 和 13 nm。动力学计算值与实验结果基本一致，可见，退火过程中，纳米 Nb 粒子粗化过程是通过体扩散控制的。

但 LSW 理论无法解释 SEM 及 TEM 中观察到的高温退火后尺寸大于 100 nm 的粗大 Nb 粒子。由于该合金纳米晶结构非常稳定，即使经 900℃退火 3 h 后 Cu 晶粒尺寸仍然保持为纳米尺度，故这一矛盾可通过 LSW 理论修正来解决。合金中分布着大量的纳米晶晶界网络，而晶界是原子快速扩散通道，在晶界内及晶界附近的 Nb 原子易于沿着晶界快速扩散，若考虑在晶界处的物质快速迁移对 Nb 粒子粗化的作用，则 Nb 粒子粗化公式可修正为[32]：

$$r^4 - r_0^4 = (8/9)(\gamma CVDt/RT) \tag{8-6}$$

为了利用公式(8－6)进行定量计算，假设晶界扩散激活能是体扩散的 0.6 倍，纳米晶晶界厚度 δ 为 1～1.5 nm[32]，则晶界扩散系数 $D_{oGB} = D_o\times\delta$；同时，设定晶界能与 Cu/Nb 界面能相等，且 Cu 晶界大约一半的表面由粗大的 Nb 粒子覆盖，则根据公式(8－6)可算出经 700℃、900℃退火 1 h 以及 900℃退火 3 h 后 Nb 粒子尺寸，分别为 70 nm、160 nm 及 210 nm，与实验值基本吻合。据此可以初步确定，粗大 Nb 粒子的长大过程主要由 Nb 原子沿晶界的扩散所控制。上述推导计算过程中，晶界能和晶界被粒子占据的分数等数值的选择是人工确定的。为了验证数据选择的合理性，对公式(8－6)两边分别取对数，经整理可得：

$$\ln[T(r^4 - r_0^4)/t] = \ln a - Q(1 - kT) \quad (8-7)$$

$$a = 8\gamma cVD_o/9R \quad (8-8)$$

将不同退火条件下粗大 Nb 粒子的尺寸数据(表 8 - 2)代入公式(8 - 7)进行计算，并根据计算所得数据作 $\ln(T(r^4 - r_0^4)/t)$—$1/kT$ 图，结果如图 8 - 31 所示。从式(8 - 7)不难看出，图中直线的斜率即为 Q_{GB} 值，由此可求得当晶界原子扩散占主导时 Nb 粒子的长大激活能 Q_{GB}，约为 1.876 eV。此外，图中直线的截距(约为 -47.35)等于 $\ln a$ 的数值，则通过计算公式(8 - 8)可算得晶界扩散系数 D_{oGB} 约为 1.74×10^{-13} m^3/s。可见，计算所得的晶界扩散激活能 Q_{GB} 为体扩散激活能 Q 的 0.45 倍，而晶界扩散系数 D_{oGB} 恰好为 $D_o \times 10^{-9}$，与前面的设定大致吻合，表明我们的计算是合理的。

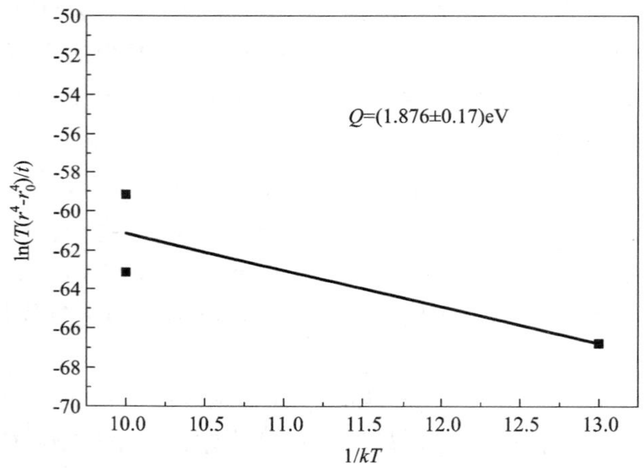

图 8 - 31　Nb 粒子尺寸与退火温度的关系

表 8 - 2　Nb 粒子的扩散激活能参数

	粗大 Nb 粒子	纳米 Nb 粒子
公式	$r^4 - r_0^4 = a \cdot t$	$r^3 - r_0^3 = a \cdot t$
参数 a	$a = (8/9)(\gamma CVD/RT)$	$a = (8/9)(\gamma CVD/RT)$
扩散激活能/eV	$Q = 1.876$	$Q = 4.163$
扩散系数	$D_{oGB} = 1.74 \times 10^{-13}$ m^3 · s^{-1}	$D_o = 2 \times 10^{-4}$ m^2/s

8.3.3　影响 Cu – Nb 合金热稳定性的因素

由晶粒长大理论可知，在一定温度下晶粒尺寸越小，在界面能的驱动下，其长大速率越大，热稳定性越低。一旦纳米材料中的晶粒和/或析出相粒子尺寸在高温下长大超过纳米尺度（ >100 nm），则材料原本具有的优异性能也就随之消失。Cu – Nb 合金可视为纳米晶基体与纳米析出相粒子组成的双纳米结构，不难推测该合金具有高的热稳定性。

8.3.3.1　溶质原子的影响

如前文所述，过饱和 $Cu_{90}Nb_{10}$ 纳米晶粉末在退火前期，即溶质 Nb 原子尚未显著从过饱和固溶体中析出前，Cu 晶粒长大和内应力释放的速度相对缓慢。继续升高温度到 700℃后，溶质 Nb 原子大量从 Cu 基体中析出后，Cu 晶粒长大和内应力释放的速度加快，这表明机械合金化 Cu – Nb 纳米晶合金的热稳定性由相分解和晶粒长大控制。这是由于固溶态的溶质 Nb 原子倾向于在位错附近发生偏聚，阻碍空位的扩散及位错的爬升、滑移，因此增加位错运动阻力；另一方面，由于晶界上位错与溶质原子的交互作用，溶质 Nb 原子也将阻碍晶界迁移。由此可见，溶质原子的拖曳作用可抑制合金回复再结晶，并有效地阻碍晶粒的长大，提高合金的抗高温软化性能。

8.3.3.2　析出粒子的影响

图 8 – 32 示出了机械合金化 $Cu_{90}Nb_{10}$ 合金粉末经 900℃退火 1 h 后的 TEM 显微组织。可见，Cu 基体中均匀弥散分布着高密度的近球形纳米级 Nb 粒子，尺寸为 3 ~ 10 nm。这些纳米 Nb 粒子很难长大，具有很高的热稳定性。

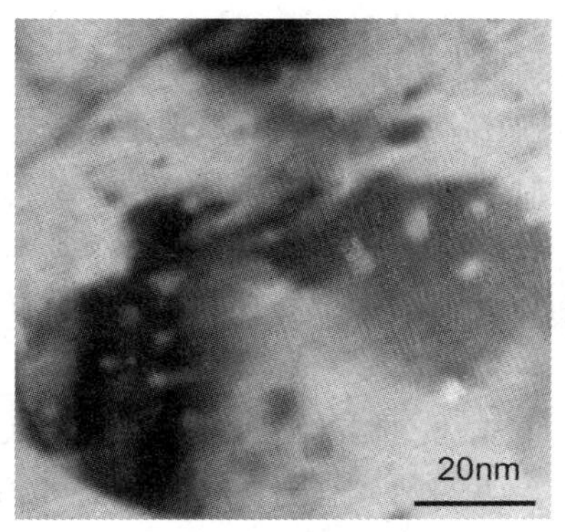

图 8 – 32　$Cu_{90}Nb_{10}$ 粉末经 900℃退火 1 h 后析出的 Nb 粒子的 TEM 照片

由图 8 – 33(a)可见，这些纳米尺寸 Nb 粒子对 Cu 晶格中的位错具有很强的钉扎作用，显著抑制位错的运动，使得 Cu 晶粒长大缓慢。由图 8 – 33(b)还可看到，纳米 Nb 粒子也可牢固地钉扎在 Cu 晶粒的晶界上，起到强烈阻碍 Cu 晶界迁移、抑制 Cu 晶粒长大的作用。由此可见，弥散分布在 Cu 基体中的高耐热稳定纳米 Nb 粒子显著提高了纳米 Cu 晶粒的热稳定性，这是 Cu – Nb 双纳米结构合金具有优异耐高温性能的根本原因。

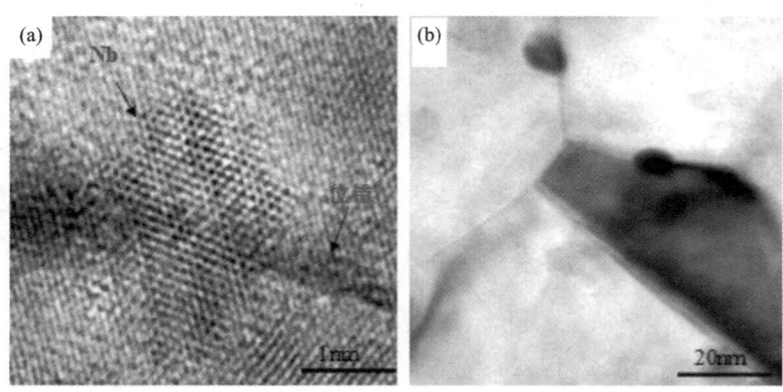

图 8-33　退火态 Cu-Nb 粉末中纳米 Nb 粒子钉扎位错的晶格条纹像(a)及纳米粒子钉扎晶界的 TEM 照片(b)

8.3.3.3　杂质污染的影响

即使球磨是在保护气体环境中进行，球磨过程中 O 污染也是难以完全避免的。当一种元素与 O 之间的键能大于氧分子离解能的一半时，O 将会在这种元素上发生化学吸附。Nb—O 键能为 771.3 kJ/mol，O—O 键能为 498 kJ/mol[33]，因此，O 在 Nb 表面上发生化学吸附是符合热力学条件的，并有可能进一步发生化学反应生成 Nb 的氧化物，这一点已在 XRD 实验中得到证实(图 8-24)。一旦形成 Nb 的氧化物，Nb 将从 Cu 晶格中析出，Cu 晶格参数降低。在 700℃ 退火时，XRD 谱中出现了 Nb 峰，这表明此时出现了 Nb 粒子析出，Nb 粒子的析出源于 Nb 与 O 原子浓度不平衡，以致此时 Nb 的沉淀析出比 Nb 氧化更易发生。此外，由于机械合金化制备 Cu-Nb 合金使用的球磨介质为淬火不锈钢，经长时间球磨后，Fe 杂质等可能混入 Cu 基体中。因此，必须考虑热处理过程中 Fe 对相形成的影响。根据 Miedema 模型，Cu-50Fe(摩尔百分比)的混合焓 ΔH_{mix} 为 11.9 kJ/mol，而 Fe-50Nb 的混合焓 ΔH_{mix} 为 -61 kJ/mol，这表明 Nb、Fe 之间的亲和力远大于 Cu、Fe 之间的亲和力，因此，Fe-Nb 化合物的形成比 Cu-Nb 及 Cu-Fe 固溶体的形成更容易发生。600℃ 退火 1 h 后，XRD 实验也确实检测到了 Fe_7Nb_6 峰。

与纳米弥散 Nb 粒子一样，在退火过程中形成的 NbO 和 Fe_7Nb_6 等纳米级粒子也具有高的热稳定性，并能有效阻碍位错和晶界运动，起到抑制 Cu 晶粒合并长大的作用。因此，机械合金化过程中形成的这些特殊杂质相粒子也有助于合金热稳定性的提高。

此外，由于纳米晶晶界上原子排列、键的组态和缺陷分布混乱，晶界处于高能非平衡状态，升温时提供的能量将首先消耗在晶界结构驰豫上，使原子趋于有序排列以降低晶界自由能，这也使得纳米晶粒在较宽的温度范围内不发生明显长大。

8.4　Cu－Nb 合金的热压烧结及其组织性能[14]

为获得高性能 Cu－Nb 弥散铜材料，我们采用粉末氢气还原去应力退火＋固体还原剂(硼粉)二次在线还原＋真空热压烧结技术来制备 Cu－Nb 合金，最终获得了致密度高达98%、强度大于1000 MPa、相对电导率超过50% IACS、氧含量约12 μg/g 的合金锭坯[8, 13~14]。

8.4.1　热压烧结工艺对锭坯致密度的影响

机械合金化后的 Cu－Nb 粉末中难免存在着少量以 Cu_2O 以及固溶态氧 O 等形式存在的残余氧，这些残余氧一方面会对烧结形成阻碍，另一方面与氢反应将形成高压水蒸气，导致合金产生裂纹和空洞，并引起烧氢膨胀、钎焊起泡和性能异常下降等，因此热压烧结成型前必须对粉末进行彻底还原。

在选择还原剂时，应考虑 Cu_2O 与氢气的反应式及其相应的反应自由能，它们分别为：$Cu_2O + H_2 \rightarrow 2Cu + H_2O$，$\Delta G^{\ominus} = -72170 - 11.87T$，式中 T 为反应温度；根据反应的吉布斯自由能 $\Delta G^{\ominus}$，可知上述反应在常温下便可从左至右自发进行。另外，氢气还原产物容易自粉末表面分解逸出。因此，对于 Cu 的氧化物，氢气是十分合适的还原剂。

另一方面，球磨 Cu－Nb 粉末具有严重的加工硬化，塑性差，不利于热压成形，因此必须进行去应力处理。单纯从去应力考虑，根据前文的研究结果可以选择600℃/1 h 退火。但从 Nb 吸氢角度考虑，选择 560℃ 退火较合适，因为在 560℃ 温度下 Nb 的吸氢量最小。因此，为保证去氧还原与去应力退火的顺利进行，并避免 Nb 的吸氢反应，粉末可在氢气保护下于 560℃ 保温退火 1 h。

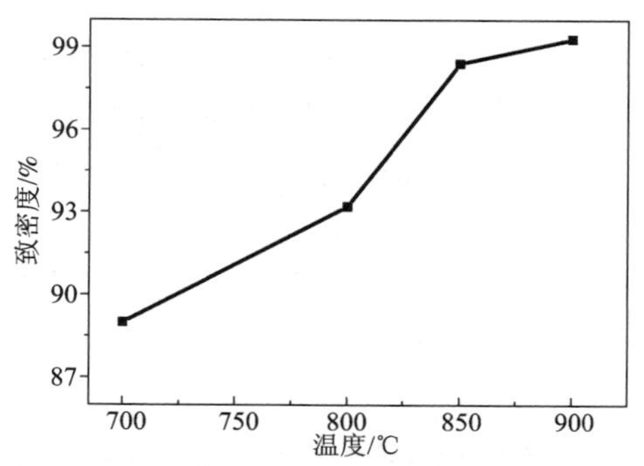

图 8－34　热压烧结温度对 $Cu_{90}Nb_{10}$ 合金锭坯相对密度的影响

(热压压力：30 MPa，热压烧结时间：2 h)

退火后的粉末在真空热压烧结时，必须综合考虑热压烧结温度、热压压力和烧结时间对锭坯致密度的影响。

图 8－34 示出了在热压压力(30 MPa)、烧结时间(2 h)相同的

时，不同真空度下热压烧结温度对 $Cu_{90}Nb_{10}$ 合金锭坯致密度的影响。可见，锭坯的致密度随着热压烧结温度的升高而增加。

除了烧结温度外，热压压力也会显著影响合金锭坯的致密度。由表 8－3 可见，当真空热压烧结温度(850℃)和时间(2 h)保持不变时，$Cu_{90}Nb_{10}$ 合金锭坯相对密度随着热压压力的增加而逐步提高。

表 8－3　热压压力对坯锭致密度的影响

热压条件	相对密度
850℃ 1 h，20 MPa	91.2%
850℃ 2 h，25 MPa	94.6%
850℃ 2 h，30 MPa	97.3%

表 8－4　热压时间对坯锭致密度的影响

热压条件	相对密度
850℃ 1 h，30 MPa	96.1%
850℃ 2 h，30 MPa	97.5%
850℃ 3 h，30 MPa	98.4%

同样，由表 8－4 可见，在其他条件相同时，Cu－Nb 合金锭坯相对密度也随着热压烧结时间的延长而略有提高。很明显，烧结时间对压坯的致密化作用远没有烧结温度和热压压力显著。

进一步对比加硼和未加硼两种真空热压烧结坯锭的相对密度，由表 8－5 可见，添加了硼的样品经真空热压烧结可获得的相对密度达 98.1%，高于未添加硼样品的相对密度，因此制备过程中添加微量硼有利于 Cu－Nb 合金锭坯致密化程度的提高。造成这一现象的原因是真空热压烧结时加入的微量硼可夺取合金中的残存氧并形成稳定的 B_2O_3，消除残余氧化膜，从而提高烧结效果。氧分析表明，加硼锭坯氧含量可控制到 12 μg/g，达到了普通无氧铜的水平(10 μg/g)[14]。

表 8－5　B 元素添加量对 Cu－Nb 坯锭致密度的影响

(热压烧结温度 850℃，时间 2 h，压力 30 MPa)

加硼含量	相对密度
未添加	97.5%
添加 300 μg/g	98.1%

8.4.2　热压烧结工艺对合金微观结构的影响

图 8－35 示出了在不同真空热压烧结条件下获得的 $Cu_{90}Nb_{10}$ 合金锭坯的 X 射线衍射谱。可见，四个 Cu－Nb 合金锭坯样品的衍射峰中除 Cu 相强峰外，均出现了 Nb 相的三强峰；不同的是，当热压烧结温度超过 800℃后，所得锭坯中还出现

了其他相的弱峰。PDF 卡片检索结果表明，$2\theta \approx 37.76°$处的弱峰峰位应为 Fe_7Nb_6 相的(110)晶面。出现这种杂质相是由于 Fe－Nb 之间具有较大的负混合焓，因此在高温烧结时体系获得了更大的能量，提高了原子扩散速率，显著促进了 Fe 与 Nb 之间的结合。但 Fe_7Nb_6 杂质相的含量很少，因此可忽略不计。此外，XRD 图谱中未出现氧化物的衍射峰，再次证明了锭坯中含氧量很低。

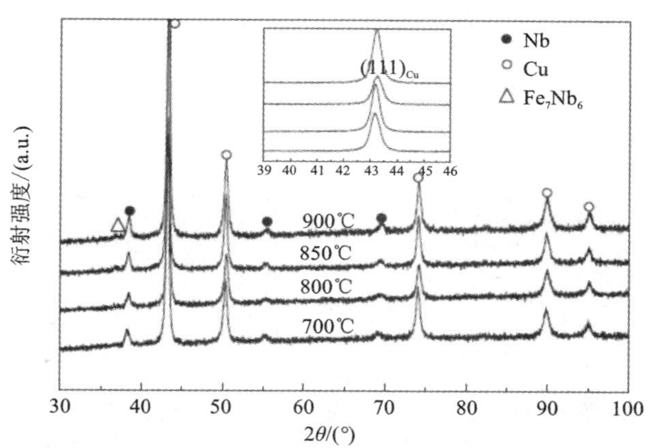

图 8－35　不同真空热压烧结条件下制备的 $Cu_{90}Nb_{10}$ 合金锭坯的 XRD 图谱

根据 XRD 数据可以计算出 $Cu_{90}Nb_{10}$ 热压烧结锭坯中 Cu 相的晶格参数、平均晶粒尺寸和晶格内应变大小，结果如表 8－6 所示。可见，在其他热压烧结条件相同时，Cu－Nb 合金锭坯中 Cu 相的晶格参数随着热压温度的升高而降低，850℃和 900℃热压烧结 2 h 后，Cu 晶格参数均基本下降到与纯 Cu 一致，表明 Nb 在热压过程中完全析出；而 Cu 平均晶粒尺寸随着热压温度的升高而增加，然而即使在 850℃热压烧结 2 h 后，Cu 平均晶粒尺寸仍仅为 41 nm，可见热压烧结获得的 Cu－Nb 合金锭坯仍为纳米晶结构；热压温度升高同样有利于 Cu 相内应力的下降，粉末塑性提高，促进成型过程中锭坯致密度的提高。

表 8－6　$Cu_{90}Nb_{10}$ 锭坯不同真空热压烧结条件下 Cu 相的晶格参数、晶粒尺寸和内应变

热压条件	相对密度/%	晶格参数/nm	晶粒尺寸/nm	内应变/%
700℃ 2 h，30 MPa	89	0.3623	26	0.46
800℃ 2 h，30 MPa	93	0.3619	31	0.35
850℃ 2 h，30 MPa	99.1	0.3617	41	0.28
900℃ 2 h，30 MPa	99.5	0.3614	50	0.21

图 8 - 36 示出了不同真空热压烧结条件下所获得的 $Cu_{90}Nb_{10}$ 合金锭坯典型金相照片。可见，当 $Cu_{90}Nb_{10}$ 块体在 700℃、30 MPa 下真空热压烧结 2 h 后，锭坯中尚存在着大的孔隙，且粉末颗粒内部还保留有明显的机械合金化过程中形成的层状结构，此时该块体的相对密度不到 90%。当粉末在 850℃、30 MPa 下真空热压烧结 2 h 后，所得到的锭坯固结状况明显改善，颗粒间结合紧密，很少见到烧结孔隙等缺陷[图 8 - 36(b)]。尽管此时锭坯的相对密度未能达到 100%，并未完全致密化，但粉末颗粒间的界面已经难以清楚分辨，并且锭坯具有较为均匀的结构，成分分布均匀。

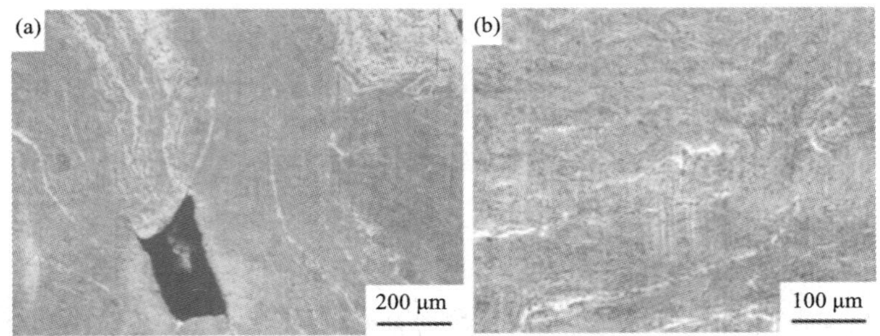

图 8 - 36　不同热压烧结温度下制备的 $Cu_{90}Nb_{10}$ 锭坯的金相照片

(a)700℃；(b)850℃

图 8 - 37 示出了不同真空热压烧结温度条件下所获得的 $Cu_{90}Nb_{10}$ 合金锭坯典型的 SEM 组织。可见，当其他条件相同时，随着烧结温度的升高，Nb 析出相不断粗化长大，700℃ 热压烧结后，锭坯中粗大 Nb 颗粒的平均尺寸约为 70 nm，850℃ 热压后增加到 135 nm，而 900℃ 已增至 185 nm。

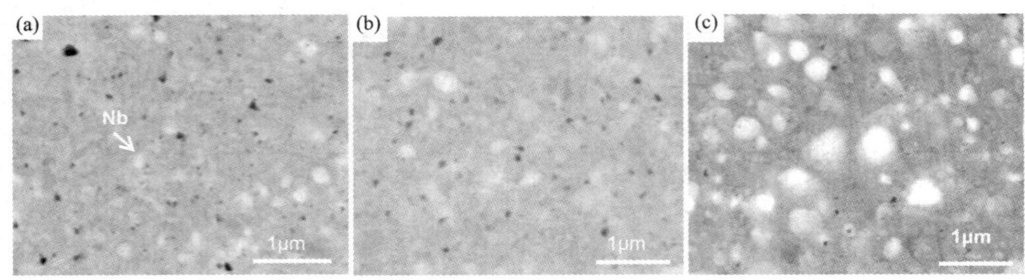

图 8 - 37　不同热压烧结温度下制备的 $Cu_{90}Nb_{10}$ 锭坯的 SEM 照片

(a)700℃；(b) 850℃；(c) 900℃

图 8－38 示出了 $Cu_{90}Nb_{10}$ 合金于 850℃ 和 30 MPa 下进行真空热压烧结 2 h 后锭坯内部的成分分布情况。可以看到，成型后锭坯内部成分分布较为均匀，然而，块体内部除了 Cu 和 Nb 外，还探测到了 Fe 元素，且 Fe 元素主要与 Nb 元素分布重合，表明在高温热压烧结有利于球磨固溶于 Cu 中的 Fe 元素析出，降低其对材料性能、特别是对导电性能的影响。

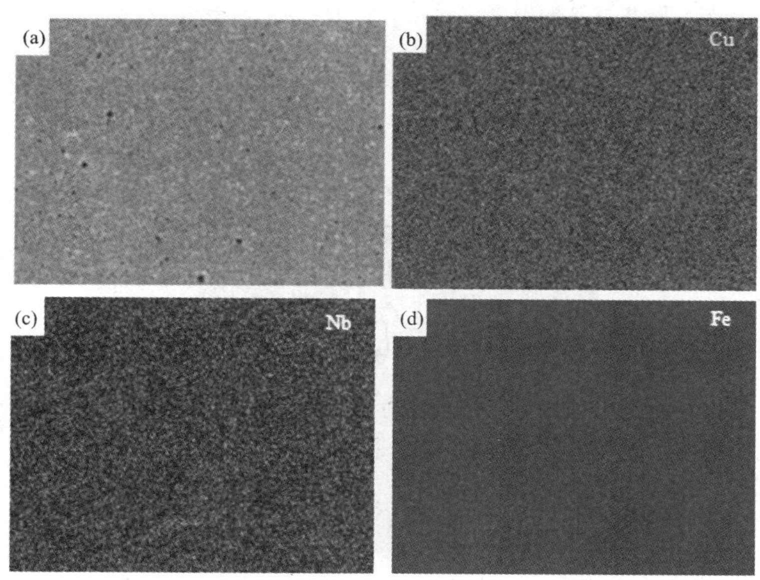

图 8－38　$Cu_{90}Nb_{10}$ 合金锭坯的 X 射线元素面分布像

(a)背散射像；(b)Cu 元素分布像；(c)Nb 元素分布像；(d)Fe 元素分布像

图 8－39 示出了球磨 $Cu_{90}Nb_{10}$ 合金粉末在 900℃、30 MPa 下真空热压烧结 2 h 后制备出的坯锭的 TEM 显微组织及选区衍射花样。不难看出，该锭坯还保持着 Cu 基体的纳米晶结构，平均 Cu 晶粒尺寸约为 65 nm，且 Cu 晶体基本呈等轴状[图 8－39(a)]，对此区域进行大区域选区衍射，可见 Cu 基体的衍射花样仍保持为衍射环，表明相邻晶粒间存在较大取向差[见图 8－39(b)]。此时，Cu 基体中已有大量纳米尺寸的 Nb 粒子在 Cu 晶体内部均匀弥散析出[见图 8－39(c)]，平均 Nb 粒子尺寸约为 10 nm。可见，真空热压烧结制备出的 Cu－Nb 合金仍具有双纳米相结构。

8.4.3　热压烧结工艺对合金力学与电学性能的影响

8.4.3.1　力学性能与强化机制

图 8－40 示出了在 30 MPa 压力下，经不同温度热压烧结 2 h 后所得 $Cu_{90}Nb_{10}$

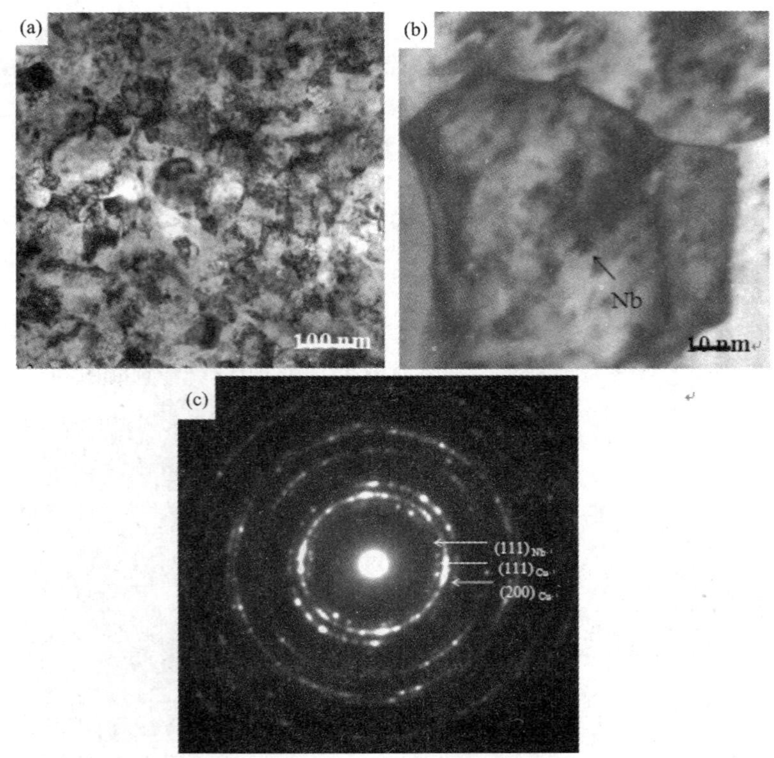

图 8－39　真空热压烧结 $Cu_{90}Nb_{10}$ 锭坯的 TEM 显微组织

(a)纳米晶 Cu；(b)选区电子衍射；(c)纳米弥散 Nb 粒子

合金锭坯的硬度 HV、σ_b 和 $\sigma_{0.2}$。可以看出，合金锭坯的硬度 HV 与强度随着烧结温度的升高而总体呈下降趋势，但降低速率较慢。经 900℃ 热压制备的 $Cu_{90}Nb_{10}$ 合金锭坯的硬度 HV 可达 334 kgf/mm^2，屈服强度 1043 MPa，拉伸强度1102 MPa，远远超过了其他高强高导铜合金。

尽管大量研究表明 Cu－Nb 合金能获得较高的强度(抗拉强度大于 1000 MPa)，然而目前国内外对于机械合金化 Cu－Nb 合金热压成型后的组织结构和强化机制的认识还存在一定的分歧。Morris 等人认为该合金经热压成型和热处理后，由于 Cu 基体晶粒尺寸大于 100 nm，因此合金的超高强度(大于 1000 MPa)主要源于尺寸小于 10 nm 的弥散 Nb 粒子钉扎位错引起的奥罗万强化[9～10]。但 Botcharova 等人[7]认为该合金经后续热压和热处理工艺后，Nb 粒子尺寸超过了 100 nm，失去强化作用；而 Cu 基体为异常稳定的纳米晶，即使经 1000℃ 退火 10 h 后，铜晶粒尺寸仍约为 50 nm，强化来源于纳米晶强化[7, 11～12, 15]。我们的研究表明合金经高

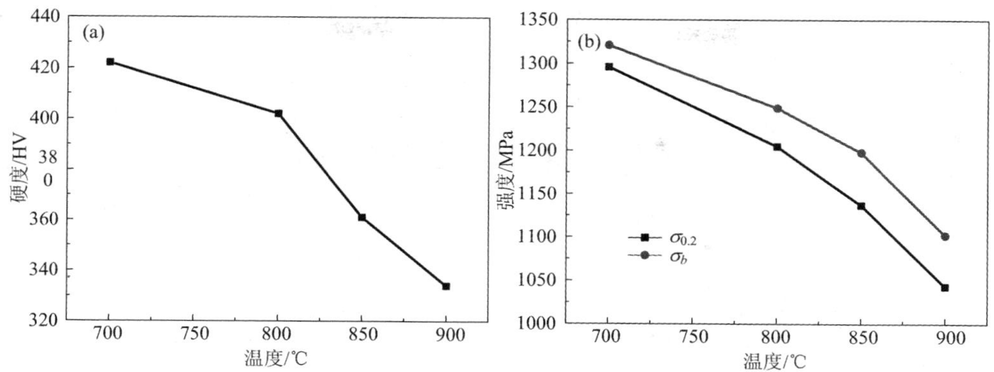

图 8 – 40　烧结温度对 $Cu_{90}Nb_{10}$ 合金硬度、屈服强度和抗拉强度的影响

（热压压力 30 MPa，烧结时间 2 h）

(a)硬度；(b)屈服强度和抗拉强度

温热压成型后形成的是双纳米结构，即在高纯纳米晶 Cu 基体中弥散分布着尺寸小于 10 nm 的纳米强化 Nb 粒子(图 8 – 39)[8, 14]。因此，Cu 纳米晶引起的晶界强化与 Cu 基体中大量弥散分布的纳米 Nb 粒子与位错发生交互作用而产生的 Orowan 强化应是该合金的主要强化机制[8, 14]。

(1) Cu – Nb 合金的晶界强化(即细晶强化)

细晶强化对材料强度和硬度的贡献一般根据霍尔 – 佩奇公式(Hall – Petch relation)进行分析[34]，即：

$$\sigma_{H-P} = \sigma_0 + kd^{\frac{1}{2}} \tag{8-9}$$

其中，σ_0 为强度常数，亦称 P – N 摩擦阻力，取决于晶体结构和位错密度；k 为正常数，d 为晶粒尺寸。由公式(8 – 9)可见，随着晶粒尺寸减小，材料的 $\sigma_{0.2}$ 按 $d^{-1/2}$ 关系呈线性增大。图 8 – 41(a)示出了不同热压烧结条件下制备的 $Cu_{90}Nb_{10}$ 合金 $\sigma_{0.2}$ 随 $d^{-1/2}$ 的变化规律[不同真空热压烧结条件下所制备的 Cu – Nb 锭坯内 Cu 基体晶粒尺寸可由 XRD 数据计算获得(表 8 – 6)]。可以看出，随着晶粒尺寸的增大，Cu – Nb 合金的 $\sigma_{0.2}$ 下降数据点基本在一条直线上，该直线表现为正的斜率，通过数据线性拟合可获得直线的斜率，即霍尔 – 佩奇常数 k，约为 4.15×10^3 MPa/nm$^{1/2}$，该值与已报道的纳米晶铜霍尔 – 佩奇常数 $k = 3.5 \times 10^3 \sim 5 \times 10^3$ MPa/nm$^{1/2}$ 相近[34]，表明对于机械合金化 Cu – Nb 合金，细晶强化起了主要作用，且未发生反细晶强化行为(inverse Hall – Petch behaviour)。若直接采用该霍尔 – 佩奇常数值作为 Cu – Nb 合金的 k_{H-P} 值，则根据公式(8 – 9)可算得不同真空热压烧结条件下制备的各 Cu – Nb 合金锭坯的 σ_{H-P} 值。各 σ_{H-P} 计算值对 Cu – Nb

合金锭坯屈服强度 $\sigma_{0.2}$的贡献如图 8－41(b)所示。可见，计算所得的 σ_{H-P}值低于屈服强度 $\sigma_{0.2}$值，这进一步表明虽然细晶强化对该材料的强化起了关键作用，但还有其他强化机制对材料的屈服强度也作了贡献。

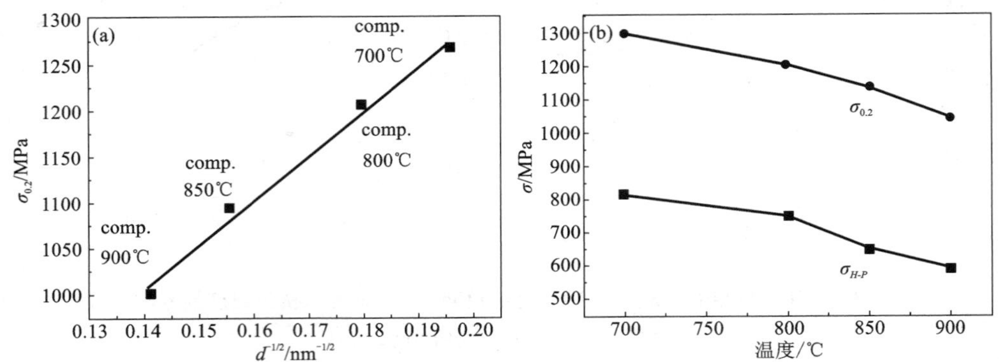

图 8－41　(a) $Cu_{90}Nb_{10}$锭坯的屈服强度 $\sigma_{0.2}$随 $d^{-1/2}$的变化；(b)细晶强化 σ_{H-P}对 $Cu_{90}Nb_{10}$锭坯屈服强度 $\sigma_{0.2}$的贡献

(2) Cu－Nb 合金的弥散强化

机械合金化过饱和 Cu－Nb 粉末经真空热压烧结后，在 Cu 基体中生成了大量均匀弥散分布的第二相纳米 Nb 粒子，在变形过程中这些弥散粒子与位错发生的交互作用将使合金的强度大幅度提高。这些 Nb 粒子硬度可达 700 kgf/mm^2，位错难以切过，因此主要以 Orowan 绕过机制强化基体。由于 Orowan 绕过机制而产生的屈服强度增量可表示为[35]：

$$\begin{aligned}\Delta\sigma_{Orowan} &= (0.81MGb/2\pi(1-\nu)^{1/2})(\ln(2r_s/r_0)/(\lambda_s-2r_s))\\ &= (0.81MGb/2\pi(1-\nu))(\ln(\pi r/4b)/r(3\pi/2f_v)^{1/2}-\pi/4)\\ &= 5710\ln(\pi r/4b)/r((3\pi/2f_v)^{1/2}-\pi/4) \qquad (8-10)\end{aligned}$$

其中

$$\lambda_s = r\sqrt{2\pi/3f_v} \qquad (8-11)$$

$$r_s = (\pi/4)r \qquad (8-12)$$

式中，G 为基体的剪切模量($G_{Cu}=48.3$ GPa)；M 为 Taylor 因子($M_{Cu}=3.1$)；b 为位错的 Burgers 矢量($b_{Cu}=0.255$ nm)；ν 为泊松比($\nu_{Cu}=0.34$)；r 是粒子的平均半径；f_v为粒子体积分数；λ_s为表观粒子间距；r_s为粒子与任一滑移平面交切圆的圆弧段半径；r_o为位错的截止半径，取 $r_o=2b$。从式(8－10)可以看出，在第二相含量一定的情况下，第二相粒子尺寸减小，有利于 $\Delta\sigma_{Orowan}$增大；而当粒子尺寸一定时，随着第二相粒子含量的增加，$\Delta\sigma_{Orowan}$值也相应增大。

表 8－7　SEM 观察到的粗大 Nb 粒子体积分数与平均尺寸

（热压压力：30 MPa，热压时间：2 h）

热压烧结条件	700℃	800℃	850℃	900℃
粒子体积分数/%	3.4	3.8	4.3	4.5
粒子平均尺寸/nm	80	100	150	250

对机械合金化 $Cu_{90}Nb_{10}$ 粉末经不同温度真空热压烧结 2h 后 Cu 基体内分布的 Nb 粒子尺寸和相应的体积分数进行了统计，统计是在 SEM 实验基础上做的，结果见表 8－7。可见，对于不同条件热压后的 $Cu_{90}Nb_{10}$ 合金锭坯，Nb 粒子数量随着温度的升高而增加，但基本上都小于加入 Nb 总量的一半。再通过 TEM 统计了尺寸小于 50 nm 的 Nb 粒子，得出了不同真空热压烧结条件下制备的 $Cu_{90}Nb_{10}$ 合金锭坯中纳米 Nb 粒子的粒度频率分布，结果如图 8－42 所示。可见，$Cu_{90}Nb_{10}$ 合金中弥散分布的 Nb 粒子尺寸大部分小于 10 nm，制备条件不同，平均粒度分别为 7.1 nm、8.7 nm、9.2 nm 和 11.5 nm。

根据上述统计结果，将计算所需参数代入式（8－10）可得到双纳米结构 $Cu_{90}Nb_{10}$ 合金的 Orowan 强化值，结果列于表 8－8。由表 8－8 可见，随着热压烧结温度的升高，Nb 粒子尺寸不断增加，纳米 Nb 粒子含量不断减少，弥散强化效果也随之降低。

表 8－8　不同热压烧结工艺制备的 Cu－Nb 锭坯弥散参数及 $\Delta\sigma_{Orowan}$ 值

（热压压力：30 MPa，热压时间：2 h）

制备方法	700℃	800℃	850℃	900℃
$2r_{TEM}$/nm	7.1	8.7	9.2	11.5
$f_v(=f-f_{SEM})$/%	6.6	6.2	5.7	5.5
$\Delta\sigma_{Orowan}$/MPa	498	425	396	337

各种强化机制对机械合金化 Cu－Nb 合金屈服强度的贡献见表 8－9。可见，由细晶强化和弥散强化这两种机制预测的屈服强度值的总和与材料的实测值基本上相吻合，表明，该合金的强度与其双纳米相微观结构密切相关，即纳米晶 Cu 产生细晶强化，纳米 Nb 粒子产生弥散强化。

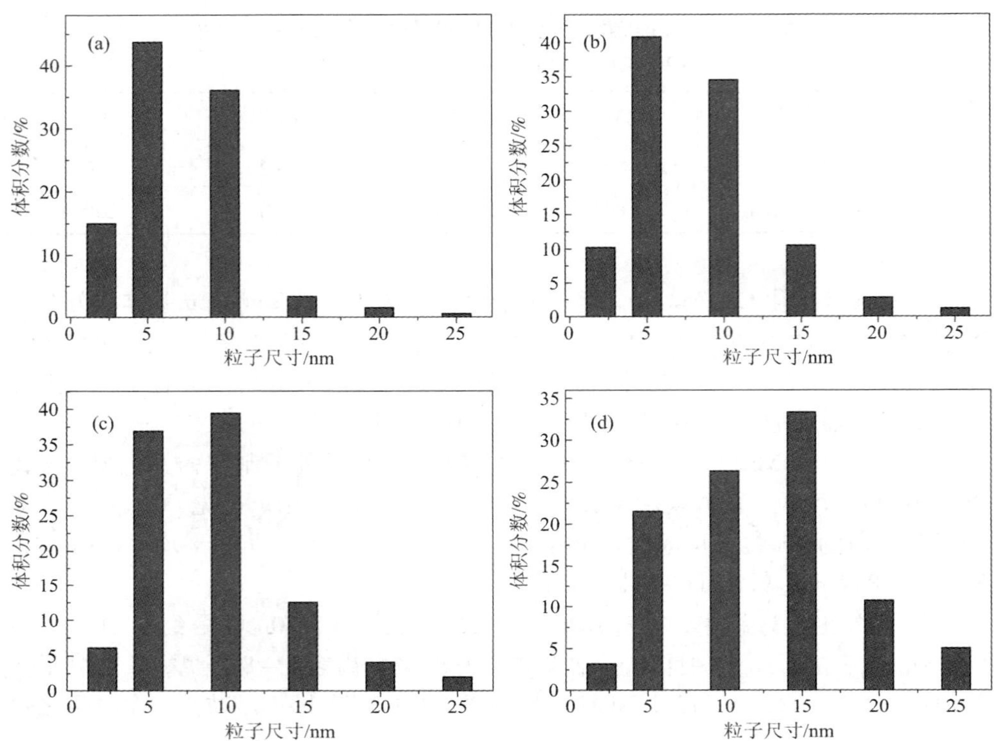

图 8－42　不同热压烧结工艺制备的 $Cu_{90}Nb_{10}$ 锭坯中纳米 Nb 粒子的粒度频率分布直方图

(a)700℃热压，30 MPa，2 h；(b) 800℃热压，30 MPa，2 h；

(c)850℃热压，30 MPa，2 h；(d)900℃热压，30 MPa，2 h

表 8－9　各种强化机制对 Cu－Nb 双纳米结构合金锭坯屈服强度的相对贡献

(热压压力：30 MPa，热压时间：2 h)

制备方法	700℃	800℃	850℃	900℃
$\Delta\sigma_{Orowan}$/MPa	498	425	396	337
$\Delta\sigma_{H-P}$/MPa	813	747	646	587
σ_{total}理论值/MPa	1311	1172	1042	924
$\Delta\sigma_{0.2}$实测值/MPa	1266	1185	1092	1002

8.4.3.2　电学性能与导电机制

图 8－43 示出了在 30 MPa 压力下，经不同温度热压烧结 2 h 后所制备的 $Cu_{90}Nb_{10}$合金锭坯的相对电导率。可见，该合金锭坯的相对电导率随热压烧结温

度的升高而不断增加，当烧结温度为 900℃时，锭坯相对电导率为 57% IACS。

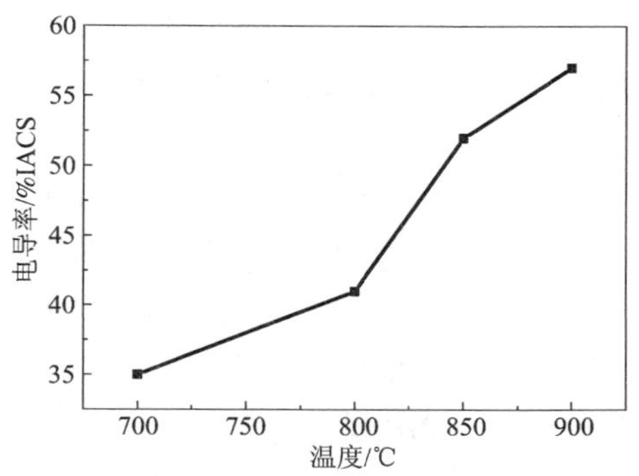

图 8－43　真空热压烧结温度对 $Cu_{90}Nb_{10}$ 合金锭坯相对电导率的影响

（热压压力：30 MPa，热压时间：2 h）

导电性能的好坏是 Cu－Nb 合金作为高强高导铜合金的一个重要指标。根据 Matthiessen 定律可知，金属材料的电传导是依靠自由电子的传输来实现的，在传输过程中自由电子会受到各种散射作用，其电阻率为：$\rho = \rho_T + \rho'$，其中，ρ_T为基本电阻率，表征了由于温度引起的晶格热振动对自由电子的散射。ρ'为剩余电阻率，主要表征了由于各种晶格缺陷和不纯物等造成的电阻率升高，ρ'也可表示为：

$$\rho' = \Delta\rho_V + \Delta\rho_{fa} + \Delta\rho_{dl} + \Delta\rho_{gb} + \Delta\rho_{pcl} + \Delta\rho_p \tag{8-13}$$

其中，$\Delta\rho_V$为空位引起的电阻率；$\Delta\rho_{fa}$为杂质原子引起的电阻率；$\Delta\rho_{dl}$为位错引起的电阻率；$\Delta\rho_{gb}$为晶界引起的电阻率；$\Delta\rho_{pcl}$为第二相颗粒引起的电阻率；$\Delta\rho_p$为空洞引起的电阻率。由前面的组织结构分析不难知道，对于 Cu－Nb 合金，其电阻率主要源于纳米晶晶界和第二相 Nb 粒子对电子的散射，其他的影响可以忽略不计。

不少学者研究了纳米晶晶界对材料电阻率的贡献，比较成功的纳米晶材料电导率计算公式为[36]：

$$\Delta\rho_{gb} = \frac{2}{3}\rho_{Me-gb}\left(\frac{S}{V}\right) \tag{8-14}$$

其中，ρ_{Me-gb}为比晶界电阻率，对于纯纳米晶 Cu，$\rho_{Me-gb} = 3.12 \times 10^{-12}\,\Omega \cdot cm^2$[38]；$S/V$ 为单位体积的晶界面积，当假设晶粒形状为四面体时，认为$(S/V) = 2.37/d$，d 为晶粒直径，d 值可由相应的 XRD 数据计算获得。根据式(8－14)，对不同真空热压烧结条件下所制备的 Cu－Nb 锭坯的电阻率进行计算，结果如图 8－44 所示。

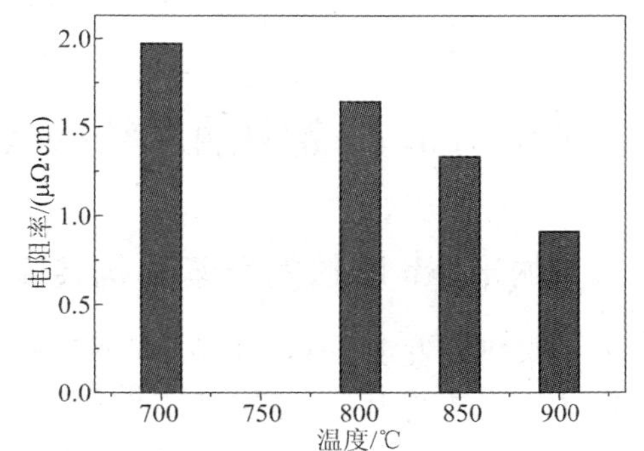

图 8－44　不同热压烧结条件下制备的 Cu－Nb 合金锭坯的纳米晶晶界电阻率

机械合金化 Cu - Nb 合金锭坯的电导率还与第二相 Nb 粒子含量的多少及其与基体之间的结合有关，不少学者对此进行了计算，其中较为成功的计算模型为[37]：

$$1/\Delta\rho_{pcl} = (1/\rho_0)(1 - 1/(1 + (1/f)(\rho_1/(\rho_1 - \rho_0) - 1/3))) \qquad (8-15)$$

式中，$\Delta\rho_{pcl}$为合金电阻率；ρ_0和ρ_1分别为基体($\rho_{Cu} = 1.72 \times 10^{-6}\,\Omega \cdot cm$)和强化相($\rho_{Nb} = 6.93 \times 10^{6}\,\Omega \cdot cm$)的电阻率，显然，与 Nb 的电阻率相比，Cu 的电阻率可以忽略不计；f 为合金中强化相的体积含量。则根据公式(8 - 15)可以计算出 $Cu_{90}Nb_{10}$合金的 $\Delta\rho_{pcl}$为 1.75 μΩ cm。

最后，将纳米晶晶界引起的电阻率 $\Delta\rho_{Me-gb}$与纳米粒子引起的电阻率 $\Delta\rho_{pcl}$相加，即可获得理论计算的电阻率。再将理论值和实验测量结果列入表 8 - 10。由表可知，当热压烧结温度较低时，材料电导率理论值与实际测量值相差较大。出现这种偏差的原因可能是由于温度较低时，合金锭坯致密度不够高，同时，溶质元素等未完全析出，因此孔隙和溶质元素等缺陷导致材料电导率有较大的损失。当烧结温度足够高时，材料电导率的计算值与实测值比较接近。

表 8 - 10　Cu - Nb 合金电学性能的理论计算值与实测值

(热压压力：30 MPa，热压时间：2 h)

状态	$\Delta\rho_{Me-gb}$ /(μΩ · cm)	$\Delta\rho_{Me-gb} + \Delta\rho_{pcl}$ /(μΩ · cm)	理论相对电导率 /% IACS	实验相对电导率 /% IACS
700℃	1.972	3.858	44.7	35
800℃	1.643	3.529	48.9	41
850℃	1.332	3.2	53.5	52
900℃	0.913	2.781	61.6	57

8.5　Cu - Nb 合金中纳米结构及相关基础问题[14]

8.5.1　纳米 Nb 颗粒的同素异构转变

近年来研究发现，Ta、Nb 和 Mo 等 bcc 结构纳米颗粒的尺寸下降到临界值后，其稳定结构将转变为 fcc 结构[38]。Tomanek[38]等人通过简单电子理论建立了不同结构纳米颗粒的结合能模型，通过计算发现块体为 bcc 结构的 V、Cr、Nb、Mo、Ta 和 W 等纳米金属颗粒，随着颗粒尺寸的减小，其结构转变规律为 bcc 结构→fcc 结构→非晶态，该理论预测结果与实验证据相吻合。他们认为，这些金属纳米颗粒在尺寸足够小时保持 fcc 结构的原因是 fcc 结构比 bcc 结构具有更大的密堆系数，且 fcc 结构纳米颗粒表面原子少于 bcc 结构的，从而使得 fcc 结构具有更低的表面能，因此更为稳定。

复合材料，特别是纳米复合材料中嵌入的纳米颗粒是否会发生上述转变呢？我们以 Cu－Nb 合金为例，进行了研究。图 8－45(a)示出了 $Cu_{85}Nb_{15}$ 合金粉末经不同时间球磨后 Nb 元素(110)晶面的 X 射线衍射峰变化。可见，随着球磨时间的延长，$(110)_{Nb}$ 衍射峰逐渐宽化，强度下降，并持续向小角度方向偏移。衍射峰的宽化是源于球磨过程中的晶粒细化和微观应变效应，而 Nb 衍射峰持续往小角度方向移动则表明 Nb 晶格发生了不断的膨胀。图 8－45(b)示出了该合金粉末 Nb 相晶格参数与平均晶粒尺寸随球磨时间的变化。可见，随着球磨时间的延长，$Cu_{85}Nb_{15}$ 合金粉末中 Nb 相的晶格参数逐渐增加，晶粒尺寸迅速减小。若仅考虑 Nb 中固溶 Cu、Fe 元素的尺寸因素，无法造成 Nb 晶格参数的反常连续增加。Nb 晶格发生膨胀的原因可能是由于球磨过程中，Nb 颗粒产生了大的晶格畸变和 Nb 颗粒的纳米化。此时作用在纳米晶晶界上的负静水压力相应增加，导致 Cu/Nb 相界及 Nb 晶内原子重排，这些都能引起纳米 Nb 粒子发生反常晶格膨胀。

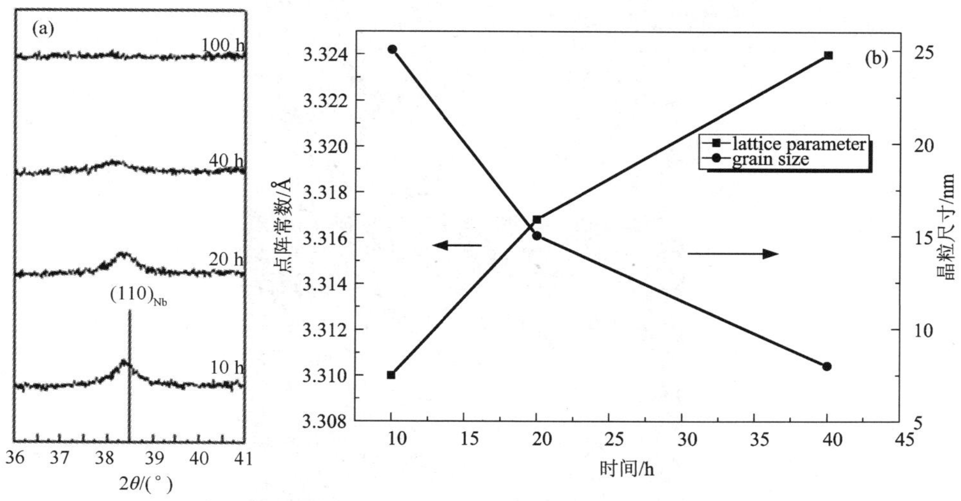

图 8－45　$Cu_{85}Nb_{15}$ 粉末经不同球磨时间后(a)$(110)_{Nb}$ 衍射峰的变化及(b)Nb 相晶格参数和晶粒尺寸的变化

图 8－46 为 $Cu_{85}Nb_{15}$ 粉末球磨 100 h 后的晶格条纹像和相应的傅里叶转换衍射花样与傅里叶滤波图像。可见，Nb 纳米颗粒 I，尺寸约为 3 nm，其傅里叶转换

花样有别于 bcc 点阵中任何带轴的衍射花样，而与 fcc 点阵中 <011 >带轴衍射花样相符，可见该颗粒为 fcc 相。其{111}面的平均晶面间距为(0.242 ±0.002)nm，由此可算得对应的 fcc 相晶格参数，为(0.421 ±0.003)nm，与 ab initio 模型计算出的 fcc－Nb 晶格参数一致(0.423nm)[39]。图 8－46(e)是该合金粉末球磨 100 h 后的电子衍射花样。通过测量发现其最内层的衍射环晶面间距为(0.241 ±0.001)nm，比$\{111\}_{fcc-Cu}$(0.2086 nm)及$\{110\}_{BCC-Nb}$(0.2337 nm)大，而与$\{111\}_{fcc-Nb}$(0.242 nm)接近，这进一步证明了嵌入在 Cu 基体中的纳米 Nb 颗粒发生了由 bcc 到 fcc 的同素异构转变。将各电子衍射环面间距测量值与 fcc－Cu、bcc－Nb 以及 fcc－Nb 相应的晶面间距标准值对比(表 8－11)，发现此时只有 Cu 基体及 fcc－Nb的衍射环。通过 fcc－Nb 相各衍射环的面间距值可推算出其平均晶格参数，为(0.419 ±0.001)nm。

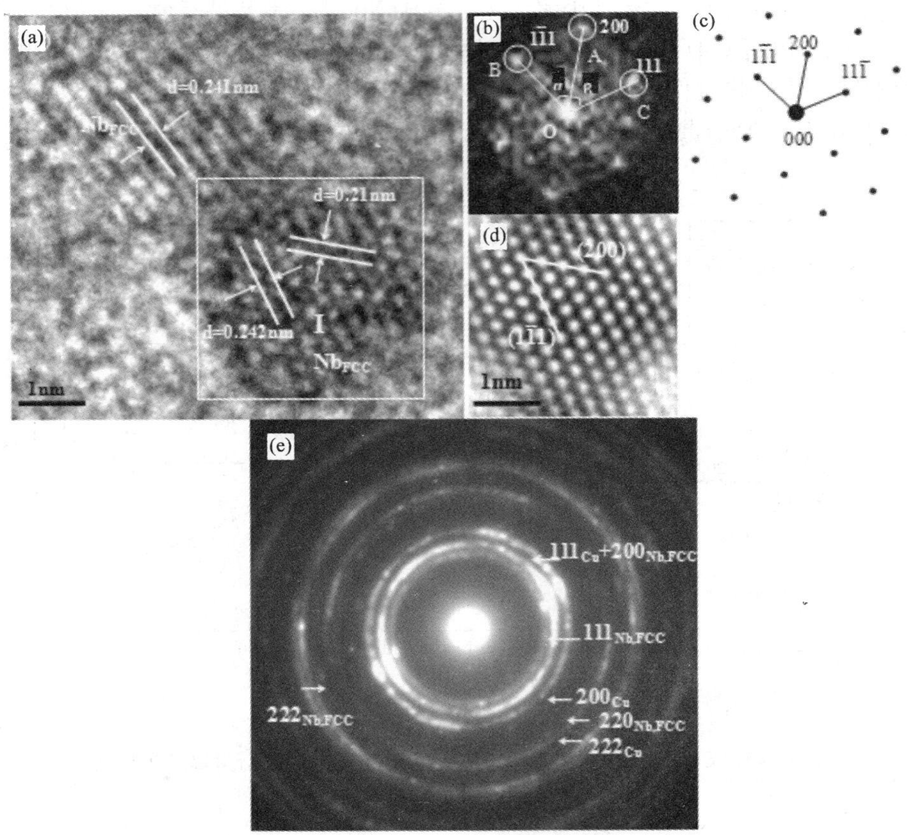

图 8－46　$Cu_{85}Nb_{15}$粉末球磨 100 h 后的晶格条纹像及电子衍射花样

(a)100 h，HRTEM；(b)图(a)的傅里叶转换衍射花样；(c) <011 >$_{fcc}$带轴的标准衍射花样；(d)图(a)的傅里叶滤波像；(e)100 h，电子衍射花样

表 8－11　图 8－46(e) 中多晶环的标定

	d_1	d_2	d_3	d_4	d_5
衍射环，Å	2.44	2.09	1.83	1.46	1.28
d_{FCC-Cu}，Å		$2.087_{(111)}$	$1.808_{(200)}$		$1.277_{(220)}$
d_{FCC-Nb}，Å	$2.442_{(111)}$	$2.115_{(200)}$		$1.485_{(220)}$	$1.266_{(311)}$
d_{FCC-Nb}，Å	$2.337_{(110)}$		$1.653_{(200)}$	$1.350_{(211)}$	$1.168_{(220)}$
hkl	111_{fcc-Nb}	111_{Cu}	200_{Cu}	220_{fcc-Nb}	220_{Cu}

从球磨 100 h 后获得的 Cu－Nb 粉末样品中随机检测 30 颗尚未固溶的纳米 Nb 颗粒，发现其中 18 个尺寸为 3～8 nm 的 Nb 颗粒具有明确的 fcc 结构。另外 12 个 Nb 颗粒为 bcc 结构，而这些 Nb 颗粒尺寸大部分大于 8 nm，但也存在尺寸小于 8 nm 的 bcc－Nb颗粒。图 8－47 示出了一个厚约 4 nm、长约 6 nm 的 Nb 颗粒，其晶格条纹间距为(0.234 ±0.001)nm，与$\{110\}_{BCC-Nb}$(0.2337 nm)相近，因此该 Nb 颗粒仍为 bcc 结构，尚未发生同素异构转变，该颗粒的{110}面与基体$\{111\}_{Cu}$面之间的夹角为 45° ±1°，Cu/Nb 界面呈非共格关系。

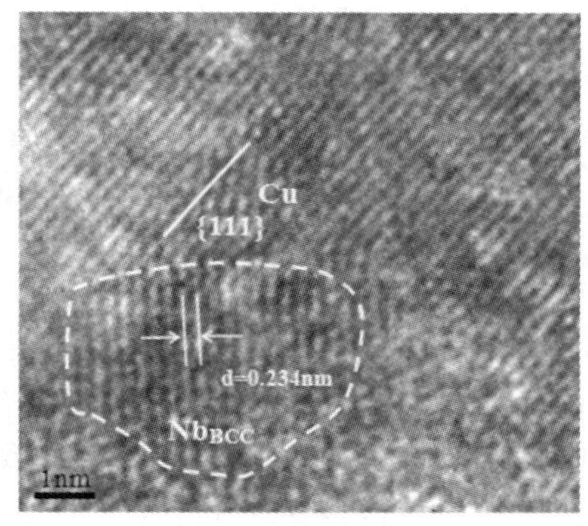

图 8－47　Cu－Nb 粉末球磨 100 h 后的 HRTEM 图像

上述统计结果表明，只有尺寸小于 8 nm 的纳米 Nb 颗粒才可能转变为 fcc 结构。但仍有尺寸小于 8 nm 的 Nb 颗粒保持 bcc 结构。这种反常现象表明颗粒尺寸不是影响嵌入纳米颗粒发生同素异构转变的唯一因素，界面结构在其中也起着重要作用，Cu/Nb 界面共格程度的提高有利于纳米 Nb 颗粒同素异构转变的发生。

为了进一步解释尺寸及界面效应对嵌入纳米颗粒同素异构转变的影响，通过建立纳米金属颗粒的结合能模型，可预测计算嵌入纳米 Nb 颗粒的结构稳定性。由于结合能在数值上与破坏晶体所有的键得到独立原子所需的能量相等，因此可以将结合能看作是键能与键数之积。基于上述思想，一个纳米颗粒的结合能取决于它所包含的全部内部原子与外部原子数，作为一级近似，可认为自由纳米颗粒的外部原子等同于表面原子，有一半的悬空键。而对于嵌入在基体中的纳米颗粒，外部原子则应分为表面原子与界面原子，与表面原子不同，界面原子与基体原子是紧密结合的[40]，故嵌于基体的纳米颗粒的结合能可表示为：

$$E_{tof}=(n-N)E_b^i+1/3NE_b^i+1/2Np(E_b^i+E_M)/2 \quad (8-16)$$

其中，n 和 N 分别为颗粒总原子数和表面原子数；E_b^i 为颗粒具有 i 结构时的块体结合能；E_M 为基体原子的块体结合能，p 表示颗粒与基体界面的共格程度，$p=0$ 表示非共格界面，$p=1/2$ 表示半共格界面，$p=1$ 表示共格界面。于是嵌入纳米颗粒的单个原子的结合能可写为：

$$E_p=E_b^i[1+1/2(N/n)(p(1+E_M/E_b^i)/2-1)] \quad (8-17)$$

假定球形纳米颗粒直径为 D，则其体积为 $\pi D^2/6$，原子体积为 $\pi d^3/6$。显然，颗粒中总的原子数目可表示为 $n=D^3f/d^3$。而由体积关系容易得到 $N/n=\pi d/f_iD$，式中 d 表示原子直径，f_i 为 i 结构时的密堆指数（对于 fcc，$f=0.74$；对于 bcc，$f=0.68$）。假设当颗粒与基体结构不同时，界面为非共格，则 $p=0$；当颗粒与基体结构相同时，界面可能是共格($p=1$)、半共格($p=1/2$)或非共格($p=0$)。因此，纳米颗粒结构 i 与结构 j 之间的结合能差 ΔE 可表示为：

$$\Delta E=E_{b,j}\left[1+\frac{1}{2}\frac{\pi d}{f_jD}\left(p\frac{1+E_M/E_{b,j}}{2}-1\right)\right]-E_{b,j}\left(1-\frac{1}{2}\frac{\pi d}{f_iD}\right) \quad (8-18)$$

其中，$E_{b,i}$和 $E_{b,j}$分别为颗粒具有结构 i 与 j 的块体结合能。由于纳米颗粒的结合能越高表示其结构越稳定[40]，因此利用 ΔE 可判断嵌入纳米颗粒的结构稳定性。当 $\Delta E>0$ 时，具有结构 j 的纳米颗粒结合能大于结构 i 的，因此在热力学平衡态下，结构 j 更稳定；反之亦然。$\Delta E=0$ 表明两种结构的结合能相等，由此可算得纳米颗粒同素异构转变的临界尺寸 $D_{critical}$。

对于嵌入在 Cu 基体中的纳米 Nb 颗粒，通过公式(8－18)可计算得到 Nb 具有不同晶型结构时的结合能差值随颗粒尺寸及界面共格度的变化关系，计算所需输入的参数如下 $E_{b,bcc}^{Nb}=7.57$ eV[41]，$E_{b,fcc}^{Nb}=7.284$ eV($\Delta E_{b,bcc-fcc}^{Nb}=0.286$ eV)[41]，$E_{M,fcc}^{Cu}=3.49$ eV[41]，$d^{Nb}=0.28637$ nm，计算结果如图 8－48 所示。可见，在一定形状和界面关系条件下，处于临界尺寸 $D_{critical}$的 bcc 结构纳米颗粒的结合能应与其为 fcc 结构时的结合能相等；当颗粒尺寸大于该临界尺寸 $D_{critical}$时，bcc 结构稳定，小于该尺寸 $D_{critical}$时，fcc 结构更为稳定。计算结果表明：当 Cu/Nb 界面为非共格时，计算得到的极限临界尺寸 $D_{p=0}\approx1.95$ nm；当 Cu/Nb 界面为半共格时，极限临界尺寸 $D_{p=0.5}\approx7.82$ nm；Cu/Nb 界面为共格时，极限临界尺寸 $D_{p=1}\approx$ 13.52 nm。由此可见，界面共格程度的提高有利于嵌入纳米颗粒发生结构转变。上述理论计算结果与实验结果吻合得很好。然而，在实验中我们未观察到任何尺寸大于 8 nm 的 fcc－Nb 纳米颗粒，这可能是由于$\{111\}_{Cu}$面与$\{111\}_{fcc-Nb}$之间有一定的错配度（11.4%），对于尺寸大于 8 nm 的 Nb 颗粒，Cu/Nb 界面难以保持高度共格关系的缘故。

从材料性能角度来说，嵌入纳米颗粒发生同素异构转变后，复合材料的性能将发生改变。如 fcc－Nb 的电导率比 bcc－Nb 高 5 倍[42]，因此纳米 Nb 颗粒的同素异构转变有利于提高材料的电导率。同样地，对于嵌入纳米颗粒，其超导电性也可能随着纳米结构转变而发生变化。因此，可以通过控制纳米颗粒尺寸及界面结构，改变颗粒晶体结构，进而利用近邻效应等调控材料的超导电性。

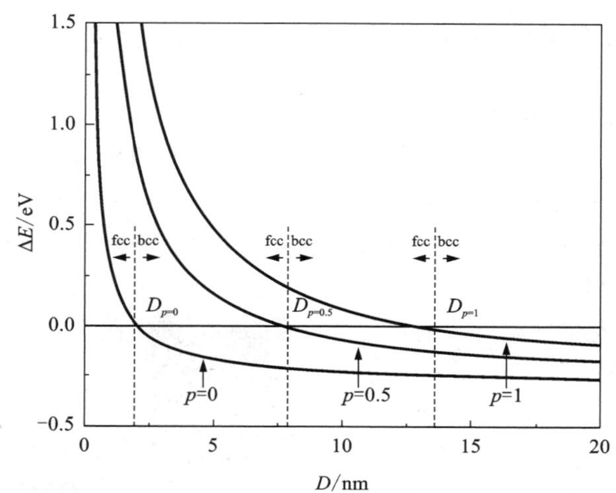

图 8－48　不同晶型结构的纳米 Nb 颗粒结合能差值随颗粒尺寸及界面共格度的变化关系

（$p=0$，不共格；$p=0.5$，半共格；$p=1$，共格）

8.5.2　纳米尺寸效应与形变孪生

通常认为，室温下粗晶 fcc 金属在低应变速率下变形时不易发生形变孪生，其主要原因是：①大量独立滑移系的存在使得滑移容易发生；②孪生临界应力远高于滑移应力[43]。1957 年，Blewitt 等人报导单晶 Cu 在 4.2 K 和 77.3 K 下拉伸时发生了形变孪生[43]，一些学者在对此变形机制进行后续研究时发现，中、高层错能金属及合金在低温和/或高应变速率下（$\sim 10^3 s^{-1}$）变形时，由于位错滑移困难，可能会发生形变孪生。金属发生形变孪生可用 Venables 1961 年提出的具有一个结点的极轴机制（pole mechanism）来描述[44]。根据 Venables 给出的孪生剪切应力关系式 $\tau_T/\mu = \gamma/\mu b + \alpha b/d$，随着晶粒尺寸 d 的减小以及堆垛层错能 γ 的升高，孪生剪切应力 τ_T增加，孪晶形成越发困难，因此可以认为减小晶粒尺寸会阻碍孪晶的生成[44]。据此可推断，当晶粒尺寸下降到纳米尺寸后，材料变形不会发生孪生。

近年来，Yamakov 等人在室温、高冲击压力（～2.5 GPa）和大应变（～12%）下，利用分子动力学模拟了纳米晶 Al 的变形。模拟结果表明，纳米晶 Al 在高速变形时产生了大量的变形孪晶[45]。随后，Chen 和 Liao 等人在纳米晶 Al、Cu 的变形研究中发现，分别有大量的纳米形变孪晶出现[46~47]。

前文中我们已介绍了在室温球磨过程中观察到的 Cu－Nb 纳米晶合金的形变孪生，本节我们将进一步介绍纳米晶 Cu 中形变孪晶的形成机理，包括形变孪生由极轴机制转变为从晶界发射 Shockley 不全位错继而形成孪晶的晶粒尺寸临界条件、根据实验观察结果建立的层错堆叠均匀孪生模型，以及晶界分裂和晶界迁移发生孪生的机理。

8.5.2.1　**晶界处不均匀孪生**

图 8－49 示出了 $Cu_{90}Nb_{10}$ 粉末球磨 70 h 后形成的纳米晶与纳米形变孪晶的晶格条纹像及其相应的傅里叶转换衍射花样，白色箭头所指处为孪晶界。形变孪晶在该纳米晶下部形成，并终止于晶内，孪晶面为$(1\overline{11})$，孪晶面与孪晶界夹角为 71°，因此该孪晶界为(111)面。

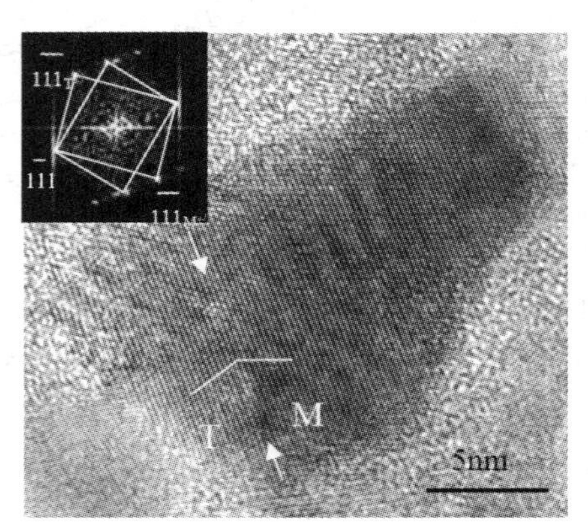

图 8－49　纳米 Cu－Nb 合金粉末中形变孪晶的 HRTEM 显微像

该孪晶的形成与晶粒尺寸纳米化有关。由于当晶粒尺寸小于一定值(50 nm)后，弗兰克－瑞德位错增殖机制不再适用，因此分析纳米 Cu－Nb 合金中形变孪晶的形成不能利用极轴机制。而当晶界和晶界交叉点处产生不全位错所需剪切应力低于全位错时，形变孪晶可通过不全位错的不断发射而形核[46]，因此可根据晶界处产生 1/6[112] Schockley 不全位错和 1/2[110]全位错所需剪切应力的不同，对 Cu－Nb 合金形变孪晶生成机制进行系统的分析。

产生全位错所需的剪切应力可表述为[46]：

$$\tau_S = 2\alpha Gb/d \tag{8-19}$$

而产生不全位错所需剪切应力为：

$$\tau_P = 2\alpha G_1/d + \gamma/b_1 \tag{8-20}$$

其中，G 为剪切模量；d 为晶粒尺寸；γ 为层错能；b 和 b_1 分别为全位错和不全位错的柏格斯矢量；参数 α 反映了位错特性(刃位错和螺位错的 α 值分别等于 0.5 和 1.5)，并包含了位错源长度与晶粒尺寸之间的比例因数。若进一步考虑局部应力集中的影响，则式(8－20)变换成：

$$n\tau_P = 2\alpha Gb_1/d + \gamma/b_1 \tag{8-21}$$

其中，n 为应力集中因子，随球磨时间变化。

对于纯铜，$\gamma = 45\ \mathrm{mJ \cdot m^{-2}}$；$G = 48.3$ GPa；$b = (\sqrt{2}/2)a$，$b_1 = (\sqrt{6}/6)a$，a 为

Cu 的晶格参数，$a=0.36$ nm；$\alpha=1$；根据公式(8－19)及(8－21)，计算可得到τ_S和τ_P值随 Cu 基体晶粒尺寸变化的关系图(图 8－50)。由图 8－50 可见，随着晶粒尺寸的减小，τ_P值与τ_S值不断增加，但是τ_S值增加速率大于τ_P值，因此当小于临界晶粒尺寸d_c后，τ_P值将小于τ_S值，此时在晶界处激活不全位错发射所需剪切应力低于产生全位错所需应力，滑移变形将让位于孪生变形，形变孪晶开始形核。将式(8－19)及式(8－21)联立求解可得临界晶粒尺寸d_c：

$$d_c=2\alpha G(nb-b_1)b_1/\gamma \tag{8-22}$$

前面已介绍了 $Cu_{90}Nb_{10}$ 合金经长时间球磨后，在尺寸约为 50 nm 的 Cu 纳米晶中开始出现形变孪晶片层，因此该合金塑性形变开始由滑移向孪生转变的临界尺寸d_c应该为 50 nm。根据式(8－22)可以求得我们所引入的应力集中因子$n=1.55$。

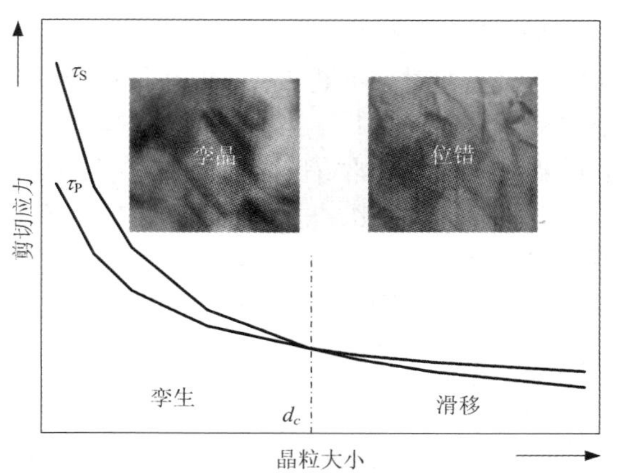

图 8－50　晶界处发射全位错及不全位错所需剪切应力与晶粒尺寸之间的关系

当取$n=1.55$时，由式(8－21)可得$\tau_P=0.5$ GPa。根据文献[48]，碰撞过程中球对粉末所施加的最大压应力可由赫兹理论给出，压力方程为：

$$P_{max}=g_p v^{0.4}(\rho/E_{eff})^{0.2}E_{eff} \tag{8-23}$$

式中，g_p为几何常数，取决于球磨碰撞类型，具体数值可由文献[48]查表获得；v为碰撞前相对速度；ρ为磨球密度；E_{eff}为磨球的有效杨氏模量。在我们的试验条件下(表 8－1)，$g_p=0.4646$；$v=6\ m\cdot s^{-1}$；$\rho_{Fe}=7.8\ g\cdot cm^{-3}$；$E_{eff-Fe}=66$ GPa；根据式(8－23)计算可得P_{max}值为 2.57 GPa。这个值与 Maurice 等人报道的结果相近，他们认为对于各种形式的球磨，最大压应力为 2.47～6.18 GPa[48]。由此可见，球磨导致的最大压应力$P_{max}=2.57$ GPa 大于$\tau_P=0.5$ GPa，这再次说明形变孪晶可以形核。并且孪晶形核与应力集中密切相关。

由局部应力集中造成的晶界处发射 Schokley 不全位错形成孪晶的具体过程可描述如下(图 8－51)：在外界剪切应力下，一个 90°Schokley 不全位错$b_1=a/6[2\bar{1}\bar{1}]$(由线 AabB 表示)从晶界 AB 处发射，该位错可称为领先不全位错。由于该不全位错的 A、B 点被三叉晶界处钉扎，因此留下 Aa 和 Bb 两段不全位错在 GB

上。接下来，另一个 30°Schokley 不全位错 $b_2=a/6[1\bar{2}1]$ 也可能从晶界 AB 发射（由线 Aa′b′B 表示），该位错可称为牵引不全位错。于是 ab 与 a′b′这两段不全位错被一个层错分开，当这两个不全位错发生束集时将合并为全位错 $b=a/2[1\bar{1}0]$ 的全位错，而 Aa′与 Aa，以及 Bb′与 Bb 不全位错段在晶界处也可反应成全位错［图 8－51(a)］。若第二个 30°领先不全位错 $b_1=a/6[2\overline{11}]$ 继续从与已形成的层错面相邻的滑移面上发射移动，可使得一个两层原子厚度的孪晶形核，这种不全位错我们称为孪晶不全位错。外加剪切应力只需要克服孪晶不全位错沿孪晶界运动所需应力 τ_{twin} 即可使得孪晶界向着基体方向运动，从而实现孪晶片层的增厚［图 8－51(b)］。然而，尽管孪晶一旦形核后，可通过更多 Schokley 不全位错从相邻滑移面上发射而不断长大，但在层错或孪晶的滑移面上也可能继续发射牵引不全位错 $b_2=a/6[1\bar{2}1]$，当这种牵引不全位错沿着滑移面移动时将使得原本已形成的层错或孪晶发生收缩甚至消失，这种使得牵引不全位错滑移的应力称 τ_{trail}［图 8－51(c)］。因此，一个孪晶能否在形核后稳定长大，不但与晶界处能否发射不全位错有关，还取决于孪晶不全位错和牵引不全位错之间的竞争，因此必须比较 τ_{twin} 和 τ_{trail} 这两种剪切力大小，只有当前者小于后者时，孪晶长大才能顺利进行。

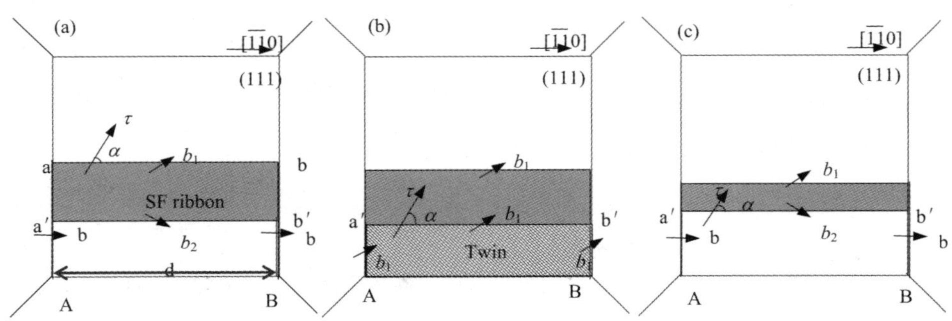

图 8－51　形变孪晶形核的位错模型

(a)一个螺位错可分解为两个不全位错 b_1 和 b_2；(b)在与层错面相邻的(111)面上发射孪晶不全位错而发生孪晶形核；(c)牵引不全位错发射使得层错消失

由于孪晶能是层错能的一半，因此孪晶界的移动使得层错转变为孪晶成为能量上的择优变形方式，此时外加剪切应力只需克服 Aa′和 Bb′这两段不全位错长度增加所需应力，这时孪晶不全位错沿孪晶界运动所需应力 τ_{twin} 可以表述为[49]：

$$\tau_{twin}=Ga(4-\nu)\ln(\sqrt{2}d/a)/8\sqrt{6}(1-\nu)d\cos(\alpha-30°) \qquad (8-24)$$

而在原层错面上发射出的牵引不全位错沿层错面迁移会造成层错消失，使得层错能下降，同样地，Aa′和 Bb′位错段将被钉扎在晶界处导致一个拉应力产生，因此此时所需剪切应力 τ_{trail} 为[49]：

$$\tau_{trail}=(1/(\cos(\alpha-30°)))[\sqrt{6}(8+\nu)Ga\ln(\sqrt{2}d/a)/48\pi(1-\nu)d-\sqrt{6}\gamma/a] \tag{8-25}$$

其中，a 为晶格参数；d 为晶粒尺寸；ν 为泊松比（$\nu_{Cu}=0.343$）；α 为剪切应力方向与孪晶界夹角；γ 为层错能。同样地，若直接采用纯 Cu 参数进行计算，并取 $\alpha=30°$，则根据式（8－24）及式（8－25）计算可得到 τ_{twin} 和 τ_{trail} 值随 Cu 晶粒尺寸变化的关系图，计算结果如图 8－52 所示。

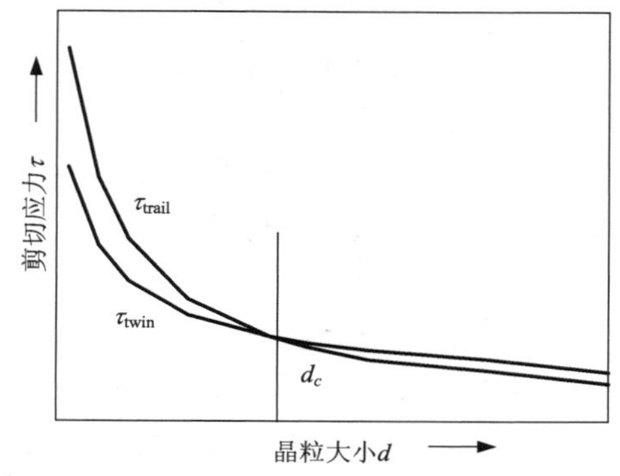

图 8－52　晶界处位错发射 τ_{trail} 及 τ_{twin} 所需剪切应力与晶粒尺寸之间的关系图（取 $\alpha=30°$）

由图 8－52 可见，τ_{trail} 值随晶粒尺寸减小而增大的速率大于 τ_{twin} 值的，当晶粒尺寸小于临界尺寸 d_c 后，τ_{twin} 值将小于 τ_{trail} 值，此时孪晶不全位错沿着孪晶界运动所需剪切应力 τ_{twin} 低于牵引不全位错滑移所需应力 τ_{trail}，孪晶的形核和生长成为主导。将式（8－24）和式（8－25）联立求解可得孪晶形核后顺利生长的临界晶粒尺寸 d_c，其计算式为：

$$\frac{1}{d}\ln\frac{\sqrt{2}d_c}{a}=\frac{\gamma}{Ga^2}\frac{48\pi(1-\nu)\cos(\alpha-30°)}{[(8+\nu)\cos(\alpha-30°)-(4-\nu)\cos(\alpha+30°)]} \tag{8-26}$$

从式（8－26）可以发现，孪晶形核生长的临界尺寸 d_c 与剪切应力方向 α 有关，这说明除了晶粒尺寸和应力集中外，形变时剪切应力的方向对孪生的发生与否也起到重要作用。将式（8－26）与式（8－24）相结合，可得到晶粒尺寸为 d_c 时孪晶形核后长大的应力 τ_{twin}，其表示式为：

$$\tau_{twin}=48(4-\nu)\gamma/8\sqrt{6}a(8+\nu)\cos(\alpha+30°)-(4-\nu)\cos(\alpha+30°) \tag{8-27}$$

令 $d\tau_{twin}/d\alpha=0$，我们可以计算得出 τ_{twin} 最小时对应的 α 值。若直接将 Cu 的参数代入进行计算，可得当 α 值为 26.5°时，τ_{twin} 最小为 0.17 GPa，该值小于前述发射不全位错所需的临界应力（$\tau_P=0.5$ GPa），即孪晶长大所需应力小于孪晶形核所需应力，这解释了为何随着晶粒尺寸的减小，形变孪晶一旦形核后，更倾向于稳定长大而非消失。另外，根据式（8－26）可算得当 $\alpha=26.5°$时，d_c 为54 nm，这与实验中观察到的 Cu 纳米晶开始发生形变孪晶的临界尺寸相吻合。

值得指出的是，上述模型中，仅考虑了 Cu 的形变孪晶，如果进一步考虑合金化了的 Cu－Nb 合金，由于合金化能降低了基体的层错能，则根据式(8－21)、式(8－22)、式(8－26)和式(8－27)，可以发现形变孪晶形核的临界尺寸 d_c增加，τ_P和 τ_{twin}减小，因此可认为合金化有利于材料在室温下发生形变孪生。

8.5.2.2 堆垛层错带重叠发生均匀孪生

图 8－53(a)示出了 $Cu_{90}Nb_{10}$粉末球磨 30 h 后，纳米晶 Cu 中形成的形变孪晶和堆垛层错的晶格条纹像。由图可见，图中 B 区域滑移面$(1\bar{1}1)$上有一个约三个原子层厚的形变孪晶。很明显，该形变孪晶并非通过 Shockley 不全位错从晶界连续发射而形成的，而是通过本征或非本征位错在{111}面上分解成夹层错的不全位错对(即扩展位错)之间的动态叠加而在晶内发生均匀形核长大的。这种孪生机制即为堆垛层错重叠均匀孪生机制。

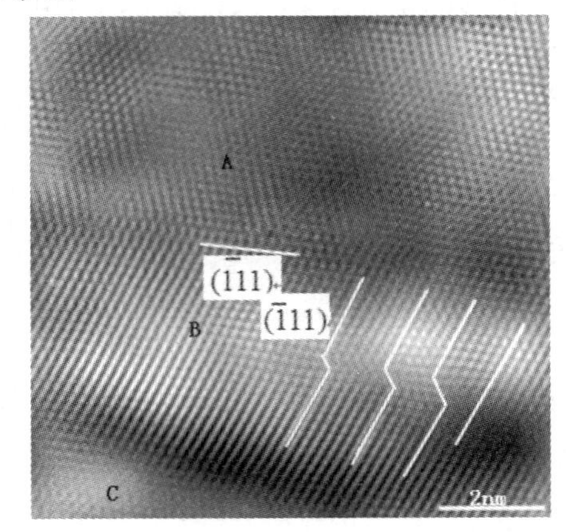

图 8－53　纳米 Cu－Nb 合金中形变孪晶的 HRTEM 观察结果

这种层错动态重叠形成孪晶主要发生在晶格中的应力集中处，在堆叠过程中不全位错被孪晶界面吸收而释放出层错能，因此，这种均匀孪生的发生也是变形过程中一种动态回复过程的结果，甚至可以认为在球磨高应变速率下，这种微孪晶的形成是动态再结晶的初期形态。

对于堆垛层错重叠均匀孪生，形变孪晶的形核、生长和运动应是一系列抽出型(intrinsically)或插入型(extrinsically)层错之间互相反应的结果。图 8－54 是汤姆生四面体展开在一个平面上的示意图。根据汤姆生符号，ABD 为$(11\bar{1})$面，其上有三种抽出型不全位错。第一个全位错 1/2[101]DA 可分解为两个不全位错 1/6[112]Dγ 和 1/6[$2\bar{1}\bar{1}$]γA；第二个全位错 DB 和第三个纯螺位错 BA 具体的分解式见图 8－54。这种位错分解反应得到的层错为抽出型层错(ISF)。

根据上述反应，可以描述在形变孪生过程中发生的位错反应。图 8－55 示出了三个抽出型层错重叠形成两原子层厚孪晶的过程，其中图 8－55 的观察方向平行于[$1\bar{1}0$]，a_0为晶体的晶格参数。对于 fcc 结构，其(111)面正常的堆垛次序为 ABC，当在晶格的左方发生分解反应(1')而出现一个刃型不全位错 Dγ(由箭头标出)后，可使正常的堆垛次序变化为 ABABC，即 C 层相对于 B 层原子滑移 1/6[112]到 A 层，形成一个 ISF；若在晶格中部先继发生分解反应(2')而出现一个刃型不全位错 Dγ，可进一步造成附加迁移，使得 B 层滑移相对于 A 层滑移 1/6[112]到 C 层，ISF 变为插入型层错 ESF，堆垛次序转变为 ABACA。因此该堆垛

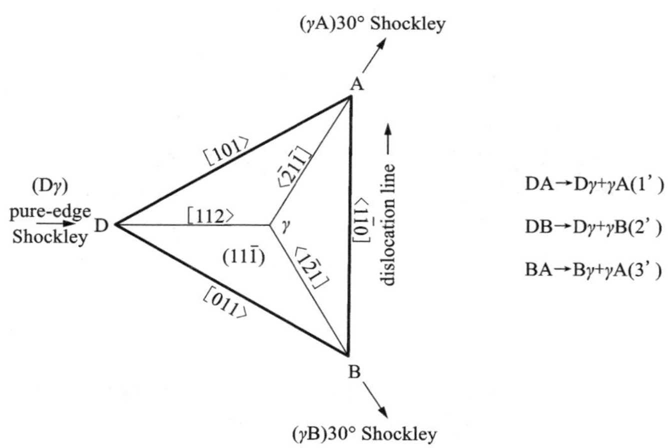

图 8 – 54　Thompson 符号及位错反应公式(仅取(111)面 ABD)

次序的获得是通过左上部 DA 扩展位错与中下部 DB 扩展位错的堆叠形成的。若已形成的 ESF 继续与第三个抽出型分解位错 Dγ 相结合，则正好产生一个两原子层厚的微孪晶，即三个 ISF 结合形成一个两层孪晶。由此可见，该微孪晶的形成需要 2 个 DA 和 1 个 DB 全位错发生分解反应，即通过分解公式(4')、(5')和(6')产生三个纯刃型不全位错 Dγ，这三个 Dγ 之间重叠可形成一个微孪晶(黑框标出)；相反地，剩下的三个不全位错，即 2 个 30°不全位错 Aγ 和一个全刃型不全位错 γB 可结合形成一个复杂核心结构，导致非共格孪晶界的形成。该两层厚的孪晶继续与一个抽出型不全位错 Dγ 相结合可产生一个三原子层厚孪晶出现，同时，剩下的不全位错可形成一个非共格孪晶界。不难知道，形变孪晶的可动性应依赖于其孪晶界，而 Schokley 不全位错为可动位错，因此，当非共格孪晶界只由 Schokley 不全位错组成时为可动非共格孪晶，在孪晶方向上具有高的运动性。但若非共格孪晶有至少 1 个不可动位错，如 Frank 不全位错，则由于不可动位错对孪晶界的钉扎作用而造成该孪晶的可动性低。形变孪晶的可动程度对于回复过程的影响很大。

8.5.2.3　晶界分裂迁移孪生

图 8 – 56(a)示出了 $Cu_{90}Nb_{10}$粉末球磨 30 h 后形成的形变孪晶的晶格条纹像。由图可见，图中 A、B 晶粒的{111}面取向差约为 36°，白色圆圈标示出了 A、B 晶粒之间的大角度晶界。同时，由图中相应的反傅里叶转换衍射花样可以明显看出 A、C 区域以及 B、C 区域之间互相呈镜面对称关系，其相应孪晶界由箭头标出。因此，中间的界面是由白色圆圈标示的晶界与箭头所指的孪晶界相连组成。此种孪晶形貌与文中报道的通过分子动力学模拟纳米晶 Al 形变孪生过程中观察到的

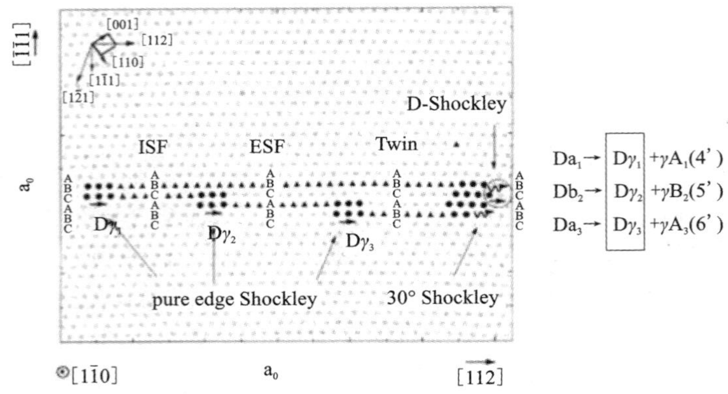

图 8－55　三个 ISF 重叠形成两层厚孪晶的原子结构模型，投影方向为[110]带轴

图中(111)面的 ABC 堆垛次序描述了层错类型及位错类型。所有位置都是以晶格参数 a_0 为单位给出的，用○处表于正常 fcc 结构堆垛次序的原子，▲处表于密排六方结构堆垛顺序的原子，●代表缺陷周围的原子

一种形变孪晶类型相似，它是通过晶界的分裂并连续迁移，最终在晶内留下两段共格孪晶界而形成的[如图 8－56(b)中所示]。具体过程为：纳米晶在经历大变形时，其晶界段 D 可能分裂成一段孪晶界(C_1)和一段新晶界(E)，其中 C_1 固定在晶界 D 分解前所在的位置，而新晶界(E)在非孪晶区的移动产生了孪晶层，此孪晶被孪晶界(C_1 和 C_2)与非孪晶区分开。由于共格孪生晶界的能量远远低于晶界能，因此整个孪生过程有利于降低能量。对比图 8－56(a)和图 8－56(b)，不难发现，图 8－56(a)中形变孪晶的形成也可能是通过 B、C 区域间的晶界(白色圆圈标出)分裂成一段孪晶界(白色箭头所指)与一段向下迁移的晶界(迁移方向由虚线箭头标出)，在不断球磨过程中，新的晶界不断向前推移，C 区不断扩大，即孪晶区增大，晶体整体能量下降。由此可见，孪生是广义上的回复过程。

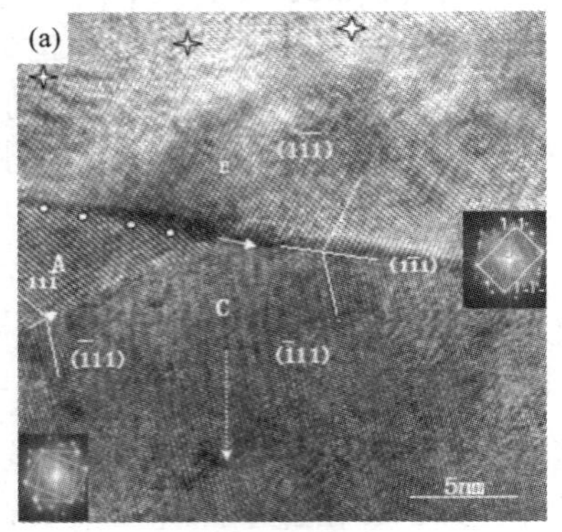

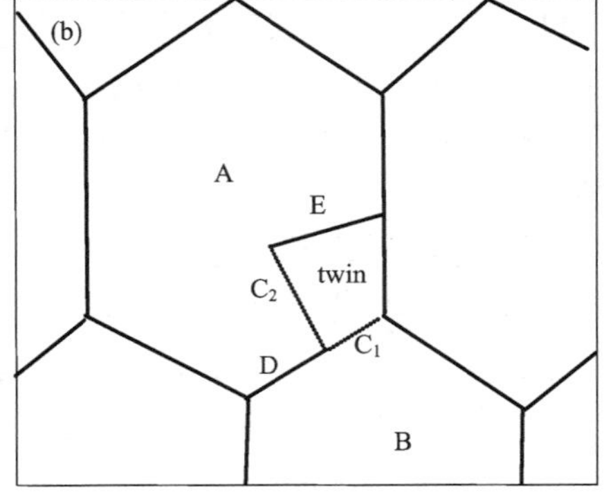

图 8－56　(a) Cu－Nb 纳米晶合金粉末中形变孪晶的晶格条纹像；(b)晶界分裂后迁移形成孪晶的模拟图

参考文献

[1] Han K, Embury J D, Sims J R, et al. The fabrication, properties and microstructure of Cu - Ag and Cu - Nb composite conductors[J]. Materials Science and Engineering A, 1999, 267: 99 - 114.

[2] Hong S I, Hill M A. Mechanical stability and electrical conductivity of Cu - Ag filamentary microcomposites[J]. Materials Science and Engineering A, 1999, 264: 151 - 158.

[3] Pantsyrny V I, Shikov A K, Vorobieva V E, et al. High Strength, High Conductivity Microcomposite Cu - Nb Wires with Cross Sections in the Range of 0.01 - 100[J]. Applied Superconductivity, IEEE Transactions on, 2008, 18(2): 616 - 619.

[4] Hong S I, Hill M A. Microstructural stability of Cu - Nb microcomposite wires fabricated by the bundling and drawing process[J]. Materials Science and Engineering A, 2000, 281: 189 - 197.

[5] Spitzig W A, Chumbley L S, Verhoeven J D, et al. Effect of temperature on the strength and conductivity of a deformation processed Cu - 20% Fe composite[J]. Journal of Materials Science, 1992, 27(8): 2005 - 2011.

[6] Botcharova E, Heilmaier M, Freudenberger J, et al. Supersaturated solid solution of niobium in copper by mechanical alloying[J]. Journal of Alloys and Compounds, 2003, 351: 119 - 125.

[7] Botcharova E, Freudenberger J, Schultz L. Mechanical and electrical properties of mechanically alloyed nanocrystalline Cu - Nb alloys[J]. Acta materialia, 2006, 54(12): 3333 - 3341.

[8] Lei R S, Xu S Q, Wang M P, et al. Microstructure and properties of nanocrystalline copper - niobium alloy with high strength and high conductivity[J]. Materials Science and Engineering A, 2013, 586: 367 - 373.

[9] Benghalem A, Morris D G. Microstructure and mechanical properties of concentrated copper + niobium alloys prepared by mechanical alloying[J]. Materials Science and Engineering A, 1993, 161(2): 255 - 266.

[10] Morris M A, Morris D G. Microstructural refinement and associated strength of copper alloys obtained by mechanical alloying[J]. Materials Science and Engineering A, 1989, 111: 115 - 127.

[11] Botcharova E, Freudenberger J, Schultz L. Cu - Nb alloys prepared by mechanical alloying and subsequent heat treatment[J]. Journal of Alloys and Compounds, 2004, 365: 157 - 163.

[12] Freudenberger J, Botcharova E, Schultz L. Formation of the microstructure in Cu - Nb alloys. Journal of materials science, 2004, 39: 5343.

[13] 汪明朴，雷若姗，李周等. 一种纳米弥散强化弹性 Cu - Nb 合金的制备方法[P]. 中国：200910311922, 2011 - 07 - 20.

[14] 雷若姗. 高强度 Cu - Nb 纳米弥散强化铜合金的制备及其相关基础问题的研究[D]. 长沙：中南大学，2011.

[15] Bocharova E. Mechanisch legierte hochfeste nanokristalline Cu - Nb - Leitermaterialien[D]. Dresden: Technische Universitat Dresden, 2005.

[16] Lei R S, Wang M P, Li Z, et al. Structure evolution and solid solubility extension of copper – niobium powders during mechanical alloying[J]. Materials Science and Engineering A, 2011, 528(13): 4475 – 4481.

[17] Abad M D, Parker S, Kiener D, et al. Microstructure and mechanical properties of Cu_xNb 1 – x alloys prepared by ball milling and high pressure torsion compacting[J]. Journal of Alloys and Compounds, 2015, 630: 117 – 125.

[18] Mula S, Bahmanpour H, Mal S, et al. Thermodynamic feasibility of solid solubility extension of Nb in Cu and their thermal stability[J]. Materials Science and Engineering A, 2012, 539: 330 – 336.

[19] 雷若姗, 汪明朴, 郭明星, 等. 形变复合法制备高强高导纳米 Cu – Nb 合金的研究进展[J]. 材料导报, 2008, 22(2): 42 – 45.

[20] 李凡, 吴炳尧. 机械合金化 – 新型的固态合金化方法[J]. 机械工程材料, 1999, 23(4): 22 – 27.

[21] 张国锋, 李志民, 王尔德. 机械合金化 Cu – 5Cr 合金的组织性能研究[J]. 粉末冶金技术, 1996, 14 (3): 175 – 180.

[22] Suryanarayana C. Mechanical alloying and milling[J]. Progress in Materials Science, 2001, 46: 1 – 184.

[23] Aikin B J M, Courtney T H. The kinetics of composite particle formation during mechanical alloying[J]. Metallurgical Transactions A, 1993, 24(3): 647 ~ 657.

[24] Zhu Y T, Langdon T G. Influence of grain size on deformation mechanisms: An extension to nanocrystalline materials [J]. Materials Science and Engineering A, 2005, 409 (1): 234 – 242.

[25] Murayama M, Howe J M, Hidaka H, et al. Atomic – level observation of disclination dipoles in mechanically milled, nanocrystalline Fe[J]. Science, 2002, 295(5564): 2433 – 2435.

[26] Hull D, Bacon D J. Introduction to Dislocations, 4th ed[M]. New York: Pergamon Press. 2001.

[27] Martínez V P, Aguilar C, Marín J, et al. Mechanical alloying of Cu – Mo powder mixtures and thermodynamic study of solubility[J]. Materials Letters, 2007, 61: 929 – 933.

[28] Miedema A R, De Chatel P F, De Boer F R. Cohesion in alloys—fundamentals of a semi – empirical model[J]. Physica B + C, 1980, 100(1): 1 – 28.

[29] Wang J, Hoagland R G, Hirth J P, et al. Atomistic simulations of the shear strength and sliding mechanisms of copper – niobium interfaces[J]. Acta Materialia, 2008, 56: 3109 – 3119.

[30] Lifshitz I M, Slyozov V V. The kinetics of precipitation from supersaturated solid solutions[J]. Journal of Physics and Chemistry of Solids, 1961, 19(1): 35 – 50.

[31] Butrymowicz D B, Manning J R, Read M E. Diffusion rate data and Mass transport phenomena for copper systems[R], INCRA Monograph V, International copper research association, Washington DC, 1977.

[32] Jassby K M, Vreeland T. On the measurement of dislocation damping forces at high dislocation velocity[J]. Acta Metallurgica, 1972, 20(4): 611 – 615.

[33] Dobert C W. Handbook of chemistry and physics[M]. Boca Raton FL: CRC Press, 1988.

[34] Benson D J, Fu H H, Meyers M A. On the effect of grain size on yield stress: extension into nanocrystalline domain[J]. Materials Science and Engineering A, 2001, 319: 854 – 861.

[35] Cahn R W. 材料科学与技术丛书 – 材料的变形与断裂[M]. 北京: 科学出版社, 1999.

[36] Andrews P V, West M B, Robeson C R. The effect of grain boundaries on the electrical resistivity of polycrystalline copper and aluminium[J]. Philosophical Magazine, 1969, 19(161): 887 – 898.

[37] 陈树川, 陈凌冰. 材料物理性能[M]. 上海: 上海交通大学出版社, 1999.

[38] Tomanek D, Mukhërjee S, Bennemann K H. Simple theory for the electronic and atomic structure of small clusters[J]. Physical Review B, 1983, 28(2): 665 – 673.

[39] Potzger K, Reuther H, Zhou S, et al. Ion beam synthesis of Fe nanoparticles in MgO and yttria – stabilized zirconia[J]. Journal of applied physics, 2006, 99: 08N701 – 08N703.

[40] Li Y J, Qi W H, Huang B Y, et al. Thickness dependent phase stability of epitaxial metal films [J]. Physica B: Condensed Matter, 2010, 405(9): 2334 – 2336.

[41] Pettifor D G. Theory of the crystal structures of transition metals[J]. Journal of Physics C: Solid State Physics, 1970, 3(2): 367 – 370.

[42] 桂立丰, 唐汝钧. 机械工程材料测试手册[M]. 辽宁: 辽宁科学技术出版社, 1999.

[43] Christian J W, Mahajan S. Deformation twinning[J]. Progress in Materials Science, 1995, 39 (1): 1 – 157.

[44] Venables J A. Deformation twinning in face – centred cubic metals[J]. Philosophical Magazine, 1961, 6(63): 379 – 396.

[45] Yamakov V, Wolf D, Phillpot S R, et al. Deformation twinning in nanocrystalline Al by molecular – dynamics simulation[J]. Acta Materialia, 2002, 50(20): 5005 – 5020.

[46] Chen M, Ma E, Hemker K J, et al. Deformation twinning in nanocrystalline aluminum[J]. Science, 2003, 300: 1275 – 1277.

[47] Liao X Z, Zhao Y H, Srinivasan S G, et al. Deformation twinning in nanocrystalline copper at room temperature and low strain rate[J]. Applied physics letters, 2004, 84(4): 592 – 594.

[48] Maurice D R, Courtney T H. The physics of mechanical alloying: a first report[J]. Metallurgical Transactions A, 1990, 21(1): 289 – 303.

[49] Zhu Y T, Liao X Z, Srinivasan S G, et al. Nucleation of deformation twins in nanocrystalline face – centered – cubic metals processed by severe plastic deformation[J]. Journal of applied physics, 2005, 98: 034319 – 1 ~ 034319 – 8.

雷若姗　汪明朴　曹玲飞

第9章　Cu－Ni－X系弹性导电铜合金

9.1　引言

超高强弹性导电铜合金抗拉强度可达1000 MPa以上，并且抗应力松弛和高温抗氧化性能优异，因而广泛应用于航空、航天等导航控制系统的弹簧、片簧、继电器开关、波纹管、转向器及飞行器的元器件等[1]。目前Cu－Be系合金是公认的综合性能最优良的超高强弹性导电铜合金。其中Cu－2Be合金的抗拉强度可达1200 MPa，屈服强度950 MPa，电导率25% IACS[2]。然而Cu－Be合金相变温度较低，250℃时效基体即发生分解。当工作环境温度较高时，该合金抗应力松弛性能急剧降低，因此其使用的环境温度应低于120℃。此外，Be元素在熔炼加工过程中产生的粉尘具有强致癌性，对人体和环境的危害不容忽视。因此，有必要开发新型的超高强弹性铜合金来替代有毒的Cu－Be系合金。目前研发的可替代铍青铜的超高强铜合金主要有Cu－Ni－Sn系、Cu－Ni－Al系、Cu－Ni－Si和Cu－Ti系等。

Cu－Ni－Sn合金是一种典型的spinodal分解强化型铜合金。高温时Sn能与Cu、Ni形成α过饱和固溶体，并且Sn在过饱和固溶体中的固溶度随着温度的降低而急剧下降，在时效过程中α过饱和固溶体发生调幅分解并析出γ相(具有DO_3有序结构的Ni_3Sn)[3]。中西辉雄等人[4]通过60%冷变形及时效处理，Cu－15Ni－6.5Sn合金的硬度可达380 HV，抗拉强度可达850 MPa，但导电率不超过15% IACS，延伸率低于3%。通过在Cu－Ni－Sn合金中添加微量的Al、Ti或Si元素，能够抑制合金的不连续析出和晶粒长大，使合金的强度提高[5]。虽然Cu－Ni－Sn合金具有超高的强度、优异的弹性性能和耐磨性能，但是Sn在合金熔铸时容易在晶界处产生偏析，热加工时容易开裂，冷变形过程中更容易产生表面裂纹甚至开裂。此外Cu－Ni－Sn合金的导电率较低，仅为8%～12% IACS，很难在现代高功率化电子元器件中使用。

Cu－Ni－Al合金是一种沉淀强化型合金。通常认为该合金中析出的Ni_3Al和NiAl粒子能产生强烈的沉淀强化效应。部分研究表明时效初期基体还能形成调幅组织，并产生Spinodal分解强化[6]。目前研制的Cu－Ni－Al系合金虽然强度硬度很高，但电导率偏低，均不高于17% IACS。田海亭等[7]研究表明合金经90%变形，并在420℃时效15 min后，硬度峰值可达360 HV，屈服强度为

1150 MPa，延伸率约为3%，电导率仅为9% IACS左右。第二相粒子的强度、体积分数、间距、粒子的形状和分布等都对沉淀强化效果有影响。人们期望通过优化组分和形变热处理工艺，改善合金中析出相的组成、粒度和分布，使其综合性能得到提高。

Cu－Ni－Si合金是典型的时效沉淀强化铜合金，析出贯序、析出相的种类和形貌对合金的微观组织有显著的影响，进而影响合金的综合性能。低溶质原子浓度Cu－Ni－Si系合金的详细研究已在第3章介绍。提高合金元素含量：优化形变热处理工艺能够提高Cu－Ni－Si合金的强度和电导率。对于高溶质原子浓度的弹性Cu－Ni－Si系合金，潘志勇等[6, 8]设计了Cu－8.0Ni－1.8Si合金，经60%冷变形及450℃时效后，硬度峰值可达333 HV，抗拉强度高达1050 MPa，屈服强度可达786 MPa，电导率达27% IACS，延伸率为3.2%，各项性能最接近铍青铜的性能。

Cu－Ti合金作为一种典型的spinodal分解强化型铜合金，在时效过程中首先发生调幅分解，形成富Ti和贫Ti区，其富Ti区转变为亚稳态的共格析出相$\alpha-Cu_4Ti$，时效后期发生不连续析出，并形成稳定的$\beta-Cu_3Ti$平衡相。由于共格析出相$\alpha-Cu_4Ti$对位错有很强的阻碍效果，因此通过冷变形和时效处理能够大幅度提高Cu－Ti合金的强度[9~10]。Ikeno等人研究表明[11]，Cu－4Ti合金经90%冷变形并时效处理后，硬度约为360 HV，抗拉强度高达1200 MPa，屈服强度可达1000 MPa，延伸率为5%，但导电率较低，不超过15% IACS[12]。Cu－Ti合金中加入微量的稀土元素，如Re等，能够细化合金晶粒，抑制合金时效后期胞状组织的形成，改善合金的冷热加工性能，提高合金的强度和导电率。Cu－Ti系合金熔铸时在有氧气存在的情况下，容易产生严重偏析、夹杂、气孔等缺陷，导致最终性能恶化。

目前可替代铍青铜的超高强铜合金的研究仍存在很多问题，如导电性能和强度仍有待提高，微观组织的演变和相变贯序仍不清楚，弹性性能研究不足等。本章针对超高强铜合金研发不足等问题，开发了一系列新型超高强弹性Cu－Ni－X系合金，并对这些合金的制备工艺及形变热处理等关键技术进行了系统研究，此外，还对加工过程中析出相、微观组织、合金性能进行了深入分析和探讨。

9.2　Cu－Ni－X合金成分设计原则及工艺流程[25, 36]

9.2.1　成分设计原则及制备流程概述

Cu－Ni－X系合金中的主合金元素Ni能与Cu以任意比混溶，高温时能形成α过饱和固溶体(Cu_3Ni)。Al元素在Cu基中的溶解度随着温度的升高而增加。

根据 Cu - Ni - Al 合金 900℃的三元相图[13]，当合金中 Al 含量较低时，温度下降至 500℃时析出 Ni_3Al 相，当 Al 元素含量较高时，降温过程中析出 Ni_3Al 和 NiAl 相。Alexander 等人[14] 的早期研究表明，球形 NiAl 析出相和过饱和固溶体(Cu_3Al)具有相同的晶体结构($L1_2$有序结构)，Ni_3Al 相的析出能产生较强的时效硬化效果；而椭球状 NiAl 相具有 B_2结构，其强化效应很低。

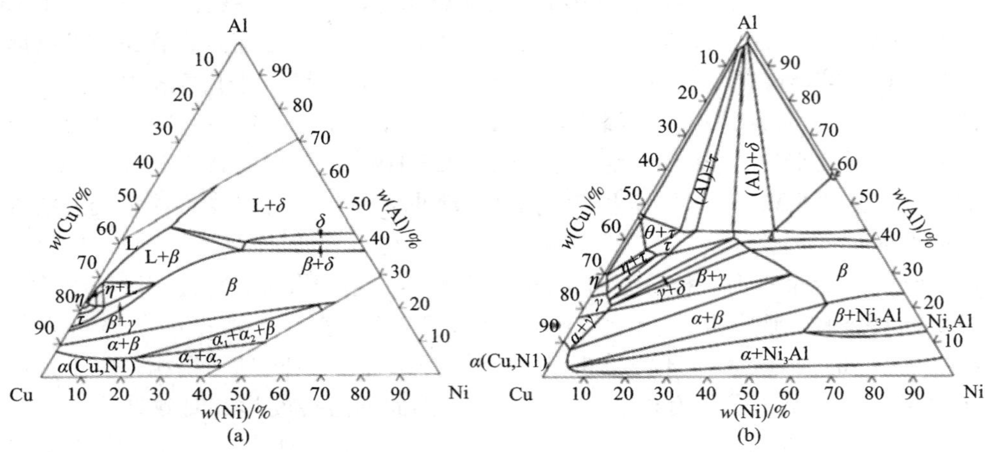

图 9 - 1　Cu - Ni - Al 合金在(a)900℃、(b) 500℃时的相图

Cu - Ni - X 合金中加入 Si 元素除了可进一步产生固溶强化作用外，时效时还能以 Ni_2Si、Ni_3Si 形式析出，其相图见图 3 - 1。这些析出相能产生强化作用。将 Ni、Si 重量比控制在 4.0 ~ 4.5 范围内，合金具有高强度与良好的电导率；当合金中 Ni 与 Si 原子之比偏离 2∶1 时，多余的合金元素将以固溶原子形式存在，对导电性能会产生不利影响。此外，Si 还能够显著提高合金的高温性能和抗应力松弛性能。

Cu - Ni - X 合金中添加 Sn 元素，能与 Cu、Ni 形成过饱和固溶体。Bastow 和 Kirkwood 认为[15]，Ni 含量超过 5% 的合金中，过饱和固溶体的分解最初是由 Sn 在等 Cu/Ni 比界面上的偏析引起的。因此(Cu - Ni) - Sn 的伪二元相图可以表示为简单的共晶形式，其相图见图 9 - 2。Cu - Ni - Sn 合金时效初期发生调幅分解有很强的 spinodal 强化作用，使合金硬度和强度迅速提升，时效中期和后期形成的有序相或者析出相虽然结构和析出方式不同，但均能通过沉淀强化作用显著提高合金的强度；时效后期合金形成层片状的 $\alpha + \gamma$ 胞状组织，导致合金的强度、硬度急剧下降[16]。添加 Sn 元素还能改善合金的切削性能，提高耐磨性能，但是 Sn 在合金熔铸时容易在晶界处产生偏析，导致合金在热加工时开裂，冷变形过程中产生表面裂纹[17]。

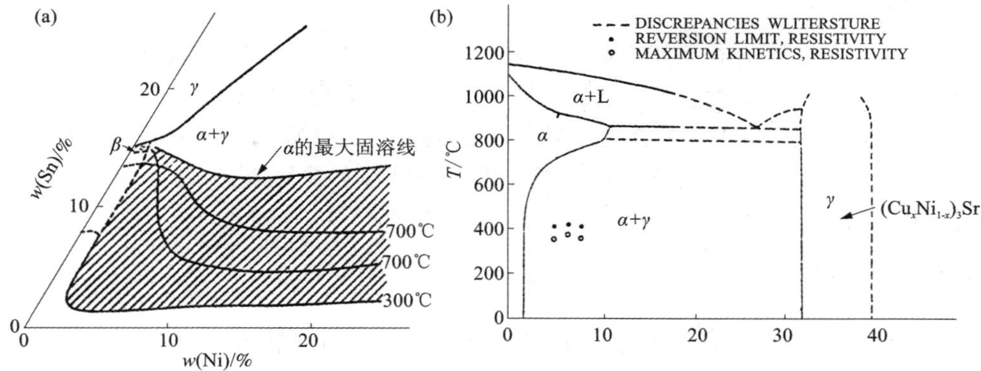

图9－2 Cu－Ni－Sn合金的(a)三元相图、(b)二元相图

Cu－Ni－Al合金中加入Ti，时效过程中能够析出亚稳的γ'[Ni_3(Al、Ti)]相，该析出相形成温度较高，与母相共格关系稳定，难以粗化，起到增强沉淀强化效果及抗过时效的作用[18, 19]。此外，微量的Ti还能起到细化晶粒、抑制晶界不连续析出的作用。

添加微量Cr元素能与Cu基体形成过饱和固溶体，并产生固溶强化；温度下降时，Cr在过饱和固溶体中的溶解度下降，并从基体中析出Cu_5Cr或Cu_3Cr，起到沉淀强化作用[20]。微量的Mg可起到脱氧、净化晶界、提高材料加工性能的作用[21]。但镁含量过高时(>0.2%)，晶界上易形成低熔点共晶体Cu_2Mg＋Cu，导致合金在热加工过程中开裂。微量的稀土元素，如Ce等，能与Cu及其他合金元素反应生成难熔化合物，减少合金中有害杂质，提高合金的加工性能并改善高温回火脆性，以及合金的铸造、切削和加工性能[22]。

9.2.2 熔炼

目前，Cu－Ni－X系合金的熔炼普遍采用大型中频感应电炉，为防止金属高温氧化，通常在熔体表面覆盖一层覆盖剂。工业上常用的覆盖剂有木炭、氟化钙与冰晶石(质量比为1∶1)的混合粉末。此外，熔炼时要充分搅拌、并控制熔炼时间及出炉温度，这样能够有效避免熔体氧化、吸气。

9.2.3 铸造

目前Cu－Ni－X系合金主要用半连续铸造机铸造。所得铸锭组织均匀、湍流与氧化小、冷却速度快、成品率高、模具费用低。铸锭冷却后应进行铣面处理以除去表面缺陷。

9.2.4 热轧

Cu－Ni－X 系合金采用电阻炉或步进炉加热和保温处理。热轧温度范围为 800～920℃。热轧温度过低，合金容易发生劈裂或边裂；温度过高，板材表面容易产生热裂纹。Cu－Ni－X 系合金热轧后需要淬火，以避免合金元素大量析出，恶化后续加工性能。因此终轧温度不应低于750℃，需要快速、大变形量轧制，以缩短轧制时间，减小温降。

9.2.5 固溶

合金通常在电阻炉或步进炉中进行固溶处理。固溶处理温度范围为 880～960℃。固溶处理的目的是消除变形过程中引入的晶体缺陷，获得组织均一的过饱和固溶体组织。因此固溶后必须快速淬火。若加工条件和材料特性允许，固溶淬火工序也可放在热轧终了时在线进行，这可大大简化工艺流程。

9.2.6 冷轧

冷轧变形一般采用多辊轧机，在合金冷加工能力许可和轧机轧制力许可的前提下，可尽量加大道次冷轧变形量。

9.2.7 时效

Cu－Ni－X 系合金通常采用形变热处理工艺以获得最佳的强度与导电性能。因此冷轧变形后，合金通常在适当的温度进行时效处理，使过饱和固溶体发生分解，析出第二相，达到强化合金和净化基体的目的。合金的强化效果取决于时效析出相的种类、大小、形貌和分布。时效处理工艺对第二相析出有很大的影响。时效温度过低，析出速率很慢，导电性能难以提高；时效温度高，能够加快时效进程；温度过高，第二相迅速粗化并导致晶界处发生不连续析出，对强度产生不利影响。工业上通常采用多级形变－时效工艺，在一次时效过程中合金能够析出大量弥散分布、粒径细小的第二相，一方面这些第二相能够与位错产生交互作用，提高合金的强化效果，另一方面，能够抑制合金在二次时效过程中的不连续析出及第二相的急剧长大，延缓过时效的发生，从而获得优异的综合性能。

9.2.8 表面清洗

合金成品在出厂前，尚需要对合金表面进行酸洗，以获得光亮、清洁的成品。酸洗常按下述步骤进行，并且在线清洗。

①酸洗溶液为 15%～25% 的硫酸溶液，液温不低于 71℃，浸泡至黑色部分全部清除，然后用冷水清洗干净。

②在15%～30%的冷硝酸溶液浸泡至合金表面冒出气泡时，停止浸泡，随后用冷水清洗。

9.3　Cu－Ni－Al系合金[25, 36]

Cu－Ni－Al系超高强弹性铜合金中的Ni、Al元素在时效过程中会析出纳米级第二相粒子，从而使合金获得超高强度。采用适当的Ni/Al比及Ni、Al元素含量，能够控制合金时效过程中析出相的种类及数量，从而控制合金的强度及硬度。目前研制的Cu－Ni－Al系合金虽然强度、硬度很高，但电导率很低，均不高于17% IACS。综合分析国内外研究成果，结合不同合金元素对铜合金强度和电导率的影响规律，我们在CuNiAl三组元的基础上通过添加Si设计制备了新型超高强弹性Cu－Ni－Al－Si系合金。本节主要以Cu－10Ni－3.0Al－0.8Si合金为例，对合金的制备工艺及关键技术进行讨论，此外还对制备及加工过程中合金的微观组织、性能和析出相进行了深入研究和分析。

9.3.1　Cu－Ni－Al合金的铸态组织

图9－3(a)给出了Cu－10Ni－3.0Al－0.8Si合金的铸锭显微组织照片。可见，其铸态组织为发达的枝晶组织，枝晶臂的间隙及晶界处有灰白色的第二相析出，其粒径约为5 μm(图中的箭头所示)。对析出相作了扫描电镜观察和能谱分析，结果如图9－3(b)所示。可见，第二相主要由Cu、Ni和Si元素以及少量的Al元素组成。其中Ni、Al、Si三种元素的原子百分比约为9∶5∶3，该析出相可能是多种Ni/Si、Ni/Al金属间化合物的混合物。

图9－3　Cu－10Ni－3Al－0.8Si合金的铸态(a)金相和(b)扫描电镜照片

9.3.2 Cu - Ni - Al 合金的热加工性能

9.3.2.1 合金的流变应力 - 应变曲线

图 9 -4 为合金在不同温度和应变速率热变形的流变应力 - 应变曲线图。可见，应变的初始阶段，流变应力随着应变的增加而急剧升高。热变形应变速率高时，合金的流变应力达到峰值后，流变应力随着应变的增加而缓慢下降；应变速率较低时，应变继续增加，流变应力基本不变。热变形温度相同时，合金的应变速率越高，峰值流变应力越大。此外，在相同应变速率时，合金的变形温度越高，峰值流变应力越低。

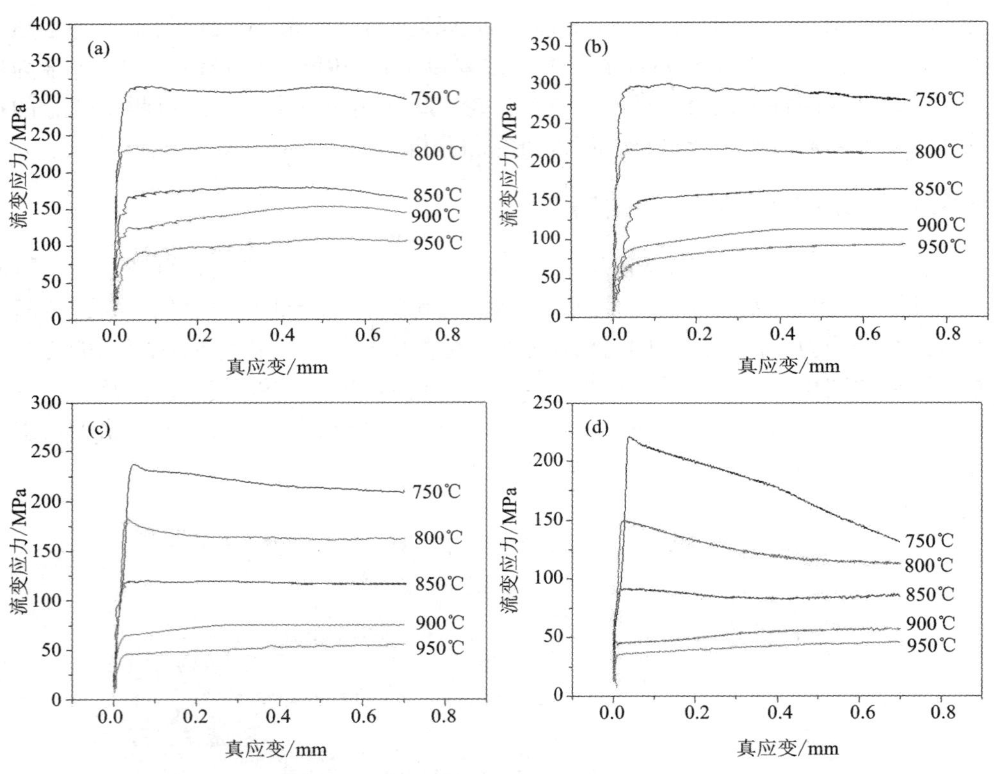

图 9 -4 Cu -10Ni -3.0Al -0.8Si 合金的应力应变曲线

(a)5 s^{-1}；(b)1 s^{-1}；(c)0.1 s^{-1}；(d)0.01 s^{-1}

9.3.2.2 热变形高温本构方程

根据 Tegart 等人[23, 24]提出的流变应力 - 应变模型，合金的应变速率 $\dot{\varepsilon}$ 与热激活能 Q、变形温度 T 和流变应力 σ 的关系式为：

$$\dot{\varepsilon}=AF(\sigma)\exp\left(-\frac{Q}{RT}\right) \tag{9-1}$$

式中，$F(\sigma)$为与σ有关的函数；R为气体常数；A为常数。

式(9-1)中的$F(\sigma)$与合金的应力水平有关，根据应力水平的高低，$F(\sigma)$可分别表示为：

$$\begin{cases}F(\sigma)=\exp(\beta\sigma) & \alpha\sigma>1.2\\ F(\sigma)=\sigma^{n} & \alpha\sigma<0.8\\ F(\sigma)=[\sin(\alpha\sigma)]^{n}, & (\alpha\sigma \text{可取任意值})\end{cases} \tag{9-2}$$

式中，β和n为常数；$\alpha=\beta/n$。

联立式(9-1)和式(9-2)，可得合金的激活能：

$$Q=R\left\{\frac{\partial\ln\dot{\varepsilon}}{\partial\ln[\sinh(\alpha\sigma)]}\right\}\left\{\frac{\partial\ln[\sinh(\alpha\sigma)]}{\partial(1/T)}\right\}=Rn'S \tag{9-3}$$

式中：n'和S为常数。

图9-5为$\ln\dot{\varepsilon}-\sigma$、$\ln\dot{\varepsilon}-\ln\sigma$、$\ln[\sinh(\alpha\sigma)]-\ln\dot{\varepsilon}$以及$1000/T-\ln[\sinh(\alpha\sigma)]$的曲线图。将图中曲线进行线性拟合所得的斜率即为$\beta$、$n$、$n'$和$S$的值，分别为0.055、8.09、5.81和8.21。α和$\ln A$的值分别为0.0068和40.76。Cu-10Ni-3Al-0.8Si合金热激活能为396.5 kJ/mol。合金的高温本构方程为：

$$\dot{\varepsilon}=[\sinh(0.0068\sigma)]^{5.45}\exp\left(40.76-\frac{397.06}{RT}\right) \tag{9-4}$$

9.3.2.3 热加工图

根据材料热变形动态模型(Dynamic Material Modeling)和Ziegler连续失稳判据，假设热变形过程中热压缩设备、热压缩模具和变形合金构成热力学封闭体系，热变形所需的能量通过热压缩设备和模具传递给合金，设合金为能量耗散体。能量耗散效率因子和流变失稳判据可以表示为：

$$\eta=2m/(m+1) \tag{9-5}$$

$$m=\frac{\partial\ln\sigma}{\partial\ln\dot{\varepsilon}} \tag{9-6}$$

$$\xi(\dot{\varepsilon})=\frac{\partial\ln\left(\frac{m}{m+1}\right)}{\partial\ln\dot{\varepsilon}}+m<0 \tag{9-7}$$

式中，η为能量耗散效率因子；$\xi(\dot{\varepsilon})$为流变失稳判据；m为应变速率敏感系数。

应变为0.6时，合金在稳态流变条件下的热加工图如图9-6所示。可见，当应变温度为750~820℃时，合金处于流变失稳区，合金的最佳热变形温度为880~940℃。

9.3.2.4 热变形过程中的织构演变

经不同温度和不同应变速率热压缩变形后的试样作X射线织构分析，得试样

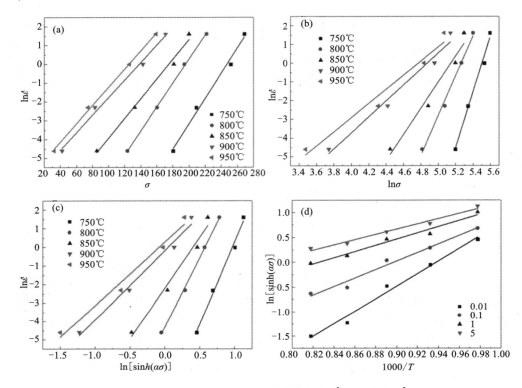

图 9-5　Cu-10Ni-3.0Al-0.8Si 合金的(a)$\ln\dot{\varepsilon}-\sigma$、(b)$\ln\dot{\varepsilon}-\ln\sigma$、(c)$\ln[\sinh(\alpha\sigma)]-\ln\dot{\varepsilon}$ 和(d)$\ln[\sinh(\alpha\sigma)]-1000/T$ 曲线

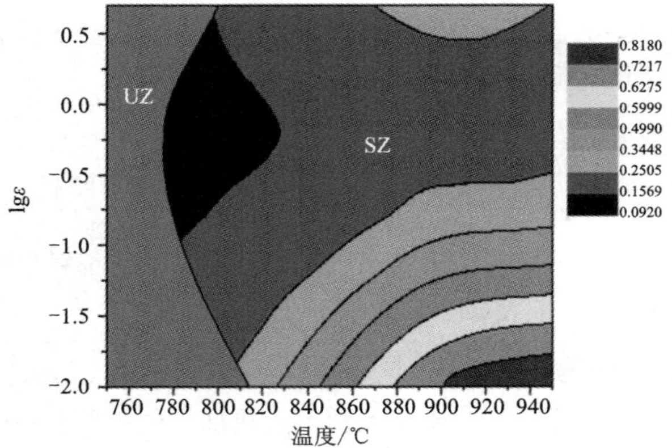

图 9-6　Cu-10Ni-3.0Al-0.8Si 合金的热加工图

横截面法向(ND)的反极图，如图 9-7 所示。可见合金中织构类型主要为{001}

和{011}丝织构。当应变温度为750℃、应变速率为0.01 s^{-1}时，合金中除了主要的{001}、{011}丝织构外，还有{112}丝织构，三种织构的极密度分别为3.24、3.53和1.70。当应变温度不变时，应变速率升高会使{001}丝织构的极密度显著提升，同时{011}和{112}丝织构极密度明显降低。当应变速率为0.01 s^{-1}时，升高热压缩温度（如950℃），可使合金的{001}和{111}丝织构明显增强，极密度分别为6.97和3.21，同时{011}和{112}丝织构减弱，其极密度分别为3.21和1.19。当应变速率为5 s^{-1}时，升高变形温度，对织构影响不大。由此可见，升高热压缩温度（低应变速率条件下）或者增加应变速率能够促进{001}丝织构的形成，并且抑制{011}和{112}丝织构的形成。

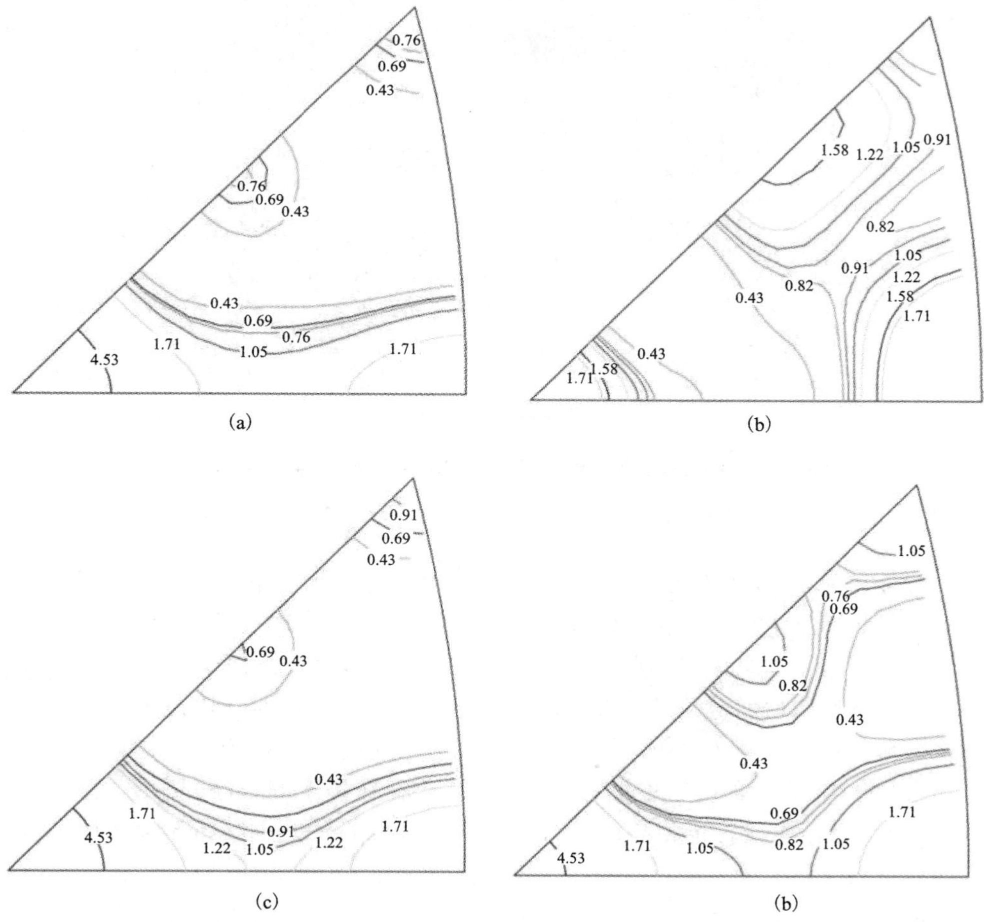

图9－7　热压缩变 Cu－10Ni－3.0Al－0.8Si 合金的反极图

(a)5 s^{-1}，750℃；(b)0.01 s^{-1}，750℃；(c)5 s^{-1}，950℃；(d)0.01 s^{-1}，950℃

9.3.2.5 微观组织演变

Cu－10Ni－3.0Al－0.8Si 合金在不同条件下热变形后的金相组织见图 9－8。可见，在 750℃进行应变速率为 5 s^{-1}或 0.01 s^{-1}热变形，合金中局部出现形变带(DB)和再结晶(RG)。在 950℃进行应变速率为 5 s^{-1}热变形，晶粒内和晶界处均发生了再结晶，并且在局部晶粒中观察到了亚晶(Subgrain)和形变带。当在 950℃进行应变速率为 0.01 s^{-1}热变形时，再结晶晶粒急剧粗化，晶粒内出现了退火孪晶(AT)，而亚晶的数量明显减少。上述观察表明应变速率降低及温度升高能促进合金的回复和再结晶。

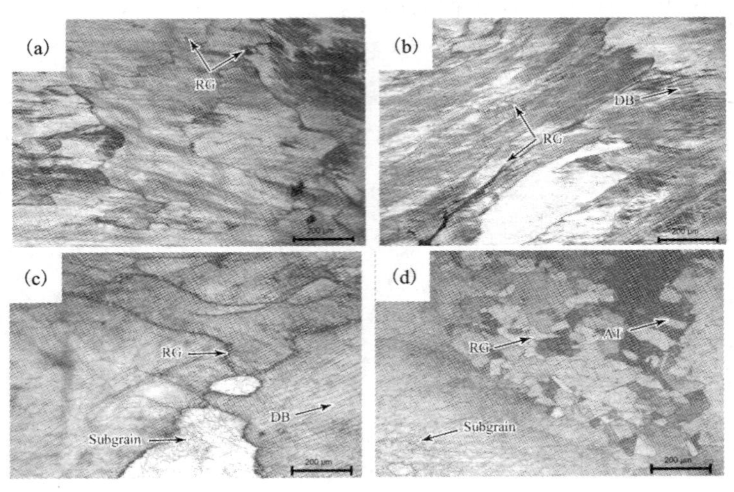

图 9－8 热压缩变形 Cu－10Ni－3.0Al－0.8Si 合金的金相照片

(a) 5 s^{-1} 750℃；(b) 0.01 s^{-1} 750℃；(c) 5 s^{-1} 950℃；(d) 0.01 s^{-1} 950℃

合金在 750℃进行应变速率为 5 s^{-1}或者 0.01 s^{-1}热变形的 EBSD 如图 9－9 所示。可见，合金晶粒发生了不均匀变形，晶界处发生了动态再结晶；晶粒内部不同区域发生了扭转变形，形成小角度晶界；大部分晶粒法向平行于＜001＞方向。当应变速率增加至 5 s^{-1}，形变带数目增多，这些形变带与压缩方向呈 48°角。

图 9－10 为合金在 950℃压缩速率为 5 s^{-1}热变形后的 EBSD 图。可见，温度升高至 950℃，合金的变形更加均匀，晶粒内仍存在形变带。合金中还观察到两种典型的晶粒，分别标记为晶粒 A 和晶粒 B。晶粒 A 的法向平行于＜001＞，并且晶粒中观察到大量亚晶。这些亚晶界是热变形过程中位错发生塞积而形成的。该晶粒内部没有发生动态再结晶，而是以动态回复为主。B 晶粒的法向平行于＜111＞，该晶粒中形成了粒径细小、具有大角度晶界的等轴晶，因此该晶粒中发生了动态再结晶，这些动态再结晶的平均晶粒大小约为 4 μm。当应变速率降低

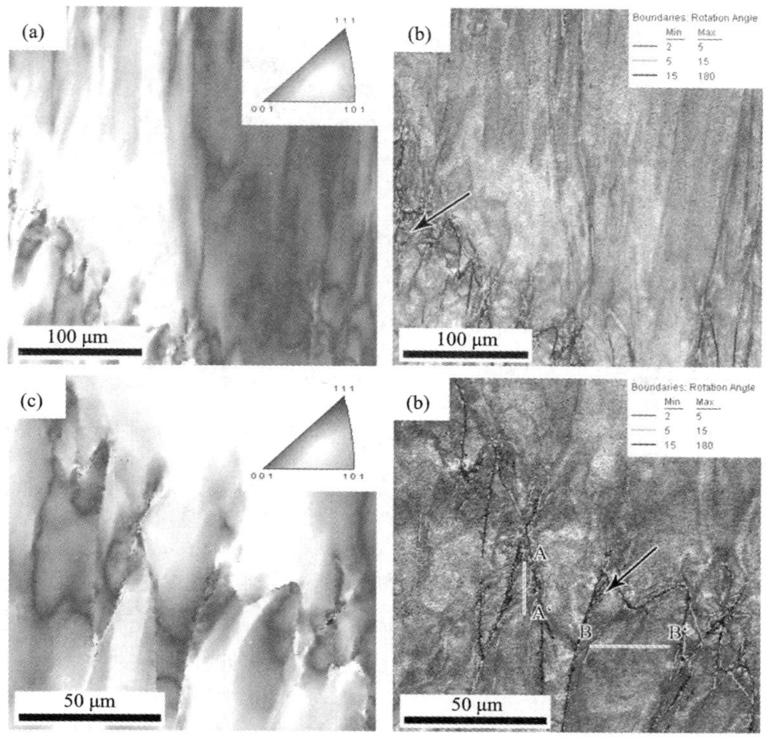

图 9 - 9　Cu - 10Ni - 3.0Al - 0.8Si 合金在 750℃热压缩变形后的 EBSD 图

(a)取向差分布图, 0.01 s^{-1}; (b)IQ(Image Quality)图, 0.01 s^{-1}; (c)取向差分布图, 5 s^{-1}; (d)IQ 图, 5 s^{-1}

至 0.01 s^{-1}时, 动态再结晶晶粒长大至 20 μm(箭头所指)。此外, 晶粒 A′中局部仍观察到未回复的亚晶界, 表明该晶粒是依靠回复作用吞并亚晶而长大的。

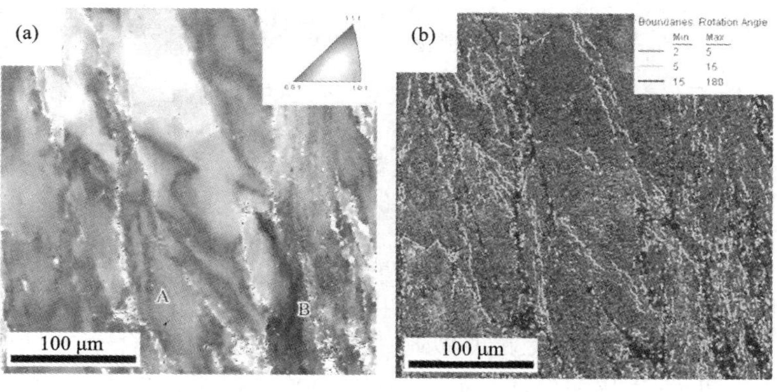

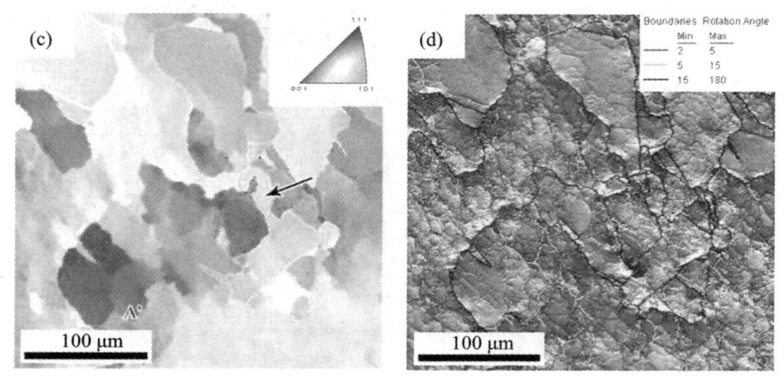

图 9-10 Cu-10Ni-3.0Al-0.8Si 合金在 950℃热压缩变形后的 EBSD 图

(a)取向差分布图, 5 s^{-1}; (b)IQ(Image Quality)图, 5 s^{-1};
(c)取向差分布图, 0.01 s^{-1}; (d)IQ 图, 0.01 s^{-1}

铸态合金经 920℃保温 2 h 并热轧变形 60%后典型的金相组织和扫描显微组织照片如图 9-11 所示。可见, 热变形后合金的晶粒被拉长, 枝晶组织已完全消除, 出现了变形带和纤维组织, 局部发生了再结晶, 如图箭头所示。基体中仍有第二相存在, 粒径约为 5 μm。

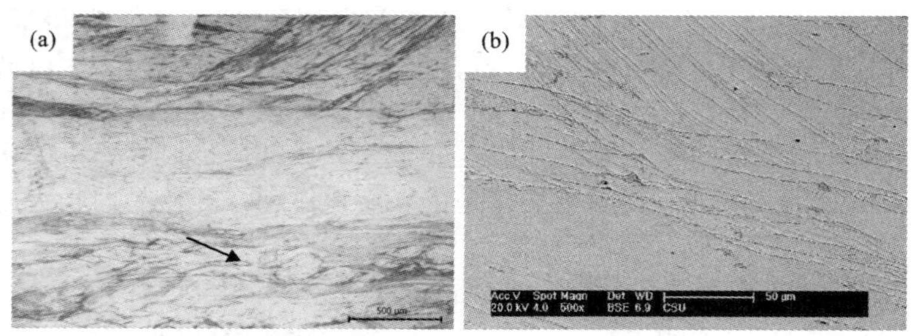

图 9-11 Cu-10Ni-3.0Al-0.8Si 合金经热轧后的(a)金相; (b)扫描电镜照片

9.3.3 Cu-Ni-Al 合金的固溶组织

固溶处理可消除热轧变形过程中引入的形变带和纤维组织, 以及残留的第二相, 并获得组织均匀、粒径细小的过饱和固溶体, 从而改善合金的塑性, 提高合金的冷变形能力, 也为时效处理做好组织准备。热轧态合金分别经 900℃、920℃、950℃和 980℃固溶处理 4 h 后, 所得金相显微组织如图 9-12 所示。可见, 900℃固溶后的平均晶粒约为 10 μm, 但仍有大量未固溶的第二相; 固溶温度升高，晶粒增大，残留的第二相减少；温度升高至 950℃时，第二相已完全消除，平均晶粒大小约为 30 μm；而固溶温度升高至 980℃时，虽然第二相已经全部回溶至基体内，但晶粒尺寸急剧增加，晶粒大小严重不均匀。

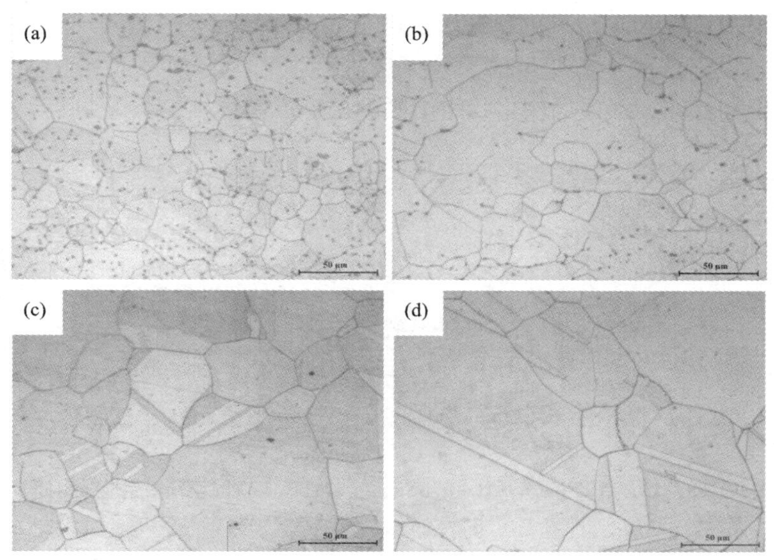

图 9 - 12　Cu - 10Ni - 3.0Al - 0.8Si 合金在不同温度进行固溶处理后的金相照片

(a)900℃；(b) 920℃；(c) 950℃；(d) 980℃

合金的微观组织对后续的加工和力学性能有很大影响。固溶温度过低、时间过短，第二相不能充分固溶于基体，溶质分布不均，导致合金的沉淀硬化效果降低，时效时易发生不连续脱溶和晶界反应，恶化材料的力学性能。固溶温度过高，保温时间过长，导致合金的晶粒过度长大和粗化，甚至引起局部熔化和晶界氧化，使合金的强度及硬度大大降低，恶化合金的加工性能。当固溶温度为 950℃时，残留的第二相已基本固溶，晶粒大小比较细小均一，有利于提高合金的综合性能。因此，该合金的最佳固溶温度为 950℃。

9.3.4　Cu - Ni - Al 合金的冷变形组织

合金经固溶处理后再经 50%、65% 和 80% 冷变形后的金相显微组织示于图 9 - 13。合金经 50% 冷变形后，晶粒被压缩，长宽比增大，部分晶粒中出现了大量的形变带。冷变形量增加至 65%，晶粒变形加剧，形变带的数量增加，局部形成了纤维组织。变形量至 80% 后，形变带和纤维组织急剧增多，相互邻近的晶粒组织内部形成的剪切带在变形力作用下相互交叉，形成了具有网格状结构的组织，整个视场中组织整体都变为沿轧制方向拉长的带状组织。这一变形组织中呈现出两种较为典型的组织形态：①不同位向的剪切带相互穿插形成网格组织；②不同晶粒变形程度不一致，在一些区域出现了沿一定方向排列的纤维组织，该纤维组织长、短交替分布，依间隔呈波浪式条纹排列，这一纤维组织结构是不同晶粒内的剪切带相互穿插所形成的网格状组织因承受局部较大变形量，发生进一步变形而形成的。已经形成了剪切带的晶粒可以进一步利用剪切带的相互穿插协调变形，剪切带相互穿插形成的网格状组织则利用形成的纤维组织协调变形。

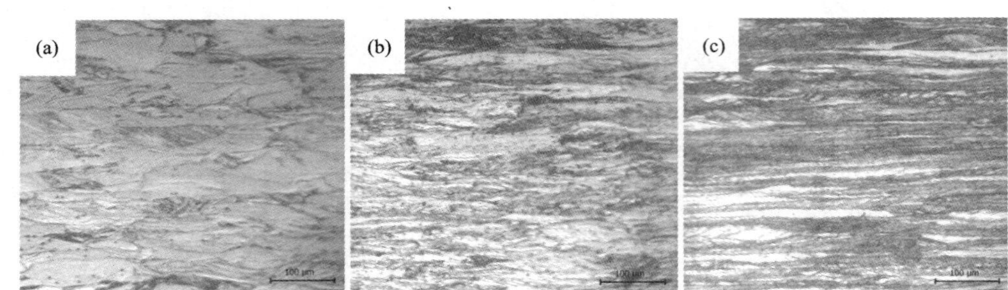

图 9 – 13　Cu – 10Ni – 3.0Al – 0.8Si 合金经不同变形量冷轧后的金相照片

(a) 50%；(b) 65%；(c) 80%

9.3.5　Cu – Ni – Al 合金的淬火敏感性[25, 26]

淬火敏感性最早是指钢的淬透性，即通过快速淬火使钢获得马氏体的能力。对于铝合金和铜合金而言，是指通过固溶淬火配合时效工艺达到强化效果的能力。固溶后随着温度的降低，过饱和固溶体分解析出第二相。析出过程主要由过饱和固溶体的固溶度以及溶质原子的扩散速率控制。低温时过饱和固溶度较大、原子扩散速率慢，高温时则相反，当合金在特定的温度热处理时，溶质原子固溶度以及扩散速率均较大，第二相析出和长大速率较快。因此，选择合理的固溶淬火工艺，避免在淬火敏感区进行热处理，抑制粗大平衡相的析出，对保证合金的性能有重大的意义。目前 Cu – Ni – Al 系合金的淬火敏感性研究非常少，我们采用固溶和等温处理获得不同温度下的过饱和固溶体，并以合金经后续时效处理后的性能和组织来表征其淬火敏感性。

9.3.5.1　等温和时效处理对合金性能的影响

合金经固溶处理(ST)后，分别在 550℃、600℃、650℃、700℃和 750℃进行不同时间的等温处理(IT)，所得硬度和电导率曲线如图 9 – 14 所示。可见，合金硬度随等温时间的延长而上升，等温处理温度越低，硬度升高的速率越快。等温时间延长，经 550℃、600℃和 650℃等温处理的合金，硬度达到峰值后逐渐降低，并且温度越高，硬度下降的速率越快；而 700℃、750℃等温处理，硬度基本保持不变。合金的电导率随着等温处理温度的升高和等温时间的延长而逐渐升高。

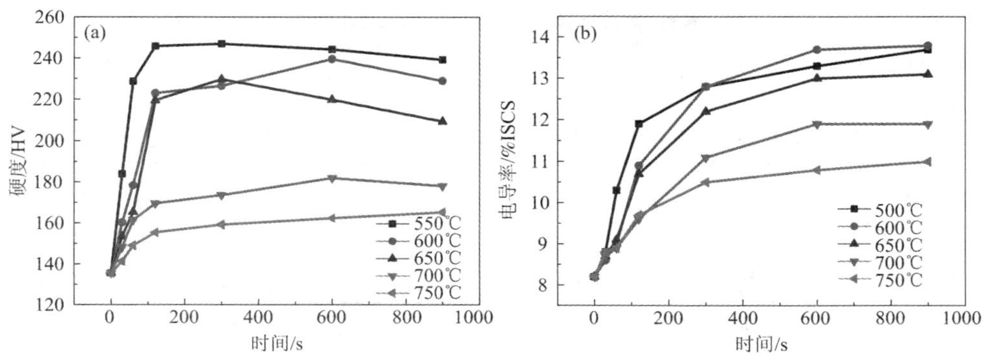

图 9－14　等温处理温度对 ST＋IT 态 Cu－10Ni－3.0Al－0.8Si 合金硬度和电导率的影响

(a)硬度；(b)电导率

合金经固溶等温处理后，在 500℃时效 8 h 所得的硬度和电导率曲线如图 9－15所示。可见，硬度随等温时间的延长而降低，等温温度为 650℃时，硬度的下降速率最快。等温温度低于 650℃时，电导率随等温温度的升高而升高，等温温度为 650℃时，电导率升高速率最快，合金在 750℃等温处理时电导率明显降低。

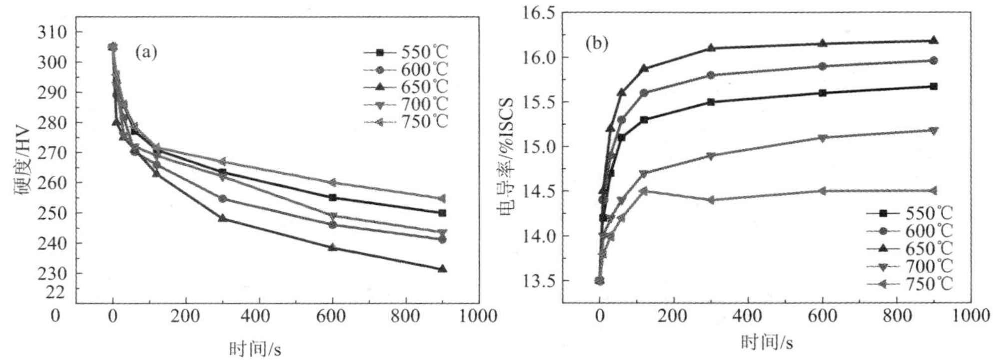

图 9－15　等温处理温度对 ST＋IT＋AG 态 Cu－10Ni－3.0Al－0.8Si 合金硬度和电导率的影响

(a)硬度；(b)电导率

由以上分析可知，与 ST＋IT 态合金相比，ST＋IT＋AG 态合金时效处理后硬度和电导率均有所上升，如表9－1所列。这是由于合金在等温过程后的时效过程中会继续析出第二相，并且等温温度越高，后续时效过程中析出的第二相越多，合金的硬度和电导率的增加量越大。因此可用硬度值、等温温度以及达到各个硬度值所需的时间，来表征合金在等温和淬火过程中第二相的析出行为，即合金的淬火敏感性。

表9－1　ST＋IT和ST＋IT＋AG态Cu－10Ni－3.0Al－0.8Si合金的硬度和电导率的差值

等温处理	550℃，900 s	600℃，900 s	650℃，900 s	700℃，900 s	750℃，900 s
硬度增加值/HV	10	12	17	65	89
电导增加值/%IACS	1.9	2.1	3.0	3.2	3.5

9.3.5.2　合金的TTP曲线及淬火敏感性

根据图9－15(a)，可模拟计算合金在不同等温处理温度下，达到各个硬度值所需的时间，如表9－2所示。将硬度值与等温时间绘制成曲线，并用如下公式进行拟合[27]：

$$C(T)=k_1k_2\exp\{[k_3k_4^{\ 2}/[RT(k_4-T)^2]\}\exp[k_5/(RT)] \tag{9-8}$$

其中，$C(T)$为等温时间；T为等温温度；k_1为与未转变析出相体积分数的自然对数有关的常数；k_2为与形核数目的倒数有关的常数；k_3为与形成能有关的常数；k_4为与固溶温度有关的常数；k_5为与扩散激活能有关的常数。

表9－2　不同温度等温处理达到某一硬度值所需的时间

硬度值/HV	等温时间/s				
	550℃	600℃	650℃	700℃	750℃
300	4.2	3.1	2.0	3.9	5.4
290	18.7	9.4	6.0	12.9	21.8
280	50.1	34.1	10.1	24.9	54.6
270	141.7	62.8	67.5	99.6	184.2
260	422.6	214.5	154.5	347.2	601.4
250	894.1	462.9	276.4	579.1	1164.4

由拟合结果可绘制Cu－10Ni－3.0Al－0.8Si合金的TTP曲线，如图9－16所示。TTP曲线为典型的C形曲线，且具有一个鼻尖。六条曲线拟合后所得的平均鼻尖温度约为662℃。TTP曲线可分为三个区域，即鼻尖温度区域(622～692℃)，

高温区域（＞692℃）和低温区域（＜622℃）。在鼻尖温度区淬火时，第二相析出及长大速率很快，合金淬火敏感性最高；而在高温区或低温区淬火时，第二相析出及长大速率缓慢。

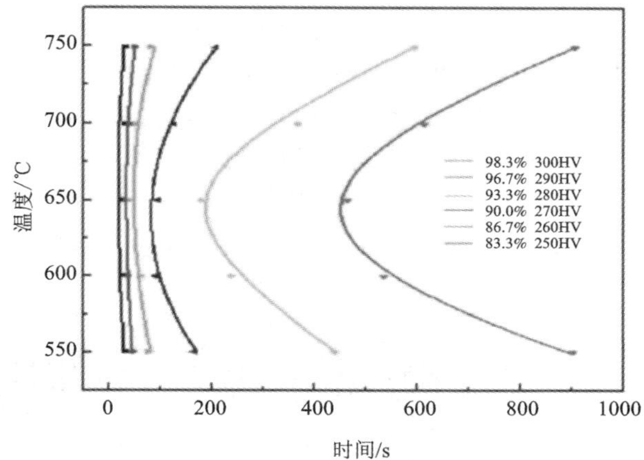

图 9－16　Cu－10Ni－3.0Al－0.8Si 合金的 TTP 曲线

9.3.5.3　等温处理对合金微观组织的影响

合金经固溶以及 550℃等温处理不同时间后的透射电镜明场像和相应的选区电子衍射花样如图 9－17 所示。等温处理 30 s

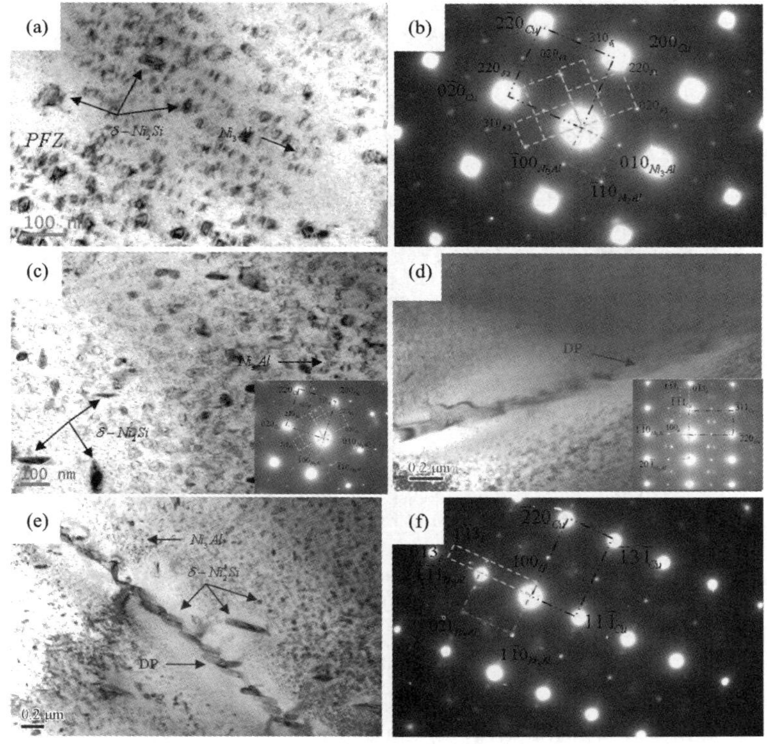

图 9－17　Cu－10Ni－3.0Al－0.8Si 合金在 550℃等温处理的 TEM 照片

（a）明场相 ST＋550℃IT/30 s；（b）图（a）的电子衍射花样（SADP）；（c）晶内明场相 ST＋550℃IT/900 s；（d）晶界明场像 ST＋550℃IT/900 s；（e）明场相 ST＋550℃IT/900 s＋500℃AG/8 h；（f）图（e）的 SADP

时，基体中析出了两种不同形貌的第二相，一种为豆瓣状具有无衬度线的 Ni_3Al 相，粒径约为20 nm，并且无衬度线方向垂直于 g 矢量；另一种为没有无衬度线的 Ni_2Si 相，其平均粒径约为 50 nm，且具有两个互相垂直的变体，这两个变体的生长方向分别沿着$[020]_{Cu}$和$[200]_{Cu}$方向。明场像中 $\delta-Ni_2Si$ 粒子附近出现了无沉淀析出区(PFZ)，可能是合金在 550℃ 等温处理时，析出的 $\delta-Ni_2Si$ 粒子在长大过程中使该粒子附近的 Ni 原子浓度急剧下降，形成了贫溶质原子区的缘故。而

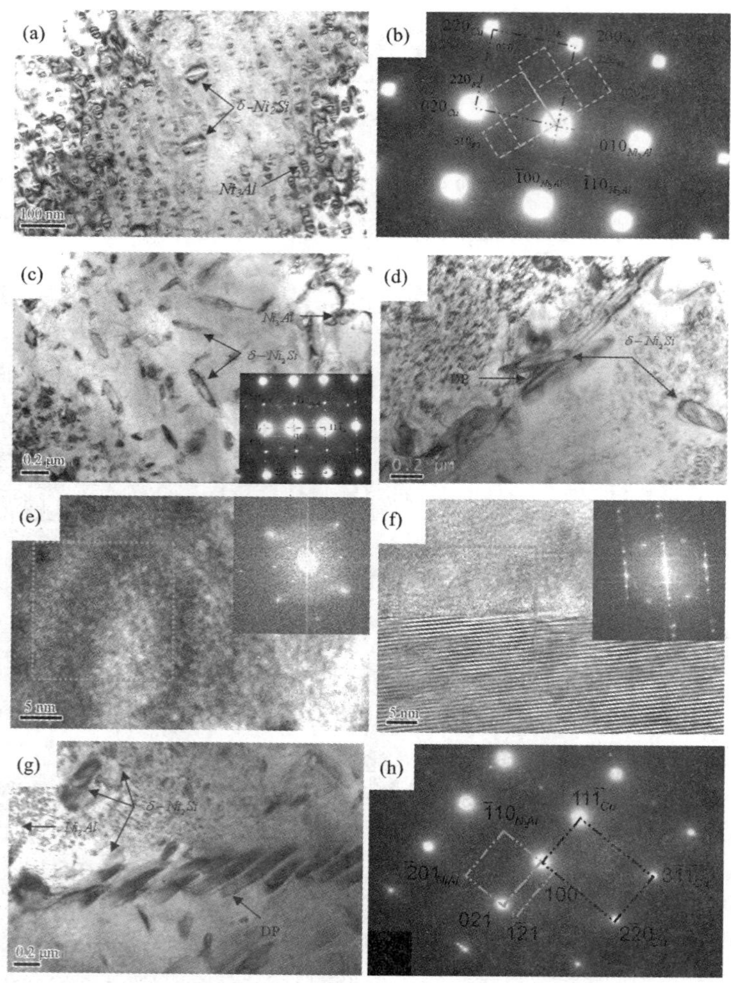

图 9-18　Cu-10Ni-3.0Al-0.8Si 合金在 650℃等温处理的 TEM 照片

(a)明场相，ST+650℃ IT/30 s；(b)图(a)的 SADP；(c)晶内明场像，ST+650℃ IT/900 s；(d)晶界明场像，ST+650℃ IT/900 s；(e)晶内 Ni_3Al 的高分辨照片(HRTEM)；(f)晶界 Ni_2Si 的 HRTEM；(g)明场相，ST+650℃ IT/900 s+500℃ AG/8 h；(h)图(g)的 SADP

Ni 原子在 550℃时的扩散速率较慢，当等温时间很短时(30s)，Ni 原子未能扩散迁移至该 $\delta-Ni_2Si$ 粒子附近，因此该 $\delta-Ni_2Si$ 粒子附近的形核受到了抑制，形成了无沉淀析出区。Ni_3Al 和 $\delta-Ni_2Si$ 析出相与基体的位相关系为：$[001]_{Cu} \parallel [001]_{Ni_3Al} \parallel [001]_{\delta}$，$(110)_{Cu} \parallel (110)_{Ni_3Al} \parallel (010)_{\delta}$ 和 $(1\bar{1}0)_{Cu} \parallel (1\bar{1}0)_{Ni_3Al} \parallel (100)_{\delta}$。等温时间延长至 900 s 后合金基体中的析出相仍为 Ni_3Al 和 $\delta-Ni_2Si$ 相，且具有无衬度线的 Ni_3Al 相仍与基体保持共格，粒径约为 40 nm；而 $\delta-Ni_2Si$ 析出相的平均粒径增长至约 100 nm。此外，晶界处发生了不连续析出，该不连续析出相为 $\delta-Ni_2Si$，其粒径约为 200 nm。合金 550℃等温处理 900 s 后于 500℃时效8 h 后，晶内析出的 Ni_3Al 相粒径仍约为40 nm，晶内大部分 $\delta-Ni_2Si$ 平均粒径仍约为 100 nm，但少数 $\delta-Ni_2Si$ 粒子急剧长大，粒径增加至约 400 nm；由晶界处析出相的衍射花样可确定不连续析出相为 $\delta-Ni_2Si$。

合金在 650℃等温处理的典型组织透射电镜照片如图 9－18 所示。可见，析出相仍为 Ni_3Al 和 $\delta-Ni_2Si$ 相。与 ST＋550℃IT/30 s 合金相比，ST＋650℃IT/30 s 合金析出相的平均粒径均有所增加，分别约为 25 nm 和 60 nm。650℃等温 900 s 后，晶内析出相的种类没有改变，晶界同样发生不连续析出。晶内析出的 $\delta-Ni_2Si$ 与基体为非共格关系，其平均粒径约为 250 nm；Ni_3Al 相与基体保持共格关系，其粒径长大至 50 nm；晶界 $\delta-Ni_2Si$ 析出相粒径约为 400 nm。ST＋650℃IT/30 s＋500℃AG/8 h 合金晶内析出的 Ni_3Al 相约为 50 nm，晶内的 Ni_2Si 相粒径增加至 70 nm，晶界处 $\delta-Ni_2Si$ 相急剧长大，平均粒径约为 500 nm。

图 9－19 示出了合金在 750℃等温处理的透射电镜照片。可见，等温处理 30 s，基体中析出了 Ni_3Al 和 $\delta-Ni_2Si$ 两种析出相，这些第二相的粒径均约为 15 nm。等温处理 900 s，基体中粗大 Ni_2Si 相粒径约为 400 nm，共格的 Ni_3Al 平均粒径约为 100 nm，晶界处发生不连续析出(Cellular Structure)，部分晶粒出现了胞状析出。合金经 ST＋750℃IT/900 s＋500℃AG/8 h 处理后，晶内析出了大量细小的 $\delta-Ni_2Si$ 和 Ni_3Al 相，其粒径均约为 40 nm。晶界 $\delta-Ni_2Si$ 析出相粒径约为 150 nm，比 650℃等温处理后的晶界析出相尺寸小。

由上述 TTP 曲线、电导率、硬度以及微观组织的分析可知，合金低于 622℃以下进行等温处理时，析出相的形核率很高，但长大速率很低，故能形成大量较细小的 Ni_3Al 和 $\delta-Ni_2Si$ 粒子，并使合金基体残留的溶质过饱和度大大降低，从而使合金获得较高的强度和电导率；由于基体等温处理后的过饱和度较低，在后续时效过程中析出的第二相很少，因此时效后硬度和电导率的增量较少。综合等温处理和时效处理对硬度和电导率的贡献，合金在低温区等温和时效处理后，最终的硬度和电导率较高。

合金在高于 692℃的温度等温处理，由于第二相形核率很低，长大速率很快，因此合金在高温区等温处理后硬度和电导率很低，基体保留的过饱和度很高；后

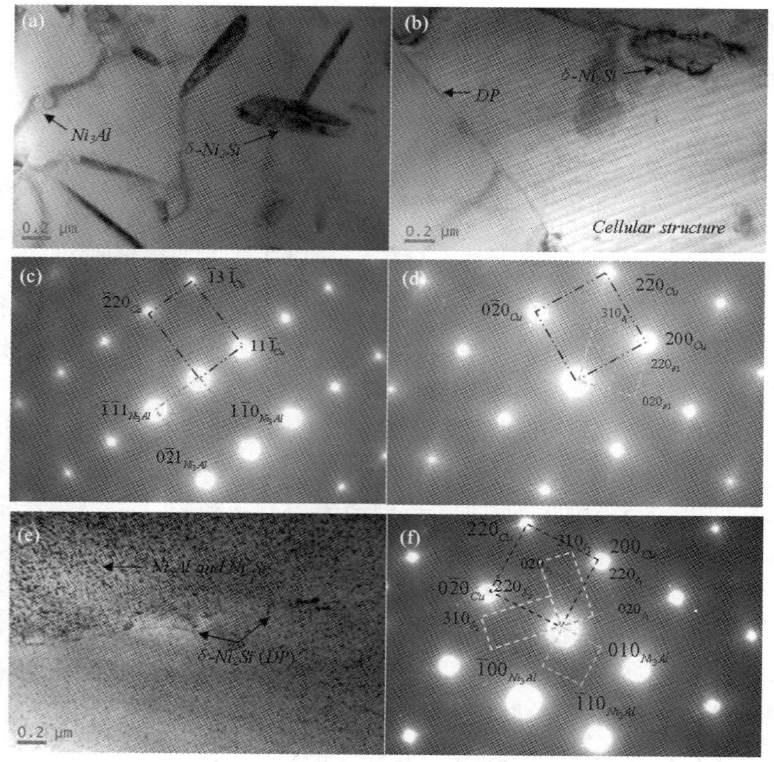

图 9－19　Cu－10Ni－3.0Al－0.8Si 合金在 750℃等温处理的 TEM 照片

(a)明场像，ST＋750℃ IT/30 s；(b)图(a)的 SADP；(c)晶内明场像，ST＋750℃ IT/900 s；(d)晶界明场像，ST＋750℃ IT/900 s；(e)明场像，ST＋750℃ IT/900 s＋500℃ AG/8 h；(f)图(e)的 SADP

续 500℃时效处理时，过饱和固溶体继续分解，析出大量粒径约为 20 nm 的Ni_3Al和 δ－Ni_2Si 粒子，这些细小弥散的第二相对位错的运动有很强的阻碍作用，能够大幅度提高合金的强度，因此合金经高温等温和时效处理后，硬度也很高。

合金在鼻尖区 622～692℃等温处理时，析出相的形核率和长大速率均较高，析出相的粒径较为粗大，晶界处发了不连续析出，形成了大量粗大的 δ－Ni_2Si 相；在后续时效过程中，有效析出相的体积分数变小，不连续析出相急剧长大，而且粗大析出相对合金强度的贡献很小，导致合金在等温和后续时效处理后硬度急剧下降。因此，Cu－10Ni－3.0Al－0.8Si 合金，应避开具有淬火敏感性的温度区进行热处理。

9.3.6　Cu - Ni - Al 合金的相变及析出贯序[25]

9.3.6.1　450℃时效

图 9 - 20 示出了 Cu - 10Ni - 3.0Al - 0.8Si 合金经固溶处理后在 450℃时效 30 s 的明场像及相应的衍射花样。可见，基体中形成了明暗相间的花呢状衬度，对应的选区电子衍射花样中出现了沿着$[100]_{Cu}$和$[0\bar{1}0]_{Cu}$方向的调幅斑，表明合金发生了调幅分解。图 9 - 20(c)的晶格条纹相显示基体中形成了微孪晶。这些微孪晶是淬火应力在时效过程中释放而形成的，它们会阻碍位错的运动，从而提高合金的强度。

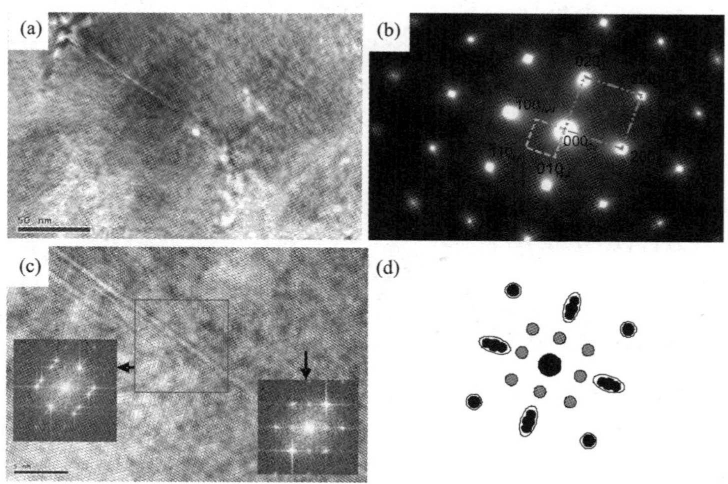

图 9 - 20　Cu - 10Ni - 3.0Al - 0.8Si 合金在 450℃时效 30s 的 TEM 照片

(a)明场像；(b)图(a)的 SADP；(c)HRTEM；(d)模拟衍射花样

合金在 450℃时效 1 min 后基体中开始析出大量纳米粒子，这些粒子与基体共格，粒径约为 3 nm，由高分辨像[图 9 - 21(b)]可知此粒子为 Ni_3Al 相。当时效时间延长至 5 min 后，基体中除析出了 Ni_3Al 相外，还析出了 $\delta - Ni_2Si$ 相，如图 9 - 21(f)所示。

时效时间继续延长，直至 64 h(图 9 - 22)，由衍射斑点和高分辨像的标定可见，析出相种类、结构以及位相关系并没有发生变化。Ni_3Al 相和 $\delta - Ni_2Si$ 相仍与基体保持共格，只是有所长大。时效时间长达 64 h，晶界上仍然没有不连续析出，表明 450℃时效时，合金可能仅发生连续析出。

9.3.6.2　550℃时效

固溶态合金在 550℃时效 30 s 时，基体未见调幅分解产生的衬度，但基体中

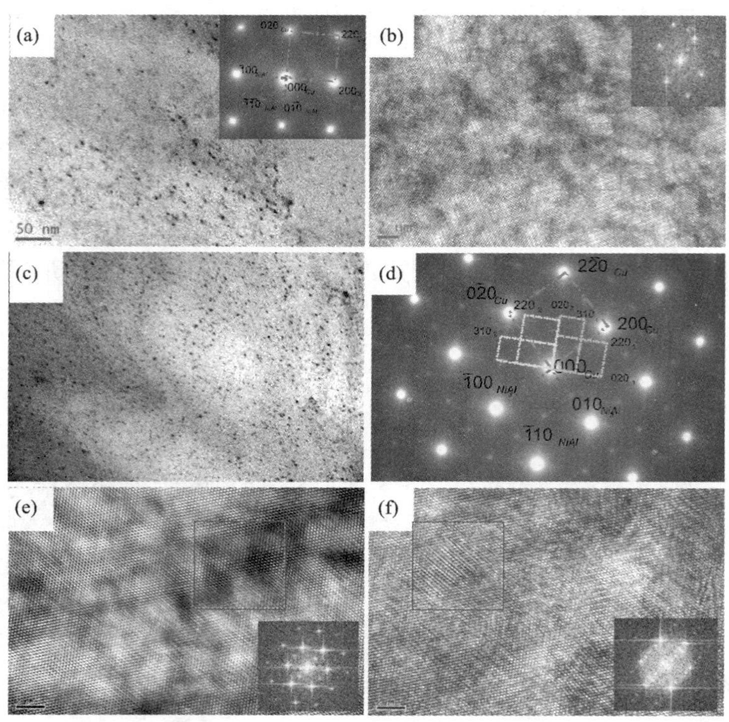

图 9－21　Cu－10Ni－3.0Al－0.8Si 合金在 450℃时效 1 min 和 5 min 的 TEM 照片

(a)明场像，ST＋450℃ AG 1 min；(b)HRTEM，ST＋450℃ AG 1 min；(c)明场像，ST＋450℃ AG 5 min；(d)图(c)的 SADP；(e)Ni_3Al 相的 HRTEM，ST＋450℃ AG 5 min；(f)Ni_2Si 相的 HRTEM，ST＋450℃ AG 5 min

析出了大量纳米级 Ni_3Al 粒子，其粒径约为 2 nm，与基体完全共格[图 9－23(a)、(b)]。时效 1 min 后，Ni_3Al 析出相的粒径约为 4 nm，且晶内开始出现 $\delta-Ni_2Si$ 相，晶界处也发生了不连续析出，如图 9－23(c)、(d)所示。其高分辨照片表明 Ni_3Al 和 $\delta-Ni_2Si$ 两种析出相均与基体保持共格，从[001]$_{Cu}$带轴观察时 $\delta-Ni_2Si$ 相具有两个互相垂直的变体，粒径约为 5 nm。可见，升高时效温度能够加快第二相的析出和长大速度，并且能够促进晶界不连续析出。

当时效时间延长至 30 min，晶内析出的 $\delta-Ni_2Si$ 和 Ni_3Al 相分别长大至15 nm 和 8 nm [图 9－24(a)]。从[111]$_{Cu}$带轴观察时 $\delta-Ni_2Si$ 具有三种互成 60°的变体。晶界不连续析出 $\delta-Ni_2Si$ 相，粒径约为 80 nm，见图 9－24(b)。

9.3.6.3　650℃时效

时效温度达 650℃，时效 30 s 后，Ni_3Al 和 $\delta-Ni_2Si$ 就已经从晶内析出，且晶界处发生不连续析出，该不连续析出相仍为 $\delta-Ni_2Si$，其粒径可达200 nm以上[图

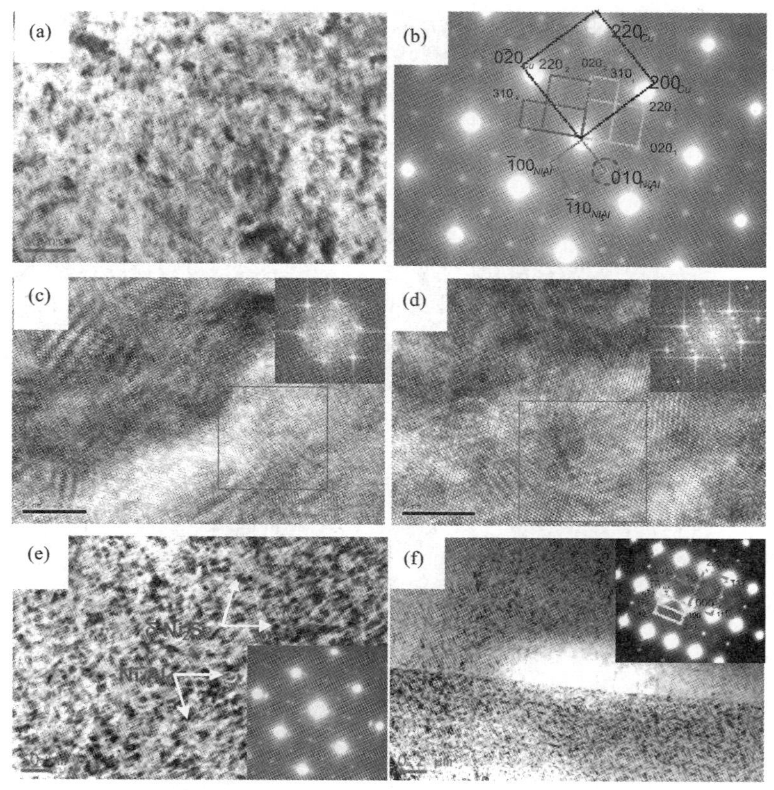

图9－22 Cu－10Ni－3.0Al－0.8Si合金在450℃时效8 h和64 h的TEM照片

(a)明场像，ST＋450℃AG 8 h；(b)图(a)的SADP；(c)Ni_3Al的HRTEM，ST＋450℃AG 8 h；(d)Ni_2Si的HRTEM，ST＋450℃AG 8 h；(e)晶内明场像，ST＋450℃AG 64 h；(f)晶界明场像，ST＋450℃AG 64 h

9－25(b)]。时效时间延长至15 min，由图9－25(e)可见，Ni_3Al和$\delta-Ni_2Si$相均明显粗化。

9.3.6.4 750℃**时效**

合金在750℃时效30 s后仅发生了连续析出，析出相为Ni_3Al和$\delta-Ni_2Si$，其粒径均约为8 nm[图9－26(a)、(b)]。时效时间延长至15 min后，$\delta-Ni_2Si$粒子迅速长大至80 nm，且部分晶粒发生了胞状析出。对应的电子衍射花样中未观察到Ni_3Al的斑点。根据Cu－Ni－Al合金相图，Ni_3Al相的固溶温度接近780℃；Ni_3Al相在热力学上是亚稳定相，此时的时效温度已经接近其固溶温度，因此保温时间较长，这些细小的Ni_3Al相发生回溶。

通过对固溶态合金在不同温度下时效时的典型微观组织和选区电子衍射花样

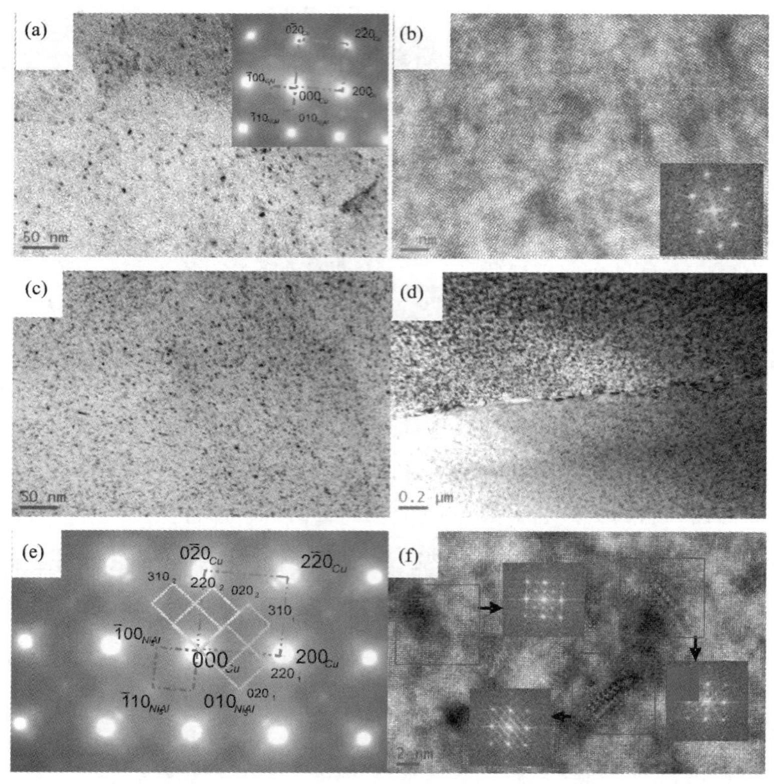

图 9 – 23　Cu – 10Ni – 3.0Al – 0.8Si 合金在 550℃时效 30 s 和 1 min 的 TEM 照片

(a)明场像，ST + 550℃ AG 30 s；(b) Ni_3Al 相的 HRTEM，ST + 550℃ AG 30 s；(c) 晶内明场像，ST + 550℃ AG 1 min；(d) 晶界明场像，ST + 550℃ AG 1 min；(e) 图(c)的 SADP；(f) HRTEM，ST + 550℃ AG 1 min

分析，可总结出 Cu – 10Ni – 3.0Al – 0.8Si 合金在不同时效温度下的相变贯序：在 450℃的析出贯序为，时效 30 s 后合金发生调幅分解，并且析出具有 $L1_2$有序结构的 Ni_3Al 相；时效时间延长至 5 min 后，晶内析出 $\delta - Ni_2Si$ 相。时效温度升高至 550℃，时效 30 s 后析出连续的 Ni_3Al 相；时效时间延长至1 min，合金晶内析出连续的 $\delta - Ni_2Si$ 相，并且晶界处发生不连续析出，析出相为 $\delta - Ni_2Si$，但析出相的结构没有发生变化。时效温度升高至 650℃，时效30 s后合金基体中即析出连续的 $\delta - Ni_2Si$ 和 Ni_3Al 相，并且晶界处发生不连续析出；时效温度继续升高至 750℃，时效 30 s 后析出连续的 $\delta - Ni_2Si$ 和 Ni_3Al 相，时效时间延长至 15 min，亚稳定的 Ni_3Al 发生回溶并且合金发生了胞状析出。

Cu – 10Ni – 3.0Al – 0.8Si 合金的时效析出行为可以通过相变经典形核理论来解释。新相的析出动力主要来源于新相与母相的体积自由能之差，新相形核的阻

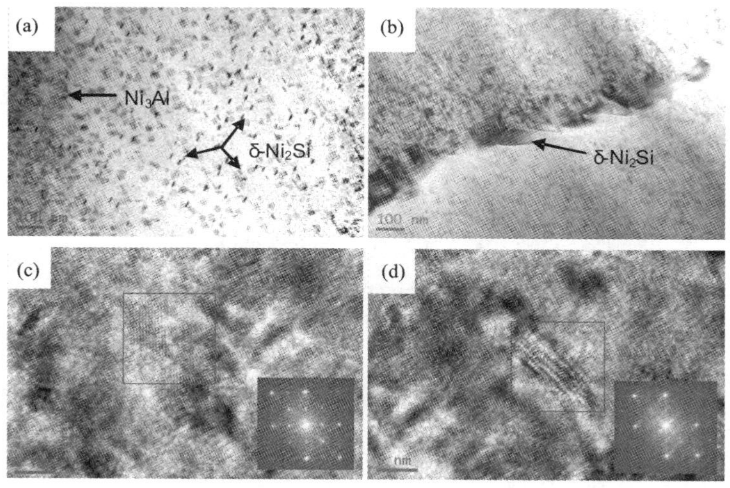

图9－24 Cu－10Ni－3.0Al－0.8Si经ST＋550℃AG 30 min处理的合金的TEM照片

(a)晶内明场像；(b)晶界明场像；(c)Ni_3Al的HRTEM；(d)Ni_2Si的HRTEM

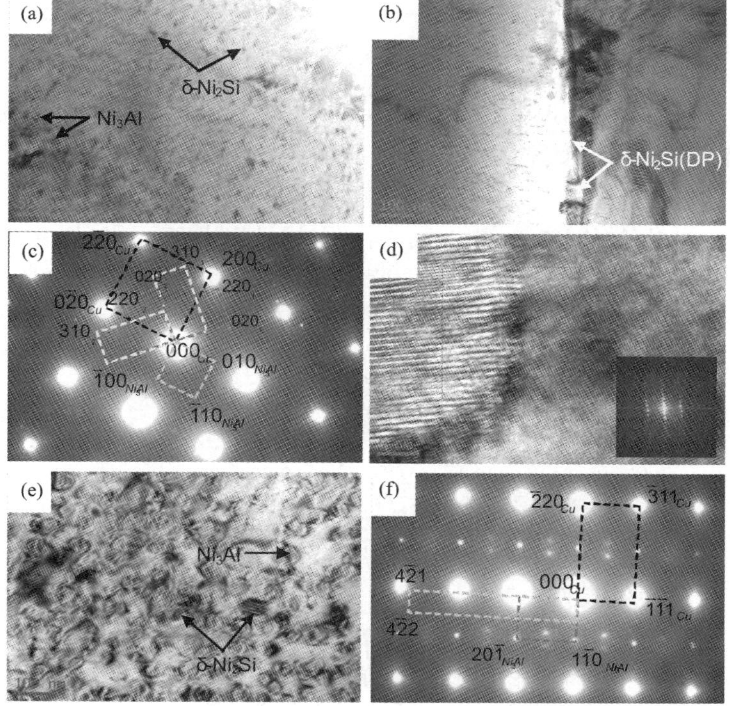

图9－25 Cu－10Ni－3.0Al－0.8Si合金在650℃时效的TEM照片

(a)晶内明场像，ST＋650℃AG30 s；(b)晶界明场像，ST＋650℃AG30 s；(c)图(a)的SADP；(d)晶界Ni_2Si的HRTEM，ST＋650℃AG30 s；(e)明场像，ST＋650℃AG15 min；(f)图(e)的SADP

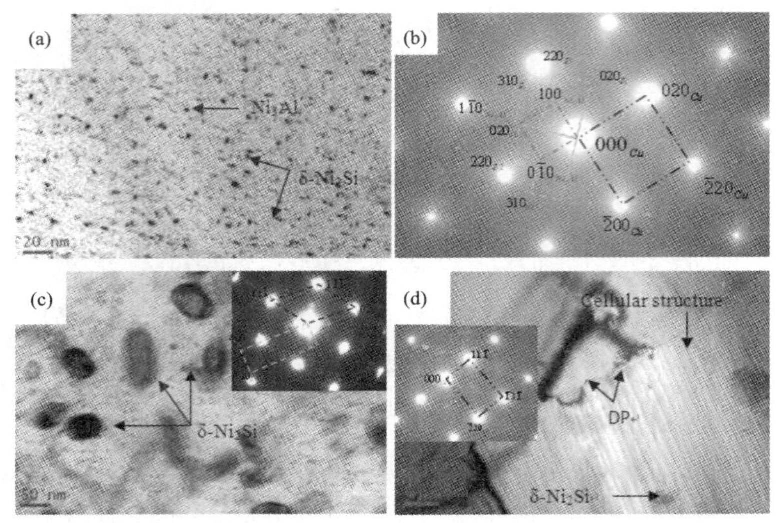

图 9-26　Cu-10Ni-3.0Al-0.8Si 合金在 750℃时效的 TEM 照片

(a)明场像，ST+750℃AG30 s；(b)图(a)的 SADP；(c)晶内明场像，ST+750℃AG15 min；(d)晶界明场像，ST+750℃AG15 min

力包括弹性应变能和界面能，即[28]：

$$\Delta G = \Delta G_V + EV + \gamma S \tag{9-9}$$

式中，ΔG_V为体积自由能之差；V 为新相体积；S 为新相表面积；E 为单位体积弹性应变能界面能；γ 为单位面积的界面能；ΔG 为体系的自由能变化值。

可见，只有当体积自由能之差大于相变阻力，即大于总界面能和总弹性应变能之和，新相才能从基体中形核析出。假定时效初期形核的第二相为球形粒子，并与基体保持共格或半共格，因此这些第二相粒子界面能远小于弹性应变能，计算中可以忽略不计。新相单位体积弹性应变能 E 可以表示为[29]：

$$E = \frac{6A(1+\nu)}{\{A(1+\nu)+2(1-2\nu)\}} G\varepsilon^2 \tag{9-10}$$

式中，A 为第二相的弹性常数；ν 为泊松比；ε 为第二相与基体之间的错配度；G 为剪切模量。计算结果列于表 9-3。

表 9-3　化合物的单位体积弹性应变能

化合物	NiAl	Ni_3Al	o-NiSi	δ-Ni_2Si	β-Ni_3Si
$E/(kJ \cdot m^{-3})$	1082.7	327.9	6633.6	92.3	2073.4

可见，Ni_3Al 和 $\delta-Ni_2Si$ 的弹性应变能要远低于其他几种化合物，因此，这两种析出相的形核阻力较小，更容易从基体中析出。此外，Sierpiński 等[30]观察到 Cu－10Ni－3Al 合金中亚稳态的 Ni_3Al 在时效后期发生回溶，稳态的 NiAl 相在再结晶晶粒的晶界处形核析出，但本研究中除了观察到 Ni_3Al 和 $\delta-Ni_2Si$ 的连续析出、晶界不连续析出 $\delta-Ni_2Si$ 以及胞状组织以外，未观察到 NiAl 相形核。这是由于 $\delta-Ni_2Si$ 的弹性应变能远低于 NiAl 相，因此 Cu－10Ni－3Al－0.8Si合金中加入的 Si 元素，能够促进 $\delta-Ni_2Si$ 的形核和长大，并导致基体贫化，降低了基体中 Ni 原子的浓度，从而抑制了 NiAl 相的析出。

9.3.7　Cu－Ni－Al 合金的形变热处理[25, 31]

9.3.7.1　单级时效

图 9－27 示出了固溶态合金冷轧(CR)50% 后再在不同温度时效的硬度和电导率变化曲线。可见，短时时效就能使 Cu－Ni－Al－Si 合金硬度迅速升高，到达峰值(约为 350 HV)所需时间均不超过 2 h。时效温度越高，硬度峰值越低，到达峰值所需的时间也越短。如当时效温度从 450℃ 升高到 500℃ 时，到达硬度峰值时间由 2 h 缩短至 30 min，硬度则由 354 HV 降至 350 HV。此后，合金的硬度值逐渐降低；时效温度越高，硬度下降越快。合金的电导率则随着时效时间的延长而逐渐增加[图 9－27(b)]，并且时效温度越高，电导率的上升速率越快[32]。

图 9－27(c)～(f)示出了冷变形量增大到 65% 和 80% 时，对时效过程中硬度和电导率变化规律的影响。总的来说，增大冷轧变形量，加快了时效进程，使得合金到达硬度峰值的时间缩短，电导率上升速率加快。例如，冷轧 65% 和 80% 的合金在 450℃ 时效时达到硬度峰值时间缩短至 30 min 和 15 min，时效 8 h 后电导率达到 15.7% IACS 和 18.0% IACS。

根据经典形核理论，第二相在基体中的形核率可以表示为

$$N = N_0 \upsilon \exp(-\Delta G_H/kT)\exp(-\Delta G_A/kT) \qquad (9-11)$$

长大速率可以表示为

$$u = \delta \upsilon \exp(-Q/T)^{[33]} \qquad (9-12)$$

式中，N 为第二相的形核率；N_0 为基体中单位体积的原子数目；υ 为原子振动频率；ΔG_H 为形核功；ΔG_A 为扩散激活能；k 为玻尔兹曼常数；u 为第二相的长大速率；δ 为单层原子的厚度；Q 为母相进入新相的激活能。可见第二相的形核率与形核功成反比。

合金晶粒在冷变形过程中发生破碎，并产生大量的位错、空位等晶体缺陷，导致合金的内应力和变形储能增加。通常而言，空位能够加速溶质元素扩散，而位错、晶界、空位等晶体缺陷能够提高体系的自由能，降低第二相的形核功，从而使第二相的形核率增加。时效初期，在时效时间和时效温度相同的前提下，冷

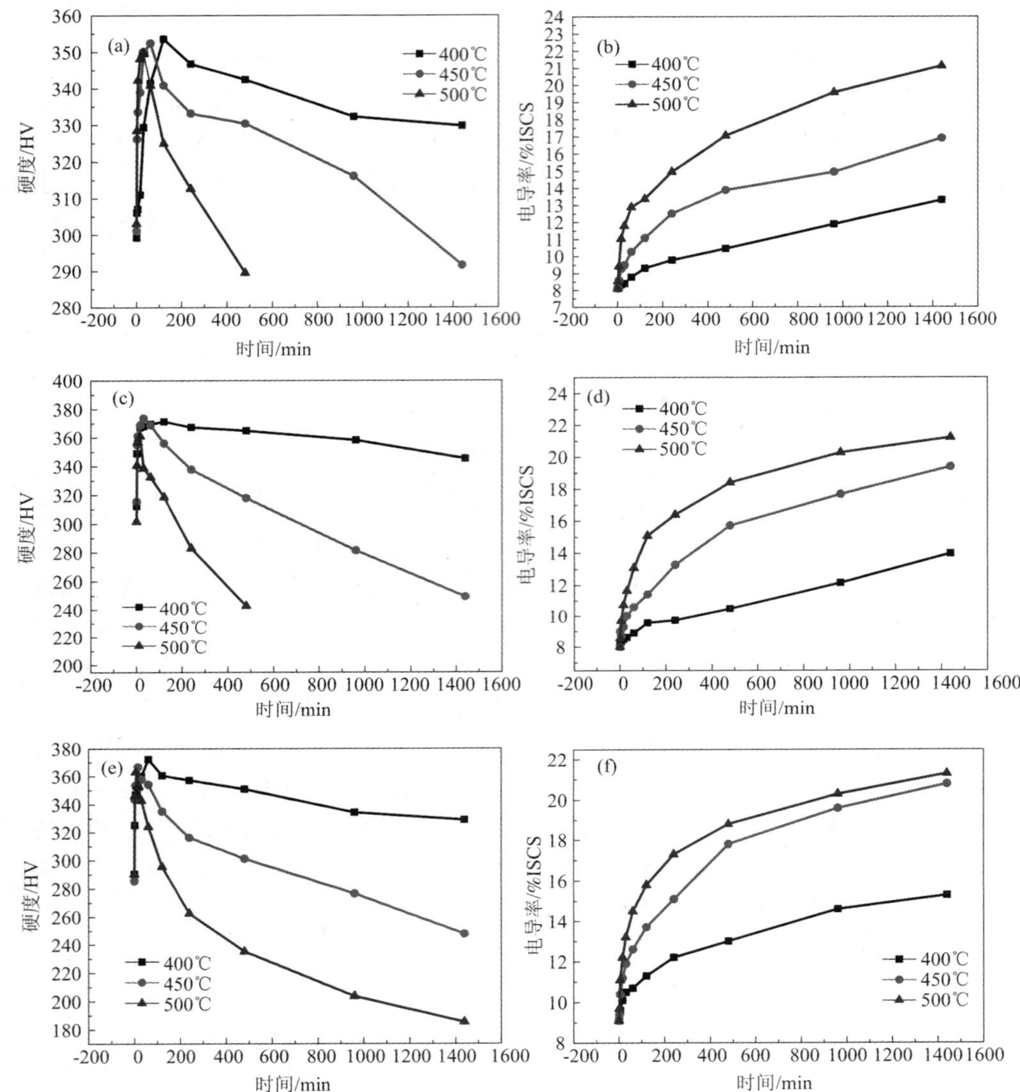

图 9-27　经单级时效工艺处理的 Cu-10Ni-3.0Al-0.8Si 合金的硬度和电导率变化曲线

(a)硬度 ST+50% CR；(b)电导率 ST+50% CR；(c)硬度 ST+65% CR；
(d)电导率 ST+65% CR；(e)硬度 ST+80% CR；(f)电导率 ST+80% CR

变形程度增加，晶粒得到细化、晶体缺陷增多、变形储能加大，因此第二相形核率和驱动力增大，析出的第二相体积分数增多，合金的硬度值增高。随着时效时间延长，第二相逐渐长大，使合金的硬度下降、电导率升高。与冷变形 50% 的合金相比，80% 冷变形引入的缺陷更多，贮能更大，因而第二相析出速率加快，更容易过时效。温度升高，扩散激活能增加，溶质元素的扩散速率增大，使形核率和长大速率增加，硬度和电导率的升高速率增加。

合金经ST＋80%CR＋450℃AG15 min处理的透射电镜和金相显微组织照片如图9－28所示。可见，过饱和固溶体分解析出弥散的Ni_3Al和$\delta-Ni_2Si$相，这些析出相的粒径非常细小，约为10 nm[图9－28(a)]；合金基体未发生明显的再结晶[图9－28(b)]，仍为加工纤维组织，因此合金的硬度很高。合金经ST＋80%CR＋450℃AG8 h后，析出相仍为Ni_3Al和$\delta-Ni_2Si$，但析出相的粒径明显粗化，分别为50 nm和100 nm，同时合金的基体发生了再结晶[图9－28(c)、(d)]。因此时效时间延长导致硬度值降低。

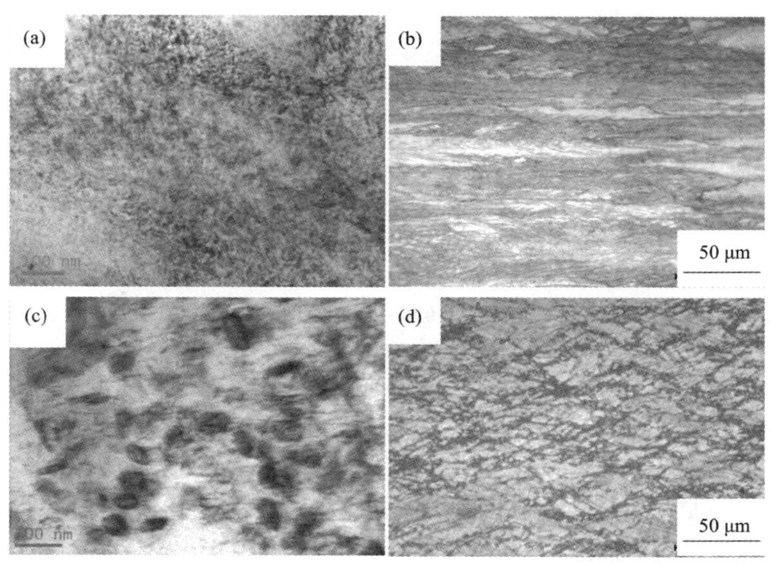

图9－28　经单级时效工艺处理后Cu－10Ni－3.0Al－0.8Si合金的OM及TEM照片

(a)TEM，ST＋450℃AG 15 min；(b)OM，ST＋450℃AG 15 min；(c)TEM，ST＋450℃AG 8 h；(d)OM，ST＋450℃AG 8 h

根据单级时效工艺硬度和电导率的实验结果，合金获得硬度峰值的时效工艺为ST＋80%CR＋450℃AG15 min；获得最佳综合性能的单级时效工艺为ST＋80%CR＋450℃AG8 h。采用上述工艺处理的合金，其应力－应变曲线示于图9－29。由图可见，外加拉应力加载初始阶段，合金受到的应力随着应变的增大而增加；应变增加到足够大时，应力－应变曲线出现了一个平台；应变继续增加，合金所受的应力基本不变，直至试样发生断裂。合金采用单级时效工艺获得的综合性能列于表9－4。

表 9-4　单级时效工艺处理的 Cu-10Ni-3.0Al-0.8Si 合金的综合性能

热处理工艺	硬度 /HV	电导率 /%IACS	抗拉强度 /MPa	屈服强度 /MPa	延伸率 /%
ST+80% CR+450℃ AG 15 min	381	10.1	1124	1100	1.3
ST+80% CR+450℃ AG 8 h	308	18.4	951	930	2.8

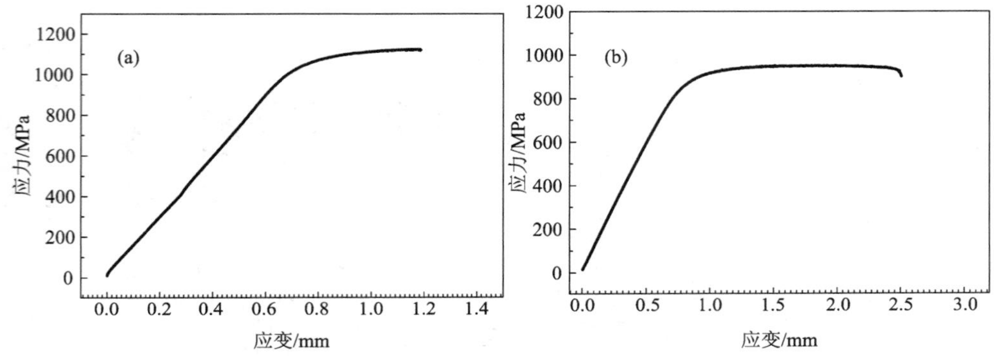

图　9-29 单级时效处理的 Cu-10Ni-3.0Al-0.8Si 合金的应力-应变曲线

(a)ST+80% CR+450℃AG 15 min；(b) ST+80% CR+450℃ AG 8 h

经不同单级时效工艺处理后合金的断裂方式均为准解理断裂。由图 9-30(a)、(b)可知，ST+80%CR+450℃ AG 15 min 后准解理断面较粗糙，形成了大量小而浅的韧窝，韧窝的大小约为 2 μm，并出现了解理台阶。ST+80% CR+450℃ AG 8 h 时，断面相对较平整[图 9-30(c)]，高倍像下可见断面中韧窝深度较深，且韧窝明显增大，约为 4 μm[图 9-30(d)]。韧窝的增大导致了合金的延伸率升高。

9.3.7.2　预时效

图 9-31 为 Cu-10Ni-3.0Al-0.8Si 合金经三种预时效工艺后，进行大变形冷轧并在 400~500℃终时效的硬度和电导率变化曲线。可见，经 450℃预时效1 h 合金的硬度值为 197 HV，电导率为 11.5% IACS；再经冷轧 80% 后，硬度增加至 312 HV，而电导率降低至 10.2% IACS。在最终时效过程中，合金的硬度迅速升高，时效 5 min 左右即到达峰值，随后硬度逐步下降，且终时效温度越高，下降速率越快。与不经预时效的合金相比，经预时效的合金，其在终时效过程中，硬度的下降速度和电导率增加的速率均略有加快。经 450℃ 预时效 8 h 和 550℃ 预时效 15 min 的合金，终时效的硬度和电导率变化规律与 450℃预时效 1 h 的合金类

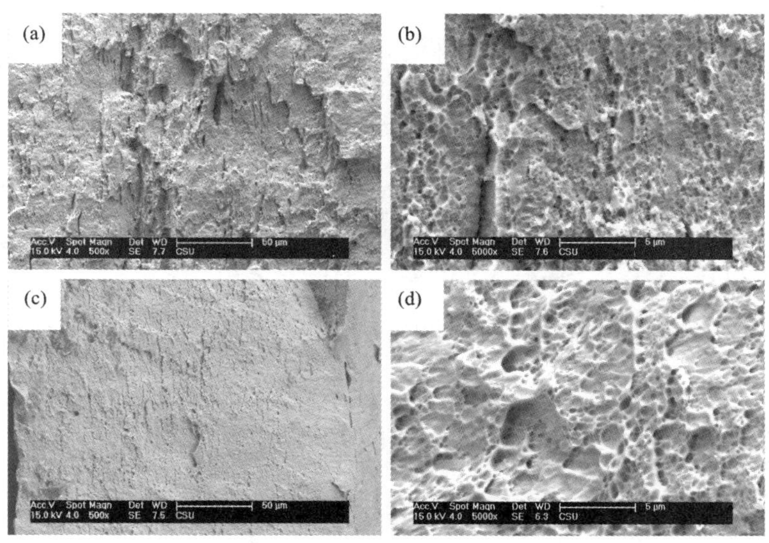

图 9－30　经单级时效处理的 Cu－10Ni－3.0Al－0.8Si 合金的断口形貌

(a)和(b)ST＋80% CR＋450℃ AG 15 min；(c)和(d)ST＋80% CR＋450℃ AG 8 h

似。此外，在终时效过程中，450℃预时效 8 h 处理后的合金电导率增加速率较快，最终获得的电导率值较高；550℃预时效 15 min 处理后的合金硬度的降低速率明显减缓，电导率的增加速率加快，能够获得相对优良的综合性能。

合金经不同预时效工艺处理后，获得的部分硬度和电导率结果如表 9－5 所示。可见，经预时效处理后的合金，强度能够得到保证的同时，其电导率略有提高。这是由于合金经固溶并预时效处理后，合金的电导率已经得到了一定程度的提高，经过随后的 80% 冷轧和二次时效，第二相进一步从基体中析出，使电导率继续升高，并且预时效的粒子能够阻碍位错和晶界的运动，起到延缓过时效的作用。经 450℃预时效处理的合金，由于预时效温度较低、时间较短，预时效析出的第二相粒子非常细小，在随后的冷轧和二次时效过程中发生回溶并重新从基体中析出[34]，因此 450℃预时效处理的合金抗过时效性能较差，硬度下降速度较快，并且 450℃时效时间越长，合金越容易过时效。合金经 550℃预时效 15 min 处理后，析出相的粒径约为 20 nm，这些粒子在随后的冷轧和低温时效时难以发生回溶。此外，高温预时效后合金基体的过饱和度较高，析出相的密度较低，因此在低温时效过程中，能够析出更多弥散细小的第二相粒子，这些大小不一的析出相粒子阻碍位错和晶界位错的能力更强[35]，因此 550℃预时效 15 min 的合金综合性能最好。

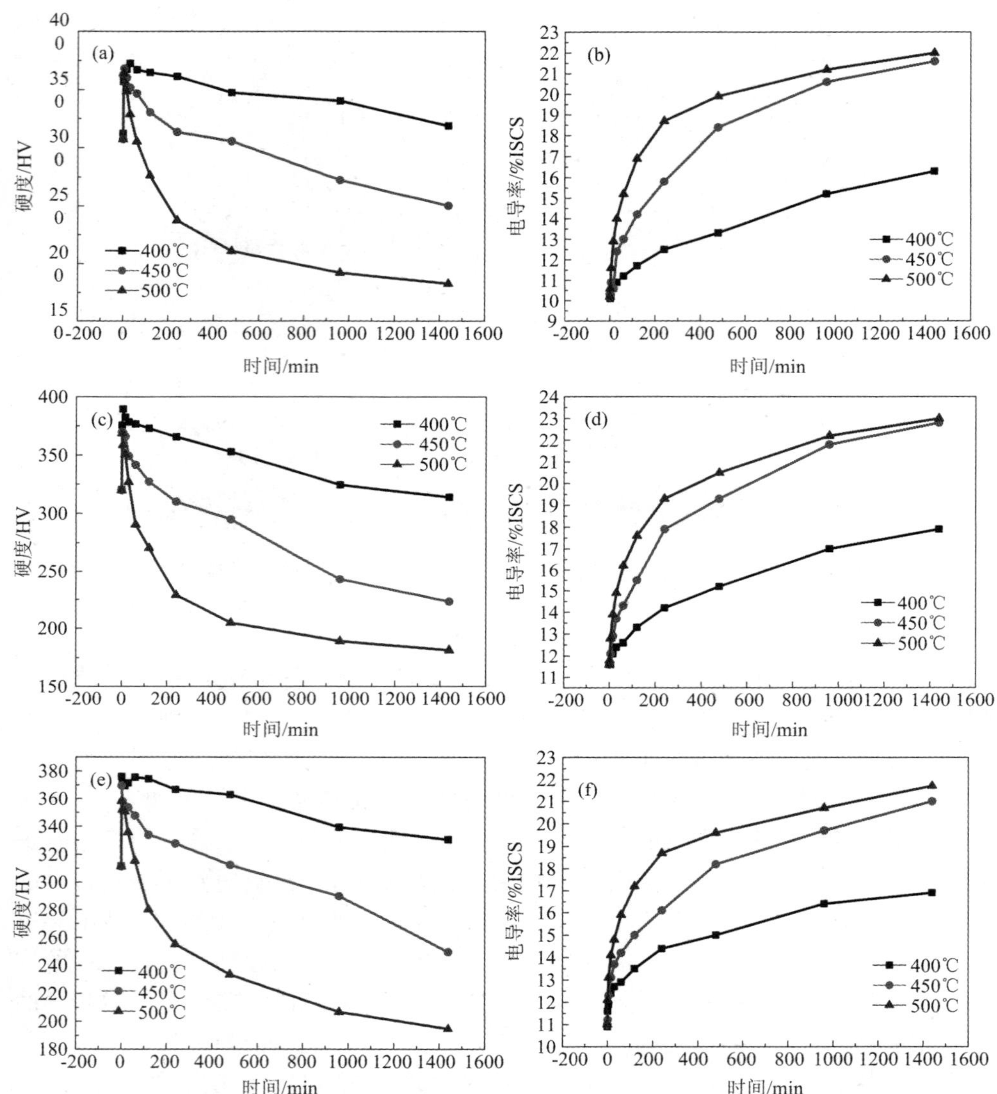

图 9-31　经预时效处理的 Cu-10Ni-3.0Al-0.8Si 合金的硬度和电导率变化曲线

(a)硬度，ST+450℃AG 1 h+80% CR；(b)电导率，ST+450℃AG 1 h+80% CR；

(c)硬度，ST+450℃AG 8 h+80% CR；(d)电导率，ST+450℃AG 8 h+80% CR；

(e)硬度，ST+550℃AG 15 min+80% CR；(f)电导率，ST+550℃AG 15 min+80% CR

表 9－5　经预时效处理 Cu－10Ni－3.0Al－0.8Si 合金的硬度和电导率

预时效工艺	时效时间	0 min	1 min	5 min	15 min	1 h	4 h	8 h	24 h
未经预时效	硬度/HV	285	343	353	366	354	316	301	247
	电导率/% IACS	9.1	9.4	10.4	11.2	12.6	15.1	18.0	21.2
450℃ 1 h	硬度/HV	307	363	368	360	346	313	305	240
	电导率/% IACS	10.2	10.2	10.9	10.6	13.0	15.8	18.2	21.6
450℃ 8 h	硬度/HV	320	369	369	366	341	309	294	22
	电导率/% IACS	11.6	11.7	12.3	12.9	14.3	18.0	19.3	22.8
550℃ 15 min	硬度/HV	311	369	357	354	347	327	312	249
	电导率/% IACS	11.0	11.2	12.2	13.0	14.2	16.1	18.4	21.0

图 9－32 示出了不同预时效处理后合金的拉伸应力－应变曲线。合金的硬度、电导率及拉伸性能数据列于表 9－6。可见，与 450℃预时效 8 h 相比，合金经 450℃预时效 1 h 后，其硬度、抗拉强度和屈服强度较高，而电导率和延伸率较低。

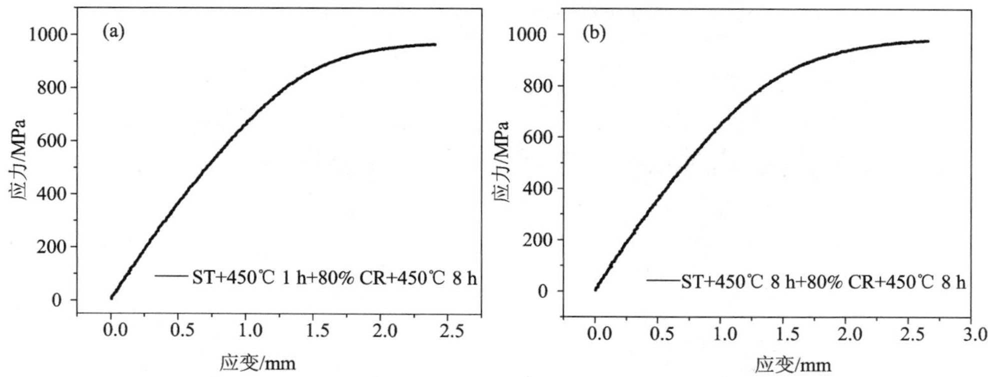

图 9－32　经预时效处理 Cu－10Ni－3.0Al－0.8Si 合金的应力－应变曲线

(a) ST＋450℃ AG 1 h＋80% CR＋450℃ AG 8 h；(b) ST＋450℃ AG 8 h＋80% CR＋450℃ AG 8 h

表 9-6 经预时效处理 Cu-10Ni-3.0Al-0.8Si 合金的综合性能

热处理工艺	硬度/HV	电导率/% IACS	抗拉强度/MPa	屈服强度/MPa	延伸率/%
ST+450℃ AG 1 h +80% CR+450℃ AG 8 h	305	18.3	1023	983	2.4
ST+450℃ AG 8 h +80% CR+450℃ AG 8 h	302	19.5	997	966	2.6

Cu-10Ni-3.0Al-0.8Si 合金经过预时效处理、冷变形并终时效后的断口形貌如图 9-33 所示。可知，合金均发生准解理断裂。450℃预时效 1 h 处理后合金断面出现了大量的解理台，解理台阶上形成了大量小而浅的韧窝，韧窝尺寸约为 0.6 μm，该合金硬度和强度较高，而延伸率较低。经 450℃预时效 8 h 处理，合金的断面比较平滑，未观察到明显的解理台阶，韧窝大小约为1 μm，因此该合金强度较低，而延伸率较高。

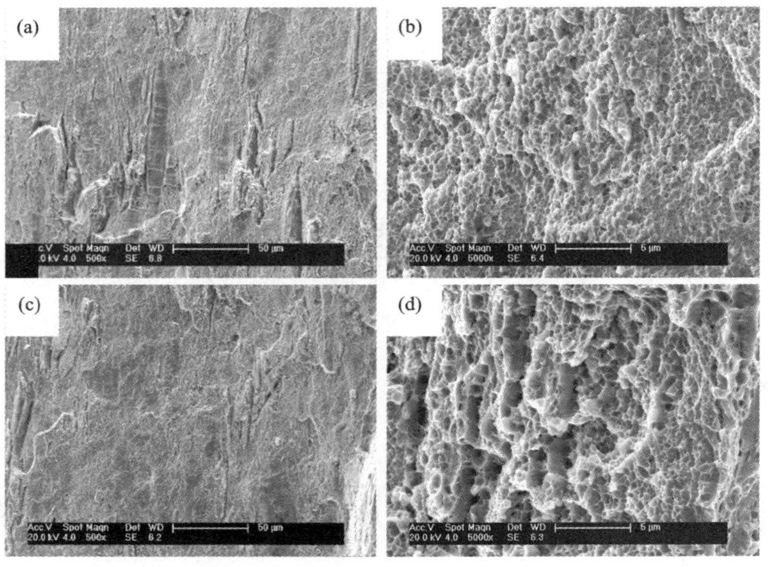

图 9-33 经预时效处理 Cu-10Ni-3.0Al-0.8Si 合金的断口形貌

(a)ST+450℃AG 1 h+80% CR+450℃AG 8 h；(b)ST+450℃AG 8 h+80% CR+450℃AG 8 h

9.3.7.3 组合时效

图 9-34 示出了经 ST+50% CR+450℃ AG 8 h+60% CR 合金在 400～500℃

二次时效过程中的硬度和电导率变化曲线。该组合时效工艺中两次冷变形的总变形量为 80%。合金经二次冷轧后硬度升高至 340 HV，导电率为 12.8% IACS，比 ST＋80% CR 合金分别提高了 25 HV 和 4.9% IACS。这是由于组合时效的合金一次时效过程中，析出的第二相降低了基体中溶质元素的固溶度，这些析出相与冷变形过程中产生的位错发生交互作用，使加工硬化效果提高。随后进行二次时效时，硬度和电导率变化规律与单级时效类似，但达到的硬度峰值较高，电导率升高速率较快，得益于加工储能的增加和位错密度的增加，使溶质原子进一步从合金基体中弥散析出。

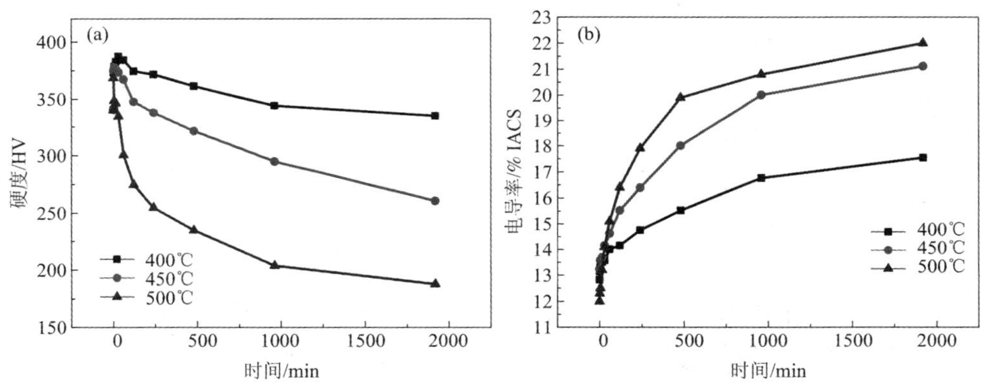

图 9－34　经组合时效处理的合金 Cu－10Ni－3.0Al－0.8Si 硬度和电导率变化曲线

(a)硬度；(b)电导率

图 9－35 给出了组合时效工艺处理后合金的拉伸应力－应变曲线。峰时效处理(450℃二次时效 15 min)后的合金，其拉伸应力峰值较高，可达 1228 MPa，但到达峰值后试样发生断裂，导致延伸率很低，约为 0.5%。过时效处理(450℃二次时效 8 h)后的合金应力峰值降低至 1080 MPa，但延伸率升高至 2.3%。其综合性能见表 9－7。

表 9－7　Cu－10Ni－3.0Al－0.8Si 合金经组合时效处理后的综合性能

热处理工艺	硬度 /HV	电导率 /% IACS	抗拉强度 /MPa	屈服强度 /MPa	延伸率 /%
ST＋50% CR＋450℃ AG 8 h ＋60% CR＋450℃ AG 5 min	378	13.7	1228	1204	0.5
ST＋50% CR＋450℃ AG 8 h ＋60% CR＋450℃ AG 8 h	321	18.1	1080	1033	2.3

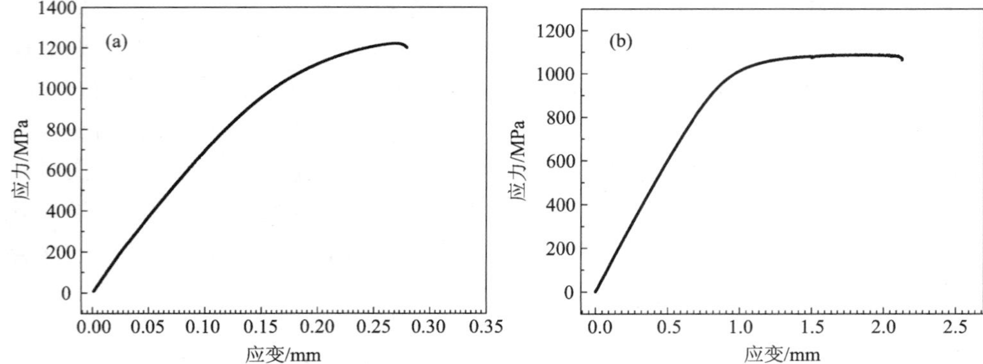

图 9－35　经组合时效处理的合金 Cu－10Ni－3.0Al－0.8Si 的应力－应变曲线

(a)峰时效态(ST＋50%　CR＋450℃ AG 8 h＋60%　CR＋450℃　AG 15 min)；

(b)过时效态(ST＋50%　CR＋450℃　AG 8 h＋60%　CR＋450℃　AG 8 h)

图 9－36 给出了上述合金经拉伸试验相同处理后的合金断口形貌。可见，峰时效态和过时效态合金断面均呈现典型的准解理断裂。断面形貌的变化规律与上节预时效处理的合金基本一致。峰时效态合金断面出现了大量的解理台，有尺寸约 1 μm 小而浅的韧窝。过时效态合金解理面十分平滑，未观察到明显的解理台阶，韧窝尺寸比峰时效态合金稍大，约为 2 μm，延伸率升高。

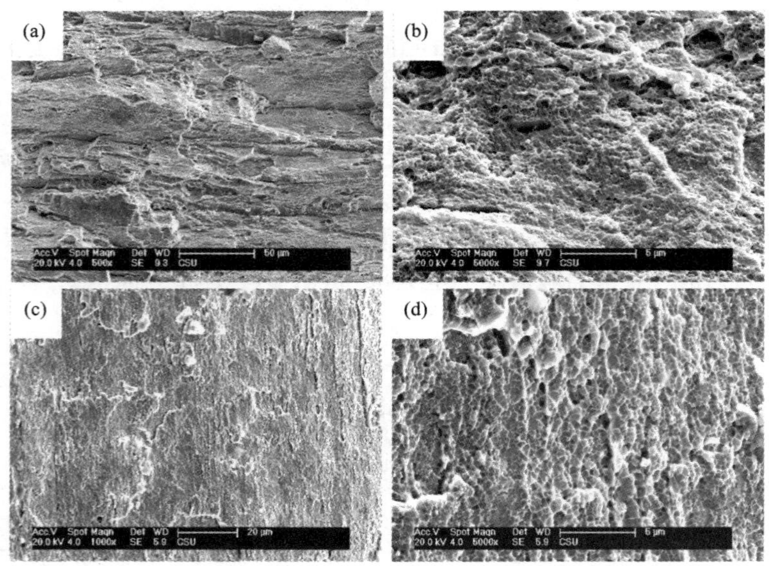

图 9－36　Cu－10Ni－3.0Al－0.8Si 合金经组合时效处理后的断口形貌

(a)峰时效态(ST＋50%　CR＋450℃　AG 8 h＋60%　CR＋450℃　AG 15 min)；

(b)过时效态(ST＋50%　CR＋450℃　AG 8 h＋60%　CR＋450℃　AG 8 h)

9.3.8　Cu - Ni - Al 合金的抗应力松弛性能

材料的使用寿命与应力松弛行为息息相关。工程器械、元器件等在服役过程中，常常在高温甚至室温下会发生应力松弛，甚至失效，从而影响器械和元器件的服役寿命。应力松弛已经成为许多紧固件和弹性件失效的一个重要原因。应力松弛行为是一种特殊的变形方式，它是在应力和热激活共同作用下合金弹性应变不断转化为塑性应变的过程，在此过程中，其外加应力将会不断降低。

依据 ASTM E328 - 02(2008)标准中应力松弛试验原理及方法，选取合金的屈服极限 $\sigma_{0.2}$ 的一半作为其初始应力，即 $\sigma_0 = 0.5\sigma_{0.2}$，应力松弛率 R 与残余应力 σ_t 的关系为：

$$R = (\sigma_0 - \sigma_t)/\sigma_0 = \delta_t/\delta_0 \tag{9-13}$$

其中，δ_0 为初始挠度，即 $\delta_0 = \sigma_0 l_0^2/Et$；$l_0$ 为样品的有效长度，E 为合金的弹性模量，t 为试样的厚度。

图9 - 37示出了经过组合时效的过时效态合金[图9 - 35(b)]，分别在25℃、100℃、200℃加载不同时间时，所得的应力松弛率和残余应力与加载时间的关系。可见，加载初期合金的应力松弛率增长速率很快，而残余应力迅速降低。随着加载时间的延长，合金的应力松弛率的增加速率以及残余应力的降低速率明显减缓。合金在25℃加载100 h后，其应力松弛率仅为2.9%，残余应力为544 MPa。加载温度升高，应力松弛率的增加速率以及残余应力的降低速率加快。合金在100℃加载100 h后其应力松弛率增加至4.8%，残余应力降低至533 MPa；200℃加载100 h后应力松弛率上升为11.0%，残余应力则降至498 MPa。

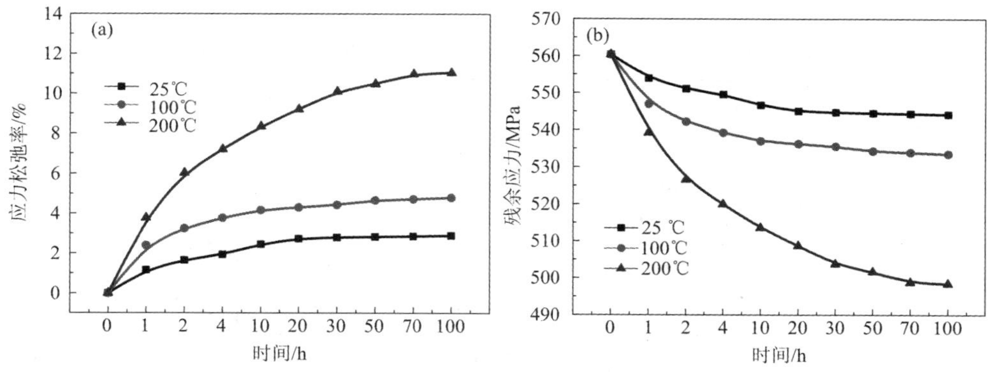

图9 - 37　Cu - 10Ni - 3.0Al - 0.8Si 合金的(a)应力松弛率和(b)残余应力

合金在外加载荷的作用下产生弹性变形，内应力增加。随着加载时间的延长，晶界、位错等晶体缺陷在内应力的作用下发生运动，导致晶界迁移、蠕变、溶质原子扩散等，并产生塑性变形以降低合金的内应力，使合金到达相对稳定的低能态。加载环境温度越高，晶界迁移、位错运动、蠕变以及溶质元素的扩散速率越快，弹性变形向塑性变形的转变速度加速，导致应力松弛率迅速升高。

合金的应力松弛行为可以通过 Maxwell 的粘弹性模型来表达。该模型假定合金发生弹性变形的部分为理想的胡克固体，其应力和应变符合胡克定律 $\sigma = E \cdot \varepsilon_e$；而发生塑性变形的部分为理想的牛顿液体，其应力和应变遵循线性黏度公式 $\sigma' = \eta \cdot \varepsilon_\eta$。并且合金中发生弹性变形部分和塑性变形部分相互抵消，体系的总应变为零，即 $\sigma + E\sigma'/\eta = 0$。该公式对时间取微分并变形可得：$\ln\sigma = -t/t_r + C$。可见，残余应力的对数值与时间呈线性关系，随着加载时间的延长，合金的残余应力值降低。采用上述公式对加载时间 20 h 以上的残余应力数据进行拟合，可得合金在 25℃、100℃和 200℃加载时的应力松弛拟合方程，其分别为：

$$\ln\sigma = -1.9138 \times 10^{-5} t + 6.3010 \tag{9-14}$$

$$\ln\sigma = -6.2865 \times 10^{-5} t + 6.2850 \tag{9-15}$$

$$\ln\sigma = -2.3426 \times 10^{-5} t + 6.2318 \tag{9-16}$$

按上述方程计算，预计合金在室温、100℃和 200℃环境中使用寿命（应力松弛率低于 25%）分别为 13500 h，3900 h 和 800 h。实际工程应用中，弹性元件一般要做老化处理，因此实际寿命远高于上述数据。

9.3.9 设计的其他成分 Cu－Ni－Al 系合金的性能

本课题组设计的其他成分 Cu－Ni－Al 系合金经不同的形变热处理后的综合性能见表 9－8[25, 36]。

表 9－8 本课题组设计的其他 Cu－Ni－Al 系合金的综合性能

合金成分	工艺	硬度 /HV	导电率 /% IACS	抗拉强度 /MPa	延伸率 /%	应力松弛率
Cu－6.5Ni－1Al－1Si	ST＋80% CR＋450℃ AG 1 h	333	19.9	977	2.8	7.9% 100℃/100 h
	ST＋80% CR＋450℃ AG 1 h＋60% CR＋400℃ AG 4 h	341	20.1	1095	2.3	—

续表 9－8

合金成分	工艺	硬度 /HV	导电率 /% IACS	抗拉强度 /MPa	延伸率 /%	应力松弛率
Cu－6.5Ni－1Al－1Si－0.15Mg－0.15Ce	ST＋50% CR＋450℃ AG 2 h	300	20.6	963	2.9	—
	ST＋80% CR＋450℃ AG 1 h	314	19.4	1017	2.5	—
	ST＋50% CR＋450℃ AG 1 h＋60% CR＋450℃ AG 4 h	311	22.9	1123	2.1	7.8% 100℃/100 h
Cu－10Ni－3Al－0.8Si－0.15Mg－0.15Ce－0.15Zr	ST＋80% CR＋450℃ AG 4 h	335	15.0	1088	2.6	4.7% 100℃/100 h
	ST＋50% CR＋450℃ AG 4 h＋60% CR＋400℃ AG 24 h	348	17.7	1120	2.2	—
Cu－7Ni－3.3Al－0.8Si	ST＋80% CR＋400℃ AG 16 h	298	14.6	924	2.9	—

9.4 Cu－Ni－Si 系合金[6, 44]

Cu－Ni－Si 系合金是一类典型的时效强化铜合金，结合 Cu－Ni_2Si 相图，通过高合金化，利用时效处理，在牺牲一部分电导率的情况下，可以大幅度提高合金的强度，从而有望开发出强度大于 1000 MPa、电导率大于 25% IACS 的超高强铜合金。本节以高 Ni、Si 含量的 Cu－6.0Ni－1.0Si－0.5Al－0.15Mg－0.1Cr 合金为例，研究了该合金的热处理制度、相变行为等，优化了该系合金合适的形变热处理工艺。

9.4.1 Cu－Ni－Si 合金的显微组织

图 9－38 所示为 Cu－6.0Ni－1.0Si－0.5Al－0.15Mg－0.1Cr 合金的铸态组织照片。合金铸态组织晶粒内部呈发达的树枝状结构，晶粒内部分为枝晶骨架、枝晶间的非平衡凝固第二相粒子和过渡区[图 9－38(a)]。由于合金中所含元素较多，在凝固过程中，熔体在较大过冷度作用下，各元素扩散不均匀，使熔体产生了选择结晶的倾向，结果形成了枝晶组织，部分合金元素还相互化合形成了非平衡凝固第二相粒子[37]。为了确定非平衡凝固第二相粒子所含的元素，对粒子

进行了能谱分析，结果如图 9－38(b)所示。粒子主要为 Ni 和 Si 元素的富集区，Cu 元素含量相对较小，且 Ni、Si 元素的原子百分比大约为2∶1，故初步可判断为 Ni_2Si。

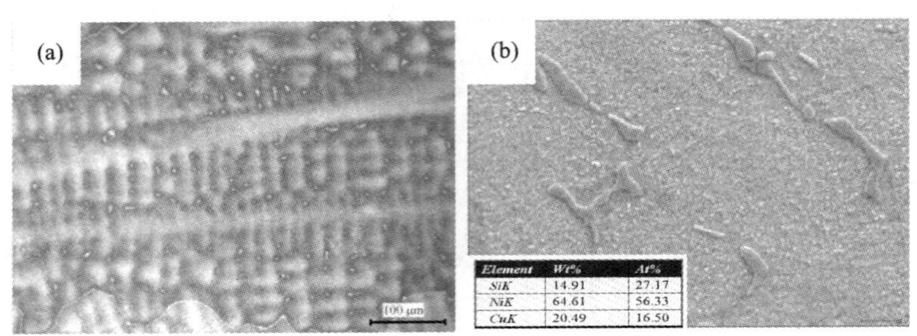

图 9－38　铸态 Cu－6.0Ni－1.0Si 合金的(a)OM 照片和(b)EDX 分析结果

树枝晶组织严重影响后续的热变形，采用均匀化处理可使材料中的合金元素充分扩散，减小浓度梯度，最后达到成分均匀，有利于后续形变热处理。940℃保温 4 h 后合金金相显微组织如图 9－39(a)所示。可见，铸态枝晶组织得到清除，晶粒未过度长大，但晶体中仍残留少量第二相粒子。图 9－39(b)所示为经热轧后的板材在 980℃固溶处理 4 h 后的显微组织。可见基体内的第二相粒子均回溶基体中，晶粒组织比较均匀。

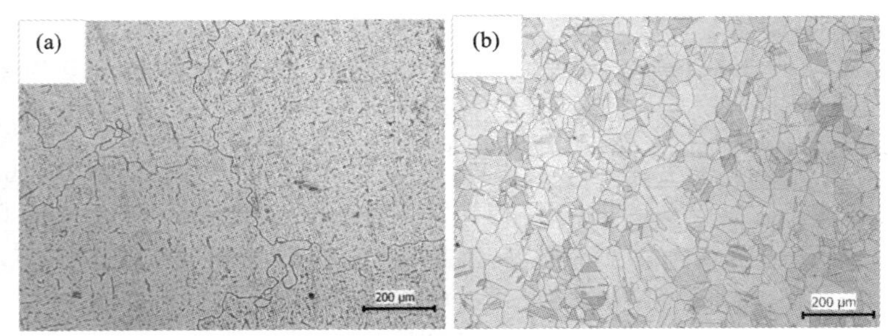

图 9－39　(a)均匀化处理和(b)固溶处理后 Cu－6.0Ni－1.0Si 合金的金相照片

冷变形会使晶粒的形状发生变化，会出现孪晶、位错、形变带等组织缺陷，增加晶格畸变。对于时效硬化的合金，时效前冷变形处理，可加速析出物的沉淀析出过程，在提高强度的同时保证高的电导率。

图 9－40 所示为热轧板材经固溶处理，在室温冷轧变形 50% 后的金相照片，可以清楚地看到形变带，而且形变带相互交错，形成形变带网络，冷变形过程将

晶粒通过形变带分割成胞状网络。有些晶粒中能看到相互平行的形变带，形变带的宽度在10 μm左右。这些形变带与轧制方向的夹角在25°～35°之间，大部分都在35°左右。另外，这些形变带的倾斜方向也不一样。这种形变带主要形成于多晶材料中，与晶体的取向、变形方式、晶粒大小等有关。材料中一般存在两种形变带：一种是由于多晶体材料中的滑移系启动时的不确定性所导致，外界施加给晶粒的应变和应力可以被两组或两组以上的滑移系来协调，多种滑移系的开动会导致晶粒内部的位错运动和位错反应，这样同一晶粒内部的不同区域虽然承受应变相同，但由于受到不同的滑移系的作用，最终这些区域的晶粒会有不同的取向，形成所谓的形变带组织；另一种是在塑性变形中，如果变形外力对晶粒所做的功小于均匀变形所做的功，那么这个晶粒中不同的区域可能承受的应变会有所不同，开启的滑移系不同或者相同滑移系的滑移量不尽相同，但这些不同区域的应变总量与外在应变总量相同，这样晶体中就会形成形变带组织。

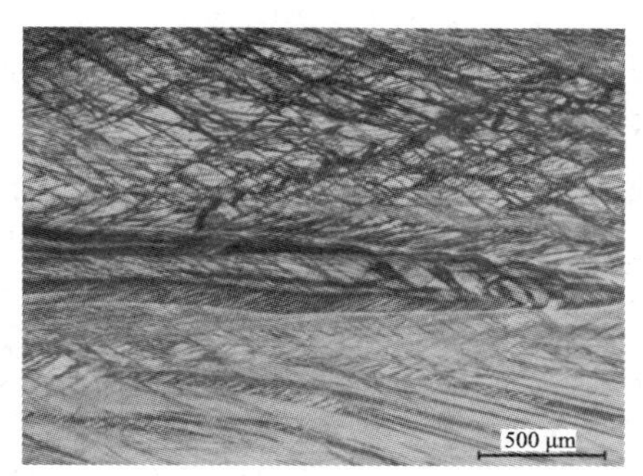

图9－40　ST＋50%CR态Cu－6.0Ni－1.0Si合金的金相照片

冷轧变形使得材料内部的晶粒发生转动，原来不同取向的晶粒在取向上获得一致性，形成织构。图9－41所示为合金经过不同冷轧变形量变形后的ODF截面图。冷轧30%后，合金内部的晶粒组织发生了变形，晶粒发生倾转，呈现出一定

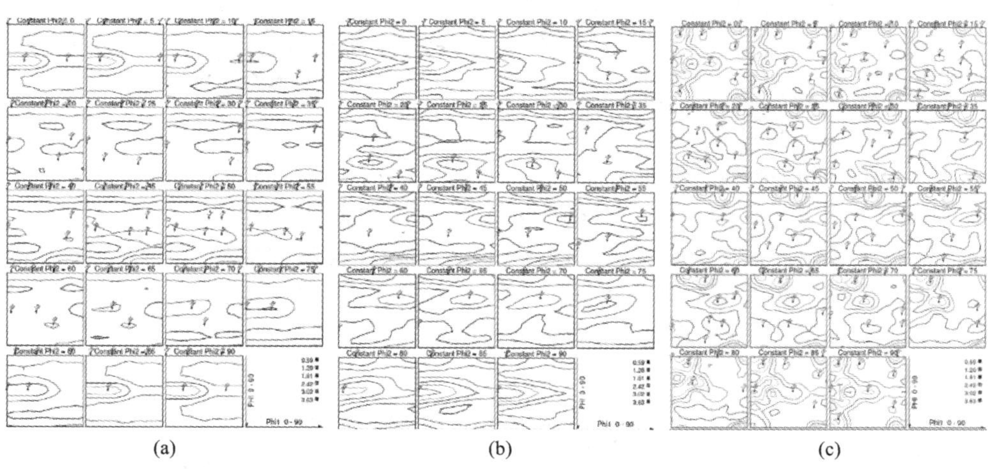

图9－41　经不同冷变形量冷轧后Cu－6.0Ni－1.0Si合金的ODF图

(a)30%；(b)50%；(c)80%

的择优取向，形成了黄铜型织构{011} <211>。冷轧变形50%后，合金的晶粒组织倾转更加明显，呈现出更大的择优取向，形成了较强的Gauss织构{011} <100>，极密度也增大到3.29。冷轧变形80%后，合金的晶粒组织已经发生了巨大变形，呈现出纤维状，合金板材Gauss织构增强(极密度增大到4.14)，还存在有黄铜型织构(极密度约为2.41)和立方织构{001} <100>(极密度为3.18)。

图9-42所示为合金经固溶处理，并经不同变形量冷轧后织构组分的变化。冷轧变形30%时，板材轧面主要为黄铜织构(约为11%)，其次为Gauss织构(约为8.5%)，立方织构、S织构和Cu型织构则较少(低于2%)。增加变形量后，立方织构、S织构和Cu型织构则有所增加。当变形量为80%时，立方织构从1%增加到9%，S织构从0增加到4%，Cu型织构从0.5%增加到3%，而Brass黄铜织构和Gauss织构几乎不变。

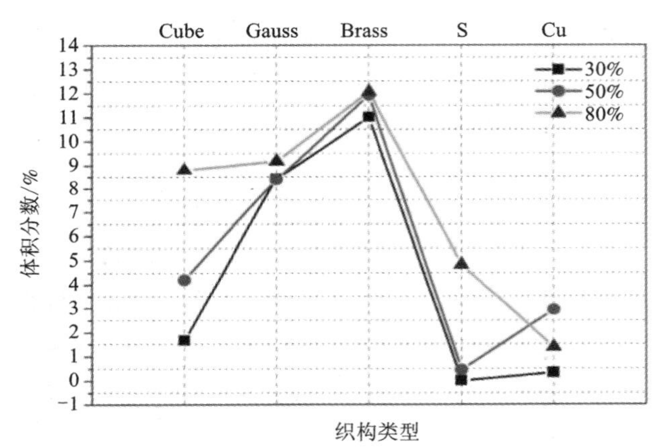

图9-42 经不同冷变形量冷轧后的Cu-6.0Ni-1.0Si合金中不同类型织构所占的体积分数

图9-43所示为合金固溶处理+冷轧50%在不同温度下退火1 h后的金相组织照片。合金在300℃保温1 h后，由于退火温度较低，形变带还大量存在，与冷变形组织相比变化不大。温度升高到400℃时，形变带依旧可见，形变带宽化为50 μm，变形组织交织更加明显，变形组织间距为15 μm左右。500℃等温退火1 h后，形变带组织更加宽化，变形的两个晶粒之间界面像台阶一样。600℃等温退火1 h后晶粒的形变带和晶界处出现了局部再结晶。700℃退火1 h后，合金中出现了更多的再结晶晶粒，而且分布在形变带位置，变形带逐渐模糊消失。材料在600~700℃下进行退火，形变带中冷加工过程中积累的畸变能通过再结晶得到释放，形变带区域是能量较高的区域，再结晶动力大，发生再结晶的速度也较快，优先再结晶。800℃退火1 h后，合金中再结晶晶粒已经长大，绝大部分晶粒粒径约为10 μm。

图9-44为ST+50%CR态合金经不同温度退火1 h后的硬度变化规律。由于低温退火发生了沉淀析出，合金得到强化，硬度升高。随着温度的升高，硬度增幅增大，例如300℃退火时硬度为316 HV，500℃退火时硬度上升为343 HV。然而，当退火温度高于600℃时，合金的硬度迅速下降，温度越高，下降越快，合

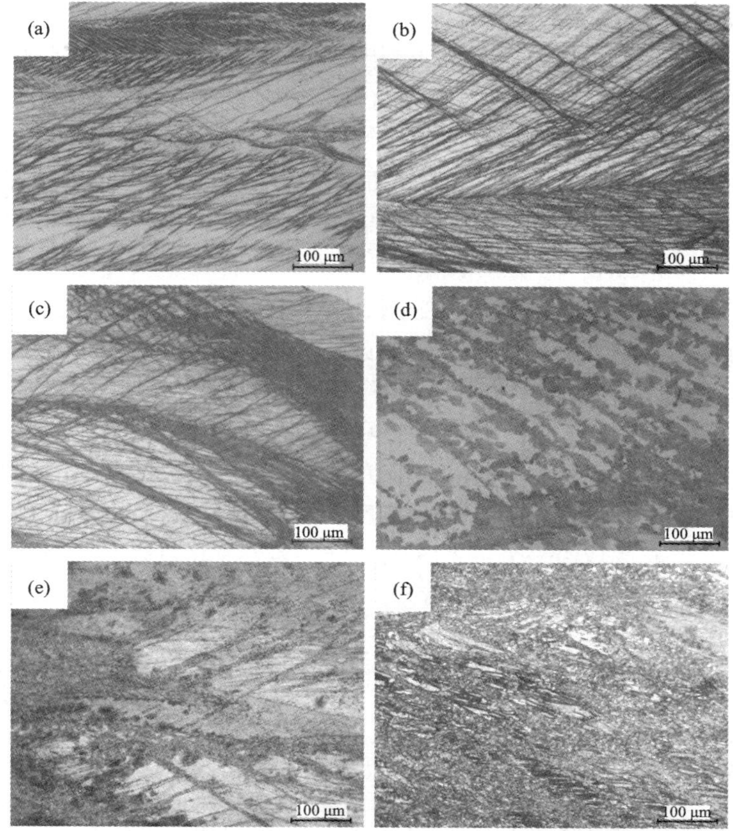

图 9 - 43　ST + 50%CR 态 Cu - 6.0Ni - 1.0Si 合金在不同温度退火 1h 后的金相照片

(a)300℃；(b)400℃；(c)500℃；(d)600℃；(e)700℃；(f)800℃

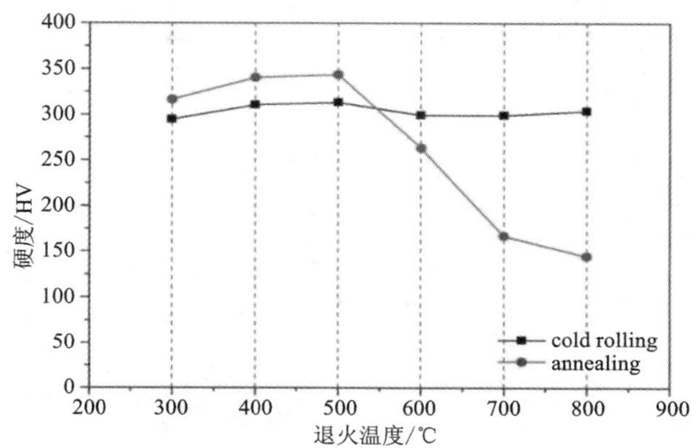

图 9 - 44　ST + 50%CR 态 Cu - 6.0Ni - 1.0Si 合金在不同温度等温 1 h 后的硬度变化曲线

金板材的硬度值从 600℃时的 263 HV 下降到 800℃时的 144 HV。这是由于合金中的畸变晶粒发生了再结晶，同时析出相粒子也显著长大，失去了强化效果。

ST + 50% CR 态合金在退火过程中将同时出现再结晶和沉淀析出。图 9 - 45 所示分别为合金在 500℃、600℃、700℃和 800℃退火 1 h 后的 TEM 照片。可见，合金在 500 ~ 600℃退火时，析出相尺寸非常细小，材料中晶界将受到析出相粒子的强烈钉扎作用而难以迁移，材料的再结晶受到抑制。当合金在 700 ~ 800℃退火时，材料中析出相粒子尺寸显著长大。析出相粒子在位错及亚晶界处优先析出，阻碍位错的重排及亚晶界的迁移，这一机制会阻碍再结晶。另一方面，退火前的冷轧变形导致析出相与基体界面处附近位错环的积累机会增加，形成了析出相毗邻的高位错密度塞积区，这些位错塞积区有利于再结晶形核。冷轧变形态合金处于高能状态，为了使能量降低，位错发生集中排列，形成的位错胞壁将晶粒分隔成多个亚晶，亚晶发生合并长大，排出的位错使新的位错胞壁不断增厚。胞壁中间则形成无畸变的小区域，在这些无畸变的小区域进而形成亚晶粒，两个相遇的亚晶粒则会合并长大成为一个更大的亚晶粒。多个亚晶粒合并形成再结晶晶粒，并不断长大，最终完成连续再结晶过程。

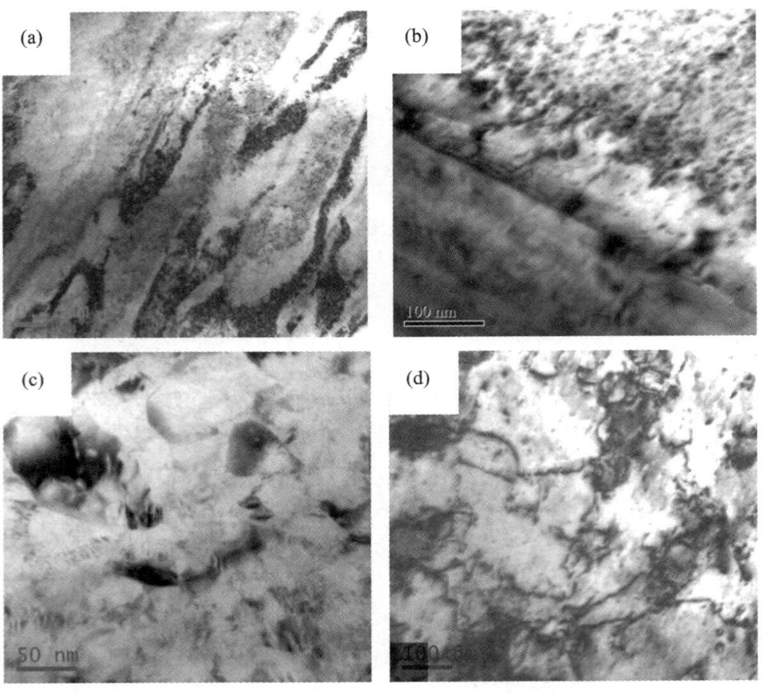

图 9 - 45　ST + 50% CR 态 Cu - 6.0Ni - 1.0Si 合金在不同温度退火 1 h 后的 TEM 照片

(a)500℃；(b)600℃；(c)700℃；(d)800℃

9.4.2　Cu－Ni－Si合金的沉淀析出行为

9.4.2.1　450℃时效

图9－46(a)所示为固溶处理的合金在450℃时效处理15 min后的透射电子显微照片。可见选区衍射花样中出现了超点阵斑点，合金发生了第二相析出，这些第二相粒子为$\beta-Ni_3Si$。由暗场像可见[图9－46(b)]，第二相粒子的尺寸为3～4 nm，析出相粒子的体积分数较低。由高分辨电镜观察以及FFT处理结果[图9－46(c)]表明，这些球状的$\beta-Ni_3Si$析出相尺寸为4～5 nm，$\beta-Ni_3Si$与基体的晶体取向关系为：$(001)_{Cu}//(001)_{\beta}$，$[100]_{Cu}//[100]_{\beta}$；$(1\bar{1}0)_{Cu}//(2\bar{2}0)_{\beta}$，$[112]_{Cu}//[112]_{\beta}$。合金450℃时效处理60 min后析出相尺寸长大，为6～8 nm[图9－43(d)]。这些第二相粒子既有$\beta-Ni_3Si$粒子，也有$\delta-Ni_2Si$粒子。由对应的高分辨照片可知[图9－46(e)、(f)]，这些第二相粒子与基体之间存在共格关系。

合金在450℃时效处理480 min后的显微组织照片如图9－46(g)所示。第二相粒子生长具有方向性，两个变体之间的夹角为90°。第二相粒子有所长大，尺寸约为15 nm，析出相间距约为20 nm。这些细小的析出相仍保留较好的强化效果，使合金具有较好的抗过时效能力。

图9－46(h)为合金450℃时效24 h后的微观组织及选区衍射花样。可见，合金的内部析出了大量的第二相粒子，粒子呈垂直分布，尺寸为100～200 nm，第二相粒子间间距在200 nm左右。由选区电子衍射花样可知，合金析出相主要还是$\delta-Ni_2Si$，同时有部分$\beta-Ni_3Si$粒子，两种析出相与基体的晶体取向关系与时效处理8 h时一样。但析出相有所长大，析出相对合金的强度贡献减弱，合金的硬度和强度将降低，合金时效硬化曲线呈现出下降的过时效现象。$\delta-Ni_2Si$与基体的晶体取向关系为：$[001]_{Cu}\parallel[001]_{\delta}$，$(110)_{Cu}\parallel(010)_{\delta}$和$(1\bar{1}0)_{Cu}\parallel(100)_{\delta}$。

贾延琳等(第3章)对Cu－1.5Ni－0.34Si合金中$\delta-Ni_2Si$相在铜基体中的析出行为进行了系统研究，认为析出的$\delta-Ni_2Si$具有正交结构，析出相有六个不同取向的变体。他还建立了合金在$[001]_{Cu}$和$[111]_{Cu}$晶带轴下的选区电子衍射花样衍射模型，对$\delta-Ni_2Si$相在Cu－Ni－Si合金中的复杂衍射现象进行了解释。

9.4.2.2　500℃时效

合金经500℃时效处理5 min后其选区电子衍射花样中出现了第二相粒子超点阵衍射斑点，说明过饱和固溶体析出了$\beta-Ni_3Si$，如图9－47(a)所示。500℃时效处理10 min后，明场像开始呈现出条带状的不连续胞状析出特征，但位错胞依然可见，如图9－47(b)所示。

9.4.2.3　550℃时效

合金在550℃时效处理5 min后过饱和固溶体内部出现了不连续胞状沉淀析

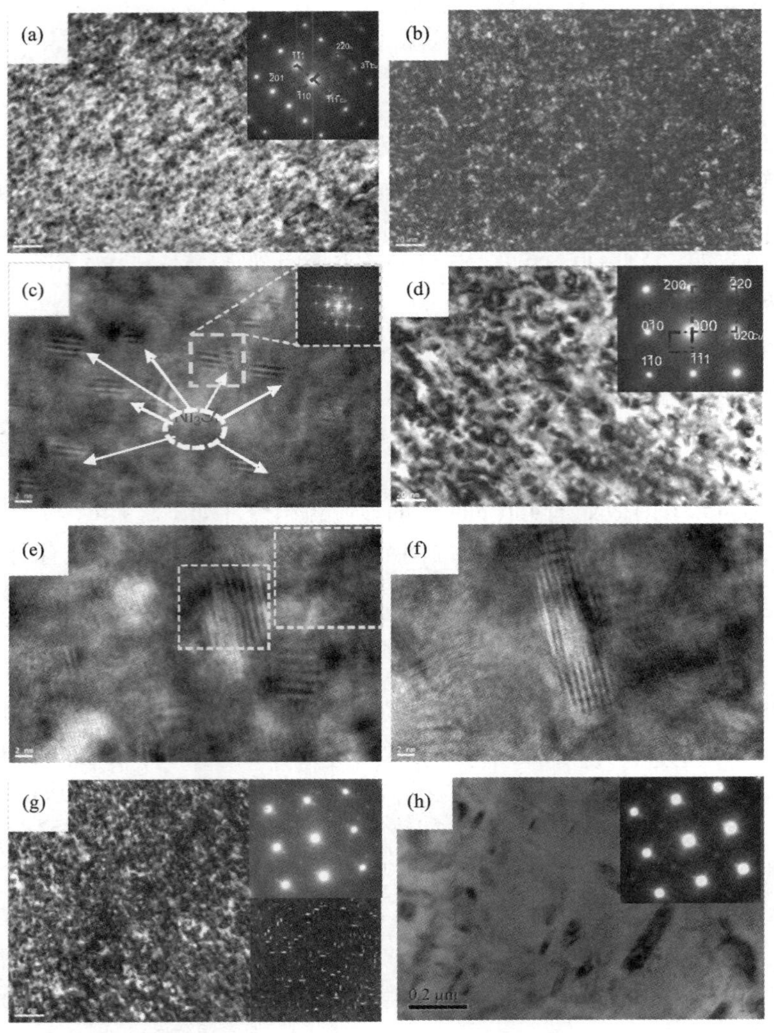

图 9-46　Cu-6.0Ni-1.0Si 合金在 450℃时效后的 TEM 照片

(a)ST+450℃ AG 15 min，明场像；(b)ST+450℃ AG 15 min，暗场像；(c)ST+450℃ AG 15 min，HRTEM；(d)ST+450℃ AG 60 min，明场像；(e) and (f)ST+450℃ AG 60 min，HRTEM；(g)ST+450℃ AG 240 min，明场像和暗场像；(h)ST+450℃ AG 24 h，明场像

出(图 9-48)，其中白色条带区域中的过饱和固溶体中析出了微小的第二相粒子。该第二相粒子主要为 $\beta-Ni_3Si$。由于相邻近胞带之间存在较小的角度差，其上面的第二相粒子也存在一定的角度偏差，因而在样品的选区衍射花样上出现了类似斑点分裂的现象。这种不连续沉淀容易在晶界上发生，它的层片状结构将引

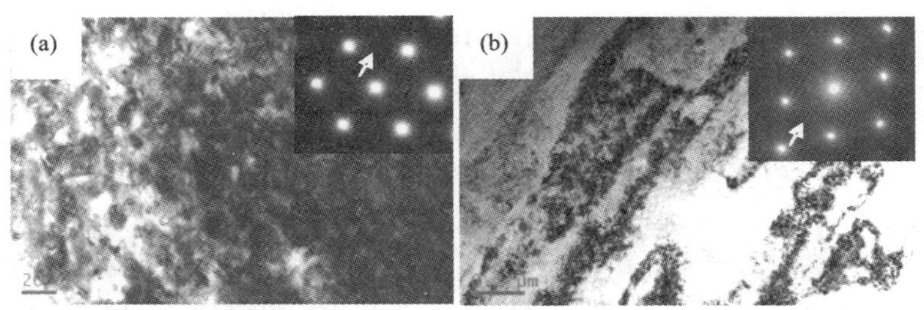

图 9－47　Cu－6.0Ni－1.0Si 合金在 500℃时效后的 TEM 照片

(a) ST＋500℃ AG 5 min；(b) ST＋500℃ AG 10 min

起晶界脆性，导致性能下降。因此在实际生产中，需要避免不连续析出。

图 9－48　Cu－6.0Ni－1.0Si 合金在 550℃时效 5 min 后的 TEM 照片

9.4.2.4　600℃时效

合金在 600℃时效 10 min 后析出相主要为 $\delta-Ni_2Si$，其尺寸较小，约为 10 nm，见图 9－49(a)。合金在 600℃时效 1 h 后析出相具有一定的方向性，沉淀析出相类型没有发生变化，为 $\delta-Ni_2Si$相。粒子尺寸有所长大，析出相明显长大，明场像中呈豆瓣状，在衍衬像上呈现出零衬度线，分布上仍可见存在不同位向的变体，见图 9－49(b)。

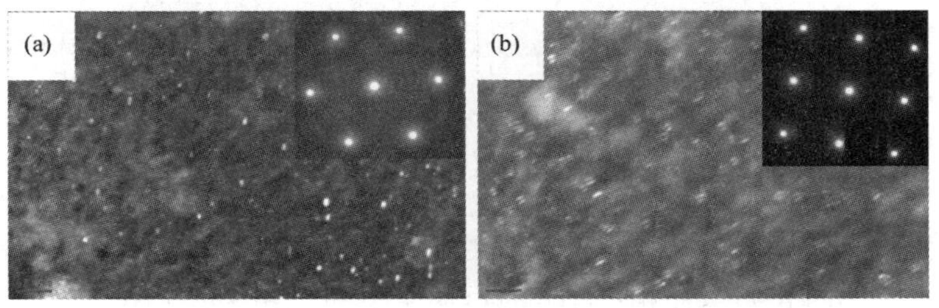

图 9－49　Cu－6.0Ni－1.0Si 合金在 600℃时效后的 TEM 照片

(a) ST＋600℃ AG 10 min；(b) ST＋600℃ AG 1 h

9.4.2.5　650℃时效

合金在650℃等温时效10 min后析出相粒子呈棒状，尺寸约为100 nm，见图9－50(a)。随着时效时间的延长，析出相尺寸逐渐长大。时效30 min后，析出相尺寸长大到约150 nm。这些析出相主要为$\delta-Ni_2Si$，见图9－50(b)。

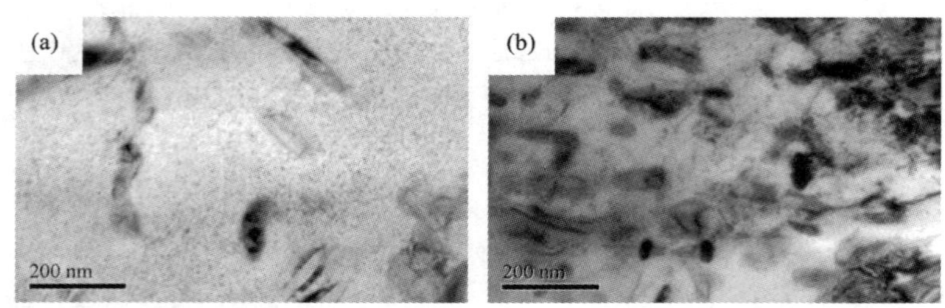

图9－50　Cu－6.0Ni－1.0Si合金在650℃时效后的TEM照片

(a)ST＋650℃ AG 10 min；(b)ST＋650℃ AG 30 min

9.4.2.6　700℃时效

合金在700℃等温时效10 min后析出的粒子也呈棒状，形貌与$\delta-Ni_2Si$析出相一致，见图9－51。可见，即使在650～700℃短时间时效，粒子也都已长大，这说明高温时效，溶质原子扩散加快，因此析出相长大的速度也加快。

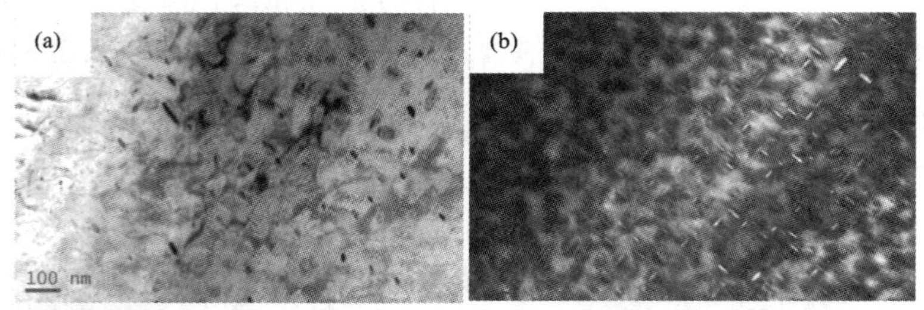

图9－51　Cu－6.0Ni－1.0Si合金在700℃时效10 min后的TEM照片

(a)明场像；(b)暗场像

综上所述，该合金在450℃时效时的相变贯序为：过饱和固溶体→$\beta-Ni_3Si$相→$\beta-Ni_3Si$相＋$\delta-Ni_2Si$相；合金的早期主要强化相为$\beta-Ni_3Si$相，峰时效态则为$\beta-Ni_3Si$相和$\delta-Ni_2Si$相共同强化，且以$\delta-Ni_2Si$相强化作用为主，$\beta-Ni_3Si$在时效晚期依然以一种平衡析出相的形式存在于基体中，并起到一定的强化作用和净化基体溶质原子的效果[39－40]。温度至500℃，析出惯序转变为：$\beta-Ni_3Si$相→胞状析出。温度增加至600℃以上，合金时效初期立刻析出$\delta-Ni_2Si$，并且迅速粗化。

9.4.3　Cu－Ni－Si 合金的形变热处理

图 9－52 所示为经均匀化、热轧、固溶处理、冷轧变形量 50% 后的合金板材分别在 400℃、450℃、500℃、550℃和 600℃下时效处理时的硬度和电导率随时效时间变化曲线。时效早期合金的硬度和电导率迅速增加，达到硬度峰值后，合金硬度随着时效时间的延长开始下降，电导率则一直缓慢上升。合金在 450℃时效时可获得较好的强化效果，并且具有较好的抗过时效能力。时效温度升高，合金的硬度在时效早期也迅速增加，但易于过时效。合金的电导率升高主要是合金基体中的溶质原子以析出相形式从基体中脱溶出来，基体对电子运动的散射作用降低[41～42]。

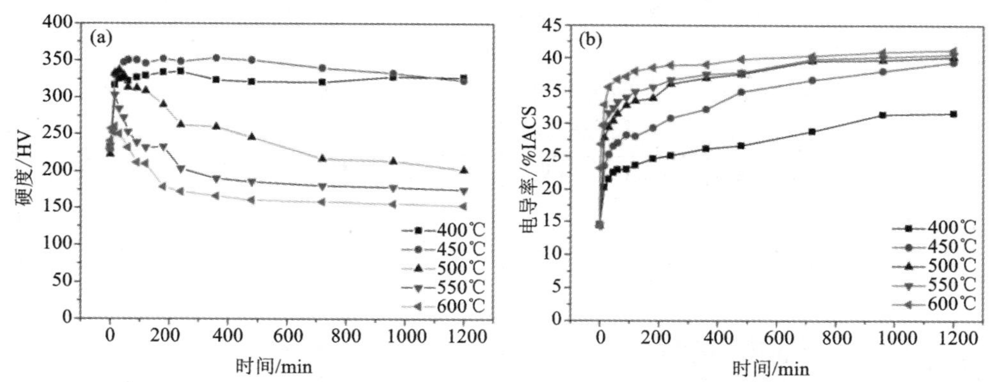

图 9－52　ST＋50%CR 态 Cu－6.0Ni－1.0Si 合金在不同温度时效的 (a) 硬度和 (b) 电导率变化曲线

图 9－53 所示为上述合金板材经过 450℃/1 h 一次时效后＋冷变形 50%＋不同温度二次时效的硬度和电导率随时效时间的变化曲线。二次时效早期，合金的电导率随时效时间延长而升高。二次时效温度低于 450℃时，合金难以发生过时效；温度高于 450℃时，则易发生过时效。由图 9－53 还可以看到，合金经一次时效＋冷轧＋二次时效工艺路线可以提高材料的导电性能，但对于材料的硬度和强度的增加效果却不明显。

图 9－54 给出了合金经 450℃/1 h 时效处理后的拉伸应力－应变曲线及样品拉伸后的断口形貌。可见，合金的抗拉强度为 1090 MPa，屈服强度为 940 MPa，伸长率为 3.5%。合金的宏观断口形貌为准解理型，表明该合金在室温下拉伸时发生了穿晶断裂。高倍照片［图 9－54(c)］显示，解理面上分布有大量细小的韧

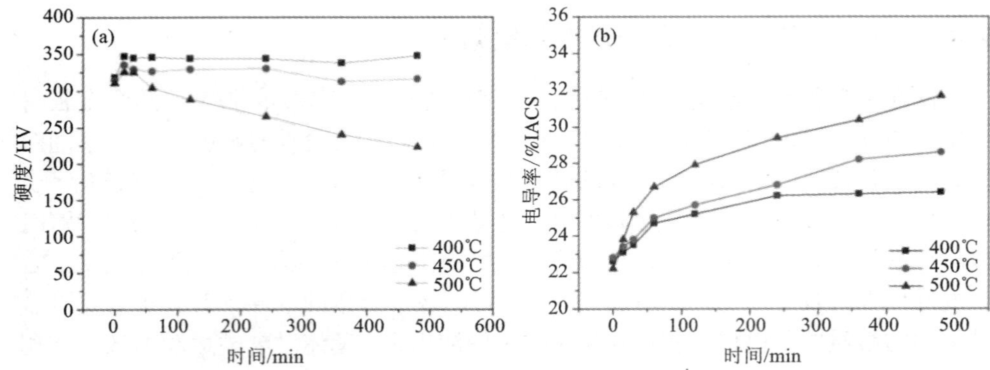

图 9-53　ST+50% CR+450℃ AG 1 h+50%CR 态 Cu-6.0Ni-1.0Si 合金在不同温度时效的(a)硬度和(b)电导率变化曲线

窝，韧窝按等轴状分布，韧窝约为几个微米，而且深度很小。

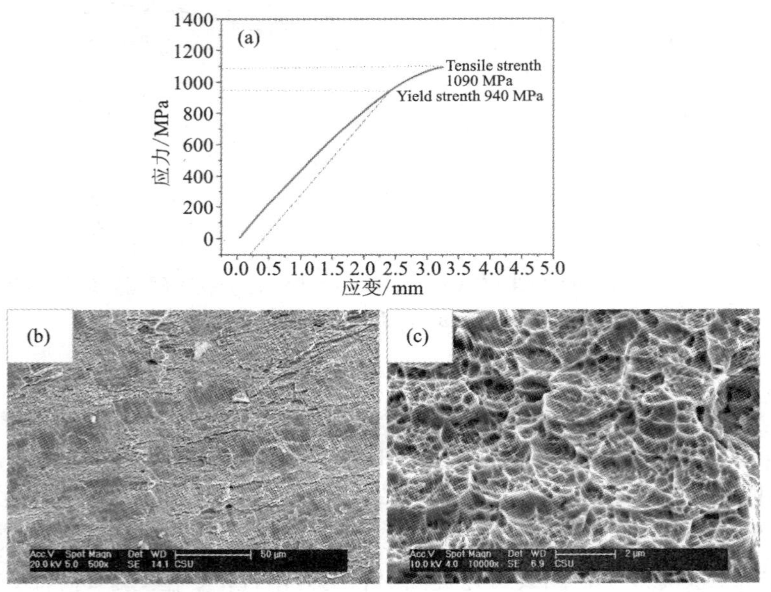

图 9-54　经 ST+50%CR+450℃ AG 1 h 处理 Cu-6.0Ni-1.0Si 合金的断口形貌(a)500 倍；(b)1000 倍

9.4.4 Cu – Ni – Si 合金的抗应力松弛性能

图 9 – 55 示出了经过 450℃/1 h 单级时效的合金样品在不同工作温度下应力大小、应力松弛率与加载时间的关系。可见应力松弛过程可分为两个阶段。第一阶段为 0 至 2 h，此阶段应力迅速下降、应力松弛率快速上升；第二阶段，应力松弛率上升速度以及应力下降速度变缓，最终趋于某一稳定值。工作温度越高，应力下降速度越快，应力松弛率上升也越快。室温下，合金 100 h 后的应力松弛率为 4.0%；100℃时，应力松弛率为 6.5%。200℃时，应力松弛率则为9.7%[43]。

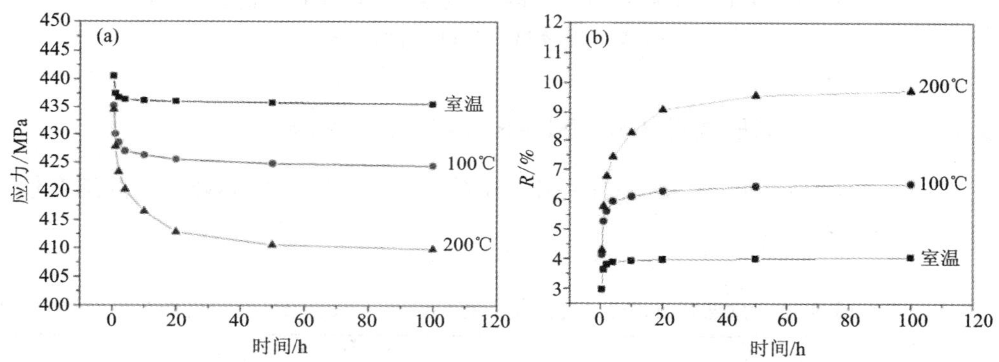

图 9 – 55　经 ST + 50%CR + 450℃ AG 1 h 处理 Cu – 6.0Ni – 1.0Si 合金的 (a) 残余应力和 (b) 应力松弛率

合金在室温和 200℃应力加载 100 h 前后的金相组织照片如图 9 – 56 所示。加载前的样品晶粒呈现出纤维组织。在室温下加载 100 h 后，样品发生了应力松弛，但主要形貌仍然为纤维组织，由于材料受弯曲应力，纤维组织发生了动态回复现象。而在 200℃下加载 100 h 后，合金的纤维化程度显著弱化，合金发生了动态回复和极少量的再结晶行为。

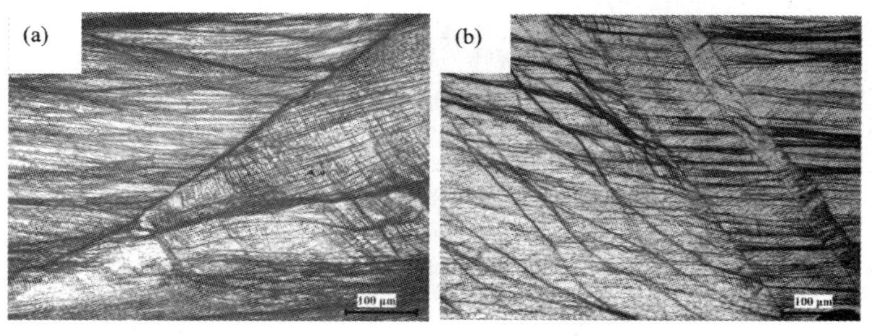

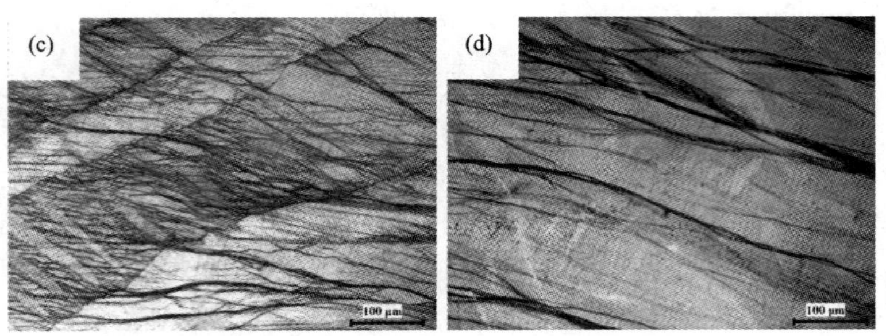

图 9-56　Cu-6.0Ni-1.0Si 合金在不同温度加载 100h 后的金相照片

(a)未加载；(b)室温；(c)100℃；(d)200℃

9.4.5　设计的其他成分 Cu-Ni-Si 系合金的性能

本课题组设计的其他成分 Cu-Ni-Si 系合金经不同形变热处理后的综合性能，见表 9-9[6,44]。

表 9-9　本课题组设计的其他成分的 Cu-Ni-Si 合金的综合性能

合金成分	工艺	硬度 /HV	导电率 /%IACS	抗拉强度 /MPa	屈服强度 /MPa	延伸率 /%	应力松弛率
Cu-6.0Ni-1.0Si-0.5Al-0.15Mg-0.1Cr	ST+50%CR +450℃AG/60 min	343	28.1	1080	985	3.1	12.1% (150℃ /100 h)
Cu-6.0Ni-1.4Si-0.15Mg-0.1Cr	ST+50%CR +450℃ AG/60 min	338	28.5	1040	950	3.5	9.8% (150℃ /100 h)
Cu-8Ni-1.8Si	ST+50%CR +450℃AG/15 min	330	27.9	1015	782	5.6	19.4% (100℃ /120 h)
Cu-8Ni-1.8Si-0.15Mg	ST+50%CR +450℃AG/15 min	338	27.0	1120	790	5.2	9.4% (100℃ /120 h)

9.5　Cu－Ni－Sn 系合金[48]

Cu－Ni－Sn 系合金具有很高的屈服强度、优良的抗应力松弛和抗腐蚀等特性，是电子工业中具有商业化前景的导电弹性材料之一。众所周知，Cu－Ni－Sn 系合金是调幅分解强化型合金。但是除了调幅分解之外，合金中还存在有序反应，它对合金的强度也会产生影响。但 Cu－Ni－Sn 合金中相变贯序仍然存在很大争议。Cu－Ni－Sn 系合金性能与微观组织的演变密切相关，因此对 Cu－Ni－Sn 系合金的相变过程进行研究对于合金热处理工艺的选择和性能的优化具有重要的理论和实际意义。本节以 Cu－15Ni－8Sn 为代表研究了 Cu－Ni－Sn 系合金的相变过程，内容包括：合金相变产物的表征、相变贯序、微观组织对合金性能的影响。希望通过上述研究对 Cu－Ni－Sn 系合金的相变过程有一个更全面的理解，以便为该合金的工艺设计和生产实践提供参考。

9.5.1　Cu－Ni－Sn 合金微观组织分析

9.5.1.1　铸态组织[45]

Cu－15Ni－8Sn 合金铸态组织存在 Sn 的偏析，枝晶发达。由金相照片可见铸态组织基本上分成 3 层：中心部位为灰白色的枝晶，枝晶外围是一圈深色的显微组织，枝晶间则存在白亮的骨状组织。而且枝晶网胞尺寸粗大，网胞间白亮的骨状组织较厚[图 9－57(a)]。为了定性分析铸态组织的构成，对其进行了扫描电镜观察及能谱成分分析。图 9－57(b)给出了 C、A、B 三点微区分析的成分。可见，枝晶杆为贫 Sn 相，其 Cu、Ni 原子比为 Cu∶Ni＝4.1∶1，该组织为 Cu－Ni 固溶体，即 α 相。枝晶间的骨状组织各元素原子比为 Cu∶Ni∶Sn＝1.8∶1.2∶1，很明显，该组织是$(Cu_x、Ni_{1-x})_3Sn$，即 γ 相。在枝晶与骨状组织之间的过渡区，各元素原子比为 Cu∶Ni∶Sn＝8.8∶1.9∶1，其 Ni、Sn 含量(重量百分比)均介于 A、C 两点之间，为 α 相和 γ 相的混合物，它组成了 α 相(枝晶)和 γ 相(骨状组织)的过渡区域，这一区域为层片状(α＋γ)不连续沉淀相。

9.5.1.2　均匀化退火态显微组织

铸态合金经 830℃/2 h＋850℃/2 h 均匀化处理后典型的金相组织照片见图 9－58，可见铸态发达的枝晶已经消失，也未见过烧现象。

9.5.1.3　热挤压态组织

合金铸锭经 830℃/2 h＋850℃/2 h 均匀化处理后，采用 5 mm 铜皮包套，在 800 t 正向挤压机中进行挤压，挤压温度为 830～850℃，挤压速度为 30 mm/s，挤压比为 12∶1。挤压棒材在大气中自然冷却。图 9－59 示出了合金热挤压后的金相组织形貌。可见，挤压后合金晶粒均匀细小，晶粒尺寸为 5～10 μm。

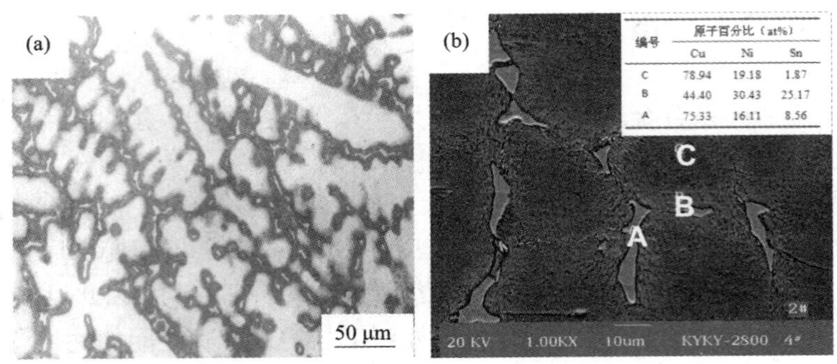

图 9-57　铸态 Cu-15Ni-8Sn 合金的(a)OM 和(b)EDX 分析结果

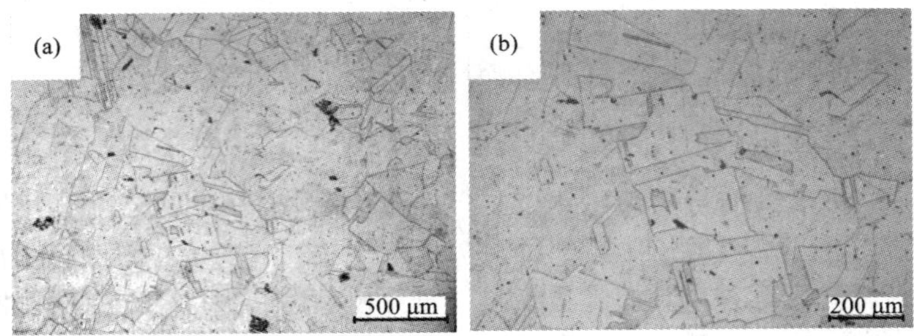

图 9-58　Cu-15Ni-8Sn 合金经均匀化处理后的金相照片

(a)50×；(b)100×

9.5.1.4　固溶处理后的显微组织

图 9-60 为 Cu-15Ni-8Sn 合金经过挤压后再经双级固溶处理后的金相组织。可见，经 830℃/2 h+860℃/2 h 双级固溶处理后，未出现过热或过烧现象，晶粒组织均匀。采用 830℃/2 h+880℃/2 h 双级固溶制度处理后，晶粒有所长大。

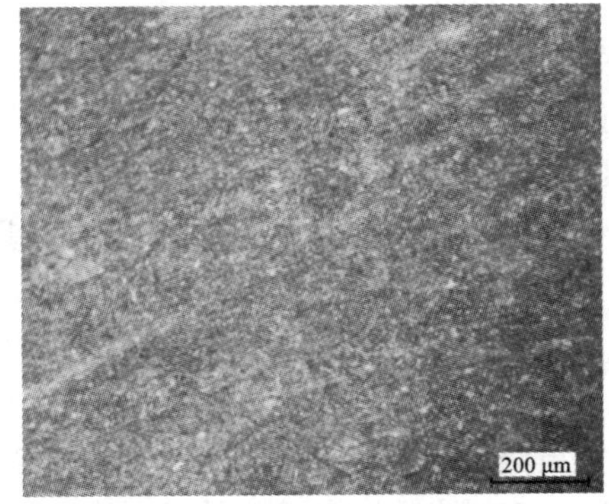

图 9-59　Cu-15Ni-8Sn 合金经热挤压后的金相照片

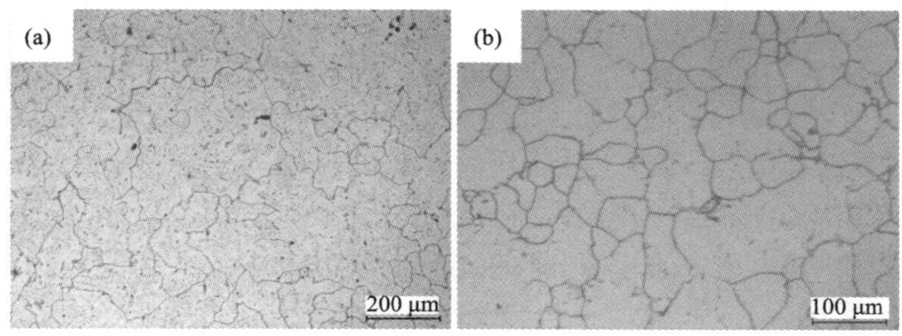

图 9 – 60　Cu – 15Ni – 8Sn 合金经不同固溶工艺处理后的金相照片

(a)830℃/2 h + 860℃/2 h; (b)830℃/2 h + 880℃/2 h

9.5.2　Cu – Ni – Sn 合金的相变[46, 47]

9.5.2.1　700℃时效

合金固溶淬火后经 700℃时效后的透射电镜照片如图 9 – 61 所示。700℃时效 5 min，合金发生连续沉淀，形成粒状和棒状的 γ 相，它们分布于晶内或晶界上[图 9 – 61(a)、(b)]。时效 30 min 后，晶内和晶界上 γ 相粗化，数量增加[图 9 – 61(c)、(d)]。

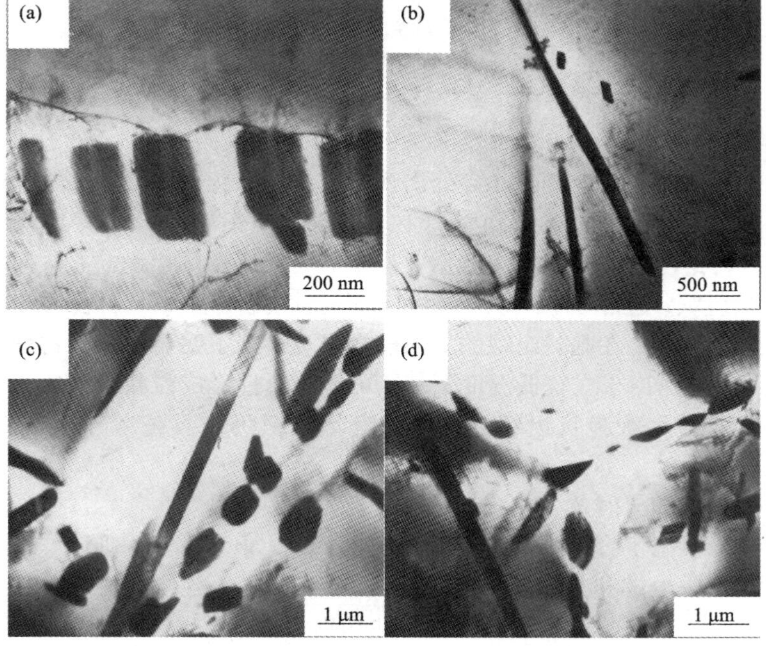

图 9 – 61　Cu – 15Ni – 8Sn 合金在 700℃时效的 TEM 照片

(a)和(b) ST + 700℃AG 5 min; (c)和(d) ST + 700℃AG 0.5 h

9.5.2.2　650℃时效

固溶淬火后合金经650℃时效5 min的TEM照片示于图9－62，可见基体晶内和晶界处发生不连续析出，形成层片状脱溶产物，即胞状组织。其中γ相是溶质原子Sn的富集相，呈黑色，过饱和的α相为灰色，白亮色的则为贫溶质的α相。在胞状组织生长初期，不同位向的胞可以相交，互相渗透，形成较为复杂的结构。随着胞状组织的生长，有利生长方向的胞将吞并不利生长方向的胞，形成几乎平直的胞界。

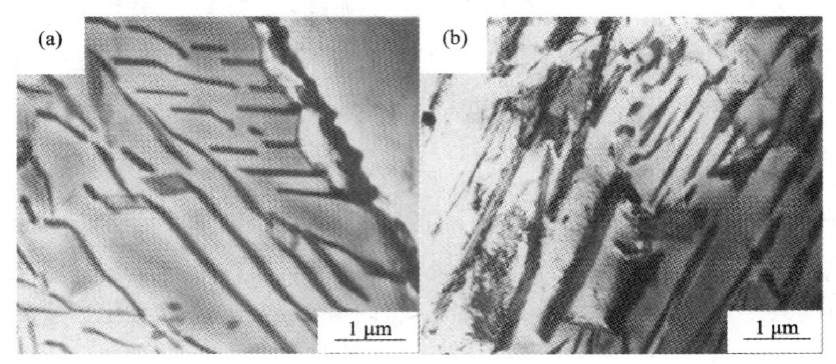

图9－62　Cu－15Ni－8Sn合金在650℃时效5 min后的TEM照片

(a)晶界；(b)晶内

9.5.2.3　600℃时效

固溶淬火后合金经600℃时效30 s的TEM照片见图9－63。此时合金没有发生调幅分解和有序化，但部分晶界处出现明显的胞状组织，表明过饱和固溶体直接发生不连续脱溶，但不连续沉淀处在初期阶段，只有少数晶界出现胞状组织[图9－63(a)、(b)]。时效5 min后，基体不但具有调幅组织特征，而且出现了明显的粒状组织，这种粒状组织可能是γ相的前身。此外，局部晶粒出现了典型的层片状胞状组织，在胞状组织的界面前沿也观察到了明显的粒状衬度[图9－63(c)、(d)]。这是由于在较低温度下基体可能会通过形成粒状组织为不连续沉淀做准备，促进层片状胞状组织的出现，胞状组织仍需要依赖于相界的迁移来长大。

9.5.2.4　550℃时效

图9－64示出了合金固溶淬火后经550℃时效30 s的TEM照片。此时，合金中没有发生调幅分解和有序化，但晶界中已经出现了不连续沉淀[图9－64(a)]。550℃时效3 min后，电子衍射花样中除主衍射斑外，还出现了衍射环，它们是由富Sn的γ相的衍射引起的；此外，晶界上发生不连续沉淀，形成了胞状突出[图9－64(b)]。550℃时效5 min后形成针状γ相，部分基体中出现明显的不连续沉

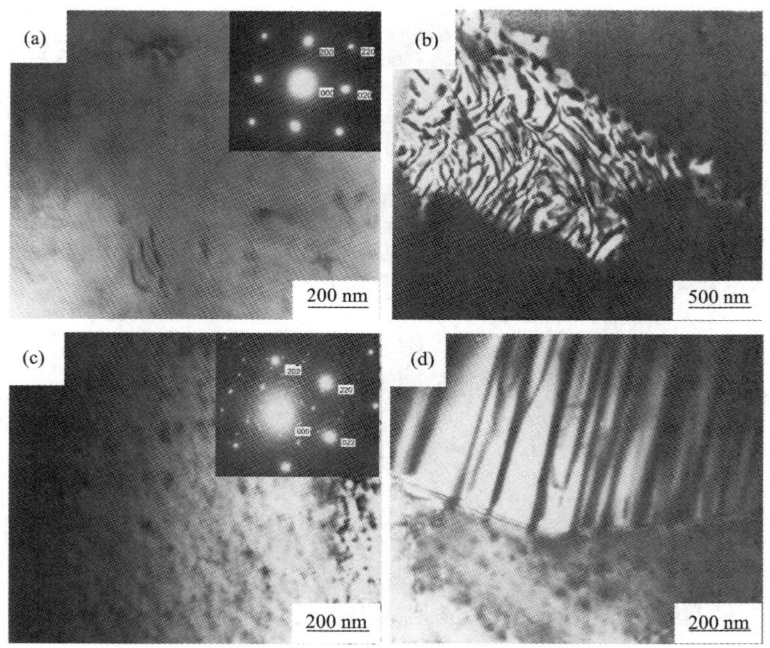

图 9－63 Cu－15Ni－8Sn 合金在 600℃时效后的 TEM 照片

(a)晶内，ST＋600℃AG 30 s；(b)晶界，ST＋600℃AG 30 s；
(c)晶内 ST＋600℃ AG 5 min；(d)晶界，ST＋600℃AG 5 min

淀，胞状组织的界面前沿为针状形貌的第二相[图 9－64(c)、(d)]。可见，该针状 γ 相的析出能为不连续沉淀做准备。

9.5.2.5 500℃**时效**

固溶淬火后合金经 500℃时效 30 s 的 TEM 照片和电子衍射花样见图 9－65(a)。基体中形成了形貌介于针状和粒状之间的沉淀相，且电子衍射花样中出现了{011}和$\left\{0\ \frac{1}{2}1\right\}$两种超点阵斑点，它们是由 DO_{22}有序产生的。500℃时效 3 min 后，沉淀相具有明显的方向性，呈花格尼状。此外从电子衍射花样中观察到了{001}、{011}和$\left\{0\ \frac{1}{2}1\right\}$超点阵斑点，如图 9－65(b)所示。

9.5.2.6 450℃**时效**

固溶淬火后合金经 450℃时效 20s，出现了方向性、呈花格尼状的组织；电子衍射花样中出现了 DO_{22}有序引起的位于{011}和$\left\{\frac{3}{2}10\right\}$两个位置的超点阵斑点，但晶界无析出，说明合金中没有发生不连续沉淀，只发生有序化，如图 9－66(a)

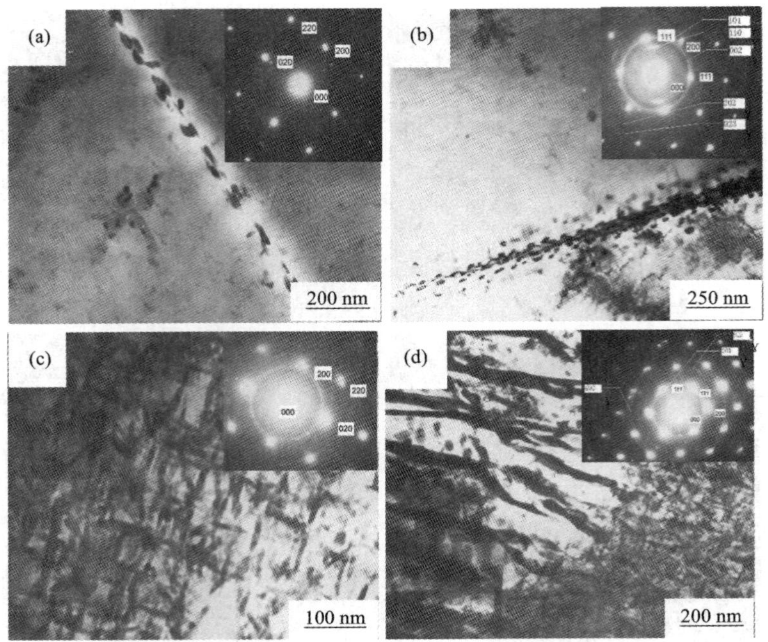

图 9-64　Cu-15Ni-8Sn 合金在 550℃时效后的 TEM 照片

(a)晶界，ST+550℃AG 30 s；(b)晶界，ST+550℃ AG 3 min；
(c)晶内，ST+550℃AG 5 min；(d)晶界，ST+550℃ AG 5 min

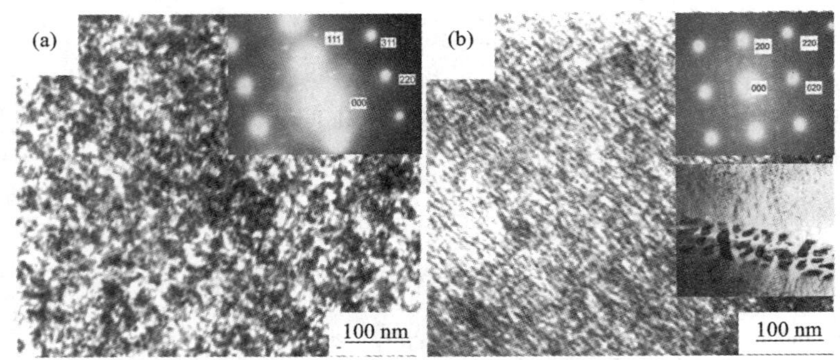

图 9-65　Cu-15Ni-8Sn 合金在 500℃时效后的 TEM 照片

(a)ST+500℃ AG 30 s；(b) ST+500℃ AG 3 min

所示。450℃时效 30 min 后合金发生了不连续沉淀，出现层片状胞状组织，并且有细小的 γ 相存在于贫溶质的 α 相之中[图 9-66(b)箭头处]。

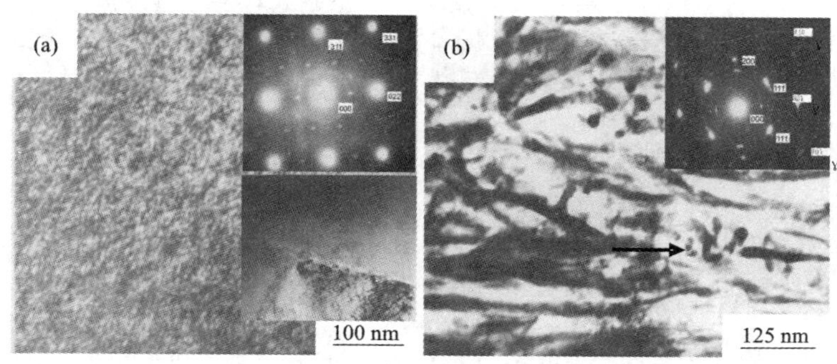

图 9－66　Cu－15Ni－8Sn 合金在 450℃时效后的 TEM 照片

(a)ST＋450℃ AG 20 s；(b)ST＋450℃ AG 30 min

9.5.2.7　400℃**时效**

由固溶淬火后的合金在 400℃时效 10s 的 TEM 照片可见，基体呈现典型的调幅衬度，且[$11\bar{4}$]*晶带衍射花样中 α 相的衍射斑沿[010]$_{Cu}$方向出现明显的拉长(箭头所指处)，进一步说明合金已经发生了调幅分解，如图 9－67(a)所示。经 400℃时效 30 s 后晶界上发生不连续沉淀，短时间曝光的电子衍射花样中主斑点沿[010]$_{Cu}$方向出现明显的拉长现象，而在长时间曝光的电子衍射花样中还发现了超点阵衍射斑点的存在[图 9－67(b)]，这说明合金除了发生调幅分解外，还出现了有序化。时效至 30 min，合金仍处于调幅分解和 DO_{22}有序化状态，没有任何不连续沉淀的迹象[图 9－67(c)]。400℃时效 2 h 后，沉淀相具有更为明显的方向性，此外$\left\{0\ \frac{1}{2}1\right\}$衍射的强度明显减弱，三种变体也逐渐消失，表明 DO_{22}有序向 $L1_2$有序转变[图 9－67(d)]。400℃时效 6h 后沉淀相仍然显示具有明显方向性的花格尼状，某些区域已经出现球状粒子[图 9－67(e)]。经 400℃时效8 h后，合金中的球状粒子已经粗化[图9－67(f)]。合金经 400℃时效 12 h 后，球状粒子进一步粗化，相应的电子衍射花样中已经出现明显的衍射环，该衍射环是 γ 相引起的，这说明不连续沉淀 γ 相是由球状粒子转化而来[图 9－67(g)]。400℃时效 24 h 后晶界上已经有明显的胞状组织，说明合金已经发生不连续沉淀[图 9－67(f)]。

9.5.2.8　350℃**时效**

合金固溶淬火后经 350℃时效 30 s，晶界没有发生不连续沉淀，基体中形成了细小的调幅组织，电子衍射花样表明合金已经开始出现 DO_{22}有序化(有序斑模糊，只有轻微痕迹存在)，如图 9－68(a)所示。在 350℃延长时效时间至 1 h，有序类型从 DO_{22}有序向 $L1_2$有序转变，合金还没有发生不连续沉淀，如图 9－68(b)所示。

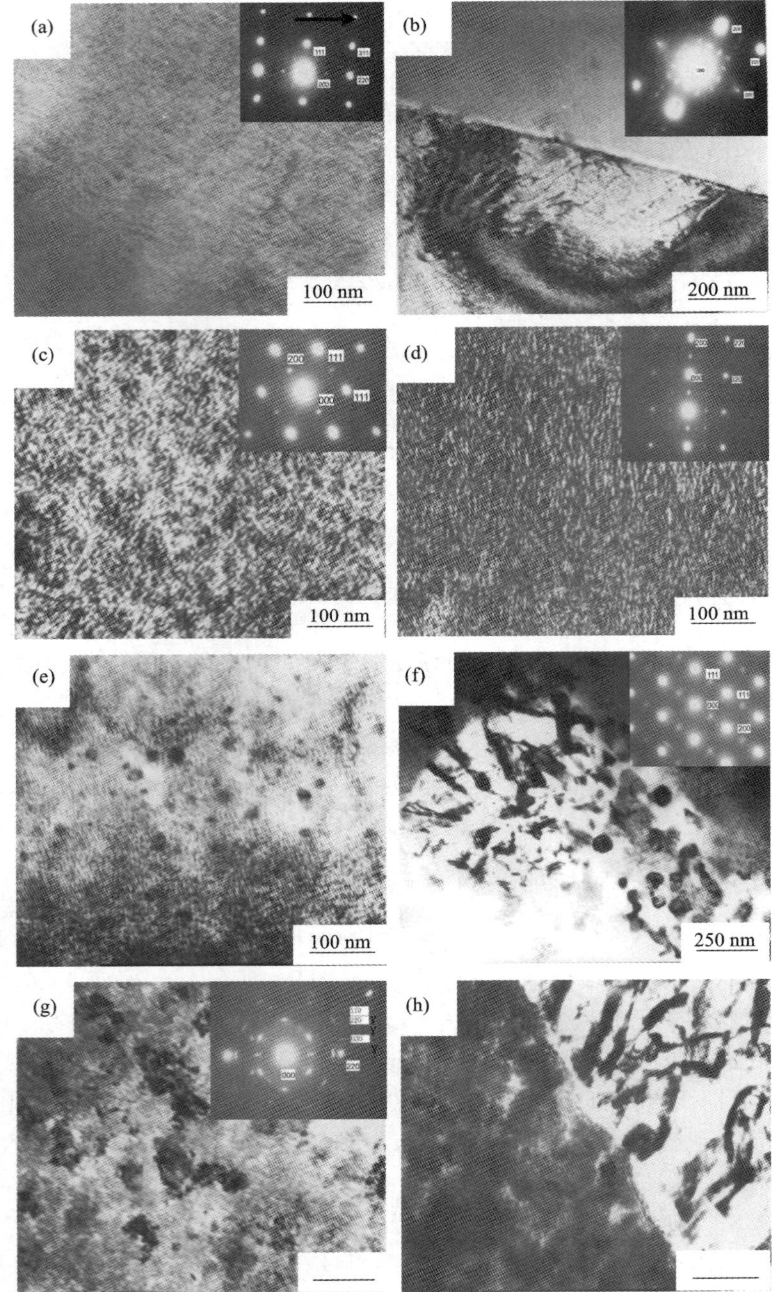

图 9－67　Cu－15Ni－8Sn 合金在 400℃时效后的 TEM 照片

(a)ST＋400℃AG 10 s；(b) ST＋400℃AG 30 s；(c) ST＋400℃AG 30 min；(d) ST＋400℃AG 2 h；(e) ST＋400℃AG 6 h；(f) ST＋400℃AG 8 h；(g) ST＋400℃AG 12 h；(h) ST＋400℃AG 24 h

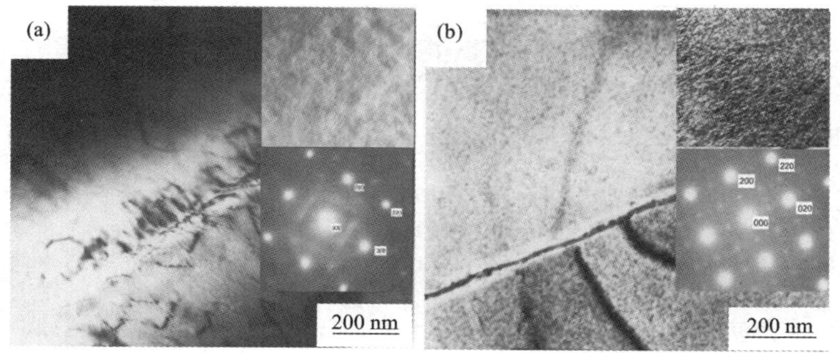

图9－68　Cu－15Ni－8Sn合金在350℃时效后的TEM照片

(a)ST＋350℃ AG 30 s；(b)ST＋350℃ AG 1 h

9.5.2.9　300℃时效

合金固溶淬火后经300℃时效8 min，晶界没有发生不连续沉淀，基体形貌呈现明显的调幅衬度，对应的衍射花样中主斑点沿着$[010]_{Cu}$方向有明显的拉长现象，说明合金已经发生调幅分解，如图9－69(a)所示。300℃时效1.5 h后沉淀相逐渐粗化[图9－69(b)]，有明显的方向性，但未见胞状组织或者晶界上的沉淀相；对应的电子衍射花样中出现了完整的DO_{22}有序超点阵衍射。

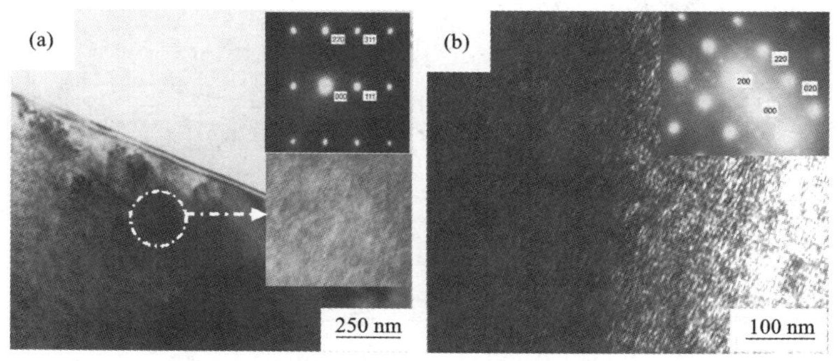

图9－69　Cu－15Ni－8Sn合金在300℃时效后的TEM照片

(a)ST＋300℃ AG 8 min；(b)ST＋300℃ AG 1.5 h

9.5.2.10　280℃时效

图9－70(a)为合金固溶淬火后经280℃时效8 min的TEM照片，晶界上没有沉淀相出现，晶内沉淀相具有明显的调幅衬度，主斑点沿$\langle 100\rangle^*$拉长(主斑点为α相$[0\bar{1}1]^*$晶带衍射)，并没有观察到有序化超点阵斑点。280℃时效1 h，沉淀相为细小的调幅组织；而α相$[001]^*$晶带衍射中没有任何超点阵衍射出现，晶界

上也未见任何析出物[图9-70(b)]，可见合金仍然处于调幅分解状态。

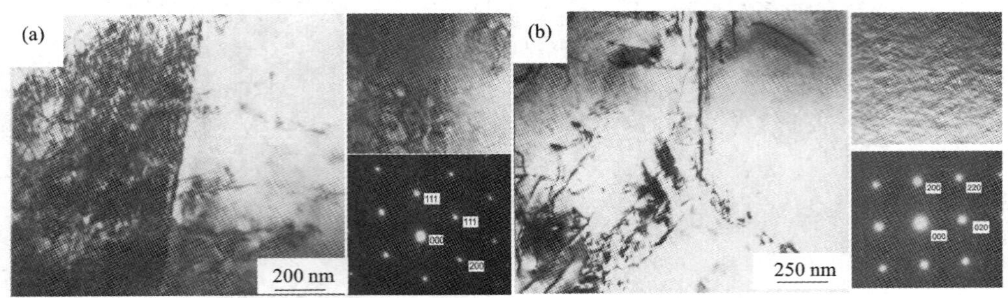

图9-70　Cu-15Ni-8Sn合金在280℃时效后的TEM照片

(a) ST+280℃ AG 8 min; (b) ST+280℃ AG 1 h

9.5.3　Cu-Ni-Sn合金的TTT图[48]

总结实验观察结果，并结合文献资料，图9-71给出了Cu-15Ni-8Sn合金的TTT曲线。可以看出，Cu-15Ni-8Sn合金淬火后，调幅分解迅速发生，DO_{22}有序出现在调幅分解之后，$L1_2$和DO_{22}两种长程有序可以共存，并且DO_{22}有序之后出现$L1_2$有序。

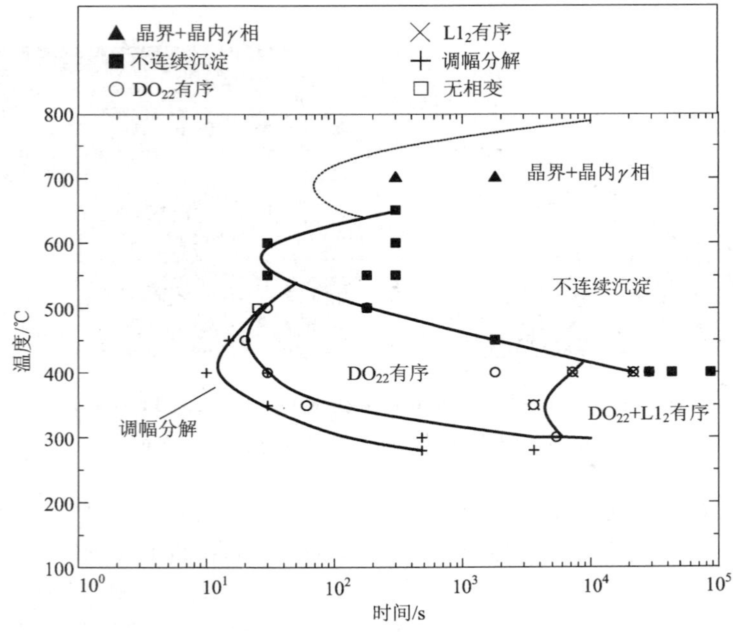

图9-71　Cu-15Ni-8Sn合金的TTT图[48]

在Cu-Ni-Sn系合金中，从fcc(A_1)→DO_{22}有序相的过渡是通过连续有序进行的。但是连续有序的出现有一个必须的条件，即母相与有序相之间要有密切的晶体学关系。图9-72(a)示出了无序fcc的单胞，阴影圆代表平均原子。将无序fcc结构投影到(100)面上(沿[$\bar{1}$00]方向观察)，结果如图9-72(b)所示，其中实心圆为0层原子，空心圆为1/2层原子，阴影部分代表fcc一个单胞。图9-72(c)示出了DO_{22}有序结构单胞的原子排列(实心圆代表B原子，空心圆代表A原子)，将其同样投影到(100)面上，则得到图9-72(d)，其中方形代表A原子，圆形代表B原子，实心的为0层原子，空心的为1/2层原子，阴影部分为DO_{22}结构的单胞。可以看出，DO_{22}有序结构沿{420}面具有BAAAB……的堆垛顺序。也就是说，DO_{22}有序可以通过fcc点阵沿{420}面按照BAAABAAAB……的原子堆垛顺序产生，这也解释了倒易空间中在$\frac{1}{4}${420}出现超点阵的原因。另外，出现DO_{22}有序结构时，基体的成分必须具有较大的起伏。实验合金中，溶质原子Sn的平均浓度(原子百分数)为5%，而DO_{22}有序结构中溶质原子Sn的浓度(原子百分数)为25%(化学式A_3B中，A代表Cu、Ni互换原子，B代表Sn原子)，显然平均成分的合金是难以提供DO_{22}结构形成所需的浓度起伏的。因此只有通过调幅分解形成溶质原子的富集区和贫乏区后，才能使DO_{22}有序相在溶质原子的富集区生长出来，即DO_{22}有序只能发生在调幅分解之后。

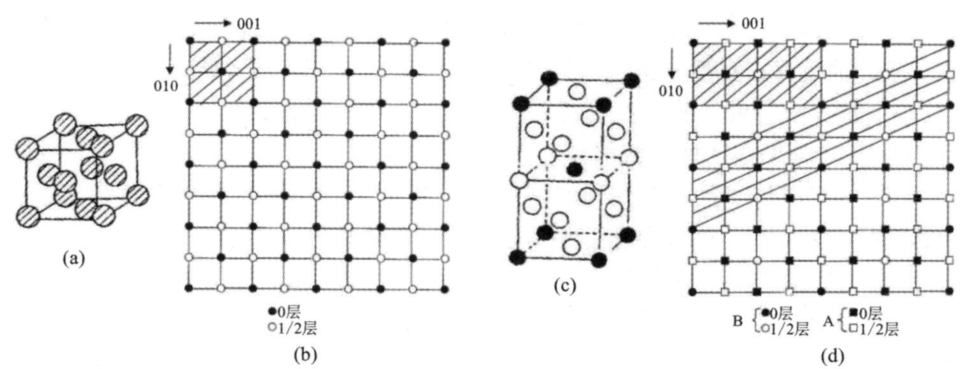

图9-72　fcc(100)晶面有序化前后原子排列的示意图(沿[　]方向观察)

(a)无序fcc单胞；(b)无序fcc(100)晶面投影；(c)DO_{22}有序(100)晶面投影；(d)DO_{22}结构单胞

有序化出现在调幅分解之后可以通过图9-73所示的一系列自由能-成分曲线加以解释。均匀成分为C_0的合金首先经历调幅分解，产生富Sn和贫Sn的调幅结构。只有当富Sn区的成分达到X点时，有序相的自由能才低于无序面心立方相的自由能，此时才能发生DO_{22}有序转变。

从上文可知DO_{22}有序的超点阵衍射是沿着三个相互垂直的方向排列的

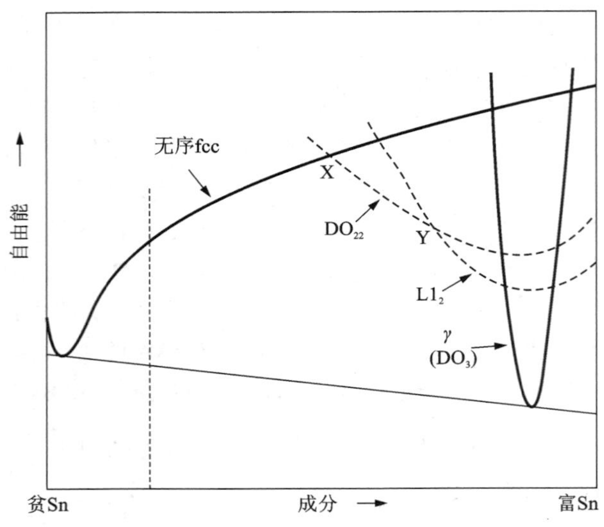

图 9-73　具有有序相自由能分支的自由能-成分曲线

({011}堆垛因为垂直于厄瓦尔德球而看不到其堆垛方向)。但由于透射电镜成像的局限性(平面像)，我们从前面得到的 DO_{22} 有序相的衍衬像中还不能直接判断其准确的形貌。但从其衍射花样斑点的形状可加以推断，DO_{22} 有序可能存在两种形貌[图 9-74]。第一种为盘状：具有二维的周期性(平行的盘间距为调幅波长)，且 c 轴垂直于盘面。第二种为针状(或棒状)，具有一维周期性，c 轴平行于针的中心轴。每一种形貌得到的衍射花样都是独一无二的，其对应的衍射花样示于图 9-74。可见这两种形貌都会产生三种相互垂直的变体，但是只有针状形貌得到的衍射花样与实验所观察到的结果相符。其实 DO_{22} 有序相以针状形貌析出还可以从减少共格应变能的角度来解释。铜基体晶格常数 $a=0.364$ nm，而 DO_{22} 有序相晶格常数为 $a_0=0.377$ nm，$c_0=0.724$。也就是说，在由 fcc→DO_{22} 有序转变的过程中沿 a、b 两轴要发生膨胀($a_0>a$)，c 轴则收缩($c_0<2a$，而且膨胀量约为收缩量的 3 倍)。因此对于 fcc→DO_{22} 的转变来说，沿 c_0 方向生长更能减少应变能，同时更容易保持它的共格性，最终导致了针状形貌的形成。

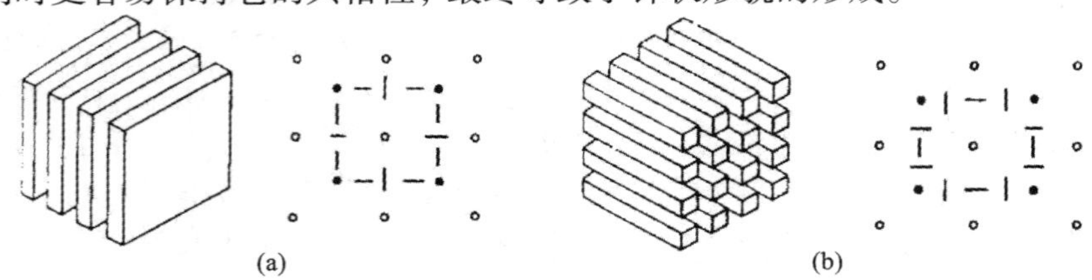

图 9-74　DO_{22} 有序的可能形貌及衍射花样([001]晶带轴)

(a)盘状；(b)针状

图9－75示出了Cu－15Ni－8Sn合金DO_{22}有序和$L1_2$有序超点阵衍射的示意图（α相[001]*晶带）。$L1_2$有序超点阵衍射分为{001}和{011}两种类型，完全与DO_{22}有序超点阵衍射重叠，只有$\left\{0\ \frac{1}{2}1\right\}$型衍射是$DO_{22}$有序独有的（图中箭头所示），因此在从$DO_{22}$有序向$L1_2$有序转变的过程中，$\left\{0\ \frac{1}{2}1\right\}$型衍射的强度将逐渐减弱。另外，$L1_2$有序只有一种变体；而$DO_{22}$有序有三种变体。根据以上分析，可以认为400℃时效2 h过程中，合金有序化类型是由DO_{22}有序向$L1_2$有序转变。

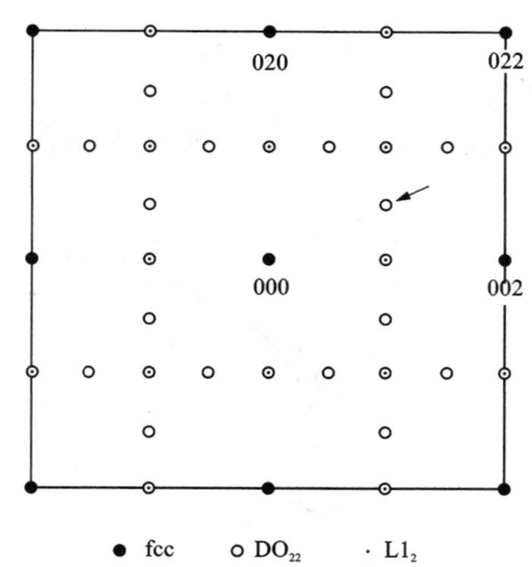

图9－75　无序面心立方的基体与DO_{22}有序和$L1_2$有序超点阵衍射的示意图

尽管DO_{22}和$L1_2$有序结构都是fcc结构派生出来的，具有相同的化学式A_3B，但是它们之间没有直接的有序关系。从晶体学空间群的角度来看，DO_{22}和$L1_2$有序都是fcc的亚群，但它们之间没有亚群关系。$L1_2$有序是由〈100〉*浓度波建立起来的，而DO_{22}结构是由$\left[10\ \frac{1}{2}\right]^*$浓度波建立起来的。因此，这两种相同成分的有序相不能通过连续有序/无序转变的机制出现（在有序相成分相同的情况下，如果两种有序相之间存在群－亚群关系，第二种有序相可以以这种机制形成）。从fcc超结构的晶体学数据中可以看出，具有A_3B成分的两种结构具有不同的互作用参数，进一步排除了两种结构共存的可能性。Bendersky等人认为，在三元或者更多元的合金体系中，由于有序相的成分可以改变：$A_3(B, C) \rightarrow A_3B + A_3C$，因此这$DO_{22}$有序和$L1_2$有序共存的现象变成了可能。虽然$DO_{22}$有序和$L1_2$有序的化学式都可以写成$(Cu_x, Ni_{1-x})_3Sn$，但是$x$值是不同的，所以它们的化学成分实际上是不一样的。

9.5.4　Cu－Ni－Sn合金的性能[48, 49]

图9－76示出了固溶淬火态Cu－15Ni－8Sn合金在不同温度下的时效硬化曲线。低温时效时（280～300℃），随着时效时间的延长，合金硬度迅速达到峰值并在这一数值保持较长时间。随时效温度增加，合金的硬化速度加快。600℃时效，合金硬度在时效开始阶段就表现下降趋势。由TTT曲线可以看出，600℃时效合

金只发生不连续沉淀，这说明不连续析出会严重降低合金性能。由于不连续沉淀在晶界上发生，它的层片状结构将引起晶界脆性，导致性能下降。从各时效温度的峰值硬度来看，合金在400℃时效可以得到较高的硬度值。

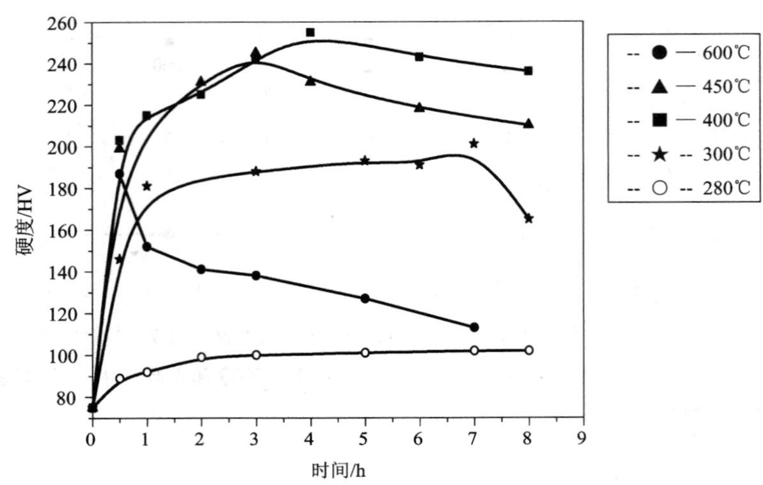

图9－76　固溶态 Cu－15Ni－8Sn 合金在不同温度时效的硬度变化曲线

由 TTT 曲线可知，合金相变之前的孕育期较短，因此忽略这一阶段性能的变化，可以得到图9－77所示的硬度增量图。在硬度曲线的测定范围内，280℃时效合金只发生 Spinodal 分解，因此，280℃时效峰值相对于淬火态的硬度增量 ΔHV_1 完全是由 Spinodal 强化引起的。300℃时效，除了 Spinodal 分解外，合金还出现了 DO_{22} 有序，去除 Spinodal 强化引起的 ΔHV_1 后，ΔHV_2 完全由 DO_{22} 有序强化引起。时效温度增加到400℃，合金中又增加了 $L1_2$ 有序，它引起硬度出现增量 ΔHV_3。从上述分析中，我们还不能定量地计算由各种相变引起的性能变化，尤其是两种

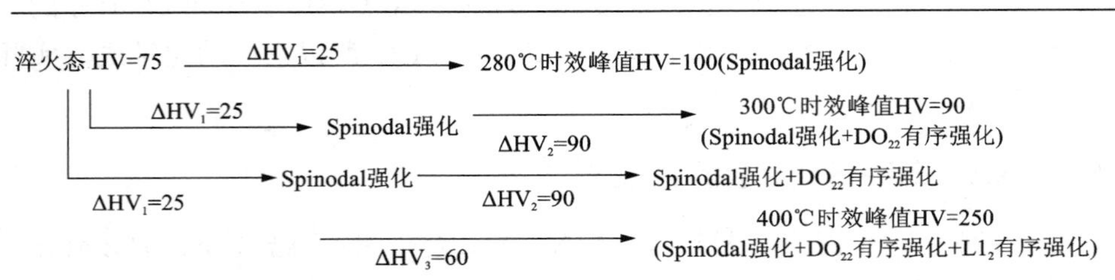

图9－77　Cu－15Ni－8Sn 合金固溶时效的硬度增量图

有序的强化效应。但是，可以肯定的是，Cu – 15Ni – 8Sn 合金除了 Spinodal 强化外，有序化也会给合金性能带来有利影响，并且由有序引起的强化效应远大于 Spinodal 强化。这主要是因为：有序相由调幅组织转变而来，组织细密并与基体共格，强化效果会更加强烈，对合金强化的贡献也更大。

Cu – 15Ni – 8Sn 合金的 α 相为面心立方结构的 Cu – Ni 固溶体，易产生多系滑移，因此该合金具有很强的冷加工硬化特性。如果在时效之前对合金进行适当的冷加工，可使合金呈现形变强化和时效强化的双重效果。

图 9 – 78(a)、(b)分别为固溶淬火态合金经 50% 变形后在不同温度时效处理的硬度和相对电导率的变化曲线。时效温度越高，合金的硬化速度越快，达到峰值所需要的时间越短。600℃时效，合金硬度不再升高，直接表现为下降趋势；合金的电导率在经历了快速上升后，趋于一定值。经 90% 变形时效后[图 9 – 78(c)、(d)]，性能变化趋势和 50% 冷变形后的合金相同。力学性能和物理性能的测量结果表明，冷变形后在 400 ~ 450℃之间时效可以获得较高的综合性能

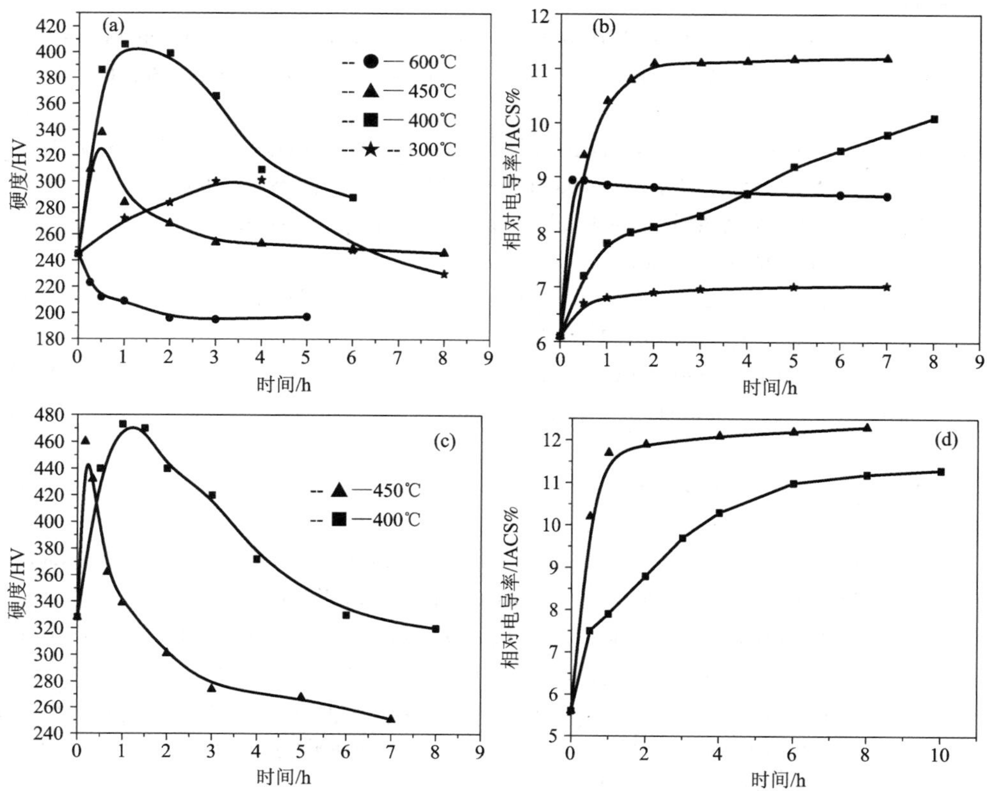

图 9 – 78　Cu – 15Ni – 8Sn 合金经 50% 和 90% 冷变形后时效的硬度和电导率曲线

(a)50%，硬度；(b)50%，电导率；(c)90%，硬度；(d)90%，电导率

参考文献

[1] 陈复明，李国俊，苏德达. 弹性合金[M]. 上海：上海科学技术出版社，1986.

[2] Xie G L, Wang Q S, Mi X J, et. al. The precipitatio behavior and strengthening of a Cu - 2.0wt% Be alloy[J]. Materials Science and Engineering A, 558, 2012: 326 - 330.

[3] Zhao J C, Notis M R. Spinodal decomposition, ordering transformation, and discontinuous precipitation in a Cu - 15Ni - 8Sn alloy [J]. Acta materialia, 1998, 46(12): 4203 - 4218.

[4] 中西輝雄，橋爪公男，中島孝司，等. 時効硬化型 Cu - Ni - Sn 合金の諸特性[J]. 伸銅技術研究会誌，1980，19：216 - 226.

[5] 金昌周，孔萬植，韓承傅，等. 高強度 Cu - Ni - Sn -（X）銅合金の開発[J]. 伸銅技術研究会誌，2000，39(1)：157 - 164.

[6] 潘志勇. 超高强、高导电 CuNiSi 合金的组织与性能研究[D]. 长沙：中南大学，2010.

[7] 田海亭，张素勤，姚家鑫，等. 新型高弹性铜合金研究[J]. 天津大学学报，1992，S1：26 - 30.

[8] Pan Z Y, Wang M P, Li Z, et al. Thermomechanical treatment of super high strength Cu - 8.0 Ni - 1.8 Si alloy [J]. Transactions of Nonferrous Metals Society of China, 2007, 17 (s1B): 1076 - 1080.

[9] Nagarjuna S, Srinivas M, Balasubramanian K, et al. The alloy content and grain size dependence of flow stress in Cu - Ti alloys[J]. Acta Mater., 1996, 44 (6): 2285 - 2293.

[10] Datta A, Soffa W A. The structure and properties of age hardened Cu - Ti alloys[J]. Acta Metal., 1976, 24: 987 - 1001.

[11] Ikeno S, Saji S, Hori S. Improvement of strength by thermo - mechanical treatment in Cu - Ti alloys[J]. Trans. JIM, 1977, 42: 275 - 280.

[12] Nagarjuna S, Balasubramanian K. Effect of prior cold work on mechanical properties, electrical conductivity and microstructure of aged Cu - Ti alloys[J]. Journal of Materials Science, 1999, 34: 2929 - 2942.

[13] Willey L A. Metallography, Structures and Phase Diagrams: Metals Handbook[M]. American Scociety for Metals Park, 1973.

[14] Alexander W O. Copper - rich Nickel - Aluminium - Copper Alloys. Part Ⅱ - The Constitution of the Copper - Nickel - Rich Alloys[J]. Manuscript, 1938, 30: 425 - 445.

[15] Bastow B D, Kirkwood D H. Solid/Liquid Equilibrium in the Copper - Nickel - Tin System Determined by Microprobe Analysis[J]. J. Inst. Met, 1971, 99(9): 277 - 283.

[16] Hermann P H, Morris D G. Relationship between microstructure and mechanical properties of a spinodally decomposing Cu - 15Ni - 8Sn alloy prepared by spray deposition[J]. Metallurgical and Materials Transactions A, 1994, 25(7): 1403 - 1412.

[17] 柳瑞清，齐亮，谢水生，等. Cu - Ni - Sn 合金加工与性能的试验研究[J]. 中国有色金属学会第十二届材料科学与合金加工学术年会论文集，2007.

[18] 邓至谦. Cu - Ni - Al - Ti 合金的时效特性[J]. 中南矿冶学院学报, 1994, 25(2): 213 - 217.

[19] 高海伟, 王树文. 新型铜基弹性 Cu - Ni - Al 系合金[J]. 金属热处理, 1995, 1: 26 - 28.

[20] Liu P, Kang B X, Cao X G, et al. Strengthening mechanisms in a rapidly solidified and aged Cu - Cr alloy[J]. Journal of Materials Science, 2000, 35(7): 1691 - 1694.

[21] 张十庆, 王宏, 聂尊誉, 等. 新型 Cu - Ni - Cr - Al 合金性能的研究[J]. 功能材料, 2010, 4: 713 - 715.

[22] 杜挺. 稀土元素在金属材料中的一些物理化学作用[J]. 金属学报, 1997, 33(1): 69 - 77.

[23] Sellars C M, McTegart W J. On the mechanism of hot deformation[J]. Acta Metallurgica, 1966, 14(9): 1136 - 1138.

[24] Zhang L, Li Z, Lei Q, et al. Hot deformation behavior of Cu - 8.0 Ni - 1.8 Si - 0.15 Mg alloy [J]. Materials Science and Engineering: A, 2011, 528(3): 1641 - 1647.

[25] 申镭诺. 超高强耐蚀耐磨导电 Cu - Ni - Al 系合金的制备及相关性能研究[D]. 长沙: 中南大学, 2015.

[26] Shen L N, Li Z, Dong Q Y, et al. Microstructure evolution and quench sensitivity of Cu - 10Ni - 3Al - 0.8Si alloy during isothermal treatment[J]. Journal of Materials Research, 2015, 30: 736 - 744.

[27] Robinson J S, Cudd R L, Tanner D A, et al. Quench sensitivity and tensile property inhomogeneity in 7010 forgings [J]. Journal of Materials Processing Technology, 2001, 119 (1): 261 - 267.

[28] 陈景榕, 李承基. 金属与合金中的固态相变[M]. 北京: 冶金工业出版社, 1997.

[29] Watanabe D, Watanabe C, Monzen R. Effect of coherency on coarsening of second - phase precipitates in Cu - base alloys[J]. Journal of Materials Science, 2008, 43(11): 3946 - 3953.

[30] Sierpiński Z, Gryziecki J. Phase transformations and strengthening during ageing of CuNi10Al3 alloy[J]. Materials Science and Engineering A, 1999, 264(1): 279 - 285.

[31] Shen L N, Li Z, Zhang Z M, et al. Effects of silicon and thermo - mechanical process on microstructure and properties of Cu - 10Ni - 3Al - 0.8Si alloy, Mater. Des., 2014, 62: 265 - 270.

[32] Shen L N, Li Z, Dong Q Y, et al. Dry wear behavior of ultra - high strength Cu - 10Ni - 3Al - 0.8Si alloy[J]. Tribology International, 2015, 92: 544 - 552.

[33] 潘金生, 仝健民, 田民波. 材料科学基础[M]. 北京: 清华大学出版社, 1998.

[34] 雷静果, 刘平, 赵冬梅, 等. 二次时效铜合金的析出与再结晶的交互作用[J]. 功能材料, 2005, 36(9): 1341 - 1344.

[35] 董企铭. 双重时效对 Cu - Fe - P 合金组织和性能的影响[J]. 金属热处理, 2006, 30(z): 182 - 184.

[36] 黎三华, 弹性 Cu - Ni - Al 系合金制备及相关基础问题研究[D]. 长沙: 中南大学, 2015.

[37] Lei Q, Li Z, Dai C, et al. Effect of aluminum on microstructure and property of Cu - Ni - Si alloys[J]. Materials Science and Engineering A. 2013, 572: 65 - 74.

[38] Yanlin Jia, Mingpu Wang, Chang Chen, et al. Orientation and diffraction patterns of δ - Ni_2Si

precipitates in Cu – Ni – Si alloy. Journal of Alloys and Compounds. 2013, 557: 147 – 151.

[39] Lei Q, Li Z, Wang M P, et al. Phase transformations behavior in a Cu – 8.0Ni – 1.8Si alloy [J]. Journal of Alloys and Compounds. 2011, 509: 3617 – 3622.

[40] Lei Q, Li Z, Zhu A Y, et al. The transformation behavior of Cu – 8.0Ni – 1.8Si – 0.6Sn – 0.15Mg alloy during isothermal heat treatment [J]. Materials Characterization. 2011, 62: 904 – 911.

[41] Lei Q, Li Z, Wang M P, et al. The evolution of microstructure in Cu – 8.0Ni – 1.8Si – 0.15Mg alloy during aging[J]. Materials Science and Engineering A. 2010, 527: 6728 – 6733.

[42] Lei Q, Li Z, Pan Z Y, et al. Dynamics of phase transformation of Cu – Ni – Si alloy with super high strength and high conductivity during aging[J]. Trans. Nonferrous Met. Soc. China. 2010, 20: 1006 – 1011.

[43] Lei Q, Li Z, Xiao T, et al. A new ultrahigh strength Cu – Ni – Si alloy[J]. Intermetallics. 2013, 42: 77 – 84.

[44] 雷前. 超高强 CuNiSi 系弹性导电铜合金制备及相关基础研究[D]. 长沙: 中南大学, 2014.

[45] 王艳辉, 汪明朴. Cu – 15Ni – 8Sn – 0.4Si 合金铸态组织结构及成分偏析研究[J]. 矿冶工程, 2002, 22(3): 104 – 107.

[46] Wang Y H, Wang M P, Hong B. The Microstructures of Spinodal Phases in Cu – 15Ni – 8Sn Alloy[J]. Journal of University of Science and Technology Beijing , 2004, 12(3):243 – 247.

[47] 王艳辉, 汪明朴, 洪斌. Cu – 15Ni – 8Sn 合金的调幅相结构[J]. 功能材料, 2004, 35(z1): 3405 – 3408.

[48] 王艳辉. Cu – 15Ni – 8Sn – XSi 合金和 Cu – 9Ni – 2.5Sn – 1.5Al – 0.5Si 合金中的相变及其对合金性能的影响[D]. 长沙: 中南大学, 2004.

[49] Wang Y H, Wang M P, Hong B. Microstructure and Properties of Cu – 15Ni – 8Sn – 0.4Si Alloy[J]. Transactions of Nonferrous Metals Society of China, 2003, 13(5):1051 – 1055.

李　周　申镭诺　雷　前　曹玲飞

图书在版编目(CIP)数据

先进高强导电铜合金/汪明朴等著. —长沙:中南大学出版社,2015.12

ISBN 978-7-5487-2167-3

Ⅰ.先... Ⅱ.汪... Ⅲ.铜合金-导电材料
Ⅳ.TM241

中国版本图书馆 CIP 数据核字(2016)第 009508 号

先进高强导电铜合金

汪明朴　贾延琳　李　周　郭明星　著

□**责任编辑**　李宗柏
□**责任印制**　易建国
□**出版发行**　中南大学出版社
社址:长沙市麓山南路　　邮编:410083
发行科电话:0731-88876770　　传真:0731-88710482
□**印　　装**　长沙鸿和印务有限公司

□**开　　本**　720×1000　1/16　□**印张** 30.75　□**字数** 614 千字
□**版　　次**　2015 年 12 月第 1 版　□**印次**　2015 年 12 月第 1 次印刷
□**书　　号**　ISBN 978-7-5487-2167-3
□**定　　价**　150.00 元

图书出现印装问题,请与经销商调换